W火焰炉
运行特性及改造技术

刘武成　主编

中国电力出版社
CHINA ELECTRIC POWER PRESS

内 容 提 要

目前，W火焰炉主要有三种技术流派，分别属于美国福斯特惠勒公司，英国巴布科克公司和法国斯太因公司，以及美国巴布科克·威尔考克斯公司。不同的W火焰炉技术流派，采用了具有自身特色的燃烧系统、炉膛特征参数选型及与之匹配的制粉系统。这就是引进型W火焰炉在投产初期和后期的大型化过程中出现较多问题的根源，也是十几年来W火焰炉需要改进的原因所在。

本书共有9章。第1章主要介绍了W火焰炉的发展概况，存在的主要问题，改造的必要性，改造的难度和方向。第2章主要介绍了双进双出磨煤机直吹式制粉系统的构成、运行特性、改造的方向和效果。第3～8章分别阐述了三种技术流派W火焰炉的特点、优缺点和后期的改进及其效果，并给出具体的改造范例和效果。第9章是对这些改造经验和有关问题的思考和建议，是对上述内容的综合分析和评价，包括W火焰炉轮廓选型的参考意见，各种类型W火焰炉不同改造方式的优缺点，有关改造中的注意事项和建议等。

图书在版编目（CIP）数据

W火焰炉运行特性及改造技术 / 刘武成主编 . —北京：中国电力出版社，2023.11
ISBN 978-7-5198-6583-2

Ⅰ . ①W… Ⅱ . ①刘… Ⅲ . ①W型火焰锅炉 - 锅炉运行②W型火焰锅炉 - 锅炉改造 Ⅳ . ① TK229.6

中国版本图书馆 CIP 数据核字（2022）第 041169 号

出版发行：中国电力出版社
地　　址：北京市东城区北京站西街 19 号（邮政编码 100005）
网　　址：http://www.cepp.sgcc.com.cn
责任编辑：赵鸣志　马雪倩　霍　妍
责任校对：黄　蓓　李　楠　郝军燕
装帧设计：赵丽媛
责任印制：吴　迪

印　　刷：三河市万龙印装有限公司
版　　次：2023 年 11 月第一版
印　　次：2023 年 11 月北京第一次印刷
开　　本：787 毫米 ×1092 毫米　16 开本
印　　张：27.75
字　　数：668 千字
册　　数：0001-1000
定　　价：188 元

编　委　会

　　W 火焰锅炉（简称 W 火焰炉）是燃烧低挥发分劣质煤的一种锅炉，又称为双 U 形、双拱燃烧锅炉。它是由美国福斯特惠勒公司首创的，后经过法国斯太因公司、英国巴布科克公司、日本日立·福斯特惠勒公司和美国巴布科克·威尔考克斯公司等不断地改进而发展起来的炉型。

　　20 世纪 80 年代中后期，我国开始引进 W 火焰炉及其燃烧技术。2003 年以后，600MW 等级的 W 火焰炉开始大量出现。2008 年以后，国家调整产业政策，出现了超临界、低质量流速 W 火焰炉。截至 2014 年，我国已经投运的 W 火焰炉有 150 台，其中 600MW 等级的 60 台，300MW 等级的 90 台。

　　目前，W 火焰炉主要有三种技术流派，分别属于美国福斯特惠勒公司，英国巴布科克公司和法国斯太因公司，以及美国巴布科克·威尔考克斯公司。对于不同的 W 火焰炉技术流派，它们的最主要区别在于为实现 W 火焰炉的设计理念，采用了各具特色的燃烧系统、炉膛特征参数选型及与之匹配的制粉系统。这些不同的具体技术措施，对实现 W 火焰炉的设计思想带来不同的结果。这就是引进型 W 火焰炉在投产初期和后期的大型化过程中出现较多问题的根源，也是十几年来 W 火焰炉需要改进的原因所在。

　　W 火焰炉最大的特点是可实现低挥发分煤种的稳定燃烧，很多 W 火焰炉最低不投油稳燃负荷可低至 40% ~ 50% 的锅炉最大连续蒸发量（boiler maximum continuous rating, BMCR），但也不同程度地存在结渣、超温、锅炉热效率低、NO_x 排放偏高等问题。从 2001 年 10 月前已投运的 31 台 W 火焰炉总体运行情况来看，不论哪一种技术流派的 W 火焰炉，只要制粉、燃烧系统选择合理，炉膛轮廓设计配合恰当，都有运行业绩比较好的例子。

　　国内各锅炉制造厂汲取了 300MW 等级 W 火焰炉运行经验和教训，对 600MW 等级 W 火焰炉和后期生产的 300MW 等级 W 火焰炉，在炉膛选型、燃烧组织和制粉系统的选择上进行了一系列改进。改进后的 W 火焰炉，在燃烧稳定性、运行可靠性及可用率方面均有一定的优势，但 NO_x 排放量仍然普遍偏高。尤其是早期投入运行的 W 火焰炉，NO_x 排放浓度一般在 $1000mg/m^3$（$O_2 = 6\%$，标准状态）以上，有的甚至高达 $1800 ~ 2300mg/m^3$（$O_2 = $

6%，标准状态），相当于同等容量下采用切向或墙式燃烧方式煤粉锅炉的2~3倍，难以符合我国现行大气污染物排放标准的要求。面对W火焰炉较高的NO_x排放浓度，如果仅采用选择性催化还原脱硝技术（SCR）进行脱除，投资和运行成本就会过高，过量喷氨还将造成空气预热器堵塞的严重后果。因此，必须对W火焰炉进行以低NO_x燃烧为主的技术改造。

W火焰炉低NO_x燃烧技术改造难度较大，其主要原因如下：①W火焰炉炉膛结构复杂；②热力型NO_x比例较高，与低挥发分煤的燃烧稳定性相矛盾；③早期投入运行的制粉系统选型存在较多的问题，如果进行改造，那么有可能出现锅炉出力不足、布置困难、造价过高等问题。

尽管多次尝试对已经投入运行的W火焰炉进行低NO_x燃烧技术改造，但直到2012年年底，国内尚无取得较为成功的改造范例，有的改造还造成了较为严重的问题，直接影响了锅炉运行的安全稳定。

为了解决W火焰炉改造难题，国家能源集团烟台龙源电力技术股份有限公司（以下简称烟台龙源）组织了1支20余人的专业技术团队，在原电力部热工研究院有关资料汇编的基础上，依靠各大锅炉制造厂、有关电厂和研究单位的帮助，收集了三种典型W火焰炉炉膛选型和燃烧组织的热力特征参数、燃烧方式设计及其运行特征和优缺点的资料，十几年来国内各大锅炉厂对W火焰炉改进的资料，全国50余台W火焰炉改造（包括改后的效果及其存在的问题）的有关资料。

烟台龙源W火焰炉改造技术团队对这些资料进行学习、分析、总结，采用数学模拟的方法分析各种燃烧方式，摸索出这几种锅炉的优缺点与炉膛选型之间的关系，并有针对性地提出改进的措施和方案，研发了适应于W火焰炉的燃烧器。在此基础上，总共完成了15台300~600MW机组W火焰炉各种炉型的改造，取得了一定的经验。

编者将这些经过实践检验的经验做了分类总结，撰写了这部技术专著——《W火焰炉运行特性及改造技术》，以期对W火焰炉炉膛特征参数的选择、炉膛设计，以及W火焰炉改造和运行有所裨益。

此外，制粉系统与燃烧系统密不可分。在国内已投运的150余台W火焰炉中，除了上安电厂2台W火焰炉的制粉系统采用中速磨煤机，鸭河口电厂、阳光电厂各有2台，以及珞璜电厂4台W火焰炉采用的是中间贮仓式制粉系统以外，其他都采用双进双出磨煤机直吹式制粉系统。双进双出磨煤机直吹式制粉系统的运行特性与中速磨煤机、风扇磨煤机、中间贮仓式制粉系统的运行特性有较大的不同，而且国内尚无有关双进双出磨煤机直吹式制粉系统运行特性的技术专著。2006年，在中国电机工程学会的支持下，编者组织对国内双进双出磨煤机进行了调研，并编写了关于双进双出磨煤机运行特性的专题报告。因此，在本书中也编写了双进双出磨煤机直吹式制粉系统的有关技术内容。

本书共有 9 章。第 1 章主要介绍了 W 火焰炉的发展概况，存在的主要问题，改造的必要性，改造的难度和方向。第 2 章主要介绍了双进双出磨煤机直吹式制粉系统的构成、运行特性、改造的方向和效果。第 3~8 章分别阐述了三种技术流派 W 火焰炉的特点、改造范例和效果。其中，除改造结果评价之外的部分，都尽可能按照改造方的设计思想加以阐述，并不代表编者的意见。只有改造结果评价这一部分内容，才以"有关问题的思考和建议"的形式，阐述编者的意见。第 9 章是对这些改造经验和有关问题的思考和建议，是对上述内容的综合分析和评价，包括 W 火焰炉轮廓选型的参考意见，各种类型 W 火焰炉不同改造方式的优缺点，有关改造中的注意事项和建议等。

在编写过程中，编者力求书中列出的数据准确无误。但是这些资料的收集来自不同渠道，有制造厂、技术支持方的，也有来自于电厂的，由于资料来源庞杂，一些资料莫衷一是，我们也无法逐一去核实求证。为此，对汇总表中的一些数据，只能要求参加编写的人员根据大型炉膛选型导则的有关规定，以及收集到的炉膛的轮廓尺寸进行计算而得。因此，这些参数很难确保准确无误，只能作为定性而不是定量地体现不同风格的锅炉的特点。在此，我们表示由衷的歉意。

全书由刘武成牵头主编；第 1 章、第 2 章、第 9 章由张超群、刘鹏飞、李明负责编写；第 3 章、第 4 章由张超群、刘鹏飞、张文振、王家兴负责编写；第 5 章、第 6 章由张超群、刘鹏飞、王西伦、李保亮负责编写；第 7 章、第 8 章由张超群、张文振、刘鹏飞、王西伦、赖金平负责编写。书中数值模拟内容的整理和编写，由刘武成、张超群、刘欣指导，张文振、刘鹏飞、赖金平、李驰等负责和完成；锅炉改造结构设计部分内容的整理和编写由秦学堂、于强负责。全书由刘武成、刘鹏飞和李驰统稿。

在编写过程中，得到教授级高级工程师张经武的悉心指导，教授级高级工程师杨家驹在结构设计方面给予指导，具有丰富数值模拟经验的天津大学教授王赫阳也给予指导。

本书成稿后由西安热工研究院教授级高级工程师许传凯主审。

在现场进行 W 火焰炉改造施工、运行和调试，以及资料收集中，感谢有关电厂、锅炉厂和各有关专家给予的鼎力支持，在此致以衷心感谢！

科学的发展是永无止境的，对于书中的不妥之处，敬请读者批评指正。

编者
2023 年 8 月

第1章

概　　述

1.1　W火焰炉在我国发展的概况

W火焰锅炉（简称W火焰炉）是由美国福斯特惠勒公司（FW）首创，后经过法国斯太因公司（Stein）、美国巴布科克·威尔考克斯公司（B&W）和日本日立·福斯特惠勒公司（HIT·FW）等不断改进和完善而发展起来的炉型。W火焰炉综合了强化低挥发分无烟煤燃烧的各种措施，适合于燃烧无烟煤、劣质贫煤等低反应劣质煤种。

欧美国家早在20世纪30年代就开始采用U形或W形火焰锅炉，主要燃用贫煤和无烟煤（最大单机容量达500MW）。由于W火焰炉脱胎于早期的U形火焰锅炉，故又称为双U形、双拱形或顶部燃烧方式锅炉。

我国各类动力用煤储量中，无烟煤、贫煤储量丰富，无烟煤占19.99%，贫煤占9.19%，两者共计29.18%。W火焰炉以其特殊的燃烧方式使其对低挥发分的无烟煤、贫煤的燃烧有较好的适应性，20世纪80年代中后期，我国开始引进W火焰炉及其燃烧技术，到20世纪末期，我国投运的W火焰炉已有30余台。

进入21世纪以来，尤其是2003年以后，随着国内电力事业的高速发展，600MW等级的W火焰炉也开始大量出现，在2008年以后，更出现了超临界、低质量流速的W火焰炉。截止到2014年，我国已经投运和在建的W火焰炉有150台（国内W火焰炉统计见表1-1），可以说当今世界大部分W火焰炉建在我国，其中600MW等级的为60台，300MW等级的为90台，且几乎涵盖了世界上全部的W火焰炉型。

表1-1　　　　　　　　　　　国内W火焰炉统计表　　　　　　　　　　单位：台

技术类别	代表机组	机组容量等级	代表制造商	超临界	亚临界	总台数	合计
双旋风筒燃烧器系列	阳城电厂4号锅炉	300MW等级	美国福斯特惠勒公司（美国FW）	0	52	52	87
	南宁电厂1号锅炉	600MW等级	DGC锅炉厂有限公司（DGC锅炉厂）	21	14	35	
双调风燃烧器系列	上安电厂1号锅炉	350MW等级	加拿大巴布科克·威尔考克斯公司（加拿大B&W）	0	18	18	37
	鲤鱼江B厂1号锅炉	600MW等级	北京巴布科克·威尔考克斯有限公司（北京B&W）	9	10	19	
狭缝型燃烧器系列	珞璜电厂3号锅炉	360MW等级	法国斯太因公司（法国Stein）	0	6	6	6
	岳阳电厂1号锅炉	300MW等级	英国三井-巴布科克公司（英国MBEL）	2	12	14	20
	镇雄电厂2号锅炉	600MW等级	哈尔滨锅炉厂有限公司（哈尔滨锅炉厂）	4	2	6	
总计							150

1

1.2　W火焰炉的设计思想及其技术流派

1.2.1　W火焰炉的设计理念

W火焰炉最主要的设计理念就是将燃烧区和燃尽区分开布置，在下炉膛建立一个半开放的高温燃烧空间，从设计上使下炉膛更适合无烟煤和贫煤的着火及燃尽，同时降低负荷的变化对燃烧稳定性的影响。以FW型W火焰炉的设计为例，其设计意图见图1-1。

围绕着强化低挥发分煤的着火和燃尽需要高火焰温度的特点，在燃烧设备的设计中应尽可能地充分利用炉内高温烟气的回流卷吸及设法延长颗粒在炉内的流动路径，下射火焰锅炉是一种比较成功的设计。通过双拱过渡区分出上、下炉膛，下炉膛相对封闭，运行时形成一个相对独立的高温燃烧区，布置在拱顶的燃烧器向下喷射煤粉气流及部分二次风，其火焰大部分射向下炉膛中心再转折向上，单侧即形成U形火焰，如果前拱与后拱的U形火焰衔接在一起就构成了W形火焰。

因此，W火焰炉最主要的设计理念是：

（1）燃烧区和辐射区分开布置。独特的双拱形炉膛设计，使燃烧区和辐射区分离开

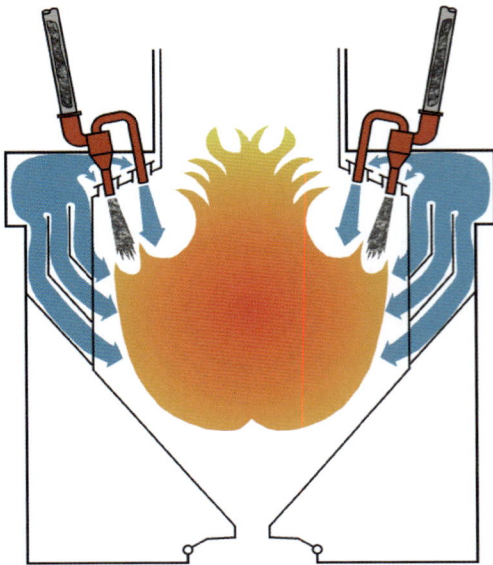

图1-1　FW型W火焰炉的设计意图

来，使锅炉负荷变化对燃烧的影响降至最低；半开放的下炉膛容积放热强度较高，水冷壁敷设一定面积的卫燃带也保证了炉内的高温和煤粉气流的迅速着火和燃烧。只要设计和运行得当，燃用无烟煤或贫煤时可以达到较高的燃烧效率，并可使锅炉最低稳燃负荷降低到40%～50%BMCR（额定负荷）。

（2）高温烟气随主火焰回流到煤粉气流根部。W形的火焰形状使大量的高温烟气随主火焰回流穿过拱顶附近的煤粉气流根部，煤粉气流得到高温火焰的传热，有利于着火燃烧。

（3）火焰行程较长。特殊的火焰形状和较大的下炉膛使煤粉颗粒在炉内（特别是在高温区）的流动路径较长，即停留时间得到加长。据统计，300MW等级锅炉煤粉颗粒在炉内停留时间达3～4s，600MW等级锅炉5～6s，比其他燃烧方式几乎增加一倍，这样燃烧效率更高，从而保证了低挥发分煤的稳定燃烧及良好的燃尽条件。

（4）下炉膛分级送风有利于着火和降低NO_x。对于W形火焰固态排渣煤粉锅炉，由于一次风中煤粉浓度高和二次风拱上、拱下分级送入，在炉内形成明显的两级燃烧区，设计和调整适当时，可明显降低NO_x的排放量。

（5）有利于粗灰分离。W形火焰固态排渣煤粉锅炉烟气在炉内进行180°的转弯，可将10%～20%的粗灰分离下来，有利于减轻对流受热面的磨损。

（6）炉膛出口能量场均匀。由于气流来回转弯混合且不旋转，因此锅炉出口温度场也

比较均匀。

1. 2. 2　W火焰炉的技术流派

目前 W 火焰炉主要有三种技术流派，分别属于英国 MBEL 和法国 Stein、美国 FW，以及美国巴布科克·威尔考克斯公司（B&W）。对于不同的 W 火焰炉技术流派，它们的最主要区别在于为实现 W 火焰炉的设计理念，采用了具有自身特色的燃烧系统、炉膛特征参数选型及与之匹配的制粉系统，如图 1-2 所示。由于这些具体措施不同，形成相对不同的技术路线，对于实现 W 火焰炉的设计思想带来完全不同的结果。

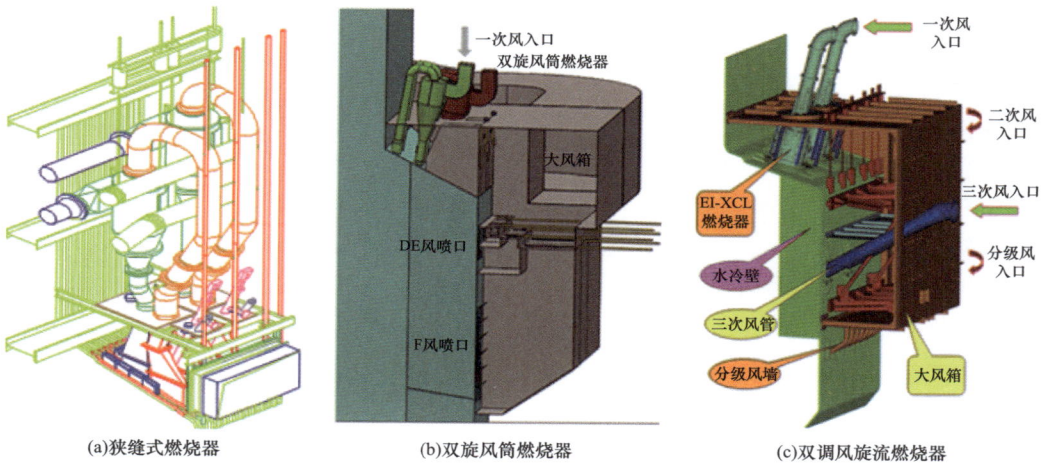

(a)狭缝式燃烧器　　(b)双旋风筒燃烧器　　(c)双调风旋流燃烧器

图 1-2　不同技术流派的 W 火焰炉

实践证明，为实现 W 火焰炉的设计理念，不同技术流派采取不同的技术措施。由于采取的方式不同，以及控制的数量级不同，往往顾此失彼，带来很多负面的影响。例如在实现"燃烧区和辐射区分开布置"的下炉膛容积放热强度的高低、水冷壁敷设卫燃带面积的比例等具体数量的确定方面，特别是在如何防止下炉膛的结渣和防止高温 NO_x 的产生方面；在如何实现"高温烟气随主火焰回流到煤粉气流根部"的燃烧组织措施方面；在如何实现下射式 W 火焰延长火焰的形成、如何选择拱上主火炬的刚性方面；在实现"下炉膛分级送风有利于着火和降低 NO_x"的拱上、拱下风分配比例方面。这就是引进型 W 火焰炉在投产初期和后期大型化的过程中出现较多问题的根源，也是历年来 W 火焰炉需要改进的核心。

1.3　W火焰炉改造的必要性和难点

截至 2001 年 10 月，已投运的 W 火焰炉共有 31 台。从当时总的情况来看，只要制粉燃烧系统选择合理、炉膛轮廓设计配合得当，不论哪一种技术流派的 W 火焰炉，都有运行业绩比较好的例子。W 火焰炉最大的特点是可实现低挥发分煤种的稳定燃烧，很多 W 火焰炉最低不投油稳燃负荷可低至 40%～50%BMCR，然而大部分 W 火焰炉都不同程度地存在结渣、超温、锅炉热效率低、NO_x 排放偏高等问题。部分 W 火焰炉因为两侧墙和翼墙结渣严重，如果将两侧墙卫燃带去除又导致着火困难，最后被迫将紧邻两侧墙的一次风喷口停止运行，其结果又导致锅炉达不到满出力。根据笔者 2002 年对其中 28 台 W 火焰炉的统计分析，三种炉型锅炉炉膛选型、燃烧组织存在着比较大的差别，甚至同一种设计流派的炉膛特征参数也存在着不小的差别，这些差别也正是这些 W 火焰炉在运行中出现问题的主要原因。

制粉系统和燃烧系统密不可分，其重要性不言而喻。W 火焰炉磨煤机大多选择双进双出磨煤机直吹式制粉系统，具有无漏风、漏粉，运行可靠灵活，煤粉分配性能好于中速磨煤机（与中速磨煤机比较它的煤粉细度可以选得更细），更适合无烟煤的燃烧等优点。只要制粉出力和细度留有充分裕量，分离器的调节性能好，保证煤质变化时燃烧的需要，不失为系统简单、布置容易、运行灵活的制粉系统。

但是在当时所有已投产的 W 火焰炉中，除珞璜电厂、阳泉电厂的几台锅炉之外，几乎都存在制粉系统出力选择偏低、煤粉选择偏粗的问题，FWD-10D、FWD-11D 型磨煤机还存在分离器调节性能不佳等问题，而劣质煤既难磨又要求煤粉细，制粉系统难以满足要求。这一问题实际已成为当时影响 W 火焰炉着火难易、燃烧是否稳定、燃尽率高低的瓶颈，有的厂甚至存在着锅炉达不到满出力的问题，都有进行彻底改造的必要性。

600MW 等级的 W 火焰炉在锅炉选型和制粉系统的选择方面进行了一系列改进，这些改进是卓有成效的，使得锅炉在燃烧稳定性、运行可靠性及可用率方面均有一定的优势。但其 NO_x 排放量仍普遍偏高，尤其是早期投入运行的 W 火焰炉，NO_x 排放浓度一般在 $1000mg/m^3$（$O_2=6\%$，标准状态）以上，有的甚至高达 $1800\sim2300\ mg/m^3$（$O_2=6\%$，标准状态），其 NO_x 排放量相当于相等容量下采用切圆燃烧或墙式燃烧方式的煤粉锅炉的 $2\sim3$ 倍，难以满足我国的排放标准。

如此巨大的 NO_x 排放量，如果仅采用 SCR 脱硝技术进行脱除，投资和运行成本过高。过量喷氨还将造成预热器严重堵塞，从而造成其他严重后果。因此，必须对 W 火焰炉进行以低 NO_x 燃烧为主的技术改造，但是，W 火焰炉的改造难度较大，其主要原因有如下几个方面。

（1）W 火焰炉炉膛结构复杂，尤其是采用 FW 技术早期生产的 W 火焰炉和采用英巴技术后期生产的 W 火焰炉，在炉膛特征参数选型上存在不少问题，而这些问题要通过改造来解决，其难度则非同一般。

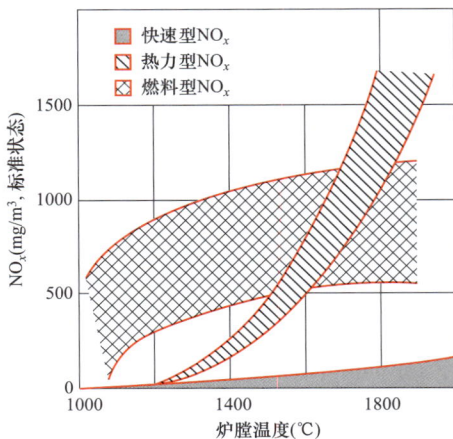

图 1-3　煤粉锅炉中三种类型的 NO_x 生成量与炉温的关系

（2）热力型 NO_x 比例较高，与低挥发分煤的燃烧稳定性相矛盾。W 火焰炉采用燃烧区和辐射吸热区分开布置的形式，其下炉膛不仅容积放热强度远高于同煤种其他形式的锅炉，而且敷设有大量的卫燃带，以便形成高温来适应低挥发分煤种燃烧的需要。据有关资料介绍，在 1500℃以上，随着温度上升，高温 NO_x 的生成量将大幅度增加。图 1-3 为煤粉锅炉中三种类型的 NO_x 生成量与炉温的关系。对于 W 火焰炉，由于燃烧温度较高，热力型 NO_x 大量产生，这也是未采取低 NO_x 燃烧技术的其他类型锅炉 NO_x 排放浓度一般在 $800mg/m^3$ 左右，而 W 火

焰炉 NO_x 排放浓度高达 $1200 \sim 2000mg/m^3$ 的主要原因。但是，一旦降低燃烧区的温度，又将严重影响燃烧效率。

对于一般锅炉，燃料型 NO_x 占 NO_x 总排放量的 80％。因此，常规低 NO_x 煤粉燃烧系统设计的主要任务是减少挥发分氮转化成 NO_x，其主要方法是建立早期着火充分利用火焰内还原和使用控制氧量的燃料/空气分段燃烧技术。由于从煤粉中析出的活性最强的挥发分氮（通常正比于挥发分含量）对燃料型 NO_x 生成的影响最大，而对于燃用低挥发分的煤种，采用常规的分级燃烧技术来降低 NO_x，则较为困难。针对低挥发分的煤种热力参数选取时推荐的过量空气系数一般在 1.25 以上，甚至高达 1.35，远超过烟煤的 $1.18 \sim 1.2$。如果采用炉膛整体分级燃烧技术，将使下炉膛过量空气系数大幅度降低。其结果不但影响燃烧效率，还可能导致燃烧延迟、炉膛高温腐蚀、火焰中心抬高，也可能引发主蒸汽参数、再热蒸汽参数超高。

（3）W 火焰炉制粉系统（尤其是早期投入运行的制粉系统）选型存在诸多问题。W 火焰炉制粉细度偏粗、制粉出力偏低、风粉分配不均，会给燃烧组织带来很多问题。尤其在早期投入运行的 W 火焰炉中，甚至成为制约锅炉运行稳定性和带负荷能力的关键。如果进行改造有可能导致出力不足、布置困难、造价过高等问题。

由于以上原因，W 火焰炉技术改造难度较大，尽管多次试图对已经投入运行的 W 火焰炉进行低 NO_x 燃烧技术改造，但直到 2012 年底国内尚未有改造成功的范例，有的改造还造成了较为严重的问题，直接影响锅炉运行的安全稳定，甚至导致主蒸汽和再热蒸汽参数严重偏离设计值。

第2章

双进双出磨煤机直吹式制粉系统的运行特性

制粉和燃烧系统是一个统一的整体，只有二者统筹兼顾、协调安排，才可能良好地组织炉内的燃烧。因为 150 台 W 火焰炉中，除了 SA 2 台 W 火焰炉的制粉系统是采用中速磨煤机，YHK 电厂 2 台、LH 电厂 4 台、YG 电厂 3 号和 4 号 W 火焰炉是采用的中间贮仓式制粉系统以外，其他无一例外均采用的是双进双出磨煤机直吹式制粉系统。双进双出磨煤机直吹式制粉系统的运行特性和中速磨煤机、风扇磨煤机、中间贮仓式制粉系统的运行特性有较大的不同。因此，只有充分了解双进双出磨煤机直吹式制粉系统的运行特性，才可能更好地做好 W 火焰炉的燃烧组织和调整。由于国内尚无介绍双进双出磨煤机直吹式制粉系统的运行特性的专著，因此本书增加了"双进双出磨煤机直吹式制粉系统的运行特性"这一章。

2.1　双进双出磨煤机的制粉系统概述

双进双出磨煤机是钢球磨煤机改进的结果。制粉系统的原则性工作流程见图 2-1。

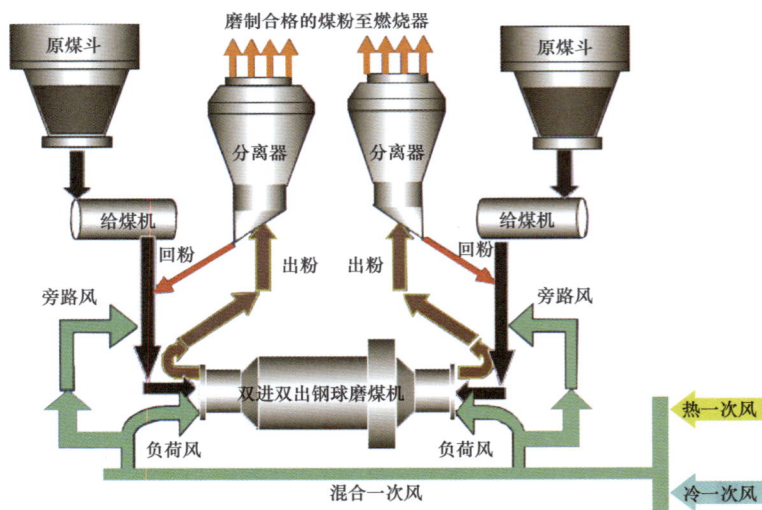

图 2-1　制粉系统的原则性工作流程

从图 2-1 可以看到双进双出磨煤机的工作流程：原煤由输煤系统进入原煤斗、给煤机、磨煤机、煤粉分离器，煤粉分离器将煤粉分成粗细两部分，粗粉返回磨煤机重新磨制，细粉经一次风管被一次风输送到燃烧器。图 2-2 为法国 Stein 双进双出钢球磨煤机示意图。

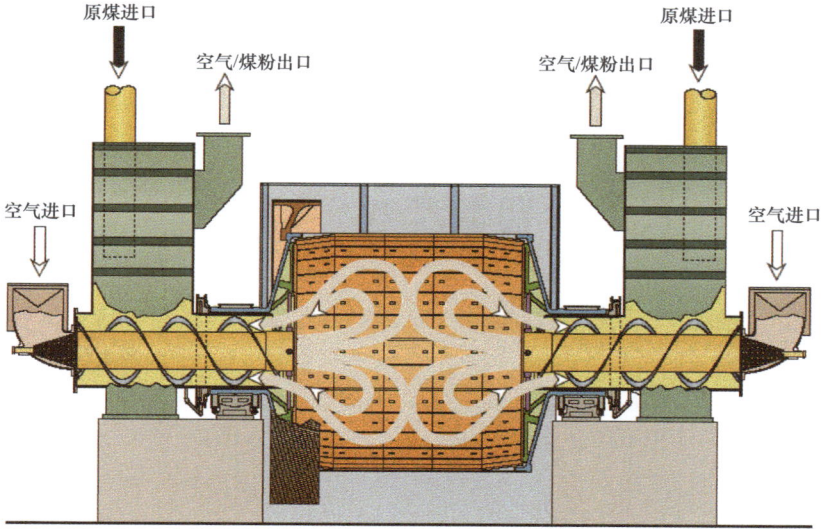

图 2-2　Stein 公司双进双出钢球磨煤机示意图

图 2-3～图 2-5 分别展示了美国 FW 紧凑式、法国 Stein 分离式、BBD 系列双进双出钢球磨煤机。

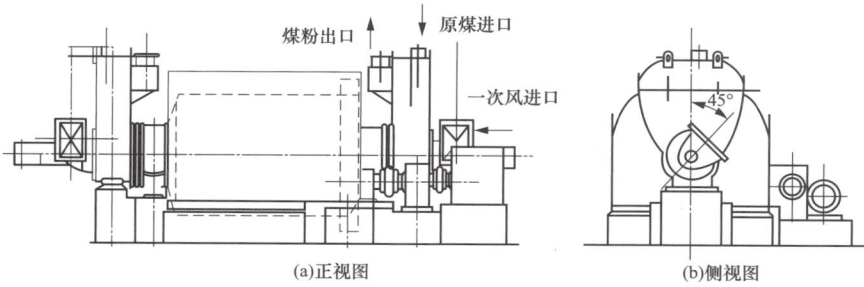

(a)正视图　　　　(b)侧视图

图 2-3　美国 FW 紧凑式双进双出钢球磨煤机

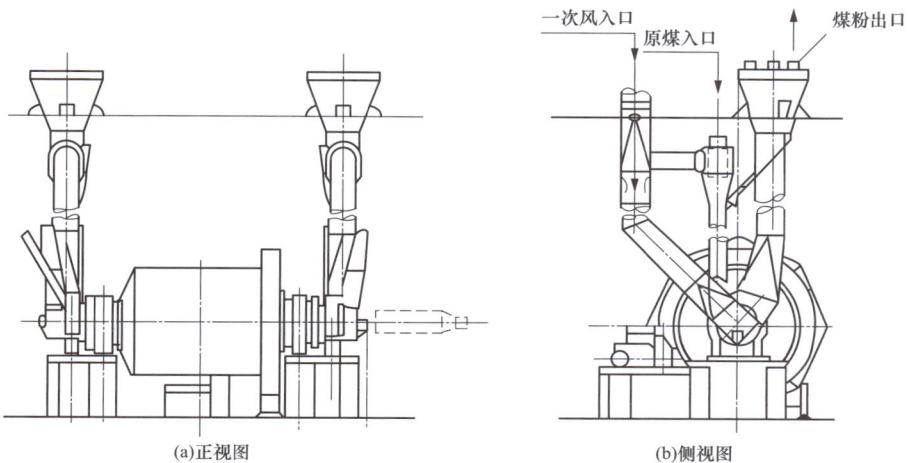

(a)正视图　　　　(b)侧视图

图 2-4　法国 Stein 分离式双进双出钢球磨煤机

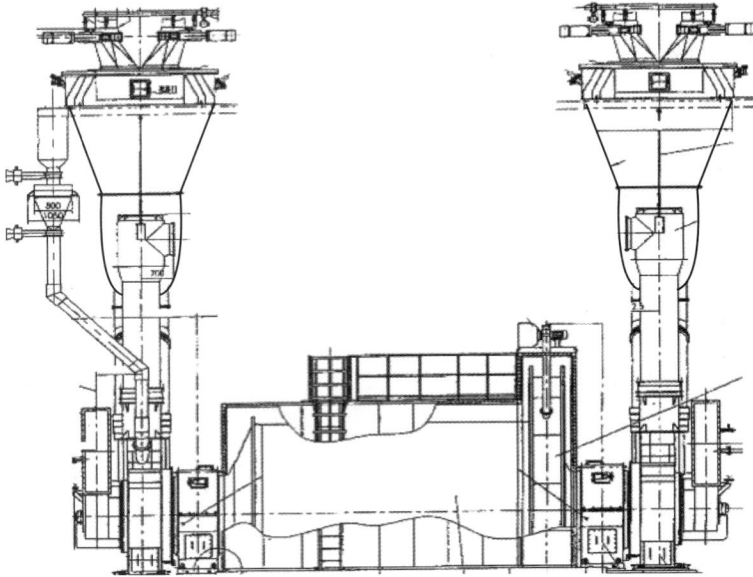

图 2-5　BBD 系列双进双出钢球磨煤机

BBD 系列双进双出钢球磨煤机常用规格技术参数表见表 2-1。图 2-6 为 BBD 制粉系统工质流程示意图。

制粉系统：炉前原煤由每套制粉系统的两只原煤斗经下部落煤挡板落入两台转速可调的电子称重式给煤机。两台给煤机根据磨煤机筒体内煤位（料位）分别送出一定数量的原煤，原煤经过给煤机出口挡板进入位于给煤机下方的磨煤机两侧混料箱。在混料箱内原煤被旁路风干燥，再经磨煤机两端的中空轴（耳轴）内螺旋输送器的下部空间分别被输送到磨煤机筒体内进一步干燥并进行研磨。磨煤机筒体内的一次风将研磨到一定细度的煤粉经两侧耳轴内部的螺旋输送器上部空间分别携带进入两台煤粉分离器。细度合格的煤粉经每台分离器顶部的数根煤粉管（PC 管）引至锅炉燃烧器；细度不合格的煤粉经下部的回粉管返回磨煤机再次研磨。

表 2-1　　　　　　　BBD 系列双进双出钢球磨煤机常用规格技术参数表

磨煤机型号	单位	BBD3448	BBD4060	BBD4360	BBD4366	BBD4760	BBD4772
筒体内径	mm	3350	3950	4250	4250	4650	4650
筒体长度	mm	4940	6140	6140	6740	6140	7340
钢球负载	t	48	79	89	97	100	122
磨煤机出力	t/h	36	64	75	82	88	107
电动机功率	kW	800	1400	1700	1800	2000	2400
筒体转速	r/min	18	16.6	16	16	15.3	15.3
设备质量	t	185	230	260	270	315	340

磨煤机的一次风：磨煤机的一次风系统见图 2-7。制粉系统运行所需要的一次风由两台一次风机提供，正常运行采用并联方式。每台风机出口分两路，其中的一路经回转式空气预热器加热后汇入制粉系统热风母管；另一路则不经空气预热器加热，直接汇入制粉系统冷风母管。每套制粉系统分别从冷风和热风母管引出一路风，经开度可调的冷风和热风挡板后汇合成该套制粉系统的入口总一次风，温度合适的一次风经该套制粉系统的一次风

截止挡板后再分两路，一路是过磨风（负荷风），进入落煤管的混料箱中，进入磨煤机内部，对原煤进行干燥和携带煤粉；另一路就是旁路风。

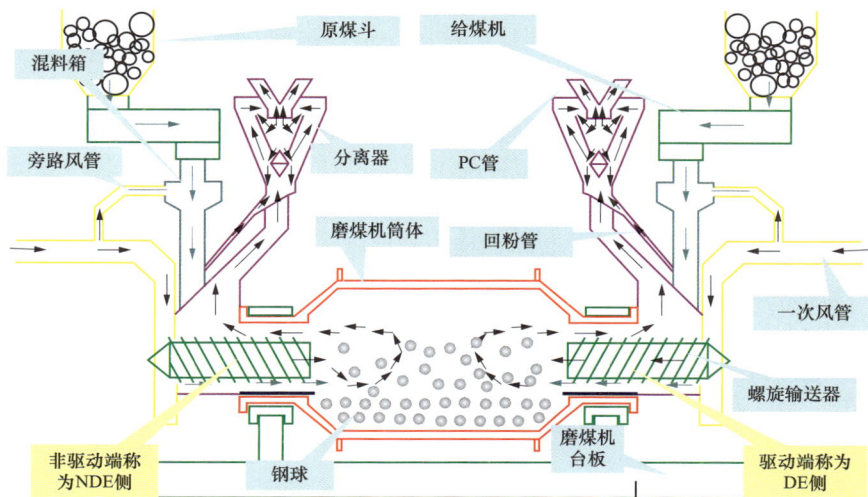

图 2-6　BBD 制粉系统工质流程示意图

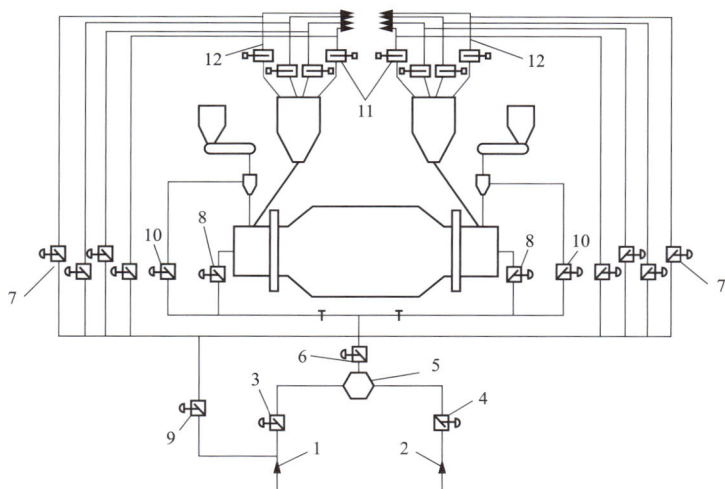

图 2-7　磨煤机一次风系统

1—引自冷风母管的冷风；2—引自热风母管的热风；3—冷风门；4—热风门；5—混合器；
6—一次风截止门；7—清扫风门；8—驱动端（非驱动端）负荷风门；9—清扫风总门；
10—旁路风门；11—分离器出口气动关断挡板；12—分离器出口一次风管

双进双出磨煤机之所以设旁路风，是因为普通钢球磨煤机的通风量是按磨煤机的最佳通风量来运行的，这样带来较大的风煤比。例如早期 300MW 机组锅炉采用的普通钢球磨煤机一般为 DTM350/600，该磨煤机的最佳通风量为 $10000 \sim 11000 \mathrm{m}^3/\mathrm{h}$，质量流量为 $9000 \sim 10000 \mathrm{kg/h}$，若磨煤机出力按 35t/h 运行，则风煤比为 2.5～2.85，此时一次风率为 20%～26%，较适合磨制烟煤。

对于双进双出磨煤机，一般与 300MW 机组锅炉匹配的磨煤机与普通钢球磨煤机的尺寸相近或相同。按要求，对于贫煤和无烟煤，一般风煤比为 1.4（指磨煤机出口处，包括密封风量和干燥煤时的水分蒸发量）。一般煤的理论燃烧空气量为 6.0～9.0 m³/kg（标准状态），可求得锅炉的一次风率为 14.6%～9.8%。

该一次风率对于无烟煤还是适合的，但是用于烟煤则明显偏低。如果要用增加负荷风的方法来增加一次风量，因为双进双出磨煤机出力和过磨风（负荷风）量成正比，就会造成入炉煤增加。因此，当双进双出磨煤机磨制烟煤时就必须增加旁路风。

而且，一次风管内的流速是按 BMCR 的工况来设计的，在低负荷下，一次风量过低还可能造成一次风管积粉。因此，双进双出磨煤机也需要设旁路风。

所有形式的旁路风都是不进入磨煤机筒体内携带煤粉的，但旁路风引入的方式各有不同，可直接引入分离器后（例如 SH 电厂），或引入分离器前，或引入落煤管然后再从落煤管引进分离器前（多用于 SVEDALA 双进双出磨煤机，如 HEF 电厂改造前、YY 电厂、SA 电厂）。BBD 和 FW 的双进双出磨煤机的旁路风是引入滚筒空心轴螺旋输送器上方的落煤管，但是不进入磨煤机内，而是直接短路与磨煤机筒体内出来的一次风风粉混合物混合，之后进入磨煤机分离器，最后从分离器出口进入一次风管道（如 LUY、YQ、EZ、YAC 电厂）。旁路风进入落煤管中对原煤也有一定的干燥作用，在磨煤机负荷较高时，旁路风基本处于关闭状态。

密封风：由于采用双进双出磨煤机的制粉系统一般采用正压的工作方式，为防止热风及煤粉从磨煤机中空轴动静部件之间的间隙处外漏，每台锅炉制粉系统设有 2 台 100% 容量的离心式密封风机（正常运行时一运一备），密封风系统由密封风取自一次风冷风母管，2 台离心风机为增压密封风机。给煤机的密封风取自磨煤机密封风。

由于密封风是经过磨煤机滚筒的，因此，密封风也是过磨风，和来自一次风的负荷风一样起到携带煤粉的作用。

一次风管吹扫风：由于分离器出口一次风管较长，为防止磨煤机后一次风管内堵管造成制粉系统出力下降及煤粉自燃或爆破，在分离器出口每根一次风管的磨煤机出口气动关断挡板后设有管路吹扫风，用来在磨煤机启动前和停止后清扫一次风管中残留的煤粉，吹扫风取自磨煤机冷一次风。目前大多数燃用贫煤和无烟煤的双进双出磨煤机制粉系统都不再设吹扫风。

煤位计：双进双出磨煤机的滚筒相当于一个动态粉仓，磨煤机的出力只有在建立正常煤位且煤位能保持动态稳定的前提下，给煤机的出力才和磨煤机的出力相等。或者说给煤量只是用来保持煤位用的，磨煤机的出力是和过磨风量（负荷风与密封风之和）成正比的。因此，是否能保持稳定的煤位，即能否正确地监视煤位，就成为双进双出磨煤机能否正常运行的关键问题。煤位计有两种。一种是噪声式煤位计，由于它的零位受装球量的多少和分离器的开度影响，经常发生漂移。因此，噪声式煤位计的指示往往是不准确的，而压差式煤位计则比较准确。自动控制以粉位为控制对象，噪声式煤位计反映的是煤位，从煤到粉，大约需延迟 5min，由于迟延存在，不便于进行自动控制。

图 2-8 为 D-10D 双进双出磨煤机的差压煤位测量系统示意图。上方管线是磨煤机水平中心轴线压力测点，中间的 B 管线是磨煤机轴径下方最低点的压力测点，下方 A 管线是磨煤机轴径略下方较低点的压力测点。ΔPOA 是高信号煤位，ΔPOB 是低信号煤位。运行中三根测压管线中通有相同流量连续流动的空气以防止测压管堵塞。筒体内 O 点相对其他两点煤粉浓度最低，相应管道流动阻力最小；B 点相对煤粉浓度最高，相应管道中流动阻力最大；筒体内 A 点煤粉浓度居中，相应管道中流动阻力也居中。筒体内 A、B 点煤粉浓度

增加，A、B 管道中连续流动的空气阻力增加，ΔPOA、ΔPOB 增大，表示煤位增加。

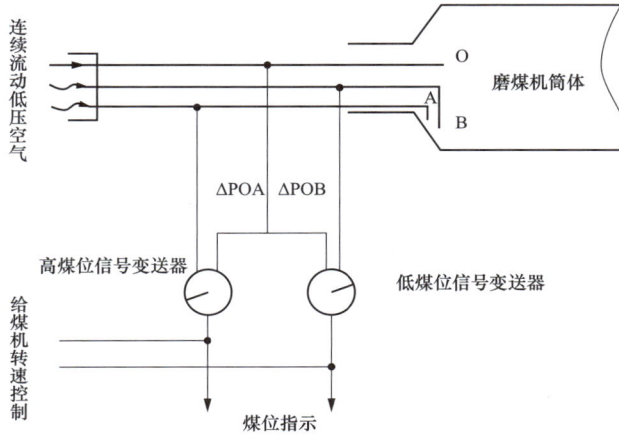

图 2-8　D-10D 双进双出磨煤机的差压煤位测量系统示意图

应当注意煤位信号是压差，表示筒体内存煤多少，而不表示实际煤位的高度尺寸。一般煤位压差都在 300～500Pa。图 2-9 显示了 FW 系列双进双出磨煤位高度和煤位压差之间的关系。举例如下：当煤位测量块区域的煤位高度为 96mm 时，低煤位表的差压读数应为大约 23mm H_2O（225Pa），高煤位表的差压读数应为大约 10mm H_2O（98Pa）。但是影响压差的大小还与煤位测量块的高度及结构有关，应当在现场进行标定。

控制系统给定一个煤位设定值，当磨煤机的通风量增加带出的煤粉增多，筒体内储煤量减少时，煤位比设定值小，给煤机则提高转速，煤位增加。当磨煤机通风量减小时，带出的煤粉变少，筒体内储煤量增多；煤位比设定值增大，给煤机则转速降低，煤位降低。因此，给煤机转速受煤位控制，磨煤机出力受通风量控制，煤位就成为磨煤机控制的中心环节。一旦压力的 A/B/O 的感知元件安装不正确，或在运行中被砸扁、堵塞，就可能导致测量不准，对整个控制系统带来很大的影响。

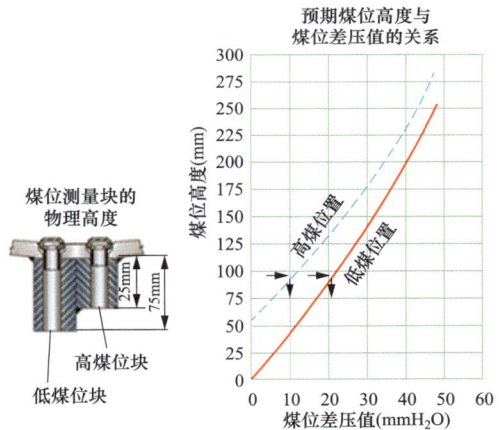

图 2-9　FW 系列双进双出磨煤位高度和煤位压差之间的关系

当磨煤机的直径和长度都固定以后，装球量的多少、大小球比例的搭配、衬瓦的形状及料位的高低等因素对碾磨出力和煤粉细度都会带来影响。

2.2　双进双出磨煤机的优缺点

2.2.1　双进双出磨煤机的优点

布置紧凑，适合直吹式系统：消除了中储式负压制粉系统的漏风、排粉机磨损等带来的问题。

可靠性高、可用率高：国内外运行情况表明，配双进双出磨煤机的制粉系统的年事故率不超过1‰，明显低于其他型式制粉系统的事故率。

维护简便：双进双出磨煤机具有钢球磨煤机的优点，与中、高速磨煤机比较，双进双出磨煤机维护简便，维护费用也低，只需更换大齿轮油脂和补充钢球。

出力稳定：能长期保持恒定的容量和要求的煤粉细度，对于可磨系数较高的煤种，几乎不存在由于磨煤机本身的因素造成制粉系统出力下降的问题。

对煤种的适应能力优于其他形式的制粉系统：能有效地磨制坚硬、腐蚀性强的煤种。

储粉能力强：与中、高速磨煤机相比，双进双出磨煤机的筒体本身就是一个大的储煤罐，有较大的煤粉储备能力，大约相当于磨煤机运行10～15min的出粉量。

在较宽的负荷范围内有快速的反应能力。

能保持一定的出口风煤比：在双进双出磨煤机中，只要料位正常，通过磨煤机的风量与带出的煤粉量基本呈线性关系。当煤质符合设计煤质，设计的风煤比一定时，要增加磨煤机出力只需相应增加风量即可。

低负荷时能保证合适的煤粉细度：在低负荷运行时，由于一次风量减少，相应的风速也减小，带走的是更细的煤粉。这对于锅炉低负荷稳燃是有利的。

一定的灵活性：对双进双出磨煤机而言，当低负荷运行或启动时，既可全磨（双进双出）也可半磨（双进单出或单进单出）运行。此外，一台给煤机事故或一端煤仓（或落煤管）堵煤时，磨煤机仍能运行。

2.2.2　双进双出磨煤机的缺点

磨煤机电耗比较高：同样尺寸的双进双出磨煤机和钢球磨煤机的计算出力几乎是一样的。SVEDALA公司给出的出力与苏联方法计算出力的出较见表2-2。钢球磨煤机本来电耗就较高，但是因为有煤粉仓，因此钢球磨煤机可以在满负荷（即最经济的负荷下）运行，低负荷时可以停磨煤机，用煤粉仓的煤粉供锅炉燃用。而双进双出磨煤机一般配直吹式系统，只要锅炉运行就必须有一定数量的磨煤机运行，尤其是低负荷或半磨煤机（单侧）运行工况。加之配置的一次风机容量较大，制粉系统电耗高达35kWh/t煤以上，整个制粉系统的经济性较低。因此，合理选择磨煤机和一次风机容量是很重要的。并且应对双进双出磨煤机的运行方式给予足够的重视。

例如SA电厂3号锅炉B磨煤机的测试结果，即使在较高出力（45.3t/h）、R_{90}＝10%的条件下，磨煤单耗达23.57kWh/t，通风单耗达18.30kWh/t，制粉单耗高达41.87kWh/t。磨煤机出力在36t/h下，磨煤单耗达29.4kWh/t，通风单耗达18.8kWh/t，制粉单耗高达48.2kWh/t。如果按运行统计单耗，定会高于上述数值。DG电厂运行统计，300MW机组配双进双出磨煤机直吹式制粉系统，当机组负荷为165MW时，制粉单耗高达63.5～65.2kWh/t。

煤质较差、可磨系数较低时，达不到设计出力，高出力下煤粉较粗。早期，在所有已投产的W火焰炉中，除LH电厂、YQ电厂的几台锅炉之外，几乎都存在制粉系统出力选择偏低、煤粉选择偏粗，美国FW D-10D型磨煤机还存在分离器调节性能不佳等问题，难于满足劣质煤既难磨又要求煤粉细的要求。

表 2-2 SVEDALA 公司给出的出力与苏联方法计算出力的比较

项目	符号	单位	磨煤机尺寸					
			3.8m×5.8m	4.0m×6.1m	4.3m×6.4m	4.7m×7.0m	5.0m×7.7m	5.5m×8.2m
钢球装载量	G_O	t	76	91	111	145	186	241
磨煤机体积	V	m³	65.74	76.61	92.9	121.4	151.1	194.7
钢球装载系数	Φ	%	0.231	0.238	0.239	0.239	0.246	0.248
煤的哈氏可磨性指数	HGI	—	60	60	60	60	60	60
煤粉细度	R_{75}/R_{90}	%	15/10	15/10	15/10	15/10	15/10	15/10
公称出力	B	t/h	42	50	62	82	110	141
苏联钢球磨煤机的计算出力	B_m	t/h	46	54.6	66.4	86.9	110	142.5

例如，美国 FW 生产的 D-10D 双进双出磨煤机当燃煤可磨性指数比较高时，美国 FW 给出的设计值还是比较准确的。EZ 电厂燃用烟煤和无烟煤的混煤，设计煤种的哈氏可磨性指数（HGI）为 58.7，全水分为 8.3%，煤粉细度 $R_{75}=15\%$，磨煤机额定出力为 43.45t/h；实际运行中，当磨制烟煤和无烟煤混煤的比例为 6：4、混煤全水分为 11.3%、哈氏可磨性指数（HGI）为 53 的煤种时，满足设计煤粉细度 $R_{75}=15\%$ 的要求时，磨煤机实际最大出力为 42t/h（见图 2-10），说明尽管已经没有裕量，磨煤机出力基本能达到设计要求。

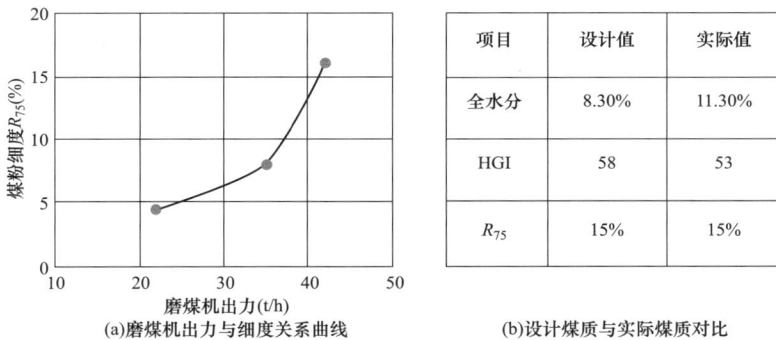

项目	设计值	实际值
全水分	8.30%	11.30%
HGI	58	53
R_{75}	15%	15%

(a)磨煤机出力与细度关系曲线　　(b)设计煤质与实际煤质对比

图 2-10 EZ 电厂在磨制接近设计煤种时磨煤机出力与细度的关系

YAC 电厂在磨制偏离设计煤种时出力与细度的关系见图 2-11。对于 YAC 电厂虽为 350MW 机组，但磨煤机选择与 YQ、SA、EZ 电厂 300MW 同型锅炉的型号一样，都是美国 FW D-10D 型磨煤机。设计煤种为晋南无烟煤，哈氏可磨性指数（HGI）为 55，全水分为 5.67±3%，煤粉细度 $R_{75}=15\%$，磨煤机额定出力为 41.9t/h；实际 YAC 电厂使用阳城和沁水地方生产的小窑煤，其哈氏可磨性指数（HGI）大多为 38 左右，在全水分为 12.5% 时，要获得 $R_{75}=15\%$ 的煤粉，磨煤机的实际出力仅为 22t/h（见图 2-11）。而根据美国 FW 提供的修正曲线，磨煤机出力应达到 33t/h。由此可见，磨煤机出力裕量太小，适应不了煤质变化的需要，再加上煤质变坏以后，实际修正曲线与设计严重不符，更加重了这一问题。

美国 FW 生产的 D-10D 双进双出磨煤机所配的惯性双流式分离器（见图 2-12），调节性能甚差，分离器无调节挡板，只能通过限制回粉口的间隙来调整，在磨制设计煤种、出力为 42~43t/h 时，勉强能达到设计细度 $R_{75}=15\%$。当煤种变化时，尤其是哈氏可磨性指数低的煤种，磨煤机出力降低，煤粉变粗，要维持磨煤机的高出力，只能通过提高风量来实现，结果煤粉变得更粗，而且风煤比升高。试验表明，在高负荷下风煤比由1.2上升到1.8，YAC电厂和AS电厂都因此造成燃烧稳定性大幅度降低，不能加风，飞灰可燃物大幅度上升。YAC电厂在锅炉投产初期，用阳城煤做性能试验时，当磨煤机出力为32t/h时，必须将通风量加到50t/h以上，风煤比达到1.56，煤粉细度R_{75}为22%～25%，远超过设计值$R_{75}=15\%$。在此工况下，4台磨煤机运行，可带到330MW，飞灰可燃物达36%。而且在此工况下不能吹灰，否则燃烧不稳。在额定负荷350MW下需投油枪稳燃，飞灰可燃物高达40.55%，大渣可燃物达27.6%。

如果磨制烟煤，制粉系统设计不合理或运行调节不当，易发生制粉系统爆炸问题。

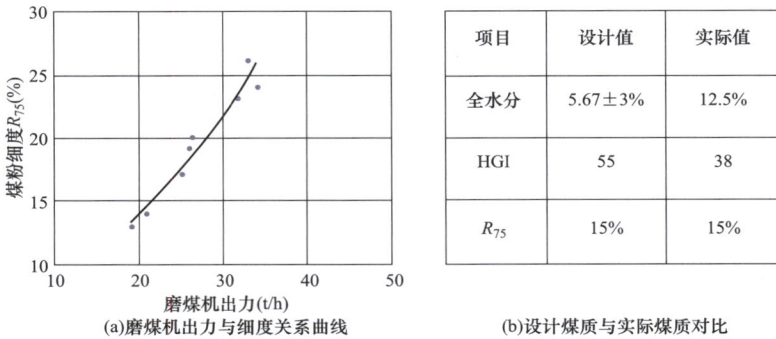

项目	设计值	实际值
全水分	5.67±3%	12.5%
HGI	55	38
R_{75}	15%	15%

(a)磨煤机出力与细度关系曲线　　(b)设计煤质与实际煤质对比

图2-11　YAC电厂在磨制偏离设计煤种时出力与细度的关系

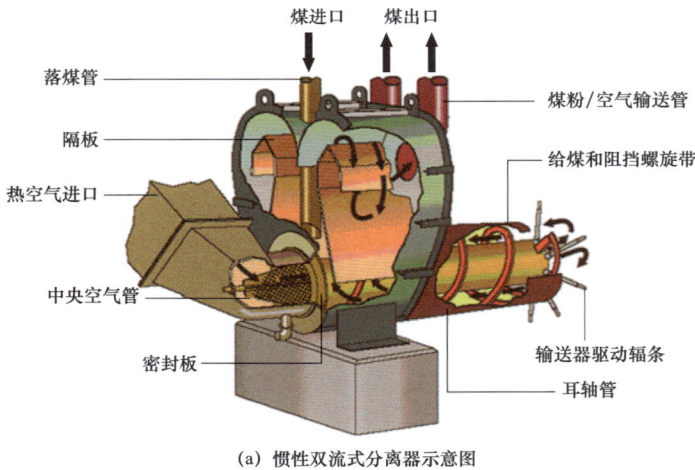

(a) 惯性双流式分离器示意图

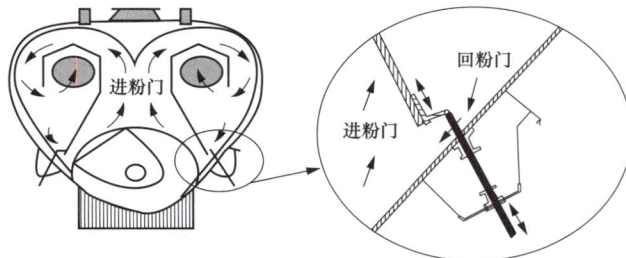

(b) 分离器进粉门/回粉门示意图

图2-12　美国FW生产的D-10D双进双出磨煤机所配的惯性双流式分离器示意图

2.3　双进双出磨煤机的运行特性

2.3.1　双进双出磨煤机的出力控制

不仅是双进双出磨煤机，所有磨煤机的综合出力都由 4 方面因素共同组成的，影响综合出力的因素包括：碾磨出力、干燥出力、通风出力和分离出力。

（1）碾磨出力是影响磨煤机出力的根本条件。设计碾磨出力的大小与滚筒的直径、长度、钢瓦的型式、装球量、钢球直径的搭配比例有关。例如，BBD-4360 表示磨煤机的名义尺寸是直径为 4.3m，长度为 6m（实为 4250mm×6140mm）。双进双出磨煤机滚筒内部的设计风煤比一般为 1.35～1.5，相应的煤粉浓度是 0.74～0.67kg/kg。如果由于设计失误造成碾磨出力达不到设计要求，在这种条件下，为了增加磨煤机的出力就只能增加风量，煤粉粒径变粗，来达到相应的出力。

（2）干燥出力。干燥出力实际是指磨煤机干燥原煤的能力。干燥出力的大小主要取决于通风量、热风温度和煤粉水分的高低。当通风量和磨煤机的综合出力成正比时，干燥出力值取决于入磨风风温的高低。当进入磨风的风温偏低时，就无法保持磨煤机出口的温度，这不但会造成磨煤机碾磨出力下降，而且会造成分离器和一次风管路积露，威胁机组的安全。为了保持合理的磨煤机出口温度，就只好降低磨煤机的综合出力。

（3）通风出力。通风出力实际是指干燥介质携带煤粉的能力。通风出力是否和综合出力成正比，关键在于磨煤机内的煤粉浓度是否达到了设计浓度。例如，LUY 电厂 BBD 磨煤机设计煤粉浓度为 0.74kg/kg，当磨煤机内的煤粉浓度维持 0.74kg/kg 左右，即风煤比维持在 1.35 时，增加过磨风量，磨煤机综合出力就成比例增加。当磨煤浓度明显低于 0.74kg/kg 时，磨煤机出力就不可能和通风量成正比。

在磨煤机的总体设计正确的前提下，磨煤机内浓度主要取决于料位。当料位未达到设计料位时，煤粉浓度必然低于设计浓度，此时增加通风量磨煤机的综合出力不可能成正比增加。在这种情况下，增加一次风量，一次风含粉浓度会进一步降低，直接影响燃烧的稳定性。

而影响磨煤机出力的通风量是指通过磨筒的风量。过磨风量不仅包括来自一次风的负荷风，实际还包括密封风。而密封风的大小与磨煤机的负荷也就是磨煤机内的压力有密切关系。在低负荷下，尤其是磨煤机刚刚启动时，由于负荷风开度很小，磨煤机内风压很低，密封风远超过设计满负荷下的密封风量。例如，LUY 电厂双进双出磨煤机的密封风设计值为 4t/h，在第一次试运中密封风量就高达 10t/h，结果该厂在启动初期难于建立稳定的煤位，成为造成燃烧不稳的关键问题，导致启动调试延后约 6 天。

（4）分离出力。分离出力是指分离器的大小和分离效率。正确的分离器的设计，不但要确保和磨煤机综合出力相匹配的含粉气流的通过性，而且要使煤粉细度符合设计要求。对于中速磨煤机，碾磨效率和分离效率将直接影响磨煤循环倍率，即进入磨煤机的总煤量（给煤量与回粉量之和）与分离器出口粉量之比，而循环倍率的大小又直接影响煤粉水分的高低，从而直接影响中速磨煤机的干燥出力。对于褐煤，由于采用新型和旧型磨煤机，其碾磨效率和分离效率不同，煤粉水分将可能由 10% 上升到 18%～24%，将严重影响磨煤机干燥出力的大小。

对于双进双出磨煤机，分离效率主要是影响磨煤机的综合出力。尺寸相近的单进单出磨煤机和双进双出磨煤机相比，尽管计算出力相近，但双进双出磨煤机实际运行时仅能达到计算出力，而单进单出磨煤机的实际运行出力要比计算出力高很多。这说明双进双出磨煤机的碾磨出力是有裕量的。在最大出力下双进双出磨煤机的风量也达到最大，通风出力也不应存在问题，剩下的问题只有分离器。YAC电厂的经验说明：双进双出磨煤机分离器由双流式分离改为轴向分离后，由于分离效率提高，不仅制粉细度得到改善，由于循环倍率由3降到2，出力也提高了20%。现美国FW D-10D型双进双出磨煤机分离器为同体式双流道分离器，如将其改造为分体式轴向分离器，其出力及制粉细度可望有较大改善从而解决困扰双进双出磨煤机W火焰炉的瓶颈问题。如果采用旋转式分离器。不但制粉细度得到改善，风煤比也会较大幅度下降。这一点对于燃烧系统的设计和运行将会带来较大影响，如果按照改造前的风煤比选取燃烧器喷口一次风速，将可能导致一次风速偏低。

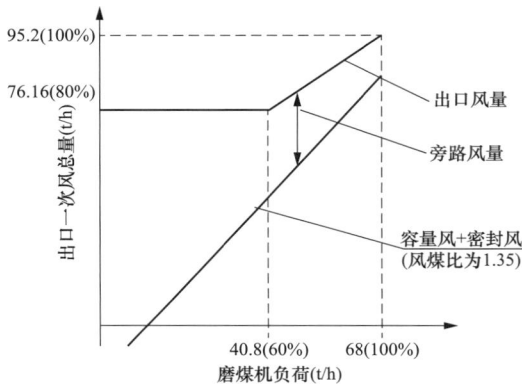

图 2-13　LUY电厂双进双出磨煤机风量曲线

（5）双进双出磨煤机运行出力调节和最小出力。双进双出磨煤机筒体相当于一个煤粉仓，调节过磨风量就可以调节出力，例如LUY电厂双进双出磨煤机风量曲线如图2-13所示，通过调节旁路风量可以保证一次风管风速。

由图2-13可知，当磨煤机设计碾磨出力大于综合出力的前提下，磨煤机的出力应与通过磨煤机的风量（负荷风加密封风）成正比，对于LUY电厂，这条直线的斜率就是磨煤机内含粉气流的风煤比（即1.35）。在40%额定出力以上时一次风的总量等于过磨风与旁路风之和，在40%以下出力时为了保证一次风管路不积粉，一次风总量维持总风量的80%不变，出力越低，旁路风量越高；在40%以上出力时随着过磨风的增加，旁路风逐渐减小。而旁路风的大小，是根据锅炉燃烧的一次风率和一次风管容许的最低风速所决定的。

当磨煤机达到基本出力以后，继续加大风量，煤粉将大幅度变粗。

沈阳重型机械集团有限责任公司（简称沈重）表示，从理论上讲，磨煤机出力可以为0~100%，实际上磨煤机最小出力受通过磨煤机最小风量限制。

磨煤机单侧运行时，风量和出力也满足上述曲线。

（6）煤质变化对磨煤机出力的影响。在设计煤种下磨煤机的出力与通风量成正比，但是当被磨制煤种的哈氏可磨性指数大幅度降低时，这种关系还基本能保留，但风煤比就不复存在。YAC电厂D-10D磨煤机不同煤质下出力和风量之间的关系见图2-14。

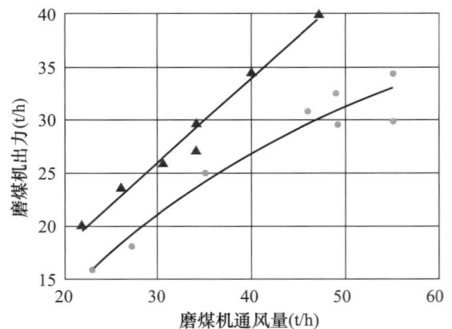

图 2-14　YAC电厂D-10D磨煤机不同煤质下出力和风量之间的关系

由图 2-14 可知，对于哈氏可磨性指数 HGI 为 78 的煤种（图 2-14 中带 △ 的曲线）风煤比为 1.2，其磨煤机出力曲线的斜率比较大，达到 0.83，磨煤机出力和通风量在全过程中都成正比。带·号的曲线是哈氏可磨性指数 HGI 为 38 的煤种对应的磨煤机出力曲线，高负荷下风煤比达到 1.8。当通风量超过额定通风量的 40% 以后，磨煤机出力不再和通风量成正比，出力降低，煤粉粒度也变粗。YAC 电厂燃用的是低挥发分的贫煤，需要较高的煤粉浓度和较低的制粉细度，而燃用的实际煤种偏离设计煤种，结果造成高负荷下燃烧不稳，飞灰可燃物大幅度增加。

2.3.2　影响双进双出磨煤机制粉细度的因素

（1）出力与制粉细度的关系。以 EZ 电厂为例，其燃用的设计煤种的哈氏可磨性指数 HGI 为 58.7，全水分为 8.3%，煤粉细度 $R_{75}=15\%$，磨煤机出力为 43.45t/h。图 2-10 是在磨制接近设计煤种（HGI 为 53，全水分为 11.3%）时出力与细度的关系。可见，磨煤机可以达到设计出力，制粉细度随磨煤机出力的上升而上升，在额定出力下制粉细度能较好地满足设计要求。

但是，YAC 电厂设计煤种为晋南无烟煤，哈氏可磨性指数 HGI 为 55，全水分为 5.67%，波动为 3%，制粉细度 $R_{75}=15\%$，磨煤机出力为 41.9t/h。实际燃用哈氏可磨性指数 HGI 为 38、全水分为 12.5% 的煤种时，由图 2-11 可知，实际出力只能达到 33t/h，煤粉细度随磨煤机的出力增加而增加，在最大出力下制粉细度 R_{75} 已高达 25%。

综上所述，磨煤机的出力随过磨风的增加而增加，风量越高携粉能力越强，煤粉也越粗。当超过基本出力后，由于磨煤机已经磨不出对应量的煤粉来，因此随着风量的增加，煤粉迅速变粗。

燃煤的哈氏可磨性指数降低，碾磨出力下降，同出力下煤粉更会变粗。

（2）分离器回粉门的运行与制粉细度的关系。对于雷蒙式分离器，分离器的开度直接影响制粉细度。YAC 电厂 1 号锅炉调试期间，分离器回粉门开度由 50% 加大到 100%，制粉细度 R_{75} 由 25% 上升到 38%。

分离器回粉门的灵活性将严重影响磨煤机出力的大小和制粉细度，从而严重影响锅炉运行的稳定性。HZ 电厂采用旋转式分离器对原有雷蒙式分离器进行改造，由于锁气器灵活性较差，导致锅炉运行不稳。锁气器无法开启时，磨煤机实际失去分离作用，出力大幅度增加，制粉细度变粗，蒸汽压力、蒸汽温度迅速升高，飞灰可燃物增加；锁气器被卡，无法关闭时，制粉细度也会变粗，磨煤机出力降低，导致锅炉气压下降，蒸汽温度降低。

（3）煤位对制粉细度的影响。一定的煤位主要是为了保证磨煤机内有一定的存煤量，以适应机组负荷响应速度的要求，同时又不致因煤位过高而堵煤。料位高低对风煤比及磨煤机的响应速度有较大影响。料位高低对煤粉细度是否有影响呢？在十几年前曾有试验证明，对制粉细度没有影响。YAC 电厂磨煤机煤位与制粉细度的关系表见表 2-3。

表 2-3　　　　　　　　　YAC 电厂磨煤机煤位与制粉细度的关系表

参数	工况 1	工况 2	工况 3	工况 4
磨煤机出力（t/h）	33	33	22	22
磨煤机通风量（kg/h）	49725	50260	26819	26803

参数	工况 1	工况 2	工况 3	工况 4
磨煤机煤位（Pa）	535	369	360	521
煤粉细度 R_{75}（%）	38.9	38.2	16.2	15.25

但是，经过十几年的实践，笔者发现，当料位过低或过高时，对于磨煤机的出力、煤粉细度还是有影响的。

磨煤机内碾磨的过程可以用泻落、抛落和钢球的自转三种方式来描述。当磨煤机的直径和长度都一定以后，装球量的多少、大小球比例的搭配、衬瓦的形状、料位的高低对碾磨出力和煤粉细度都会带来影响。不合理地采用小球技术，大幅度减少装球量以降低磨煤机的电耗，造成磨煤机碾磨出力降低、煤粉细度变粗的事例已经在某些电厂得到证实；YAC 电厂采用梯形衬瓦以提高磨煤机钢球被抛落的数量和高度，从而使磨煤机出力得到提高的事例，都说明这一问题。料位的高低也必然会影响到碾磨效果。料位过高时，过多的燃煤隔绝了钢球，无论哪一种碾磨形式都很难进行，这就是料位过高时磨煤机出力和负荷响应速度反而下降的原因。相反，如果料位过低，钢球之间就可能出现无煤，或者缺少被碾磨的煤粒的可能，这当然会影响碾磨出力和煤粉细度。磨煤机内碾磨过程的不同形式示意图见图 2-15。

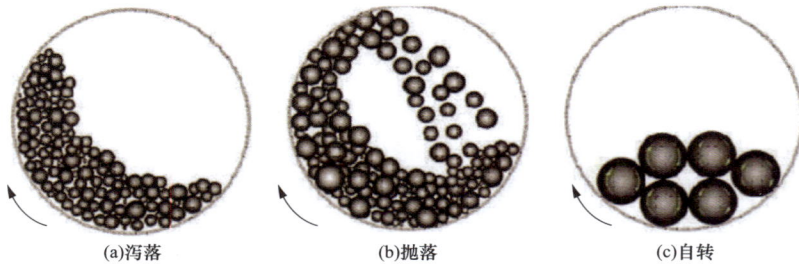

(a)泻落　　　　　　(b)抛落　　　　　　(c)自转

图 2-15　磨煤机内碾磨过程的不同形式示意图

现场的实践也不止一次地证明料位过低不但影响煤粉细度，甚至导致燃烧不稳。例如 LUY 电厂 300MW 机组锅炉，双进双出磨煤机直吹式制粉系统，在实施等离子点火启动锅炉时，由于未建立料位，燃烧器供粉时断时续，燃烧极其不稳，在采取闷磨煤机（即给入一定数量的煤量，短时间内只转动磨煤机而不送入风量）措施建立料位后顺利完成启动。AS 电厂 1 号机组 300MW 锅炉，改造后启动过程中，由于燃烧不稳，在 180MW 负荷下，炉膛负压大幅度波动，后检查发现高低煤位的测量管接头在打开后基本没有含粉气流喷出，这说明高低料位都基本没有燃料。在对料位进行调整后，燃烧不稳的现象得到较大幅度改善。另外，在 2010 年刘明撰写的《双进双出钢球磨与直吹系统料位差压的研究》等论文中对此也有详尽的分析和介绍，笔者认为这些论文还是反映了实际情况。

2.3.3　双进双出磨煤机的自动调节对锅炉稳定性的影响

自动控制系统对于采用双进双出磨煤机制粉系统的锅炉的输入热量及磨煤机出力的调节和采用其他形式的磨煤机的负荷调节是完全不同的。中速磨煤机、风扇磨煤机都是对于给煤机的调节，而双进双出磨煤机制粉系统磨煤机出力的调节是通过负荷风（过磨风）来调节的。但是，双进双出磨煤机制粉系统磨煤机出力的调节，不仅需满足机组负荷变化的要求，同时受磨煤机滚筒料位的影响。控制系统给定一个煤位设定值，当磨煤机的通风量增加时，带出的煤粉增多，筒体内储煤量减少，煤位比设定值小，自动控制系统发出指令，给煤机提高转速，煤位增加；当磨煤机通风量减小时，带出的煤粉变少，筒体内储煤量增多；煤位比设定值增大，自动控制系统发出指令，给煤机转速降低，煤位降低。因此，给煤机转速受煤位控制，磨煤机出力受通风量控制，煤位成了磨煤机控制的中心环节。一旦压力的 A/B/O 感知元件安装不正确或在运行中被砸扁、堵塞，就可能导致测量不准，对整个控制系统带来很大的影响。

此外，进入磨煤机的风量直接影响磨煤机的出力，也非常重要。而磨煤机入口一次风量测量装置的安装位置，一般又很难满足正常测量的要求（一般要求测量原件入口前的直管段应大于进口管段直径的 6 倍）。因此，其测量值很难正确反映实际的流量，其结果将直接影响给煤机的出力，从而影响锅炉运行的稳定。因此，对于磨煤机入口风量的标定，不能简单地认为标定系数为常数，即标定值与实测值之间并非线性关系，而是应当在不同的流量下进行多点标定，其修正系数并非定值而是一条曲线。

这样一来，料位测量的准确性、入磨风量测定的准确性都可能直接影响给煤量的多少。进入磨煤机的调节风门的灵活性也直接影响对风量、煤量的调节，当调节挡板卡涩或者其调节特性呈非线性时都会导致煤量的大幅度波动；当其这种调节同时在多台磨煤机发生时，将会导致锅炉的运行工况发生大幅度的波动。

在 LIC 电厂 600MW 机组 W 火焰炉实施降低 NO_x 的改造过程中，当其主蒸汽压力下降 0.3MPa 时，自动控制系统发出指令对磨煤机出力进行调整。而这台锅炉在改造过程下炉膛的卫燃带由 346m² 增加到 515m²，由于辐射吸热比例减少，其结果造成在升负荷过程中主蒸汽压力的增幅滞后于蒸汽温度的增幅。因此在对磨煤机出力进行调整时导致主蒸汽温度和再热蒸汽温度瞬间大幅度上升，主蒸汽减温水量上升数十吨，再热蒸汽温度上升到 570℃，减温水高达 30～40t/h。于是自动控制系统又进行调整，再热蒸汽温度又瞬间下降到 510℃ 以下。这种情况在投入运行后的一个多月中反复出现。后来针对上述问题进行消缺调整，同时针对辐射和对流吸热比例的变化造成的对于锅炉运行特性的影响，适当调整了蒸汽压力降低后自动控制系统对于过磨风量调整的幅度，使锅炉运行中蒸汽温度突变的现象得以控制。

由以上可知，双进双出磨煤机直吹式制粉系统磨煤机料位的测量、入磨一次风量的测量和控制系统对于锅炉的稳定运行有极大的影响。当这些系统出现问题时，对于亚临界机组将导致蒸汽温度、蒸汽压力的大幅度波动，对于超临界机组甚至可能导致水冷壁的超温爆管。为此，必须注意以下事项：

（1）料位测量系统感知元件的安装和维护必须符合设计要求。

（2）入磨风量的测量系统的显示值和实测值之间不是线性关系，必须按多点标定，以修正曲线而不是某一固定的系数来修正显示值。

（3）入磨调节风门必须灵活。

（4）自动控制系统的调节必须充分考虑锅炉的升温、升压特性，合理设定蒸汽压力、蒸汽温度与给煤量之间的调整系数，合理考虑给煤量增加后对蒸汽温度、蒸汽压力延迟变化的影响，只有这样才能保证锅炉运行的安全和稳定。

2.3.4　双进双出磨煤机单侧运行

磨煤机运行方式有：

（1）双进双出：正常运行方式。

（2）单进双出：在一台给煤机出现故障时，原煤水分不大于10%时，可采用单进双出运行方式。

（3）双进单出：在启动和低负荷时采用，可以过渡到双进双出工况。

（4）单进单出（单侧）：锅炉启动、低负荷时采用，可以稍长时间维持单侧运行方式。

上述的单进双出或双进单出的过渡运行方式一般可运行15～30min。

据沈重介绍双进双出磨煤机设计能满足长期单侧运行，为防止在该运行方式下非运行端下部积粉自燃和料位偏斜，采用非运行端通入15%的磨煤机额定通风量（负荷风10%、旁路风5%）的运行方式。

单进双出运行方式中筒体内的气粉两相流场处于不对称状态，筒体料位会出现不平衡的现象，而这种不平衡基本不会影响磨煤机的正常调节与运行，但两侧分离器出口温度差不应超过10℃。一旦两侧料位相差太多，将会影响两侧出粉的均匀性和风煤比的变化，以至于直接影响到炉内热负荷均衡性。对于这种情况应采取相应的措施：如用手动调节给煤机未运行端的旁路风挡板开度及给煤机运行端的煤量的方式加以调整。

沈重提供了LAC电厂双进双出磨煤机可以长时间单侧运行的实例，该情况在原电力部双进双出磨调研组调研电厂运行实绩时得到了证实；沈重并提到双进双出磨煤机甚至可以单侧部分风管运行，即只运行磨煤机一侧4根一次风管中锅炉对角燃烧器对应的两根一次风管。

2.4　双进双出磨煤机的防爆

2.4.1　双进双出磨煤机制粉系统爆破的原因和改造措施

双进双出磨煤机在国外大多用于磨制矿石、贫煤、无烟煤。因此，基本没有制粉系统的防爆问题。但是，国内大批采用双进双出磨煤机磨制烟煤，而且，由于国内燃料市场的变化，降低NO_x的要求日益严格，W火焰炉由燃用贫煤改造为大量掺烧烟煤，甚至全部燃用烟煤，防爆问题就必须被提到日程上来。

据调查，国内采用双进双出磨煤机磨制烟煤的HEF电厂由于原设计的旁路风布置不合理，在投运初期发生了三次制粉系统爆炸；燃用优质烟煤的SH电厂机组自投产以来，曾发生过两次制粉系统爆炸；燃用烟煤的LAY电厂机组自投产以来也曾发生过4次分离器积粉自燃着火。

从已经发生的爆破原因分析可以归纳以下几方面：

杂物堵塞分离器回粉管，导致分离器中的积粉自燃：LAY电厂在机组运行初期，由于原煤中杂物较多，就发生过这种问题。结果分离器出口风温急剧升高，分离器和一次风管烧红。

该厂根据几次积粉和实际运行经验，采取定期清理分离器的方法，解决了积粉自燃的问题。每当磨煤机累计磨煤到3万t时，清理分离器，采取该措施后没有再发生过制粉系统积粉、自燃和着火。

运行失控：SH 电厂两次爆炸均发生在磨煤机的停磨过程中，经分析，原因为当时的煤粉浓度、系统内存在的可燃气体、氧气浓度和火源都同时具备了爆炸的"最佳条件"未控制好而导致爆炸。

该厂未进行技术改造，只是按规定控制各项参数，在对磨煤机停运过程中采取防爆措施，如停热风 7min 后停煤、停给煤机后投入主惰、辅惰等，爆炸问题即得到解决。

ZOX 电厂 300MW 机组锅炉也曾在机组试运期间，因运行调整不当，分离器出口风温超高，也发生过一次制粉系统爆炸。HEF 电厂在 2000 年 11 月 2 日之前，曾为了提高干燥出力及防止磨煤机入口频繁堵煤而将分离器后设定温度由 80℃提高到 100℃，此后因 CO 读数不正常的升高，又设定为 90℃，结果造成制粉系统爆炸。按我国现行相关标准〔火力发电厂制粉系统设计计算技术规定（DL/T 5145—2012）〕规定，该系统中磨煤机分离器出口混合物温度最高不应超过 85℃。事故前曾一度将该值由 80℃提高到 100℃，后又因 CO 读数升高而定为 90℃，这都是违反防爆要求的。后将出口温度控制在 75℃以下，防爆问题即得到解决。

制粉系统设计不合理：HEF 电厂即因为这一问题在投运初期发生了三次爆炸。

（1）一次风管道和落煤管相接处设计结构不合理，在煤湿时空气炮频繁动作，造成原煤在一次风道与磨煤机进口垂直管连接处平台上沉积，造成爆炸。

（2）磨煤机进口堵煤：有的磨煤机进煤方式是斜板导料槽自然下滑进料，原斜板与水平夹角为 45°，在原煤粒度较小或水分为 9.5%以上时，磨煤机进口易堵煤。后将磨煤机进口导料槽斜板与水平夹角增大到 55°，并在煤场增设了干煤棚，通过这两个措施，解决了磨煤机进口堵煤问题。

HEF 电厂原设计旁路风系统图见图 2-16。

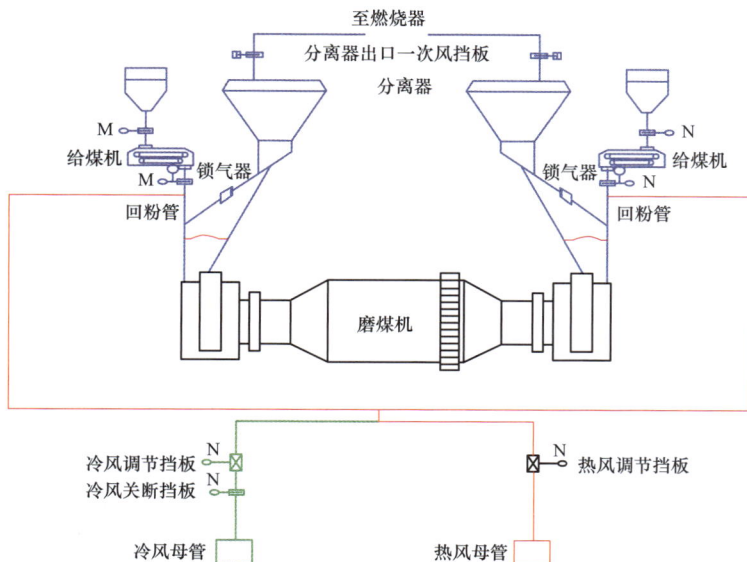

图 2-16　HEF 电厂原设计旁路风系统图

（3）旁路风设计不合理：HEF 电厂投运初期发生过两次因旁路风不合理引起的制粉系统爆炸。

当时的旁路风管道布置见图 2-16。原设计的旁路风穿过落煤管，然后又从落煤管引到分离器入口管。该旁路风从落煤管中携带细煤粉进入该引出管。当旁路风门关闭时，从旁路风门挡板至分离器入口管之间即存在一"盲肠"，且有一小的水平段，由此引起在该处积粉，这已被事后的检查结果所证实。另外，当旁路风门关闭时，在落煤后与旁路风挡板之间的管内，也可能沉积细煤粒，并可能引起自燃。

在这一旁路风系统的结构与布置中，旁路风的温度与进入磨煤机的一次风（过磨风）温度相同（SA 电厂与该系统相似，但其旁路风的引出口较低，因此通过原煤会使风温稍有降低），只能适用于低挥发分贫煤和无烟煤系统。当用于高挥分烟煤时即成为事故的祸根，DG 电厂类似系统试烧烟煤的经验也证实了这一结论。

旁路风管较粗，管内流速很低，易导致煤粉自燃。

XGY 电厂对该磨煤机进行了三次改进，得出的经验是：

（1）消除旁路风管道的起伏段，即较低的 U 形弯段。

（2）减小旁路风管直径，保证管内流速。

（3）分离器入口前加装经过优化设计的旁路风入口风箱，有效防止煤粉进入旁路风管。

（4）旁路风热风改从热风母管抽取。

（5）通过旁路风的冷、热风调节挡板独立调节，控制其风温为 80℃。

（6）磨煤机出口温度控制在 75℃，报警值为 90℃，超过 120℃即动作。

以上这些改进使旁路风管路系统的设计和运行都符合相关标准（或规程）的要求，此后的实际运行也证实是合理可靠的。

这些改造是由 XGY 电厂进行的。由此他们认为：

（1）原设计的旁路风取自入磨风，其温度相当高，几乎与入磨风相同，这种系统仅适用于低挥发分煤，不适用于烟煤制粉系统。旁路风管路布置不合理，运行中磨煤机出口温度控制过高，违反制粉系统有关规程的防爆规定是造成两次系统爆炸事故的根本原因。

（2）有关规程表明，$V_{daf} > 25\%$ 的烟煤，均属易爆炸性煤种，实际燃煤 V_{daf} 虽高于设计煤质，但并不构成爆炸的实质性原因，也就是说，即使燃用 V_{daf} 符合防爆设计值的煤时，在上述原因未被彻底消除之前，仍有可能发生爆炸。

（3）第二次旁路风系统的改造切实可行，符合相关规程的要求，在商业运行后证明也是成功的。

（4）对于高挥发分烟煤，通常情况下没有必要、也不宜采用双进双出钢球磨煤机直吹式制粉系统。

2.4.2　双进双出磨煤机制粉系统防爆要点

双进双出磨煤机制粉系统防爆的要点如下：

（1）采用螺旋输送器（绞笼）型强制给料结构，进料口截面尺寸大，对粒度、水分和黏性较大的原煤有很强的适应性，因而防止煤粉自燃及煤粉爆炸的性能好，可靠性强。目前世界上主要双进双出磨煤机制造商，如法国阿尔斯通（ALSTOM）公司、美国 FW、德国 BABCOCK（巴布科克）公司等均采用这种结构。

（2）给料管与水平线夹角大于 60°（根据法国 ALSTOM 公司规范规定，给料管与水平线夹角不得小于 60°），不易堵煤。

（3）推荐采用旁路风进入落煤管预干燥并由分离器前短路进入磨煤机的双进双出磨煤机，这种方式有以下优点：

1）旁路风通过混料箱对原煤进行预干燥。这种预干燥可将原煤表面（外在）水分干燥掉 50% 左右，可有效防止水分较高的原煤堵塞给煤管。

2）旁路风管不存在积粉的可能。

3）旁路风对原煤进行预干燥后，风温已经降低，进入分离器与煤粉相接触后引起煤粉着火爆炸的危险性大大降低，系统防爆安全性显著提高。

4）原煤经过旁路风预干燥后进入磨煤机磨制煤粉，由于水分降低，磨煤机的碾磨效率和稳定性都有显著提高。

（4）应用清扫风。磨煤机启动和停机后用清扫风对煤粉管道进行吹扫，对干燥无灰基挥发分高于 25% 的煤种，用冷风进行清扫输粉管道。

（5）注意磨煤机启动时的防爆控制。由于磨煤机制粉系统中所发生的爆炸有 90% 以上的情况发生在磨煤机启动或停运时，因此磨煤机启动和停运是防爆的一个重要环节。在磨制易爆煤种时，磨煤机启动时的主要控制方式为出、入口温度控制方式。对磨制易燃易爆煤种的制粉系统，满足这一启动控制要求是至关重要的。磨煤机启动时，分离器出口和一次风入口的温度调节器（冷风回路）有以下三种工况。

1）最小流量控制方式。在大部分情况下，磨煤机是在磨煤机内残存有煤及煤粉的状态下启动的。磨煤机启动前所需要的最小风量（约为最大风量的 75%）对磨煤机内残粉和水蒸气（在此之前为降低磨煤机内氧含量和暖磨煤机而通入的）进行吹扫，并满足磨煤机所需要的最小流量。

2）磨煤机入口温度控制方式。在磨煤机以最小流量控制方式操作的同时，应控制磨煤机入口风温，使磨煤机入口一次风温不高于 130℃，这样可以减少磨煤机内着火的危险性。

3）磨煤机出口温度控制方式。磨煤机分离器出口温度应控制在终端干燥剂允许温度以下，但最低温度应高于露点 5℃，以防止磨煤机和管道内结露。磨煤机启动程序的设置应使磨煤机入口温度控制方式自动转换为分离器出口温度控制方式。磨煤机出口温度控制由调节冷风调节挡板的开度来控制。由于磨煤机分离器出口温度是磨煤机控制的最重要的控制点之一，因此建议在分离器出口（或煤粉管道入口）处装三只测温元件，用于对该处温度的监测、控制和比较，并控制磨煤机入口一次风调节挡板的开度。

在磨煤机启动时，防止煤粉爆炸采取的另一重要措施是在磨煤机入口挡板开启之前通入消防蒸汽或其他惰性气体。这可在磨煤机内创造出惰化气氛。每次通入的蒸汽量及其他参数可参阅相应规格磨煤机的说明书。

（6）磨煤机运行中的防爆控制。磨制高爆炸危险性煤种时，磨煤机在运行中应连续监控分离器出口温度，磨煤机分离器出口温度应控制在 60～65℃。当磨煤机分离器出口温度高于设定值 10℃时发出报警信号，这时应采取相应措施使磨煤机分离器出口温度降至运行区间的温度。当采取各种措施失败时，分离器出口温度迅速上升超出设定值 20℃时，系统应能以快速停磨煤机方式使磨煤机停下来，然后检查制粉系统的升温原因。当分离器出口温度高于运行温度 30℃时，应以紧急停磨煤机方式停下磨煤机。

磨煤机一次风量控制应与给煤量相适应，这时的一次风是由热一次风挡板来调节，温度由冷一次风挡板控制。一次风量不能过低，一般不低于相应风量的 10%。因磨煤机和输送煤粉管道的各通风截面均由设计给定，风速过低会造成在某些部位的煤粉沉积，这样易造成煤粉堆积自燃引起爆炸。

磨煤机正压直吹式制粉系统大都采用热风干燥，热风中氧含量即为大气中的氧含量，在此系统中运行的磨煤机一般不需要投入惰性气体。只有当分离器出口温度持续快速上升时，且突破快速停磨极限时，说明磨煤机内煤粉可能已经着火，应通入惰性气体。由于磨煤机内着火的原因极为复杂，故在大多数情况下仍依赖于操作人员的经验。

（7）磨煤机停运过程的防爆控制。停运过程中磨煤机出口调节器置最小流量控制方式。磨煤机停运指令发出后，通过调节磨煤机一次风量逐渐将磨煤机负荷降至 40%～60%。其目的是尽量排空磨煤机和输送煤粉管道内的煤粉。这是正常停机过程中防止煤粉爆炸的一个重要步骤。磨煤机停运过程中应能满足一次风最小流量的要求。应尽可能吹净磨煤机内和输送煤粉管道内的残余煤粉，并冷却磨煤机和输送煤粉管。在磨煤机控制系统的停运控制程序中，应能自动地切换至一次风流量控制。

在磨煤机停运过程中通入惰性气体是极为必要的，通入惰性气体的要求与磨煤机启动程序相同。

（8）磨煤机停运后，应通过自动连锁控制方式启动慢速盘车装置，缓慢转动磨煤机筒体，使磨煤机内的钢球-原煤混合物搅拌均匀，防止燃料自燃。

（9）双进双出磨煤机单侧运行的防爆控制。单侧运行是双进双出磨煤机的一种运行方式，在双进双出磨煤机启动过程中，磨煤机的初始风量为额定通风量的 80%。一台磨煤机带两层燃烧器时，优先选用单侧（半侧磨）启动方式，磨煤机已运行侧（第一侧磨）启动完毕后再启动另一侧（第二侧磨），直接全磨启动的方式应用不多。

双进双出磨煤机在设计上可以单侧运行，在 LAC 电厂有长时间单侧运行实绩，但是单侧运行要注意以下几个问题：

1）单进双出的运行方式中筒体内的气粉两相流场是不对称的，筒体料位会出现不平衡的现象，而这种不平衡基本不会影响磨煤机的正常调节与运行，但两侧分离器出口温度不应超过 8℃。为防止在该运行方式下非运行端下部积粉自燃，采用非运行端通入 15% 的磨煤机额定通风量（负荷风 10%、旁路风 5%）的运行方式。但由于非运行端负荷风及旁路风的介入会对磨煤机负荷自动调节回路造成一定的扰动影响。而双进双出磨煤机在这种运行方式下易发生两侧分离器出口温度的不平衡，规定两侧分离器出口温度差不允许超过 10℃，否则应采取相应的措施，如用手动调节给煤机未运行端的旁路风挡板开度及给煤机运行端的煤量的方式加以调整。

2）两侧中空轴金属温度不平衡，应防止超温烧瓦。

3）磨煤机筒体料位不平衡，将影响到磨煤机的出口风煤比，进而影响磨煤机的负荷调节精度。

4）不投煤侧分离器出口一次风气动关断挡板必须严密，防止不运行侧一次风管积粉。

5）单侧运行时，只有在确认未投入运行的一次风管中未积粉的前提下，才允许投入这些管路。

（10）旁路风（辅助风）系统及运行。旁路风（辅助风）接入位置主要有 4 种方式：①接到落煤管，由落煤管再引入分离器前；②接到落煤管，对入磨煤进行干燥后，与出磨煤粉直接接触，并随出磨煤粉一齐进入分离器；③接到分离器前；④接到分离器后。

接到落煤管，由落煤管再引入分离器前：HEF 电厂原设计采用的 SVEDALA 磨煤机就是这种形式，如前所述，易于将煤粉带入旁路风管造成爆炸。接到落煤管：和入磨负荷风来自一路，除了有调节一次风速作用外，其风温较高，和负荷风温一致，对原煤有预干燥作用，如 LAC 电厂。接到分离器前：旁路风和负荷风分开，只有调节一次风速作用，风温比较低（如 HEF-2 电厂改后的系统）。接到分离器后：旁路风和负荷风分开，只有调节一次风速作用，风温比较低（如 SH 电厂和 ZOX 电厂）。

对于高水分的煤，宜采用旁路风接到落煤管的方式，有利于干燥高水分的煤，保证磨煤机的出力。根据磨煤机出力和一次风速及时调节旁路风，对于后两种方式，要特别注意旁路风温不能过高。对于第一种方式，要防止旁路风管道中积粉。

2.5　双进双出磨煤机制粉系统的局部改造

2.5.1　衬瓦的改造

钢球磨煤机将波浪形衬瓦改造成梯形衬瓦，是有利于提高碾磨出力的，但也将导致电耗上升。尤其是采用小球技术的钢球磨煤机，如果不同时进行衬瓦的改造，就较容易造成碾磨出力下降，制粉细度变粗，不利于燃烧。

2.5.2　分离器的改造

对于挥发分较低的煤种，制粉细度的高低对燃烧影响极大。不少电厂要求通过改造把制粉细度由设计的 R_{90} 在 6％～8％降低到 3％。因此近年来将雷蒙式分离器改造为旋转式分离器已经被很多用户所接受。但是在改造中也出现一些问题。

风粉分配的问题突出。几乎所有磨煤机制造和改造技术协议中，有关风粉分配的均匀性达到 10％以下的保证条件都是很难达到的。W 火焰炉不同于切圆燃烧的锅炉，不是全炉膛整体组织燃烧，风粉分配不均对燃烧组织影响极大。有的厂改造方案中本来列有增加均粉器的项目，后来被取消。投入运行后实行微油点火，发现有的燃烧器由于煤粉浓度过低，根本无法点燃，在第二台的改造中才增设均粉器。由于增设均粉器在现场布置十分困难，最好在锅炉设计中由设计院统筹考虑均分问题。据讯已经开发出均粉和旋转式分离器一体的动态分离器，但是因为造价较高无法和一些小厂家竞争，难以推广。

旋转式分离器是通过提高分离效率来改善制粉细度。尽管减少循环倍率可以提高综合出力，但效果有限。即使分离效率提高，并不能提高碾磨出力。据有关试验证明，在不降低制粉细度的前提下，整台磨煤机由于分离效率的提高，出力有望提高 6％左右。但是如果要求大幅度改善制粉细度，例如 R_{90} 由 6％降低到 3％，仍然要求磨煤机的综合出力不变就会有困难。根据德国巴博考克公司提供的公式，对一台 MPS200HP-Ⅱ中速式磨煤机进行计算，在相同边界条件下计算的结果：煤粉细度 R_{90} 由 6％降低到 3％，综合出力下降 31.7％。

因此，在分离器的改造中，若既要大幅度改善煤粉细度，又要维持磨煤机的综合出力不变时，必须预先了解磨煤机的出力裕量。对于碾磨出力已经没有裕量的磨煤机，改造后很可能出现达不到原有出力的问题。改造为旋转式分离器，一般阻力会增加，据现场实践，改造后磨煤机阻力增加 1000Pa 以上。因为双进双出磨煤机综合出力和负荷风量成正比，如果一次风机压头没有裕量，就会直接影响磨煤机的出力。现场改造中就出现电厂改造后旋转式分离器不能运转，否则锅炉带不到满出力的现象，制粉细度就无法满足要求，从而直接影响燃烧效率。

目前流行的低价中标使得很多技术能力和制造能力都不高的厂家反而容易中标。例如，在对同一电厂相同型号的锅炉进行分离器改造时，有的厂家改造后制粉细度几乎比北京电力设备总厂高出一倍，导致飞灰可燃物上升 60％；有的厂家在对分离器改造后，动静环之间的间隙漏粉严重，造成设备无法投入运行，需要进行二次改造，不但浪费了资金，而且给现场运行带来很多隐患。

第3章

FW系列双旋风筒燃烧器W火焰炉

3.1 FW 系列双旋风筒燃烧器 W 火焰炉及其制粉系统

3.1.1 锅炉设备

早期 FW 系列双旋风筒燃烧器 W 火焰炉为美国 FW 直供，后来主要是由 DGC 锅炉厂制造的亚临界参数、一次中间再热、单炉膛型露天岛式布置、自然循环汽包锅炉。燃用无烟煤，平衡通风，固态排渣，全钢架结构。

燃烧设备采用了双拱绝热炉膛、双旋风煤粉燃烧器、分级配风、W 火焰燃烧方式。炉膛分为上、下两部分，下炉膛呈双拱形，在其水冷壁上及炉拱附近敷设卫燃带。

早期投产的 300MW 等级 W 火焰炉前后炉拱上分别错列布置 12 对，共 24 对双旋风筒旋风分离煤粉燃烧器，共 48 只一次风喷口。600MW 等级亚临界 W 火焰炉前后炉拱上分别错列布置 18 对双旋风筒旋风分离煤粉燃烧器，共计 36 对，72 只一次风喷口。

后期投产的 300MW 等级 W 火焰炉减少为前后炉拱上分别按一列布置 9 对，共 18 对双旋风筒旋风分离煤粉燃烧器，36 只一次风喷口。600MW 等级超临界 W 火焰炉全炉采用前后炉拱上分别按一列布置 12 对双旋风筒旋风分离煤粉燃烧器，共 48 只燃烧器喷口。

每只燃烧器均有独立的配风单元，每个单元分成 A、B、C、D、E、F 共 6 个风室，每个风室入口均设有风门挡板。其中 A、B、D、E 挡板为手动，燃烧调试时设定开度，日常运行不调节；F 挡板、点火油枪风门 C 挡板采用气动执行器，实现自动调节。燃烧器乏气调节蝶阀和消旋装置采用手动调节方式。

亚临界 W 火焰炉水循环采用自然循环方式，整个炉膛四周为全焊膜式水冷壁，过热器系统采用美国 FW 的典型布置，传热方式为辐射-对流型。从汽包中分离出来的饱和蒸汽依次经顶棚过热器、热回收区、低温过热器、中温过热器和高温过热器。再热器系统全部为对流型受热面，按蒸汽流程依次分为低温段再热器和高温段再热器，采用逆流传热方式顺列布置。省煤器采用美国 FW 的典型结构布置，光管组成，位于后竖井低温段再热器与低温过热器下方，平行于前墙逆流顺列布置。

炉膛上部布置屏式过热器，折焰角上部布置高温过热器。水平烟道布置了垂直再热器，尾部竖井由隔离墙分成前后两个烟道，前部布置水平再热器和省煤器，后部为一级过热器和省煤器。在分烟道底部设置了烟气挡板，过热器系统的两级喷水减温器均采用多孔喷管式，喷管水平布置，分别装于低温过热器与大屏过热器之间和大屏过热器与高温过热器之间。再热蒸汽温度主要采用改变烟气调温挡板开度调节，在再热器入口的进口管道上设置了事故喷水减温装置，用于控制紧急状态下的再热蒸汽温度。

GY 电厂亚临界 300MW 等级 W 火焰炉汽水流程图见图 3-1。超临界 600MW 机组将分隔屏取消，过热器由低温过热器、前屏、后屏组成，图 3-2 为 NN 电厂锅炉汽水流程图。

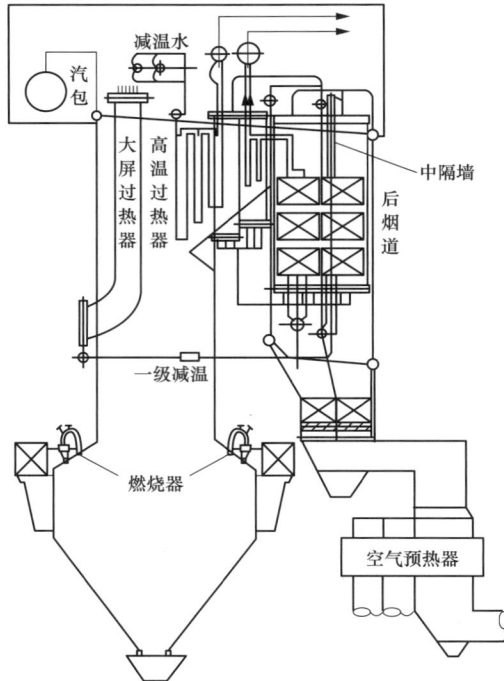

图 3-1　GY 电厂亚临界 300MW 等级 W 火焰炉汽水流程图

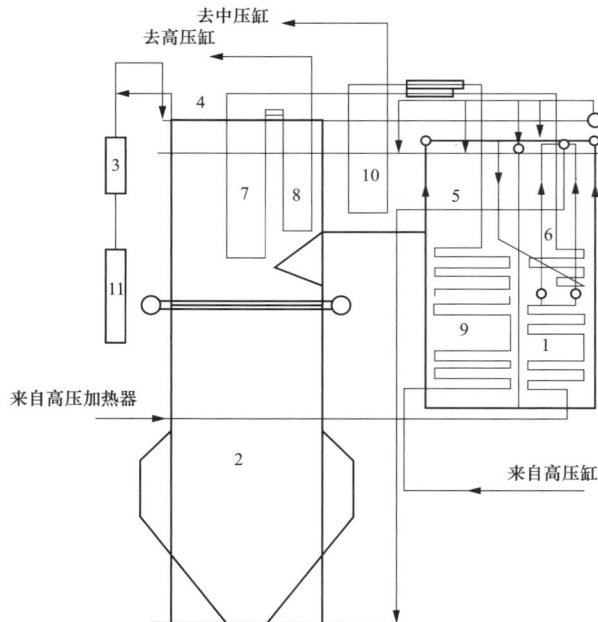

图 3-2　NN 电厂超临界 600MW 等级 W 火焰炉汽水流程图

1—省煤器；2—水冷壁；3—汽水分离器；4—顶棚过热器；5—包墙过热器；6—低温过热器；
7—屏式过热器；8—高温过热器；9—低温再热器；10—高温再热器；11—储水罐

LIY 电厂 300MW 等级 W 火焰炉主要设计参数（燃用设计煤种）见表 3-1。LIY 电厂 300MW 等级 W 火焰炉燃烧设备主要参数见表 3-2。

表 3-1　　　LIY 电厂 300MW 等级 W 火焰炉主要设计参数（燃用设计煤种）

项目		单位	BMCR	TMCR	ECR	切高压加热器	75%ECR	50%ECR
锅炉参数	过热蒸汽流量	t/h	1025	960.03	960.03	780.39	651.54	444.46
	过热器出口压力	MPa(a)	17.48	17.38	17.38	17.15	17.02	10.09
	过热蒸汽出口温度	℃	540	540	540	540	540	534.22
	汽包工作压力	MPa(a)	18.78	18.54	18.54	17.95	17.59	10.570
	再热蒸汽流量	t/h	846.16	796	791.39	767.56	553.25	385.54
	再热蒸汽进/出口压力	MPa(a)	4.02/3.844	3.78/3.61	3.76/3.60	3.71/3.55	2.64/2.52	1.83/1.74
	再热蒸汽进/出口温度	℃	325.6/540	319.1/540	319.8/540	322.1/540	289.9/540	304.1/513.6
	给水温度	℃	280.8	276.5	276.40	175.7	252.7	232.4
计算燃料耗量		kg/h	135.39	128.15	128.00	124.77	92.13	64.72
锅炉计算效率（低位热值）		%	91.46	91.44	90.75	91.18	91.81	91.87
总燃料消耗量		t/h	139.29	131.84	131.68	128.5	94.88	66.72
理论空气量（标准状态）		m³/kg	6.94	6.94	6.94	6.94	6.94	6.94
炉膛容积放热强度		kW/m³	92.77	87.80	87.7	85.49	63.13	44.34
下炉膛断面放热强度		kW/m²	2315.0	2191.5	2188.7	2134.0	1575.0	1107.0
炉膛出口过量空气系数		—	1.3	1.3	1.3	1.3	1.30	1.35
环境空气温度		℃	20.00	20.00	20.00	20.00	20.00	20.00
过热器调温方法			喷水					
过热器一级减温水喷水量		t/h	45.76	38.36	39.11	83.75	6.0	29.11
过热器二级减温水喷水量		t/h	22.88	19.18	19.55	41.87	3.5	14.56
再热器调温方式			挡板调温					
过热器侧烟气份额		%	57.9	49.00	51.70	50.7	35.8	47.2
再热器侧烟气份额		%	42.1	51.00	48.30	49.3	64.2	52.8
喷水温度		℃	178.6	176.10	175.9	177.2	162.10	147.8
炉膛出口（高温过热器进口）烟温		℃	1152	1134	1134	1123	1054	981
空气预热器进口一/二次风温度		℃	20/20	20/20	20/20	20/20	20/29	20/40.8
空气预热器出口一次风温		℃	319.3	318.4	318.50	309.9	305.30	288.9
空气预热器出口二次风温		℃	339.7	337.00	337.00	327.9	317.7	296.8
空气预热器烟气进口温度		℃	390.2	385.00	385	375.0	361.00	335.0
空气预热器后排烟温度（修正前）		℃	126.7	124.9	124.9	119.8	110.2	100.9
空气预热器后排烟温度（修正后）		℃	120.8	118.8	118.8	113.8	103.6	94.0
设计煤种/校核煤种								
空气预热器一次风系统阻力		Pa	400/516					
空气预热器二次风系统阻力		Pa	994/1018					

设计煤种/校核煤种		
过热器、再热器烟气侧阻力	Pa	650/660
省煤器烟气阻力	Pa	540/550
脱硝装置阻力	Pa	940/960
锅炉本体烟气总阻力	Pa	3415/3493
燃烧器一次风阻力	Pa	2100
燃烧器二次风阻力	Pa	1300

注　TMCR 为汽轮机连续最大出力工况；ECR 为经济连续最大出力工况。

表 3-2　　　　　　　　**LIY 电厂 300MW 等级 W 火焰炉燃烧设备主要参数**

项目	数值	项目	数值
炉膛			
燃烧室高度（m）	49.4	炉膛容积（m³）	8485
上炉膛截面（m×m）	24.765×7.620	下炉膛截面（m×m）	24.765×13.725
上炉膛高度（m）	24.661	下炉膛高度（m）	17.790
炉膛出口过量空气系数	1.3		
煤粉燃烧器			
型号	双旋风煤粉浓缩型	数量（对）	18
一次风量（t/h）	223.5	一次风压降（kPa）	2.1
二次风量（t/h）	1034.2	二次风压降（kPa）	1.3
一次风温（℃）	120	二次风温（℃）	342.3
实际燃料消耗量（t/h）	139.29	计算燃料消耗量（t/h）	135.39
布置方式	对称布置在炉膛前后拱上		
油枪			
雾化方式	简单机械雾化	油枪数量（只）	18
油枪布置方式	布置在拱上紧靠煤粉喷嘴	单只油枪出力（kg/h）	1200
燃油类型	0 号轻柴油	油温（℃）	10～40
吹扫蒸汽压力（MPa）	0.785～1.27	吹扫蒸汽温度（℃）	200～250
设计总容量（t/h）	油枪全投可带 30%BMCR 负荷		

3.1.2　制粉系统

W 火焰炉一般选用双进双出式磨煤机。300MW 等级的锅炉一般选用 4 台的 D-10D、D-11D 的磨煤机或选用 BBD 系列的磨煤机。后期的 300MW 等级的锅炉一般选用 3 台 BBD 系列双进双出式磨煤机。600MW 等级 W 火焰炉一般选用 6 台双进双出式磨煤机，例如 D-10D、D-11D 的磨煤机，BBD 系列双进双出式磨煤机。

每套制粉系统包括 1 台磨煤机、2 台给煤机、2 台煤粉分离器和各自的连接管道、控制挡板、原煤仓等。磨煤机煤粉分离器与磨煤机直接连在一起，成为一个整体，两端各有一台。每台煤粉分离器有 2～3 个一次风出口，一台磨煤机共 4～6 个一次风管，与 4～6 套双旋风燃烧器相连。每个一次风管均设有辅助风（即旁路风），取自一次风机出口的冷风管。每台磨煤机配两台给煤机。给煤机利用调节转速来调节出力。例如JJ电厂磨煤机特性参数见表3-3。JJ电厂D-11D磨煤机结构示意图见图3-3。JJ电厂磨煤机出口分离器结构示意图见图3-4。LIY电厂300MW机组锅炉磨煤机主要参数见表3-4。沈重生产的BBD4060A双进双出钢球磨煤机示意图见图3-5。

表 3-3　　　　　　　　　　JJ电厂磨煤机特性参数

项目	单位	数值	备注
磨煤机功率	kW	1119	
磨煤机电动机转速	r/min	980	
磨煤机筒体转速	r/min	16.7	
煤粉管内径	mm	388	
磨煤机钢球装载量	kg	75278	初始值90%
	kg	83642	设计值100%
单台磨煤机设计出力	t/h	33.5	
磨煤机出口温度	℃	93	
磨煤机出口煤粉200目网通过率		＞90%	相当于R_{90}≤6.31%

表 3-4　　　　　　　LIY电厂300MW机组锅炉磨煤机主要参数

型号	BBD4366
制造厂家	上海重型机器厂有限公司（简称上重）
筒体有效内径	4250mm
筒体有效长度	6740mm
筒体转速	16r/min
筒体有效容积	95.6m³
铭牌出力	80t/h（HGI=50，H_2O=8%，75%通过200目）
最大装球量	103t（厂家推荐98t）
分离器直径	φ2900mm

图 3-3　JJ电厂D-11D磨煤机结构示意图

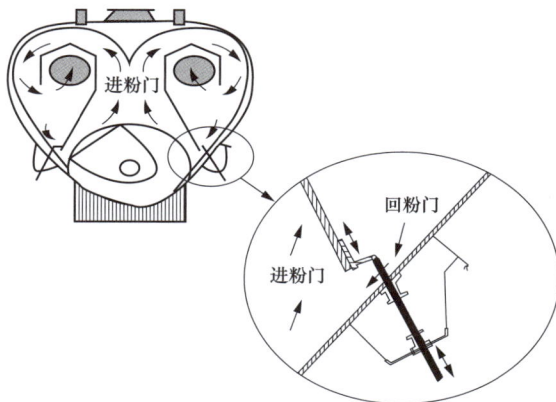

图 3-4　JJ电厂磨煤机出口分离器结构示意图

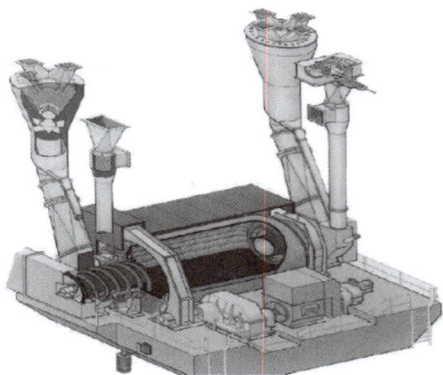

图 3-5　沈重生产的 BBD4060A 双进双出钢球
磨煤机示意图

3.1.3　燃用煤质和选用的燃烧方式

燃用无烟煤的锅炉，设计煤和校核煤着火均有稳燃难、燃尽难、易结渣、磨损严重等缺点。炉型选择与炉膛设计的重点在于解决燃料的着火、稳燃、燃尽，扩大煤种的适应能力、对负荷调节能力、低负荷不投油稳燃等重要问题，并充分考虑所燃用煤质的结渣倾向，考虑防结渣措施，提高锅炉的安全性。选择 W 火焰炉则是一种重要的燃烧方式（FW 双旋风筒燃烧器 W 火焰炉分离器示意图见图 3-6）。

采用双拱绝热炉膛，能有利于将高温烟气回流至着火区，提高下炉膛的烟气温度水平，使煤粉气流能迅速着火燃烧，解决了燃料的着火问题。拱上燃烧器采用下射式布置，使火焰形成 W 形，增加了火焰行程，延长了煤粉气流在炉膛中的滞留时间，提高锅炉燃烧效率。

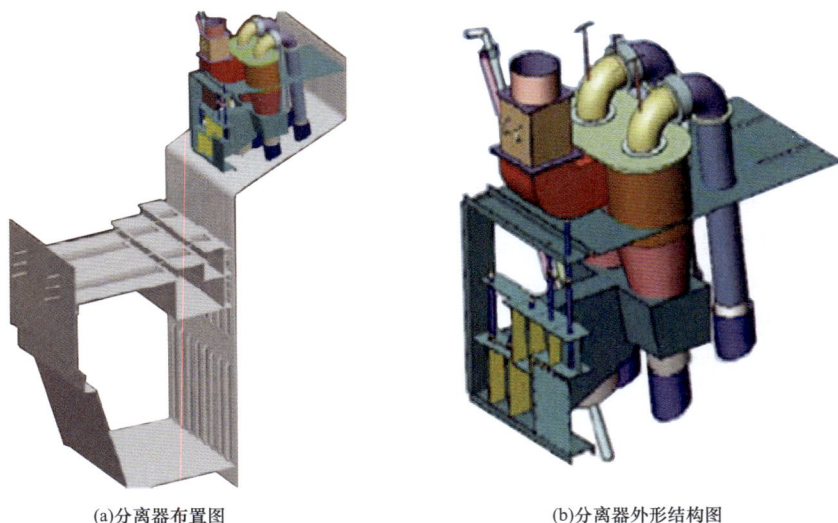

(a)分离器布置图　　　　　　　　(b)分离器外形结构图

图 3-6　FW 双旋风筒燃烧器 W 火焰炉分离器示意图

采用双旋风分离煤粉浓缩型燃烧器，煤粉气流同时切向进入两个并列的旋风分离器，在离心力的作用下，大量煤粉颗粒被甩向分离器的外壁，含粉较少的乏气在筒中心部分被引出，提高了一次风的带粉量，形成了高的煤粉浓度，有利于煤粉气流的着火。

根据燃用的煤质特性，即根据煤质挥发物的含量、氢的含量和含灰量的高低，综合判断煤种的着火反应速度，在下炉膛燃烧室敷设一定量的卫燃带，例如在炉膛的拱部、前后墙、翼墙、两侧墙均敷设卫燃带，以提高着火区和燃烧区的温度，有利于煤粉的着火、稳燃与燃尽，提高锅炉热效率。

特别是贵州等地区的煤种，不仅灰分较高，而且灰熔点偏低，易于发生结渣和磨损，再加上贵州等地处于高海拔地区，气压低对锅炉设计的也有一部分影响，主要体现在使炉膛黑度减少，辐射传热略有下降，导致炉膛出口温度略有升高；对流传热过程中因灰粒子的减弱系数降低，使辐射传热部分受影响，但因对流部分与气压无关，在对流受热面中对流传热占主要份额，因此影响较弱，在对流受热面设计上留有较大裕度；另外，高海拔低气压使得燃烧反应速度降低，使着火燃尽能力下降，因此对煤粉细度、炉膛容积都要做相应的调整；炉内烟气体积增大使相同截面下流速增加，会缩短煤粉气流在炉膛内平均停留时间，影响在炉膛内燃尽，导致飞灰含碳量增加，降低锅炉热效率，严重时会使残余煤粉在对流区燃烧，直接影响锅炉的安全与经济运行。

为此，出于防止结渣方面的考虑，首先选用了合适的热力参数，例如采用较大横向节距（$S_1 = 609.6$mm）的高温过热器管屏，炉膛出口（高温过热器后）烟温为1017℃（BMCR工况），大大低于煤的灰熔化温度。采用了较小的炉膛断面放热强度，同时在下炉膛的拱上布置有一次风，前后墙布置有拱下二次风，两侧墙、翼墙、冷灰斗布置有边界风，翼墙下部有防焦风，整个下炉膛是一个风墙，即使敷设有卫燃带，也可有效防止炉膛结渣。

充分考虑低挥发分无烟煤极难燃的特点，选取合适的炉膛尺寸。由于W火焰炉的煤粉燃烧主要在下炉膛区域完成，煤粉的燃尽率高。为了增加煤粉颗粒在下炉膛的停留时间，W形火焰向下喷射，然后转弯向上，下炉膛较大的高度使煤粉颗粒在炉膛内的停留时间大大延长，促使煤粉更充分燃尽，以获得更高的燃烧效率。同时由于炉膛有较大的深度，可以有效避免火焰相互碰撞，形成良好的火焰形状。上炉膛的设计充分考虑到高海拔的影响，选取了较大的燃尽高度，有利于煤粉的燃尽。

3.1.4　炉膛选型的特点

3.1.4.1　下炉膛容积放热强度较高，卫燃带面积较多，有利于着火和燃尽

双旋风筒型燃烧器的FW系列的W火焰炉在炉膛轮廓选型方面的一大特征是，充分贯彻了W火焰炉分区燃烧的设计思想："W火焰炉独特的双拱形炉膛设计，使燃烧区和辐射区分离开来，使锅炉负荷变化对燃烧的影响降至最低"，下炉膛容积放热强度较高，水冷壁敷设一定面积的卫燃带也保证了炉内的高温和煤粉气流的迅速着火和燃烧。

在这方面FW系列锅炉采取的措施最为彻底。为了说明问题，现就早期引进的W火焰炉的炉膛特征参数选型做一对比。早期不同流派的W火焰炉炉膛特征参数对比图见图3-7。早期不同燃烧形式的W火焰炉特征参数对比表、早期不同燃烧形式的典型电厂W火焰炉特征参数分别见表3-5和表3-6。

（1）全炉膛容积放热强度。300MW等级的采用FW技术双旋风筒燃烧器的炉型如EZ电厂的1、2号锅炉，均属于DGC锅炉厂引进的原型，全炉膛容积放热强度为112.6kW/m³；AS电厂考虑到低海拔的影响，将上炉膛加高，下炉膛未动，因此全炉膛容积放热强度下降到107.8kW/m³；SG电厂由于煤比较难烧，也将上炉膛加高，全炉膛放热强度也较低，为105.7kW/m³；只有直接引进FW设备的YAC电厂350MW机组，该锅炉炉膛尺寸和容积和已投产的YQ电厂1、2号锅炉，SA电厂3、4号锅炉，EZ电厂1、2号锅炉所配的300MW机组完全相同。因此，YAC电厂全炉膛容积放热强度高达130kW/m³，是三种炉型中最高的。SA电厂的3、4号锅炉和YQ电厂的1、2号锅炉投入运行后问题较多，YAC电厂350MW机组容积放热强度过高，给燃烧组织带来更多问题，说明在300MW等级的采用FW技术双旋风筒燃烧器的全炉膛容积放热强度选取107.5～112kW/m³是比较合理的。对于较难着火和燃尽的煤种取下限。

双调风燃烧器的 SA 电厂的 1、2 号锅炉是由加拿大 B&W 提供的，属于特例，其容积放热强度为 90.7kW/m³，是三种炉型中最低的。从实践来看，SA 电厂的全炉膛容积放热强度偏低，是造成炉膛温度偏低，偏离 W 火焰炉分区燃烧的设计思想，进一步导致飞灰可燃物偏高的重要原因之一；双调风燃烧器的 YG 电厂的 3、4 号锅炉为 107.5kW/m³，在三种炉型中居中。

直流缝隙式燃烧器的 LH 电厂 4 台锅炉和 YHK 电厂 1、2 号锅炉为 94.9kW/m³，在三种炉型中居中下。只有 YY 电厂的 1、2 号锅炉容积放热强度为 120kW/m³，投入运行以后的实践也说明全炉膛容积放热强度偏高也对燃烧组织带来较多问题。

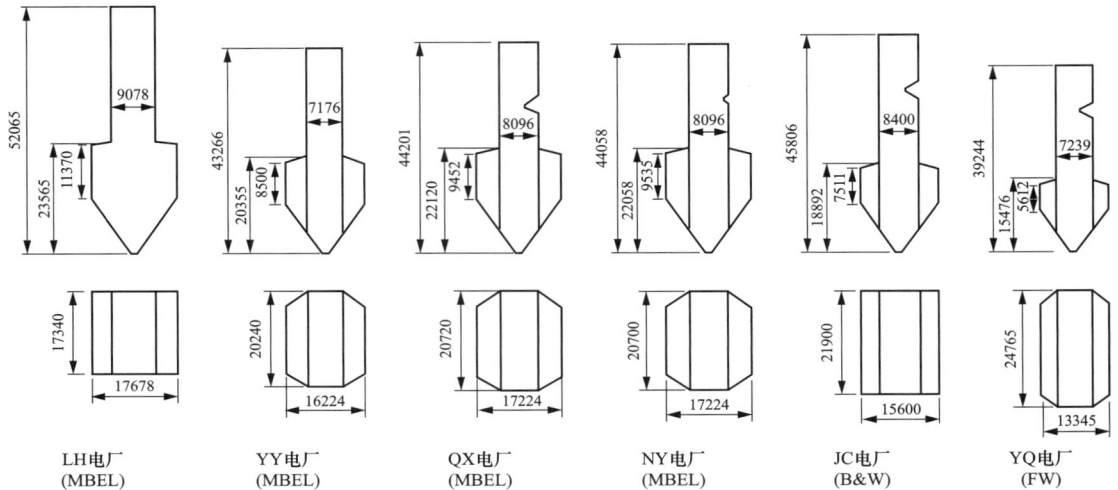

图 3-7　早期不同流派的 W 火焰炉炉膛特征参数对比图

表 3-5　　　　　　　　早期不同燃烧形式的 W 火焰炉特征参数对比表

项目	单位	Stein 狭缝式	Stein 狭缝式	FW 双旋风筒式	FW 双旋风筒式	B&W 双调风式	B&W 双调风式
机组额定发电功率（TRL）	MW	300MW 等级	600MW 等级	300MW 等级	600MW 等级	300MW 等级	600MW 等级
炉膛容积放热强度 q_V（BMCR）	kW/m³	93.3～120.0	81.1～97.3	107.8～122.2	86.8～105.1	93.2～107.5	90.9～95.3
下炉膛断面放热强度 q_F（BMCR）	MW/m²	2.37～2.93	2.48～2.79	2.32～2.75	2.41～2.64	2.10～2.43	2.78～2.95
下炉膛容积热强度 $q_{V,L}$（BMCR）	MW/m³	155.5～217.1	143.5～171.8	241.5～260.8	180.3～254.8	151.2～210.1	191.7～216.4
下炉膛高度/下炉膛折算高度 h_z	m	19.33～23.48/ 13.70～16.21	24.09～27.17/ 16.23～17.32	16.12～18.63/ 9.97～10.12	18.98～22.81/ 12.51～15.70	17.05～21.16/ 11.55～13.88	20.40～21.99/ 13.64～14.76
下炉膛宽深比	—	0.981～1.248	1.127～1.233	约1.856	1.878～2.206	1.346～1.630	1.877～1.922
燃烧器一次风喷口数（不含乏气喷口）	只	24～36	48	36～48	48～72	16～20	24

表3-6　早期不同燃烧形式的典型电厂 W 火焰炉特征参数对比表

火焰锅炉类型			Stein 狭缝型 W 火焰炉						FW 双旋风筒 W 火焰炉				B&W 双调风 W 火焰炉
序号	项目	单位	LH电厂 1～4号 锅炉	YY电厂 1、2号 锅炉	YHK电厂	HZ电厂	QX电厂	NY电厂	SA电厂 3、4号 锅炉	YQ电厂 1、2号 锅炉	AS电厂 1、2号 锅炉	EZ电厂 1、2号 锅炉	YG电厂 3、4号 锅炉
1	机组额定发电功率(TRL)	MW	360	362.5	350	300	300	300	300	300	300	300	300
2	最大连续蒸发量(BMCR)	t/h	1099	1160	1081	1025	1025	1025	1025	1025	1025	1072	1025
3	输入热功率(BMCR)	MW	898	892	896	766	771	775	830	817	802	798	795
4	制粉系统/磨煤机类别	—	中储式热风送粉/钢球磨煤机	直吹式/双进双出磨煤机	中储开式热风送粉/2×BBI4084	直吹式/4×SEVD ALA14'-0"×18'-0"	直吹式/4×BBD4060	直吹式/4×BBD3854	直吹/4×SEVD ALA3.96×5.4	直吹式/4×FWD-10D	直吹式/4×FWD-10D	直吹式/4×FWD-10D	中储式热风送粉/4×MG380/650J
5	炉膛容积热放强度 q_V(BMCR)	kW/m³	94.9	120.0	94.9	117.1	98.8	93.3	122.2	120.3	107.8	112.6	107.5
6	下炉膛断面放热强度 q_F(BMCR)	MW/m²	2.93	2.97	2.92	2.76	2.33	2.37	2.64	2.60	2.55	2.41	2.43
7	下炉膛容积热强度 $q_{V,L}$(BMCR)	kW/m³	180.7	217.1	180.9	199.8	155.5	157.7	260.8	256.8	252.3	241.5	210.1
8	最小燃尽区 q_m(BMCR)	kW/m³	356	580	355	541	539	478	27	322	259	304	363
9	炉膛高度 H	m	52.07	43.266	51.875	41.132	44.202	44.058	39.244	39.244	43.244	39.890	41.791

续表

序号	项目	单位	Stein 狭缝型 W 火焰炉						FW 双旋风筒 W 火焰炉				B&W 双调风 W 火焰炉
			LH电厂 1~4号锅炉	YY电厂 1,2号锅炉	YHK电厂	HZ电厂	QX电厂	NY电厂	SA电厂 3,4号锅炉	YQ电厂 1,2号锅炉	AS电厂 1,2号锅炉	EZ电厂 1,2号锅炉	YG电厂 3,4号锅炉
10	下炉膛高度	m	23.48	20.355	23.375	19.325	22.121	22.058	15.480	15.480	15.477	16.124	17.045
11	下炉膛折算高度 h_z	m	16.21	13.70	16.15	13.84	14.97	15.03	10.12	10.12	10.12	9.97	11.55
12	下炉膛深度	m	17.69	16.224	17.678	15.630	17.224	17.224	13.345	13.345	13.345	13.345	15.600
13	下炉膛宽深比	—	0.981	1.248	0.981	1.236	1.202	1.202	1.856	1.856	1.856	1.856	1.346
14	上下炉膛深度比 (D_U/D_L)	—	0.514	0.442	0.514	0.459	0.470	0.470	0.542	0.542	0.542	0.542	0.543
15	卫燃带面积/占下炉膛辐射受热面的比例	m²/%	577/34.4	520/36.8	350/20.9	436/33.2	318/19.9	444/28.1	657/55.3	657/55.3	504/42.4		598/44.6

注 表中的所有数据都是根据收集到的锅炉轮廓示意图的数据计算所得，与原设计的数据并不完全相同，例如容积热负荷、断面热负荷都低于原设计值。因此该表的所有数据只能用于定性分析，不能用于定量分析。

总的说来，无论对于哪一种技术类型，切圆或者墙式燃烧，全炉膛容积放热强度控制在 $80\sim105kW/m^3$，切向燃烧方式炉膛特征参数限值推荐范围、墙式对冲燃烧方式炉膛特征参数限值推荐范围分别见表3-7、表3-8。从运行实践来看，对于W形火焰，全炉膛容积放热强度控制在 $105\sim110kW/m^3$，比这两种炉型有所提高，是比较合理的。

表3-7　　　　　　　　　　　　切向燃烧方式炉膛特征参数限值推荐范围

设计煤质	$V_{daf}>25\%$，IT<700℃		$V_{daf}<20\%$，IT>700℃	
机组额定电功率	300MW	600MW	300MW	600MW
q_V（BMCR）上限值（kW/m³）	95~115	85~100	85~105③	(80~95)②
q_F（BMCR）可用值（MW/m²）	4.0~4.8	4.2~5.1	4.2~5.0	(4.4~5.2)②
q_B（BMCR）上限值（MW/m²）	1.2~1.8	1.3~2.0	1.2~1.8	(1.2~2.0)②
q_m（BMCR）上限值（kW/m³）①	200~260		200~260	(180~240)②
h_1 下限值（m）①	17~20	18~21	18~22	(19~23)②

①q_m 和 h_1 两种特征参数可以任选其一；
②括号内数值为参考值；
③对于低结渣性煤，如炉膛敷用卫燃带，q_V 上限可增加到 $110kW/m^3$。

表3-8　　　　　　　　　　　　墙式对冲燃烧方式炉膛特征参数限值推荐范围

设计煤质	$V_{daf}>25\%$，IT<700℃		$V_{daf}<20\%$，IT>700℃	
机组额定电功率	300MW	600MW	300MW	600MW
q_V（BMCR）上限值（kW/m³）	100~115②	85~100②	85~105	(80~95)④
q_F（BMCR）可用值（MW/m²）	4.0~4.8③	4.2~5.0③	4.0~4.8⑤	(4.2~5.0)④
q_B（BMCR）上限值（MW/m²）	1.1~1.7	1.2~1.8	1.1~1.6	(1.2~1.8)④
q_m（BMCR）上限值（kW/m³）①	220~280		200~260	
h_1 下限值（m）①	17~21		18~22	(19~23)④

①q_m 和 h_1 两个特征参数可以任选其一；
②如 $V_{daf}\geqslant40\%$，可增至125（300）MW和110（600）MW；对于褐煤宜取用75~100（300）MW和70~90（600）MW；
③褐煤宜取用3.5~4.5；
④括号内数值为参考值；
⑤可以降低到3.6。

（2）下炉膛容积放热强度变化范围较大。FW型W火焰炉的为最高，达 $241.5\sim277kW/m^3$，HAF电厂为 $254.8kW/m^3$，YAC电厂更高达 $277kW/m^3$；YQE电厂3、4号B&W型W火焰炉为 $210.1kW/m^3$；YY电厂MBEL型燃烧器W火焰炉为 $217.1kW/m^3$，LH电厂、YHK电厂为 $180.7\sim180.9kW/m^3$。

关于下炉膛断面放热强度，MBEL型W火焰炉最大，为 $2.37\sim2.93MW/m^2$；FW系列居中，为 $2.32\sim2.754MW/m^2$；YG电厂B&W双调风W火焰炉最小，为 $2.43MW/m^2$。

（3）下炉膛折算高度。下炉膛折算高度变化较大，FW型W火焰炉最小，为 $9.97\sim10.12m$；B&W居中，SA电厂1、2号锅炉为13.88m，YG电厂3、4号锅炉为15.55m；MBEL型W火焰炉最大，YY电厂为13.70m，LH电厂、YHK电厂分别为16.21、16.15m。

综上所述，下炉膛容积放热强度偏高，而高度偏低是FW型双旋风筒燃烧器W火焰炉的主要特点，下炉膛容积放热强度为 $241.5\sim260.8kW/m^3$，如HAF电厂660MW机组锅炉的下炉膛容积放热强度为 254.8kW/m³，YAC 电厂 350MW 机组锅炉的下炉膛容积放热强度更高，达 277kW/m³；下炉膛断面放热强度选取较低，为 2.41～2.64MW/m²；折算高度最小，为 9.97～10.12m。

MBEL 型狭缝型燃烧器 W 火焰炉下炉膛容积放热强度总的说来较低；狭缝型燃烧器 W 火焰炉断面放热强度最高。

B&W 型双调风型燃烧器的 W 火焰炉下炉膛容积放热强度也不高，下炉膛断面放热强度也是最低的，下炉膛折算高度居中。

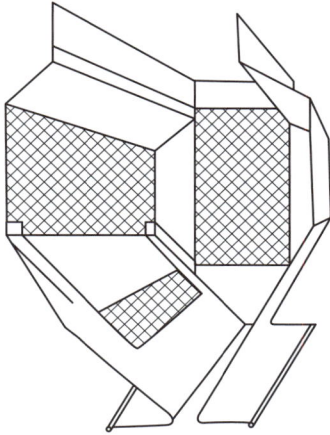

图 3-8　卫燃带分布示意图

（4）卫燃带。为提高燃烧器区域烟气温度，在前后墙拱下垂直壁面、倾斜壁面以及侧墙均布置了卫燃带（如图 3-8 所示）。

在 300MW 机组所配的 W 火焰炉中 FW 型双旋风筒燃烧器 W 火焰炉卫燃带敷设最多，与下炉膛有效辐射受热面的比值达 42%～55.3%；MBEL 型狭缝型燃烧器 W 火焰炉占下炉膛有效辐射受热面的比值为 19.9%～36.8%，B&W 型 W 火焰炉为 44.6%。

由于 W 火焰炉燃用煤种均为着火难、稳燃难、燃尽难，有的还是易于结渣、磨损严重的煤种。因此，炉型选择与炉膛设计的重点在于解决燃料的着火、稳燃、燃尽，扩大煤种的适应能力、对负荷调节能力、低负荷不投油稳燃等重要问题。对于这一点，W 火焰炉的主要措施是分区燃烧，即将燃烧区和辐射区分开布置。独特的双拱形炉膛设计使燃烧区和辐射区分离开来，使锅炉负荷变化对燃烧的影响降至最低；下炉膛容积放热强度较高，水冷壁敷设一定面积的卫燃带也保证了炉内的高温和煤粉气流的迅速着火和燃烧。在这方面 FW 型 W 火焰炉采取的措施最为彻底。因此，FW 型锅炉的下炉膛容积放热强度最高，敷设的卫燃带占下炉膛辐射受热面的比例最高，而且实际实施的结果确实对着火和燃尽带来一定的好处。

3.1.4.2　下炉膛宽深比较高有利于防止火焰旋转

下炉膛宽深比变化大，狭缝型燃烧器 W 火焰炉较小，在 0.98～1.236，都接近正方；FW 型锅炉约为 1.856，B&W 型锅炉约为 1.346。后两种炉型都接近长方。宽深比较大的最大优点是有利于防止下炉膛火焰旋转，但是也会带来沿炉膛宽度能量场不均的问题。

3.1.5　燃烧组织的特点

3.1.5.1　采用双进双出磨煤机直吹式制粉系统

300MW 等级 W 火焰炉每台配有 4 台双进双出磨煤机，配 24 对按照 FW 技术设计制造的双旋风筒分离式煤粉燃烧器，布置在锅炉下炉膛的前后墙拱上。双旋风分离式煤粉燃烧器由煤粉进口管、煤粉均分器、双旋风筒壳体、煤粉喷口、乏气管、乏气喷口、乏气挡板等组成，煤粉喷口和乏气喷口各 48 只。为保证整个锅炉沿宽度方向煤粉输入及热量分配的均匀性，燃烧器与磨煤机的配置采用对称均匀布置方式。300MW 等级 W 火焰炉 18 对燃烧器布置俯视图、300MW 等级 W 火焰炉 24 对双旋风筒燃烧器布置俯视图分别见图 3-9 和图 3-10。

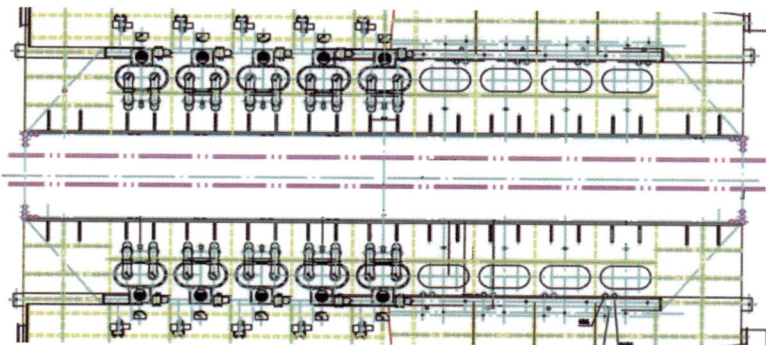

图 3-9　300MW 等级 W 火焰炉 18 对燃烧器布置俯视图

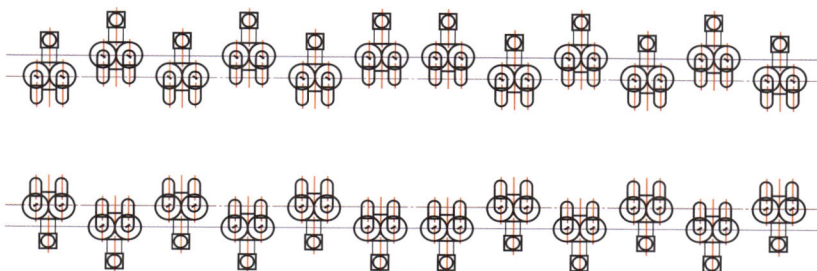

图 3-10　300MW 等级 W 火焰炉 24 对双旋风筒燃烧器布置俯视图

600MW 等级 W 火焰炉共配有 6 台双进双出磨煤机，亚临界机组为 36 对双旋风煤粉燃烧器，相应每台磨煤机带 6 只煤粉燃烧器。双旋风煤粉燃烧器错列布置在下炉膛的前后墙炉拱上，亚临界机组各为 18 对。

HAF 电厂 36 对双旋风煤粉燃烧器与磨煤机对应布置图、HAF 电厂 36 对双旋风筒燃烧器位置示意图、磨煤机一次风管道走向示意图分别见图 3-11～图 3-13。这种布置方式能够保证停、投任何一台磨煤机时，炉膛的输入热量沿炉膛宽度都均匀分布，有利于防止炉膛结焦，减少炉膛出口烟气温度偏差和流量偏差。

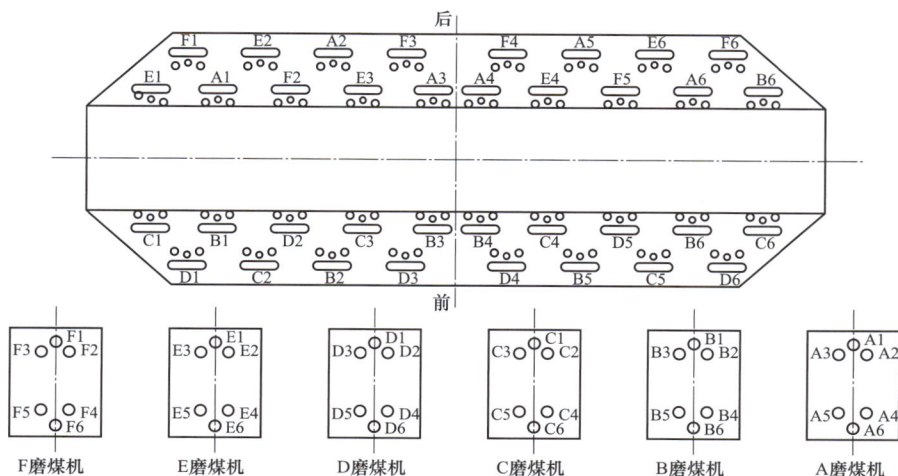

图 3-11　HAF 电厂 36 对双旋风筒燃烧器与磨煤机对应布置图

后拱																	
E1	F1	A1	E2	F2	A2	E3	F3	A3	A4	F4	E4	A5	F5	E5	A6	F6	E6
炉膛																	
C1	D1	B1	C2	D2	B2	C3	D3	B3	B4	D4	C4	B5	D5	C5	B6	D6	C6
前拱																	

图 3-12   HAF 电厂 36 对双旋风筒燃烧器位置示意图

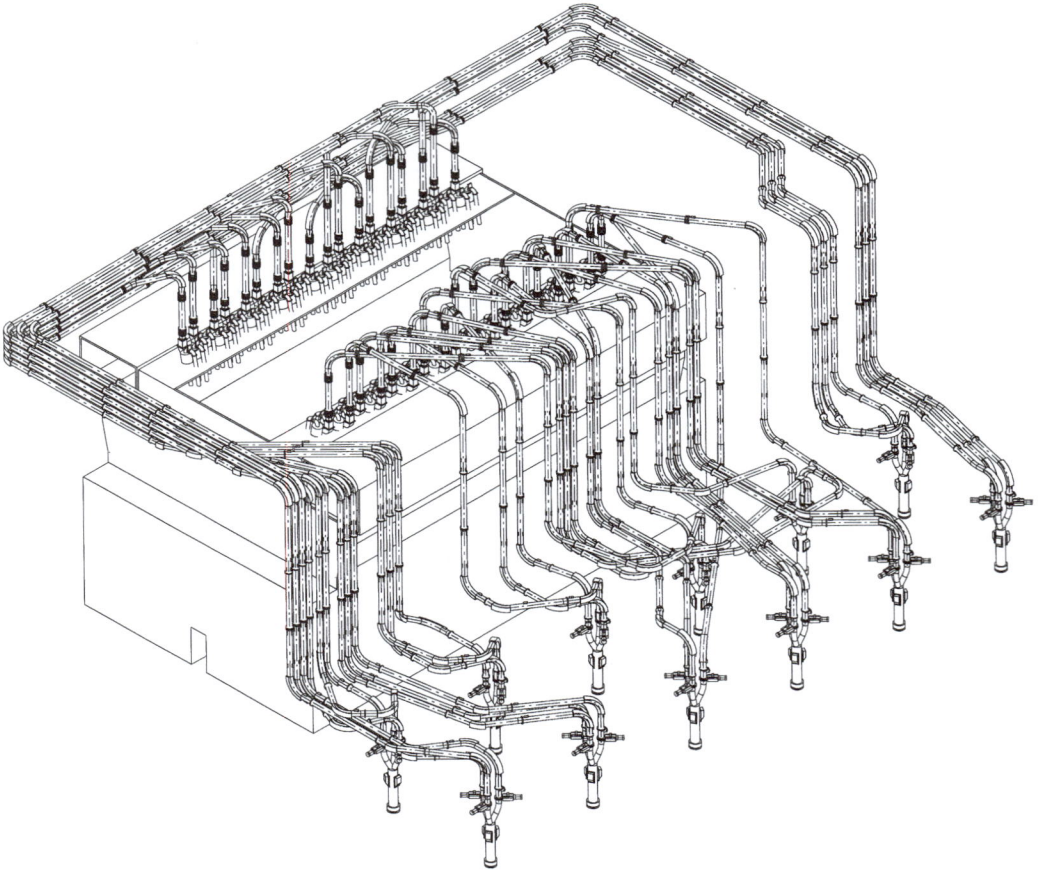

图 3-13   磨煤机一次风管道走向示意图

3.1.5.2 采用双旋风浓缩煤粉燃烧器

煤粉分离器（又称"旋风子"）可以实现浓淡分离燃烧。根据 TAZ 电厂多次测试，浓缩比可达 94%～95%，有利于着火，有利于降低 NO_x。

从磨煤机来的一次风和煤粉混合物由煤粉入口管道进入煤粉均分器，被均分为两股，分别切向进入相应的旋风筒，煤粉混合物在燃烧器壳体内旋转运行时，煤粉与一次风离心分离。旋风筒中心部位装有乏气管，可将煤粉分离后的部分一次风（乏气）引出，装在乏气管道上的乏气挡板可控制煤粉气流的浓度及速度；减小乏气挡板的开度，燃烧器喷口的煤粉气流浓度降低，出口速度增加，理论上煤粉着火点将推后；增大乏气挡板的开度，燃烧器喷口的煤粉浓度增大，同时使喷入炉膛的风粉速度减少，理论上煤粉初始着火点将前移。

煤粉与空气混合物在进入喷口途径中产生了旋转，为控制其离开喷口时的旋转量，每个燃烧器都有一个调节装置，当离开燃烧器喷口的煤粉气流旋转强度减弱时，气流趋向于圆柱形，增加煤粉气流在炉膛内的贯穿深度，当离开燃烧器喷口的旋流强度增强时，煤粉气流较早扩散，降低了贯穿深度，使煤粉气流着火提前。乏气在拱上靠近炉膛中心部位送入炉膛，乏气煤粉浓度虽然很低，但由于煤粉颗粒很细，送入部位炉内温度高，也能得到充分燃尽。

3.1.5.3　采用拱上拱下分级送风实现分级燃烧

二次风及燃烧器分级配风结构示意图分别见图 3-14、图 3-15。

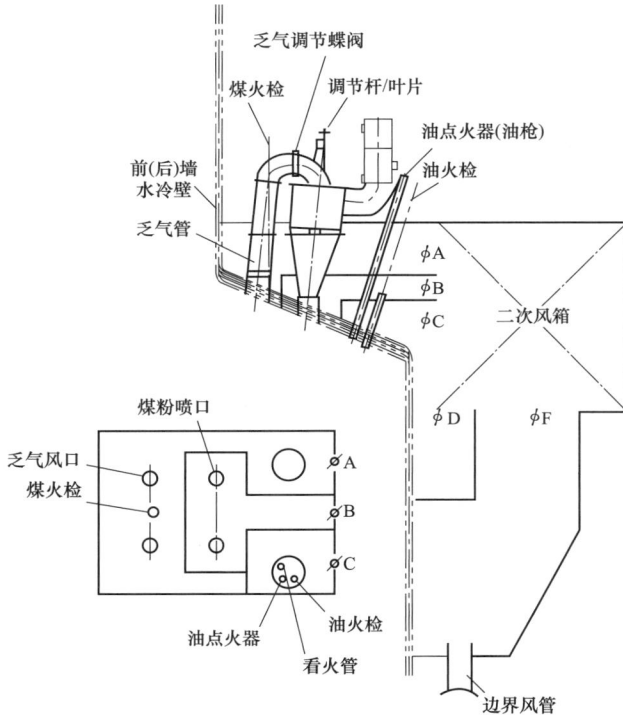

图 3-14　二次风分级配风结构示意图

燃烧所需要的二次风来自大风箱，从空气预热器来的二次风经锅炉两侧风道进入前后墙大风箱，从拱上和拱下的风口进入炉膛。大风箱用隔板分成若干个单元，每个燃烧器为一个单元，挡板控制拱下部的二次风量。

FW 系列 W 火焰炉燃料燃烧所需的空气有一小部分从拱上送入（通过主燃烧器喷口、乏气喷口以及它们周围的环形风喷口），拱上部分的二次风仅占二次风量的 20％左右，挡板 A（手动）控制燃烧器乏气喷嘴及主火检孔的冷却风，挡板 B（手动）调节燃烧器煤粉喷口的周界风量，用于调节煤粉气流的穿透能力及冷却喷口，挡板 C（气动）控制点火油枪及油火检的风量。锅炉正常运行中，拱上风 A、B 手动操作挡板除非煤质或炉膛燃烧工况有较大改变，一般不再调整，挡板 C 为气动执行机构远方操作程控，油点火器投入时全开，油枪停用后关至 5％作为冷却风用。

大量燃烧空气通过拱下前、后墙上的二次风口分层送入炉膛，共分为上、中、下三层

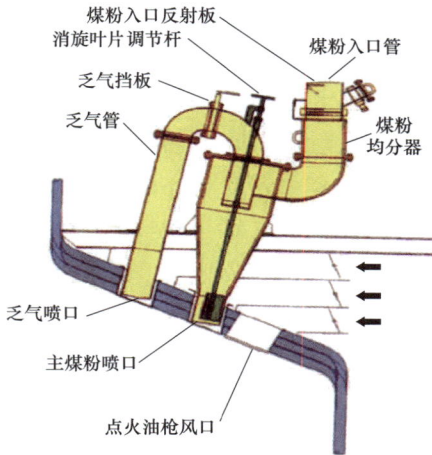

图 3-15　燃烧器分级配风结构示意图

送入，分别由挡板 D、E、F 控制。风量呈阶梯形，F 层的进风最大。最上层二次风口距拱有一定的距离，从而实现分级送风，实现分级燃烧。这既有利于提前着火，又有利于降低 NO_x。大量的二次风（60%～70%）从拱下垂直墙上的风口进入炉膛，垂直墙上的分级二次风对煤粉的燃烧效率和煤粉气流在炉膛的贯穿深度影响较大。此外运行中可用挡板 G 来控制冷灰斗附近的边界风量，防止热灰在此处积聚，调整二次风量使风箱与炉膛压差约为 1kPa。这种布置方式能保证二次风在无烟煤火焰开始着火后及时的补充燃烧所需的空气，因而是最适合燃烧发展缓慢的无烟煤特性，同时既能降低 NO_x 生成量，又在下炉膛水冷壁表面形成氧化性气氛，有效地防止结渣。

3.1.6　早期采用 FW 技术的双旋风筒燃烧器 W 火焰炉的主要优点

（1）有利于提高燃尽率。由于 W 火焰炉燃用煤种均着火难、稳燃难、燃尽难，有的还易于结渣、磨损严重。因此，炉型选择与炉膛设计的重点在于解决燃料的着火、稳燃、燃尽，扩大煤种的适应能力、对负荷调节能力、低负荷不投油稳燃等重要问题。对于这一点，W 火焰炉的主要措施是分区燃烧，即将燃烧区和辐射区分开布置。独特的双拱形炉膛设计，使燃烧区和辐射区分离开来，使锅炉负荷变化对燃烧的影响降至最低；下炉膛容积放热强度较高，水冷壁敷设一定面积的卫燃带也保证了炉内的高温和煤粉气流的迅速着火和燃烧。在这方面 FW 型锅炉采取的措施最为彻底。因此，FW 型锅炉的下炉膛容积放热强度最高，敷设的卫燃带占下炉膛辐射受热面的比例最高，而且实际实施的结果确实对于着火和燃尽带来一定的好处。燃烧器喷口数量较多，一次风速较低，这些也都给提前着火和燃尽带来好处。例如 QX 电厂，1、2 号锅炉为双调风型 B&W 型锅炉，3、4 号锅炉为 FW 型锅炉。在未进行降低 NO_x 改造，于 2000 年初对这 4 台进行摸底试验，摸底试验结果见表 3-9。

表 3-9　　　　　　　　　　　　　QX 电厂摸底试验结果

项目	单位	1、2 号锅炉				3、4 号锅炉设计			
		设计值		实测值		设计值		实测值	
负荷		300	300	300	300	300	300	300	282
炉渣可燃物含量	%		7.06	6.99	6.18		2.06	2.07	2.67
飞灰可燃物含量	%		5.76	5.73	9.44		3.82	3.79	4.78
空气预热器入口氧量	%		4.10	4.21	3.34		4.23	4.02	4.29
修正后排烟温度	℃		145	147	138		134	134	149
未燃碳热损失	%	2.72	4.36	4.31	7.24	3.00	2.45	2.46	3.42
排烟热损失	%	5.23	5.43	5.46	4.53	5.02	4.70	4.97	4.63
设计热效率	%	91.56				91.68			
修正后的热效率	%		89.85	89.84	87.86		92.49	92.22	91.58
NO_x 排放浓度	mg/m³		1161	1337	1218		1438	1383	1638

从表3-9中可以看出1、2号锅炉炉渣可燃物含量为6.18%～7.09%，飞灰可燃物含量为5.73%～9.44%，导致相应未燃碳热损失为4.31%～7.24%，已明显高于设计值；3、4号锅炉炉渣可燃物含量为2.06%～2.67%，飞灰可燃物含量为3.79%～4.78%，相应未燃碳热损失为2.45%～3.42%，能控制在设计值范围内。同时1、2号机组实际锅炉热效率低于设计值，3、4号锅炉实际锅炉热效率高于设计值。但是由于3、4号锅炉下炉膛的炉膛容积放热强度高，卫燃带面积较大，下炉膛温度较高，高温NO_x较高。因此，1、2号锅炉空气预热器入口NO_x排放浓度较高时在1350mg/m³左右，3、4号锅炉空气预热器入口NO_x排放浓度较高时在1650mg/m³左右。

（2）拱上拱下大比例分级送风有利于降低NO_x。以YY电厂采用Stein技术狭缝型燃烧器的1、2号锅炉改造前为例，原300MW机组W火焰炉设计煤由无烟煤和贫煤掺混构成，无烟煤：贫煤=50：50，实际运行锅炉NO_x排放高，达到1300～1750mg/m³（标准状态）。现锅炉已燃用大量烟煤（约75%）和少量贫煤（约25%）的掺混煤，煤质情况较原设计已大幅提高，尽管卫燃带已经由723.4m²减少到350m²，但NO_x排放仍然较高，在较高负荷下在1300mg/m³（标准状态）以上。而该电厂采用FW系列的燃烧器的锅炉，由于卫燃带大幅度减少，高温NO_x已经大为减少。拱上拱下分级燃烧的优势就显现出来了，在相同条件下NO_x排放在800～1000mg/m³（标准状态），可见不同燃烧方式对NO_x生成影响之大。

（3）较大的宽深比有利于防止火焰旋转，但是造成严重的热偏差。火焰旋转的问题在宽深比较小的使用狭缝型燃烧器的W火焰炉上表现最为突出。而采用FW技术的双旋风筒燃烧器的W火焰炉上从未有这方面的反馈，但是采用FW技术的双旋风筒燃烧器的W火焰炉上沿炉膛宽度方向热偏差比较大。

3.2　早期采用FW技术的双旋风筒燃烧器 W火焰炉存在的主要不足

DGC锅炉厂自1992年1月引进美国FW 300、600MW等级W火焰炉技术以来，在国内市场的占有率处于领先地位。截止到2015年，300、600MW的W火焰炉已有87台投入商业运行。

先期投运的YG电厂、SA电厂4台300MW火焰锅炉，DGC锅炉厂完全是按FWEC的培训技术进行设计制造的，后续的三台（AS电厂一期两台、广东SG电厂10号锅炉一台），DGC锅炉厂仅对水循环系统做了一些改进（将集中下降管由17根减少为12根），对下炉膛的几何尺寸、燃烧器布置及配风等都未做改动。根据DGC锅炉厂调查先期投运的7台300MW等级W火焰炉和由美国FW直接供应的YAC电厂6台350MW机组锅炉，HAF电厂2台660MW机组锅炉，共15台锅炉，在运行中都出现了不同程度的问题，具体归纳起来有以下几个方面：

（1）炉膛负压波动大。由于锅炉燃煤的质量不稳定，并且普遍比设计煤质差，且锅炉下炉膛容积偏小，故引起在下炉膛燃烧区域烟气负压波动大，给运行人员的操作带来一定的困难。

（2）补风困难，炉膛出口氧量偏低。过量空气系数普遍低于1.2，处于高原地区的AS

电厂一期锅炉更是低于 1.15 以下，二次风量无法增加，因为一旦增加二次风量，极易引起燃烧火焰不稳。

（3）未燃尽碳损失值比设计值大。由于炉内过量空气量偏低，在局部区域甚至有缺氧的情况，加上下炉膛容积偏小，煤粉颗粒在下炉膛的燃烧区域停留时间较短就进入上炉膛，因此使未燃尽碳损失值增加，飞灰可燃物一般在 8% 以上，有的甚至达到 15%～30%。

（4）过热器喷水量过大，普遍达到设计喷水量的 2 倍，甚至更多。

出现这些问题的原因有入炉煤质偏离设计值，但是更主要的原因还是设计因素造成的。以下就这方面存在的不足进行分析。

3.2.1　燃烧组织方面存在的不足

3.2.1.1　拱上风、拱下风分配欠合理，带来一系列问题

主火炬动量不足，难于实现 W 形火焰燃烧方式设计意图。W 火焰炉设计的关键是下炉膛，能够使前后拱的火炬适当下冲，并得到充分的舒展，避免相互相碰，使炉膛内热负荷分布均匀，火焰充满程度高，并在各种负荷下能将燃烧中心维持在下炉膛中部，而不致漂移到下炉膛上部。

按照 W 火焰炉分级送风的设计思想，MBEL 狭缝式燃烧器的 W 火焰炉，B&W 双调风燃烧器的 W 火焰炉，拱上二次风的比例在 60%～70%。FW 型 W 火焰炉仅有 20%～30% 的二次风，分别作为乏气（A 挡板）、主喷口（B 挡板）的周界风和油燃烧器（C 挡板）送入。A、B 挡板是分别用来调节乏气和主火嘴的周界风风量，但其间隙太小，结渣基本都被堵塞。C 挡板是用来调节油枪根部补风量，正常运行中处于关闭状态，因此拱上风总的风量不足。

为了保证低挥发分煤的着火，20 世纪 90 年代设计的 W 火焰炉选用的一次风流速较低。300MW 等级的 W 火焰炉仅为 8～10m/s；660MW 机组的 HAF 电厂原设计一次风速为 14m/s。尽管将燃烧器垂直安装避免了煤粉在喷口内的沉积堵塞，但必将造成燃烧器出口的流速和动量偏低，再加上火焰的浮力，结果火焰进入下炉膛的深度太浅，远远偏离了 W 形火焰燃烧方式的基本构想，火焰在拐角处迅速转弯，最高温度出现在下炉膛上部，火焰停留的时间比期望值小得多。

这种锅炉由于局部温度过高，不仅容易造成结渣，而且极有利于高温型 NO_x 的生成，是造成 NO_x 排放值偏高的主要原因之一；特别容易造成再热器、过热器超温，排烟温度升高。

以河北 HAF 电厂 660MW 机组 W 火焰炉为例，其一次风主气喷口为 72 只，也严重存在主气流刚性不足的问题。在机组调试期间，由于火焰短路上飘，锅炉排烟温度设计值为 126℃，实际高达 160℃；减温水量设计值为 100t/h，实际高达 300t/h，影响锅炉的安全经济运行。为了满足锅炉安全运行，外方调试人员为了降低火焰中心，关闭燃烧器乏气挡板，降低燃烧器消旋叶片位置。采取上述措施后，排烟温度降低至约 145℃，减温水量由 300t/h 降低到约 150t/h。但是在高负荷时仍存在排烟温度偏高的问题。而且，关闭燃烧器乏气挡板后由于燃烧器喷口风粉气流流速很高，消旋叶片在下部喷口内强烈消旋，造成燃烧器阻力损失较大，燃烧器喷口磨损严重。后来 HAF 电厂主乏气比按 7∶3 控制，JJ 电厂将乏气关闭后上述问题得到一定程度缓解。但是完全背离了浓淡分离燃烧组织的原有设计思想，

不利于降低 NO_x 的排放值。

乏气并入主气流带来的问题是：

（1）浓淡分离燃烧的设计思想无法实现，导致 NO_x 上升。

（2）主气喷口流速过高。

例如 JJ 电厂 350MW 机组 W 火焰炉正常运行时由于实际燃用煤质发热量下降 18％以上，为了提高磨煤量，其风量必须提高（双进双出磨风量与磨煤机风量成正比），一次风管道流速从设计的 26～28m/s 上升到 32～33m/s，再加上乏气并入主气以后，主喷口一次风流量增加将近一倍，最终导致一次风喷口速度高达 40m/s 以上。尽管实际运行煤种干燥无灰基挥发分高达 23％，喷口黑龙区仍长达 1.25～2m，不仅不利于燃尽，而且影响下炉膛的充满程度，不利于降低 NO_x，一次风下冲速度过高，造成大渣可燃物高达 16％的重要原因。

喷口黑龙区仍长达 1.25～2m，不仅不利于燃尽，而且影响下炉膛的充满程度，不利于降低 NO_x，一次风下冲速度过高，造成大渣可燃物高达 16％（见 JJ 电厂 6 号摸底试验数据）的重要原因。JJ 电厂 6 号锅炉燃烧器着火距离见图 3-16。

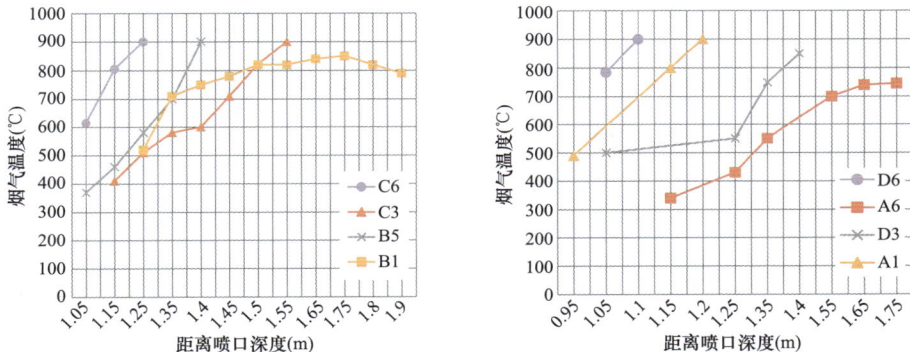

图 3-16　JJ 电厂 6 号锅炉燃烧器着火距离

（3）系统阻力大幅度增加。由于系统阻力与流速的平方成正比，因此乏气并入主气流后双旋风筒阻力增加 4 倍左右，再加上消旋叶片整流作用使阻力更进一步增加，JJ 电厂磨煤机的分离器入口静压高达 5000Pa 以上，造成一次风机电耗增加，厂用率明显上升，甚至因一次风机出力不足，导致磨煤机出力不足，整台机无法达到额定出力 350MW。

（4）一次风主气喷口磨损严重。河北 HAF 电厂 660MW 机组 W 火焰炉是由美国 FW 直接设计的锅炉，其一次风主气喷口为 72 只，也存在主气流刚性不足的问题。在机组调试期间，发现锅炉排烟温度偏高（设计值为 126℃，实际高达 160℃），减温水量偏大（设计值为 100t/h，实际高达 300t/h），影响锅炉的安全经济运行。为了满足锅炉安全运行，外方调试人员为了降低火焰中心，关闭燃烧器乏气挡板，降低燃烧器消旋叶片位置。采取上述措施后，排烟温度降低至约 145℃，减温水量由 300t/h 降低至 150t/h，而且在高负荷时仍存在排烟温度偏高的问题。由于燃烧器喷口风粉气流流速很高，消旋叶片在下部喷口内强烈消旋，造成燃烧器阻力损失较大，燃烧器喷口磨损严重，甚至进一步磨损水冷壁管，最终导致水冷壁管爆破泄漏事故。另外燃烧器喷口与旋风筒连接部位的焊缝磨透后煤粉进入二次风箱，容易发生积粉自燃现象，已发生过两次由此造成的积粉自燃烧坏风箱及燃烧器的事故，图 3-17、图 3-18 分别为 HAF 电厂锅炉积粉自燃烧坏风箱照片和燃烧器火嘴磨损照片。

拱下风率高达70%，分别从 D、E、F 各喷口送入，其设计目的是实现分级送风，有利于主气流提前着火，有利于降低 NO_x，有利于调节火焰中心的高度。实际上 D、E 风喷口一旦开启，对于着火影响较大，较容易导致火焰短路。拱下风主要从 F 喷口水平送入，一旦开大更会导致主火炬短路，再加上燃烧器喷口过多，又双层布置，很难补入主火炬，因此对燃烧影响较大。

拱下风的另一主要目的是防止结渣，但是 D、E 风喷口开大后，对燃烧稳定性影响较大。再加上早期投入运行的 W 火焰炉，在侧墙和翼墙并未布置防渣风。因此，防结渣效果不佳。而且大量二次风用于防止结渣还直接影响下炉膛的燃烧组织，不利于提高燃烧效率。

图 3-17 HAF 电厂锅炉积粉自燃烧坏风箱照片

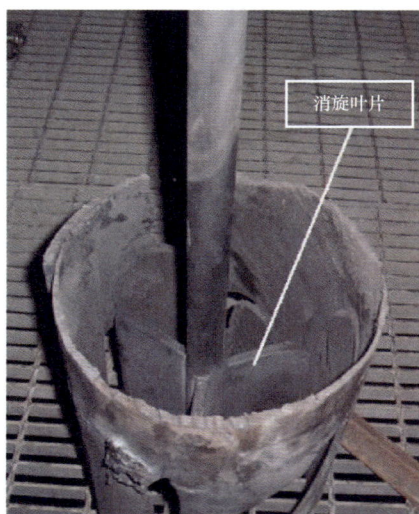

图 3-18 HAF 电厂锅炉燃烧器火嘴磨损照片

3.2.1.2 双旋风筒燃烧器存在的问题较多

（1）燃烧器喷口数量过多。早期 300MW 等级的 W 火焰炉燃烧器喷口，24 对喷口共计 48 只；600MW 等级的 W 火焰炉喷口共计 36 对，72 只。喷口数量过多导致主火炬动量减小，是拱上主气流刚性较低易于短路上飘的另一重要原因；喷口数量较多，被迫双列布置，靠外侧的燃烧器喷口距离前后墙太近，容易造成结渣；同时双列布置可能导致内侧喷口的下行气流和外侧喷口下行后重新上升的气流互相干扰，不利于主气流深入下炉膛；喷口数量较多，西安热工研究院在 YAC 电厂 350MW 机组同类型的 W 火焰炉上的冷态空气动力场试验指出，两个旋风筒出口一次风射流在离开喷口 0.8m 的距离已经汇合，实际上形成一面风墙，缺少补气间隙。二次风沿水平方向基本满布炉墙，位于下炉膛前后墙的二次风 F 挡板的出口处在离开喷口 0.5m 处也已经汇合成一体。整排分级风形成一面风墙，在这种情况下的一、二次风的混合表现成为两面风墙的推挤、混合。由于缺少补气间隙，高负荷下补风困难，F 挡板开大后，挤压主气流，更进一步造成主火炬短路到上炉膛。这种情况也表现在早期投产的贵州 AS 电厂 300MW 机组 W 火焰炉燃烧不稳（炉出口氧量仅为 1.0），以及 YAC 电厂 300MW 机组甚至在 80%～90%BMCR 下也只有投入油枪才能维持稳定运行的重要原因之一。JJ 电厂 350MW 等级 W 火焰炉改前也存在相同问题，高负荷下补风造成燃烧不稳，氧量只能达到 2% 左右，CO 高达 2100μL/L 以上。不仅导致锅炉热效率下降

0.8%，而且导致高温腐蚀的隐患。JJ电厂下炉膛原锅炉实际运行工况流场模拟图见图3-19。

（2）乏气布置不当。原锅炉设计中，乏气布置在炉膛靠中心一侧，乏气容易短路飘入上炉膛，再加上乏气煤粉浓度较低，不易着火，飞灰可燃物上升，是造成投产初期燃烧不稳的另一重要原因。一些锅炉被迫将乏气并入主气流以后，燃烧稳定性得以改善又完全背离了原浓淡燃烧以降低 NO_x 的思想，也是造成 NO_x 上升的重要原因。

（3）双旋风筒入口整流栅极易磨损。例如LIY电厂300MW锅炉，投入运行仅三年格栅已经全部损坏，造成双旋风筒入口分配不均，导致浓度较低一侧着火困难，浓侧氧量不足不利于着火，淡侧过剩空气量过高，NO_x 大量生成，使整个燃烧器的燃烧组织混乱，是 NO_x 排放偏高、燃烧效率低下的重要原因。

（4）双旋风筒阻力较高。不仅磨损严重也是一次风系统总体阻力较高，一次风机耗电量增加的重要原因。由于双进双出磨煤机的出力和容量风成正比，一次风系统阻力大幅度增加，还可能直接限制磨煤机的出力，从而直接影响整台锅炉达到满出力。

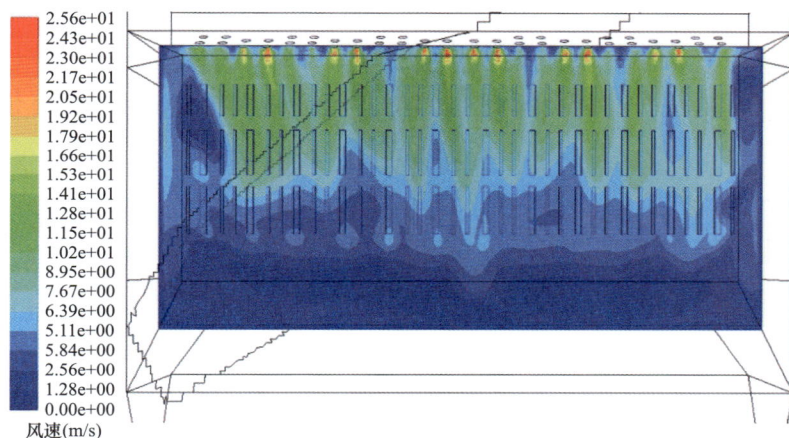

图3-19　JJ电厂下炉膛原锅炉实际运行工况流场模拟图

（5）双旋风筒主气出口气流是旋转的。其设计思想是有利于着火，而且利用可于旋风筒内上下移动的消旋叶片调节出口气流的旋流强度，从而调节火炬的射程。但是根据贵州电力科学研究院的试验结果，调节一次风喷口的消旋叶片，在冷态一次风喷口的整流和调节是有效的，在热态对着火未见调节效果。

3.2.1.3　燃烧系统防结渣性能较差

由于该种炉型对稳燃考虑较多，拱上二次风只喷入少量作为周界风和供给早期燃烧的需要，未形成风包火的燃烧组织，主火炬着火以后极易发散，是导致结渣严重的主要原因；该种炉型防止结渣的主要措施，是利用拱下布置的D、E、F防渣风，但是防渣风过多必然影响燃烧组织。而且D、E防渣风的布置方式，对主气流干扰较大，也很难发挥防结渣的作用；拱上主气流动量太低，易于上漂，使上炉膛温度偏高；喷口数量较多，被迫双列布置，靠外侧的燃烧器喷口距离前后墙太近；再加上采用翼墙的布置方式，尽管有利于结构布置，但却形成了一个烟气走廊。这些问题综合的结果导致该炉型易于结渣，尤其是翼墙和侧墙容易结渣。为了减少结渣，有的电厂将侧墙和翼墙的卫燃带去除，又对着火影响较大。因此，有的电厂被迫将紧邻两侧的燃烧器喷口停用，甚至导致锅炉达不到满出力。

3.2.2 炉膛选型欠合理

3.2.2.1 宽深比较高

采用 FW 技术的双旋风筒燃烧器的 W 火焰炉，由于燃烧器只数较多，炉膛宽深比较大（300MW 等级 W 火焰炉中狭缝型 W 火焰炉和 B&W 型锅炉宽深比为 0.95～1.2，FW 型锅炉宽深比为 1.856），带来沿宽度方向热负荷分布不均的问题。再加上缺少沿炉膛宽度方向风量控制的手段，根据电厂反映，靠炉膛中间部位，氧量较低、温度较高。这不仅可能导致结渣和超温，也将导致高温 NO_x 增加，两侧氧量过高的区域 NO_x 也会增加。

600MW 机组三种流派的锅炉轮廓选型对比见图 3-20。

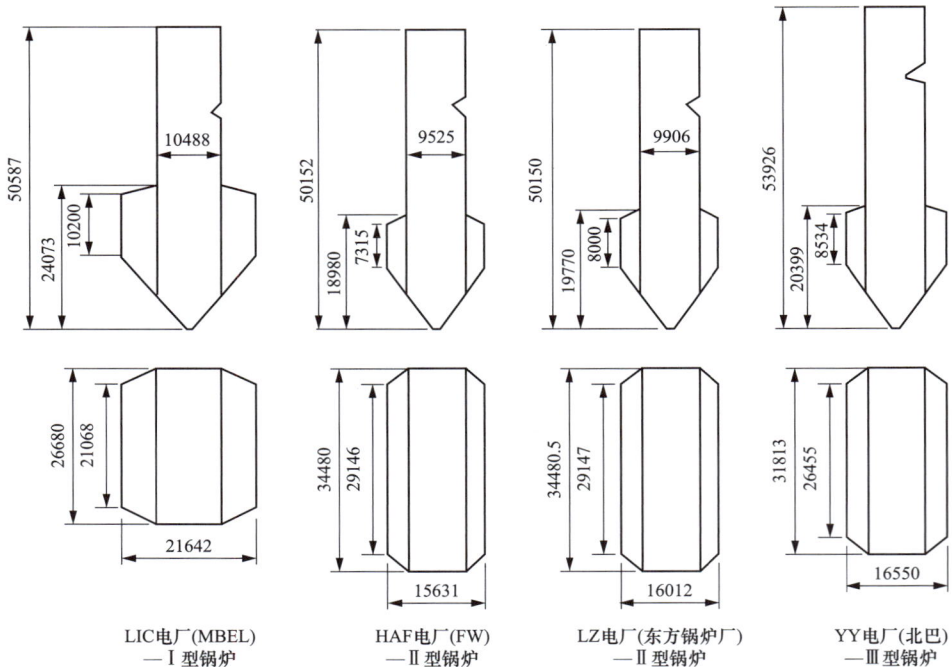

图 3-20　600MW 机组三种流派的锅炉轮廓选型对比图

3.2.2.2 全炉膛容积放热强度基本合理下炉膛容积放热强度偏高

炉膛容积放热强度的选取是锅炉设计必须考虑的重点，FW 型锅炉下炉膛容积放热强度偏高。

W 火焰炉最主要的设计思想就是将燃烧区和燃尽区分开布置，为了使下炉膛更适合贫煤和无烟煤的着火和燃尽，下炉膛容积放热强度比常规墙式和切圆燃烧的锅炉高一倍左右。因此，对于 W 火焰炉在全炉膛容积放热强度选定以后，如何分配上下炉膛的容积放热强度，则非常重要。

双旋风筒燃烧器 W 火焰炉在改善着火条件方面考虑较多：对于早期 FW 系列 300MW 等级的 W 火焰炉，配直流 MBEL 型燃烧器的 W 火焰炉下炉膛容积放热强度为 157.7～217.6kW/m³；配双调风燃烧器的 B&W 型 W 火焰炉的为 149～208kW/m³，配双旋风筒燃烧器的 FW 型 W 火焰炉的为最高达 241.5～254.8kW/m³。YAC 电厂 FW 型锅炉更高达 277kW/m³。HAF 电厂 660MW 机组下炉膛容积放热强度高达 254.8kW/m³，因此，早期

FW型锅炉是三种型号W火焰炉中结渣情况最为严重的，NO$_x$也偏高。

3.2.2.3　卫燃带偏多

MBEL型W火焰炉卫燃带仅为下炉膛有效辐射受热面的26％～33％，双调风B&W型W火焰炉的卫燃带仅为下炉膛有效辐射受热面的40％～44％。300MW等级FW型W火焰炉，卫燃带敷设较多，达到42.4％～59.4％，300MW等级FW型W火焰炉的下炉膛卫燃带敷设情况表见表3-10。一方面导致下炉膛容易结渣；另一方面，下炉膛温度过高，也容易产生高温热力型NO$_x$。

表 3-10　　300MW等级FW型W火焰炉的下炉膛卫燃带敷设情况表

对比内容	改造前卫燃带面积（m²）	改造后卫燃带面积（m²）	下炉膛辐射吸热面积（m²）	改造前卫燃带占辐射吸热面积比例（％）	改造后卫燃带占辐射吸热面积比例（％）
AS电厂1号锅炉	584	622.86	1188（改造后1306）	49.2	47.7
AS电厂2号锅炉	504	622.86	1188（改造后1306）	42.4	47.7
AS电厂3号锅炉	781	—	1314	59.4	—
YF电厂4号锅炉	703.4	491	1279	55	38.4
JJ电厂5号锅炉	580	500	1425	40.7	35.1
SA电厂4号锅炉	657	450	1188	55.3	37.9
SG电厂10号锅炉	657	—	1188	55.3	—
GY电厂4号锅炉	723.4	621.4	1279	56.6	48.6
LIY电厂1号锅炉	644	610	1314	62.3	59
YX电厂3号锅炉	781	—	1314	59.4	—

3.2.3　缺少降低 NO$_x$ 的有力措施

NO$_x$的生成主要有三种形式。第一种为热力型，由气体中的氮和氧在高温下（一般在1300℃以上）反应生成，其生成量与温度和在高温区停留的时间以及氧的分压有关。据有关资料介绍，在1500℃以上，温度每上升100℃，NO$_x$的生成量增加5～6倍。对于W火焰炉，由于燃烧温度较高，热力型NO$_x$大量产生，占排放量30％以上，这是一般未采取低NO$_x$燃烧技术的锅炉NO$_x$的排放值一般在800mg/m³左右，而W火焰炉NO$_x$排放值高达1200～1800mg/m³的主要原因。W火焰炉最主要的设计思想就是将燃烧区和燃尽区分开布置，为了使下炉膛更适合贫煤和无烟煤的着火和燃尽，下炉膛容积放热强度比常规墙式和切圆燃烧锅炉的容积放热强度高一倍左右。而FW型W火焰炉的下炉膛放热强度又远高于其他两种炉型，下炉膛容积放热强度为常规墙式和切圆燃烧的锅炉的容积放热强度的2.4～2.7倍。卫燃带敷设的面积也是三种炉型中最高的。再加上主气流刚性太低，火焰短路上漂，高温区集中在炉膛上部，导致局部温度超高。炉膛阔深比较大，制粉系统无均粉措施，这些都进一步造成局部温度超高。这些因素综合的结果，导致该型锅炉NO$_x$的排放量排放较高。

NO$_x$生成的第二种为瞬发型，瞬发型NO$_x$产自碳氢基与分子氮快速反应形成的化合物，然后转变为NO$_x$，由此产生的NO$_x$在总的NO$_x$中只占很小的比例。

NO$_x$生成的第三种为燃料型，燃料型为煤中的有机氮氧化生成，生成温度低于热力型，但与氧的浓度关系密切，煤粉与空气的混合过程也对其有显著影响。研究表明，对于一般锅炉，在未加控制（不分段）的煤粉燃烧中，燃料型NO$_x$占NO$_x$总排放量的80％。

在 W 火焰炉中由于高温 NO_x 增加，燃料型 NO_x 的份额下降到 60% 以下。W 型火焰固态排渣煤粉锅炉采用燃烧区和辐射吸热区分开布置，下炉膛容积放热强度高，并且敷设大量的卫燃带，下炉膛温度高达 1500～1600℃，因此高温 NO_x 大幅度增加，这一原因是导致 NO_x 的排放值超过四角燃烧和墙式燃烧锅炉的重要原因。

W 型火焰固态排渣煤粉锅炉的设计思想是由于一次风中煤粉浓度高和二次风分级送入，在炉内形成明显的两级燃烧区，设计和调整适当时可望降低 NO_x 的排放量。但是由于 FW 型 W 火焰炉拱上二次风是作为周界风送入的，设计比例仅为 20%，由于周界风间隙太小，运行众多被焦渣堵塞，主要的二次风几乎都是从拱下二次风送入的，分级送风以降低 NO_x 效果几乎无法实现，而且早年投入运行的火焰炉，大多没有设置燃尽风，十分不利于降低 NO_x。

此外，因为 W 火焰炉一般燃用低挥发分煤种，着火与燃尽性能较差，为了强化燃烧，锅炉设计的过量空气系数一般都在 1.25 以上，JJ 电厂这台锅炉设计的过量空气系数高达 1.3。这也是造成 NO_x 较高的重要原因。目前实际运行的一些 W 火焰炉过量空气系数为 1.12。但是大部分锅炉摸底试验的结果说明烟气中含有大量的 CO，这不仅会影响锅炉热效率，而且可能会导致受热面严重的高温腐蚀。

以上多方面因素都是该型 W 火焰炉 NO_x 超高的重要原因。以最典型的 HAF 电厂 660MW 等级 W 火焰炉为例，NO_x 高达 2000mg/m³，是国内 NO_x 排放量最高的锅炉之一。

3.2.4 磨煤机选择偏小，分离器性能不佳，风粉分配严重不均

磨煤机出力选择偏低，制粉细度选择偏高是早期 300MW 等级 W 火焰炉共同的问题。当年不仅磨煤机选择偏小，而且广泛采用的美国 FW 生产的 D-10D 双进双出磨煤机所配的惯性双流式分离器，调节性能甚差，分离器容积强度太高，并且无调节挡板，只能通过限制回粉间隙来调节制粉细度。EZ 电厂设计煤种哈氏可磨性指数（HGI）为 58.7，煤粉细度 $R_{75}=15\%$，磨煤机设计出力为 43.45t/h；实际运行中，当磨制哈氏可磨性指数（HGI）为 53 的煤种时，在设计煤粉细度 R_{75} 在 15% 下，磨煤机实际最大出力为 42t/h，说明尽管已经没有余量，磨煤机出力基本能达到设计要求。当煤种变化时，尤其是可磨度低的煤种，磨煤机出力降低，煤粉变粗，要维持磨煤机的高出力，只能通过提高风量来实现，结果煤粉变得更粗，而且风煤比升高。试验表明，在高负荷下风煤比由 1.3 上升到 1.8，YAC 电厂因此造成燃烧稳定性大幅度降低，不敢加风，飞灰可燃物大幅度上升。YAC 电厂投产初期在用设计煤种阳城煤做性能试验时，当磨煤机出力为 32t/h 时，必须将通风量加到 50t/h 以上，煤粉细度 R_{75} 为 22%～25%，远超过设计值 $R_{75}=15\%$。在此工况下，四台磨煤机运行，可带到 330MW，使飞灰可燃物在 36%。而且在此工况下不能吹灰，否则燃烧不稳。在额定负荷 350MW 下需投油枪稳燃，飞灰可燃物高达 40.55%，大渣可燃物达 27.6%。

又如 JJ 电厂属于后期投入运行的锅炉，磨煤机已经由早期的 FWD-10D 提高到 FWD-11D，制粉细度由 15% 降低到 $R_{90}<6\%$。但是投入运行后，因为小齿轮频繁损坏，2008 年后被迫将磨煤机装球量由设计的最大装球量 83 642kg 减少为 55 000kg。装球量减少后，磨煤机出力下降，原设计三台磨煤机运行，一台备用，实际必须 4 台磨煤机投入运行才能满足锅炉带负荷的要求。而且分离器调节性能不佳，摸底试验结果说明制粉细度由设计的 $R_{90}<6\%$，上升到 $R_{90}\leqslant11.25$，风煤比高达 1.78，更重要的是各一次风管道间煤粉浓度相

差-37%~46%，这些都是使 NO_x 排放量较高的另一重要原因。

总的来说，根据 2001 年对 28 台 W 火焰炉的调查，早期投产的所有 300MW 等级 W 火焰炉中，除 LH 电厂、YQ 电厂的几台炉之外，几乎都存在制粉系统出力选择偏低，煤粉选择偏粗的问题；FWD-10D 型磨煤机还存在分离器调节性能不佳等问题，难于满足劣质煤既难磨又要求煤粉细的要求。这一问题实际已成为影响 W 火焰炉着火难易、燃烧是否稳定、燃尽率高低的瓶颈，有的厂甚至造成锅炉达不到满出力。

在早期投入运行的 600MW 机组锅炉也是如此。例如，河北 HAF 电厂 660MW 等级 W 火焰炉制粉系统是配置的 D-12D 双进双出磨煤机和双流式分离器。设计制粉细度 R_{90} 不大于 6%，磨煤机设计出力为 53t/h，5 台磨煤机运行即可满足机组满负荷要求，1 台磨煤机留作备用。投产初期发现磨煤机实际出力只有约 40t/h。为了增加出力只能增加通风量。2 台锅炉配备的 12 台磨煤机中，只有 2 台的风煤比低于设计值 1.54（煤粉浓度为 0.65kg/kg），其他约 1.9（煤粉浓度约为 0.526kg/kg）。风煤比过高严重影响炉内燃烧组织。而且煤粉浓度分配严重不均：1 号锅炉偏差为 36%~53%；2 号锅炉偏差为 47%~59%；12 台磨煤机的煤粉浓度分配远高于常规要求的 ±10% 的偏差。

根据 DL/T 5145—2002《火力发电厂制粉系统设计计算技术规定》对于贫煤、无烟煤制粉细度计算的要求，$R_{90}=0.5nV_{daf}\%$，按设计入炉煤挥发分 9%、7.02%、16%，不均匀系数 n 按 0.7 计算，R_{90} 分别应等于 3.15%，2.46%，5.6%，相应的 R_{75} 应在 5%~8%，设计值 15% 显然偏高。试验也指出，EZ 电厂在燃用极难燃的混煤时，当 $R_{75}=6\%$ 时（此时 R_{90} 约为 3.8%，$n=0.85$），飞灰可燃物仅为 4.49%；当 $R_{75}=9\%$、$R_{90}=6\%$ 时，飞灰上升 8.65%；到 $R_{75}=15\%$ 时，飞灰可燃物达 20%。这说明制粉细度的选择对采用双进双出磨煤机直吹式系统配 W 火焰炉燃烧组织影响极大。EZ 电厂与西安热工研究院所测的制粉细度与飞灰可燃物关系曲线见图 3-21。

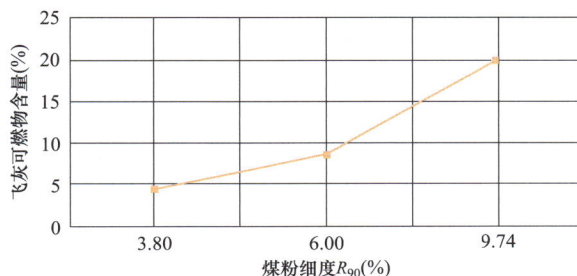

图 3-21　EZ 电厂与西安热工研究院所测的制粉细度与飞灰可燃物的关系曲线

总结 W 火焰炉在国内运行的经验，近期已经投入运行和即将投入运行的所有 600MW 等级 W 火焰炉，除 HAF 电厂以外，对设计制粉细度，全部选择 R_{90} 不大于 6%，绝大部分磨煤机都选择沈重或上重生产的 BBD 双进双出磨煤机。

3.2.5　过热器、再热器存在的问题

早期引进型 W 火焰炉存在锅炉减温水量大、排烟温度高以及锅炉低负荷下再热蒸汽温度偏低等问题。分析原因可能有以下几点：

（1）主火炬动量偏低，主火炬短路上飘。

（2）下炉膛卫燃带区域的水冷壁的计算中，有效系数 0.53 偏大，由于结渣较重，炉内水冷壁的清洁度远低于设计程序设置的清洁度，致使炉膛出口温度提高，分隔屏（division wall）的吸热增加；其结果导致大量早期引进型锅炉普遍反映出原锅炉过热器尤其是分隔屏受热面偏多，而且分隔屏过热器属于辐射特性，其吸热量与炉膛的绝对温度成正比，在低负荷下炉膛温度下降不多，而蒸发量却大幅度下降。因此，分隔屏低负荷下更容易于超温。

（3）设计中低温再热器的管束有效系数为 0.92，因其偏大导致再热器受热面面积布置偏小，在实际运行中流经再热器的烟气量比设计值要多。在低负荷工况下再热器侧所需烟气份额过高，实际运行中很难通过烟气挡板的调节达到该要求，因此容易出现低负荷工况下再热蒸汽温度不够的情况，这也是排烟温度偏高的原因之一。

3.3　DGC 锅炉厂亚临界 W 火焰炉的设计改进

DGC 锅炉厂自 1992 年 1 月引进美国 FW 300、600MW 等级 W 火焰炉技术以来，在国内市场的占有率处于领先地位。截止到 2008 年为止，300、600MW 等级 W 火焰炉已有 30 多台投入商业运行。

先期投运的 YG 电厂、SA 电厂 4 台 300MW 等级 W 火焰炉，DGC 锅炉厂完全是按 FWEC 的培训技术进行设计制造的，后续的三台（AS 电厂一期两台、广东 SG 电厂一台），DGC 锅炉厂仅对水循环系统作了一些改进（将集中下降管由 17 根减少为 12 根），对下炉膛的几何尺寸、燃烧器布置及配风等都未做改动。先期投运的 7 台 300MW 等级 W 火焰炉和由美国 FW 直接供应的 YAC 电厂 6 台 350MW 机组锅炉，HAF 电厂 2 台 660MW 机组锅炉，共 15 台，在运行中都出现了不同程度的问题，根据 DGC 锅炉厂自行归纳有以下几个方面问题：

（1）易于结渣。尤其是两侧墙和翼墙，结渣更为严重，有的锅炉甚至为此停止靠两侧燃烧器喷口的运行。

（2）炉膛负压波动大。由于锅炉燃煤的质量不稳定，并且普遍比设计煤质差，且锅炉下炉膛容积偏小，故引起在下炉膛燃烧区域烟气负压波动大，给运行人员的操作带来一定的困难。

（3）补风困难，炉膛出口氧量偏低。过量空气系数普遍低于 1.2，对于处于高原地区的 AS 电厂一期锅炉更是低于 1.15 以下，二次风量无法增加；这是因为一旦增加二次风量，极易引起燃烧火焰不稳。

（4）未燃尽碳损失比设计值大。由于炉内过量空气量偏低，在局部区域甚至有缺氧的情况，加上下炉膛容积偏小，煤粉粒子在下炉膛的燃烧区域停留时间较短就进入上炉膛；因此使未燃尽碳损失增加，飞灰可燃物一般在 8% 以上，有的甚至达到 15%～30%。

（5）NO_x 排放量比较高。

（6）排烟温度高。

（7）过热器喷水量过大，普遍达到设计喷水量的 2 倍，甚至更多。

出现这些问题，有入炉煤质偏离设计值的影响因素，但是设计因素的影响也是不可忽视的。DGC 锅炉厂广泛收集已经投入运行的 W 火焰炉的有关信息，十几年间对 W 火焰炉进行了卓有成效的改进。根据 DGC 锅炉厂自己的总结，对于燃烧系统可以分为六代改进。

第一代 W 火焰炉燃烧系统：以 SA、YQ 电厂为主要代表，包括 AS 电厂一期、SG 电厂等。

第二代 W 火焰炉燃烧系统：以 ZZ、YOC 电厂及高海拔地区的 AS 电厂二期、QB 电厂等为主要代表，主要进行了燃烧器角度、燃烧器耐磨结构及二次风的优化配置等设计改进，并开发出高海拔地区的设计方案，其中部分电厂配合磨煤机数量变化进行了减少燃烧器数量的优化。

第三代 W 火焰炉燃烧系统：以 JZS、LZ 电厂等 600MW 机组为代表的项目，主要吸取300MW 锅炉的经验教训，进行了风箱结构的优化，改变了拱上、拱下送风比例，解决了300MW 机组加风困难的问题，同时燃烧器结构进一步优化。

第四代 W 火焰炉燃烧系统：以越南海防 300MW 机组为代表，该项目首次在 W 火焰炉上采用与钢球磨煤机中储式热风送粉系统配合的燃烧系统，首次采用了将乏气风与主燃烧器分离布置的方式，加上三次风的合理布置，开创了 W 火焰炉与中储式制粉系统配合的设计先例。

第五代 W 火焰炉燃烧系统：以 GX、FX 电厂等与超临界 W 火焰炉相配合的燃烧系统设计，该系统首次引入了燃尽风的设计理念，同时进行了燃烧器数量的调整及防结渣方案的优化等。

第六代 W 火焰炉燃烧系统：超临界 W 火焰炉机组。

这些改进总的来说可以概括为两大方面的改进，一方面是轮廓选型的改进，另一方面是燃烧组织的改进。

3.3.1　炉膛特征参数选择的改进

围绕着强化低挥发分煤的着火和燃尽需要高火焰温度的特点，在燃烧设备的设计中采用下射火焰，力图尽可能地充分利用炉内高温烟气的回流卷吸及设法延长颗粒在炉内的流动路径，是 W 火焰炉主要的设计思想。为了增加煤粉粒子在下炉膛内（燃烧区域）的停留时间，保证煤粉粒子在下炉膛内充分燃尽，减少未燃尽可燃物的热损失，适当增加下炉膛的高度，适当增大了下炉膛的容积，即可得到事半功倍的效果。

各时期 FW 型 300MW 机组锅炉主要炉膛选型参数汇总见表 3-11。DGC 锅炉厂 300MW 等级锅炉各阶段下炉膛容积放热强度的变化见图 3-22。由图 3-22、表 3-11，以及图 3-23 可见 DGC 锅炉厂近年来对轮廓选型所做的改进。从 DGC 锅炉厂历年来对 300MW 等级 W 火焰炉的改进可知，为了提高锅炉燃烧效率，扩大煤种适应性，全炉膛的高度从 39.244m 增加到 43.252m；下炉膛高度由 15.477m 增加到 17.139m；下炉膛垂直墙的高度由 5.612m 增加到 7.002m；下炉膛容积放热强度由 254.8MJ/m³ 降低到 206.76MJ/m³；下炉膛深度也由 13.345m 增加到 13.726m。

对于 600MW 等级 W 火焰炉，是以原 HAF 电厂 660MW 等级 W 火焰炉为基础，借鉴300MW 等级锅炉优化后的成功经验，同样进行了重要修改。600MW 等级 W 火焰炉全炉膛的高度从 50.065m 增加到 54.700m；下炉膛高度由 19.63m 增加到 22.7m；下炉膛垂直墙的高度由 7.315m 增加到 10.935m；下炉膛容积放热强度由 254.81MJ/m³ 降低到180.27MJ/m³。炉膛深度也由 15.631m 增加到 17.1m。FW 型 600MW 等级 W 火焰炉炉膛轮廓改进图示见图 3-24。FW 型 600MW 等级下炉膛容积放热强度改进图示见图 3-25。600MW 等级 W 火焰炉主要数据的优化设计见表 3-12。DGC 锅炉厂亚临界 600MW 双拱燃烧锅炉设计特性参数见表 3-13。DGC 锅炉厂 600MW 双拱燃烧锅炉设计参数的改进见表 3-14。

表3-11 各时期FW300MW机组锅炉主要炉膛选型参数汇总

不同阶段的电厂改造项目	型号（投产年限）	上炉膛深度（m）	下炉膛深度（m）	下炉膛高度（m）	下炉膛垂直墙高度（m）	炉膛总高度（m）	下炉膛容积热负荷（kJ/m³）	下炉膛宽深比（W/D_L）	炉膛顶棚管标高（m）	冷灰斗底部开口标高（m）	改造前卫燃带敷设面积（m²）	下炉膛有效辐射吸热面积（m²）	卫燃带比例（%）
第一阶段 SA电厂3、4号锅炉，YQ电厂1、2号锅炉	DG1025/18.2-II7（1997）	7.239	13.345	15.477	5.612	39.244	260.81，256.79	1.856	47.778	8.534	657	1188	55.3%
第二阶段 AS电厂1、2号锅炉，SG电厂10号锅炉	DG1025/18.2-II10（1999）（2001）	7.239	13.345	15.477	5.612	43.244，42.312	252.29，251.42	1.856	50.846	7.602，8.534	504，657	1188	42.4%，55.3%
第三阶段 YY电厂3、4号锅炉，YF电厂3、4号锅炉	DG1025/17.4-II14（2006）（2007）	7.62	13.726	16.639	6.502	40.552	215.36，217.83	1.804	48.153	7.601	703.4	1279	55.0%
第四阶段 AS电厂3、4号锅炉，SG电厂11号锅炉	DG1025/18.2-II15（2003）（2005）	7.62	13.726	17.139	7.002	42.052	209.96	1.804	49.653	7.601	781	1314	59.4%
第五阶段 YX电厂3、4号锅炉	DG1025/18.2-II17（2006）（2006）	7.62	13.726	17.139	7.002	43.252	206.76	1.804	50.853	7.601	781	1314	59.4%

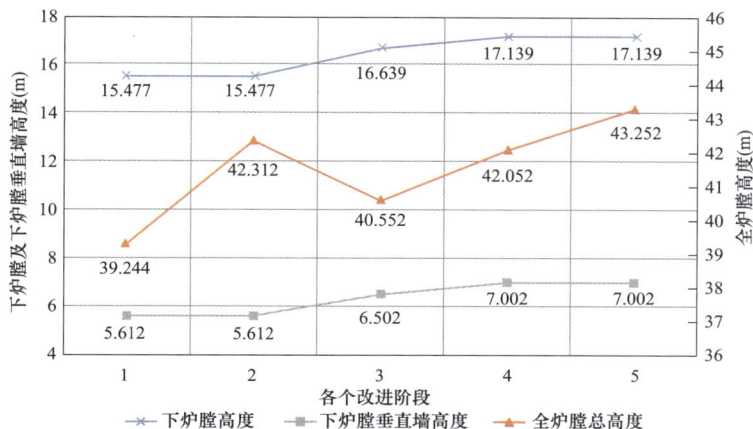

图 3-22　DGC 锅炉厂 300MW 等级锅炉各阶段下炉膛特征参数的改进

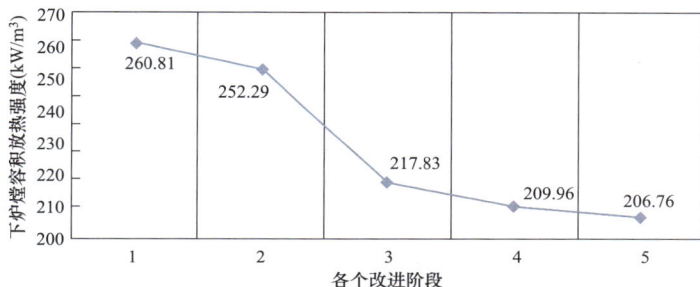

图 3-23　DGC 锅炉厂 300MW 等级锅炉各阶段下炉膛容积放热强度的变化

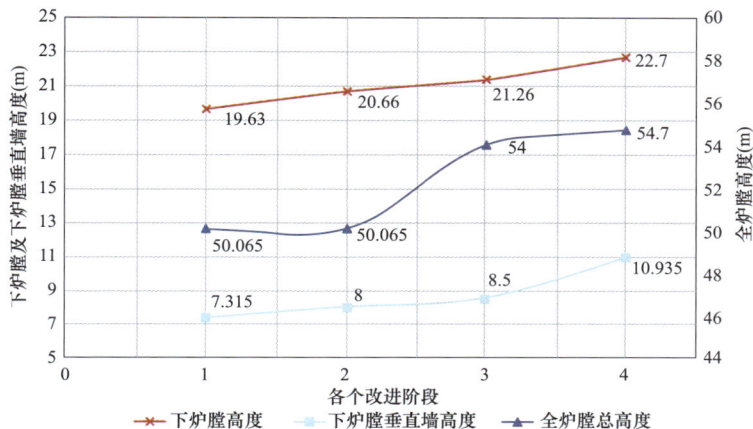

图 3-24　FW 型 600MW 等级 W 火焰炉炉膛轮廓改进图示

　　将炉膛深度、下炉膛高度适当增加，增加了火焰在下炉膛的行程及停留时间，增加锅炉炉膛容积，有利于煤粉燃尽，减少机械未完全燃烧热损失 q_4 损失。下炉膛高度增加，下炉膛垂直墙高度的增加，也有利于火炬的展开，再配合合理的燃烧组织，在下炉膛平均温度不降低；而由于火炬短路使下炉膛上部局部高温的问题得以缓解，也有利于降低高温 NO_x 温度。炉膛深度的适当增加可以更有效地避免火焰可能发生的相互碰撞，形成更好的

W 形火焰的形状，避免在下炉膛的火焰燃烧发生波动的现象。下炉膛容积放热强度降低为增加煤粉粒子在下炉膛内（燃烧区域）的停留时间，保证煤粉粒子在下炉膛内充分燃尽，为减少未燃尽可燃物的热损失提供了有利条件。

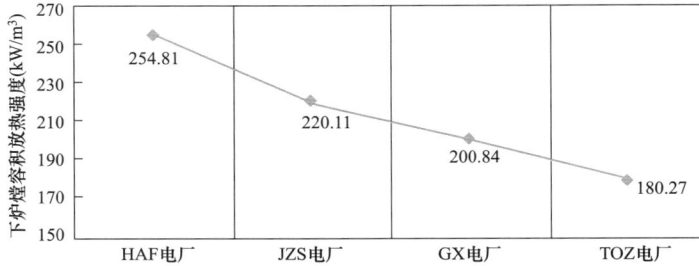

图 3-25　FW 型 600MW 等级下炉膛容积放热强度改进图示

表 3-12　　　　　　　　　600MW 等级 W 火焰炉主要数据的优化设计

内容	单位	TOZ 电厂	GX 电厂	JZS 电厂	HAF 电厂
上炉膛深度	mm	9960	9960	9906	9525
下炉膛深度	mm	17100	17100	16012	15631
炉膛宽度	mm	32121	32121	34480	34480
下炉膛垂直墙高度	mm	10935	8500	8000	7315
总炉膛高度	mm	54807	54807	50150	50152
炉膛容积	m³	17198	16900	16549	15845
下炉膛容积放热强度	kW/m³	180.27	200.84	220.11	254.81
下炉膛高度	mm	22807	21372	19770	18980
燃烧器型式	—	双旋风浓缩型		双旋风浓缩型	
燃烧器数量	只	24	24	36	36

表 3-13　　　　　　DGC 锅炉厂亚临界 600MW 双拱燃烧锅炉设计特性参数表

序号	项目	单位	JZS 电厂	YAC 电厂	LZ 电厂	LH 电厂	QD 电厂
1	机组额定发电功率（TRL）	MW	600	600	600	600	600
2	锅炉最大连续蒸发量	t/h	2030	2060	2028	2030	2028
3	煤种	—	无烟煤	无烟煤	无烟煤	无烟煤	无烟煤
4	V_{daf}	%	8.0	7.14	9.0	6.21	9.92
5	A_{ar}	%	32.5	19.09	22.97	29.41	28
6	$Q_{net,ar}$	MJ/kg	19.569	25.539	23.31	21.39	22.039
7	DT/ST	℃	1290/1400	1410/1500	1480/1500	1210/1300	1290/1360
8	锅炉制粉系统/磨煤机类别		双进双出/BBD4366（上重）	双进双出/BBD4760（上重）	双进双出/BBD4060（沈重）	双进双出/BBD4062（上重）	双进双出/BBD4360（沈重）
9	燃烧器型式布置/数量	（只）	双旋风筒分离式/36（前后墙各18）	双旋风筒分离式/36（前后墙各18）	双旋风筒分离式/36（前后墙各18）	双旋风筒分离式/36（前后墙各18）	双旋风筒分离式/36（前后墙各18）
10	全炉膛容积	m³	16549	16549	16549	16549	16549
11	下炉膛水平断面积	m²	536	536	536	536	536
12	全炉膛高度	m	50.15	50.15	50.15	50.15	50.15

续表

序号	项目	单位	JZS电厂	YAC电厂	LZ电厂	LH电厂	QD电厂
13	炉膛宽度	m	34.48	34.48	34.48	34.48	34.48
14	下炉膛宽/深比	—	2.153	2.153	2.153	2.153	2.153
15	上下炉膛深度比	—	0.619	0.619	0.619	0.619	0.619
16	折焰角深/上炉膛深度比	—	0.2	0.2	0.2	0.2	0.2
17	拱顶倾斜度	(°)	25	25	25	25	25
18	BMCR燃料输入热量	GJ/h	5627.07	5622.29	5638.92	5619.83	5619.83
19	全炉膛容积放热强度（BMCR）	kW/m³	94.45	94.37	94.65	94.33	94.33
20	下炉膛容积放热强度（BMCR）	kW/m³	220.11	219.92	220.57	219.83	219.83
21	下炉膛断面放热强度（BMCR）	MW/m²	2.917	2.915	2.923	2.914	2.914
22	下炉膛折算高度	m	13.25	13.25	13.25	13.25	13.25
23	卫燃带面积（设计值）	m²	1150	1150	1070	1070	1150
24	炉膛出口计算烟温	℃	1031	1031	1026	1017	1024
25	一次风温度	℃	371	318	326	331	336
26	二次风温度	℃	322	338	345	349	352
27	炉膛结渣倾向	—	侧墙角部	侧墙角部	侧墙角部	侧墙角部	侧墙角部
28	高温腐蚀是否喷涂	—	—	—	—	水冷壁喷涂	—
29	最低稳燃负荷率（保证值）	—	45%BMCR	45%BMCR	35%BMCR	40%BMCR	40%BMCR
30	NOₓ（O₂=6%），BMCR	mg/m³	≤1300	≤1300	≤1100	≤1100	≤1100
31	磨煤机出口温度	℃	120	110	110	110	120

表3-14　　　　DGC锅炉厂600MW双拱燃烧锅炉设计参数的改进

电厂名称	HAF电厂	JZS电厂	LZ电厂	GX电厂	NN电厂	TOZ电厂
锅炉厂家	美国FW	DGC锅炉厂	DGC锅炉厂	DGC锅炉厂	DGC锅炉厂	DGC锅炉厂
容量	660MW	600MW	600MW	600MW	600MW	600MW
型号（投产年限）	FW-2026/17.29-540.8（2001）	DG2030/17.6-Ⅱ3（2006）	DG2028/17.45-Ⅱ3（2008）	DG1950/25.4-Ⅱ8（2011）	DG1950/25.4-Ⅱ8（2012）	DG1900/25.4-Ⅱ6（2013）
炉膛宽度（m）	34.480	34.480	34.480	32.121	32.121	32.121
上炉膛深度（m）	9.525	9.906	9.906	9.96	9.96	9.96
下炉膛深度（m）	15.631	16.012	16.012	17.1	17.1	17.1
下炉膛高度（m）	18.980	19.770	19.770	21.372	21.372	22.807
下炉膛折算高度（m）	12.51	13.25	13.25	14.28	14.28	15.70

电厂名称	HAF 电厂	JZS 电厂	LZ 电厂	GX 电厂	NN 电厂	TOZ 电厂
下炉膛垂直墙高度（m）	7.315	8.000	8.000	8.5	8.5	10.935
炉膛总高度（m）	50.152	50.15	50.15	54.807	57.807	54.807
下炉膛容积（m³）	6536.20	7101.30	7101.30	7526.71	7526.71	8283.43
下炉膛容积放热强度（MJ/m³）	254.81	220.11	220.57	200.84	219.38	180.27
下炉膛宽深比	2.206	2.153	2.153	1.878	1.878	1.878
上下炉膛深度比	0.609	0.619	0.619	0.582	0.582	0.582
炉膛顶棚管标高（m）	56.165	58.800	58.800	63	66	63
折焰角标高（m）	41.819	44.455	44.455	49.24	52.24	49.24
大屏底部标高（m）	36.946	39.586	39.586	50.809	53.773	50.809
下炉膛出口标高（m）	24.993	28.420	28.42	29.565	29.565	31
冷灰斗底部开口标高（m）	6.013	8.650	8.650	8.193	8.193	8.193
屏底距下炉膛出口高度（m）	11.953	11.166	11.166	21.244	24.208	19.809
卫燃带面积（m²）	1084.6	1150	1070	900	914.5	930
卫燃带占下炉膛辐射吸热面积比例（%）	55.5	56.3	52.4	42.7	43.4	41.6

3.3.2 燃烧组织的改进

DGC 锅炉厂低氮 W 火焰炉的设计按照下述原则：

（1）采用燃料浓淡分级燃烧方式。淡煤粉气流从远离浓煤粉气流的地方送入，并且淡煤粉气流在燃烧后期送入，实现燃料的分级燃烧。浓煤粉气流处于富燃料状态，可强化燃烧、促使挥发分快速析出，配合燃烧用空气的分级供给抑制燃料型 NO_x 的生成。

（2）采用全炉膛空气深度分级供给的燃烧方式。下炉膛提供的风量略少于燃料理论燃烧所需要的风量，其余的风量通过布置在燃烧器上方垂直墙上的燃尽风风口来提供，可以显著降低燃料型 NO_x 的生成。

（3）对二次风的分配方式进行全面优化设计。原二次风大部分从垂直墙上进入炉内，较早的与煤粉燃烧火焰混合并危害燃烧稳定性，致使炉膛加风困难，锅炉燃烧效率差。优化设计后，其中部分二次风作为燃尽风从上炉膛喷入炉内，既可降低 NO_x 的生成，又可提高燃烧稳定性，还可以增加全炉膛的运行风量和火焰行程，从而提高锅炉燃尽效率。此外通过增加了拱上二次风的比例，以增加火焰下冲行程，同时由于该部分风与煤粉火焰并行，因此不会过早相互混合，同样有利于强化燃烧和降低 NO_x 的生成。

1）适当减少燃烧器数量并积极开发新结构燃烧器。原双旋风筒燃烧器存在分离阻力大、浓淡煤粉气流位置布置不合理等缺点，新燃烧器将克服原燃烧器的不足之处。

2）适当减少卫燃带数量，并优化卫燃带布置方式。

3）对于自主开发的超临界 600MW 等级 W 火焰炉，对炉膛高度进行了适当放大，以适应炉内空气整体分级燃烧的要求，保证燃料燃尽和合适的炉膛出口烟温。

与早期的亚临界 300MW 等级 W 火焰炉和 600MW 等级 W 火焰炉相比，DGC 锅炉厂自主开发设计超临界 600MW 等级 W 火焰炉的燃烧设备具有以下特点。

（1）将拱下二次风布风孔板向前移，在布风孔板后增加风向调节导流板，使拱下二次风能够在下炉膛水平或下倾一定角度送入炉膛，减小拱下二次风水平方向的分速度，使拱下风既可调节火焰中心的高度，又不致对燃烧带来过大的影响。

（2）将原燃烧器布置于两个喷口之间的一个大的二次风 C 风口，设计为两个独立的二次风口，位置位于旋风筒喷口之后，燃烧时提供燃烧初期的用风，并引射一次风，提高一次风的下射速度。

（3）风口的方向由与一次风口成 10°夹角改为与一次风口平行，使二次风 C 风口不仅作为点火时油枪供风使用，而且可以在锅炉高负荷正常运行时保持较高的风速运行，增加拱上送入的风量，并可引射主火炬和适当减小拱下二次风量，提高整个拱上二次风的下冲动量；部分更早工程的 C 挡板执行器为全关全开执行器，现为调节型执行器。

（4）在上炉膛喉部增加燃尽风风口，以形成全炉膛分级燃烧，降低锅炉的 NO_x 排放量。燃尽风取自二次风箱，每个燃尽风风口设单独的调风挡板，可作为高负荷时提高氧量运行和调平沿炉膛宽度上氧量的备用手段；同时达到降低拱下二次风速的目的。

（5）翼墙上利用水冷壁鳍片开孔，在翼墙高度和宽度上布置贴壁风。

（6）重新计算调整各风口的尺寸，使其与锅炉的实际情况（包括煤种等）相吻合。

3.3.3　改进的效果

结合多年运行经验，经设计优化，以 YNHF 电厂为代表的亚临界 300MW 等级 W 火焰炉采取了与中储式制粉系统配合的特殊设计，见图 3-26，增大拱上二次风、减小拱下二次风、优化卫燃带面积、设计乏气风＋二次风组成的燃尽风喷口、减少燃烧器数目等措施，以达到降低 NO_x 排放物、提高燃烧效率、防止结焦等目的。目前 YNHF 锅炉 NO_x 排放量基本在 $800\sim900mg/m^3$（标准状态）。

YNHF 电厂 300MW 机组锅炉设计煤质见表 3-15，投入运行的结果见表 3-16。

DGC 锅炉厂自主开发设计的超临界 600MW 等级 W 火焰炉采用了空气分级和燃料分级相结合的燃烧技术，GX 电厂、FX 电厂工程锅炉投产后，锅炉各运行参数达到设计值，且参数调节性能好。锅炉燃烧稳定，对煤种适应性强。飞灰可燃物含量低，锅炉热效率高。锅炉环保性能好，NO_x 排放量低，锅炉 NO_x 排放量基本在 $600\sim700mg/m^3$。锅炉对负荷变化响应快，具有较强的调峰能力。锅炉受热面无超温现象。GX 电厂设计煤种见表 3-17。

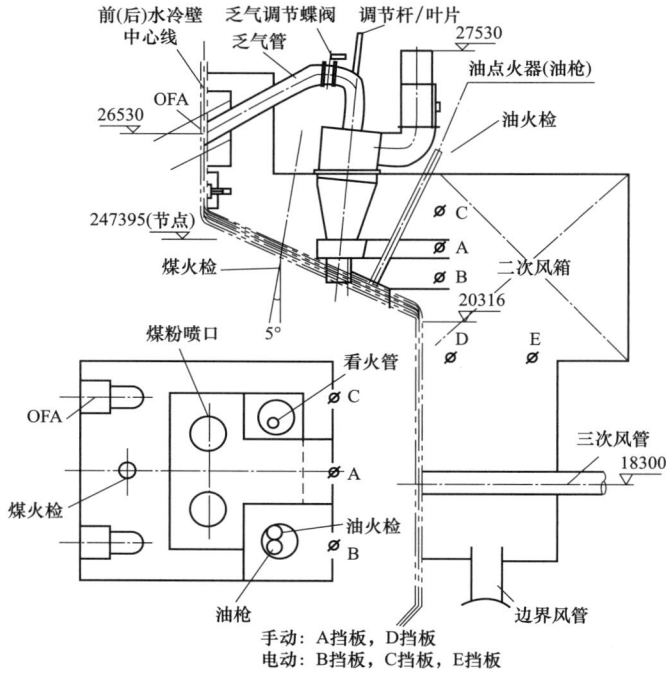

图 3-26　YNHF 电厂锅炉燃烧组织示意图

表 3-15　　　　　　　　　　**YNHF 电厂 300MW 机组锅炉设计煤质**

名称	符号	单位	设计煤种
收到基低位发热值	$Q_{net,ar}$	kJ/kg	21168
收到基全水分	M_{ar}	%	8.8
空气干燥基水分	M_{ad}	%	1.7
干燥无灰基挥发分	V_{daf}	%	8.12
收到基灰分	A_{ar}	%	27.18
收到基碳	C_{ar}	%	57.6
哈氏可磨性系数	HGI		43

表 3-16　　　　　　　　　　**YNHF 300MW 机组锅炉考核试验结果**

项目	单位	1 号锅炉性能考核结果	2 号锅炉性能考核结果
电负荷	MW	300	300
总减温水量	t/h	47.25	65.03
环境温度	℃	38.02	24.6
排烟氧量	%	5.06	5.15
NO_x 平均排放量	mg/m³	722.45	823.02
飞灰平均含碳量	%	6.99	4.05
未燃尽碳热损失	%	2.70	1.67
锅炉热效率（低位）	%	92.13	93.50
修正后锅炉热效率	%	91.94	92.75

表 3-17　　　　　　　　　　**GX 电厂设计煤种**

项目		符号	单位	设计煤种
元素分析	收到基碳	C_{ar}	%	50.5
	收到基氢	H_{ar}	%	2.1
	收到基氧	O_{ar}	%	2.17

续表

项目		符号	单位	设计煤种
元素分析	收到基氮	N_{ar}	%	0.68
	收到基全硫	$S_{t,ar}$	%	2.8
工业分析	收到基灰分	A_{ar}	%	32.25
	收到基水分	M_{ar}	%	9.5
	空气干燥基水分	M_{ad}	%	1.9
	干燥无灰基固定碳	C_{daf}	%	—
	干燥无灰基挥发分	V_{daf}	%	7.5
收到基低位发热量		$Q_{net,ar}$	kJ/kg	19200

对于双旋风筒燃烧器，由于燃烧器的一次风呈敞开式布置，易于接受下射式火焰回流后的传质和传热。因此，最大的优点莫过于着火性能比较好。但是敞开式火焰最大的问题是着火后火焰易于发散，从而导致结渣。该型燃烧器防结渣的措施主要是依靠气膜冷却，不仅在前后墙，而且在侧墙和翼墙都布置了防渣风。但是防渣风风率不能太高，否则会影响整个燃烧组织。改进后的该型锅炉尽管燃烧器喷口距离两侧墙的距离也适当加大，下炉膛容积放热强度已经适当降低，卫燃带的面积也适当减少，但是过度采用这些措施也会有悖于 W 火焰炉分区燃烧的思想。这样一来，尽管与早期引进的 FW 型 W 火焰炉相比，防结渣性能已经有了较大改进；但是总的来说防结渣性能还是有改进的必要。例如对于亚临界 300MW 和 600MW 机组锅炉，还是有多台存在结渣较重的问题。

对于 NN 电厂超临界 600MW 机组锅炉，尽管入炉煤灰熔点并不偏低（NN 电厂超临界 600MW 等级 W 火焰炉近年入炉煤的灰熔点测试结果见表 3-18），结渣仍然比较严重（见图 3-27），甚至必须经常投入防渣剂才能维持正常运行。对于 QD 电厂亚临界 600MW 等级 W 火焰炉，因为结渣也将两侧墙的卫燃带大面积去除。

表 3-18　NN 电厂超临界 600MW 等级 W 火焰炉近年入炉煤的灰熔点测试结果

煤灰熔融性测试					
测试时间	编号	变形温度（℃）	软化温度（℃）	半球温度（℃）	流动温度（℃）
	设计煤质（设计值）	1205	1265	1310	>1500
2014 年 5 月 18 日	A3 无烟煤（煤场样）	1124	>1450	>1450	>1450
2014 年 5 月 18 日	A3 无烟煤（煤场样）	1105	>1450	>1450	>1450
2014 年 5 月 19 日	B4 无烟煤（煤场样）	1158	>1450	>1450	>1450
2014 年 5 月 20 日	B4 无烟煤（煤场样）	1119	>1450	>1450	>1450
2014 年 5 月 21 日	C3 贫瘦煤（煤场样）	1004	>1450	>1450	>1450
2015 年 1 月 11 日	贵州煤（煤场样）	1072	1276	1299	1330
2013 年 3 月 1 日	石油焦（煤场样）	1201	1346	1365	1447
2014 年 4 月 14 日	山西煤（煤场样）	1122	>1450	>1450	>1450
2015 年 11 月 28 日	合山煤 1	1031	>1450	>1450	>1450
2015 年 11 月 28 日	合山煤 1	1002	>1450	>1450	>1450
2015 年 11 月 28 日	合山煤 2	1101	>1450	>1450	>1450
2015 年 11 月 28 日	合山煤 2	1127	>1450	>1450	>1450
2015 年 11 月 28 日	合山煤 3	1047	>1450	>1450	>1450
2015 年 12 月 30 日	山西无烟煤	1162	>1450	>1450	>1450
2015 年 12 月 30 日	山西无烟煤	1143	>1450	>1450	>1450
2015 年 12 月 30 日	山西烟煤	1151	>1450	>1450	>1450
2015 年 12 月 30 日	山西烟煤	1151	>1450	>1450	>1450

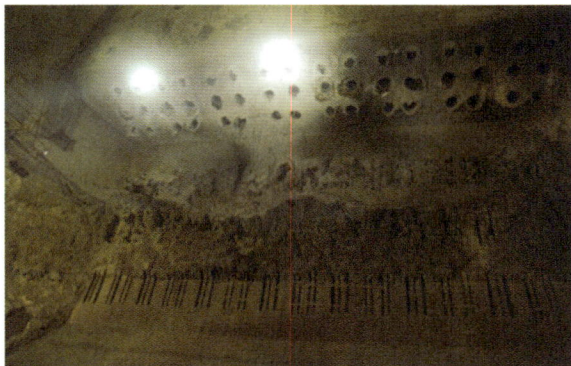

图 3-27　NN 电厂超临界 600MW 等级
W 火焰炉的结渣情况

在提高拱上风动量以增加拱上风的穿透能力，改善下炉膛充满程度方面，将 300MW 机组锅炉燃烧器喷口数量由 48 只减少到 36 只，600MW 等级锅炉燃烧器喷口数量由 72 只减少到 48 只；将 C 喷口的角度由向炉膛中心偏转 10° 改为垂直向下，而且 C 风口在正常运行中也开启运行，在增加拱上风比例的同时也增加了拱上风的动量。

但是从改进后的数学模拟的结果来看，火焰中心仍然偏上，从运行上看，尤其是亚临界 600MW 机组锅炉，燃烧器喷口数量仍然为 72 只，单只喷口的动量更低。例如 LH 电厂 600MW 机组锅炉的下炉膛下部火焰充满程度也不够（LH 电厂 600MW 机组锅炉数字模拟结果图见图 3-28）。

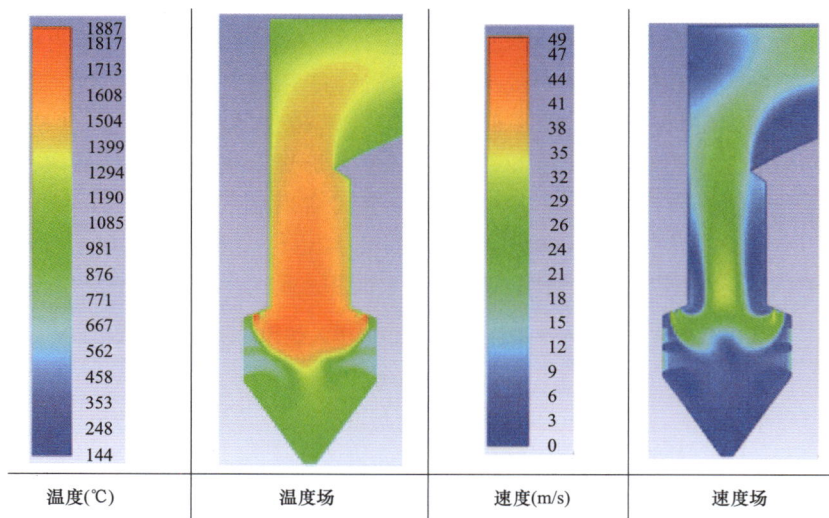

| 温度(℃) | 温度场 | 速度(m/s) | 速度场 |

图 3-28　LH 电厂 600MW 机组锅炉数学模拟结果图

3.3.4　有关方面的思考和建议

这些改进之后，在某些方面仍然存在一些不足。主要表现在防结渣能力有待进一步改善和拱上风的动量有待进一步提高。或从设计上进一步发挥拱上二次风的引射作用，和后期 F 风的接力引射。此外，建议卫燃带能否考虑采用条块式的卫燃带？防渣风的布置方法也可进一步改进。

第4章

FW亚临界W火焰炉的改造

FW 亚临界 W 火焰炉的早期改造主要是为了稳定燃烧，提高燃烧效率，比较典型的改造是 HAF 电厂早期 660MW 的 W 火焰炉的改造和 AS 电厂 300MW 机组 2 号锅炉 W 火焰炉的改造。后期主要以降低 NO$_x$ 的排放值为主要目的进行改造，比较典型的是东方锅炉厂对于 YG 电厂 1 号锅炉，YX 电厂 3、4 号锅炉，SA 电厂 3、4 号锅炉的改造以及 QB 电厂 3、4 号锅炉的改造；XGY 研究院对于 HAF 电厂 660MW 机组、LH 电厂三期工程 600MW 机组 1、2 号锅炉的改造；JZS 电厂 600MW 机组 1 号锅炉的改造；B&W 公司对 LZ 电厂 600MW 机组锅炉的改造和烟台某公司对于 JJ 电厂 5、6 号锅炉，AS 电厂 1、2 号锅炉，YF 电厂 4 号锅炉，LIY 电厂 1、2 号锅炉的改造。

4.1 HAF 电厂的技术改造

4.1.1 设备概况

（1）锅炉概况。HAF 电厂有两台 660MW 燃煤发电机组。1 号机组于 2001 年 3 月 26 日正式投入商业运行，2 号机组于 2001 年 9 月 1 日正式投入商业运行。

HAF 电厂的锅炉采用美国 FW 设计制造的 W 火焰固态排渣煤粉锅炉，是当时世界上最大的燃用无烟煤的 W 火焰炉。其结构特点：双拱炉膛、平衡通风、固态排渣、一次中间再热、自然循环汽包锅炉；最大蒸发量为 2026.8t/h，过热蒸汽压力为 17.39MPa，过热蒸汽温度为 540.8℃。每台锅炉配备 6 台美国 FW 生产的 D-12-D 型双进双出钢球磨煤机，正压直吹式制粉系统。图 4-1 为 HAF 电厂 660MW 机组 W 火焰炉轮廓尺寸图。

锅炉设计煤种为 50％峰峰矿务局万年矿无烟煤＋50％山西潞安矿务局王庄矿贫煤的混煤；校核煤种为 80％峰峰矿务局万年矿无烟煤＋20％山西潞安矿务局王庄矿贫煤的混煤。在炉膛前后墙炉拱上布置有 36 只双旋风筒式煤粉浓缩型燃烧器，二次风采用分级送入。每只燃烧器配有一套

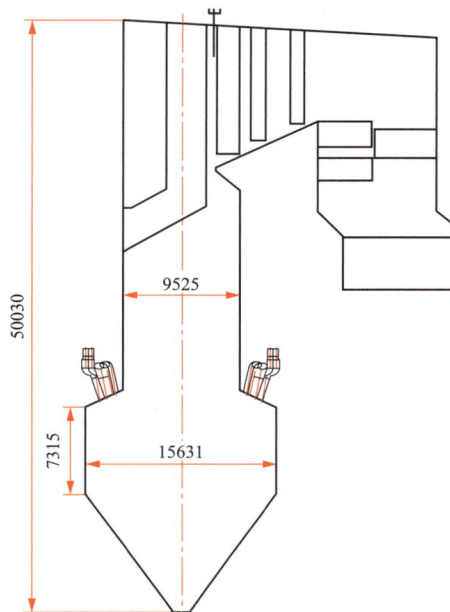

图 4-1 HAF 电厂 660MW 机组 W 火焰炉轮廓尺寸图

程序控制、高能点火、空气雾化燃油装置，用于锅炉启动点火、低负荷和稳定运行助燃，可满足25%BMCR工况（实际投入所有油枪不投煤粉时锅炉只能达到汽轮机冲转所需的参数）。

锅炉采用正压直吹式制粉系统，每台锅炉配备有6台D-12-D型双进双出钢球磨煤机，磨煤机的每侧进口处设有两台称重皮带式给煤机，可同时供给两种煤，在磨煤机内实现混合磨制。

两台50%容量、动叶可调、轴流式送风机和两台50%容量、动叶可调、轴流式引风机可满足锅炉通风的需要。采用两台50%容量、径向叶片调节、离心式一次风机为制粉系统提供一次风、调温风、辅助风和密封风。为防止空气预热器的冷端低温腐蚀，在每台送风机出口还装设有蒸汽盘管暖风器。

（2）制粉系统简介。锅炉配备6台双进双出钢球磨煤机，每台磨煤机出力为52.16t/h（50/50混煤），55.70t/h（100%贫煤），磨煤机的每侧进口处设有两台称重皮带式给煤机，可同时供给两种煤，在磨煤机内实现混合磨制，设计风/煤质量比为1.54，煤粉细度设计为$R_{200}=10\%$。磨煤机性能数据见表4-1。

表4-1　　　　　　　　　　　　磨煤机性能数据（BMCR）

项目	单位	设计煤质	下限
1. 燃煤参数			
低位发热值	kJ/kg	23526	23526
灰分	%	21.18	21.18
水分	%	6.55	6.55
挥发分	%	9.58	9.58
哈氏可磨性指数		77	77
2. 磨煤机参数		6台，D-12-D	5台，D-12-D
总磨煤量	kg/s	72.43	72.43
磨煤机磨煤量	kg/s	12.07	14.49
磨煤机负荷（完全磨损状况时）	%	不采用	不采用
热风温度	℃	363.9	362.8
热风流量	kg/s	69.3	67.6
冷风温度	℃	25	25
冷风流量	kg/s	37.6	33.2
磨煤机入口温度	℃	231.6	237.6
磨煤机出口温度	℃	115.6	115.6
磨煤机风量占全部风量的比例	%	13.5	12.7
煤粉细度（即R_{75}）通过200目	%	90	90
3. 耗电量（××台磨煤机运行时）		6台	5台
给煤机	MW	0.05	0.05
磨煤机	MW	8.21	6.84
分离器	MW	—	—
总计	MW	8.26	6.89

磨煤机计算数据和设计出力曲线分别见表4-2和图4-2。

表 4-2　　　　　　　　　　　　磨 煤 机 计 算 数 据

锅炉负荷	单位	BMCR	TMCR	TRL	75％TRL	50％TRL	40％BMCR
低位发热值	kJ/kg	23.526	23.526	23.526	23.526	23.526	23.526
全水分	％	6.55	6.55	6.55	6.55	6.55	6.55
外水分	％	5.67	5.67	5.67	5.67	5.67	5.67
磨煤机运行台数	台	6	6	6	4	3	3
总磨煤量	kg/s	72.43	69.24	67.19	50.42	34.49	31.62
磨煤机磨煤量	kg/s	12.07	11.54	11.20	12.60	11.50	10.54
风煤比		1.51	1.53	1.54	1.47	1.54	1.57
总磨一次风流量	kg/s	109.7	106.2	103.6	74.3	53.0	49.7
磨煤机一次风流量	kg/s	18.28	17.70	17.27	18.58	17.67	18.57
磨煤机一次风入口温度	℃	250	248	247	252	248	244
磨煤机一次风出口温度	℃	93	93	93	93	93	93

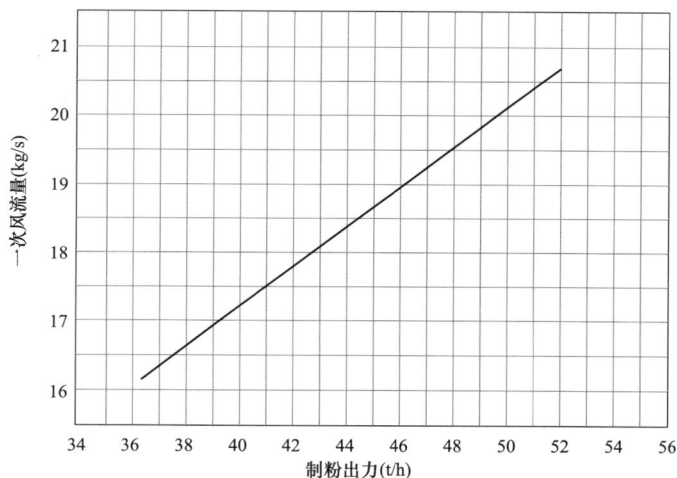

图 4-2　磨煤机设计出力曲线

（3）锅炉设计煤质分析。锅炉燃用设计煤种为万年无烟煤与山西潞安贫煤的混煤，设计煤种与校核煤种分析见表 4-3。

表 4-3　　　　　　　　　　　　设计煤种与校核煤种分析

项目		单位	无烟煤	贫煤	设计煤 50％无烟煤＋50％贫煤	校核煤 80％无烟煤＋20％贫煤
工业分析	收到基全水分	％	5.6	7.5	6.55	5.98
	收到基灰分	％	20.14	22.22	21.18	20.56
	收到基挥发分	％	3.9	15.27	9.58	6.15
	可燃基挥发分	％	5.25	21.7	13.25	8.37
	低位发热量	％	25.078	21.97	23.526	24.450
	FC/V	—	18.05	3.61	6.55	10.96

项目		单位	无烟煤	贫煤	设计煤 50%无烟煤+50%贫煤	校核煤 80%无烟煤+20%贫煤
元素分析	收到基碳	%	71.03	57.25	64.14	68.27
	收到基氢	%	1.0	3.31	2.15	1.46
	收到基氧	%	0.96	7.95	4.45	2.36
	收到基氮	%	0.90	0.97	0.94	0.91
	收到基硫	%	0.37	0.80	0.52	0.46
	O/N	%	1.07	8.20	4.73	2.59
哈氏可磨性指数		HGI	46	100	77	58
灰熔点	变形温度	℃	>1500	>1500	>1500	>1500
	软化温度	℃	>1500	>1500	>1500	>1500
	溶化流动温度	℃	>1500	>1500	>1500	>1500

（4）锅炉燃烧系统简介。锅炉采用双旋风筒浓淡分离型燃烧器和二次风分级配风燃烧方式，表 4-4 为锅炉燃烧系统设计参数，图 4-3 为二次风分级配风结构示意图，图 4-4 为燃烧器及磨煤机对应布置图，图 4-5 为旋风筒燃烧器结构示意图。为提高燃烧器区域烟气温度，在前后墙拱下垂直壁面、倾斜壁面以及侧墙均布置了卫燃带。

表 4-4　　　　　　　　　　　　　**锅炉燃烧系统设计参数**

项目	单位	设计数据
炉膛宽	m	34.48
炉膛深（上/下）	m	9.525/15.631
炉膛高度	m	49.75
灰斗高度	m	10.07
最低喷燃器距灰斗距离	m	8.03
上排燃烧器至屏过距离	m	20.39
喷燃器之间水平距离	m	1.38
外排喷燃器距侧墙距离	m	4.38
炉膛容积	m³	16733
燃烧器区面积	m²	662
有效辐射面积	m²	5864.1
原始卫燃带面积	m²	1084.6
去除的侧墙卫燃带面积	m²	99.4
锅炉输入热量（BMCR）	MW	1726
断面负荷	MW/m²	5.25
容积负荷	MW/m³	0.1032
燃烧器区容积负荷	MW/m³	2.607
投运 36/30 个燃烧器时单只燃烧器的功率	MW	47.3/56.8

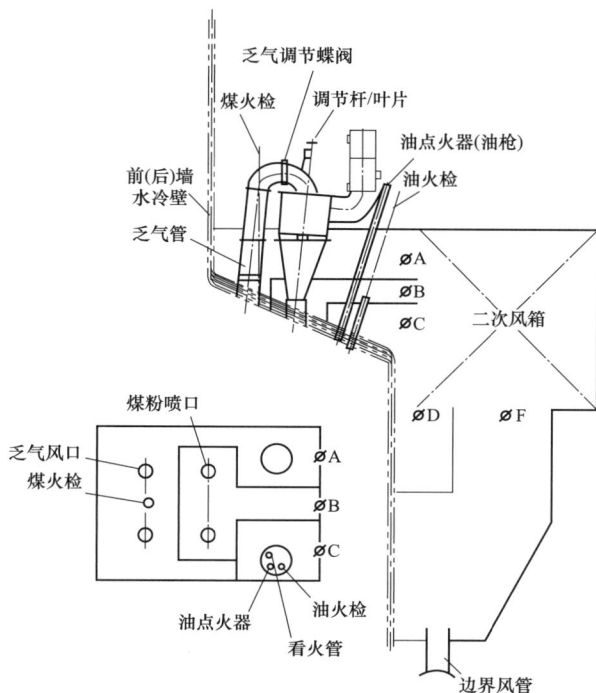

图 4-3　二次风分级配风结构示意图

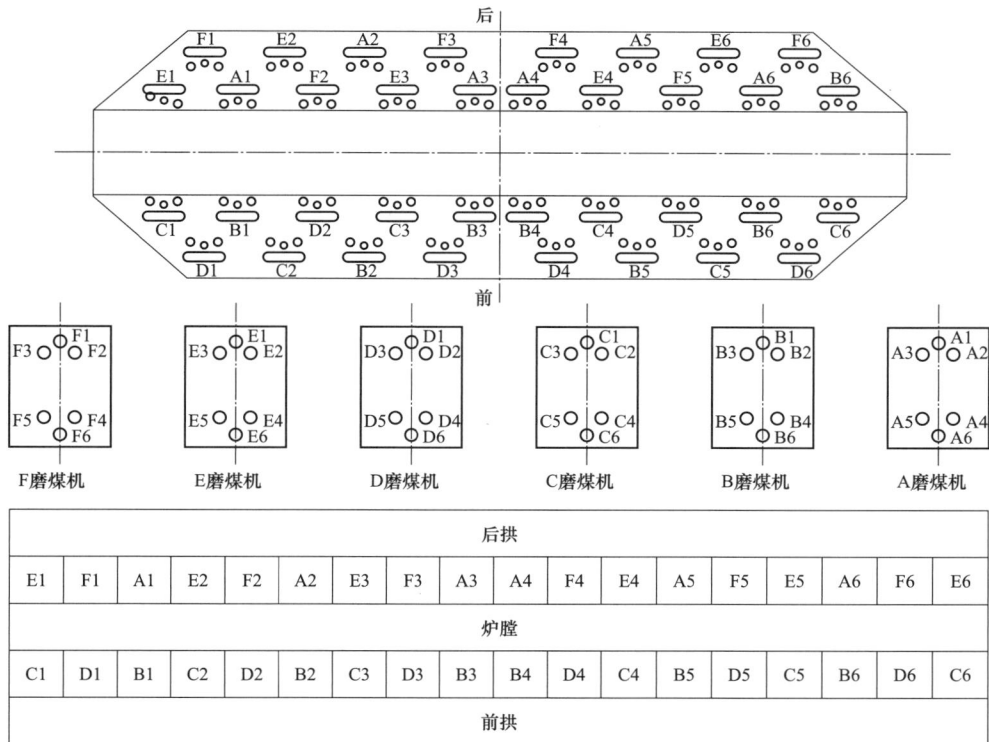

后拱																	
E1	F1	A1	E2	F2	A2	E3	F3	A3	A4	F4	E4	A5	F5	E5	A6	F6	E6
炉膛																	
C1	D1	B1	C2	D2	B2	C3	D3	B3	B4	D4	C4	B5	D5	C5	B6	D6	C6
前拱																	

图 4-4　燃烧器及磨煤机对应布置图

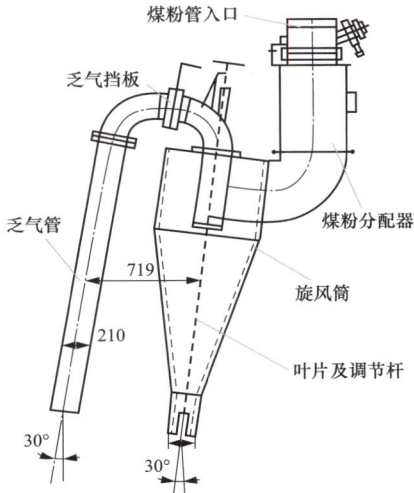

图 4-5　旋风筒燃烧器结构示意图

煤粉管入口
乏气挡板
乏气管
719
210
30°
煤粉分配器
旋风筒
叶片及调节杆
30°

4.1.2　HAF 电厂运行后存在的问题

由于锅炉及制粉系统原设计存在上述的不足，2001 年投入运行以后出现较多问题。主火炬刚性太差，炉膛燃烧中心位置偏高，飞灰和底渣含碳量大，NO_x 排放量大，排烟温度偏高。

在机组调试期间，发现锅炉排烟温度偏高（设计值为 126℃，实际高达 160℃），减温水量偏大（设计值为 100t/h，实际高达 300t/h），影响锅炉的安全经济运行。为了降低火焰中心，关闭燃烧器乏气挡板，降低燃烧器消旋叶片位置；为了增加炉膛吸热量，利用停机机会去掉侧墙部分卫燃带。采取上述措施后，排烟温度降低至约 145℃，减温水量明显减少，降低至约 150t/h，但是在高负荷时仍存在

排烟温度偏高的问题。由于仍存在空气预热器入口烟温偏高、再热器受热面超温等现象，威胁锅炉的安全运行，被迫在机组高负荷运行时减少二次风量，造成锅炉缺氧燃烧，固体未完全燃烧损失和可燃气体未完全燃烧损失增加；关闭乏气挡板、降低消旋叶片后，主燃烧器喷口流速偏高，煤粉着火点推迟，煤粉有效燃烧时间缩短，燃烧工况不佳，造成飞灰含碳增加，排烟温度升高。

制粉系统裕量偏小，机组投产后，设计煤质与实际煤质相差较大，尤其 2008 年，煤质发生较大变化（具体见表 4-5），无烟煤掺烧比例达不到设计要求，由于煤炭市场的变化，煤质很杂并且发热量低，加上锅炉制粉系统和燃烧系统本身存在的问题，造成一系列问题：

（1）磨煤机出力低、制粉系统阻力大、煤粉管道风粉分配不均。HAF 电厂磨煤机设计出力为 53t/h，5 台磨煤机运行即可满足机组满负荷要求，一台磨煤机备用。投产初期发现磨煤机实际出力只有约 40t/h。

为了满足机组带负荷的要求，不得不提高一次风压以提高出力。结果导致锅炉制粉及燃烧系统阻力增加，还导致风煤比增加，设计为 1.54kg/kg，实际为 1.6～1.9kg/kg。风煤比增加后，煤粉变粗，设计值 $R_{90} = 6\% \sim 9.84\%$，实际 1 号锅炉 R_{90} 在 8.65% ～ 14.91%；2 号锅炉 R_{90} 在 14.23% ～ 17.42%。

表 4-5　　　　　　　　　　　2008 年燃用煤质工业分析

	项目	无烟煤	贫煤
工业分析	收到基全水分（%）	6.92	7.27
	收到基灰分（%）	31.67	25.44
	收到基挥发分（%）	5.49	11.64
	低位发热量（MJ/kg）	19.9	23.14
	哈氏可磨性指数（HGI）	37	80

（2）燃烧稳定性差，锅炉热效率大幅度下降。制粉系统的问题，再加上燃烧组织的问题，结果导致锅炉排烟温度高、飞灰和炉渣含碳高、锅炉热效率低、NO_x 排放高。燃用无

烟煤与贫煤混煤时，飞灰可燃物为 $9.7\%\sim15.5\%$，炉渣可燃物为 $18\%\sim24\%$，多种负荷下的未燃尽碳热损失为 $4.8\%\sim5.5\%$，个别工况高于 8.0%。改造前由 HBY 研究院进行了效率摸底试验，试验报告显示 1 号机组锅炉热效率为 87.48%；2 号机组锅炉热效率为 89.78%，远低于锅炉热效率设计值 92.25%。

（3）燃烧器阻力大，磨损严重，安全可靠性低。为了降低火焰中心，投产初期，外方调试人员关闭了燃烧器乏气挡板、降低了燃烧器消旋叶片位置，由于燃烧器一次风喷口风粉气流流速很高，消旋叶片在下部喷口内强烈消旋，造成燃烧器阻力损失大。经实测，燃烧器（包括旋风子）阻力约为 4kPa，燃烧器喷口磨损严重，甚至进一步磨损水冷壁管最终导致水冷壁管爆破泄漏事故。另外燃烧器喷嘴与旋风筒连接部位的焊缝磨透后煤粉进入二次风箱，容易发生积粉自燃现象，已发生过两次由此造成的积粉自燃烧坏风箱及燃烧器的事故。

4.1.3　2009 年的具体改造方案

（1）燃烧系统改造。此次改造将原双旋风筒式浓淡分离燃烧器改为百叶窗式浓淡分离型燃烧器，百叶窗式浓淡分离型燃烧器布置图及结构示意图见图 4-6。将分离出来的乏气采用浓淡对调的方案，乏气从靠炉膛内侧，改从靠炉膛外侧的油枪风口引入炉膛内。燃烧器改造后，由于引出部分乏气风，主喷口风速降低、风粉浓度提高，易于着火；整个制粉燃烧系统阻力降低约 2kPa，从而降低一次风机电耗。

（2）配风系统改造。F 层二次风加装导流板下倾一定角度，改善炉内动力场，横向导流板示意图见图 4-7，由于减少了 F 风对主气流的挤压，有利于主火炬下行，改善下炉膛的充满程度。

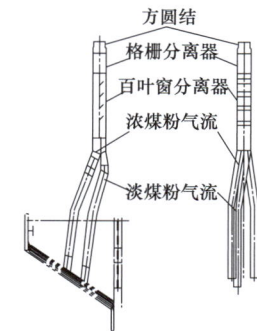

(a)百叶窗式浓度分离型燃烧器布置图　(b)百叶窗式浓淡分离型燃烧器结构示意图

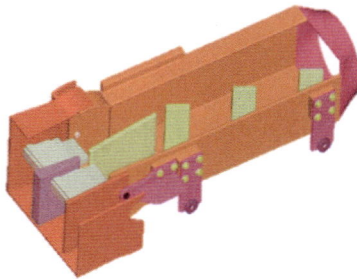

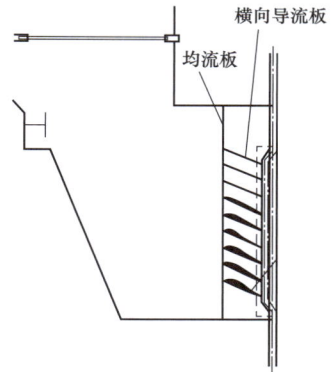

图 4-6　百叶窗式浓淡分离型燃烧器布置图及结构示意图　　　图 4-7　横向导流板示意图

（3）卫燃带改造。为提高燃烧器区域烟气温度，保证难燃的无烟煤与贫煤的混煤在炉膛内及时着火、充分燃烧，美国 FW 在前后墙拱下垂直壁面、翼墙以及侧墙均布置了卫燃带炉膛，总面积约为 $1084m^2$，材料为高铝磷酸盐黏性耐火材料，厚度为 25mm，与销钉平齐。试运以来炉膛出口烟温一直偏高，减温水量偏大（改造后两台机组的过热减温水平均用量均在 100t/h），在卫燃带区域结渣、掉渣严重，特别是在侧墙、翼墙上结渣、掉渣现象尤为突出。1 号锅炉炉膛左、右侧墙卫燃带在 2001 年去除了 $100m^2$，在 2006 年又去除了 $62m^2$。目前，1 号锅炉炉膛左、右侧墙共打掉卫燃带面积为 $162m^2$，还剩余 $922m^2$。2

号锅炉炉膛左、右侧墙卫燃带仅在 2004 年去除了 104.7m² （因检修工期紧，2 号炉侧墙打卫燃带改造未完全按图实施，横向条带未去除）。1、2 号锅炉炉膛卫燃带现状图见图 4-8。

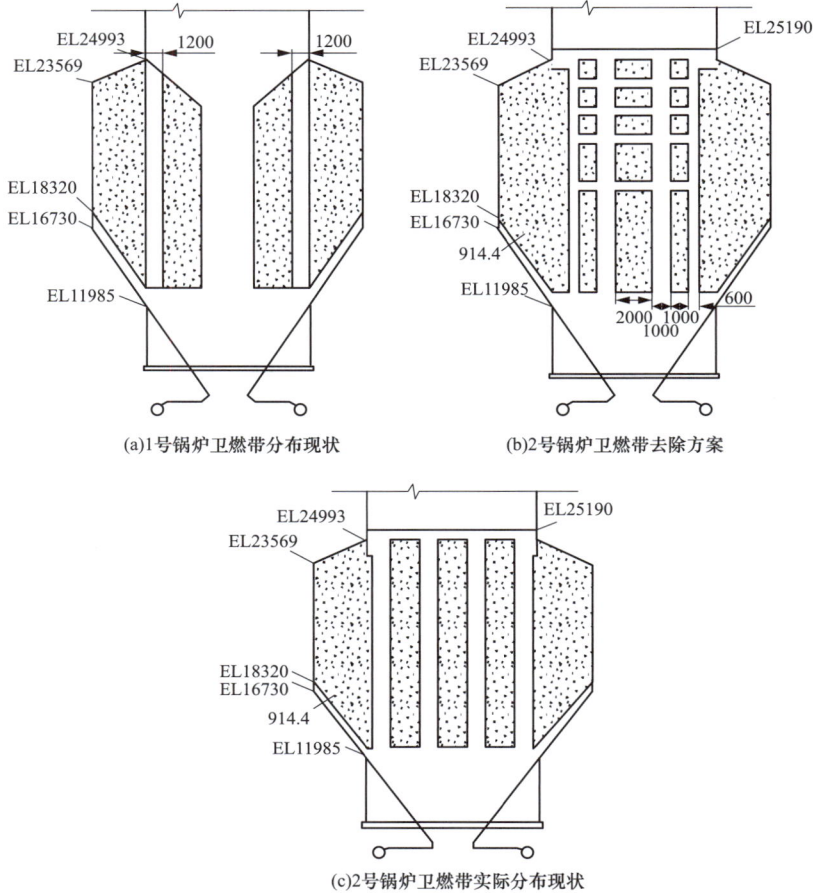

(a)1号锅炉卫燃带分布现状　　(b)2号锅炉卫燃带去除方案

(c)2号锅炉卫燃带实际分布现状

图 4-8　1、2 号锅炉炉膛卫燃带现状图

（4）制粉系统改造。投产初期磨煤机实际出力仅为 42～44t/h，必须运行 6 台磨煤机才能满足机组额定出力运行所需的煤量。为了提高磨煤机出力、改善煤粉细度，电厂进行了大量的试验及改造，使磨煤机出力达到了设计出力 52t/h，并且磨煤机最大出力时的煤粉细度由原来的 $R_{90}=10\%$ 降至 $R_{90}=6\%$ 左右。改造的主要措施包括：提高磨煤机进风量和进风温度、磨煤机分离器改造、调整磨煤机钢球配比、降低制粉系统阻力及磨煤机衬板改造等。例如，为了提高磨煤机出力，2009 年初 2 号机组 A 级检修时，委托 XGY 研究院对 2 号锅炉 B 磨煤机分离器进行了改造，将 2 号锅炉 B 磨煤机的分离器改造为轴向叶片调节分离器，通过调节叶片角度调节煤粉回粉量与煤粉细度，改造后磨煤机出力提高了 10%～15%。

4.1.4　2009 年改造的效果

HAF 电厂分别于 2009 年 1 月 2 号机组 C 级检修和 2009 年 2 月 1 号机组 D 级检修中实

施了锅炉燃烧系统的改造方案。

这次改造的结果：锅炉点火取得一次性成功，和原来外方将乏气完全关闭的运行方式相比，蒸汽参数均在设计值范围内，燃烧系统阻力下降约2200Pa，磨煤机出力提高了5%左右，减温水量也有所降低，锅炉燃烧稳定性进一步加强，无烟煤掺烧比例提高到50%时，锅炉仍然能够安全稳定运行。2009年4月委托HBY研究院进行了1、2号锅炉燃烧系统改造后锅炉热效率验收试验，试验报告显示：燃烧系统改造后，机组负荷为660MW时，飞灰和大渣含碳量、排烟温度大幅度降低，锅炉热效率明显提高。燃烧系统改造前后试验数据对比见表4-6。

表4-6　　　　　　　　燃烧系统改造前后试验数据对比　（660MW）

1号锅炉燃烧系统改造前后试验结果比较（660MW）			
名称	单位	改造前	改造后
机组负荷	MW	660	660
无烟煤掺烧比例	%	45	50
混煤低位发热量	MJ/kg	22.2	18.2
排烟温度	℃	158.22	141.58
飞灰可燃物	%	11.15	4.37
大渣含碳量	%	21.55	1.44
锅炉热效率	%	87.02	90.39
修正后锅炉热效率	%	87.48	92.49

4.1.5　2009年改造后遗留的问题

2009年的改造是比较成功的，但是对于燃烧组织的改造措施，主要是提高一次风速来改善下炉膛气流的充满程度，由于一次风速太高造成黑龙区加长，尽管下炉膛的气流充满程度得到了改善，但是下炉膛火焰的充满程度并未得到良好的改善，炉内温度场也未得到较大的改善；炉内未采取整体分级供风，以及调整拱上风与拱下风的比例等。因此，乏气大部分并入主气流有利有弊。

（1）乏气大部并入主气流有利有弊。HAF电厂1、2号锅炉改造后将乏气挡板只开启30%，其余乏气由炉膛内侧改到炉膛外侧。此种运行方式的优点是：

1）原来布置在主火炬内侧难于着火的乏气大部分并入主气流，解决了乏气不易着火和短路飘入上炉膛导致飞灰增加、火焰中心抬高、过热器和再热器超温、排烟温度增加等问题。不同乏气挡板开度下及改前试验数据对比见表4-7。

表4-7　　　　　　　　不同乏气挡板开度下及改前试验数据对比

项目	单位	数据来源	数据			
乏气挡板开度	%	—	0	20	30	40
试验日期	—	—	2009-03-14	2009-03-30	2009-03-15	2009-03-14
试验时间	—	—	18：15	10：02	18：30	20：25
排烟氧量	%	测量	3.97	3.83	3.05	4.08
$NO_x(O_2=6\%)$	mg/m^3	计算	2412	2087	2159	2207

项目	单位	数据来源	数据			
一级减温水	kg/s	主控	29.58	35.4	27.79	31.87
二级减温水	kg/s	主控	9.4	5.05	3.47	6.82
再热减温水	kg/s	主控	0	0	0	0
过热减温水量	kg/s	主控	38.98	40.45	31.26	38.69
排烟温度	℃	主控	132	126	139	132
排烟温度修正	℃	计算	130.1	124.1	137.1	130.1
无烟煤比例	%	计算	52	58	57	47
给煤量	t/h	计算	296.44	273	317.23	298.76
飞灰可燃物含量	%	化验	7.74	3.44	8.39	5.9
大渣可燃物含量	%	化验	5.41	3.29	10.36	6.14
锅炉热效率	%	计算	90.61	92.83	88.44	91.47

2) 乏气并入主气流使主气流流速增加 60%，主火炬的穿透能力有较大提高，下炉膛气流充满程度有较大改善，而且由于下炉膛容积放热强度高达 254.8kW/m³，有利于含粉气流的着火，因此，和改前全部乏气并入主气的运行方式相比飞灰可燃物由 9.6%～11.15% 下降到 4.37%～5.589%。

70% 的乏气并入主气流带来的问题如下：

1) 浓淡分离燃烧的设计思想被较大削弱，导致 NO_x 未达标。从表 4-4 可以看出随着乏气挡板开度的增大，由于浓淡分离效果的加强，NO_x 的排放量有所降低，在同一天，当乏气挡板开度从 0% 增大到 40%，NO_x 排放量从 2412mg/m³ 降至 2207mg/m³，降低了大约 200mg/m³，详见表 4-4。但是毕竟还是有 70% 的乏气进入了主气流，必然削弱浓淡燃烧降低 NO_x 的效果，因此，2011 年 DGC 锅炉厂摸底试验的结果也证明了这一点，在 660MW 的负荷下 1 号锅炉改造后 NO_x 仍然达到 1510～2181mg/m³，2 号锅炉为 1273mg/m³，显然这一数值还是相当高的。电厂改造后的报告指出"改造后 NO_x 排放虽较改造前有了大幅降低（1100～1300mg/m³），但未达到低于 1000mg/m³ 的目标"。实际上 NO_x 排放值高达 1273～2181mg/m³。

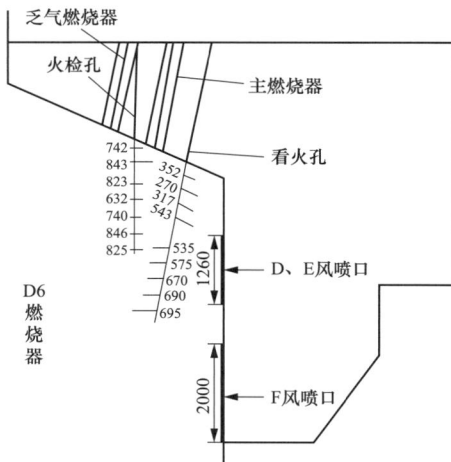

图 4-9　YAC 电厂 350MW 等级 W 火焰炉着火点的实测结果

2) 主气喷口流速过高，导致黑龙区加长。对于 W 火焰炉，其燃烧器的着火主要受到三方面的影响：燃烧器自身燃烧组织，高温烟气的回流带来的传质和炉膛下部火焰中心的辐射。

HAF 电厂 W 火焰炉燃烧器本身没有自稳燃功能。XGY 研究院在 YAC 电厂 350MW 等级 W 火焰炉和 GZY 研究院在 AS 电厂 300MW 等级 W 火焰炉上的冷态试验说明，一次风消旋叶片的调整对煤粉射流的深度影响不大，热态调整消旋叶片对改善着火的效果有限。

根据 XGY 研究院在 YAC 电厂 350MW 等级 W 火焰炉热态工况下燃烧器出口温度场的测量（YAC 电厂 350MW 等级 W 火焰炉着火点的实测结果见图 4-9）说明，当一次风进入炉内 1.2m

时，背火侧一次风温仅为 300～400℃，说明高温回流烟气并未有效穿透一次风核心区。

从图 4-9 还可看出在一次风根部，一次风向火面、背火面的温度分布有较大差别，向火面为 800～1000℃，而背火面的温度只有 300～500℃，高温回流烟气对煤粉的加热是有限的。HAF 电厂 W 火焰炉一次风喷口多达 72 只，而且是错列布置，靠炉膛中心线外侧的一次风气流加热的可能性必然更加微弱。

一次风主气流短路上行，由于煤粉的惯性作用，部分煤粉被分离，而向下运动，这部分煤粉的着火主要是受到下炉膛火焰中心的辐射热量。

电厂锅炉正常运行时由于实际燃用煤质下降，发热量降低而燃煤量增加，为了提高磨煤机出力，必须提高风量（双进双出磨煤机与磨煤机风量成正比），风煤比由设计的 1.54kg/kg 上升到 1.6～1.9kg/kg，一次风管道流速从设计的 26～28m/s 上升到 35m/s，再加上乏气并入主气以后，主喷口一次风流量增加一倍，最终导致一次风喷口速度高达 35～40m/s。

由于一次风速太高，必然影响一次风喷口的着火。这一点从 HAF 电厂锅炉下炉膛上部温度只有 817～1227℃ 也可以得到证实。而其他锅炉都在 1389～1561℃，图 4-10 为改造后炉膛温度分布图和其他厂锅炉的比较。

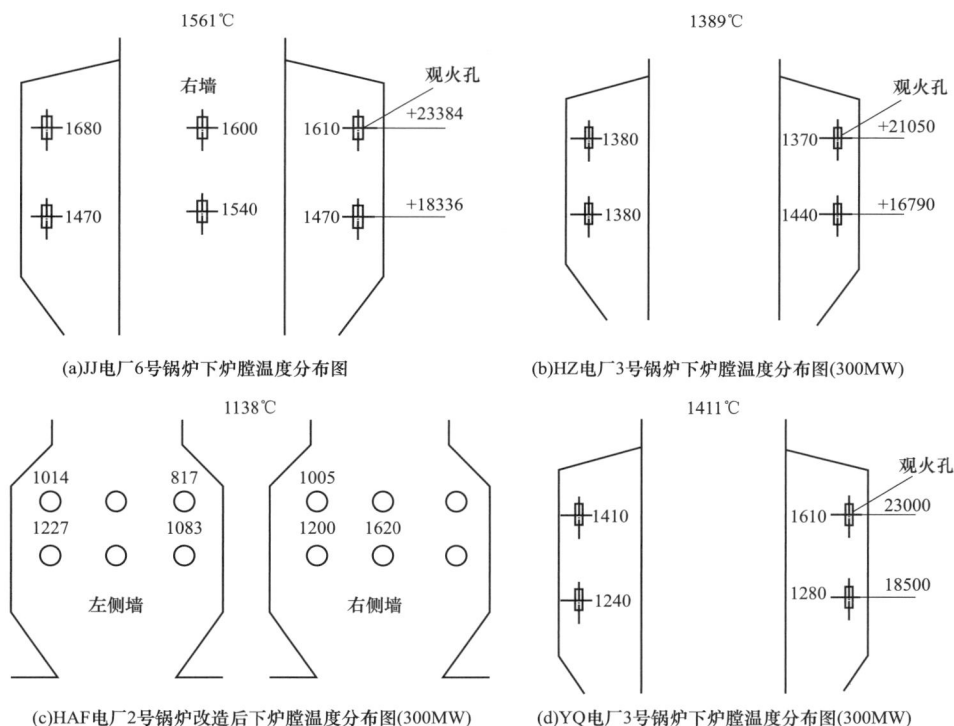

图 4-10　改造后炉膛温度分布图和其他电厂锅炉的比较

由于一次风喷口速度太高，黑龙区较长，火焰的有效行程加长有限，只是把火焰中心由下炉膛上部转移到了下炉膛的下部，因此燃烧效率还是没有得到应有的改善，高温区转移到下部也仍然不利于降低 NO_x。火焰中心下移的结果也使下炉膛易于结渣，同时也是 F 喷口的导向挡板超温变形的重要原因。电厂改造后的报告也指出"燃烧器改造后，下炉膛温度升高，检修时发现下炉膛卫燃带上结焦较严重，另外二次风箱内所加的导流板有因高温变形现象"。

3）一次风速过高，造成一次风喷口磨损严重，甚至在一次风喷口磨损以后进一步将水冷壁管子磨漏，造成非计划停机。因此，电厂改造后的报告指出："制定燃烧器改造方案时虽然考虑了燃烧器磨损的问题，并采取了诸如贴陶瓷等防范措施，但由于技术的原因，使用过程中发现所贴陶瓷有脱落现象，造成磨损严重，有漏粉现象发生"。

4）百叶窗浓缩双喷口燃烧器的主气侧煤粉浓度分布不均匀，由于弯头分离作用，使得主燃烧器的两侧喷口的煤粉浓度分布很不均匀，不利燃烧，百叶窗浓缩双喷口燃烧器主气侧煤粉浓度分布见图 4-11。

5）从投产以来 1 号锅炉再热蒸汽温度偏低的问题依然存在。

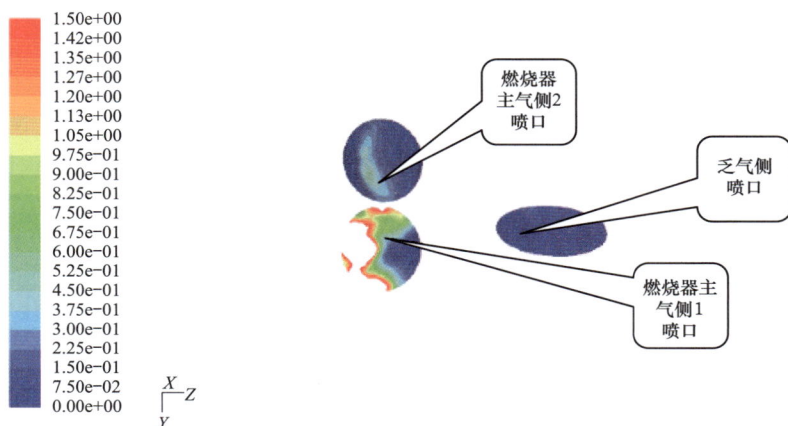

图 4-11　百叶窗浓缩双喷口燃烧器主气侧煤粉浓度分布

4.2　AS 电厂的改造

4.2.1　设备概况

4.2.1.1　锅炉概况

AS 发电厂一期 1、2 号锅炉（型号：DG1025/18/2-Ⅱ10）为 DGC 锅炉厂生产的亚临界压力中间一次再热的 300MW 自然循环锅炉，双拱形单炉膛，燃烧器布置于下炉膛前后拱上，呈 W 形火焰，冷灰斗倾角 55°，炉底开口尺寸为 1524mm，尾部双烟道结构，采用挡板调节再热蒸汽温度，固态排渣。锅炉设计参数表见表 4-8，锅炉轮廓图见图 4-12，在下炉膛部分区域敷设了卫燃带，保证炉拱区有足够的温度，以利于煤粉的着火及低负荷稳燃。

表 4-8　　　　　锅炉设计参数表

项目	单位	BMCR	ECR
过热蒸汽流量	t/h	1025	935
过热器出口压力	MPa（a）	17.46	17.35

续表

项目	单位	BMCR	ECR
过热蒸汽出口温度	℃	540	540
再热蒸汽流量	t/h	851.371	780.746
再热蒸汽进/出口压力	MPa（a）	3.88/3.69	3.56/3.4
再热蒸汽进/出口温度	℃	328/540	319/540
给水温度	℃	275	269

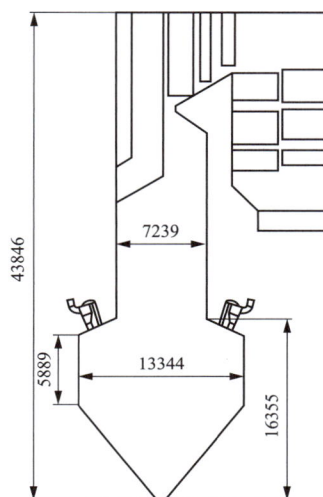

图 4-12　锅炉轮廓图

4.2.1.2　燃料特性

AS 电厂 1、2 号锅炉设计煤种为轿子山无烟煤，校核煤种为织金无烟煤，煤质分析见表 4-9。

表 4-9　　　　　　　　　　　　　　　　煤 质 分 析

项目	符号	设计煤种	校核煤种
空气干燥基水分	M_{ad}	2.17	1.67
干燥无灰基挥发分	V_{daf}	9.0	7.0
哈氏可磨性指数	HGI	66	69
碳	C_{ar}	59.95	65.71
氢	H_{ar}	2.25	2.36
氧	O_{ar}	0.57	0.90
氮	N_{ar}	0.94	0.74
硫	S_{ar}	2.29	2.29
水分	M_{ar}	7.0	8.0
灰分	A_{ar}	27.0±3	20.0
低位发热值（kJ/kg）	$Q_{net,ar}$	21465±1256	24668
灰变形温度（弱还原性气氛，℃）	DT	1168	1230
灰软化温度（弱还原性气氛，℃）	ST	1210	1360
灰流动温度（弱还原性气氛，℃）	FT	1286	1470

锅炉实际燃用煤质如表 4-10 所示。

表 4-10 锅炉实际燃用煤质

项目	全水分 M_t（%）	水分 M_{ad}（%）	灰分 A_{ar}（%）	固定碳 FC_{ar}（%）	高位发热量 $Q_{gr,ad}$（MJ/kg）	低位发热量 $Q_{net,ar}$（MJ/kg）	挥发分 V_{daf}（%）	硫值 $S_{t,ar}$（%）
最大值	10.0	1.60	39.52	51.27	20.85	18.81	14.32	2.99
最小值	7.1	1.14	34.00	44.43	18.46	16.46	11.16	2.89
平均值	8.4	1.32	37.15	47.38	19.57	17.58	13.07	2.95

4.2.1.3 燃烧系统简介

AS 电厂 1、2 号锅炉采用 4 台双进双出球磨机（型号 D-10D），正压直吹式制粉系统，煤粉细度为 $R_{200}=10\%$。锅炉的燃烧设备主要由煤粉燃烧器、风箱、油点火器及风门调节挡板组成，燃烧设备示意图如图 4-13 所示。

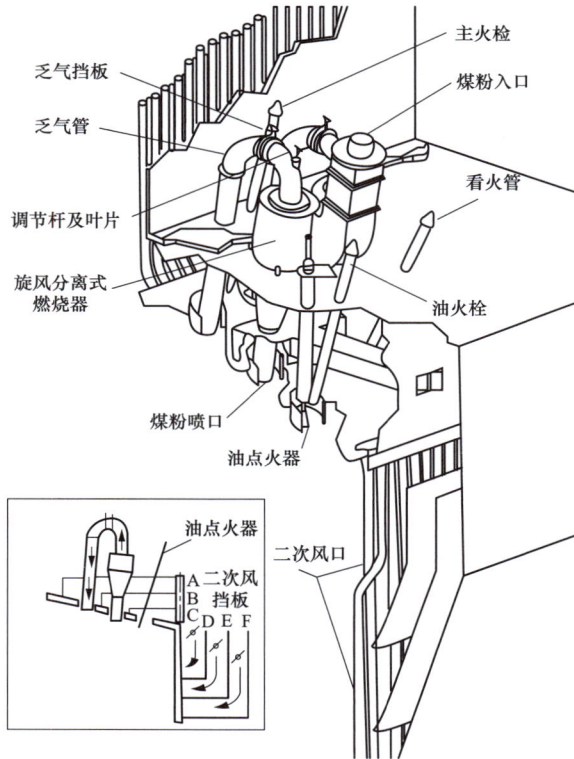

图 4-13 燃烧设备示意图

（1）煤粉燃烧器。锅炉共配有 24 个按美国 FW 设计制造的双旋风筒分离式煤粉燃烧器，错列布置在锅炉下炉膛的前后墙拱上。双旋风分离式煤粉燃烧器由煤粉进口管、煤粉均分器、双旋风筒壳体、煤粉喷口、乏气管、乏气挡板等组成。燃烧器与磨煤机的连接关系如图 4-14 所示。

（2）风箱。燃烧所需要的二次风来自风箱。从空气预热器来的二次风经锅炉两侧风道送入前后墙风箱，从拱上和拱下的风口进入炉膛。风箱用隔板分成若干单元，使每个燃烧器各为一个单元，每一单元内布置 6 个二次风道及挡板，其中 A、B、C 挡板控制拱上部分的二次风量，D、E、F 挡板控制拱下部分的二次风量。

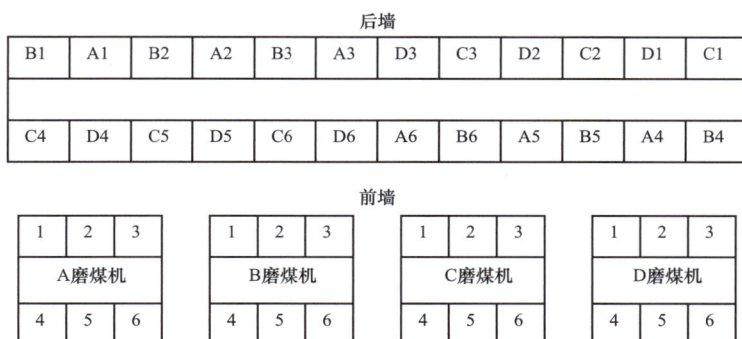

后墙

B1	A1	B2	A2	B3	A3	D3	C3	D2	C2	D1	C1

C4	D4	C5	D5	C6	D6	A6	B6	A5	B5	A4	B4

前墙

1	2	3		1	2	3		1	2	3		1	2	3
A磨煤机				B磨煤机				C磨煤机				D磨煤机		
4	5	6		4	5	6		4	5	6		4	5	6

图 4-14　燃烧器与磨煤机的连接关系图

拱上部分二次风仅占二次风总量的 30% 左右，挡板 A（手动）控制燃烧器乏气喷口及主火检孔的冷却风，挡板 B（手动）调节燃烧器煤粉喷口的周界风量，用于调整煤粉气流的穿透能力及冷却喷口，挡板 C（气动）控制点火油枪及油火检的风量。

大量的二次风约 70% 从拱下垂直墙上的风口进入炉膛，共分三层，分别由挡板 D、E、F 控制，风量呈阶梯形，挡板 D、E 为手动，挡板 F 为气动，所有的手动挡板在燃烧调整结束后一般不再进行调节，除非燃料或燃烧工况发生了较大的变化。

4.2.2　BPRBN 公司的分析

BPRBN 公司分析 AS 电厂 1、2 号锅炉存在的问题：

（1）排烟温度偏高，为 150～160℃，飞灰含碳量和大渣含碳量较高，锅炉热效率达 87%～88%，经济性差。

（2）锅炉运行的过量空气系数偏低，CO 的含量超标，NO_x 偏高，炉膛水冷壁存在局部高温腐蚀现象。

（3）喷燃器附近发现明显的结渣现象，并伴有周期性的焦渣塌落情况，有可能导致掉焦灭火。

BPRBN 公司认为主要是由于双旋风筒燃烧器造成的，原因如下：

（1）双旋风子浓淡燃烧器其浓煤粉的浓度过大，不利于燃烧。

（2）旋风子出口一次风粉流是旋转的，会直接影响一次风的射程。于是下部炉膛的充满度很差，炉膛的空间利用率很低，导致上部炉膛高温结焦、过热器超温、减温水用量过多以及产生热力型的 NO_x。

（3）双旋风子燃烧器形体较大，无法沿炉膛宽度布置成单排喷口，必须在炉膛横宽方向布置成前后错列的双排喷口。靠近炉墙的一排（后排）燃烧器，不利于着火。

（4）双旋风子燃烧器将淡粉口布置在靠近炉膛中心位置，淡粉口下行的射流使浓粉不能够优先接受到高温回流区提供的热源。尤其对于后排燃烧器，其影响会更为严重。

（5）双旋风子燃烧器不能及时着火，就使得 D、E 两道二次风门不敢打开，F 风门不敢开足，否则就有熄火的危险。不仅分级送风的理念难于实现，而且会造成整个燃烧出现缺氧。

（6）旋风子入口"均粉器"的格栅容易磨坏，一旦磨坏后就不能保证供给两个燃烧器的煤粉量相等。

（7）旋风子分离器的流动阻力较大，约1000Pa（实际为3000Pa以上），使得一次风管的静压值增高，对磨煤机的密封不利。

4.2.3 BPRBN公司推荐的改造方案

4.2.3.1 BPRBN公司改造方案概述

为使W火焰炉能够更好实现原炉型设计的理念，针对AS电厂W火焰炉运行中的一些问题，BPRBN公司推荐的改造方案总体思想是选用燃烧性能及低NO_x性能均更好的PRP燃烧器，具体改造方案如下：

（1）采用全炉改造的方式，将4台磨煤机的24根一次风管所对应的燃烧器全部改造，采用PRP燃烧器取代原双旋风子燃烧器。

（2）一次风喷口由48支减少到24支。可以将后排的6根一次风管路与前排的6根一次风管路并列成为单排。

（3）燃烧器浓粉射流速度酌情提高到20～22m/s，提高主火炬刚性（这种燃烧器在YAC电厂的试验结果已得到证明，这个设计参数是正确的）。

（4）补气门设置在燃烧器的顶部，用来控制着火位置。补气门采用自动控制，可以根据煤种的变化自动调节预热程度，保证煤粉在燃烧器出口外400mm附近立即着火。

（5）PRP燃烧器改造的同时，再在上部炉膛设置"火上风"可以更好控制NO_x排放。当然，增加火上风的设计要在上部炉膛的水冷壁上开孔，这必然会增大改造工作量。因此，是否设置"火上风"要由厂方研究决定。

（6）炉膛两侧翼墙要适当减少卫燃带。

AS电厂2号锅炉双旋风筒燃烧器与PRP燃烧器的比较见图4-15。改造前，前后墙12根一次风管排成两排、错列布置见图4-16。改造后，前后墙各有6根一次管向炉膛中心方向平移、排成一排见图4-17。改造前、后拱上水冷壁弯管示意图见图4-18。

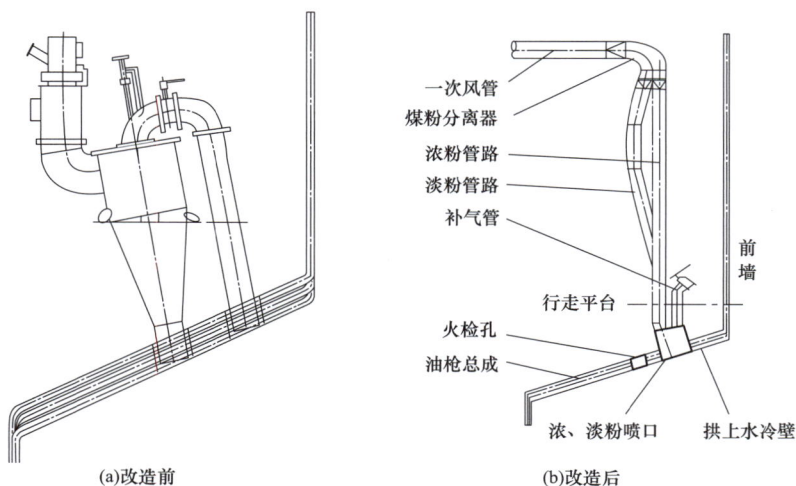

图4-15 AS电厂2号锅炉双旋风筒燃烧器与PRP燃烧器的比较

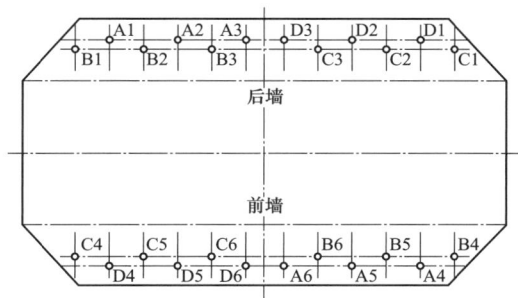

图 4-16 改造前，前后墙 12 根一次
风管排成两排、错列布置

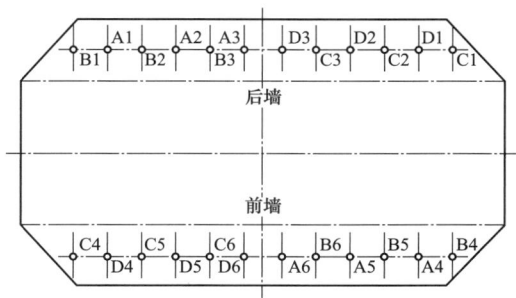

图 4-17 改造后，前后墙各有 6 根一次
管向炉膛中心方向平移、排成一排

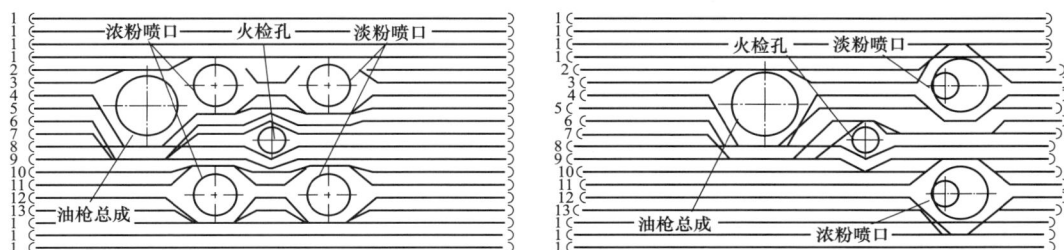

图 4-18 改造前、后拱上水冷壁弯管示意图

BPRBN 公司认为 PRP 燃烧器具有以下特点：

（1）PRP 燃烧器具有对一次风粉的预热作用，可以使得温度仅有 90℃左右的无烟煤一次风粉，在喷入炉膛时已预热到 1000℃以上，保证其一次风粉在喷出喷口时立即着火、燃烧。

（2）PRP 喷口的喷出速度可以设计成大于 20m/s，火炬依然十分稳定，不怕扰动。

（3）有了燃烧稳定性的保证，就可以使前、后墙的上下三层（D、E、F）二次风门按需要打开，实现分段送风，按需要供应二次风，保证炉膛出口的含氧量，由此可以提高燃烧效率。

（4）PRP 燃烧器在快速（温升速率大于 20000℃/s）预热煤粉时，使得挥发分得以快速裂解、集中释放，在这个过程中大部分煤中的燃料氮将转变成挥发分氮。挥发分氮在着火阶段所形成的燃料型 NO_x，将在浓粉和挥发分共同形成的还原性气氛包围中将 NO_x 所含的氧迅速夺走（还原反应），NO_x 将被还原成了 N_2，于是能够非常有效地抑制 NO_x 的生成。一般来说，W 火焰炉仅凭 PRP 燃烧器大约可以将排放控制到不大于 700mg/m³（标准状态）的水平。

（5）PRP 燃烧器是直流燃烧器，主射流不存在旋转扩散问题。再者，可以在 20m/s 左右的速度稳定燃烧，因此一次风的射流刚性较好，可以保证下部炉膛空间得到充分利用，一改上部炉膛燃烧过于强烈的问题，这对于降低因为上部炉膛高温而形成的热力型 NO_x；克服上部炉膛出口烟温过高，防止过热器超温和防止结焦、减少减温水用量、降低排烟温度都是有利的。

（6）PRP 燃烧器的形体尺寸较小，全炉所有燃烧器可以单排布置，不需要分成前后两排布置。于是就可以使每个燃烧器喷出的下行火炬的中心线和上行火炬的中心线设计成较好的中心间距，以求上、下行的火炬之间形成较大的高温回流区，有利于该回流区向燃烧器喷口提供充足的着火热源,更有利于煤粉及时着火。

(7) PRP 燃烧器的煤粉分离器是弯管型的,阻力较低。整个分离器和预热型燃烧器的总阻力只有约 300Pa,比旋风子燃烧器的阻力要小很多(大约要小 700Pa)。这能降低一次风管的静压值,有利于节省厂用电和提高磨煤机设备的密封性。

BPRBN 公司具体改造方案的预计效果如下:

(1) 飞灰含碳量可做到低于 8%,力争低于 5%,结合排烟热损失 q_2 损失的降低,可望提高锅炉热效率 1.5%~2.5%,100%BMCR 时锅炉热效率可达到 91% 或更高。

(2) NO_x 排放值($O_2=6\%$),在不设计、不增加火上风的情况下,估计可做到 700mg/m³(标准状态)。

(3) 炉膛出口温度可得到降低,预计排烟温度也可得到降低。

(4) 负荷调节范围得到扩大,估计可以达到 W 火焰炉应该达到的最低运行负荷(40%~50%ECR)。

4.2.4　BPRBN 公司改造的实际效果

由于 PRP 燃烧器的在四角切圆锅炉上的补气条件和 W 火焰炉完全不同,在燃烧器内预热的目的无法实现;一次风速的设计是按原设计的各项参数选取的,对于煤质变化后风煤比和入炉煤发热量降低以后的导致一次风量增加的因素考虑不足,一次风喷口设计为 22m/s,实际高达 30m/s 以上;弯头浓缩未考虑一次风系统布置的影响,以及浓缩效率偏低等因素的影响,黑龙区长达 3m 以上,火焰冲炉底,后来经过一些完善化的改造效果仍然不佳。

根据该炉第二次彻底改造前的摸底试验,改造后锅炉热效率从 88% 下降到 85.63%,锅炉带负荷能力从 300MW 下降到 250MW。为此,已于 2014 年再次进行彻底改造。

4.3　DGC 锅炉厂对于 FW 型 W 火焰炉的改造

4.3.1　DGC 锅炉厂对于 FW 型 W 火焰炉的改造方案

由于早期引进型 W 火焰炉存在锅炉 NO_x 排放量高、翼墙及侧墙结焦严重、锅炉减温水量大、排烟温度高以及锅炉低负荷下再热蒸汽温度偏低等问题,因此 DGC 锅炉厂建议通过燃烧设备、省煤器、过热器和再热器的整体改造来综合解决上述问题,同时为降低锅炉启动及低负荷稳燃耗油,建议进行少油点火燃烧器改造。下面就改造方案的详细内容逐一阐述。

4.3.1.1　燃烧设备改造及其配风

改造后的燃烧配风主要包括拱上垂直墙上燃尽风、拱上一次风、拱上二次风、拱下垂直墙上乏气风及拱下垂直墙上二次风等几部分。原 D、E 风口封闭,改造后风量分配见示意图 4-19,燃烧器布置示意图见图 4-20,燃烧器改造前后结构示意图见图 4-21。

从煤粉管道来的煤粉气流经煤粉浓缩器后分成浓淡两股,浓煤粉气流经煤粉燃烧器喷口从炉拱向下喷入炉内,淡煤粉气流经乏气管从垂直墙上向下倾斜喷入炉内。

拱上煤粉燃烧器喷口和二次风喷口分开并相间布置。为防止 D、E 风口封闭后火焰刷墙使该区域垂直墙结焦,拱上二次风喷口的位置相对于煤粉燃烧器更靠近垂直墙,以使拱上二次风喷入炉内后能在背火侧形成保护垂直墙的气流;此外为防止翼墙及侧墙结焦,在

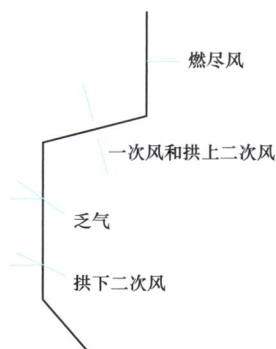

图 4-19　改造后风量分配示意图

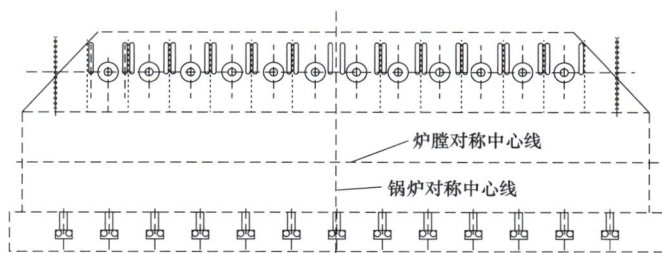

图 4-20　改造后燃烧器布置示意图

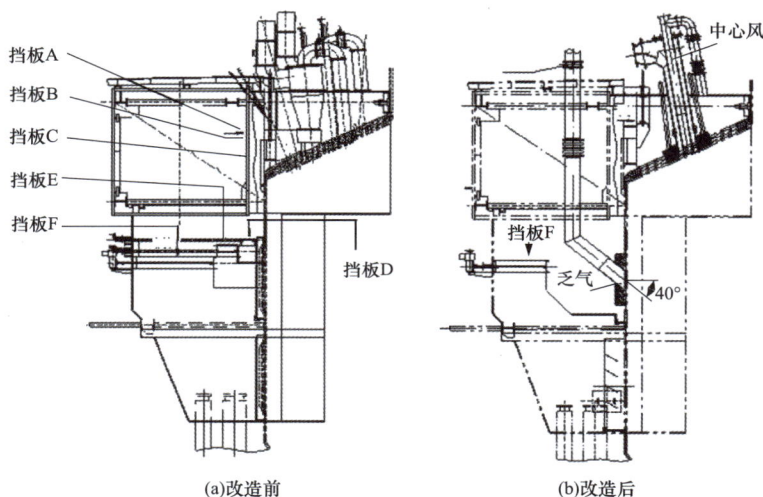

(a)改造前　　　　　　　　(b)改造后

图 4-21　燃烧器改造前后结构示意图

炉宽方向最外侧均布置二次风喷口，同时增加角部燃烧器到侧墙的距离。拱上煤粉喷口和二次风喷口的间距保证在煤粉气流初始着火区域二次风不会过早混入，并能对一次风产生一定的向下引射作用，在煤粉燃烧后期提供必要的空气。乏气喷口的位置和角度以不对主煤粉火焰产生负面影响为原则，必要时可设计成喷口可上下摆动式。拱下二次风（原F风口）起到托粉、防止火焰冲刷水冷壁和补充燃烧空气的作用，在风口前端设置向下倾斜的导向叶片。新增的燃尽风从拱上垂直墙上，在烟气中已生成的 NO_x 充分还原后进入炉内，提供燃料燃尽所需空气，并保证与上升烟气的均匀混合。

（1）煤粉浓缩器。煤粉浓缩器采用中心钝体和旋流叶片分离煤粉气流，使煤粉气流分成中心的淡粉气流和外围的浓粉气流，分别引入煤粉燃烧器和乏气喷口。煤粉浓缩器的结构示意图见图 4-22。

（2）煤粉燃烧器。改造后的煤粉燃烧器数量适当减少并采用直流形式，可在合理的一次风速范围内适当增加一次风的下冲深度，延长火焰行程，防止火焰过早转弯上飘，有利于煤粉的燃尽。

煤粉燃烧器由一次风管和中心风管组成，煤粉燃烧器结构示意图见图 4-23。中心风管内布置点火油枪，一次风出口处设置稳焰齿和稳焰扩锥。中心风在油枪运行时提供燃油所需要的根部风,在煤粉燃烧器停运时起到冷却保护作用。中心风风量可通过中心风母管上的风门加以调节。

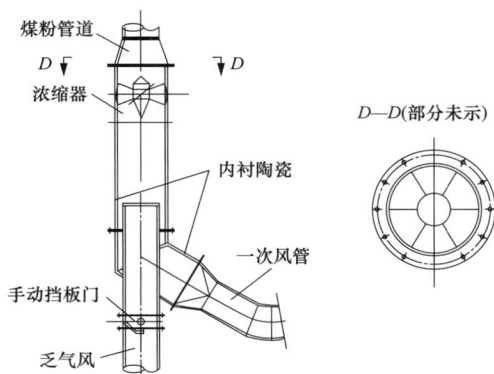

图 4-22 煤粉浓缩器结构示意图 　　图 4-23 煤粉燃烧器结构示意图

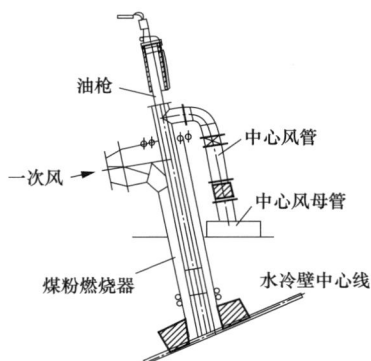

(3) 二次风。在煤粉燃烧器两侧布置分离式拱上二次风喷口。原拱上 A、B、C 三个风门合并为一个二次风门。靠近角部的煤粉燃烧器的外侧布置有二次风口,有利于保护翼墙和侧墙,防止水冷壁结焦。

原有的拱下垂直墙上 D、E 二次风风口取消,仅保留 F 二次风风口,并在 F 风出口处增设导流板使其向下以一定的角度进入炉膛。原边界风保留,并可根据锅炉结焦情况在翼墙上增加防焦风、贴壁风。

(4) 乏气风。原乏气风布置在一次风煤粉气流的向火侧,影响浓煤粉气流的着火稳定;同时由于浓、淡煤粉喷口距离近,两股气流很快混合,达不到浓淡分离的效果。

改造后的乏气风口布置于拱下垂直墙中部原 D、E 风口位置,以一定角度向下倾斜进入炉膛,以减少乏气对拱上主气流的影响,使浓煤粉气流面对高温烟气,可强化浓煤粉气流的着火;同时降低了浓煤粉气流燃烧区域的空气量,有利于煤粉着火和降低 NO_x 排放。

调节乏气风挡板开度可以调节经过主煤粉燃烧器的煤粉浓度和风速,配合二次风的调整以获得最佳燃烧工况。

(5) 燃尽风。增加燃尽风风箱和燃尽风风口,燃尽风风口布置于拱上垂直墙上。

燃尽风调风器将燃尽风分为两股独立的气流喷入炉膛,燃尽风结构示意图见图 4-24。中央部位为直流气流(内二次风),它速度高、刚性大,能直接穿透上升烟气进入炉膛中心;外圈(外二次风)为旋转气流,离开调风器后向四周扩散,用于和靠近炉膛水冷壁附近的上升烟气进行混合。外圈气流的旋流强度和两股气流之间的流量分配均可以通过调节机构来调节。燃尽风总风量的调节可通过调节燃尽风风箱入口风门的开度来实现。

4.3.1.2 受热面改造

以下内容中附图及数据部分以某电厂早期引进型 W 火焰炉受热面改造内容为例,仅为参考用。

(1) 省煤器改造。锅炉后竖井分前、后两个烟道,前烟道中布置有低温再热器水平管组和垂直管组,后烟道中布置有低温过热器。在低温再热器和低温过热器的下方,沿烟道宽度方向顺列布置有省煤器。

改造前的尾部受热面布置示意图见图 4-25，改造方案示意图见图 4-26。省煤器进、出口集箱标高不变，管屏横向节距不变，仅在纵向原省煤器下方增加一个绕组，降低省煤器

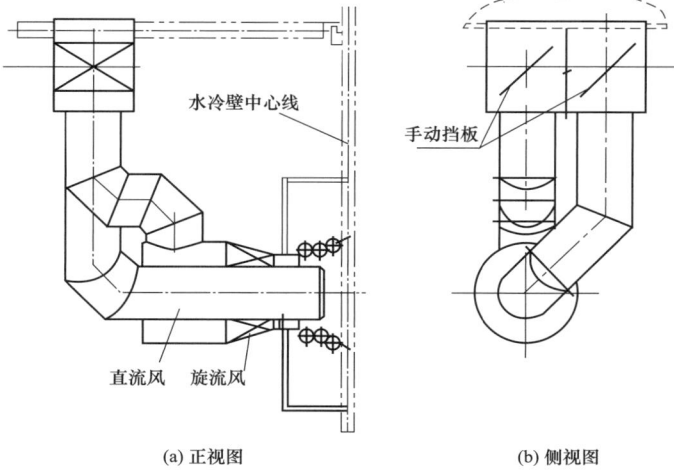

图 4-24　燃尽风结构示意图

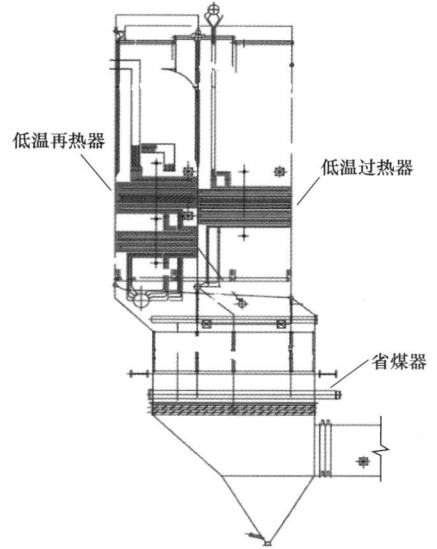

图 4-25　改造前的尾部
受热面布置示意图

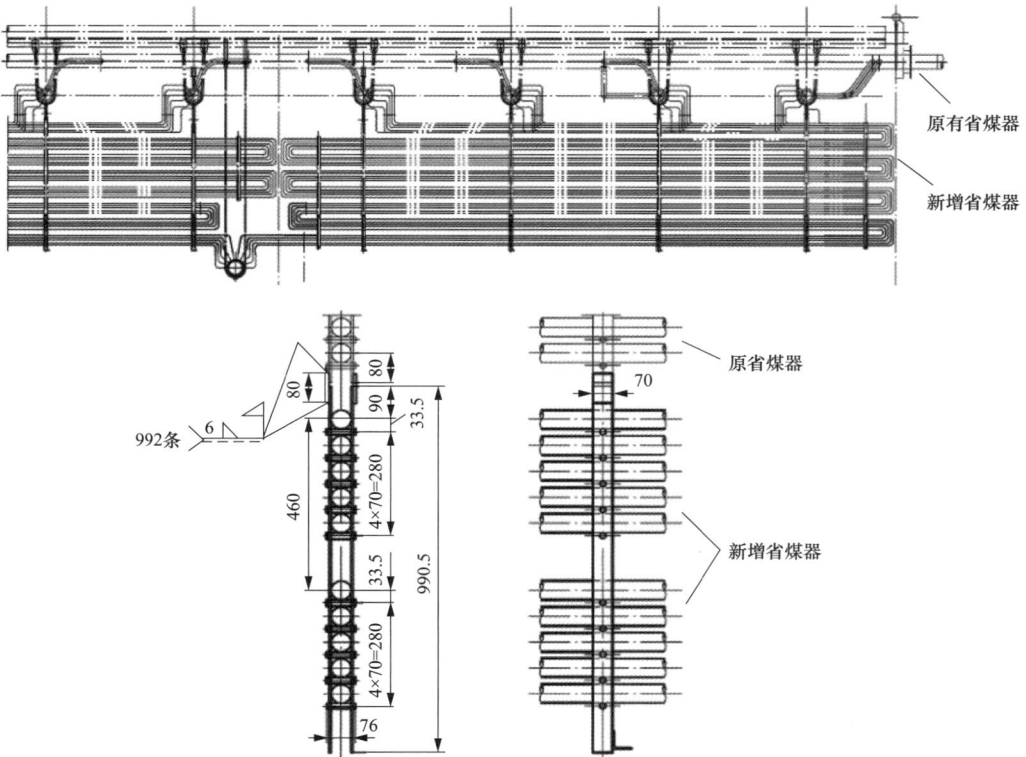

图 4-26　原省煤器吊板下方增加吊板和支撑圆钢来承受新增加的省煤器受热面载荷

出口烟温。原省煤器吊板下方增加吊板和支撑圆钢来承受新增加的省煤器受热面载荷。省煤器进口集箱上方留有检修空间，进口集箱右侧管排通过弯管形成检修进入通道。

集箱上方检修空间内面向烟气的第一根管子上方设有防磨板。改造后，省煤器重量增加，对于省煤器吊挂装置、省煤器集箱、锅炉顶部吊挂装置、顶板梁等是否能够满足承重要求，需要进一步核算。

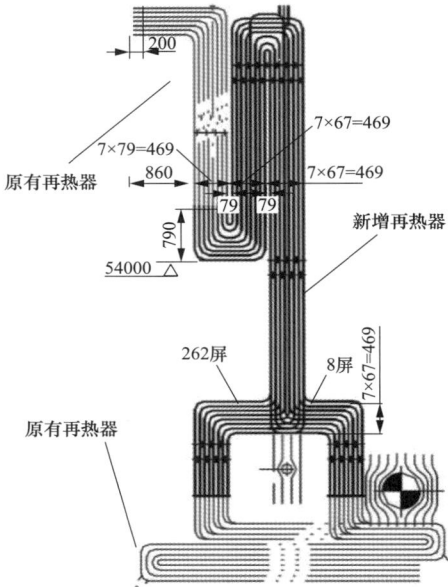

图 4-27　再热器改造示意图

若采用鳍片式省煤器，优点在于可大大增加省煤器受热面，排烟温度可以降更多；缺点是采用鳍片式省煤器后，可能蛇形管屏的间、节距要进行一定的改变，因此省煤器进/出集箱可能均需更换，现场更改工作量很大，而且省煤器受热面的重量增加较多，需对相关结构进行强度核算，因此不推荐该方案。

（2）再热器改造。根据锅炉结构情况确定增加高温再热器受热面或低温再热器受热面，根据热力计算确定受热面增加的面积。其中增加低温再热器垂直段受热面面积是一种比较可行的方案，再热器改造示意图见图 4-27。

该方案需要更换部分再热器管，重新设计支吊件、防磨装置等。增加的低温再热器重量通过吊挂装置传递到锅炉顶板上；因此改造后需要对锅炉顶板进行核算，必要时需对锅炉顶板进行加固或增加预应力装置。

（3）大屏改造。早期引进型 W 火焰炉在运行中均存在减温水量偏大的现象，加上低氮改造设置燃尽风后有可能使减温水量进一步增加，因此通过减少大屏受热面的面积可减少过热器减温水量。大屏改造的具体方案为缩短大屏直段的高度，大屏改造示意图见图 4-28。

大屏直段高度缩短后，可通过上移进口集箱及原大屏下部受热面等来连接保留的上部管屏，此时需相应调整低过至大屏的连接管、大屏进口集箱位置及其支吊等；也可使进口集箱位置不动，通过延长其上方的小集箱的长度来移动原大屏下部受热面的位置满足改造要求。

（4）综合改造方案。即按前述方案同时进行低温再热器、省煤器和大屏改造，以取得更好的综合效果。

（5）改造后热力计算结果及说明。由于原锅炉为美国 FW 设计，考虑受热面几何尺寸和热力计算程序与 DGC 锅炉厂存在差异，为保证热力计算结果的准确性，需首先按原锅炉结构和设

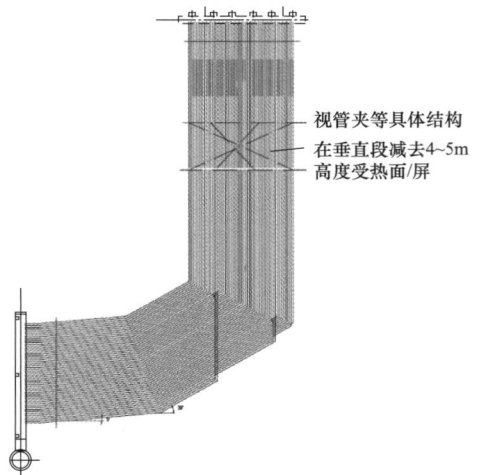

图 4-28　大屏改造示意图

计参数进行计算，并将计算结果与原设计计算结果进行比较。为使改造后的热力计算结果更加接近实际情况，还需按照锅炉实际运行情况进行模拟计算，并以模拟计算所获得的锅

炉特性系数作为改造后热力计算的基础。最后按改造方案进行不同负荷工况下的热力计算，以了解改造后的锅炉参数变化情况。

需要说明的是，锅炉改造前、后的热力计算结果主要起相对比较的作用，计算结果仅用于显示改造前、后锅炉参数的变化方向和相对变化幅度，相关数据仅做分析参考用。

1) 按原结构和设计参数的热力计算。以具体工程为依托进行。大量早期引进型锅炉的计算结果普遍反映出原锅炉再热器受热面面积布置偏小，在低负荷工况下再热器侧所需烟气份额过高，实际运行中很难通过烟气挡板的调节达到该要求，因此易出现低负荷工况下再热蒸汽温度不够的情况。

2) 按实际运行情况的模拟计算。按锅炉实际燃用煤质（应与改造后的燃用煤质相一致）和运行参数进行模拟计算，以获得锅炉实际特性系数。

3) 改造后热力计算。以模拟计算所获得的锅炉特性系数为基础进行改造后的热力计算，了解锅炉改造后的运行参数情况。

4) 改造后热力计算结果分析。通过对多个实际改造项目的计算结果比较可以发现，同时进行"减少大屏受热面＋增加再热器受热面＋增加省煤器受热面"的综合效果最好，主要效果为：锅炉过热器减温水量大幅减少；再热器侧烟气份额有明显降低；空气预热器进口烟温明显降低。

但低氮燃烧器改造后，由于在上炉膛设置燃尽风喷口，可能引起燃烧延迟，并引起飞灰含碳量、锅炉减温水量及排烟温度等的变化。

虽然DGC锅炉厂在600MW超临界W火焰炉上采用了在上炉膛设置燃尽风喷口后锅炉实际运行指标（NOₓ排放量、飞灰含碳量、锅炉减温水量及排烟温度等）良好，但该炉型的炉膛高度较同等容量的其他炉型高出较多（炉膛尺寸对比表见表4-11，炉膛标高示意图见图4-29），而改造工程由于锅炉本体不变，受炉膛高度条件限制，改造后可能引起飞灰含碳量、锅炉减温水量及排烟温度等的增加。在改造后的热力计算中由于目前这种改造方式可供参考的经验有限，因此暂未考虑。所以如果按照改造方案加以实施，锅炉在实际运行时上述指标可能高于计算值。

表 4-11　　　　　　　　　　　　炉膛尺寸对比表

电厂名称	A	B	C	D	E	F	G	H	制造厂及锅炉等级
GX电厂	9.96m	17.10m	32.12m	10.16m	11.4m	22.24m	56m	5m	DGC锅炉厂 600MW 超临界
DD电厂	9.9m	17.4m	32.10m	−9.5m	−11.748m		53.65m	—	北京 B&W 600MW 亚临界
HF电厂	9.525m	15.631m	34.48m	−8.739m	10.89m	11.95m	50.8m	—	美国 FW 660MW 亚临界
JZS电厂	9.906m	16.012m	34.48m	9.424m	10.76m	11.166m	50.8m	—	DGC锅炉厂 600MW 亚临界

注　表中符号意义见图4-29。

改造后虽然再热器侧的烟气份额有所降低，但在低负荷时仍然较高，因此实际运行中可能仍难以达到，因此不排除改造后锅炉低负荷下再热蒸汽温度仍然偏低的可能，但偏低的程度将肯定小于改造前。

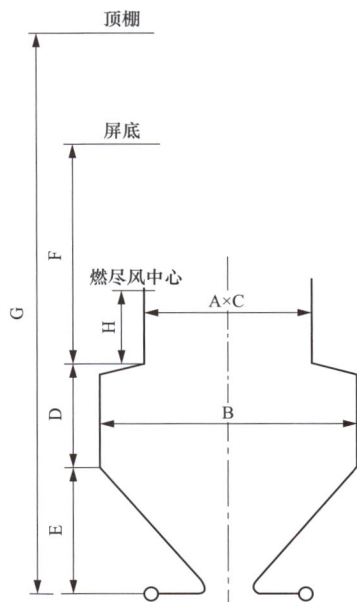

图 4-29　炉膛标高示意图

改造后低负荷工况下省煤器出口烟温较低，因此改造后锅炉低负荷时的省煤器出口烟温可能不能满足 SCR 脱硝反应器的运行要求，此时需设置省煤器旁路烟道。

4.3.2　SA 电厂第一次改造

DGC 锅炉厂依照上述改造方案改造了一系列锅炉，SA 电厂、YG 电厂、YX 电厂基本按此方案进行改造。

SA 电厂 3 号锅炉改造后性能试验的结果如下：

本次锅炉低氮改造后性能试验共进行 100％ECR（330MW）高、中、低氧量、75％ECR（250MW）高、中、低氧量，以及 50％ECR（165MW）高、中、低氧量共 9 个工况试验（下文中各单项测试内容结果均按前三个工况顺序列出）❶。

（1）低氮燃烧系统改造后，前三个工况，修正至标准状态 $O_2=6％$ 下的 SCR 入口 NO_x 排放浓度分别为 758、695、731mg/m³。

（2）低氮燃烧系统改造后，前三个工况，SCR 入口烟气中 CO 排放浓度平均值分别为 14、36、23μL/L。

（3）低氮燃烧系统改造后，前三个工况，两侧飞灰可燃物含量平均值分别为 7.00％、6.04％、7.20％。

（4）前三个工况，底渣可燃物含量均较高，分别为 16.38％，37.98％，39.97％。分析原因如下：3 号锅炉为 W 火焰炉，当二次风包裹能力不足时，部分煤粉没有经过燃烧直接掉入炉膛底部渣斗，浮在水面。锅炉采用水力排渣系统，试验结束后取渣样时，煤粉随水一起排出，被试验采样人员取到，造成底渣可燃物含量较高。

（5）依照 GB/T 10184—2015《电站锅炉性能试验规程》计算方法，低氮燃烧系统改造后，前三个工况下修正后的锅炉热效率分别为 91.75％、91.37％、90.89％。

（6）燃烧器改造后，前三个工况，减温水总流量分别为 73.9、66.5、60.7t/h。

（7）330MW 负荷下，空气预热器 A、B 侧平均漏风率分别为 9.0％和 10.6％。

改造后的最大问题是结渣严重。由于新的燃烧器是敞开式燃烧器，燃烧组织又缺少防止结渣的措施，原有防止结渣的措施，如一次风喷口的周界风，D、E 风喷口全部取消，锅炉结渣严重，无法保持安全运行。SA 电厂改造后的结渣情况见图 4-30。这些问题不仅在 SA 电厂 3、4 号锅炉上存在，在已经改造的 YG 电厂和 YX 电厂的锅炉上也存在，YG 电厂 1 号锅炉改造后的结渣情况见图 4-31。

4.3.3　SA 电厂进一步改进方案

DGC 锅炉厂认为根据锅炉结焦情况和运行分析，基本原因如下：①锅炉所配磨煤机出

---

❶ 该次试验结果总体是合理的。但是，按高、中、低氧量共 9 个工况中，随着氧量的降低，其 NO_x 的浓度应逐次降低，CO 的含量应逐次升高，飞灰可燃物的数值应渐次升高。从这一点来说，其试验结果值得商榷。

力大，3台磨煤机300MW运行时，单个燃烧器一次风量大，一次风速较高；②拱上下二次风配风调整不合理，下炉膛壁面缺风；③乏气开度有待调整；④下炉膛卫燃带敷设较多，炉膛温度较高，需采取防结焦优化措施。

(a) 侧墙结渣情况　　　　　　　　　　(b) 拱顶及前后墙结渣情况

图4-30　SA电厂改造后的结渣情况

（1）运行控制建议。针对锅炉可能出现的结焦情况，前期DGC锅炉厂出具了锅炉热态试验报告，有一些运行控制建议，供电厂运行调整时参考。除此以外，还有以下几点建议：

1）加强入炉煤的灰熔点的控制；

2）优化组合不同磨煤机的投运方式和数量；

3）在运行中进行拱上下二次风的配风优化调整，适当加大拱下风，减少下炉膛的结焦；

4）适当提高乏气挡板的开度，从而降低

图4-31　YG电厂1号锅炉改造后的全炉膛结渣情况

一次风速，不让煤粉气流冲刷冷灰斗同时保护乏气喷口；

5）加强锅炉排渣的监控和增加排渣次数，确保不让渣堵住灰斗；

6）边界风挡板全开。

（2）锅炉设计优化措施。

1）增加拱上缝隙式二次风，缝隙式二次风布置示意图见图4-32。

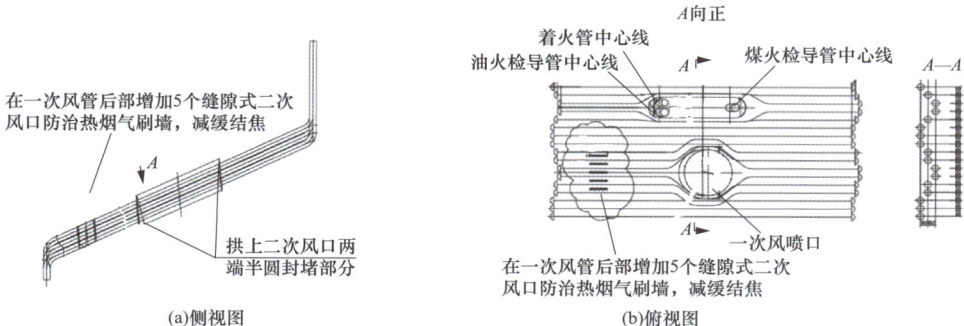

在一次风管后部增加5个缝隙式二次风口防治热烟气刷墙，减缓结焦

拱上二次风口两端半圆封堵部分

(a)侧视图

A向正

着火管中心线
油火检导管中心线

煤火检导管中心线

A—A

在一次风管后部增加5个缝隙式二次风口防治热烟气刷墙，减缓结焦

一次风喷口

(b)俯视图

图4-32　缝隙式二次风布置示意图

2）拱下前后墙卫燃带优化。针对下炉膛墙面易结焦问题，还同时考虑进一步优化该区域易结焦部位的卫燃带敷设方式和面积，降低该区域局部壁面放热强度，防止在该区域堆积结焦形成大焦块，具体去除卫燃带区域，拱下前后墙卫燃带敷设优化示意图见图4-33。

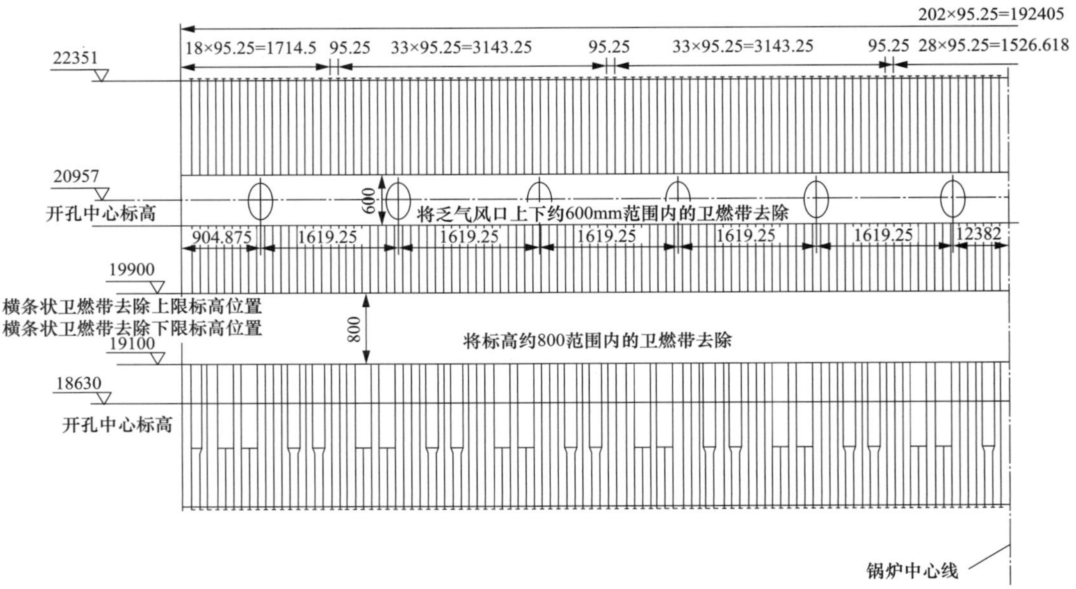

图4-33　拱下前后墙卫燃带敷设优化示意图

300MW 容量等级锅炉，其敷设面积宜占下炉膛有效敷设面积的 35％～55％。SA 电厂已按 DGC 锅炉厂 2015 年所提炉膛卫燃带优化方案分几次进行了卫燃带敷设面积和方式的优化。改造后前后两次共计去除卫燃带面积 365m²，原设计全炉膛卫燃带面积 689.9m²，占下炉膛辐射受热面积的 58.4％（根据 27.5％反推所得）。剩余卫燃带面积 324.9m²，卫燃带敷设面积占下炉膛有效敷设面积的 27.5％。拱下侧墙和翼墙卫燃带敷设优化示意图见图 4-34。

3）二次风箱优化改造。因 300MW 机组 W 火焰炉炉膛宽度宽、风箱截面尺寸大等原因，原设计的全通风箱造成锅炉炉膛中部缺风已是同类锅炉中长期存在的问题，炉膛中部缺风易造成燃烧推迟、燃烧效率降低、水平烟道宽度方向中部积灰等问题。因此解决送风分配不均问题对锅炉目前存在的所有问题都是有益的。防焦风布置示意图见图4-35。

改造将前后墙大风箱各成分 3 个单元，原单个风道被分割成三个风道（风道Ⅰ、Ⅱ、Ⅲ），分别给对应的燃烧器供风，炉膛中间 4 只燃烧器采用专门的中间风道Ⅰ供风，风道Ⅱ给右侧 4 只燃烧器配风，风道Ⅲ给左侧 4 只燃烧器配风，二次大风箱改造布置图见图4-36。在风道接口一侧设置二次风门（双通道）调节挡板，中间风道对应通道挡板采用手动控制。

4）燃烧器喷口出口局部优化。目前设计的一次风喷口与拱部水冷壁卫燃带表面平齐，一次风射流易卷吸炉内高温烟气携带未燃尽煤粉颗粒冲刷卫燃带表面，成为炉拱结焦的起始因素。

为减少未燃尽煤粉颗粒冲刷机会，对现燃烧器喷口出口区域结构进行优化，优化后的燃烧器外喷口从壁面向内缩一定距离，并在一次风喷口前端加上扩锥，其出口扩锥相对于燃烧器喷口进一步内缩，在燃烧器一次风气流与扩锥壁面之间留出补气通道。

为减少现场改造施工工作量，便于现场实施，利用现有喷口出口结构和水冷壁开孔进行改造。本次优化仅仅将两侧靠近侧墙的燃烧器进行改进，更换相邻两个烧损燃烧器喷口（含周界风）、稳燃齿、中心风管头部及相关附件，燃烧器更换示意图见图4-37。

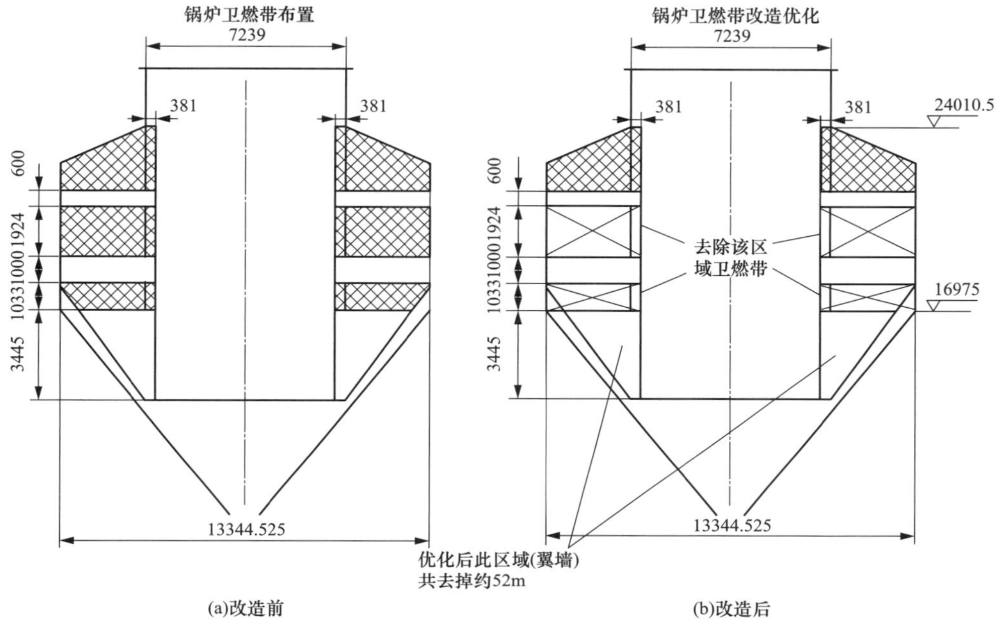

图 4-34　拱下侧墙和翼墙卫燃带敷设优化示意图

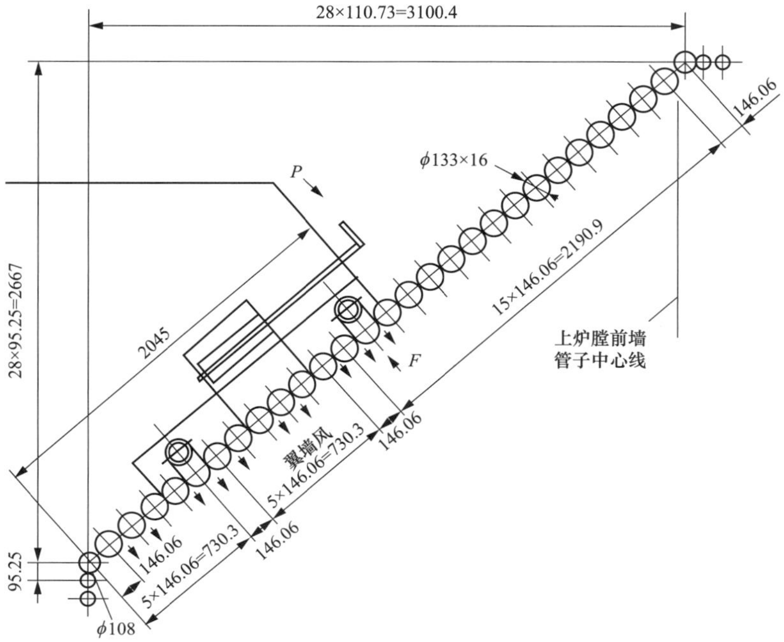

图 4-35　防焦风布置示意图（一）

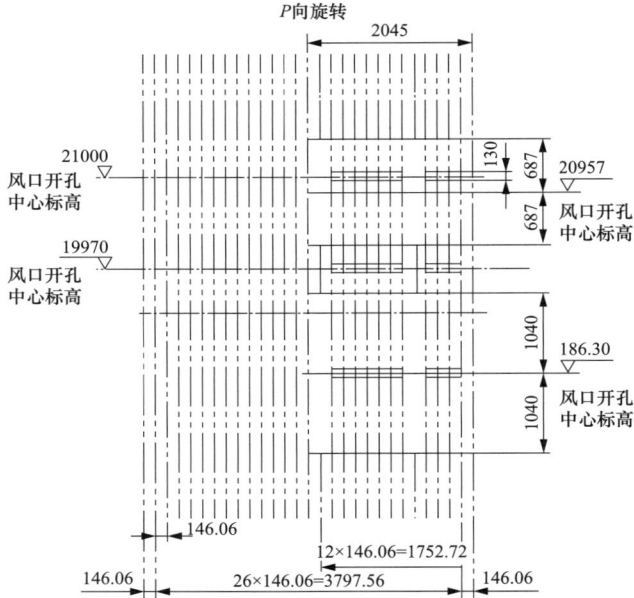

图 4-35 防焦风布置示意图（二）

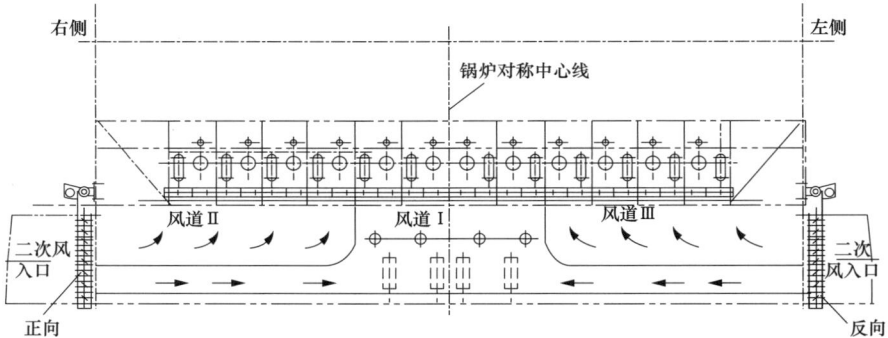

图 4-36 二次大风箱改造布置图

5）燃尽风喷口局部优化。燃尽风喷口改造示意图见图 4-38，利用现有喷口结构，一方面在运行中通过调整直流/旋流风入口调节挡板开度，调节两股气流之间的流量分配，适当减少旋流风风量。

另一方面通过改造增加直流风外套管，适当减小正常的旋流风出口面积，保证正常的风速，同时在旋流风出口通道增加少量消旋叶片，这样可整体降低旋流风的旋转动量，使燃尽风射流中心回流区减少，减缓对高温烟气卷吸作用。

改进效果：

2016 年 12 月 SA 电厂完成了全部改造。改造后的结果表明：4 号锅炉习惯运行方式的摸底测试表明：

（1）本次改造后锅炉运行的一个较大问题为 SCR 入口 NO_x 浓度较高，基本在 $1000mg/m^3$ 左右。且 4 号锅炉炉膛平均温度要高于 3 号锅炉约 40℃，这反映出目前 4 号锅炉炉膛燃烧较强。炉膛温度较高容易造成锅炉 SCR 入口 NO_x 浓度高。

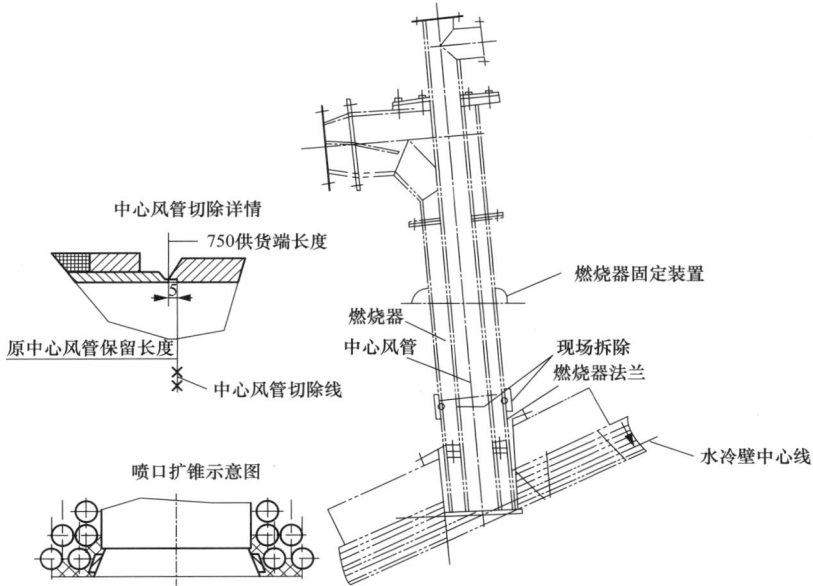

图 4-37 燃烧器更换示意图

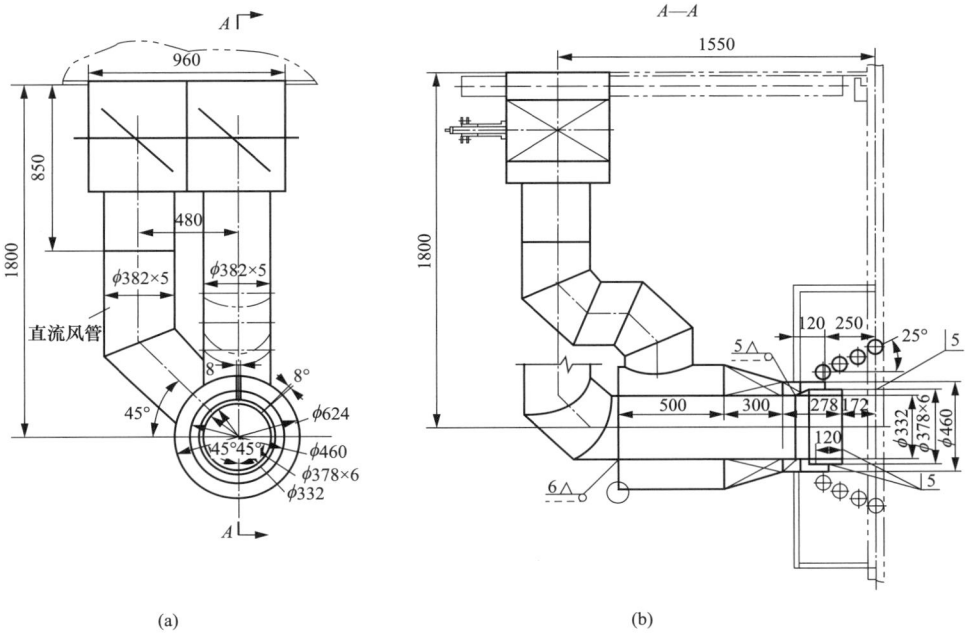

(a)

(b)

图 4-38 燃尽风喷口改造示意图

（2）空气预热器入口氧量为 0.74% 时 SCR 入口 NO_x 浓度低，但该工况下 SCR 入口 CO 浓度已达到 $1200\mu L/L$，且由于严重缺风，锅炉负荷已无法维持。

（3）目前锅炉运行的固体不完全燃烧热损失较小，而排烟热损失较大。出于降低锅炉排烟损失和 SCR 入口 NO_x 浓度的考虑，锅炉可采用低氧量运行的方式，但同时应注意防范低氧运行带来的锅炉结焦风险。

（4）在降低氧量下将燃尽风门开度从 60％增加至 80％，SCR 入口 NO_x 平均浓度从 993.9mg/m³ 下降至 967.8mg/m³，但仍高出设计值 800mg/m³ 较多。考虑到风门的特性，要进一步提高燃尽风量，则需要关小二次风箱风门。

（5）随着二次风箱风门的整体关小，SCR 入口 NO_x 明显降低，SCR 入口 NO_x 浓度已能降至 800mg/m³ 以下。调整后锅炉燃烧区域风量降低，进而降低了燃烧区域的燃烧强度，炉膛平均温度下降了 38℃。

（6）原设计的全通风箱造成锅炉炉膛中部缺风，锅炉改造前空气预热器入口氧量分布呈现中间低两头高的趋势。本次风箱改造后，在 8 个二次风箱风门全开的情况下，其分布已呈现中间高两头低的趋势。因此在较优的风箱风门开度控制时应将给中间二次风箱供风的风门开度设置得要比给两侧供风的风箱风门开度小，使得锅炉沿炉膛宽度方向的供风更为均衡。

（7）在左右两侧二次风箱风门开度基本一致的情况下，可采用调整拱上二次风开度的方法调整锅炉两侧的氧量偏差。

（8）试验调整后，245MW 负荷下三种磨煤机组合方式下 SCR 入口浓度都处于相对较低水平，锅炉热效率也较高，因此三种磨煤机组合方式可根据实际需要灵活选用。

（9）各负荷多工况测试的空气预热器漏风率约在 4％，属较好水平。

（10）300MW 负荷 40％贫煤＋60％无烟煤的混煤和 30％贫煤＋70％无烟煤的混煤最佳运行方式下，SCR 入口平均 NO_x 浓度都能控制在 800mg/m³ 以下，SCR 入口平均 CO 浓度都能控制在 100μL/L。高无烟煤掺烧比例时锅炉热效率为 91.46％，低无烟煤掺烧比例时锅炉热效率为 91.45％。

（11）本次锅炉综合改造，基本解决了高温受热面超温的问题，且主、再热蒸汽温度均能达到设计要求。除西起第 54 排高温再热器出口左起第 6 号管偶有超温报警外，其他高温受热面基本没有超温现象。两煤种最佳工况运行时无超温现象。

（12）进一步调高无烟煤比例至 70％并未出现对锅炉运行明显不利的结果。但由于目前试验时间相对很短，对锅炉结焦等问题还未全面考察，因此若后续有需要在 4 号锅炉继续掺烧无烟煤比例至 70％，则还需要重点关注锅炉结焦等问题。

（13）等速取样比飞灰含碳量在线监测装置表盘显示的结果约大 1.6 个百分点。手动将飞灰含碳量在线监测装置的飞灰样取出后送实验室化验，再与等速取样结果进行对比，等速取样飞灰含碳量约大 1.1 个百分点。

但是在这次调整试验中的氧量调整试验中也可看出：表 4-12 工况 1 为 4 号锅炉目前习惯运行方式的摸底测试。从测试结果来看，本次改造后锅炉运行的一个较大问题为 SCR 入口 NO_x 浓度较高，基本在 1000mg/m³ 左右。表 4-13 和表 4-14 分别为 3、4 号锅炉习惯运行方式下 300MW 负荷时炉膛温度的测试结果，从炉膛温度来看 4 号锅炉炉膛平均温度要高于 3 号锅炉炉膛约 40℃，这反映出目前 4 号锅炉炉膛燃烧较强，炉膛温度较高容易造成锅炉 SCR 入口 NO_x 浓度高。

表 4-12   300MW 氧量调整试验结果

项目	单位	工况 1	工况 2	工况 3
空气预热器入口平均氧量	％	1.47	0.74	2.23
锅炉蒸发量 D	t/h	916.83	881.49	913.65

续表

项目		单位	工况1	工况2	工况3
煤质资料	M_{ar}	%	7.4	7.4	7.4
	A_{ar}	%	25.53	25.53	25.53
	$Q_{net,ar}$	kJ/kg	22269	22269	22269
一次风机入口风温		℃	11	11	11
送风机入口风温		℃	11	11	11
总燃煤量 B		t/h	129.315	131.445	132.48
A侧排烟温度		℃	152.79	151.51	155.75
B侧排烟温度		℃	146.41	145.65	148.17
A侧排烟氧量		%	1.93	1.5	2.83
B侧排烟氧量		%	2.45	1.7	3.3
A侧空气预热器入口氧量		%	1.20	0.67	1.93
B侧空气预热器入口氧量		%	1.73	0.80	2.53
飞灰含碳量 C_{fh}		%	3.8	3.905	2.97
排烟热损失 q_2		%	5.8276	5.6254	6.2000
机械未完全燃烧热损失 q_4		%	1.4176	1.4568	1.1107
散热损失 q_5		%	0.4178	0.4078	0.4169
灰渣物理热损失 q_6		%	0.2028	0.2020	0.2037
锅炉热效率 η		%	92.13	92.31	92.07
A侧空气预热器入口烟温		℃	377.30	371.20	358.88
B侧空气预热器入口烟温		℃	377.96	372.64	386.75
换算的排烟温度 t_{pyb}		℃	155.2	154.1	157.5
保证条件下的锅炉热效率 η_b		%	92.47	92.64	92.41
SCR入口平均 NO_x 浓度（标准状态）		mg/m³	993.9	811.05	1132.55

表4-13　　3号锅炉习惯运行方式下300MW负荷炉膛温度测试结果　　单位：℃

	前墙（左→右）									
35m	1247	1315	1356	1397	1409	1391	1349	1354	1336	1260
	后墙									
	1301					1314				
28.6	左前		左后		右前			右后		
	1298				1434					
26m	左前	左后	前左	前右		后左	后右	右后	右前	
	1360	1459	1462			1421	1491	1498	1455	
平均	1382									

（1）300MW氧量调整试验结果。尽管在空气预热器入口氧量为0.74%时SCR入口 NO_x 浓度低，但该工况下SCR入口CO浓度已达到 $1200\mu L/L$，且由于严重缺风，锅炉负荷已无法

维持，锅炉蒸发量已降至 880t/h。因此从试验结果来看，运行氧量的高低对 SCR 入口 NO_x 浓度的影响很大，但单靠降低锅炉运行氧量来降低 SCR 入口 NO_x 浓度是不可行的。

表 4-14　　　　　　　4 号锅炉习惯运行方式下 300MW 负荷炉膛温度测试结果　　　　单位：℃

	前墙（左→右）									
35m	1289	1398	1420	1410	1437	1429	1447	1455	1417	1298
	后墙									
	1361					1346				
28.6	左前		左后			右前			右后	
	1345					1336			1319	
26m	左前	左后	前左	前右		后左	后右	右后	右前	
	1452	1533	1519	1511		1542	1494	1432	1520	
平均	1422									

对比图 4-39 中两条曲线可以看出，本次改造后试验推荐的运行氧量曲线比低氮改造后设计的氧量曲线低很多，这种运行方式虽然能有效降低锅炉排烟损失和 SCR 入口 NO_x 浓度，但同时锅炉发生结焦的风险也相对增大。在本次试验持续的约一个月时间内，锅炉掉焦及负压波动的情况并未比试验前恶化，也未比 3 号锅炉掉焦情况更为严重，但该低氧量运行方式对锅炉结焦情况的影响还需后续继续考察。试验煤种灰的软化温度都在 1500℃ 以上（煤质检测报告见表 4-15）。这说明尽管大量去除了卫燃带，结渣情况只是未比试验前恶化。这种燃烧方式的防结渣性能还是有改进余地的。

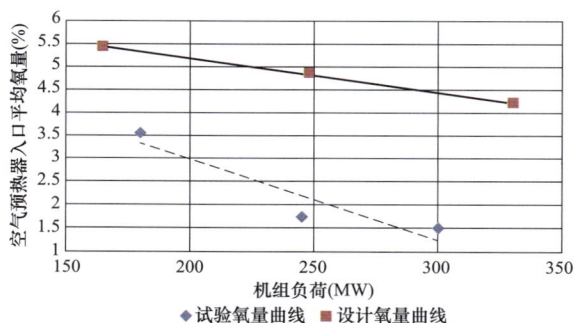

图 4-39　设计氧量与运行氧量对比图

表 4-15　　　　　　　　　　　　　　　　煤质检测报告

检测结果				
检测项目	符号	单位	原煤（NC-17-074）	适用标准
全水分	M_t	%	3.8	GB/T 211—2017《煤中全水分的测定方法》
空气干燥基水分	M_{ad}	%	1.39	GB/T 212—2008《煤的工业分析方法》
收到基灰分	A_{ar}	%	22.79	
干燥无灰基挥发分	V_{daf}	%	13.77	

检测项目	符号	单位	原煤（NC-17-074）	适用标准
收到基碳	C_{ar}	%	64.63	DL/T 568—2013《燃料元素的快速分析方法》
收到基氢	H_{ar}	%	3.07	
收到基氮	N_{ar}	%	0.97	
收到基氧	O_{ar}	%	3.55	
全硫	$S_{t,ar}$	%	1.19	GB/T 214—2007《煤中全硫的测定方法》
收到基高位发热量	$Q_{gr,ar}$	MJ/kg	25.52	GB/T 213—2008《煤的发热量测定方法》
收到基低位发热量	$Q_{net,ar}$	MJ/kg	24.80	
煤灰熔融特征温度/变形温度	DT	$\times 10^3$℃	>1.50	GB/T 219—2008《煤灰熔融性的测定方法》
煤灰熔融特征温度/软化温度	ST	$\times 10^3$℃	>1.50	
煤灰熔融特征温度/半球温度	HT	$\times 10^3$℃	>1.50	
煤灰熔融特征温度/流动温度	FT	$\times 10^3$℃	>1.50	

（2）QB 电厂的改造。吸取 SA 电厂等改造的经验和教训，QB 电厂的改造中，特别注意了防止结渣的措施，改造后燃用的煤质干燥无灰基挥发分也较高，改造结果：原来结渣严重的情况有了较大好转，仅在两侧墙和翼墙存在轻微的结渣，锅炉热效率提高，NO_x 降低取得了较好的效果，见表 4-16。究其原因除了采取了各项改进措施以外，由于这台锅炉投入运行的时期较晚，炉膛的特征参数也做了较大的改进。例如对于下炉膛容积放热强度，SA 电厂、YG 电厂是 260.8～256.8kW/m³，QB 电厂已经降低到 197kW/m³。

表 4-16　　　　　　　　　　　QB 电厂改造的结果

电厂名称	锅炉容量（MW）	改造厂家	改造前后	考核试验煤质		NO_x（mg/m³，标准状态）	飞灰可燃物（%）	大渣可燃物（%）	锅炉热效率（%）	是否结渣
				V_{daf}（%）	$Q_{net,ar}$（kJ/kg）					
QB 电厂 3 号锅炉	300	DGC 锅炉厂	前	10.89	18605	1092～1095	6.0～6.02	7.33～10.4	86.34～86.37	侧墙结焦严重
			后	14.05	17190	747.8～790.6	4.1～4.5	2.5～2.8	89.88～89.97	轻微结焦
QB 电厂 4 号锅炉	300	DGC 锅炉厂	前	10.89	18605	905.6～922.6	7.96～9.06	6.09～6.18	87.47～87.45	侧墙结焦严重
			后	14.05	17190	687.6～726.4	3.7～4.0	3.9～4.6	90.29～89.96	轻微结焦

4.4　XGY 研究院对于 FW 型 600MW 等级 W 火焰炉的改造

4.4.1　采用的有关新技术

4.4.1.1　W 火焰炉"引射回流、多点分级"低氮燃烧理论

W 火焰炉"引射回流、多点分级"技术示意图见图 4-40。结合 LH 电厂三期锅炉实际情况，其主要包括如下三方面内容：

（1）强化 W 火焰炉下射火焰利于煤粉着火的内在机理，引导高温烟气回流点燃煤粉促

进着火，为低氮燃烧控制创造时间和空间上的有利条件。

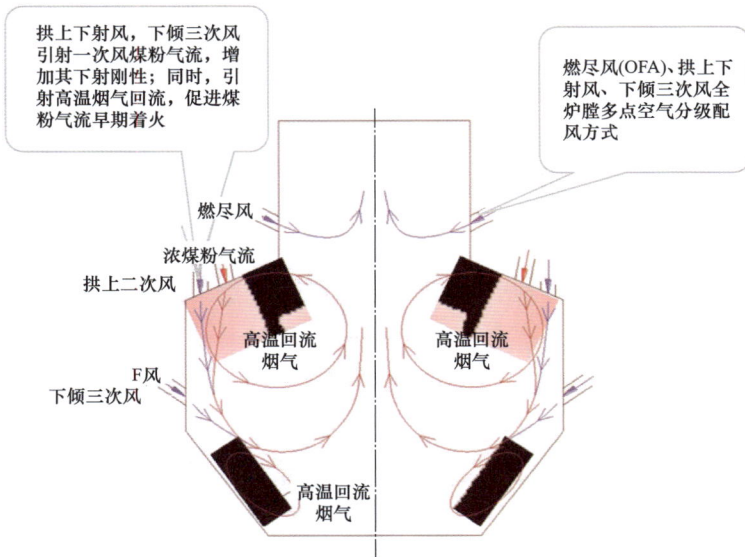

图 4-40　W 火焰炉"引射回流、多点分级"技术示意图

煤粉提前着火可以很快耗尽煤粉气流外围的空气以建立欠氧燃烧的氛围，为空气分级燃烧创造有利的时间和空间条件。W 火焰炉下射火焰方式较常规燃烧方式利于煤粉着火，其主要机理是煤粉气流在下射过程中很容易与高温烟气混合，因此容易获得着火所需热量保证稳定着火。

本次低氮燃烧改造具体措施是在拱上分离布置煤粉气流和助燃二次风，利用下射火焰着火组织的特点，通过布置在煤粉气流背火侧的高速二次风射流，引射炉膛喉口的高温烟气回流至煤粉气流根部，以此直接点燃煤粉气流，促进煤粉的迅速着火。

（2）针对 W 火焰炉燃烧温度高、热力型 NO_x 较多的特点，结合 W 火焰炉双拱形炉膛结构的特点，借鉴缝隙式燃烧器二次风引射一次风下行理念，合理设置二次风，提升煤粉气流下射深度，扩大煤粉燃烧实际利用炉膛空间，防止出现过高峰值温度，减少热力型 NO_x 的生成。同时延长煤粉颗粒在炉内的行程，增加煤粉颗粒有效停留时间，在利于空气分级燃烧条件下的煤粉颗粒燃尽效果的同时，使炉膛内还原距离得到保证，可有效控制 NO_x 的生成。具体措施是通过二次风风速高、刚性好的特点，拱上大量布置下射二次风（与一次风分离布置），利用拱上高速二次风的引射作用，引射着火的煤粉气流下行，增大煤粉气流下射深度，扩大下炉膛的空间利用率，增加煤粉在炉膛内的有效停留时间，便于煤粉燃尽，同时起到避免高温高氧区形成、抑制炉膛峰值温度、降低 NO_x 生成等作用，以及为上炉膛布置燃尽风创造空间条件。

（3）利用 W 火焰炉上、下炉膛的特殊结构，在火焰行程的不同区域（炉膛拱部、下炉膛前后墙、上炉膛进口前后墙）布置助燃二次风喷口，逐渐补入助燃空气，形成多点的空气分级，在炉内实现强度可控燃烧，防止 W 火焰炉下炉膛喉口下方出现高温高氧的 NO_x高发区，同时防止空气分级导致煤粉燃尽变差的问题。

具体措施：①拱上二次风与煤粉气流成角度布置，减缓二次风扩散至燃烧区内的时间；

②改变 F 风入射方式，同时减少 F 风风量，以及采用喷口型式将 F 风送入炉膛，使其具有足够的入射刚性，在下炉膛实现引射煤粉气流的同时可有效地形成空气分级；③在上炉膛设置 OFA，实现全炉膛的空气分级。具体可见图 4-44。

4.4.1.2 两级煤粉浓淡分离装置

本次改造方案选用两级煤粉浓淡分离装置以代替现有双旋风筒煤粉浓淡分离装置（两级浓淡分离装置见图 4-41）。两级设置的浓淡分离装置可在保证煤粉的浓淡分离效果的同时，降低压力损失，进而增加稳燃效果并为后期的 NO_x 控制提供足够的空间与时间。

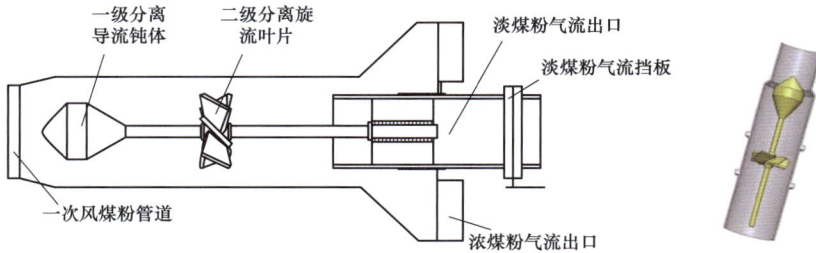

图 4-41 两级浓淡分离装置

4.4.1.3 适应 W 火焰炉的高低速燃烧器

不管何种技术流派各自特点如何，W 火焰炉都采用下射火焰燃烧方式，与水平射出的常规切圆燃烧方式和墙式燃烧方式不同，W 火焰炉下射火焰燃烧方式存在一个固有的缺点：对下射火焰而言，设计选择较低的下射煤粉气流风速可改善煤粉着火条件，但同时减少煤粉颗粒下射的深度，煤粉易翻转短路进入上炉膛，影响炉膛的充分利用；反之，选择较高的下射速度可改善炉膛空间利用，但因为风速高所需着火热较多而不利于煤粉颗粒迅速着火。因此，迅速组织着火和充分的燃烧空间利用对于锅炉燃烧效率和 NO_x 燃烧控制十分关键。

针对 W 火焰炉下射火焰所带来的煤粉颗粒初期着火和炉膛空间充分利用之间的矛盾，XGY 研究院在本次改造中将采用具有鲜明技术特点的高低速燃烧器予以解决，高低速燃烧器喷口示意图见图 4-42。高低速燃烧器是一种新型的低 NO_x 燃烧器，内部布置了专门设计的钝体和导流齿，在燃烧器喷口处实现了如下特殊的风粉气流分布：

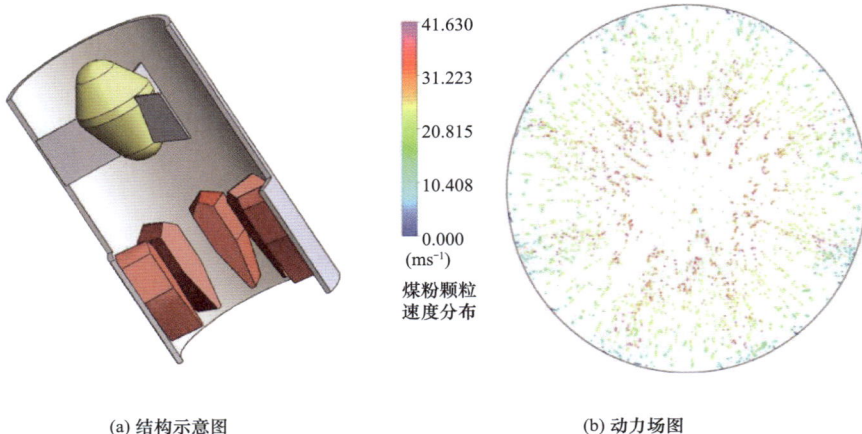

(a) 结构示意图   (b) 动力场图

图 4-42 高低速燃烧器喷口示意图

喷口周围煤粉浓度高（约占总煤粉的80%），风速较低（平均气速的50%），以利于煤粉颗粒迅速着火；喷口中心煤粉风速高（平均气速的1.5倍），浓度低（约占总煤粉20%），具有很强的下射刚性，能满足煤粉下射深度的要求。

高低速燃烧器既满足了煤粉气流快速着火，又有足够下射刚性的需求，很好地贯彻"引射回流、多点分级"低氮燃烧技术理论，同时技术特点非常鲜明，与以往的任何一种低NO$_x$燃烧器都不一样。

（1）喷口周围煤粉浓度高（约占总煤粉的90%），风速较低（仅约10m/s），以利于煤粉颗粒迅速着火。

（2）喷口中心煤粉风速高（达到30m/s），浓度低（约占总煤粉的10%），具有很强的下射刚性，能满足煤粉下射深度的要求。

4.4.2　HAF电厂660MW机组W火焰炉的改造

4.4.2.1　设备简介（见4.1.1设备概况）

4.4.2.2　改造方案

HAF电厂1号锅炉低氮燃烧改造范围见图4-43，主要包括：①燃烧器改造（采用XGY研究院配有两级煤粉浓淡分级+高低速喷口的新型燃烧器）；②增加拱上二次风喷口；③增加AB风门（用于控制拱上二次风）；④D/E风门开度完善；⑤F风下倾改造；⑥增加OFA系统；⑦卫燃带优化改造。

（1）燃烧器改造。将原有36台燃烧器更换为配有两级煤粉浓淡分离装置+高低速喷嘴的新型燃烧器，燃烧器主喷嘴数量和位置与改造前基本一致，将原有乏气喷嘴合二为一，从燃烧器主喷嘴背火侧油枪风喷口伸入炉膛。新型燃烧器布置示意图见图4-44。

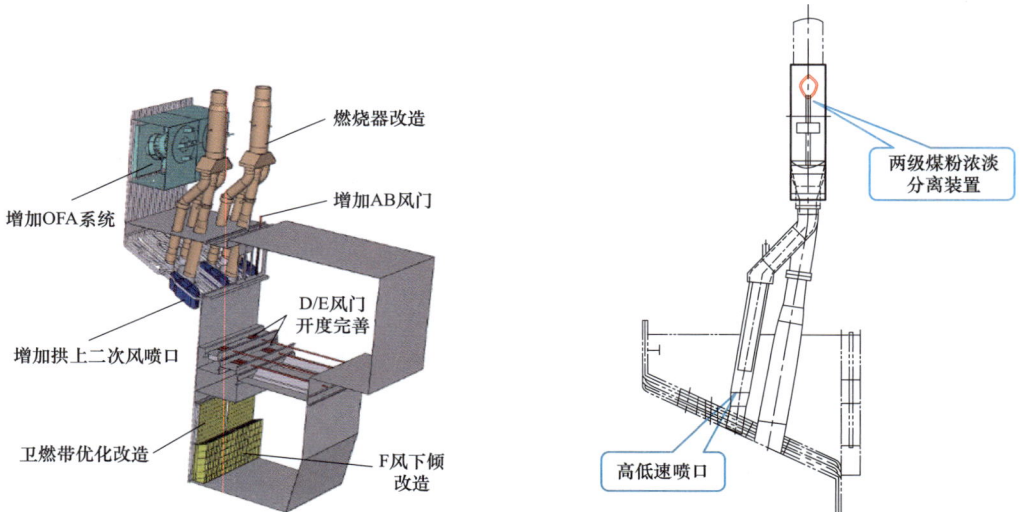

图4-43　HAF电厂1号锅炉低氮燃烧
改造范围示意图

图4-44　新型燃烧器布置示意图

（2）增加拱上二次风喷口。本次低氮改造在燃烧器侧后方前/后炉拱上各增加20个拱上二次风喷口，将大量二次风移由拱下F风喷口至拱上向下送入炉膛，使其卷吸高温烟气，增强高温烟气回流至浓煤粉气流根部，促进浓煤粉气流着火，并引射且同时携带浓煤粉气流下行，提高浓煤粉气流下射深度，有利于控制飞灰可燃物含量，同时拱上二次风分级补入浓煤粉气流中，有利于控制 NO_x 排放量。新增拱上二次风喷口布置示意图见图 4-45。

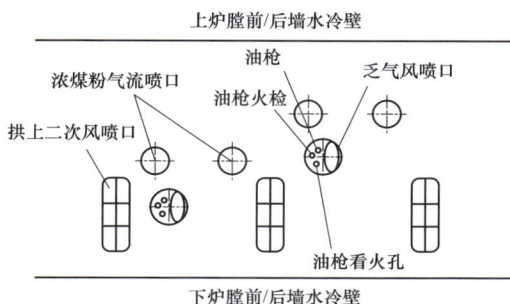

图 4-45 新增拱上二次风喷口布置示意图

（3）新增 AB 风门。本次低氮燃烧改造将大量二次风由拱下 F 风喷口移至拱上通过新增拱上二次风喷口送入炉膛，但根据负荷变化以及煤质变化需对拱上二次风风量进行调节控制，因此本次低氮燃烧改造将原尺寸较小的 AB 风门去除，安装 36 台尺寸更大的 AB 风门，用于控制拱上二次风量与燃烧器喷口冷却风量。由于该挡板门使用频率较高，因此新增的 AB 风门配套安装了电动执行机构。

（4）D/E 风门开度完善。由于 D/E 风送入位置为煤粉气流根部位置，温度较低的 D/E 风送入，不利于煤粉气流的着火，但同时考虑到该部位炉膛结焦情况。因此本次低氮燃烧改造 D/E 风门开度全部关至较小的开度（10%）。

（5）F 风下倾改造。本次低氮燃烧改造将大量二次风由拱下 F 风喷口移至拱上新增的二次风喷口送入炉膛，为了保证 F 风的入射速度，以达到继续引射煤粉气流下行的作用，提高煤粉气流的下射深度，保证煤粉颗粒在炉内的停留时间。因此本次低氮燃烧制作 F 风下倾导流装置，同时采用孔隙率较小的均流板对 F 风喷口上半部分进行封堵，以在较小风量下保证 F 风入射速度。F 风下倾改造示意图见图 4-46。

（6）新增 OFA 系统。本次低氮燃烧改造在上炉膛前后墙增加 20 组 OFA 喷口（前后墙共计 40 组），其中炉膛两侧的 4 组 OFA 喷口可上、下摆动，用以消除炉膛两侧自由上行的烟气通道，可进一步提高燃烧效率及保证较低的 NO_x、CO 的排放；其余 36 组 OFA 喷口采用内直流外旋流的出口气流形式，同时 OFA 喷口下倾 15° 布置，OFA 示意图见图 4-47。

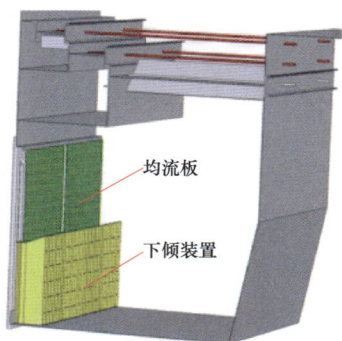

图 4-46 F 风下倾改造示意图

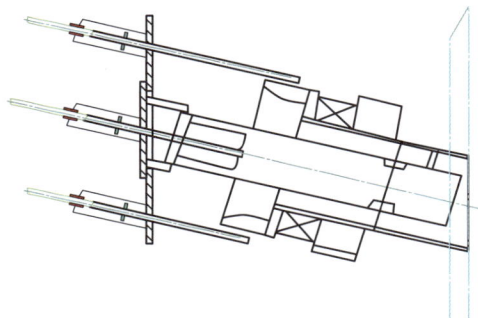

图 4-47 OFA 示意图

（7）卫燃带优化改造。本次低氮燃烧改造对上炉膛前后墙及侧墙处卫燃带进行了去除，共计约去除 200m² 卫燃带，剩余 722m²。卫燃带改造示意图见图 4-48。

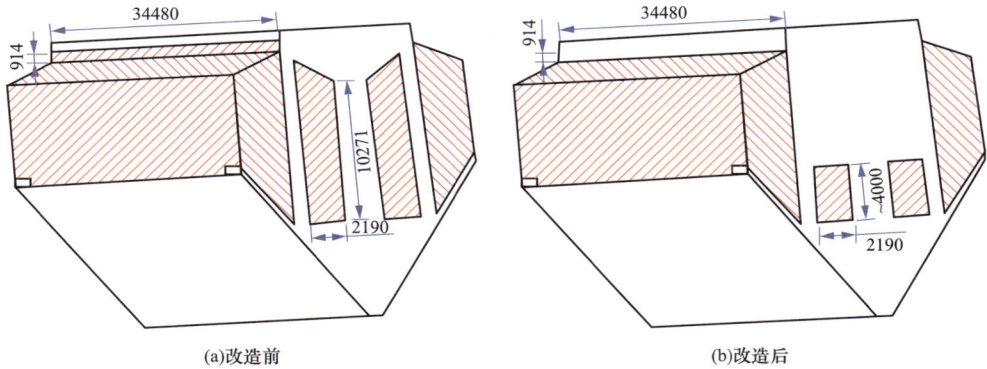

(a)改造前   (b)改造后

图 4-48 卫燃带改造示意图

4.4.2.3 改造效果

改造后,在 660MW 负荷下,由 HBY 研究院对 HAF 电厂 1 号锅炉低氮燃烧改造效果进行的考核试验结果,见表 4-17。

HAF 电厂 1 号锅炉低氮燃烧改造性能考核试验由 HBY 研究院于 2014 年 3 月完成。具体考核结果总结如下。

表 4-17   HAF 电厂 1 号锅炉低氮燃烧改造考核试验结果

参数	单位	数值
脱硝入口 NO_x(O_2=6%)	mg/m³	813
过热器减温水量	kg/s	30.9
飞灰可燃物含量	%	4.52
锅炉热效率	%	92.47

（1）试验煤质。HAF 电厂 1 号锅炉低氮燃烧改造性能考核试验煤质见表 4-18,考核煤质中挥发分低于设计煤质。

表 4-18   HAF 电厂 1 号锅炉低氮燃烧改造性能考核试验煤质

项目	单位	工况一	工况二
燃料中的碳	%	59.52	56.36
燃料中的氢	%	2.56	2.30
燃料中的氧	%	3.28	3.09
燃料中的氮	%	0.83	0.76
燃料中的硫	%	0.60	0.57
燃料中的水分	%	6.28	6.53
燃料中灰分	%	26.94	30.48
燃料的恒容高位发热量	kJ/kg	22631	21192
低位发热量	kJ/kg	21960	20572
挥发分质量份额（干燥无灰基）	%	14.38	14.98

（2）NO$_x$浓度。SCR入口NO$_x$浓度见表4-19。

表4-19　　　　　　　　　　　　　　SCR入口NO$_x$浓度

项目	单位	工况一	工况二
机组负荷	MW	660	330
空气预热器前氧量	%	1.84	6.73
NO$_x$排放浓度	mg/m³（标准状态）	813.6	882.3

（3）锅炉热效率。锅炉热效率（ASME PTC4—2008）见表4-20。

表4-20　　　　　　　　　　　　锅炉热效率（ASME PTC4—2008）

序号	项目	单位	工况一	工况二
1	机组负荷	MW	660	330
2	无烟煤比例	%	20.24	29.53
3	锅炉主蒸汽流量	t/h	505.8	245.6
4	主蒸汽压力	MPa	16.10	10.95
5	主蒸汽温度	℃	540.1	540.5
6	过热器减温水	t/h	111.3	77.8
7	再热蒸汽压力	MPa	3.72	1.86
8	再热蒸汽温度	℃	540.6	543.5
9	再热减温水流量	t/h	0.0	0.0
10	设计基准温度	℃	25	25
11	大气温度	℃	20.77	6.52
12	实测排烟温度	℃	125.81	104.17
13	空气预热器A入口烟气平均温度	℃	412.4	341.2
14	空气预热器B入口烟气平均温度	℃	410.8	334.4
15	空气大气压力	kPa	99.3	99.6
16	空气相对湿度	%	14.8	21.7
17	飞灰可燃物含量	%	4.52	1.84
18	炉渣可燃物含量	%	5.31	5.96
19	空气预热器后氧量	%	3.03	8.03
20	空气预热器前氧量	%	1.84	6.73
21	修正后排烟温度	%	131.81	110.90
22	灰中未燃尽碳带走的热损失	%	1.993	1.153
23	化学不完全燃烧热损失	%	0.449	0.004
24	灰渣物理显热损失	%	0.205	0.216
25	干烟气带走的热损失	%	4.155	4.485
26	煤中的氢燃烧生成的水带走的热损失	%	0.209	0.161
27	煤中的水分带走的热损失	%	0.057	0.051
28	空气中的水分带走的热损失	%	0.0170	0.0107
29	辐射和对流损失	%	0.190	0.350
30	不可计量热损失	%	0.510	0.510
31	损失之和	%	7.79	6.94
32	锅炉的外来热量	%	−0.334	0.744
33	锅炉热效率	%	92.19	93.11
34	修正后效率	%	92.47	93.29

从表 4-18 可见，在 660MW 负荷下，空气预热器前氧量 1.84％明显偏低，这说明考核试验的结果 NO_x 浓度偏低。但是未发现烟气中存在 CO，因此 NO_x 排放水平尚待进一步确认。

4.4.3　LH 电厂三期 600MW 机组 W 火焰炉的改造

4.4.3.1　机组设备概述

4.4.3.1.1　锅炉概述

LH 电厂三期 2×600MW 工程配套锅炉型号为 DG2030/17.45-Ⅱ3，具有亚临界参数、自然循环、双拱形单炉膛、"Π"型布置、中间一次再热、尾部双烟道、固态排渣等特点。

4.4.3.1.2　磨煤机与燃料

锅炉设计燃用松藻无烟煤，锅炉设计和校核煤种的煤质分析见表 4-21，低氮燃烧改造设计煤种分析见表 4-22。三期锅炉采用双进双出钢球磨煤机冷一次风机正压直吹式制粉系统，每台锅炉配 6 台上重制造的 BBD4062 型钢球磨煤机，设计煤粉细度 $R_{90}=7\%$。

表 4-21　　　　　　　　　　　锅炉设计和校核煤种的煤质分析

	名称	符号	单位	设计煤种	校核煤种 1	校核煤种 2
工业分析	全水分	M_{ar}	％	6.21	3.11	8.71
	收到基灰分	A_{ar}	％	29.41	25.35	33.65
	收到基挥发分	V_{ar}	％	8.71	7.52	9.02
	收到基固定碳	FC_{ar}	％	55.67	64.02	48.62
	收到基低位发热量	$Q_{net,ar}$	MJ/kg	21.39	23.41	19.18
元素分析	收到基碳	C_{ar}	％	54.29	63.58	46.6
	收到基氢	H_{ar}	％	2.26	2.77	2.05
	收到基氧	O_{ar}	％	2.18	0.88	2.76
	收到基氮	N_{ar}	％	0.96	0.84	1.15
	收到基硫	S_{ar}	％	4.06	3.47	5.08
哈氏可磨性指数		HGI	—	72	85	68

根据目前该地区的煤炭市场形势，同时对远期燃料供应情况进行预判，招标方确认本次改造采用的设计煤种为 50％烟煤＋50％无烟煤掺配后的混煤，并且改造后锅炉能适应掺烧 50％～70％烟煤。

表 4-22　　　　　　　　　　　低氮燃烧改造设计煤种分析

	项目		单位	设计煤种（50％无烟煤＋50％烟煤）	校核煤种（30％无烟煤＋70％烟煤）
工业分析	收到基全水分	M_t	％	12.22	14.37
	空气干燥基水分	M_{ad}	％	6.26	8.18
	收到基灰分	A_{ar}	％	20.81	17.37
	收到基挥发分	V_{ar}	％	17.88	21.54
	干燥无灰基挥发分	V_{daf}	％	26.7	34.02
	收到基低位发热量	$Q_{net,ar}$	MJ/kg	21.04	20.90
元素分析	收到基碳	C_{ar}	％	54.94	55.19
	收到基氢	H_{ar}	％	2.88	3.12
	收到基氧	O_{ar}	％	5.96	7.47
	收到基氮	N_{ar}	％	0.81	0.74
	收到基硫	S_{ar}	％	2.40	1.74

掺烧的华亭烟煤属于低灰分、高挥发分、低硫分煤种，是具有严重结渣倾向的煤种，其结渣倾向要高于锅炉原设计煤种松藻无烟煤，且华亭烟煤具有严重的受热面沾污倾向。

4.4.3.1.3 炉膛结构

炉膛分为上、下两部分，总高度50066mm，上炉膛尺寸（宽×深×高）为34480mm×9906mm×30296mm，下炉膛尺寸为（宽×深×高）34480mm×16012mm×19770mm。整个炉膛四周为全焊膜式水冷壁，水冷壁管采用无内螺纹光管。下炉膛呈双拱形，在其水冷壁上及炉拱附近敷设卫燃带。炉膛几何尺寸简图见图4-49。

4.4.3.1.4 卫燃带

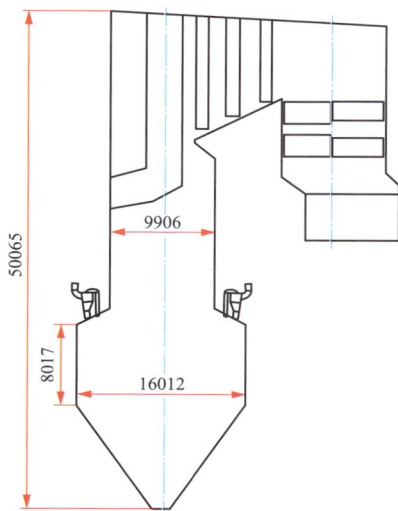

图4-49 炉膛几何尺寸简图

因锅炉设计煤种采用无烟煤，为了保证下炉膛维持较高的炉膛温度以利于无烟煤的着火与稳燃，每台锅炉原设计卫燃带约1070m²，基建时取消了侧墙224m²卫燃带，仅保留销钉。6号锅炉原设计卫燃带布置示意图见图4-50。

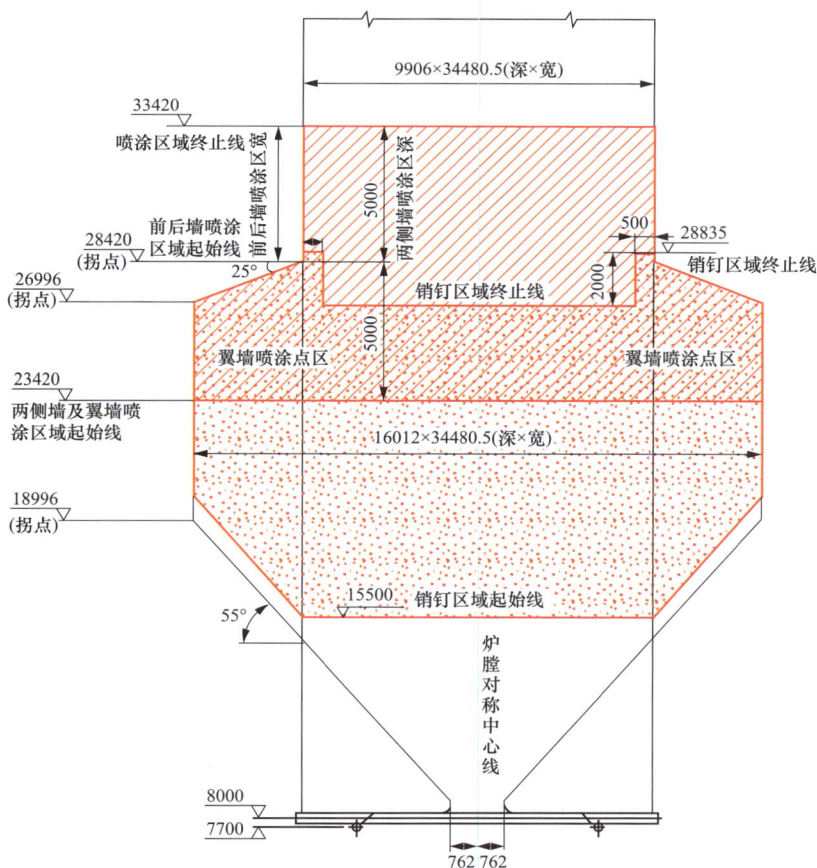

图4-50 6号锅炉原设计卫燃带布置示意图

目前 5 号锅炉取消了侧墙 224m² 卫燃带销钉，剩余卫燃带面积约为 846m²，5 号锅炉剩余卫燃带布置示意图见图 4-51；6 号锅炉卫燃带通过两次改造后，去除翼墙卫燃带 120m²、侧墙区域卫燃带销钉 224m²、前后垂直墙卫燃带面积（由垂直墙卫燃带下沿向上 4m 的区域，计 233m²），剩余卫燃带面积约为 493m²，包括上炉膛前后墙喉口部分约 30m²，拱上全部卫燃带 230m²，以及下炉膛前后垂直墙 233m²，6 号锅炉剩余卫燃带布置示意图见图 4-52。5 号锅炉卫燃带改造后基本与现在的 6 号锅炉一致。5 号锅炉卫燃带去除优化面积约为 350m²。改后卫燃带面积为 846－350＝496（m²）。

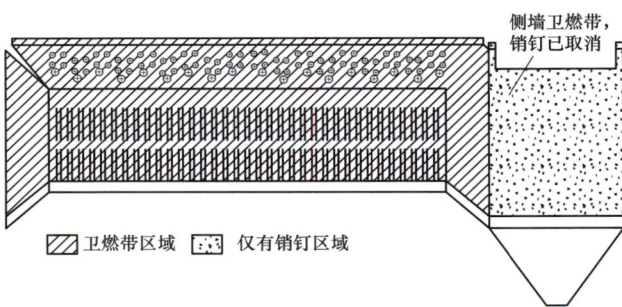

图 4-51　5 号锅炉剩余卫燃带布置示意图

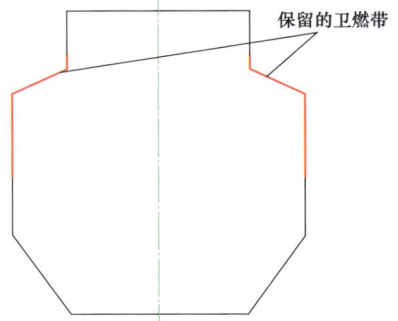

图 4-52　6 号锅炉剩余卫燃带布置示意图

4.4.3.1.5　燃烧器

全炉采用 36 只双旋风筒旋风分离煤粉燃烧器，前后炉拱上分别错列布置 18 只。每只燃烧器均有独立的配风单元，每个单元分成 A、B、C、D、E、F 共 6 个风室，每个风室入口均设有风门挡板。其中 A、B、D、E 挡板为手动，燃烧调试时设定开度，日常运行不调节；F 挡板、点火油枪风门挡板 C 采用气动执行器，锅炉共配 72 只风门气动执行器，实现自动调节。燃烧器乏气调节蝶阀和消旋装置采用手动调节方式。燃烧器结构示意图见图 4-53。

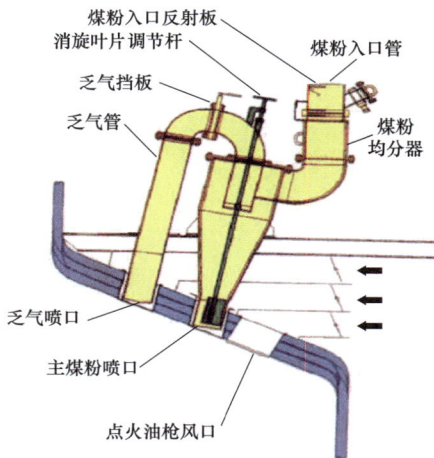

图 4-53　燃烧器结构示意图

4.4.3.2　燃烧系统特点及 NO_x 控制不足分析

LH 电厂三期 W 火焰炉虽经 DGC 锅炉厂进行技术改进，但仍脱胎于 FW 技术，共同的特点和缺点仍然存在。图 4-53 是该型火焰炉燃烧特点示意图。

二次风分为拱上和拱下两部分。拱下二次风量约占总二次风量的 70%以上（实际情况是绝大部分二次风由拱下送入），经过下炉膛前后墙竖直水冷壁拉稀形成的缝隙分为上中下三层（D、E 层和 F 层）送入炉膛。LH 电厂 W 火焰炉最初的设计思想为通过旋风分离式燃烧器进行浓淡分离以提高锅炉的稳燃性能，同时通过拱下二次风的分级给入形成空气分级，以有利于控制 NO_x 的生成，但这一设计理念往往达不到实际的使用价值，因为一次风射流刚性不足。

　　FW 型 W 火焰炉采用双旋风筒燃烧器。从磨煤机来的一次风、粉混合物经煤粉均分器，均分为两股气流，分别切向进入相应的两个旋风筒，一次风粉混合物在离心力作用下又分离成浓相、淡相两股气流。浓相、淡相气流分别从主燃烧器喷口和乏气喷口进入下炉膛。为保证无烟煤的着火，其一次风风速低、煤粉浓度高（有利于无烟煤的着火），一次风煤粉气流下射动量偏小，一次风刚性不足，煤粉颗粒很容易偏转，导致煤粉火焰下冲能力不足，下炉膛空间利用不充分，火焰充满度差，煤粉在锅炉内停留时间短，锅炉飞灰含碳量高；同时锅炉燃烧中心偏高，炉膛出口烟气温度大幅度增加，锅炉过热器减温水量严重超过设计值。下炉膛空间利用率低，下炉膛空气分级失效，炉膛高温区域集中，不利于热力型 NO_x 的控制。由于 W 火焰炉自身特点问题，如下炉膛空间利用率低，煤粉气流在下炉膛行程短，即使后期低氮燃烧改造，在上炉膛增加燃尽风，也有可能由于还原区较短而导致低氮燃烧控制效果不佳。

　　（1）乏气风位置不合理。LH 电厂三期锅炉掺烧 50%～70% 的华亭烟煤，掺烧模式为分磨掺烧，因此仍然有磨煤机组基本燃用无烟煤，在新设计低氮燃烧器时乏气风不能取消。原 LH 电厂三期锅炉 FW 型 W 火焰炉现有一次风乏气布置在靠炉膛中心侧，其对炉内燃烧主要由以下两点影响：一是乏气中含有的细煤粉容易短路，影响煤粉的燃尽效果；二是较低温度的乏气风布置在一次风气流的向火侧，阻碍了主煤粉气流与高温回流区的传热传质，影响了煤粉气流的初期着火燃烧。

　　目前双旋风筒燃烧器乏气风布置位置不利于飞灰控制，同时不利于煤粉气流的着火从而导致炉内空气分级很难做到极致，不利于低氮燃烧对 NO_x 的很好控制，因此本次改造需对乏气位置进行移位。

　　（2）二次方配风方式影响煤粉的早期着火和 NO_x 的控制。典型的 FW 型 W 火焰炉的二次风主要从下炉膛前后墙给入，导致其燃烧具有如下特点（W 火焰炉燃烧特点示意图见图 4-54）。

　　1）由于一次风下射气流的卷吸，在一次风气流的向火侧存在着一个厚度约为 1m 的高温烟气回流层（A 区域以上），回流烟气的温度在 800～1100℃。在一次风射流和高温烟气的交界面上，为一次风射流的边界层，混合温度在 700～800℃，这与低挥发分煤的着火点是较为一致的，这个部位有较高的烟气温度和较低的射流速度，因此，一部分煤粉可在此处着火燃烧。

　　2）A 与 B 区域间，高温烟气回流层以下烟气温度快速下降，当一次风煤粉气流进入炉内超过约

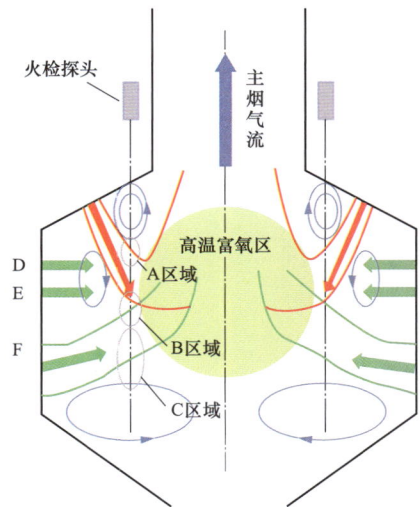

图 4-54　W 火焰炉燃烧特点示意图

1.5m 时，此处温度约一般已低于 500℃，这说明高温烟气未能有效穿透一次风核心区域，而此区域却是 D、E 风射入炉膛的区域。D、E 风的送入直接冲击一次风射流燃烧的初始阶段。因此 D、E 风不但没有起到分级给风的目的，反而影响了煤粉的着火与稳燃，同时也说明了部分炉膛空间没得到充分应用。

　　3）受上行烟气牵引与 F 风的挤压，一次风主射流在 F 风上沿处即开始偏转，B 区温

度较高，大部分煤粉点燃并燃烧；因惯性作用，部分煤粉被分离，向下穿过 F 风，在强烈的烟气回流区 C 区域逐渐加热燃烧。

4）煤粉点燃后因 F 风的挤压主要在下炉膛中心区域燃烧，并与大量由 F 风喷口补充进来的二次风混合，形成了高氧的区域，在煤粉充分的氧气条件下燃烧，放出大量热量，进而在下炉膛形成高温高氧区，较高的燃烧温度与较高的氧量最终导致生成大量热力型 NO_x。

FW 型 W 火焰炉的燃烧组织过程表明，由 D、E、F 层二次风喷口横向射入炉膛的二次风，导致煤粉着火推后，炉膛空间利用不充分，并在下炉膛出口形成高温高氧区，这对煤粉的燃烧着火、飞灰可燃物和 NO_x 的控制有一定的影响。

未设计 OFA 系统，没在全炉膛形成更深的空气分级，不利于 NO_x 控制，W 火焰炉固有特点导致产生较多的热力型 NO_x。W 火焰炉设计燃用无烟煤与低挥发分贫煤。低挥发分煤的挥发分含量偏低，固定碳含量高，需要足够的燃烧温度才可保证锅炉的燃烧经济性。因此，W 火焰炉的设计初衷就是在下炉膛形成局部高温区，而燃烧温度较高（大于 1350℃，大量热力型 NO_x 产生），就会生成热力型 NO_x。那么即使燃用烟煤，W 火焰炉依然会有较大比例的热力型 NO_x 生成，其燃烧过程中产生的 NO_x 浓度仍难达到设计燃用烟煤的切圆锅炉及对冲锅炉的效果。

4.4.4　LH 电厂低氮燃烧改造

4.4.4.1　低氮燃烧改造思路

针对 LH 电厂三期机组在掺烧 50％～70％烟煤的情况下，燃烧过程中产生的 NO_x 浓度依然高达 700～900mg/m³（消除 CO 浓度后）以及减温水量大的实际运行现状，采用 XGY 研究院的 W 火焰炉"引射回流、多点分级"低氮燃烧技术与高低速燃烧器等专利设备，以原锅炉炉膛以及燃烧系统为基础，对 LH 电厂三期锅炉进行低氮燃烧方案的设计。

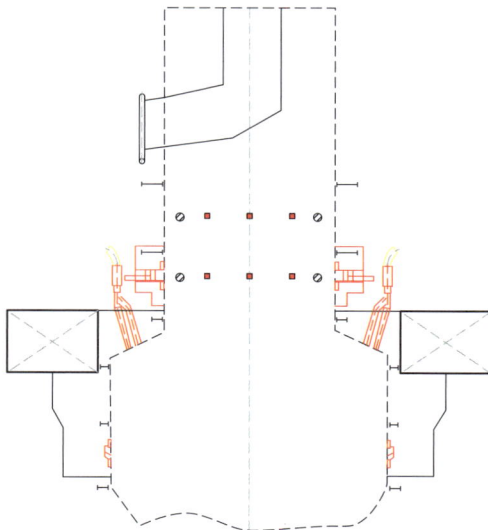

图 4-55　考虑低氮燃烧和锅炉安全的
改造示意图

4.4.4.2　低氮燃烧改造范围

针对 LH 电厂 5、6 号锅炉掺烧 50％～70％华亭烟煤后，同时考虑低氮燃烧和锅炉安全的改造示意图见图 4-55，主要改造范围如下：

1）取消原双旋风筒分离式燃烧器，加装带两级浓淡分离的高低速燃烧器；更换 36 套两级煤粉浓淡分离装置；更换 36 套高低速浓煤粉喷口；乏气喷口移位改造。

2）拱上新增高速二次风喷口。

3）F 风改造。新增 OFA 系统：新增 OFA 风道与风箱；增加 4 台调节风门；上炉膛前后墙新增 38 套 OFA 喷口；增加 4 套 OFA 风量测量装置；水冷壁改造；卫燃带优化；制粉系统优化；热控系统改造。

4）二次风大风箱配风均匀性改造。

4.4.4.3　低氮燃烧改造方案

（1）燃烧器改造。将原有36只双旋风筒浓淡分离燃烧器更换为36台配有两级煤粉浓淡分离装置＋高低速喷嘴的新型燃烧器，燃烧器与粉管对应关系同改造前一致，主燃烧器喷口与竖直方向10°的夹角。主燃烧器喷口及乏气风喷口增加的冷却风风环用于燃烧器停运时喷口的冷却。

本次改造采用的新型燃烧器在降低燃烧器阻力的同时，通过采用两级煤粉浓淡分离装置，可以提高煤粉分离效果，以及采用高低速喷口在主喷口出口处形成外浓内淡、外低速内高速的浓煤粉气流形态，可有效促进浓煤粉气流着火并保证浓煤粉气流下射刚性，为低氮燃烧创造条件。该喷口采用耐磨钢铸造，喷口中布置有浓缩和导流作用的导流锥和异形稳焰齿，其迎风面均采用焊接陶瓷防磨，内壁采用 SiC＋龟甲网防磨。煤粉气流在流经导流锥后形成周围浓度高、中间浓度低的煤粉气流分布，经异形稳焰齿后，形成周围煤粉浓度进一步提高，但风速降低而中间煤粉浓度稀薄、风速高的出口气流分布。数值模拟计算结果表明，因高低速喷口的采用，喷口外出现中间煤粉稀薄（约20%）、但风速高（约30m/s）的流场，以解决原喷口气流下射刚性不足的问题，而同时又出现周围煤粉浓度高（约80%）、但风速低（约10m/s）的流场，解决了促进着火的问题。进而，W 火焰炉所存在的一次风刚性不足和着火推迟的矛盾得到了完全化解。针对电厂专门设计的一次风喷口及其引入管的阻力240Pa。改造后的煤粉气流在喷口处具有高的下射刚性，同时二次风已大量挪至拱上，因此一次风煤粉喷口仍保持原有数量，不进行合并，如此可保证煤粉气流与高温烟气充分混合，提前着火并提高后期风粉混合的均匀性，保证足够燃尽率。

（2）拱上二次风改造。本改造方案的主要思想之一是将部分二次风从拱下转移到拱上送入炉膛，使其引射高温烟气，增强高温烟气回流至浓煤粉气流根部，促进浓煤粉气流着火。而且引射并携带浓煤粉气流下行，提高浓煤粉气流下射深度，有利于控制飞灰可燃物含量，提高炉膛空间利用率，消除炉膛局部高温区；同时拱上二次风逐步补入浓煤粉气流中，有利于控制 NO_x 排放量。高速二次风引射煤粉气流下行，增加煤粉气流在下炉膛行程，创造足够的还原空间，为上炉膛 OFA 的布置创造空间条件。因此本次低氮燃烧改造需在拱上增加36组二次风喷口。二次风喷口采用矩形喷口，保证气流出口方向垂直向下，以提高二次风风速，使其具有足够的刚性，防止与一次风过早混合，同时增大靠近翼墙的4只二次风喷口面积以防止翼墙发生高温腐蚀。二次风喷口采用矩形喷口结构形式，并且成列布置。改造后拱上二次风喷口布置示意图见图4-56，同时对拱上二次风风箱进行优化设计改造。

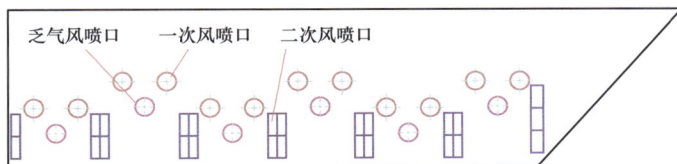

图 4-56　改造后拱上二次风喷口布置示意图

（3）F 风改造。本次改造使 F 风通过下倾30°的 F 风喷口高速送入炉膛，提高其下射刚性以保证煤粉气流下行，增加下炉膛空间利用率，同时延长煤粉气流在下炉膛的形成，创造足够的还原区，为全炉膛空气分级控制 NO_x 生成创造条件。同时为保证 OFA 风率以及拱上二次风风率，需减少F风风量。F风下倾改造示意图见图4-57。为防止翼墙及侧墙水冷壁发生高温腐蚀，本次低氮燃烧改造炉膛4角靠近翼墙处F风喷口向两侧墙偏斜15°布置，同时该喷口面积是其他喷口面积的2倍。为保证F风风量减少后，F风风量调节灵活，需将F风挡板通流面积进行优化改造。

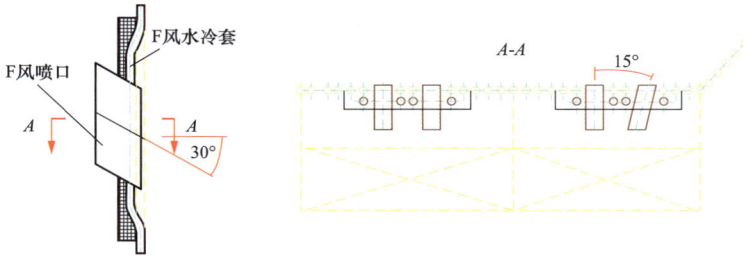

图4-57　F风下倾改造示意图

（4）新增OFA系统。

1）OFA喷口改造。在上炉膛入口前后墙上标高31650mm处增加38个OFA喷口，OFA喷口与燃烧器交替对应布置，OFA组件布置见图4-58，其中靠近侧墙的4只OFA喷口可向沿左右侧墙自由上行的烟气中补入空气，消除未燃尽的焦炭颗粒及CO。OFA喷口水平布置，OFA喷口可做上下30°摆动，见图4-59。

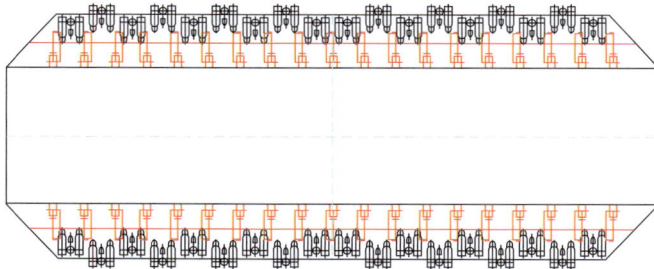

图4-58　OFA组件布置示意图

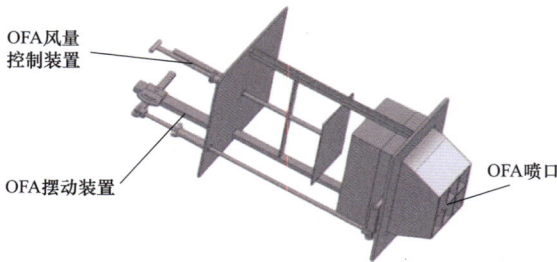

图4-59　可上下30°摆动的OFA喷口示意图

根据XGY研究院的W火焰炉调试经验，DG型W火焰炉因燃烧器布置较多，OFA风不需要采用外旋流内直流的方式，只需采用直流方式，这是因为：

带外旋流的OFA主要借鉴墙式对冲锅炉OFA形式，但600MW机组墙式对冲锅炉沿炉膛宽度方向仅布置6个燃烧器（但多层布置），而W火焰炉燃烧器仅为一层，沿炉膛方向布置较多的燃烧器，LH电厂二期W火焰炉单侧墙布置18组，燃烧器间距较小，燃烧器较密，这势必导致OFA风喷口布置也较多（OFA喷口与燃烧器交替间隔布置，单侧19组），其间距为1619.25mm，燃尽风喷入炉膛后，由约300℃迅速加热到超过1000℃，体积扩大超过2倍，不采用外旋流的方式已可扩散至整个炉膛。

旋流风向前入射动量小，影响 OFA 的穿透性，不利于炉膛中心空气与上升的烟气的混合。XGY 研究院在多个 W 火焰炉低氮燃烧改造后的燃烧调整中发现，如果需要有效降低 CO，OFA 旋流基本需要全部关闭，而仅仅使用 OFA 的直流风部分。

2）OFA 风道改造。本次低氮燃烧改造，OFA 采用大风箱型式，OFA 风量取至环形二次风大风箱。各个 OFA 喷口的风量分别取至 OFA 大风箱，并用手动风门对每个 OFA 喷口风量进行控制。在 OFA 大风箱入口部位总共布置 4 个电动调节风门对 OFA 总风量予以控制，同时在 OFA 风道挡板风门后面合适位置安装风量测量装置，对 OFA 风量进行测量。为保证 OFA 风量，在 OFA 风箱入口处增加导流板。

（5）水冷壁改造。水冷壁改造主要有拱上二次风喷口水冷壁管跳管改造、上炉膛进口前后墙 OFA 喷口水冷套改造、下炉膛 F 风喷口水冷壁跳管改造以及标高 28420～30500mm 的管段及弯头。

（6）卫燃带改造。考虑到低氮燃烧改造后锅炉将掺烧 50%～70% 的华亭烟煤，因此有必要对 5 号锅炉卫燃带进行优化去除，6 号锅炉卫燃带暂不改造，保持卫燃带面积 493m²。

（7）制粉系统改造。LH 电厂三期锅炉制粉系统磨煤机为 BBD4062 型双进双出钢球磨煤机，该型号磨煤机能够磨制无烟煤和烟煤，同型号的磨煤机在国内多家电厂使用并正常运行了多年，所不同的是磨制烟煤的制粉系统装备有防爆措施与消防灭火设备。因此，本次改造主要目的是增加双进双出钢球磨煤机制粉系统在燃用高挥发分烟煤情况下的运行安全性。在磨煤机进口热风管、出口管道上增加防爆门。

（8）热控系统改造。本次低氮燃烧改造至少需增加 4 套 OFA 风道风门电动执行机构、4 套风量测量装置、2 套 OFA 风箱压力测量装置以及相应的分散控制系统（DCS）卡件等热控设备等。

（9）二次风大风箱配风均匀性改造。二次风箱改造方案见图 4-60。通过在前后墙大风箱里面各增加两块导流板，使得单侧墙（前墙或后墙）18 组燃烧器配风被分成 3 个区域进行配风，炉膛中间 10 组燃烧器为一个区域，两端各 4 组燃烧器为一个区域。通过 F 风风门开度以及拱上二次风风门开度的配合调节，控制进入三个区域的二次风风量，从而使二次风沿炉膛宽度方向分配均匀。

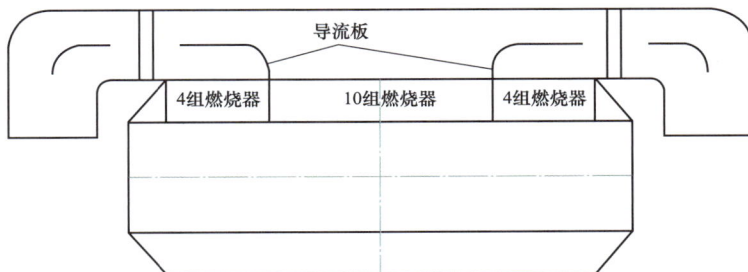

图 4-60　二次风箱改造方案

4.4.4.4　低氮燃烧改造方案特点

（1）重新分析了 W 火焰炉的下射火焰燃烧规律，总结了不同技术流派 W 火焰炉的燃烧技术特点，利用现场试验、数值模拟分析和试验室研究等手段分析了包括 LH 电厂在内的大量 W 火焰炉实际燃烧和运行情况，针对 LH 电厂三期锅炉提出的 W 火焰炉低氮改造方案基于了三条极其重要的思路，从根本上保证了改造取得成功。

1) 创造促进煤粉气流着火条件，缩短着火距离，是 W 火焰炉低氮燃烧改造取得成功的关键突破口，充分借鉴了早期 W 火焰炉燃烧理念，吸取当前几大技术流派（美国 FW、美国 B&W 和英国 MBEL 等）在 W 火焰炉燃烧技术上优点，并予以改进后采用。

2) 提高 W 火焰炉煤粉气流下射深度，扩大炉膛实际利用空间，可以增加煤粉颗粒在炉内停留时间，控制飞灰可燃物含量，提升燃烧效率，降低燃烧峰值温度水平，这样在抑制 NO_x 生成的同时增大了还原距离，加强了空气分级效果，控制了 NO_x 生成量，同时也是限制炉膛出口烟温、减少锅炉过热器减温水用量的有力措施，在改造方案中通过创新克服了技术难点。

3) 充分考虑 W 火焰炉独特的炉膛结构特点，通过特殊设计，在燃烧器喷口附近、主燃烧区、下炉膛出口等多处实施空气分级燃烧方式；通过合理配置各次风空气系数，在下炉膛逐级小幅度地限制空气系数，在取得 NO_x 控制的同时，避免了煤粉燃烧出现大量未燃尽炭粒，保证了燃烧效率。

(2) 通过对已成熟技术的创新和整合，提出的适应于 LH 电厂三期 W 火焰炉的低氮燃烧改造方案是 XGY 研究院 20 多年来大量研究成果和众多现场试验数据积累分析后的结果，也经过了华能 HAF 电厂 W 火焰炉低氮燃烧改造项目的验证，改造方案中所采取的单项技术措施均经详细地论证和仔细地遴选。

1) 技术创新的高低速燃烧器具有使出口煤粉气流分布具有内高速、外低速高煤粉浓度的特点，既强化了着火，又增加了煤粉气流的下射刚性，解决了 W 火焰炉着火和下射深度需同时保证的最大技术难点。高低速喷口采用了常见的导流锥和齿形稳焰环变形组合，既是成熟可靠的又是创新求变的，结构简单，性能可靠，并且流动阻力很小。

高低速喷口保证了煤粉气流有足够的下射刚性，XGY 研究院反对合并和减少燃烧器数量，主张保留原来实际是 36 对共 72 只喷口，改造风险较小；燃烧器的数量越多，接触高温烟气的表面积越大，煤粉气流的着火更为容易，同时后期的风粉混合较为充分，对煤粉的燃尽更为有利，这是保证 NO_x 控制和燃烧效率的关键所在。保留 36 对共 72 只喷口，可以使用原来的燃烧器喷口水冷壁开孔，避免炉拱大面积改造，实际减少了改造的工作量。

2) 将拱下风移至拱上，强调煤粉喷口与二次风喷口分开一段距离，留有烟气穿越的通道保证高温烟气直接接触煤粉气流根部点燃煤粉，这借鉴了早期 W 火焰炉的燃烧理念，同时吸收了北巴、法国 STEIN 等技术流派的技术优点，既保证了煤粉气流迅速着火，又防止了一次风与二次风过早混合，以此建立空气分级燃烧，同时确保了煤粉气流有足够的下射刚性，扩大炉膛实际利用空间。

3) 充分考虑到了燃煤的燃烧特点和巧妙利用 W 火焰炉独特的炉膛结构，利用燃烧器喷口煤粉气流直接接触高温烟气、F 风风率减小并采用喷口下倾、布置 OFA 喷口等措施，实现多点多级小幅度限制空气系数的空气分级燃烧技术，在取得 NO_x 控制效果的情况下，不损伤甚至提高燃烧经济性。这些技术每一单项都是简单成熟的技术，但予以整合并赋予创新的理念，便发挥了最大作用。

(3) 改造方案充分兼顾了电厂保证锅炉燃烧稳定性、维持飞灰可燃物、有效控制 NO_x 生成、防止炉膛结渣以及燃用烟煤的多重需求，全方位均衡考虑电厂对锅炉的各项性能要求，实现了最大综合效益。

（4）该改造方案是基于 XGY 研究院充分研究锅炉现有设备条件，广泛借鉴吸取已成功的经验，经最大限度地优化后提出，在保证取得改造效果的前提下极大程度地减少了锅炉改造工程量，不仅缩短了改造时间，节省了改造资金，还回避了改造风险。

4.4.4.5　LH 电厂低氮燃烧改造的结果

（1）改造后炉内风量分配及过量空气系数分布。由于 LH 电厂三期锅炉大比例掺烧烟煤，因此 OFA 风量选择为 25%，大于燃用无烟煤与贫煤的 HAF 电厂。

（2）考核试验的结果。5 号锅炉考核试验报告指出，现场工作于 2018 年 8 月 16～17 日进行，结果表明：

1）锅炉热效率试验结果：100% 额定负荷时，锅炉热效率为 91.91%；达到保证值 91.8%；75% 额定负荷时，锅炉热效率为 92.52%；50% 额定负荷时，锅炉热效率为 92.25%。

2）飞灰可燃物测试结果：100%、75%、50% 额定负荷测得飞灰可燃物含量分别为 1.72%、1.25%、0.41%，均达到协议保证要求（低于 2%）。

3）蒸汽温度测试结果：在 100% 和 75% 额定负荷下，主蒸汽和再热蒸汽温度变化低于允许变化值（±3℃）；在 50% 额定负荷下，主蒸汽和 B 侧再热蒸汽温度大于允许变化范围。

4）减温水量测试结果：在 100%、75%、50% 额定负荷下，过热器减温水量分别为 141.76、134.04、93.15，在允许值（150t/h）以内。

5）CO 及 NO_x 排放考核测试结果：各负荷点测得 NO_x 排放值均达到协议保证要求（低于 650mg/m³），CO 排放值均达到协议保证要求（低于 100μL/L）。

6 号锅炉考核试验现场工作于 2018 年 12 月 16～18 日进行，性能试验结果表明：

1）锅炉热效率试验结果：100% 额定负荷时，锅炉热效率为 92.56%；达到保证值（91.8%）；75% 额定负荷时，锅炉热效率为 92.90%；50% 额定负荷时，锅炉热效率为 92.64%。

2）飞灰可燃物测试结果：100%、75%、50% 额定负荷测得飞灰可燃物含量分别为 1.55%、1.42%、1.41%，均达到协议保证要求（低于 2%）。

3）蒸汽温度测试结果：各负荷点试验中主蒸汽和再热蒸汽温度变化低于允许变化值（±3℃）。

4）减温水量测试结果：100%、75%、50% 额定负荷下过热器减温水量分别为 42.53、127.9、80.4t/h，在允许值（150t/h）以内，达到协议保证要求。

5）CO 及 NO_x 排放考核测试结果：各负荷点测得 NO_x 排放值均达到协议保证要求（低于 650mg/m³），CO 排放值均达到协议保证要求（低于 100μL/L）。

6）空气预热器漏风测试结果：100% 额定负荷漏风率为 7.11%；75% 额定负荷漏风率为 8.33%；50% 额定负荷漏风率为 9.04%。

7）制粉系统单耗试验结果：C 磨煤机制粉单耗最低（11.79kWh/t），而 A 磨煤机最大（19.37kWh/t）。制粉出力最大为 C 磨煤机（64t/h），最低为 A 磨煤机（40.8t/h）。

8）低氮改造范围内保温测试结果：环境温度为 14.98℃，最高温度为 48.8℃，低于 50℃；达到协议保证要求。

9）SCR 系统入口烟气温度在三个负荷下均低于 415℃，而在 50%ECR 负荷下则高于

325℃，达到合同要求。

考核试验指标汇总见表 4-23。

表 4-23 　　　　　　　　　　　　　　　**考核试验指标汇总**

项目名称	低氮改造性能考核值	SCY 研究院低氮考核试验 （2018）6 号锅炉	SCY 研究院低氮考核试验 （2018）5 号锅炉
试验煤低位发热量（MJ/kg）	21.39（低氮设计煤种）	20.776	18.367
试验煤干燥无灰基挥发分（%）	22.7（低氮设计煤种）	30.34	—
飞灰含碳量（%）	≤2	1.55	1.72
炉渣可燃物（%）	—	0.16	0.16
实测排烟温度（℃）	—	162.71	169.22
空气预热器出口 CO 浓度（μL/L）	≤100	9.335	76.53
省煤器出口 O_2 浓度（%）	—	—	3.21
修正后锅炉热效率（%）	≥91.8	92.56	91.91
过热器减温水量（t/h）	≤150	42.53	141.76
省煤器出口 NO_x 浓度（mg/m³）	≤650	585.31	531.5

10）100%ECR 负荷下炉膛出口（高温过热器入口）烟气温度为 728.2/794.63℃，达到协议要求（不超过原设计值 1110℃），高温过热器出口烟气温度为 738.53/767.27℃，达到协议要求（不超过 800℃）。

11）该次试验中，烟煤占总煤量的比例为 33%～46%；如果燃用校核煤种（70%烟煤＋30%无烟煤），对提高锅炉热效率，降低排烟温度和 NO_x，以及控制火焰上移，在保持过热蒸汽温度平稳的同时降低减温水量，以及在各负荷点达到锅炉运行的上述其他指标等都会更加容易。所以该次试验结果足以证明：以上指标均能达到协议要求。

4.5　JZS 电厂的改造方案

4.5.1　JZS 电厂在进行降低 NO_x 之前已经进行的改造

（1）为了减少结渣，通过调整卫燃带增加水冷壁吸热量，卫燃带面积由原设计 1150m² 减少到 900m²。

（2）增加省煤器、再热器受热面，降低排烟温度和过热器减温水量。省煤器受热面原来为 9272m²，又增加了 3200m²，空气预热器入口烟温可降低 15～20℃，排烟温度降低 7～10℃，过热器减温水量减少 20t/h。增加省煤器示意图见图 4-61，增加再热器示意图见图 4-62。

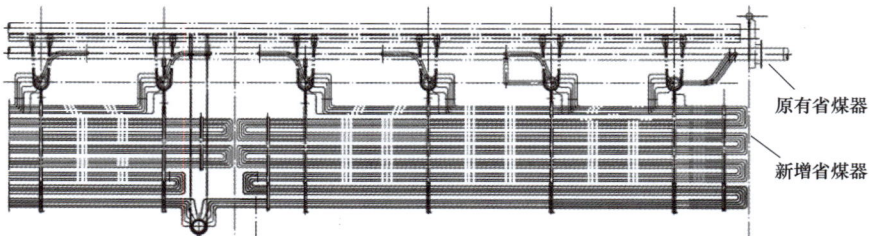

图 4-61　增加省煤器示意图

4.5.2　JZS 电厂降低 NO_x 的改造方案

低氮燃烧器改造总体设计示意图见图 4-63。

（1）双旋风筒式燃烧器不动，一次风浓相喷口不做改变。将锅炉原来的乏气（管道、喷嘴）拆除；将每个燃烧器（共 36 个）引出的两股乏气合并成一股，乏气从拱上引至拱下 E 风箱标高处送入炉膛，对乏气喷嘴位置的水冷壁进行炉墙开孔改造，以便安装乏气喷嘴。乏气喷嘴下倾 30°。

（2）在原乏气喷嘴的位置安装全新设计的二次风喷嘴，共计 72 个。

（3）将 D、E 风风箱合并成一个全新的分级风 E 风箱，风门长度由 660mm 增加到 1300mm。

（4）将水冷壁拉稀管缝隙送风方式改造成喷嘴送风的形式，分级风 F 喷嘴布置在与之相对燃烧器的下部，喷嘴下倾 20°喷出。

（5）加燃尽风系统。

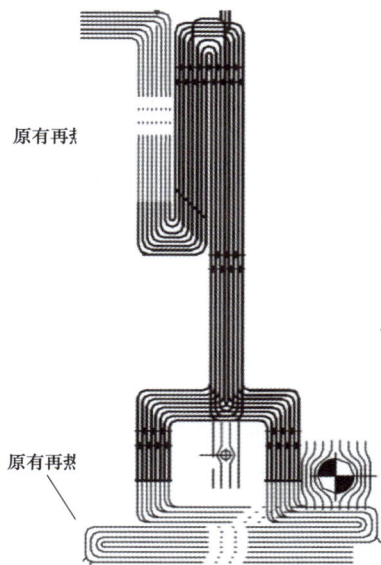

图 4-62　增加再热器示意图

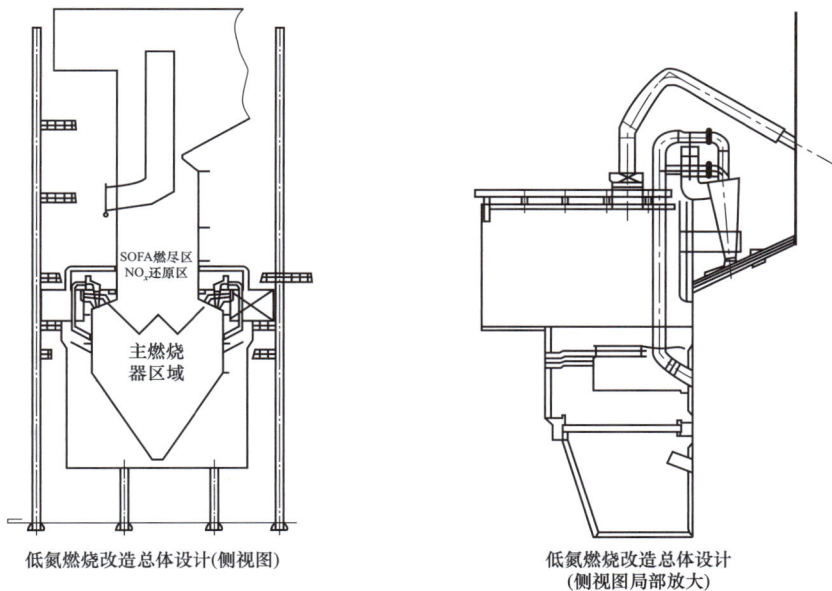

图 4-63　低氮燃烧器改造总体设计示意图

（6）从风道顶板中引出燃尽风道；在锅炉拱上第一刚性梁位置标高 31400mm 处增加放置分离燃尽风（SOFA）喷口，燃尽风喷口下倾 30°；燃尽风量占总风量的 20%，每个单元燃尽风分 2 个喷口送入炉膛。同时，拆除此位置前后墙的吹灰器。

（7）卫燃带从 1150m² 减少到 900m²。

4.5.3　改造效果

改造前在试验煤质、满负荷（600MW）条件下，当燃尽风关闭、C风门开度很大的配风方式下，炉膛出口 NO_x 浓度最高，为 $1450\sim1500mg/m^3$（干燥基，标准状态，$O_2=6\%$），但飞灰可燃物低，为 2.95%。锅炉热效率高，折算到设计煤质下的锅炉热效率达 92.05%。

低氮燃烧调整后，在试验煤质、优化工况下，高负荷（$550\sim600MW$）运行时，炉膛出口 NO_x 排放浓度为 $750\sim800mg/m^3$（干燥基，标准状态，$O_2=6\%$），对应锅炉热效率为 $(90.40\pm0.2)\%$，折算到设计煤质下的锅炉热效率为 $(91.80\pm0.2)\%$。飞灰可燃物从 2.95% 上升到 $4.52\%\sim4.85\%$。

在优化调整过程中，炉膛出口氧量始终维持在 $1.8\%\sim2.2\%$，对应的过量空气系数为 $1.08\sim1.1$，对烟煤来讲已经偏低，对低挥发分煤来讲显然更偏低，这即是 NO_x 排放浓度偏低的重要原因。但是试验报告实测 CO 浓度维持在较低水平（低于 $100\mu L/L$）。

改造后炉膛的结渣也有所发展，但尚未影响锅炉的安全运行。此外，对于 600MW 等级 W 火焰炉，DGC 锅炉厂已经做了一些改进，例如下炉膛容积放热强度已经从早期引进的 HAF 电厂的 $268kW/m^3$ 下降到 $215.24kW/m^3$。这些对于减少高温 NO_x 的生成和改善燃烧效率也都是有利的。后期投入的 GX 电厂 600MW 等级 W 火焰炉的 NO_x 排放值大约在 $700mg/m^3$。

4.6　LY 公司的改造方案

4.6.1　技术路线和设计思路

（1）技术路线。

1）对 W 火焰炉进行摸底试验，确认存在的问题。

2）搜集和总结数十台 300MW 等级和 600MW 等级 W 火焰炉设计参数、运行业绩，并对其进行综合分析对比，找出其中存在的共性问题和差异，结合摸底试验结果分析 W 火焰炉 NO_x 排放超高和其他问题的原因。

3）搜集国内多台 W 火焰炉改造工程的经验和现场测试结果，搜集了近期不同厂家新建 600MW 等级 W 火焰炉的设计和改进经验。

4）在上述基础上发挥技术团队的作用，用数学模拟的方法分析原来燃烧组织存在的问题并提出改造的思路、技术方案。

5）根据摸底试验工况模拟锅炉的基准工况；用运行和摸底试验数据校正模型；对改造方案进行数学模拟，根据模拟结果修正改造方案。

6）用系统工程的观点综合分析并提出风粉系统综合治理方案。

7）利用热力计算校核改造方案对锅炉的影响，从而最终确定改造方案。

（2）设计思想。

1）用数学模拟的方法，分析总结了 W 火焰炉燃烧方式下射式火焰炉分区燃烧的主要设计思想，分析了当前 W 火焰炉三种主要燃烧方式炉膛特征参数和燃烧组织的特点和利弊，从而为采取相应措施解决当前 W 火焰燃烧方式存在的 NO_x 排放高和结渣严重等问题提供了必要的方向。

2）提出了一种将改善燃烧组织和防止结渣相结合的设想，采用旋转气膜防渣、防高温腐蚀的新概念，取代传统的贴壁风防渣、防高温腐蚀的措施。不但要解决 W 火焰炉结渣严重的共性问题，而且解决了贴壁风防渣带来的和燃烧组织抢风的老问题，从而解决了为降低 NO_x 低挥发分煤种分级燃烧带来的燃烧效率大幅度下降的瓶颈，使采用 SOFA 成为可能。

3）提出了以保证提前着火为前提，最大限度提高下炉膛火焰的充满度，延长火焰行程和均衡能量场的设想。在不降低下炉膛平均温度水平的前提下，降低下炉膛局部高温区的峰值，从而实现在降低 W 火焰炉 NO_x 偏高的主因——高温 NO_x 偏多的前提下，不影响燃烧效率。

4）提出了大力改善燃烧组织，为在主燃区降低过量空气系数，为拱上拱下，全炉膛整体分级燃烧创造条件的概念。

5）创新设计出一种实现上述措施的偏置浓淡、缩孔均流、相对集中布置的单调风燃烧器：

（a）实现了旋转气膜防渣、防高温腐蚀。采用此技术改造的 7 台 300MW 等级 FW 型 W 火焰炉，两台 300MW 和两台 600MW 狭缝型燃烧器的 W 火焰炉，基本消除了结渣和高温腐蚀的问题。

（b）燃烧器喷口数量合理，一、二次风、乏气集中布置。在一次风速不过分提高，并采取多种提前着火的措施的前提下，单只燃烧器动量比原有燃烧器增加 4 倍以上。从而有效提高了下炉膛的火焰充满程度，改善了下炉膛温度场的均匀性。由于火焰中心下降，多台炉减温水量明显降低。

6）按系统工程的观点，大力改进风粉分配（增加均粉器，尽量改造分离器）；改造二次风的供风系统，对二次风进行精确控制，改善燃烧组织。

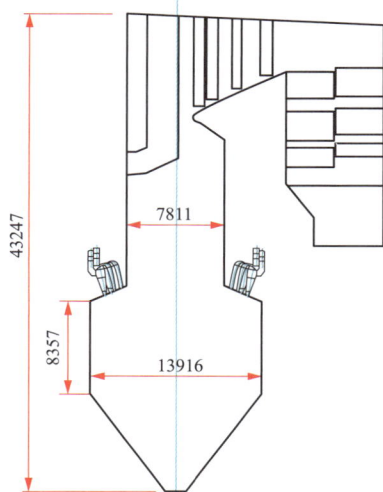

图 4-64 JJ 电厂锅炉轮廓参数布置图

4.6.2 300MW 等级锅炉 JJ 电厂的改造实例

4.6.2.1 JJ 电厂设备概况

（1）锅炉概况。JJ 电厂三期 6 号锅炉为美国 FW 生产的双拱形单炉膛、W 形火焰燃烧方式、一次中间再热、平衡通风、固态排渣、亚临界参数、自然循环汽包锅炉，锅炉轮廓参数布置图见图 4-64。

（2）制粉系统。每台锅炉配置 4 台美国 FW 制造的正压直吹式 D-11D 型双进双出式钢球磨煤机，单台磨煤机设计出力 33.5t/h，煤粉细度 $R_{90} \leqslant 6.31\%$。磨煤机特性参数见表 4-24。

表 4-24 磨 煤 机 特 性 参 数

项目	单位	数值	备注
磨煤机功率	kW	1119	
磨煤机电动机转速	r/min	980	
磨煤机筒体转速	r/min	16.7	
煤粉管内径	mm	388	

项目	单位	数值	备注
磨煤机钢球装载量	kg	75278	初始值：90%
	kg	83642	设计值：100%
单台磨煤机设计出力	t/h	33.5	
磨煤机出口温度	℃	93	
磨煤机出口煤粉200目筛子网通过率		＞90%	相当于 $R_{90} \leqslant 6.31\%$

（3）燃料特性。燃料特性见表4-25。

表4-25 燃 料 特 性

	项目	符号	单位	设计煤种	校核煤种1	校核煤种2	摸底试验煤质
工业分析	收到基水分	M_{ar}	%	6.44	7.00	5.61	10.6
	收到基挥发分	V_{ar}	%	7.86	10.56	5.36	12.98
	收到基灰分	A_{ar}	%	20.10	21.50	17.99	25.22
	干燥基水分	M_{ad}	%	4.78	5.57	3.70	1.41
	固定碳	C_{ar}	%	65.6	60.85	71.04	51.14
	低位发热量	$Q_{net,ar}$	kJ/kg	24849	24388	25540	20480
元素分析	收到基碳	C_{ar}	%	66.10	64.04	69.12	54.51
	收到基氢	H_{ar}	%	2.94	3.04	2.79	2.27
	收到基氧	O_{ar}	%	3.13	3.10	3.18	5.8
	收到基氮	N_{ar}	%	0.94	0.92	0.97	0.6
	收到基硫	S_{ar}	%	0.35	0.35	0.34	1.01

（4）燃烧系统简介。锅炉采用双旋风筒浓淡分离型燃烧器和二次风分级配风燃烧方式，表4-26为锅炉燃烧系统设计参数，图4-65为燃烧器及二次风分级配风结构示意图，燃烧器拱上布置示意图见图4-66。

表4-26 锅炉燃烧系统设计参数

项目	单位	设计数据
炉膛宽	m	24.765
炉膛深（上/下）	m	7.81/13.916
炉膛高度	m	43.957
灰斗高度	m	9.945
最低喷燃器距灰斗距离	m	8.86
上排燃烧器至屏过距离	m	8.1（分割屏）
喷燃器之间水平距离	m	1.619
外排喷燃器距侧墙距离	m	3.382
炉膛容积	m³	8904
原始卫燃带面积	m²	500
去除的侧墙卫燃带面积	m²	99.4
锅炉输入热量（BMCR）	MW	941.15
断面放热强度	MW/m²	4.87
容积放热强度	MW/m³	0.1076

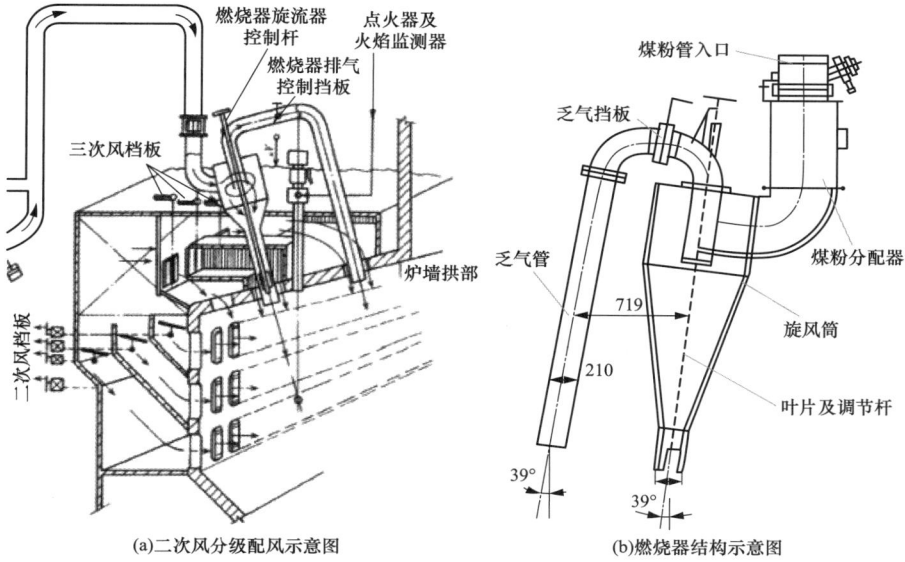

(a)二次风分级配风示意图　　　　　(b)燃烧器结构示意图

图 4-65　燃烧器及二次风分级配风结构示意图

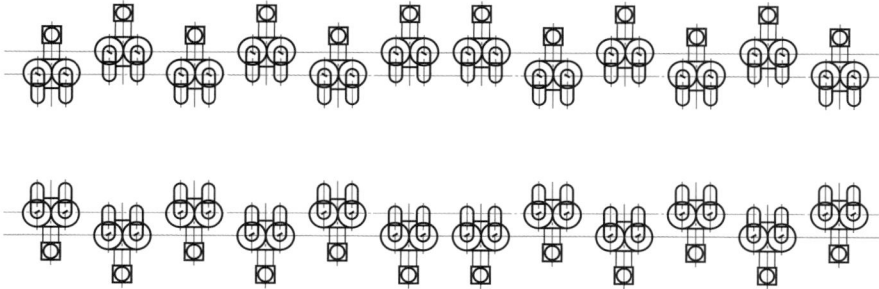

图 4-66　燃烧器拱上布置示意图

4.6.2.2　改造目标

在燃用电厂现有煤种（摸底试验相近的煤质）的条件下，锅炉 NO_x 的排放值（$O_2=6\%$）不超过 $800mg/m^3$；锅炉热效率基本不低于现有锅炉热效率；省煤器出口温度低于 410℃。

4.6.2.3　改造方案

（1）增加燃尽风。分段燃烧技术虽然在四角切圆燃烧和墙式燃烧上被广泛采用，但是在 W 火焰炉上则较少采用。因为 W 火焰炉燃烧温度较高，NO_x 较大部分是热力型；其次对于一般锅炉，低 NO_x 煤粉燃烧系统设计的主要任务是减少挥发分氮转化成 NO_x，其主要方法是建立早期着火和使用控制氧量的燃料/空气分段燃烧技术。而 W 火焰炉燃用的煤种都是挥发分较低的贫煤和无烟煤，挥发分氮较低，采用这项技术较难取得和燃用烟煤和褐煤机组相同的效果。此外，对于贫煤和无烟煤燃烧过程主燃区都需要较高的过量空气系数，否则将直接影响到燃烧组织。因此，截至目前，除了 DGC 锅炉厂 FW 型锅炉外，在其他新建机组上鲜有采用燃尽风技术的 W 火焰炉。

1）OFA 的风源。在国外已经有采用 OFA 的尝试。据有关资料介绍，其已在美国 FW 于西班牙某电厂的 W 火焰炉上得到了应用，淡煤粉气流管道（乏气管道）置于燃尽风管道当

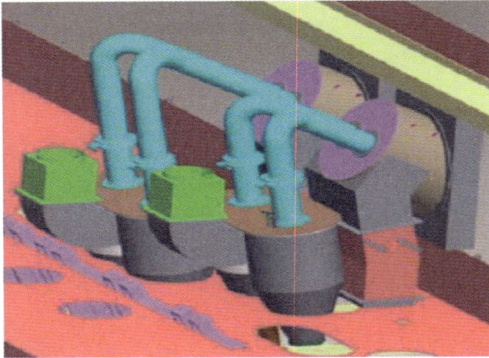

图 4-67　美国 FW 的燃尽风装置

中（美国 FW 的燃尽风装置见图 4-67）。

改造结果：NO_x 排放量降低 50% 左右，飞灰可燃物含量升高 2～3 个百分点，锅炉热效率下降 1%～1.5%。其原因是：一方面燃尽风的引入导致下炉膛空气过量系数变小，影响完全燃烧。另一方面，燃尽风流速要求在 35m/s 以上，乏气流速很难提高，穿透能力低，浓度又低，煤粉直接通入上炉膛，导致这部分煤粉在炉内的停留时间过短，不利于燃尽。因此，JJ 电厂增加燃尽风的方案不宜采用乏气作为燃尽风，而是采用二次风作为燃尽风。

2）风量分配。国内某 300MW 二型锅炉在采用燃尽风以后，NO_x 从 1200～1300mg/m³ 下降到约 800mg/m³，但实际情况表明，当燃尽风开启时，由于影响了下炉膛的氧量，燃烧延迟造成过热器、再热器超温，无法维持运行，因此至今燃尽风很难投入运行。

采取必要措施改善下炉膛燃烧组织，在提高下炉膛的燃烧效率和燃尽程度的前提下，妥善分配燃烧过程各部分风量，燃尽风率通过取 0.165～0.20 以保证采用 OFA 的成功。

3）燃尽风布置的位置。将燃尽风布置在下炉膛出口可能封锁下炉膛出口，而且将主火炬吹向后墙造成结渣，不宜采用。因此，将燃尽风布置在分隔屏之间距离下炉膛出口

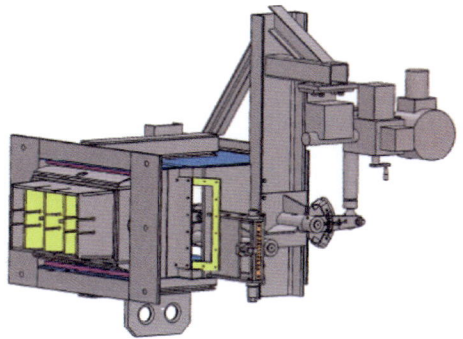

图 4-68　摆动燃尽风喷口图

一定距离喷入炉膛，喷口角度可上下左右摆动，摆动燃尽风喷口图见图 4-68；燃尽风喷口沿炉膛宽度方向呈均匀布置，占总风量的 15%～20%。对现有二次风箱和风道进行改造，构造出新的 OFA 风箱和风道，燃尽风布置方案见图 4-69。

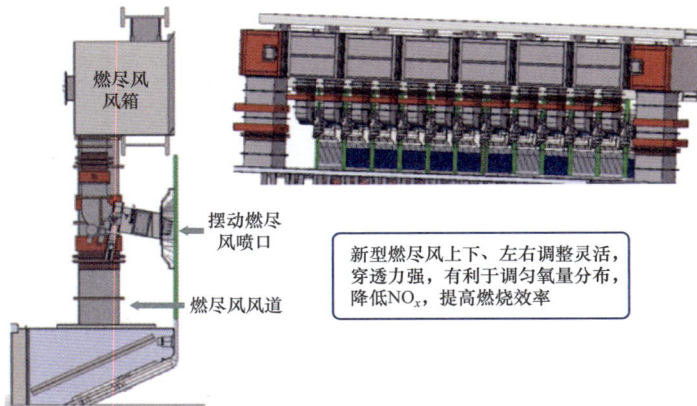

燃尽风风箱

摆动燃尽风喷口

燃尽风风道

新型燃尽风上下、左右调整灵活，穿透力强，有利于调匀氧量分布，降低NO_x，提高燃烧效率

图 4-69　燃尽风布置方案

4）燃尽风燃烧器的结构。对于燃尽风采用矩形喷口还是圆形喷口，专家们曾进行过认真研究。由于矩形截面射流中，轴向流速 v_m 的减小与射出距离 x 的平方根成反比，而圆形射流 v_m 的减小与 x 成反比；因此在射流初速 v_0 和喷口尺寸相同的情况下，扁矩形截面射流具有更大的射出能力。即在相同的射出条件下，扁矩形截面的射流可以射出更远的距离。对于 W 火焰炉的上炉膛，流速相对较高。因此，为了增加燃尽风的穿透能力，宜采用矩形喷口。

燃尽风燃烧器采用摆动式直流燃尽风设计。增加燃尽风气流的行程，降低飞灰，并可以调节火焰中心高度和屏式过热器等受热面的蒸汽温度特性，确保燃尽风分级配风设计意图的实现。燃尽风总风量的调节通过燃尽风风箱入口风门执行器来实现。

此外，因为 W 火焰炉一般燃用低挥发分煤种，着火与燃尽性能较差，为了强化燃烧，锅炉设计的过量空气系数一般都在 1.25 以上，甚至达到 1.3。因此在采用分段燃烧技术时，由于下炉膛的过量空气下降，这不仅会影响锅炉热效率，而且可能会因为缺氧会产生大量的 CO，不仅降低锅炉热效率，还会导致受热面严重的高温腐蚀。因此，对于 W 火焰炉如何在采用分段燃烧技术降低 NO_x 的同时，如何改善燃烧组织，尤其是下炉膛的燃烧组织，尽可能减少对燃烧效率的影响，也是在改造中比一般锅炉更为困难和必须考虑的关键问题。

但是后期投运的 600MW 机组二型 W 火焰炉采用了 OFA，取得了 NO_x 低达 $650mg/m^3$ 的优良成绩。原因如下：一是燃烧组织有较大改进（一次风喷口数量由 72 只减少为 48 只，提高了主气流的刚性）；二是炉膛特征参数也做了改进（上、下炉膛高度都有所增加），供风系统做了较大改进等。综上所述，合理地改善配套措施，采用 OFA 对于 W 火焰炉是有效的。

在这次改造中，很难对炉膛特征参数进行改造。因此，这次改造的重点是改善下炉膛的燃烧组织。包括：更换燃烧器，减少燃烧器的只数，重新分配下炉膛二次风和采用调整措施。

（2）改造燃烧器。取消双旋风筒浓淡分离燃烧系统，采用新型偏置浓缩，浓淡分离自稳燃低 NO_x 燃烧器，一次风喷口由 48 只减少为 24 只。燃烧器总体结构示意图、喷口布置图、喷口总体布置图分别见图 4-70～图 4-72。

适当增加拱上风的比例，由目前的 35.5% 增加到 50.31% 以上。

图 4-70 燃烧器总体结构示意图

这种燃烧器的特点有：

利用弯头离心分离，将一次风含粉气流分离成浓淡两股，浓侧引入燃烧器主喷口，淡侧乏气作为周界风喷入炉膛。在实现浓淡燃烧的同时，在浓侧进入喷口处采用适当的节流措施，一方面达到使浓侧出口的均匀性得以改善，另一方面从结构上适当匹配主、乏气的阻力，使主、乏气间产生一定的速差，在燃烧器出口产生一个环形回流区，以改善燃烧器的着火。浓侧一次风出口设有稳燃环，以改善着火。

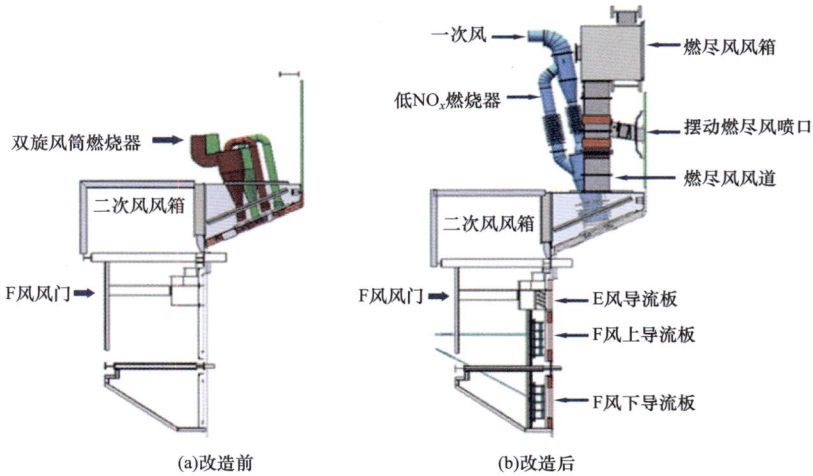

(a)改造前 (b)改造后

图 4-71　燃烧器喷口布置图

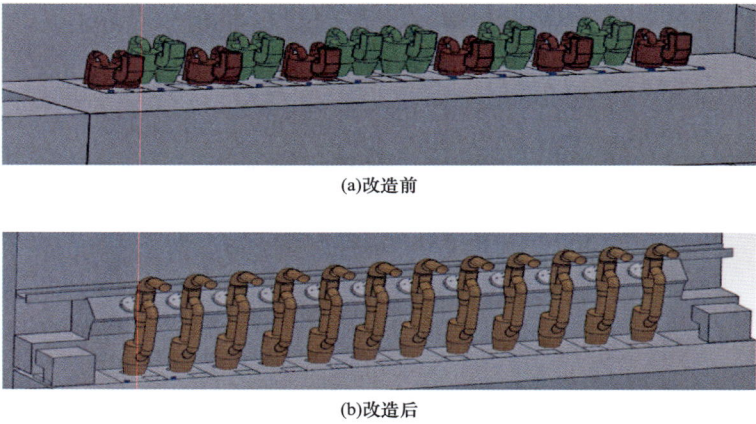

(a)改造前

(b)改造后

图 4-72　燃烧器喷口总体布置图

将原有的 A、B 风合并，形成环形二次风，包围在一次风的周围，二次风的比例由 14％增加到 28.53％。二次风的入口设有调风盘，以调节拱上二次风的风量；环形二次风风道内设有的角度可以调节导向叶片，使二次风产生旋转，以改善着火。燃烧器出口整个流场，在火炬末端是闭合的，以减少炉渣的含碳量和保证燃烧后期的供风。

4.6.2.4　改造预期效果

（1）下炉膛充满程度大幅度改善，火炬的调节性能改善。W 火焰炉设计的关键是下炉膛的燃烧组织。要保证前后拱的火炬适当下冲，并得到充分的舒展，避免相碰，这样才能达到炉膛内热负荷分配均匀，火焰充满程度好，并在各种负荷下能将燃烧中心维持在下炉膛而不致漂移到下炉膛上部。

本次改造由于主喷口数量减少一半，同时乏气作为周界风并入主气流，适当增加了原有周界风量。因此，在一次风的流速由改造前的40m/s下降到14m/s黑龙区得以缩短的前提下，主气流刚性得到较大提高，为提高主气流的下射能力、实现W火焰燃烧方式的主要设计思想创造了较好条件。根据数学模拟的结果（炉膛温度场分布模拟图见图4-73），主气流的充满程度得到较大改善，必然对降低下炉膛局部高温区的峰值、延长火炬在下炉膛燃烧时间、降低NO_x和提高燃烧效率带来有利的影响。燃烧器数量减少还有利于拱下风的补充，有利于提高燃烧效率。

二次风量和旋流强度的调整性能良好，有利于控制火炬的下冲力和火焰中心的高低，既可防止火炬冲炉底，又有利于过热器和再热器温度的调节。

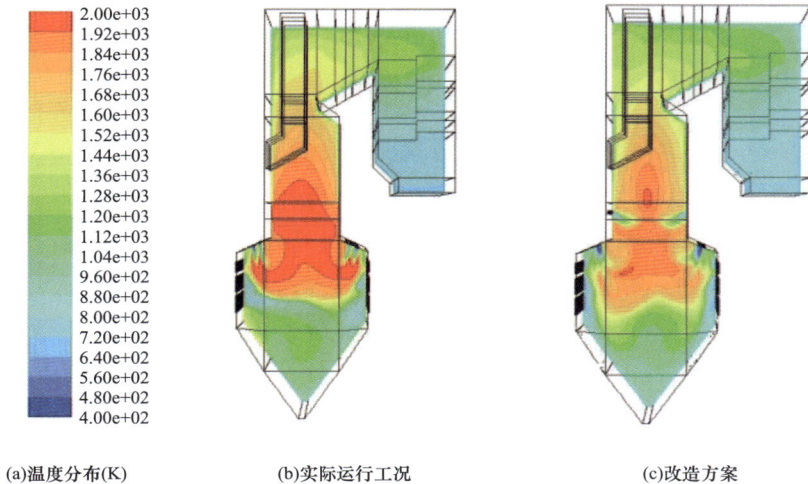

(a)温度分布(K)　　　　(b)实际运行工况　　　　(c)改造方案

图 4-73　炉膛温度场分布模拟图（沿炉高方向温度场分布）

（2）实现浓淡燃烧，火焰内还原的同时不影响燃烧效率。乏气作为周界风，解决了乏气布置在主气流内侧所带来乏气浓度低不易着火，和乏气易短路飘入上炉膛的问题。新型偏置浓淡低NO_x燃烧器将乏气作为周界风而不是简单地并入主气流，不会出现因乏气并入主气流造成一次风速增加过多，造成一次风喷口黑龙区过长，炉渣含碳量过高等问题，同时保持了浓淡燃烧的特点，该燃烧器还有自稳燃的特点。因此，该燃烧器可以实现提前着火，尽早进入火焰内还原，有望在降低NO_x的同时不影响燃烧效率。

（3）有效增加燃烧器的防结渣功能。由于燃烧器实现了风包火的结构，同时燃烧器喷口具有自稳燃的性能，不存在双调风燃烧器主要依靠内二次风的旋流强度来提前着火，而内二次风的旋流强度增加时，整个火炬膨胀刷墙易导致结渣的问题。因此，这种燃烧器有望具有较强的防结渣功能。已经改造的7台300MW等级机组和两台600MW等级机组锅炉的改造的结果也证明其防结渣功能良好。

由于一次风喷口数量大幅度减少，不用再采用交叉布置的方式，解决了内外侧喷口上升与下降气流互相干扰的问题，又可以使一次风喷口与前后墙距离适中，有利于减少前后墙上部易于结渣。两侧墙易于超温结渣是300MW等级二型炉共性的问题。YX电厂等为了防止两侧墙超温结渣，被迫将紧邻两侧墙的一次风喷口停用。此次改造后燃烧器喷口减少，可以将两侧墙与燃烧器的距离加大到 4m 左右，并可在燃烧器与侧墙之间布置防渣二次风口，以利于防止两侧墙结渣。

（4）主乏气间的分配比可调，有利于适应不同煤质的要求。如果煤质较好的 V_{daf} 达到 23%左右，可以适当关小乏气风调节缩孔，增加乏气直接并入主气流的比例，由于有 F 挡板供风的保护，仍不至于冲刷冷灰斗，造成超温结渣。

（5）燃烧系统阻力大幅度下降。采用弯头煤粉浓缩器，燃烧系统阻力大幅度下降，磨煤机出力增加，有利于降低一次风机电耗。一次风速度降低，燃烧器磨损大幅度减轻。

（6）配风的改进。

1）根据数模和实际运行的结果，D、E、F 风比例过高，不利于着火，也不利于实现拱上、拱下分级送风，并且对主气流干扰较大，将 D、E、F 风的比例由 64.49%降低到 33.7%，并且取消 D 风，E 风角度下倾 30°，F 风下倾的角度可以在 0～30°调整。

2）改进垂直墙二次风的送入方式，减轻二次风对一次风向下运动的影响。前后墙上的二次风开孔位置尽量利用下炉膛的高度，在保证出口风速的前提下，尽量减少单位高度上的二次风动量。前后墙二次风孔尽量避开主燃烧器射流，以免二次风过早与一次风射流会合并推动其过早拐弯，造成不完全燃烧热损失过大；在拱下二次风挡板对应的二次风出口处增设向下倾斜一定角度的导流板，使得出口二次风具有一定的下冲动量，充分利用下炉膛的高度。

3）拱下垂直二次风 F 风喷口处采取下倾角度可调的导流板，D、E、F 风改造示意图见图 4-74，取消原布风板，封堵原 D 二次风喷口和 F 风部分喷口，降低原 F 风率。该方案可以使垂直墙二次风孔尽量避开主燃烧器射流，避免二次风过早与一次风射流会合并推动其过早拐弯，造成未燃尽损失过大；对 F 风喷口设置出射角度可调的导流板，使出口二次风具有一定的下冲动量，提高下炉膛的火焰充满度。

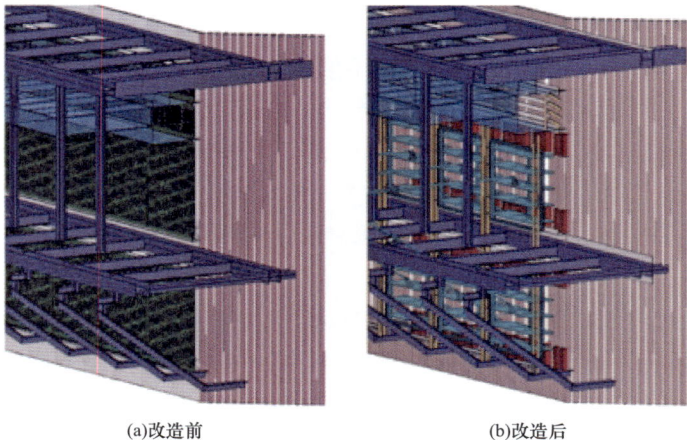

(a)改造前   (b)改造后

图 4-74　D、E、F 风改造示意图

4）拱下二次风不设集中风口，整个下炉膛前后垂直墙设计得就像一个巨大的布风板，均匀地向炉膛供风，在水冷壁表面形成一个氧化性保护区。

5）适当增大了最外侧燃烧器距侧墙的距离，以解决侧墙结焦的问题。

（7）边界风套筒同一次风管和乏气管做成一体。按 W 火焰炉风箱设计，对于上部风箱，主气喷口周围的二次风（周界风）对煤粉的着火和燃尽有非常大的影响。按原 W 火焰炉风箱设计，一次风喷口和乏气喷口的套筒焊接在拱上的水冷壁上。但在现场的安装过程中，套筒和喷口的装配同心度往往得不到保证，套筒和喷口间的间隙不均，使得在一次风喷口和乏气喷口周围的二次风分布极不均匀。该工程将套筒和一次风管和乏气管做成一体，保证了二次风均匀分布在喷口周围。

（8）调整风箱桁架穿隔板处预留间隙。山西某电厂在 1、2 号锅炉运行初期，发现各燃烧器风室之间串风比较严重，风箱不能维持正常的设计风压。停炉消缺时发现是由于风箱桁架穿隔板处间隙过大造成的。经现场整改，该电厂 1、2 号锅炉已彻底消除了这一缺陷。在该工程锅炉设计中同样吸收了这些经验，调整风箱桁架穿隔板处预留间隙，根除大风箱中各燃烧器风室间串风的现象。

（9）适当减少卫燃带。该锅炉卫燃带敷设的面积约占下炉膛吸热面积的 40.7%。卫燃带敷设较多，一方面导致下炉膛容易结渣；另一方面，下炉膛温度过高，也容易产生高温 NO_x，是 NO_x 升高的重要原因。原卫燃带布置图见图 4-75。

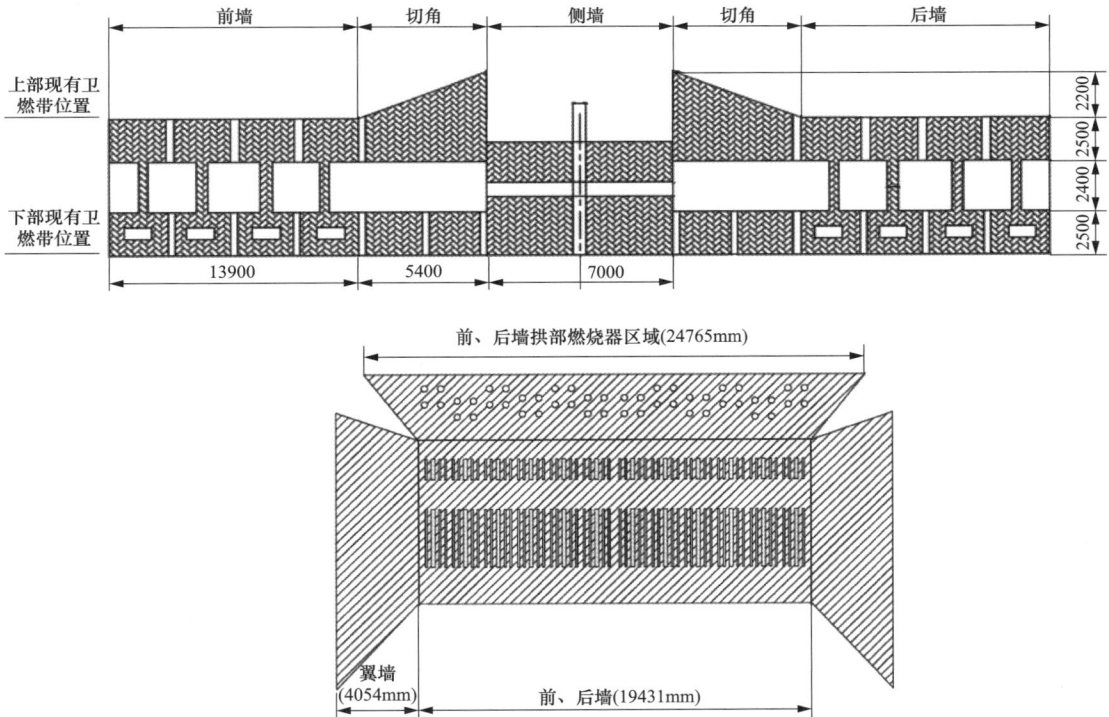

图 4-75　原卫燃带布置图

5 号锅炉因结渣将卫燃带减少了 10%，是 NO_x 下降的重要原因，因此，此次改造将卫燃带适当减少，使卫燃带保持下炉膛包覆面积的 35.1%，改后的卫燃带布置图见图 4-76。

卫燃带拆除位置与面积：前后墙靠近拱部的区域一和 E、F 风喷口间的区域二的卫燃带（共 90m²）拆除，使炉膛总卫燃带面积控制在 500m² 左右。预计通过卫燃带拆除改造后，在同等煤质条件下，NO_x 将会下降而锅炉飞灰和灰渣可燃物不会上升，通过进一步的燃烧调整可缓减锅炉结焦问题。

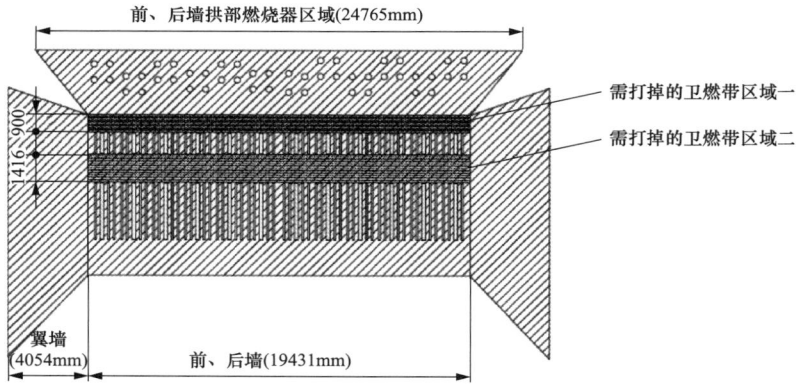

图 4-76　改后的卫燃带布置图

（10）增加省煤器受热面。目前 6 号锅炉省煤器出口烟温高达 425℃ 以上，无法满足加装 SCR 的要求（6 号锅炉省煤器进出口烟温数据表见表 4-27）。最有效的手段是在省煤器出口欠焓不超过保证水冷壁安全的前提下增加省煤器的受热面。

表 4-27　6 号锅炉省煤器进出口烟温数据表

测量日期	A 侧北进口 （℃）	A 侧南进口 （℃）	B 侧北进口 （℃）	B 侧南进口 （℃）	出口 A/B （℃）	负荷 （MW）
1 月 28 日	467.4	475	440.8	435.4	423.8/415.2	302
1 月 29 日	441	467.7	447.8	458.8	425.5/419.6	313

对省煤器改造进行了初步计算和布置，在不改变原省煤器布置方式和位置的情况下，保持原省煤器管排布置为顺排，省煤器改造的热力计算数据表见表 4-28。

综合考虑布置空间和烟道内烟气流速较高等实际情况，并且不增加省煤器的总重，决定采用肋片管方案进行省煤器的改造。

表 4-28　省煤器改造的热力计算数据表

项目	原省煤器顺排	光管方案顺排	肋片管顺排	肋片管错排 （实施方案）	H 型
进/出烟温（℃）	428/382	460/384	460/385	460/384	460/383
进/出水温（℃）	278/291	278/299	278/299	278/299	278/300
烟气流速（m/s）	9.57	9.81	10.86	7.6	11.23
烟气阻力（Pa）	140	180	140	160	280
水阻力（MPa）	0.06	0.06	0.028	0.028	0.028
回程数	18	24	12	12	12
换热面积（m²）	3100	4200	8100	8652	10140
质量（kg，约） 按 $\phi 51 \times 5mm$ 统计	153000	198000	175000	145000	214000
备注		质量增加约 40t，结构强度须校算	流速过高，不推荐	质量和原始省煤器质量相当，推荐	质量增加约 61t，结构强度须校算，不推荐

（11）增加均粉器。由于资金问题，最终未实行。

（12）控制系统的改造方案。对于改造范围内的控制设备，应将对现有控制系统逻辑图进行修改、补充；协助电厂完成了 DCS 组态、控制逻辑修改、操作界面的设计，保证燃烧系统设备的运行按要求实施。

4.6.2.5　改造方案专项措施的风险分析

4.6.2.5.1　燃烧器由 48 只减少为 24 只的风险分析

燃烧器由 48 只减少为 24 只的优点是有望增加下炉膛的充满程度，降低下炉膛的火焰峰值，有利于降低 NO_x。但是是否会导致着火困难，黑龙区过长，气流冲炉底造成飞灰、炉渣可燃物升高，甚至炉底管磨损等问题出现，考察和分析了已经投入运行机组的调试经验和新投入机组的改进成果可供借鉴。

AS 电厂由 DGC 锅炉厂引进美国 FW 制造的 DG1025/18.20-Ⅱ10 型 W 火焰炉。锅炉型式和制粉系统的配置和 JJ 电厂锅炉非常相似。该锅炉设计煤种为当地无烟煤，校核煤种为织金无烟煤，属于着火、稳燃和燃尽都较为困难的煤种，且为易于结渣的无烟煤，挥发分 V_{daf} 为 7%～10%，灰分 A_{ar} 为 25%～30%，低位发热量 $Q_{net,ar}$ 约为 22.58MJ/kg。投产初期存在的主要问题：高负荷下加风困难，燃烧不稳、抗干扰能力差。因长期缺氧，经济性很差，投产初期飞灰可燃物高达 30%～40%，炉渣可燃物也高达 30% 左右。同时还存在蒸汽温度低，两侧墙附近结渣和水平烟道积灰等问题。

GZY 研究院进行调整时，改为 4 台磨煤机运行，每台磨煤机投 4 只燃烧器，在未做其他调整时，燃烧稳定性、经济性有较大改观。

GZY 研究院认为主要原因如下：

4 台磨煤机运行后，总喷口数量由 18 只减少到 16 只，一次风刚性增加，动量增加，促进了高温烟气向着火区的回流，延长了火焰行程和煤粉在下炉膛的停留时间，同时增加了燃烧区域的局部热负荷。这些都有利于着火、稳燃和燃尽。

4 台磨煤机运行后，只要恰当选择停运的燃烧器，可保持前后墙气流和温度场的均匀；切除部分燃烧器后，拉大了燃烧器间的间距，避免燃烧器间气流的干扰；采取前后墙交错停用燃烧器的方式，均匀地留出了补风的空隙，在风量调平的基础上，充分利用停用燃烧器的间隙进行补风，彻底解决了高负荷时稳定性差，加风困难的问题，为强化后期混合和合理、均匀配风创造了条件。

3 台磨煤机运行满负荷下磨煤机在高出力下运行，煤粉变粗是造成着火更加困难、燃烧不稳、高负荷加风困难、燃烧进一步恶化的重要原因。4 台磨煤机运行后，单台磨煤机出力下降，煤粉变细，有利于着火、稳定和燃尽，也为增加风量，增加气流刚性创造了条件，更有利于燃尽。

通过进一步调整，省煤器后氧量从 1.0% 提高到 3.1% 以上，飞灰可燃物由 20% 左右下降到 13%，最低达 9%，炉渣含碳量由 30% 下降到 15%；由于二次风量增加，蒸汽温度低的问题得以彻底解决；两侧墙结渣问题基本消失；风量增加后，烟道积灰的问题也基本消除；锅炉可以在 50% 额定负荷以下长期运行。

AS 电厂的调整经验指出，适当减少燃烧器的喷嘴数量是有益的。

DGC 锅炉厂在总结了早期二型炉存在的问题以后，近年投入和即将投入的 GX 电厂、NN 电厂等 600MW 等级的 W 火焰炉，其燃烧器一次风喷口的数量都从早期投产的 HAF 电厂、JZS 电厂 W 火焰炉的 72 只减少到 48 只。GX 电厂 NO_x 排放值低达 650mg/m³，其中燃烧器数量减少，增加主气流的刚性，以及改善下炉膛的充满程度都是重要原因之一。

只有 AS 电厂 300MW 等级 2 号 W 火焰炉的改造效果欠佳。该改造方案就是将一次风喷口数量由 48 只减少到 24 只。改造后黑龙区加长，即使 F 挡板全开，主火炬仍直冲炉底，不但造成飞灰、大渣可燃物量比改前上升，还造成冷灰斗超温和磨损。

但是，当进一步分析 AS 电厂锅炉改造出现的问题时，发现出现这一问题主要是由于 PRP 燃烧器尽管在四角切圆燃烧的锅炉上取得了较好的效果，但是在 W 火焰炉上由于补气条件不同，已经失去了自稳燃的性能。而且在一次风喷口速度是按原设计一次风量选择的，但是由于煤质的变化，设计时一次风量和实际一次风量偏差较多所造成的。据了解后来 AS 电厂将乏气分流到拱上，尽管该措施不是最佳措施，但是燃烧状况已有所改进。因此只要适当控制一次风速，这些问题是可以解决的。

由上可知，通过实践说明减少喷口数量，提高主气流的刚性，改善下炉膛充满程度的措施是可行的。

4.6.2.5.2　在防止黑龙区过长，火焰冲炉底方面采取的措施

（1）慎重决定主气流的刚性。该方案最佳的一次风喷口的数量可选用 32 只，但是 JJ 电厂如果要将一次风喷口从 48 只减少到 32 只，一次风管路也将由 24 根减少为 16 根，改造的工程量较高，投入资金较多。因此没有考虑采用这一方案。

一次风喷口减少可能带来下述问题：与 48 只一次风喷口相较沿横向热负荷分布的均匀性相对降低，当一台磨煤机停止运行时，炉膛热负荷分布均匀性更低。但是参考 B&W 公司设计的三型炉在 300MW 等级，一次风喷口数量就只有 16～20 只。600MW 等级的 JZS 电厂和 XY 电厂锅炉燃烧器也只有 24 只。在运行中未见因起停磨煤机造成热负荷分配的问题。因此，JJ 电厂按 24 只一次风喷口设计也是可行的。

JJ 电厂在运行中，采用关闭乏气的方式将乏气并入主气流，再加上因磨煤机装球量由设计的 83t 减少到 55t，导致磨煤机碾磨出力下降，被迫提高风煤比运行，实际燃烧器出口风速已经高达 40m/s。运行实践说明，主气流并未直冲炉底，黑龙区也未超过 2m。究其原因，一是因为美国 FW 对 JJ 电厂 6 号锅炉汲取早期炉膛特征参数存在的不足，下炉膛折算高度已经增加了将近 2m。二是由于 JJ 电厂锅炉实际燃用的煤种 V_{daf} 接近 23%，着火性能改善的结果。而这次改造乏气不是简单的并入主气流，而是作为周界风并入主气流，在保持主气流流动量不变的前提下，将浓一次风气流的流速从目前的 40m/s 降低到 14.38m/s，这样既有利于着火，又确保主气流不会直冲炉底。

（2）采用数学和物理模拟的手段确定炉内燃烧组织，对 JJ 电厂 6 号锅炉改造技术方案进行数十次 CFD（计算流体动力学）冷态和热态的数值模拟计算，优化燃烧器结构和炉内燃烧组织，预测改造后 NO_x 排放量、锅炉燃烧效率等重要参数以评估其优劣；建立冷态试验台，进行多次炉膛的冷态物理模型试验，修正数模计算结果；进行热力计算验证锅炉汽水系统和烟风系统是否安全可靠运行。

数学模拟的结果说明炉膛的充满程度有较大改善，炉膛火焰峰值降低 100～200℃（炉膛温度场分布模拟图见图 4-77），NO_x 下降 40% 以上。因此，这次改造有较高成功的可能性。

4.6.2.5.3　如何防止火焰中心抬高，高温受热面超温，燃烧效率下降

在某台 300MW 机组 W 火焰炉降低 NO_x 的改造中，采用增加炉膛整体分级来增加燃尽风的方法降低 NO_x，实施结果：NO_x 下降约 40%，但是火焰中心抬高，造成高温受热面超温，燃烧效率下降。后来在运行中将燃尽风全部关闭，NO_x 的排放值又恢复到改前的

水平。究其原因，主要是因为贫煤和无烟煤属于难于着火和燃尽的煤种。由于低 NO_x 煤粉燃烧技术为实现 NO_x 的大幅度减排，利用燃烧器和燃尽风的设计深化了空气分级燃烧技术，在下炉膛区域内控制二次风空气量，形成高温缺氧的强还原性气氛，煤粉燃料在此不能充分燃烧，温度水平下降。所缺氧量在炉膛上部以燃尽风形式补入，但此处温度较低，而且受燃尽风与热烟气混程度的影响，烟气中的未燃尽碳存在无法完全燃烧的可能，导致锅炉热效率下降，影响运行经济性。为此采取以下措施在力争降低 NO_x 的同时，减少对于燃烧效率的影响。

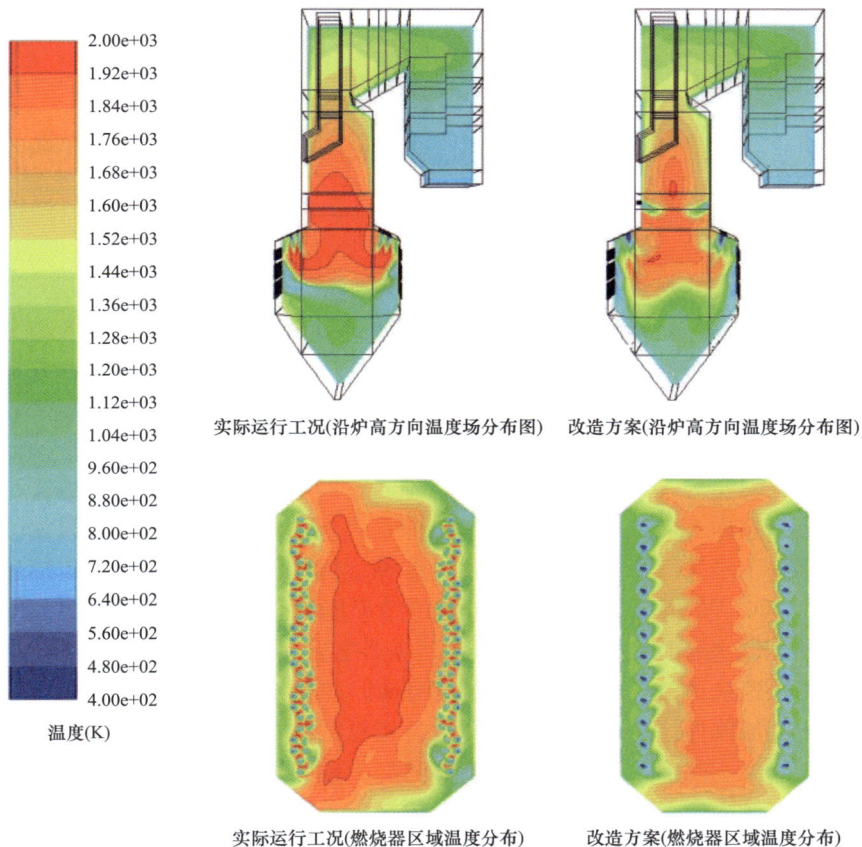

实际运行工况(沿炉高方向温度场分布图)　　改造方案(沿炉高方向温度场分布图)

实际运行工况(燃烧器区域温度分布)　　改造方案(燃烧器区域温度分布)

图 4-77　炉膛温度场分布模拟图

（1）新型低 NO_x 燃烧器的喷口采用自稳燃结构，可在喷口附近区域形成较大的回流区，卷吸热烟气加热一次风粉气流，使其快速析出挥发分以保证及时着火和稳定燃烧。

（2）新型低 NO_x 燃烧器的二次风不仅风量可调，旋流强度也可调整，可以适当控制火焰中心的位置。

（3）原双旋风筒燃烧器的乏气喷口作为主气的周界风喷入炉膛，提高了一次风粉气流动量以延缓射流衰减，既避免了火焰短路，又延长了一次风粉的行程，提高了下炉膛火焰充满程度，进而提高煤粉燃尽率。

（4）新型低 NO_x 燃烧器保留原双旋风筒燃烧器主乏气比例可调的设计理念，即通过调节主气喷口风速来改变各燃烧器煤粉着火点，提高了对煤质的适应性。

（5）F风下倾一定角度喷入炉膛，一方面能携带煤粉进一步向下深入炉膛而延长了一次风粉的行程；另一方面能减轻流场偏斜，使炉内燃烧更均匀，从而提高燃尽率。

（6）燃尽风在下炉膛出口一定距离并下倾一定角度喷入，同时将燃尽风保持较高的流速，可增强烟气气流的后期扰动，可促进煤粉气流的燃尽；燃尽风降低 NO_x 生成，但必须使燃尽风射流能与上行烟气充分混合，从而保证煤粉燃烧所需要的氧量，以降低炉膛出口的飞灰可燃物含量。为保证燃尽风射流沿炉膛深度方向与烟气充分混合，就必须尽可能地使燃尽风射流冲到炉膛中部，这就需要足够大的动量和足够强的刚度且不易衰减。

将燃尽风喷口沿炉宽方向均匀布置以减轻燃尽风射流的衰减，占总的二次风量的 15%～20%、风速为 40.71m/s，并以下倾一定角度喷入下炉膛出口，燃尽风射流到大炉膛中心的混合点距折焰角的距离较大，增长了燃尽风在煤粉颗粒的反应时间，即保证了其足够长的停留时间。

（7）在满足全炉膛空气分级降低 NO_x 的前提下适当增加下炉膛的过量空气系数，一般烟煤锅炉主燃区过量空气系数控制在 0.8～0.85，这次改造拟将下炉膛出口过量空气系数控制在 1 左右。

（8）按照系统工程的观点进行改造工作，即采取均粉均风措施，增加煤粉均分器装置，大力改进一次风管道的风粉分配，改造分离器，提高制粉细度；并对二次风供风系统进行改造，对二次风进行精确控制，改善燃烧组织。力争在降低 NO_x 的同时，减少对于燃烧效率的影响（该项暂未实施）。

4.6.2.5.4 结焦风险及预防措施

（1）由于燃烧器实现了风包火的结构，同时燃烧器喷口具有自稳燃的性能，不存在双调风燃烧器主要依靠内二次风的旋流强度来提前着火，而内二次风的旋流强度增加时，整个火炬膨胀刷墙易于产生结渣的问题。因此，这种燃烧器有望具有较强的防结渣功能。就已经改造的多台 300MW 等级机组锅炉的改造的结果也证明防结渣功能良好。

（2）新型低 NO_x 燃烧器保留原双旋风筒燃烧器主乏气比例可调的设计理念，即可通过控制主气喷口的风速来改变其附近区域的温度分布，防止拱部区域的结焦。

（3）由于主气流刚性增大可以达到比原设计更低的较低的炉膛出口烟温。下炉膛充满程度增加相当于实际上降低了下炉膛容积放热强度，减少炉内温度场局部峰值。

（4）分级风下倾一定角度喷入炉内，分级风在拱上下行气流的压制作用下贴向冷灰斗下行，在冷灰斗表面形成一层空气膜，因而冷灰斗不易结渣。

（5）卫燃带占下炉膛辐射受热面的比例由 40.7% 减少至 35.1%，防止下炉膛温度过高而引起结渣。

（6）前后墙布置有拱下二次风，两侧墙、翼墙、冷灰斗布置有边界风，翼墙下部有防焦风，整个下炉膛是一个风墙，即使敷设有卫燃带，也可有效防止炉膛结渣。

4.6.2.6 改造的结果

（1）NO_x 大幅度下降。改造前 300MW 负荷下 NO_x 排放浓度平均值为 835～1501.6mg/m³（$O_2=6\%$），改造后燃用贫煤掺烧烟煤时 330MW 负荷下 NO_x 排放浓度为 602～750mg/m³（$O_2=6\%$）；燃用贫煤时 330MW 负荷下 NO_x 排放浓度为 797mg/m³（$O_2=6\%$），低于设计值 800mg/m³。

（2）解决了下炉膛结渣的共性问题。运行 60 天后锅炉改造前易结焦的位置（下炉膛前后墙、侧墙等）未发现结焦现象，表明改造后锅炉配风状况的改善有效缓解了改造前锅炉结焦现象严重的问题［运行三个月后JJ电厂6号锅炉炉膛情况（完全没有结渣见图4-78）］。

（3）解决了锅炉长期达不到满出力的问题。由于一次风阻力下降3kPa，磨煤机、一次风机耗电率分别降低0.02、0.16个百分点，不仅厂用电率下降，更由于双进双出磨煤机出力提高，解决了在煤质下降时锅炉长期达不到满出力的问题。

图4-78　运行三个月后JJ电厂6号
锅炉炉膛情况（完全没有结渣）

（4）解决高负荷补风困难的问题。改造前5号锅炉335MW工况下CO平均值为1474～2056μL/L；改造后，通过新增风门挡板的控制可以有效降低炉膛出口CO浓度（含量基本为零）。表明改造后的燃烧器调节性能良好，锅炉补风能力增强（炉膛出口氧量可提高至2.5％以上）。

（5）锅炉热效率提高。改造后排烟温度降低，飞灰及炉渣含碳量增加不大，锅炉热效率比改造前提高。改造前335、250、160MW负荷下锅炉热效率分别为92.03％、91.97％、91.13％。改造后330、260、160MW负荷下锅炉热效率分别为93.85％、93.58％、93.14％。

4.6.3　AS电厂300MW等级锅炉的改造实例

4.6.3.1　设备概况

（1）锅炉概况。AS电厂一期1、2号锅炉（型号：DG1025/18/2-Ⅱ10）为DGC锅炉厂生产的亚临界压力、中间一次再热的自然循环锅炉，是第二阶段改进后的锅炉，其炉膛选型除了炉膛高度增加了几米以外，其他特性参数和第一阶段的SA电厂、YG电厂燃料特性基本完全一致，显示了各时期FW型300MW机组主要炉膛特征参数汇总。该厂经过PRP燃烧器的不成功改造后，几乎是谈改变色。因此改造的难度较大。但是该锅炉是DGC锅炉厂第二阶段改进后的锅炉炉膛总高度从39.244m增加到43.244m，如果能对锅炉炉膛的选型尺寸予以适当调整，将下炉膛的高度从原有的5.612m提高到和AS电厂3、4号锅炉相近的7.002m，下炉膛的燃烧情况将有较大的改善。为此，烟台某公司对AS电厂1、2号锅炉下炉膛抬高的方案进行了认真论证。

（2）入炉煤质。AS电厂1、2号锅炉设计煤种为轿子山无烟煤，校核煤种为织金无烟煤，煤质工业分析、收到基元素分析、灰渣特性分别见表4-29～表4-31。根据现有煤质，提出本次燃烧系统改造的设计煤种为以上统计表的平均值，报告文件中所指的煤种均指本次改造的设计煤种。

表4-29　　　　　　　　　　　　煤 质 工 业 分 析

项目	符号	单位	设计煤种	校核煤种
空气干燥基水分	M_{ad}	％	2.17	1.67
干燥无灰基挥发分	V_{daf}	％	9.0	7.0
哈氏可磨性指数	HGI		66	69

表 4-30　　　　　　　　　收到基元素分析

项目	符号	单位	设计煤种	校核煤种
碳	C_{ar}	%	59.95	65.71
氢	H_{ar}	%	2.25	2.36
氧	O_{ar}	%	0.57	0.90
氮	N_{ar}	%	0.94	0.74
硫	S_{ar}	%	2.29	2.29
水分	M_{ar}	%	7.0	8.0
灰分	A_{ar}	%	27.0±3	20.0
低位发热量（kJ/kg）	$Q_{net,ar}$	kJ/kg	21465±1256	24668

表 4-31　　　　　　　　　灰　渣　特　性

项目	单位	设计煤种	校核煤种
SiO_2	%	45.92	47.99
Al_2O_3	%	21.66	26.02
Fe_2O_3	%	18.63	17.02
SO_3	%	0.07	0.612
K_2O	%	3.23	0.859
Na_2O	%	0.67	1.80
CaO	%	4.0	2.44
MgO	%	1.44	0.91
灰变形温度 DT（弱还原性气氛）	℃	1168℃	1230℃
灰软化温度 ST（弱还原性气氛）	℃	1210℃	1360℃
灰流动温度 FT（弱还原性气氛）	℃	1286℃	1470℃

4.6.3.2　目前 AS 电厂一期存在的主要问题

采用 FW 技术早期投产的 W 火焰炉存在的问题，在 AS 电厂 1、2 号锅炉都非常典型，尤其是以下几点更为突出。

（1）炉膛特征参数十分不合理，下炉膛容积放热强度较高，卫燃带布置过多。AS 电厂下炉膛的高度为 16.079m，是早期投产的 300MW 等级的 W 火焰炉中下炉膛高度和下炉膛垂直墙高度中最低的。下炉膛高度过低，不仅不利于下射火炬的展开，而且造成该厂下炉膛容积放热强度高达 252.3kW/m³ 的主要原因。AS 电厂 1、2 号锅炉下炉膛敷设卫燃带 504m²，占下炉膛包覆面积的 42.4% 左右。卫燃带敷设较多，加上防止结渣的措施不力，一方面导致下炉膛容易结渣，早期、后期 FW 型 300MW 机组主要炉膛特征参数汇总分别见表 4-32、表 4-33。另一方面，AS 电厂实际燃煤的灰熔点偏低，设计煤质和校核煤质的软化温度分别为 1210℃ 和 1360℃，而实际燃煤的软化温度为 1130～1140℃，流动温度为 1180～1200℃，2 号锅炉上一次改造后，因燃烧情况不良导致炉膛温度偏低，3 号锅炉在 295MW 工况下，下炉膛平均温度 1461℃，2、3 号锅炉下炉膛温度测试汇总见表 4-34。

表 4-32　早期 FW 型 300MW 机组主要炉膛特征参数汇总

机组名称	型号（投产年限）	上炉膛深度（m）	下炉膛深度（m）	下炉膛高度（m）	下炉膛垂直墙高度（m）	炉膛总高度（m）	下炉膛容积放热强度（MJ/m³）	下炉膛宽/深比（W/D）	炉膛顶棚管标高（m）	冷灰斗底部开口标高（m）	改造前卫燃带敷设面积	下炉膛有效辐射吸热面积	卫燃带比例（%）
YG 电厂 1、2 号	DG1025/18.2-Ⅱ7（1997）	7.239	13.345	15.477	5.612	39.244	256.79	1.856	47.778	8.534	657	1188	55.3
SA 电厂 3、4 号	DG1025/18.2-Ⅱ7（1997）	7.239	13.345	15.477	5.612	39.244	260.81	1.856	47.778	8.534	657	1188	55.3
AS 电厂 1、2 号	DG1025/18.2-Ⅱ10（1999）	7.239	13.345	15.477	5.612	43.244	252.29	1.856	50.846	7.602	504	1188	42.4
SG 电厂 10 号	DG1025/18.2-Ⅱ10（2001）	7.239	13.345	15.477	5.462	42.312	251.42	1.856	50.846	8.534	657	1188	55.3

表 4-33　后期 FW 型 300MW 机组主要炉膛特征参数汇总

机组名称	型号（投产年限）	上炉膛深度（m）	下炉膛深度（m）	下炉膛高度（m）	下炉膛垂直墙高度（m）	炉膛总高度（m）	下炉膛容积放热强度（MJ/m³）	下炉膛宽/深比（W/D）	炉膛顶棚管标高（m）	冷灰斗底部开口标高（m）	卫燃带敷设面积（m²）	下炉膛有效辐射吸热面积（m²）	卫燃带比例（%）
YY 电厂 3、4 号	DG1025/17.4-Ⅱ14（2006）	7.62	13.726	16.639	6.502	40.552	215.36	1.804	48.153	7.601	723.4	1279	56.6
YF 电厂 3、4 号	DG1025/18.2-Ⅱ14（2007）	7.62	13.726	16.639	6.502	40.552	217.83	1.804	48.153	7.601	703.4	1279	55.0
AS 电厂 3、4 号	DG1025/18.2-Ⅱ15（2003）	7.62	13.726	17.139	7.002	42.052	199.68	1.804	49.653	7.601	781	1314	59.4
SG 电厂 11 号	DG1025/18.2-Ⅱ15（2005）	7.62	13.726	17.139	7.002	42.052	209.96	1.804	49.653	7.601	781	1314	59.4
LIY 电厂 1、2 号	DG1025/18.2-Ⅱ15（2009）	7.62	13.726	17.139	7.002	42.052	209.20	1.804	49.653	7.601	644	1314	49.0
YX 电厂 3、4 号	DG1025/18.2-Ⅱ17（2006）	7.62	13.726	17.139	7.002	43.252	206.76	1.804	50.853	7.601	781	1314	59.4

表 4-34　AS 电厂 2、3 号锅炉下炉膛温度测试汇总表

机组编号	2 号锅炉下炉膛温度（℃）			3 号锅炉下炉膛温度（℃）		
时间	2013 年 8 月 17 日　13：43			2013 年 8 月 17 日　10：56		
	负荷（260MW）			负荷（295MW）		
	右侧墙			右侧墙		
标高（m）	温度		均值	标高（m）	温度		均值
20158	1280	1196	1238	21810	1540	1442	1491
17700	1350	1220	1285	18520	1364	1469	1416.5
	左侧墙			左侧墙		
标高（m）	温度		均值	标高（m）	温度		均值
20158	1348	1301	1324.5	21810	1430	1585	1507.5
17700	1330	1389	1359.5	18520	1469	1394	1431.5
下炉膛平均温度			1301				1461

　　下炉膛局部温度过高（远远高于燃煤的灰熔点），下炉膛结渣倾向严重，实际上也说明了这一问题。因此，该锅炉被迫将两侧墙的一次喷口停止运行，是导致锅炉达不到额定出力的主要原因之一。

　　（2）黑龙区过长，炉膛热负荷严重不均匀。主火炬刚性不足，难以实现火焰燃烧方式的设计意图在AS电厂也存在。由于火焰短路，未经改造的1号锅炉即使在正常运行中下炉膛上部也明显感到温度偏高，而下炉膛下部温度偏低。局部温度偏高是造成结渣、超温、NO_x增加的主要原因。

　　AS电厂2号锅炉改造后，用提高一次风速的方法来改善下炉膛的充满度。但是所采用的PRP燃烧器尽管在四角切圆燃烧锅炉上取得了较好的着火和稳燃性能，对于W火焰炉由于补气条件不同，利用速差造成的卷吸提前着火的设计思想很难实现；再加之设计的一次风速过高，黑龙区过长，炉膛整体温度下降，1、2号锅炉燃烧器着火点测试见图4-79。

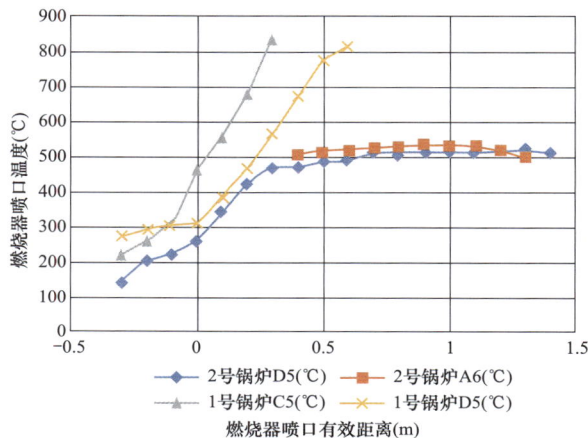

图 4-79　1、2号锅炉燃烧器着火点测试

　　一次风速过高，直冲炉底。与3号锅炉现场炉膛温度测试情况比较，2号锅炉下炉膛整体温度偏低，对于下炉膛平均温度，2号锅炉为1301℃，3号锅炉为1461℃。由于高温NO_x相对较少，该锅炉在同类型锅炉中NO_x的排放值不算太高，为788.54mg/m³，但却是以燃烧效率十分低下为代价的。2号锅炉标高：20.158m，温度均低于标高17.700m的温度，说明2号锅炉在2010年燃烧器改造后，使火焰中心下移至下炉膛下部，火焰下冲严重，甚至造成冷灰斗过热。同时对于燃用无烟煤的煤粉锅炉，整体炉温偏低，造成炉膛煤粉燃烧不充分，飞灰和大渣含碳量高，AS电厂目前在2号锅炉高负荷（250MW）下，炉出口氧量为5.1%，CO为68μL/L，但飞灰含碳量为15.74%，炉渣含碳量为15.56%，不完全燃烧损失较高，导致锅炉热效率降至85.5%，远远低于设计值90.59%。

　　（3）双旋风筒燃烧器存在的问题突出。与FW型锅炉存在的共性问题一致，不再冗述。

　　（4）磨煤机选择偏小，煤粉细度选择偏高，分离器性能不佳，风粉分配严重不均。与早期FW型W火焰炉的问题一致，不再冗述。风粉分配不均是AS电厂制粉系统存在的另一问题。AS电厂根据摸底试验，煤粉浓度分配严重不均：2号锅炉B磨煤机出口6支一次风管间煤粉浓度偏差最大（偏差为−153.8%～+46%），A磨煤机其次（偏差为−30.44%～

（+23%）。2号锅炉A~D磨煤机粉管质量偏差分别见图4-80~图4-83。对于四角切圆燃烧的锅炉，由于全炉膛组织燃烧，对燃烧效率影响不大；W火焰炉由于主火炬平行进入且平行流出炉膛，因此风粉分配不均将造成炉内浓度场、温度场严重不均，浓度高处温度高，高温NO_x产生较多，浓度低处氧量偏高也会造成NO_x偏高。温度场、浓度场不均还可能造成炉出口受热面局部超温。浓度分布不均，浓度低则黑龙区长，这也是造成燃烧效率低的重要原因。

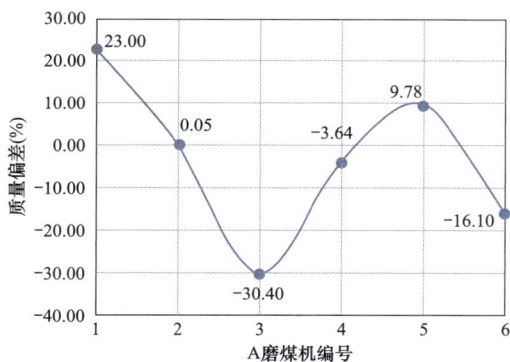

图 4-80　2 号锅炉 A 磨煤机粉管质量偏差

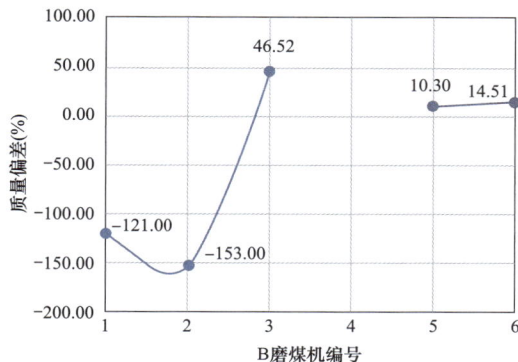

图 4-81　2 号锅炉 B 磨煤机粉管质量偏差

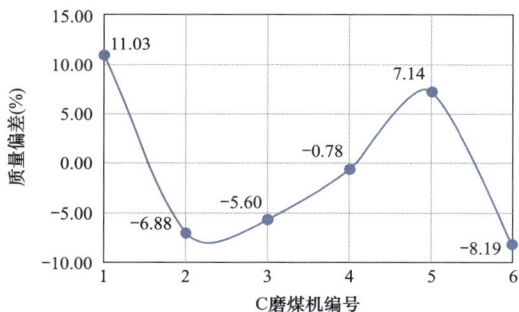

图 4-82　2 号锅炉 C 磨煤机粉管质量偏差

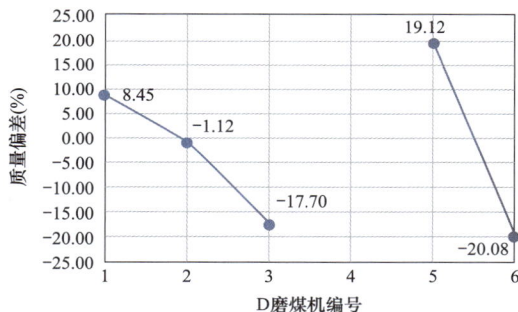

图 4-83　2 号锅炉 D 磨煤机粉管质量偏差

4.6.3.3　改造方案

此次改造在保证锅炉在 BRL 工况下达到以下性能指标：

（1）锅炉 NO_x 的排放值不超过 800mg/m³（$O_2=6\%$）。

（2）锅炉热效率提高到 89%，争取达到设计值 90.59%。

（3）大幅度缓解炉膛结渣和沾污等问题。

改造方案由以下几部分组成：

（1）炉膛特征参数改造。在原炉膛特征参数的基础上，下炉膛拱部提高 1.7m，同时，相对减少上炉膛高度 1.7m，维持锅炉总高度不变。

拱上大风箱局部提高 1.7m，对拱上风箱结构重新布置，以满足新型燃烧器配风的需要；适当增加拱上风的比例。其中，标高 21071mm 刚性梁保留，其正上方标高 22771mm 处增设刚性梁；标高 23583mm 刚性梁拆除后，在标高 25283mm 处重新固定，以加固锅炉水冷壁。

本次改造提高下炉膛高度的目的不仅只有以上原因，而且是在吸取现有二期及其他数台锅炉运行和改造的实际数据基础上进行的，在理论上和实际改造实施上分析都是可行的。此部分内容详见4.6.3.4。

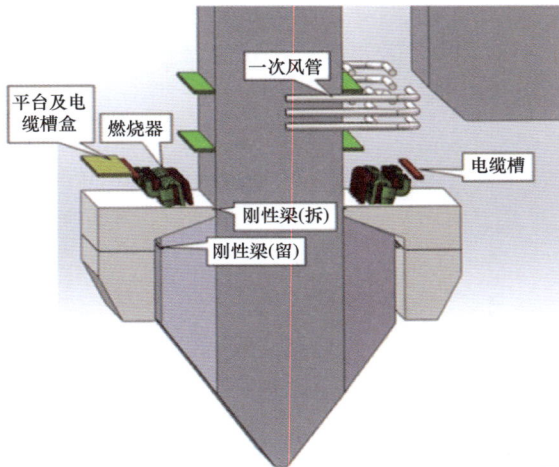

图4-84　锅炉燃烧器改造前后的布置情况

（2）燃烧组织的改造。和JJ电厂基本完全一致，在此不再冗述。锅炉燃烧器改造前后的布置情况见图4-84。

（3）调整卫燃带。AS电厂1、2号锅炉敷设的卫燃带面积约占下炉膛包覆面积的42.4％左右。卫燃带敷设较多，一方面导致下炉膛容易结渣；另一方面，下炉膛温度过高，也容易产生高温NO_x，是这台锅炉NO_x较高的重要原因。而且，这次下炉膛提高1.7m，因此，卫燃带面积必须调整。

具体实施方案：锅炉下炉膛提高1.7m后，翼墙提高区域全部敷设卫燃带，拱部燃烧器区域也全部敷设卫燃带。另外，下炉膛DE风喷口上部区域和E、F风喷口之间的区域，需要去除卫燃带。AS电厂2号锅炉低氮改造，卫燃带面积增加至622.86m²，占下炉膛辐射吸热面积比例为47.7％，增加的部分为：①拱部燃烧器部分（除燃烧器喷口外）；②下炉膛前后墙竖直段1000mm。

2号锅炉低氮改造后卫燃带的比例仍低于3号锅炉，主要是考虑到2号锅炉降低NO_x和防止下炉膛结渣的需要，如改造后再热蒸汽温度仍偏低，可通过烟气挡板、燃烧器调风盘和摆动燃尽风进行调节。

（4）风粉系统的改造方案。AS电厂一期1、2号锅炉采用D-10D磨煤机双流式分离器，容积强度过高，调节性能不佳，对4号锅炉，电厂已经在上次大修中进行了分离器改造的试点改造。这次改造项目由电厂另行立项，采用动态分离器更换现有双流式分离器，并适当降低容积强度。改造后制粉细度有望改善，均匀性指数提高到1以上。

（5）控制系统的改造方案。对于改造范围内的控制设备，将对现有控制系统逻辑图进行修改、补充；协助电厂完成了DCS组态、控制逻辑修改、操作界面的设计，从而保证燃烧系统设备的运行按要求实施。

4.6.3.4　改造方案专项措施及风险分析

4.6.3.4.1　AS电厂2号锅炉下炉膛提高的必要性

与AS电厂一期1、2号锅炉类似的还有SA电厂二期3、4号锅炉，以及YG电厂一期1、2号锅炉等，其生产厂家都是DGC锅炉厂。上述锅炉是DGC锅炉厂在引进美国FW的W火焰炉技术后在国内投产的第一批产品，大都存在类似的问题：炉膛容积放热强度偏高，下炉膛容积偏小，下炉膛高度和深度偏小；机组投产后，锅炉热效率低于设计值，飞灰含碳量偏高等问题。DGC锅炉厂在后来生产的锅炉中，其炉膛容积放热强度都比第一批偏低，下炉膛容积放大，下炉膛高度和深度也都放大。因此，在AS电厂2号锅炉低氮改造中，下炉膛提高1.7m后的下炉膛高度与二期3号锅炉下炉膛相当，对锅炉整体燃烧组织是有利的。AS 电厂一期锅炉和二期锅炉、JJ 电厂锅炉炉膛特征参数的对比见图 4-85。
不同时期 DGC 锅炉厂生产的 W 火焰炉特征比较表见表 4-35。

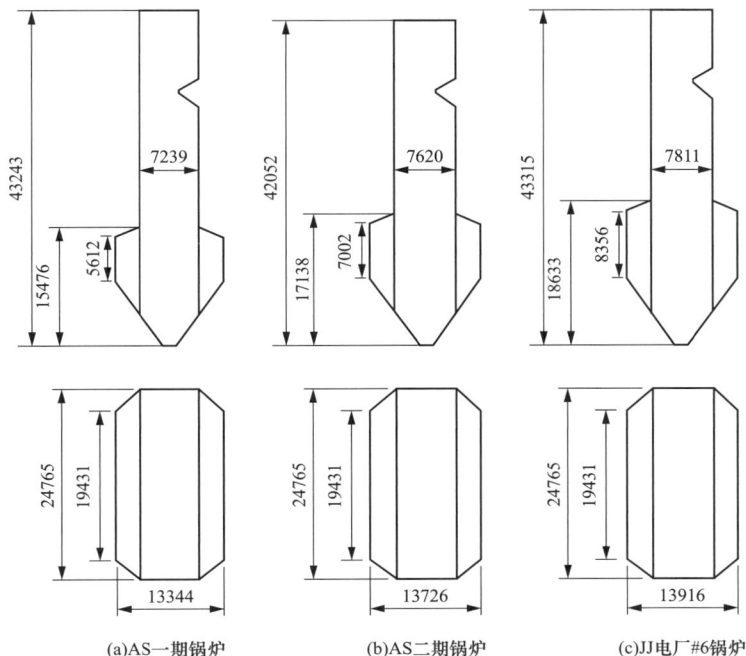

图 4-85　AS 电厂一期锅炉和二期锅炉、JJ 电厂锅炉炉膛特征参数的对比

　　JJ 电厂 W 火焰炉尽管为 350MW，但是下炉膛高度比 AS 电厂一期的下炉膛高度要高
3m。根据 JJ 电厂 6 号锅炉低氮燃烧改造的经验，增加 AS 电厂 2 号锅炉下炉膛的容积和高
度，能改善 AS 电厂 2 号锅炉目前火焰冲刷冷灰斗造成下部水冷壁和冷灰斗超温爆管等影
响机组安全运行的问题。

　　根据数值模拟验证，若不加高，则会有加剧冷灰斗区域超温，甚至爆管的危险，飞灰、
炉渣含碳量将上升等问题。从以上各方面分析，增加 AS 电厂 2 号锅炉下炉膛的容积和高
度对锅炉燃烧组织是必要的，对提高锅炉热效率也是必要的。

表 4-35　　　　不同时期 DGC 锅炉厂生产的 W 火焰炉特征参数比较表

项目	单位	山西 YQ 电厂一期	贵州 AS 电厂一期	贵州 AS 电厂二期	广西 YF 电厂	湖南 LIY 电厂	贵州 YX 电厂二期
厂家		DGC 锅炉厂	DGC 锅炉厂	DGC 锅炉厂	DGC 锅炉厂	DGC 锅炉厂	DGC 锅炉厂
型号		DG1025/18.2-Ⅱ7	DG1025/18.2-Ⅱ10	DG1025/18.2-Ⅱ15	DG1025/17.4-Ⅱ14	DG1025/18.2-Ⅱ15	DG1025/18.2-Ⅱ17
容量		亚临界 300MW 自然循环汽包炉					
炉膛宽度	m	24.765	24.765	24.765	24.765	24.765	24.765
炉膛深度（上）	m	7.239	7.239	7.62	7.62	7.62	7.62
炉膛深度（下）	m	13.345	13.345	13.726	13.726	13.726	13.726
下炉膛宽/深比 (W/D)L		1.856	1.856	1.804	1.804	1.804	1.804

项目	单位	山西YG电厂一期	贵州AS电厂一期	贵州AS电厂二期	广西YF电厂	湖南LIY电厂	贵州YX电厂二期
上下炉膛深度比 D_U/D_L		0.542	0.542	0.555	0.555	0.555	0.555
炉膛顶棚管标高	m	47.778	50.846	49.653	48.153	49.653	50.853
折焰角起点标高	m	36.286	38.343	38.107	36.607	38.107	39.307
大屏底部标高	m	32.454	33.019	33.184	32.684	33.184	34.384
下炉膛出口标高	m	24.011	23.079	24.74	24.24	24.74	24.74
冷灰斗底部开口标高	m	8.534	7.602	7.601	7.601	7.601	7.601
下炉膛高度	m	15.477	15.477	17.139	16.639	17.139	17.139
下炉膛垂直墙高度	m	5.612	5.612	7.002	6.502	7.002	7.002
屏底距下炉膛出口高度	m	8.443	9.940	8.444	8.444	8.444	9.644
炉膛总高度	m	39.244	43.244	42.052	40.552	42.052	43.252
上炉膛燃尽高度	m	14.16	17.622	15.461	12.367	13.367	14.567

改造前后锅炉炉膛特征参数对比见表4-36。

表4-36   **改造前后锅炉炉膛特征参数对比**

项目	单位	设计数据
炉膛宽	m	24.765
炉膛深（上/下）	m	7.239/13.345
炉膛高度	m	43.244
灰斗高度	m	8.44
下炉膛垂直距离	m	5.612（改前）/7.312（改后）
下炉膛出口至分割屏底部距离	m	9.94（改前）/8.24（改后）
燃烧器之间水平距离	m	1.61925
外排喷燃器距侧墙距离	m	3.000（改前）/3.383（改后）
炉膛容积	m³	7443（改前）/7672（改后）
卫燃带面积	m²	504（改前）/622.86m²（改后）
锅炉输入热量（BMCR）	MW	802.4（改前）/802.4（改后）
下炉膛断面放热强度	MW/m²	2.554（改前）/2.554（改后）
下炉膛容积放热强度	MW/m²	252.29（改前）/216.05（改后）
容积放热强度	kW/m³	107.81（改前）/104.59（改后）

4.6.3.4.2　改造对热力性能影响的宏观分析

下炉膛尽管提高1.7m，但是上炉膛相应缩短1.7m。因此，前后墙和两侧墙水冷壁的受热面基本不增加，只有翼墙的水冷壁受热面增加；而且下炉膛增加的水冷壁受热面需要增加敷设卫燃带，只要适当调节卫燃带的面积，就可以保持整个炉膛辐射受热面的总面积和原设计相近。因此对于敷设和对流受热面的热量分配不会带来明显的影响。

改造后下炉膛的火焰充满程度和火焰中心都会发生变化，与改造前的原型锅炉相比即与1号锅炉相比，火焰中心会下移，燃烧组织改善以后，1、2号锅炉下炉膛的炉膛温度都可能提高。这会影响辐射和对流受热面的热量分配，但是根据 JJ 电厂 6 号锅炉改造的经验，一方面将根据热力计算的结果来预测各对流受热面的温度，适当改变卫燃带的多少来加以调整；另一方面改造后的燃烧器性能良好，一、二次风的调整十分灵活，保证敷设和对流的吸热量分配合理，从而保证锅炉运行参数正常。

从 1、2 号和 3、4 号锅炉各高低过热器、再热器、省煤器的受热面及对比表可知，3、4 号锅炉的过热器和再热器的受热面的确减少了 2%～15.5%，尤其分隔屏过热器减少了15.9%（1、2 号锅炉和 3、4 号锅炉受热面的对比汇总见表 4-37）。但是根据摸底试验的数据来看，低负荷（150MW）下，再热蒸汽温度偏低，只有 506～507℃。根据 JJ 电厂改造的经验，改造后一般再热蒸汽温度会有所降低，因此此次不对受热面进行调整。另外，一方面锅炉的改造一般应先炉内后锅内，因此此次改造对于受热面暂时不动，根据改造结果再考虑是否适当调整。

表 4-37　　　　　　　　　1、2 号锅炉和 3、4 号锅炉受热面的对比结果汇总

名称	单位	规格	2 号锅炉	3、4 号锅炉	差值	
水冷壁总面积	m²		2282.994	2279.805		%
顶棚包覆面积	m²		117.361	126.797	−9.8	−8
分割屏受热面积	m²	共有 8 片，每片有 45 根 φ51 的管子组成	796.224	669.632	−126.6	−15.9
高温过热器换热面积	m²	共有 42 排，7 管圈绕制	1848.588	1803.898	−44.7	−2.4
高温再热器面积	m²	共有 97 排，6 管圈绕制	903.749	800.079	−103.6	−11.5
低温再热器换热面积	m²	共有 194 片，3 管绕制（规格 60×5mm）	11199.638	9468.700	−1730.9	−15.5
低温过热器换热面积	m²		11379.626	11119.308	−260	−2
省煤器换热面积	m²		440.015	369.612	−70.4	−16

4.6.3.4.3　改造后热力计算的结果

为了确认改造对热力特性的影响，进行了热力计算，由热力计算结果可知：

（1）下炉膛加高 1.7m 以后，炉膛体积增大，容积放热强度从 96.6kW/m² 降到 93.7kW/m²，略有降低。

（2）下炉膛加高 1.7m 以后，下炉膛体积增大，保持卫燃带比例（AS 电厂 2 号锅炉目前下炉膛卫燃带总面积为 504m²，占下炉膛辐射吸热面积的 42.4%；AS 电厂 1 号锅炉目前下炉膛卫燃带总面积为 584m²，占下炉膛辐射吸热面积的 49.2%）。尽管改造后拟将 AS 电厂 1、2 号锅炉低氮改造中卫燃带面积增加至 622.86m²，占下炉膛辐射吸热面积比例为47.7%，但是下炉膛吸热量增加，下炉膛出口烟气温度由 1410.4℃降到 1403.2℃。同时上炉膛受热面面积减少，导致炉膛出口温度由 1060℃上升到 1077℃。

（3）改造前后减温水没有明显变化，但是烟气挡板的开度有所变化，改造后再热烟气份额由 47.6%降到 45%。

结论：由于主蒸汽参数和再热蒸汽参数都能维持在额定负荷的范围，受热面不用进行调整。

4.6.3.4.4　改造后水循环是否会出现问题

AS电厂2号锅炉低NO_x燃烧改造方案中，水循环系统中结构参数均不改变，即管子内径、管子内表面状况、管子布置形式（竖直、倾斜或弯曲）均保持与原锅炉基本一致。其区别在于燃烧器区域水冷壁弯管改造比原结构更简单，减少下炉膛拱部区域一个弯管区域（原燃烧器乏气喷口），增加上炉膛垂直方向一个弯管区域（燃尽风喷口），管子弯头数量基本相同，在水循环阻力计算时几乎可以互相抵消，可忽略不计。

4.6.3.4.5　改造后锅炉的悬吊及荷载变化带来的风险分析

（1）载荷核算和分析。AS电厂2号锅炉低氮改造范围较大，特别是大风箱改造、燃尽风改造、水冷壁更换等内容，会在锅炉本体原来载荷基础上增加一定重量，以下对本次改造范围内载荷增加项目进行核算。

（2）增重比例核算和结论：

改造前，水冷壁＋风箱＋卫燃带总质量：560.861＋119.6＋182.651＝863.112（t）；

改造后，水冷壁＋风箱＋卫燃带总质量：566.249＋135.4＋205.072＝906.721（t）；

锅炉额定蒸发量为1025t/h，循环倍率按照锅炉生产厂家的《锅炉说明书》中全炉名义循环倍率6.38取值，则循环水量为1025×6.38＝6539.5（t）。

改造后增重比例为：

（906.721－863.112）/（906.721＋6539.5）＝46.609/7449.221＝0.587%

说明：以上是针对改造内容的主要载荷进行的计算，忽略了保温增重、燃烧器更换前后增重等。一般悬吊装置的安全系数为1.20，因此总重量增加0.587%是完全可以忽略的。

（3）吊挂系统的比较和分析。经统计国内各W火焰炉厂家的300、600MW级锅炉吊挂系统的不同。DGC锅炉厂生产的AS电厂一期2×300MW级W火焰炉有别于该厂生产的600MW级锅炉和HGC锅炉厂采用的英巴技术和BBC厂生产的300、600MW级W火焰炉。前者在下炉膛前后墙水冷壁垂直方向无吊挂装置，而后者在下炉膛前后墙水冷壁垂直方向有吊挂装置，特别是HGC锅炉厂和BBC厂生产的300、600MW级W火焰炉，在下炉膛翼墙垂直方向也设置了吊挂装置。而DGC锅炉厂生产的亚临界W火焰炉，其锅炉水冷壁管尺寸为$\phi76×9mm$，在同类别锅炉中，材质相同或相近，其管径和壁厚都是最大的；同时，均具有炉底大包，炉底大包是W火焰炉特有的结构，由炉底垂直桁架，水平桁架，热密封护板组成，其中垂直桁架要承受整个下炉膛以及拱部燃烧器、风箱的荷载，并要承受锅炉启动时由膨胀造成的侧水冷壁转移到该桁架上的荷载；通过底包垂直桁架传递给下降管，再通过下降管将载荷传递到顶板上，而且设计时锅炉在吊挂系统也考虑了可靠性和余量。而DGC锅炉厂生产的600MW超临界机组锅炉，两侧墙水冷壁和前后墙水冷壁的上炉膛载荷通过上集箱的吊耳、顶部吊挂装置传递到锅炉顶板梁。前后墙水冷壁的下炉膛载荷通过炉拱上方的风箱构架和吊杆传递到钢结构桁架上，为了吸收炉拱的热位移，每一根吊杆均配有一个恒力弹簧吊架。因此，此次低NO_x燃烧改造造成的增重比例为0.587%，不会影响锅炉的安全稳定性。

4.6.3.4.6　AS电厂2号锅炉卫燃带改造后面积的确定

（1）由于辐射受热面增加对辐射、对流吸热量的影响，AS电厂2号锅炉低氮改造方案中炉膛特征参数改造如下：在原炉膛特征参数的基础上，下炉膛拱部提高1.7m，同时，相对减少上炉膛高度1.7m，维持锅炉总高度不变。改造后各部受热面的变化值见表4-38，全炉膛增加了辐射吸热面积 9.07m²。

表 4-38　　　　　　　　　　　改造后各部受热面的变化值

前后墙和侧墙	翼墙	下炉膛	上炉膛	上下炉膛之和
27.2m²	27.2m²	117.88m²	−108.81m²	9.07m²

小结：由上可知，辐射受热面增加较少，不足以影响辐射和对流受热面吸热的分配。

（2）同型电厂卫燃带的调整及其对再热蒸汽温度的影响。

1）1、2号锅炉和3、4号锅炉的比较：

AS电厂2号锅炉目前下炉膛卫燃带总面积为 504m²，占下炉膛辐射吸热面积的 42.4%；AS电厂1号锅炉目前下炉膛卫燃带总面积为 584m²，占下炉膛辐射吸热面积的 49.2%；AS电厂3号锅炉目前下炉膛卫燃带总面积为 712.9m²，占下炉膛辐射吸热面积的 59.4%；目前2号锅炉在 150MW 负荷下，再热器蒸汽温度仅为 507℃；目前1号锅炉在 220MW 负荷下，再热蒸汽温度不足，为 519℃；目前3号锅炉在 250MW 负荷下，再热蒸汽温度为 534℃左右（非 50%ECR 工况），上述数据表明3号锅炉敷设卫燃带比例最高，再热蒸汽温度情况好于1、2号锅炉。

小结：这些都说明了目前1、2号锅炉再热蒸汽温度均偏低，增加卫燃带有利于提高再热蒸汽温度。

2）已进行低氮改造项目的锅炉卫燃带情况：

YF电厂4号锅炉目前下炉膛卫燃带总面积为 491m²，占下炉膛辐射吸热面积的 38.4%；JJ电厂6号锅炉目前下炉膛卫燃带总面积为 500m²，占下炉膛辐射吸热面积的 35.1%；YF电厂和JJ电厂锅炉低氮改造完后在低负荷下（200MW 以下，低氮模式运行），再热蒸汽温度也不足（520℃）左右。

原因分析如下：

YF电厂和JJ电厂低氮改造方案中，为了解决锅炉结焦和降低热力型 NO_x 的问题，将下炉膛卫燃带去除部分面积，YF电厂从原 70.3% 降低至 55.0%（电厂在低氮改造前完成），JJ电厂从 50.8% 降低至 40.7%。

低氮改造后，锅炉在低氮模式下运行，为了降低 NO_x 排放量，炉膛出口氧量均控制在 3% 以下（JJ电厂更控制在 2.5% 以下），造成烟气量比设计值低较多（设计过量空气系数为 1.3，低氮模式下在 1.15 左右），对流吸热量减少。

低氮改造后，拱上风动量增加较多，下炉膛火焰充满程度提高，火焰中心下移（燃尽风对火焰中心的影响小于拱上风），也造成再热蒸汽温度偏低。

小结：根据已经改造完的几台锅炉情况发现，由于减少了卫燃带的面积，改造后的锅炉再热蒸汽温度均偏低。因此这几台锅炉增加卫燃带不会造成再热器超温。

3）AS电厂2号锅炉卫燃带改造方案：

增加卫燃带比例的原因分析：

目前 AS电厂1、2号锅炉再热蒸汽温度在低负荷下偏低，且2号锅炉低氮改造后，火焰中心必将下移，同时炉膛辐射吸热面积增加 9m²。因此低负荷下再热蒸汽温度可能更低。

依据JJ电厂和YF电厂的改造经验，由于卫燃带的面积适当减少，再加上调试经验，低氮改造后为降低 NO_x，运行氧量控制在较低水平，因此可能造成满负荷时再热蒸汽温度也偏低。

　　如仍维持目前2号锅炉卫燃带的比例，低氮改造后再热器高低负荷下都非常有可能偏低，影响机组发电效率。因此拟将 AS 电厂2号锅炉低氮改造中卫燃带面积增加至622.86m²，占下炉膛辐射吸热面积比例为47.7%，增加的部分为：拱部燃烧器部分（除燃烧器喷口外）；下炉膛前后墙竖直段1000mm（改后的卫燃带布置图见图4-86）。

　　2号锅炉低氮改造后卫燃带的比例仍低于3号锅炉，主要是考虑到2号锅炉降低 NO_x 和防止下炉膛结焦的需要，如改造后再热蒸汽温度仍偏低，可通过烟气挡板、燃烧器调风盘和摆动燃尽风进行调节。

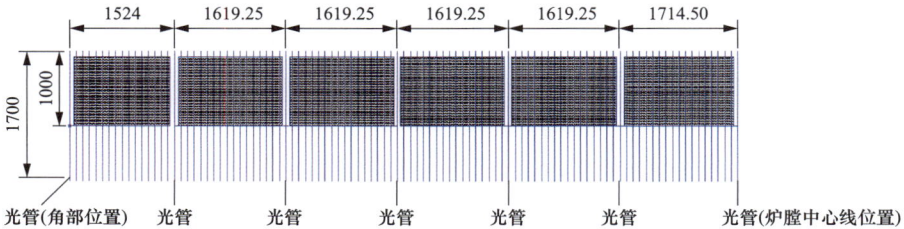

图 4-86　改后的卫燃带布置图

4.6.3.4.7　热力计算专题说明

　　下炉膛加高1.7m以后，炉膛体积增大，容积放热强度从96.6kW/m² 降到93.7kW/m²。下炉膛加高1.7m以后，下炉膛体积增大，保持卫燃带比例不变的前提下，下炉膛吸热量增加，下炉膛出口烟气温度由1410.4℃降到1403.2℃。

　　同时上炉膛受热面面积减少，综合结果导致炉膛出口温度由1060℃上升到1077℃。改造前后减温水没有明显变化，但是烟气挡板的开度有所变化，改造后再热烟气份额由47.6%降到45%。

　　结论：由于主蒸汽参数和再热蒸汽参数都能维持在额定负荷的范围，受热面不用进行调整。

4.6.3.5　低 NO_x 改造方案汇总

　　低 NO_x 改造方案汇总表见表4-39。

表 4-39　　　　　　　　　　　　低 NO_x 改造方案汇总表

序号	锅炉设备	改造前	改造内容	工作内容	改造目的
1	炉拱及煤粉燃烧器	双旋风筒煤粉燃烧器	下炉膛炉拱提高，锅炉总体高度维持不变；原燃烧器更换为新型低 NO_x 燃烧器	炉拱水冷壁和翼墙水冷壁部分更换；燃烧器整体改造	降低燃料型 NO_x 和燃烧组织稳定性提高
2	拱上和拱下二次风	A 风	A 和 B 风合为主气喷口的二次风	重新改造拱上风箱	燃烧器周界风配风合理
		B 风			
		C 风（油风）	略微改变	改造风箱结构	合理配风
		D 风	D 风率降低	增加导流板	进行全炉膛空气分级，降低燃料 NO_x 和热力 NO_x 的生成
		E 风	E 风率降低	增加导流板	
		F 风	F 风率降低并与水平方向呈一定角度喷入炉膛	增加导流板，封堵部分缝隙式喷口	增大煤粉气流的下冲深度，提高煤粉燃尽率
		G 风	不变		

续表

序号	锅炉设备	改造前	改造内容	工作内容	改造目的
3	燃尽风风箱和喷口	无	与水平方向呈一定角度喷入炉膛	燃尽风风道、膨胀节、燃尽风风箱、调挡板、燃尽风喷嘴、流量测量、执行机构及附件等	进行全炉膛空气分级，降低燃料 NO_x 和热力 NO_x 的生成
4	卫燃带		下炉膛水冷壁面积调整，增加或去除部分区域		降低下炉膛温度，防止炉内结焦和减少热力 NO_x 的生成

4.6.3.6 AS电厂1、2号锅炉低NO_x改造的结果

AS电厂1、2号锅炉的改造方案基本完全一致，改造结果如下：

（1）锅炉的安全、稳定性、经济性根本改善。由于采用了风包粉的旋转气膜风，防结渣性能得到显著改进。一改过去为了防止侧墙、翼墙结渣被迫停用两侧的燃烧器的现状，使锅炉出力由250MW恢复到300MW。

由于防结渣性能较强，为按W火焰炉分区燃烧的设计思想，下炉膛卫燃带占辐射受热面的比例高达60.2％提供了可能。下炉膛平均温度由改造前的1301℃提高到1528.5℃。AS电厂2号锅炉改造前后下炉膛温度测试汇总表见表4-40，燃烧的稳定性、燃尽性能都得到很大提高。采用新型燃烧器，在提前着火的前提下大幅度提高火焰的充满程度，也使燃烧效率得以大幅度提高。锅炉热效率由改造前的85.13％～88.34％提高到90.22％～90.96％，改造后的锅炉热效率见表4-41。

表4-40 AS电厂2号锅炉改造前后下炉膛温度测试汇总表

机组编号	2号锅炉改造前下炉膛温度（℃）			2号锅炉改造后下炉膛温度（℃）		
时间	2013年8月17日 13：43			2014年7月4日 18：20		
负荷（260MW）				负荷（300MW）		
右侧墙				右侧墙		
标高（m）	温度		均值	标高（m）	温度		均值
20158	1280	1196	1238	20158	1664	1557	1610.5
17700	1350	1220	1285	17700	1611	1320	1465.5
左侧墙				左侧墙			
标高（m）	温度		均值	标高（m）	温度		均值
20158	1348	1301	1324.5	20158	1670	1512	1591
17700	1330	1389	1359.5	17700	1572	1320	1446
下炉膛平均温度（℃）	1301			1528.5		

表4-41 改造后的锅炉热效率

内容	AS电厂1号锅炉		AS电厂2号锅炉	
	改造前摸底试验	改造后	改造前	改造后
锅炉容量（MW）	300		250	300
煤中全水分（％）	1.55	5.40	5.3	7

内容	AS电厂1号锅炉		AS电厂2号锅炉	
	改造前摸底试验	改造后	改造前	改造后
收到基灰分（%）	39.73	23.57	31.40	27
干燥无灰基挥发分（%）	15.57	9.78	9.99	12.16
收到基低位热值（MJ/kg）	17.22	24.22	20.990	20.2
运行氧量（%）	2.57	2.92	3.657	3.66
运行CO（μL/L）	3047	189.5	85.1	41.18
折算NO_x（mg/m³，标准状态）	579	667.29	943	837.06
修正排烟温度（℃）	140.7	123.59	140.27	142.27
飞灰可燃物含量（%）	12.17	9.88	11.54	4.74
大渣可燃物含量（%）	8.56	9.0	19.49	1.69
过热器减温水量（t/h）	78	81	—	106.9
再热器减温水量（t/h）	0	0	1.6	0
修正锅炉热效率（%）	85.13	90.22	88.34	90.96

（2）以NO_x为代表的环保性能显著改善。改造前尽管NO_x排放值不高，但是以炉膛温度大幅度偏低，氧量大幅度偏低，CO很高为代价得到的。改造后，NO_x为667.29～837.06mg/m³（标准状态）是在运行氧量为2.92%～3.66%，CO为189.5～42.18μL/L的条件下取得的。因此，排放指标得到较大改善。

改造后遗留的问题：1号锅炉飞灰可燃物偏高，造成的原因：

1）旋转式分离器性能不佳所致。尽管旋转式分离器改造后制粉细度都有所改善，但是由于制造厂家不同，1号锅炉的旋转式分离器的制粉细度比二号锅炉高出一倍。无烟煤制粉细度对燃烧效率的影响很大。

风粉分配性能不良是另一问题。根据1号锅炉改造后所做的风粉分配均匀性试验说明，一台磨煤机风粉偏差平均在45%，其中偏差最大的D磨煤机，偏差在47.45%～70.56%。3个磨煤机风粉偏差实测值见表4-42，风粉偏差过大是造成燃烧不良的重要原因。

表4-42 　　　　　　　　　　　　3个磨煤机风粉偏差实测值　　　　　　　　　　　　单位：%

日期	A磨煤机	B磨煤机	C磨煤机	D磨煤机
8月30日	45.89	45.89	45.86	47.45
8月31日	46.35	44.49	33.93	55.41
9月20日	46.18	46.18	25.26	70.56

2）改造后1号锅炉实验时燃用煤种的干燥无灰基挥发分为9.78%，属于无烟煤系列，燃煤可磨性指数偏低，导致风煤比加大。在调试中显示相同负荷，2号锅炉一次风压为2.4kPa，而1号锅炉为3.4kPa。这也是造成运行中燃烧器着火不良，加风困难的原因之一。从运行中可见，1号锅炉炉膛温度比2号锅炉偏低约200℃。但是炉膛温度低的主要原因与制粉细度偏高，入炉煤挥发分偏低有关。

4.6.4　JJ电厂三期锅炉掺烧烟煤及深度降氮燃烧改造方案

4.6.4.1　锅炉概况

JJ电厂设备概况详见4.6.2.1，此处不再赘述。

2013年，JJ电厂采用YTLY公司的W火焰炉低氮燃烧技术对三期锅炉进行了燃烧系统改造。主要的改造内容包括：①更换双旋风燃烧器为偏置浓淡，缩孔均流单调风新型低氮燃烧器，并对拱上二次风结构进行改造；②深化炉膛空气分级，在锅炉上炉膛增设摆动燃尽风喷口；③优化拱下二次风系统；④去除下炉膛部分卫燃带面积，去除卫燃带约44m²，剩余卫燃带面积约554m²。改造后在保证锅炉热效率不降低的前提下，NO_x 排放量由改造前的 1200mg/m³ 以上降低至 700mg/m³ 以下，经济和环保效益明显。

但原国家环境保护部最新颁布的《全面实施燃煤电厂超低排放和节能改造工作方案》（环发〔2015〕164号）对燃煤电厂锅炉提出了更高的要求，为此，需针对JJ电厂三期锅炉目前存在的主要问题，提出对应的解决措施，以适应国家对燃煤电站锅炉的节能环保要求。

锅炉目前存的主要问题有几个方面，下面分几个部分进行介绍：

JJ电厂三期锅炉实施低氮燃烧改造后，NO_x 排放浓度大幅降低，锅炉热效率有所提高，取得了良好的效果，但对于新的国家要求，仍然存在一定的不足，现总结如下。

JJ电厂三期锅炉下炉膛容积放热强度为 192.38kW/m³，相比其他同容量的W火焰炉属于中等水平，且2013年进行的低氮燃烧改造增加了拱上气流的动量，较好改善了炉内的火焰充满度，在一定程度上降低了下炉膛的火焰温度峰值。鉴于目前锅炉实际燃用煤质的 V_{daf} 在 25% 左右，已属于烟煤范畴，目前锅炉的下炉膛火焰温度相对依然较高。

由于锅炉的炉膛特征参数已经无法改变，为降低炉膛火焰温度水平，可去除易挂焦区域的部分卫燃带。

4.6.4.1.1 燃尽风率偏低，不利于深度降氮

三期锅炉在2013年的低氮燃烧改造中，由于燃用贫煤，燃尽风率较低，设计值仅为16%。

近几年，新投产自带燃尽风的和低氮燃烧改造增设燃尽风的W火焰炉，在燃用较高挥发分的入炉煤时，设计燃尽风率普遍在 25% 以上，为实现锅炉的进一步减少 NO_x 的生成量，有必要进一步提高锅炉的燃尽风率。

4.6.4.1.2 锅炉无法满足深度调峰的需要

随着国家能源结构的调整，可再生能源装机规模逐年提高，而燃煤火电机组装机容量增加缓慢，年度小时利用数持续下降（近几年我国火电、水电年度利用小时数变化曲线见图4-87），同时要求燃煤火电机组越来越多的进行深度调峰。

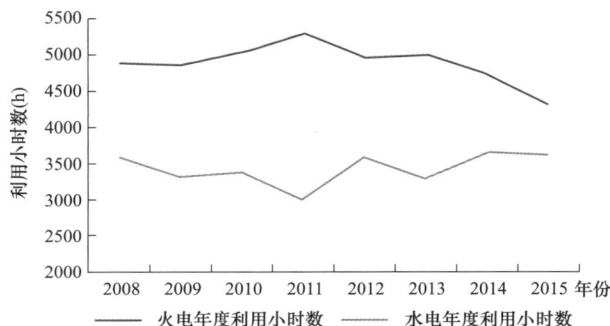

图 4-87 近几年我国火电、水电年度利用小时数变化曲线

目前 JJ 电厂三期锅炉最低不投油稳燃负荷为 140MW（40%ECR），根据燃煤火电机组的运行灵活性要求，至少要降至 105MW（30%ECR），JJ 电厂三期锅炉目前无法满足深度调峰要求。

4.6.4.1.3　风粉分配不均且煤粉偏粗，飞灰含碳量偏高

JJ 电厂三期锅炉制粉系统的选择，汲取了早期 FW 型 W 火焰炉制粉系统出力偏小的教训，磨煤机由 D-10D 提高到 D-11D，$R_{75}<10\%$，相当于 $R_{90}<6\%$。但 6 号锅炉制粉系统试验结果显示，在煤质热值下降后，C、D 磨煤机的煤粉细度 R_{90} 平均值分别达到了 8.9% 和 12.3%，JJ 电厂 6 号锅炉 C、D 磨煤机煤粉细度见表 4-43；粉管风煤比高达 1.78，更重要的是各一次风管道间煤粉浓度偏差在 $-37\%\sim46\%$，JJ 电厂 6 号锅炉 D 磨煤机风管煤粉浓度见图 4-88。

可见，JJ 电厂三期锅炉制粉系统存在以下问题：

（1）各粉管煤粉浓度分布不均。

（2）各粉管煤粉偏粗，且偏差较大。

（3）煤质下降后一次风煤比大幅度增加。这些问题是导致煤粉颗粒燃尽困难、飞灰含碳量较高的主要原因。

表 4-43　　　　　　　　　JJ 电厂 6 号锅炉 C、D 磨煤机煤粉细度

煤粉管号	R_{90}（%）	R_{200}（%）	煤粉管号	R_{90}（%）	R_{200}（%）
C1	—	—	D1	—	—
C2	8	1.2	D2	16	7.2
C3	5.2	1.6	D3	10.8	3.2
C4	11.6	0.8	D4	—	—
C5	9.2	1.2	D5	9.6	3.6
C6	10.4	2.4	D6	12.8	3.6
平均	8.88	1.44	平均	12.3	4.4

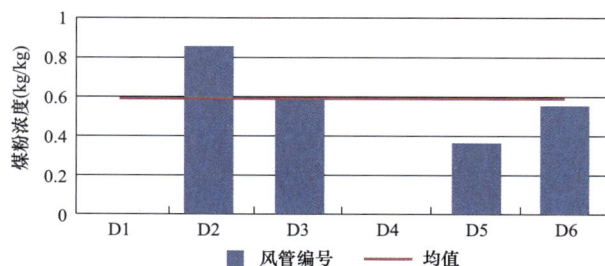

图 4-88　JJ 电厂 6 号锅炉 D 磨煤机风管煤粉浓度

4.6.4.1.4　问题汇总

综上所述，JJ 电厂三期锅炉主要存在下列问题：

（1）NO_x 相对较高，无法达到国家最新的 NO_x 排放标准。

（2）调峰能力和灵活性运行水平不足。

（3）煤粉较粗、粉管风粉分配不均，限制了锅炉热效率的提升。

4.6.4.2　深度降氮改造论证

4.6.4.2.1　深度降氮改造方案总的论证

在燃用改造校核煤种的条件下，改造目标确定为：

（1）锅炉不发生严重结渣、尾部烟气温度无超温现象。

（2）BMCR 工况下，脱硝系统入口 NO_x 浓度不超过 $500mg/m^3$（$O_2 = 6\%$）。

（3）BMCR 工况下，锅炉热效率不低于 91.64%，炉膛出口 CO 浓度小于 $100\mu L/L$。

（4）在 $50\% \sim 100\%$ BMCR 负荷范围内，主、再热蒸汽温度均可达到设计值 $541 \pm 5℃$，过热器减温水量不高于现有水平。

（5）锅炉不投油最低稳燃负荷不大于 105MW（30%ECR）。

采用掺烧烟煤是一种有利的选择。但是大量掺烧烟煤后带来的最大问题是，可能造成结渣、超温和火焰短路，以及启动性能不良等问题。而继续沿用第一次改造采用的偏置浓淡、缩孔均流的单调风燃烧器，只要适当调整有关设计参数，这些问题都能得到较好的解决。因此，大力推荐该改造方案。

（1）该种燃烧方式煤种适应能力强。该种燃烧器煤种适应能力强，在 JJ 电厂和 LIC 电厂都不同比例燃用过烟煤而且取得较好业绩。在 YF 电厂不仅燃用过烟煤混烧贫煤而且大比例掺烧过石油焦，也能维持燃烧稳定，和较好的指标（YF 电厂 4 号锅炉不同煤质下的 NO_x 排放浓度和锅炉热效率见表 4-44）。

（2）掺烧烟煤时防结渣能力强。对于 W 火焰炉掺烧烟煤带来的最大问题是防止结渣，但是单调风燃烧器最大的特点是具有良好的防结渣能力。

从已经投入运行的锅炉可以证明这种燃烧器具有良好的防结渣功能。

（3）掺烧烟煤后 NO_x 将会大幅度降低，而且进一步改进燃烧组织的改造方案简单实用。

表 4-44　YF 电厂 4 号锅炉不同煤质下的 NO_x 排放浓度和锅炉热效率（2014 年测量）

煤质	负荷	NO_x	锅炉热效率
贵州煤：石油焦＝5：3	280MW	省煤器出口 $663mg/m^3$ 以下	q_3、q_4 不上升
石油焦：贵州煤＝2：1	320MW	省煤器出口 $800mg/m^3$ 以下	q_3、q_4 不上升
石油焦：宁夏煤＝2：1	250MW	省煤器出口 $800mg/m^3$ 以下，最低可至 $580mg/m^3$	q_3、q_4 不上升
贵州煤：石油焦＝3：1	320MW	省煤器出口 $1000mg/m^3$ 左右；在 $800mg/m^3$ 以下时，飞灰可燃物含量上升至 $7\% \sim 8\%$，由于低位发热量上升，q_4 不上升	q_3、q_4 不上升

注　q_3 为化学未完全燃烧热损失。

实践证明，在入炉煤挥发分提高以后，NO_x 大幅度降低，目前实践中已经多次显示 NO_x 降低到 $500mg/m^3$ 的业绩，为了进一步降低 NO_x 到 $450mg/m^3$，只需要适当增加燃尽风的比例；适当缩小卫燃带的面积，就可以达到这一目标。

4.6.4.2.2　JJ 电厂三期锅炉 NO_x 排放浓度高的解决途径

（1）改造设计煤质的确认。经与 JJ 电厂交流，初步确定改造设计煤质为目前实际燃用煤种与淮南煤的掺配，具体掺配比例待定。

该方案首先通过全炉膛燃烧数值模拟，对比不同淮南煤掺配比例下炉内温度场分布和

NO_x 排放浓度，以确定具体的淮南煤掺配比例。以锅炉目前实际燃用煤种和淮南煤按一定比例进行掺配，掺配比例分别为实际燃用煤种与淮南煤 5∶5 和 3∶7。经 JJ 电厂确认，该次深度降氮改造的设计煤质参数见表 4-45。而且为了防止结渣，在技术协议中明确规定，在各种情况下灰熔点 $t_2 > 1500℃$。

表 4-45 深度降氮改造设计煤质参数

项目	符号	单位	设计煤种	校核煤种
收到基碳	C_{ar}	%	55.98	62.66
收到基氢	H_{ar}	%	2.99	2.80
收到基氮	N_{ar}	%	1.06	0.98
收到基氧	O_{ar}	%	6.66	5.06
收到基硫	S_{ar}	%	0.66	0.44
收到基水分	M_{ar}	%	11.4	11.6
收到基灰分	A_{ar}	%	21.25	16.46
干无灰基挥发分	V_{daf}	%	30.34	21.24
收到基低位发热量	$Q_{net,ar}$	MJ/kg	21.25	23.38

（2）针对目前锅炉存在的问题提出改造思路。针对前述的 JJ 电厂三期锅炉存在的主要问题，提出如下深度降氮改造思路：

1）锅炉燃用煤质的挥发分较高，需对制粉系统进行必要的防爆改造，同时校核冷一次风旁路管道是否满足需要。

2）调节低氮燃烧器上的乏气可调缩孔，改变主、乏气气流的分配比例，提高主气喷口风速，以适应燃烧高挥发分烟煤的需要。

3）优化燃尽风喷口结构和燃尽风取风方式，提高燃尽风率，加大全炉膛空气分级程度，进一步降低燃料型 NO_x 的生成。

4）按照系统工程的观点，优化制粉系统，建议增设动态分离器及煤粉均分器，降低煤粉细度，改善风粉分布，提高煤粉气流着火性能，进一步降低机械不完全燃烧损失，提高锅炉热效率。

5）建议对燃烧器实施局部富氧稳燃技术，增强燃烧器在低负荷下的稳燃能力，实现锅炉深度调峰。

6）锅炉燃用高挥发分的烟煤后，需减少一定的卫燃带面积，增加下炉膛水冷壁吸热，降低燃烧区温度水平，一方面减少热力型 NO_x 生成，另一方面减少炉膛结渣。

4.6.4.3 深度降氮改造方案

4.6.4.3.1 制粉系统防爆改造方案

（1）制粉系统防爆措施。根据《火力发电厂制粉系统设计计算技术规定》（DL/T 5145—2002）中规定的制粉系统防爆技术措施，锅炉燃用高挥发分的烟煤时，制粉系统需进行如下防爆改造：

1）磨煤机磨制烟煤时，磨煤机出口温度应控制在 70～75℃，送粉管道内流速在任何负荷下不小于 18m/s。

2）在通往磨煤机的热风道上，安装两道风门，其中第一道为隔绝门，在磨煤机停运时切断热风；第二道为调节门，用于调节磨煤机进口通风量。在冷风管道上安装冷风门，以调节一次冷风量，调节磨煤机进口风温。

3）在磨煤机前的烟风管道中引入灭火蒸汽，蒸汽压力不应超过 0.3MPa，供汽管道的阀门应采用电动阀，并在锅炉操作盘上控制。

4）在原煤仓上部空间及金属煤斗下部安装防爆、消防用的蒸汽喷嘴，蒸汽压力不应超过 0.3MPa。

5）消除煤粉管道中的袋形和盲肠管以及导致煤粉沉积的凸处和不光滑处，避免煤粉沉积。

6）在磨煤机和燃烧器之间的送粉管道上应装设隔离风门，隔离风门宜布置在紧靠分离器出口的竖向管段上，便于风门在开启状态时，使风门上方积聚的煤粉落到磨煤机中。

7）磨煤机及出粉分离器的进出口需装设防爆门。

（2）冷一次风管道核算。鉴于磨煤机磨制烟煤时，磨煤机出口温度需控制在 70～50℃，较目前实际运行值（约 110℃）偏低，需要增加一定的冷风量。另外，由于烟煤的含水量较目前煤质偏高，需要更高的干燥出力，为此，需要对磨制烟煤后的制粉系统出力进行核算，以确定所需的冷一次风量，决定是否对冷一次风管道进行改造。

制粉系统热平衡计算见表 4-46。

表 4-46　　　　　　　　　　　　制粉系统热平衡计算

工况	单位	6号锅炉实际	低氮设计	低氮设计
燃用煤质		实际煤质	设计煤质	校核煤质
磨煤机入口空气计算				
磨煤机实际出力	t/h	38.42	35.4	32.18
磨煤机实际煤质风煤比	kg/kg	1.42	1.6	1.82
实际密封风量	kg/kg	0.162	0.1764	0.1941
磨煤机入口总风量	t/h	44.6	44.5	45.1
磨煤机出口温度	℃	106	70	70
热量计算				
热风份额		97.0%	88.0%	80.0%
热风温度	℃	341	341	341
冷风份额		3%	12%	20%
冷风温度	℃	20	20	20
干燥剂温度	℃	331.6	303.1	277.8
干燥剂量	kg/kg	1.159	1.2578	1.4003
一次冷、热风管道尺寸计算				
一次风量	t/h	178.23	178.12	180.24
一次冷风量	t/h	5.3	21.4	36.0
一次热风量	t/h	172.9	156.7	144.2
冷一次风管道风速	m/s	15	15	15
冷一次风管道内径（所需）内径	mm	229	459	596

JJ 电厂三期锅炉目前冷一次风管道直径为 1000mm 左右，满足所需冷风量，无需对冷一次风旁路管道进行改造。

（3）制粉系统防爆改造内容。根据制粉系统防爆措施内容，制粉系统磨制大比例淮南烟煤后，为避免发生制粉系统爆炸及减轻煤粉气流爆炸后对主设备的破坏，制粉系统需增设消防蒸汽系统，并在磨煤机及分离器进出口装设防爆门，磨煤机消防蒸汽系统见图4-89。

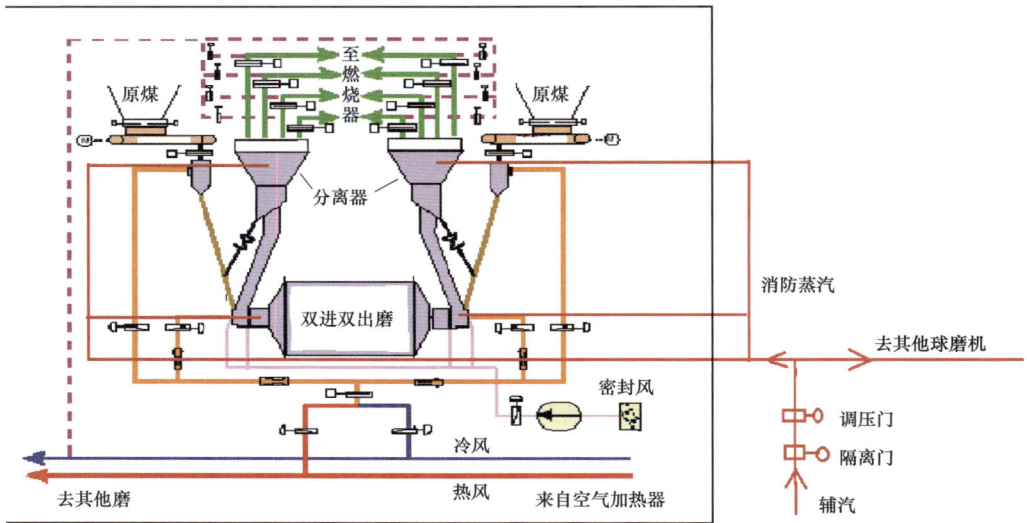

图 4-89　磨煤机消防蒸汽系统

4.6.4.3.2　燃尽风优化方案

增大燃尽风初步方案。经计算工程应用经验，根据煤质分析和燃烧的需要，进一步提高 JJ 电厂三期锅炉的燃尽风率，将燃尽风率设计值由目前的 16％提高至 22％，最大可到 25％。保持燃尽风速不变，扩大燃尽风喷口面积；并在左、右侧墙上新增 4 个侧墙燃尽风喷口。新增侧墙燃尽风道示意图见图 4-90。

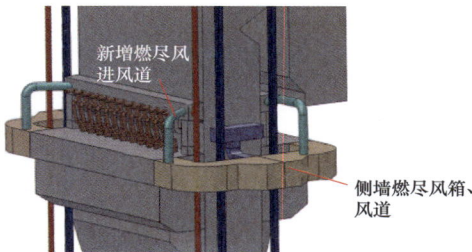

图 4-90　新增侧墙燃尽风道示意图

4.6.4.3.3　二次风系统改造方案

为了配合燃尽风系统的优化，现有二次风供风系统需进一步优化和改造，主要内容如下：

（1）取消拱下 D 风喷口。

（2）更换 E 风风门挡板。

（3）适当封堵部分 E 风和 F 风喷口。

（4）改变燃烧器主乏气比例，并增设拱上二次风电动调节门，见图 4-91。

4.6.4.3.4　煤粉分离器及均分装置改造方案（未被采纳）

4.6.4.3.5　卫燃带改造方案

JJ 电厂三期锅炉下炉膛容积放热强度较高，达到 $192.38kW/m^3$，同时下炉膛敷设了大量的卫燃带，导致炉膛温度过高，实测值在 1500℃以上。2013 年低氮燃烧改造中去除了部分卫燃带，炉膛温度有所下降，但由于锅炉实际燃用煤质的挥发分较高，下炉膛温度仍然较高，为进一步降低 NO_x 排放量，有必要进一步去除卫燃带。

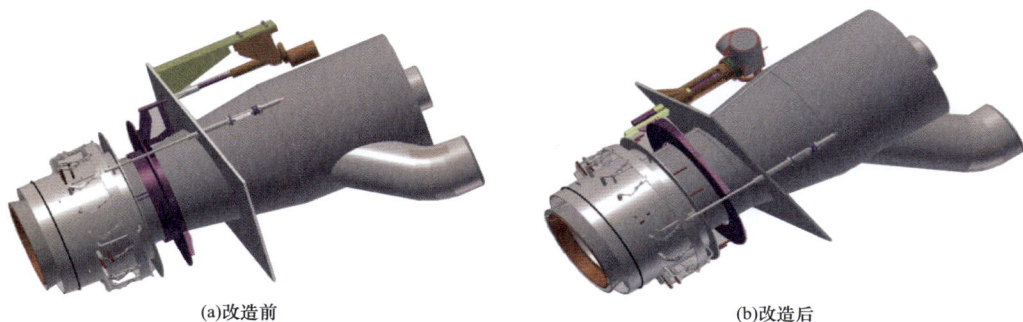

(a)改造前　　　　　　　　　　　　(b)改造后

图 4-91　增设拱上二次风电动调节门

考虑改烧烟煤后，炉膛卫燃带表面容易挂焦，建议去除目前炉内大部分的卫燃带，主要为翼墙和垂直墙区域，及上炉膛前后墙区域，深度降氮卫燃带改造方案示意图见图4-92，6号锅炉最终去除卫燃带424m²，改造后剩余卫燃带面积为130m²。对于JJ电厂卫燃带的面积，电厂介绍2013年改前是598m²，其中5号锅炉去掉了44m²，剩余了554m²。2018年4月改造后，5号锅炉去除315m²，剩余239m²，后来2018年8月5号锅炉又去除109m²，剩余130m²。

为保证改造后卫燃带面积的合理性，建议具体实施时，根据锅炉实际运行情况，分步逐渐去除卫燃带。

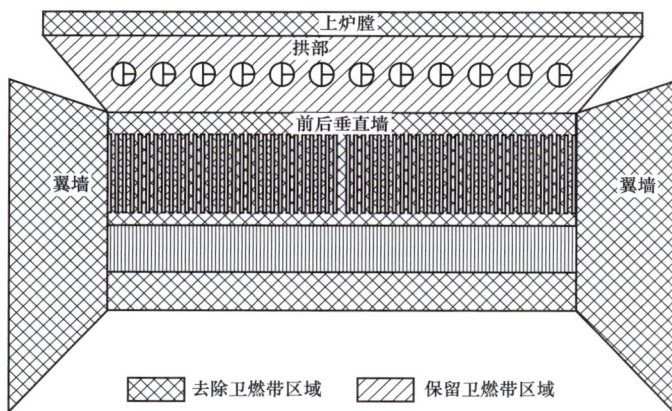

图 4-92　深度降氮卫燃带改造方案示意图

4.6.4.3.6　燃烧器富氧稳燃措施

深度降氮改烧高挥发分（V_{daf}约为30%）的烟煤后，着火稳燃能力提高，考虑到国内燃煤市场煤种不稳定的现状，以及锅炉自身燃烧系统煤种适应能力宽的要求，JJ电厂已建有燃烧供氧系统的良好基础，拟采用燃烧器局部富氧措施提高锅炉的低负荷稳燃能力。

2013年，JJ电厂采用烟台某公司的W火焰炉低NO_x燃烧技术对三期进行了燃烧系统的改造，将双旋风筒燃烧器改为新型偏置浓淡低NO_x燃烧器，其中A磨煤机对应的6个燃烧器为微油燃烧器，拟对这6台微油燃烧器加氧改造。

改造前后燃烧器与磨煤机的连接关系未变，燃烧器与磨煤机的连接关系图见图4-93。

后墙

A1	D1	A2	D2	A3	D3	A4	D4	A5	D5	A6	D6
B1	C1	B2	C2	B3	C3	B4	C4	B5	C5	B6	C6

前墙

1	2	3
A磨煤机		
4	5	6

1	2	3
B磨煤机		
4	5	6

1	2	3
C磨煤机		
4	5	6

1	2	3
D磨煤机		
4	5	6

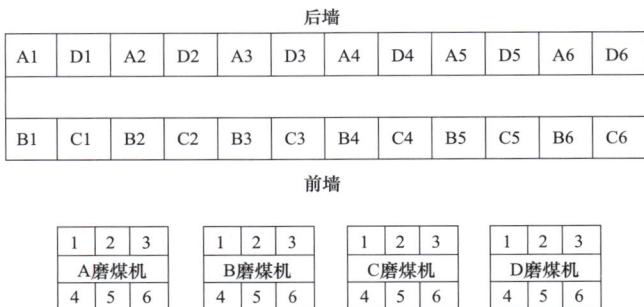

图 4-93 燃烧器与磨煤机的连接关系图

此次方案为辅助 6 台微油燃烧器进行加氧，锅炉在低负荷（＜140MW）时，微油燃烧器加氧运行；锅炉正常运行（中、高负荷）时，关闭氧气管路，通入吹扫风，吹扫风取自冷一次风。

6 台微油燃烧器进行局部富氧改造后，锅炉可实现 105MW（30％ECR）下的不投油稳定燃烧，实现深度调峰的要求。单个微油燃烧器加氧管路流程示意图见图 4-94。

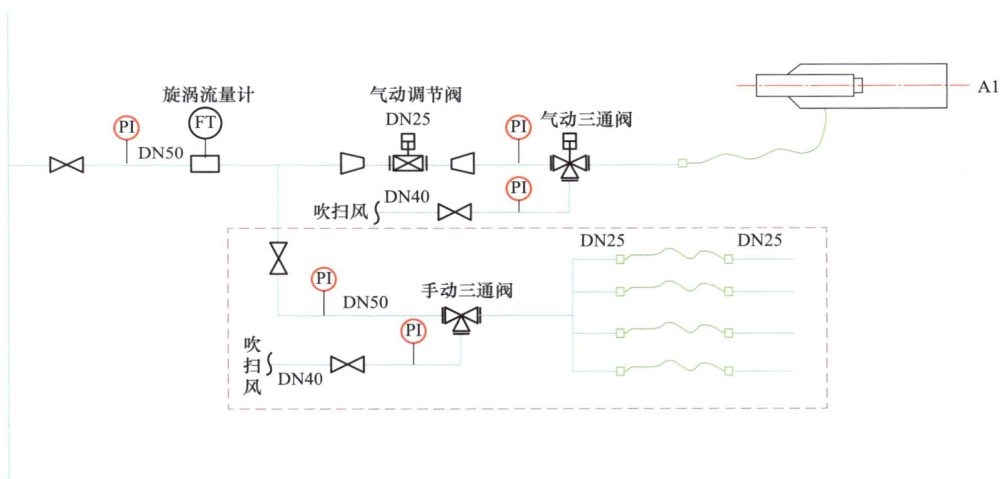

图 4-94 单个微油燃烧器加氧管路流程示意图

4.6.4.3.7 燃烧数值模拟计算结果

为验证改造方案的效果，本文进行了全炉膛燃烧数值模拟，不同烟煤掺烧比例的模拟。针对本文前述的深度降氮改造设计煤质（见表 4-45），进行不同的燃尽风率、卫燃带面积的模拟，结果在燃尽风门全开的条件下，燃尽风率为 22％，可以满足设计要求。

4.6.4.3.8 热力计算结果

可得到如下结论：

首先对锅炉实际运行工况进行计算，结果表明计算结果与锅炉实际运行情况基本一致，证明计算程序准确。

本次改造设计煤质热值提高，燃煤消耗量略有下降；同时煤质的 V_{daf} 有所提高，根据已有经验，飞灰含碳量有所下降，计算中的固体未完全燃烧损失下降。

本次改造炉膛出口温度可能会升高，而随着燃尽风率的提高，炉膛出口温度进一步升高，导致过热器减温水量增加；而在去除部分卫燃带后，炉膛出口温度下降，过热器减温水也得到控制。

本次改造设计煤质时，尾部烟温有所上升，空气预热器换热增强，一、二次风温均有所上升。根据上述计算结果，在燃用设计煤质时，增大燃尽风率至22%，去除部分卫燃带后，锅炉汽水、风烟系统可以保持正常。

4.6.4.4　JJ电厂5号锅炉深度降氮改造后的问题分析及6号锅炉性能参数的修改

4.6.4.4.1　5号锅炉改造后的问题分析

JJ电厂5号锅炉于2018年6月10日完成深度降氮燃烧改造，锅炉启动后，存在减温水量大、NO_x偏高及排烟温度高的问题，下面分别进行分析。

4.6.4.4.2　6号锅炉性能参数建议

针对上述存在的不足，需要进一步降低火焰中心，改善下炉膛的充满程度；适当减缓下炉膛上部的燃烧强度；进一步增加蒸发吸热量的比例。为此，JJ电厂6号锅炉深度降氮燃烧改造计划时间定于2018年9月28日，针对5号锅炉出现的问题，本次对6号锅炉性能参数准备进行若干调整，内容如下。

（1）主气风速由16m/s提高到20m/s。目前5号锅炉主气风速为16m/s，实际运行中乏气全关，主气风速达到27m/s，关闭一根粉管时，主气风速达到32m/s。结果飞灰可燃物基本未增加的前提下，NO_x下降70~80mg/m³，这说明适当提高一次风速是有利的。

（2）增加油喷口，以增加拱上气流的下冲能力。将油风风率定为12%，考虑油喷口设置有油枪和看火镜，目前尺寸为400mm×400mm，不宜进一步缩小，喷口风速为19m/s。设置油喷口高度为700mm，其中包在水冷壁中高度为200mm。油风设置有调节挡板，其风量可控。

（3）周界风率由23%减小为18%。改造设计煤种着火性能较好，过早的供给二次风不利于火焰中心的降低和NO_x的生成。

将周界风喷口面积减小15%，周界风率由23%减小为18%，周界风速设计为30m/s，提高周界风速至40m/s时，周界风率可达到23%。（6号锅炉冷态动力厂试验冷态试验结果表明，可以达到该设计值）。

（4）减小F风喷口面积。5号锅炉实际运行中，F风门开度较小，为10%。本次6号锅炉进一步减小F风喷口面积，相比5号锅炉减小30%左右，F风率由27%减小为20%。同时，封堵F风喷口上方喷口，保留F风下方喷口。

（5）以上措施皆增加了各次风的流动阻力，有利于提高二次风箱的风压；有利于燃烧调整［实际上5号锅炉风箱压力是0~0.05kPa（满负荷）］，6号锅炉风箱压力上升到0.1~0.15kPa（满负荷）；有利于进一步提高燃尽风的风率，以利于降低NO_x。

（6）卫燃带。对于JJ电厂卫燃带的面积，电厂介绍2013年改前是598m²，其中5号锅炉去掉了100m²，实际上只去除了44m²，剩余了554m²。2018年改造后5号锅炉去除卫燃带面积在315m²，剩余239m²。2018年改造6号锅炉在5号锅炉的基础上进一步去除前后垂直墙剩余的卫燃带109m²，改造后6号锅炉仅保留前后拱部卫燃带，计130m²。为了进一步降低NO_x，5号锅炉在8月再次投入运行前，也将卫燃带继续去掉109m²，最后保留的卫燃带面积和6号锅炉相同，也是130m²。

上述措施对于有利于燃用设计煤种，对于燃用偏于贫煤的煤种时的各项指标可能会差一些，但不会影响带负荷和各项参数，即能满足设计要求。

4.6.4.5　JJ电厂深度低氮改造方案总结

4.6.4.5.1　JJ电厂5、6号锅炉设计参数对比

JJ电厂和两个项目实施的次序依次为：JJ电厂5、6号锅炉改造设计煤种与校核煤种见表4-47。JJ电厂5、6号锅炉考核试验煤质分析见表4-48。

表 4-47　　　　　　　　　JJ 电厂 5、6 号锅炉改造设计煤种与校核煤种

	项目	符号	单位	深度降氮设计煤质	深度降氮校核煤质
工业分析	收到基水分	M_{ar}	%	11.4	11.6
	干燥基水分	M_{ad}	%	2.70	2.90
	收到基挥发分	V_{ar}	%	20.43	15.28
	干燥无灰基挥发分	V_{daf}	%	30.34	21.24
	收到基灰分	A_{ar}	%	21.25	16.46
	低位发热量	$Q_{net,ar}$	kJ/kg	21250	23380
元素分析	收到基炭	C_{ar}	%	55.98	62.66
	收到基氢	H_{ar}	%	2.99	2.80
	收到基氧	O_{ar}	%	6.66	5.06
	收到基氮	N_{ar}	%	1.06	0.98
	收到基硫	S_{ar}	%	0.66	0.44

表 4-48　　　　　　　　　JJ 电厂 5、6 号锅炉考核试验煤质分析

	项目	符号	单位	5号锅炉（350MW）	6号锅炉（350MW）
工业分析	收到基水分	M_{ar}	%	11.1	8.7
	干燥无灰基挥发分	V_{daf}	%	28.98	18.36
	收到基灰分	A_{ar}	%	18.42	18.82
	低位发热量	$Q_{net,ar}$	kJ/kg	22320	23520
元素分析	收到基碳	C_{ar}	%	59.1	64.34
	收到基氢	H_{ar}	%	3.22	3.22
	收到基氧	O_{ar}	%	6.7	3.31
	收到基氮	N_{ar}	%	0.95	1.05
	收到基硫	S_{ar}	%	0.51	0.66

JJ电厂5、6号锅炉于2013年进行了低氮燃烧改造，设计燃尽风率为16%，实际约为10%，一次风速在14.38m/s，去除卫燃带约44m²，剩余卫燃带面积约554m²。

5号锅炉本次深度降氮燃烧改造，增大了燃尽风率至25%，冷态试验结果约为20%，一次风速提高至16m/s，周界风率在23%左右，去除卫燃带420m²，剩余130m²。

6号锅炉本次深度降氮燃烧改造，增大燃尽风率至25%，冷态试验结果约为23%，一次风速提高至20m/s，周界风率为18%，在燃烧器后方增设油风喷口，喷口与竖直方向夹角5°，油风风率为12%，去除卫燃带面积420m²，剩余130m²。

4.6.4.5.2　JJ电厂5、6号锅炉运行情况对比

JJ电厂5、6号锅炉考核试验结果见表4-49。

表 4-49　　　　　　　　　　　　**JJ 电厂 5、6 号锅炉考核试验结果**

项目	单位	5 号锅炉	6 号锅炉
负荷	MW	350	350
主蒸汽温度	℃	541	540
再热蒸汽温度	℃	541	542
过热蒸汽减温水量	t/h	196	77
再热蒸汽减温水量	t/h	0	0
省煤器后 NO_x	mg/m^3（O_2＝6％）	496	424
省煤器后 CO	μL/L（O_2＝6％）	727	173
省煤器后氧量	％	1.77	1.72
空气预热器后氧量	％	3.64	4.10
空气预热器后 CO	μL/L	420	160
排烟温度	℃	141.2	113.5
环境温度	℃	37.4	7.8
飞灰含碳量	％	3.64	3.61
修正后锅炉热效率	％	93.14	92.95

5 号锅炉本次深度降氮改造后，锅炉存在减温水量大、NO_x 偏高及排烟温度高的问题。

（1）减温水量大。JJ 电厂 5 号锅炉 2018 年 8 月实施进一步去除卫燃带（卫燃带进一步 JJ 电厂取消了 109m^2），于 2018 年 9 月 16 日启动；JJ 电厂 6 号锅炉改造后于 2018 年 11 月 20 日启动。5 号、6 号锅炉试验结果见表 4-50。

表 4-50　　　　　　　　　　　　**JJ 电厂 5、6 号锅炉试验结果**

项目	JJ 电厂 5 号锅炉	JJ 电厂 6 号锅炉	
减温水量（t/h）	高点	200	150
	低点	120	80
低温过热器后温（℃）	高点	480～540	460～490
	低点	410～430	400～420
省煤器后烟温（℃）	高点	390～405	380～400
	低点	320～340	320～340
排烟温度（℃）	高点	144～151	120～140
	低点	120～130	100～120

5 号锅炉满负荷工况下，过热器减温水量可达 210t/h，低温过热器后、一级减温水前的蒸汽温度可达到 540℃，同时个别高温再热器管壁温度经常出现超警报值（580℃）现象，主要与负荷相关，不同煤质下无明显区别。改造后，鉴于燃用煤种为神华混煤，易着火，拱上煤粉气流存在下冲困难的问题，同时因为结渣进而导致火焰中心偏高。

（2）NO_x 浓度偏高且出现结渣情况。锅炉燃用挥发分较高的神华混煤时，煤粉颗粒着火较早，且二次风供给相对充足、及时，导致炉膛火焰温度整体较高，热力型 NO_x 大量生成，导致 NO_x 排放浓度偏高。

JJ 电厂 6 号锅炉 NO_x 浓度低于 5 号锅炉，满负荷下，5 号锅炉在燃用校核煤质时在 490～550mg/m^3，6 号锅炉在 400～450mg/m^3。所以笔者认为，在燃用挥发分较高的煤种时，适当提高一次风速是有利的，增加油风可以增加拱上风的引射能力的能力有限。JJ电厂三期锅炉深度降氮改造项目实际运行数据与设计要求对比见表4-51。

表 4-51　　　JJ 电厂三期锅炉深度降氮改造项目实际运行数据与设计要求对比

项目	设计要求/技术协议	5 号锅炉改后实际运行	6 号锅炉改后实际运行
设计煤种 NO_x	≤450mg/m³	未达到，496mg/m³	未进行
校核煤种 NO_x	≤500mg/m³	未进行	达到，424mg/m³
飞灰含碳量	不大于改造前	达到，3.64%	达到，3.61%
CO	≤100μL/L	未达到，727μL/L	未达到，173μL/L
锅炉热效率	≤92.06%	达到，93.14%	达到，92.92%
减温水量	≤60t/h	196t/h	77t/h
结焦要求	炉膛不结焦	炉膛有结焦现象	无结焦现象

5 号锅炉改造后出现结渣。造成结渣严重主要是由于该炉膛容积放热强度高达190kW/m³。技术协议规定的煤种灰熔点 t_2 不得低于 1500℃，但是实际大量掺用神华煤，其灰熔点达 1200℃以下，当然会造成严重结渣。从结渣的表象来看，整个炉膛均匀地敷满80mm/层的焦渣，并无大块的渣团，这也说明并非由燃烧组织不良所造成的。

这两台锅炉的改造结果说明：煤的挥发分越高，火焰下冲越困难，越容易短路，而且仅仅提高一次风速是不够的。主气流的动量如此高，希望用油风来引射是不可能的。因此，增加油风的效果应进行进一步分析。

适当减少周界风率，提高周界风速，更有利于改善下炉膛的充满程度。以后应考虑是否减小周界风的扩散角，以改善火炬的下射能力。

大量掺烧烟煤后，一次风率应高于燃用贫煤时的一次风率。因此，在今后的运行调整中可以适当开大旁路风，以提高一次风率。

适当提高燃尽风率是有利的，5 号锅炉尽管设计燃尽风率较高，冷态试验说明实际燃尽风率仅为 20%。

拱下 F 风率偏高，不利于改善火焰充满程度。

二次风箱呈负压状态，无法按设计分配各次风率，说明设计的各次风率也未能达到设计要求。

炉底的漏风是否对火焰中心有较大的影响也值得考虑。这次锅炉改造成干排渣，影响也比较大，一般由湿排渣改成干排渣，锅炉的 NO_x 将上升 200mg/m³ 以上。

（3）排烟温度高。5 号锅炉满负荷时，排烟温度在 150℃左右，相比改造前提高了约20℃，但对比空气预热器前烟气温度无明显变化，空气预热器前后温差比改造前缩小20℃，鉴于本次改造 JJ 电厂进行了空气预热器柔性密封改造，治理了空气预热器漏风，空气预热器漏风率下降，减小了漏入烟气的空气量，导致排烟温度上升，但综合空气预热器后氧量，计算的排烟损失并无增加。

4.6.5　LIY 电厂 1 号锅炉低氮改造

2018 年 4 月，LIY 电厂 1 号锅炉计划进行低氮燃烧技术改造，具体技术方案见下文。

4.6.5.1　锅炉概况

因和典型的 FW 型 W 火焰炉类似，不再冗述。

4.6.5.1.1　LIY 电厂锅炉的主要改进

（1）炉膛特征参数优化。LIY 电厂 W 火焰炉投产时间为 2009 年，是 DGC 锅炉厂消化吸收了美国 FW 的引进技术，总结了其多年 W 火焰炉实际的运行情况与积累的实践经验，重新优化设计制造的 W 火焰炉。与 DGC 锅炉厂早期 300MW 级 W 火焰炉比较，炉膛特征参数进行了优化。表 4-52 给出了 DGC 锅炉厂 300MW 机组炉膛特征参数改进统计表。

AS 电厂 1、2 号锅炉是由 DGC 锅炉厂引进美国 FW 技术设计制造，型号为 DG1025/18.2-Ⅱ7，在国内投产的第一批产品，大都存在类似的问题：炉膛容积放热强度偏高，下炉膛容积偏小，下炉膛高度和深度偏小；机组投产后，锅炉热效率低于设计值，飞灰含碳量偏高等问题。DGC 锅炉厂在后来生产的锅炉中，其炉膛容积放热强度都比第一批偏低，下炉膛容积放大，下炉膛高度和深度也都放大。对比 DGC 锅炉厂前、后期 300MW 亚临界机组配套 W 火焰炉可以发现，其炉膛深度、上炉膛总高度、下炉膛的高度都有所增加，其有利于下炉膛火焰展开，对于燃烧组织影响严重的下炉膛容积放热强度大幅度减低。

这一改动是导致 LIY 电厂 1、2 号锅炉 NO_x 排放相对于 DGC 锅炉厂前期的 300MW 级 W 火焰炉来说大为降低的一个重大因素，同时对于防止炉膛结渣和降低飞灰可燃物都是十分有利的。目前锅炉能取得相对较低的 NO_x 排放，以及炉膛基本不结渣和飞灰可燃物在 6% 以下的有利条件是炉膛优化放大的直接结果。

（2）燃烧组织改善。燃烧器喷口数量减少，一次风速由 8~10m/s 提高到 12.3m/s，有利于提高拱上风的动量；双排布置变为单排布置，有利于补风。

F 挡板下倾 30°，较大改善了拱下的补气条件，也有利于降低飞灰可燃物，尤其是减少了 CO。

表 4-52 　　　　　　**DGC 锅炉厂 300MW 机组炉膛特征参数改进统计表**

项目	单位	山西 YQ1、2 号机组	YF 电厂	LIY 电厂
厂家		DGC 锅炉厂	DGC 锅炉厂	DGC 锅炉厂
型号		DG1025/18.2-Ⅱ7	DG1025/17.4-Ⅱ14	DG1025/18.2-Ⅱ15
容量		亚临界 300MW	亚临界 320MW	亚临界 300MW
备注		自然循环汽包锅炉	自然循环汽包锅炉	自然循环汽包锅炉
炉膛宽度	m	24.765	24.765	24.765
炉膛深度（上）	m	7.239	7.62	7.62
炉膛深度（下）	m	13.345	13.726	13.726
下炉膛宽/深比 $(W/D)_L$		1.856	1.804	1.804
上下炉膛深度比 D_U/D_L		0.542	0.555	0.555
炉膛顶棚管标高	m	47.778	48.153	49.653
折焰角标高	m	36.286	36.607	38.107
大屏底部标高	m	32.454	32.684	33.184
下炉膛出口标高	m	24.011	24.24	24.74
冷灰斗底部开口标高	m	8.534	7.6	7.6
下炉膛高度	m	15.477	16.639	17.139
下炉膛垂直墙高度		5.612	6.502	7.002
屏底距下炉膛出口高度	m	8.443	8.444	8.444
炉膛总高度	m	39.244	40.552	42.052
下炉膛容积放热强度	kW/m³	256.79	217.83	209.20

（3）制粉系统配置裕量较大。由于近年总结运行经验对制粉系统选型导则的修改，LIY电厂制粉系统选型已将制粉细度由早年 $R_{70}=15\%$，提高到 $R_{90}=6\%$，再加上LIY电厂入炉煤可磨性指数比设计值偏高（HGI高达105），这是目前国内W火焰炉中极为少见的。通过对近一年的制粉系统磨制的煤粉细度进行统计，LIY电厂煤粉细度 R_{90} 平均在 7%。较小的煤粉细度使得煤粉更利于燃尽，同时利于燃烧过程中 NO_x 的控制。

4.6.5.1.2　LIY电厂存在的主要问题

（1）FW流派共性的问题，也就是拱上主气流动量不足。尽管燃烧器喷口数量减少，增加了单只燃烧器喷口气流的动量，但是拱上风的比例并未增加。绝大部分的二次风（60%～70%）是通过拱下F层风送入炉膛，拱上二次风量偏低，主火炬的动量不足，影响火焰下冲深度。下炉膛抬高的优势无法显示，主火炬仍然会短路上飘。造成下炉膛上部实际热负荷偏高，极容易造成结渣又容易产生高温 NO_x，同时不利于燃尽。W火焰炉下射式火焰的特点无法体现，火焰短路导致：局部温度超高，高温 NO_x 大幅度上升；燃烧效率下降，易于结渣；减温水量过高，排烟温度升高。这些问题在HAF电厂最为明显。在LIY电厂锅炉有所改善，但问题依然存在。

（2）缺乏低 NO_x 燃烧措施。拱上风比例过低，锅炉大部分燃烧用空气均在下炉膛侧墙供给，完全失去了W火焰炉设计思想中希望实现拱上风、拱下风分级送风以降低 NO_x 的设计意图，使得助燃空气主要在下炉膛下部与煤粉混合。而且为设置炉膛整体分级送风OFA，煤粉燃烧始终处于富氧气氛中，这是造成锅炉排放浓度高的重要原因。

（3）燃烧组织防结渣性能不良，W火焰炉分区燃烧的设计思想难实施。这是FW流派共性的问题。尽管FW型W火焰炉至今已经做了6次较大的改进，但是一直到600MW超临界机组，仍未很好地解决结渣的问题，NN电厂600MW超临界机组结渣严重是最典型的例子。

（4）乏气布置不当影响燃烧组织。

（5）辐射受热面布置不当，过热器减温水量过高，低负荷再热蒸汽温度偏低。试验时过热器减温水在330MW时高达110t/h左右，在160MW时再热蒸汽温度只有531℃。

（6）制粉系统风粉分布不匀的问题依然存在，根据2013年摸底试验可知各管间风速差高达30%，浓度差高达53.3%。前后墙一次风分配不对称的问题依然存在。

（7）燃用煤质发热量大幅度下降，入炉煤量超过设计值28.1%。其结果导致：一次风风煤比由设计的1.61上升到1.93，一次风喷口速度由设计的12.07m/s上升到15.93～20.64m/s，黑龙区增加，直接影响着火和燃烧的稳定性。为此，电厂曾希望增加卫燃带以改善燃烧，但因为结渣严重未有结果。旋风子入口分配装置、旋风子、整流叶片连杆磨损严重。

这些问题综合的结果导致该厂 NO_x 排放值超高（在同型电厂中居于较高的水平），无法满足环保要求。喷氨量增加导致空气预热器堵塞；高负荷氧量不足，摸底试验说明，在330MW负荷下，由于氧量下降到1.75%，相当于过量空气系数为1.09，结果锅炉热效率仅为89.71%。减温水量过高，过热器减温水量在330MW时高达110t/h，远超过额定负荷设计值67t/h；低负荷再热蒸汽温度偏低，影响循环的经济性。因此这台炉必须改造。

4.6.5.2　低氮改造设计煤质

根据电厂对未来燃煤情况估计及配煤计划，本次改造设计采用掺烧部分烟煤的混煤作为本次超低排放改造设计煤种，配煤方式为60％本地无烟煤＋20％北方烟煤＋20％北方无烟煤。结合电厂最近三年的燃煤采购情况、电厂来煤特点以及电厂燃煤今后三年可能的期望以及国家烟气排放标准的提高，给电厂带来的压力，电厂采用的超低排放设计煤参数见表4-53。

表 4-53 电厂采用的超低排放设计煤参数

检测项目	符号	单位	设计煤	校核煤
全水分	M_t	％	7.2	7.5
空气干燥基水分	M_{ad}	％	3.64	3.67
收到基灰分	A_{ar}	％	31.09	32.69
干燥无灰基挥发分	V_{daf}	％	16.87	24.61
收到基碳	C_{ar}	％	54.42	50.46
收到基氢	H_{ar}	％	2.38	2.63
收到基氮	N_{ar}	％	0.70	0.70
收到基氧	O_{ar}	％	3.54	5.21
全硫	$S_{t,ar}$	％	1.2	1.45
收到基高位发热量	$Q_{gr,ar}$	MJ/kg	20.23	19.17
收到基低位发热量	$Q_{net,ar}$	MJ/kg	19.57	18.46
哈氏可磨性指数	HGI	—	69	81
煤灰熔融特征温度/变形温度	DT	$\times 10^3$℃	1.49	>1.50
煤灰熔融特征温度/软化温度	ST	$\times 10^3$℃	>1.50	>1.50
煤灰熔融特征温度/半球温度	HT	$\times 10^3$℃	>1.50	>1.50
煤灰熔融特征温度/流动温度	FT	$\times 10^3$℃	>1.50	>1.50

4.6.5.3 低氮燃烧改造方案

（1）LIY电厂低氮改造目标见表4-54。

表 4-54 LIY电厂低氮改造目标

序号	名称	单位	性能指标保证值			
			330MW	300MW	220MW	150MW
1	锅炉热效率	％	≥91	≥91	≥91	≥91
2	NO$_x$排放浓度（O$_2$＝6％）	mg/m³	≤700	≤700	≤700	≤700
3	飞灰可燃物含量	％	≤4	≤4	≤4	≤4
4	CO浓度	μL/L	≤100	≤100	≤100	≤100
5	过热器减温水量	t/h	≤70	≤70	≤70	≤70
6	最低不投油稳燃负荷	MW	≤135			

（2）本次改造涉及主要内容有：

1）更换原双旋风筒燃烧器为新型低氮燃烧器（单调风燃烧器），更换相应拱部水冷壁。

2）增设油喷口并新开对应水冷壁管孔，利旧的油风门及执行机构。

3）增设燃尽风喷口，构造新的燃尽风箱、风道以及附属机构。

4）优化拱下二次风，封堵部分F风喷口面积。

5）去除部分卫燃带。

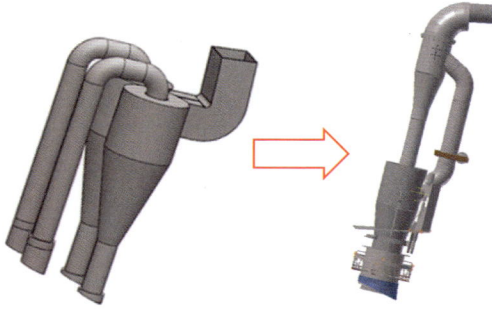

图 4-95　燃烧器改造示意图

4.6.5.3.1　燃烧器改造方案

取消原双旋风筒燃烧器,采用新型单调风低氮燃烧器,燃烧器改造示意图及改造后布置图分别见图 4-95、图 4-96。

(1) 一次风部分。煤粉管道尺寸为 $\phi480\times10mm$,通过弯头煤粉浓淡分离装置后,一次风分成浓淡两股气流(主气和乏气)。为强化着火和降低 NO_x,主气喷口处设置了稳燃环;燃烧器采取内衬陶瓷结构减轻煤粉气流的冲刷磨损;为防止烧坏燃烧器喷口,材质采用 310S 或更优质的材质。

在乏气管上设置可调缩孔,以进行主、乏气分配调节,可调缩孔最小开度可实现乏气全关。在燃烧器弯头前煤粉管道水平段上布置膨胀节,以吸收燃烧器和煤粉管自身的三维膨胀。

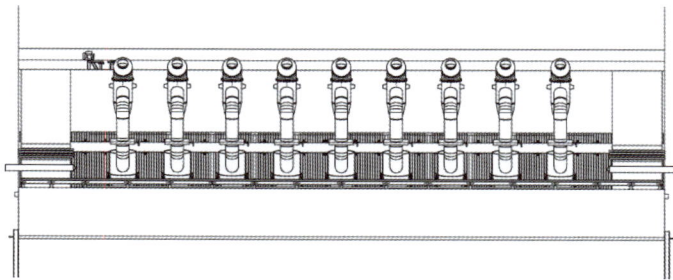

图 4-96　燃烧器改造后布置图

(2) 周界风部分。周界风通道内布置轴向可调旋流叶片,叶片数量为 16 片,叶片长度为 380mm;叶片倾角 0～40°可调,周界风碹口设计角度为 15°。周界风旋流叶片旋向示意图见图 4-97。

周界风通道进口设有周界风调风盘,以实现周界风风量调节,调风盘配有气动执行结构;周界风调风盘行程为 200mm,最小限位为 20mm。

后墙								
逆时针	顺时针	逆时针	顺时针	顺时针	逆时针	顺时针	逆时针	顺时针
A1	B1	C1	A2	B2	C2	A3	B3	C3

C6	B6	A6	C5	B5	A5	C4	B4	A4
顺时针	逆时针	顺时针	逆时针	顺时针	顺时针	逆时针	顺时针	逆时针
前墙								

图 4-97　周界风旋流叶片旋向示意图

(3) 拱上风箱部分。拆除原拱上 A、B 风箱及通道,合并为新燃烧器的周界风风室,设置 A、B 风门拆除,同时在拱上风室新开进风口,以保证拱上足够的进风量,周界风量由燃烧器上的周界风调风盘控制。拱上 A、B、C 风门改造见图 4-98。

更换燃烧器后，油枪位置重新布置，在燃烧器喷口后方拱部水冷壁处开设油枪喷口，每个燃烧器对应一个油喷口，油喷口尺寸为 350mm×450mm；利用原有的油风室和风门及执行机构，同时增加油风室进风口面积；改造拱部及拱下二次风。

单调风燃烧器周界风的有三个进风口：A、B、C 挡板上方的面板全部割除作为敞开的燃烧器周界风进风口，即新开的燃烧器周界风进风口 1；右

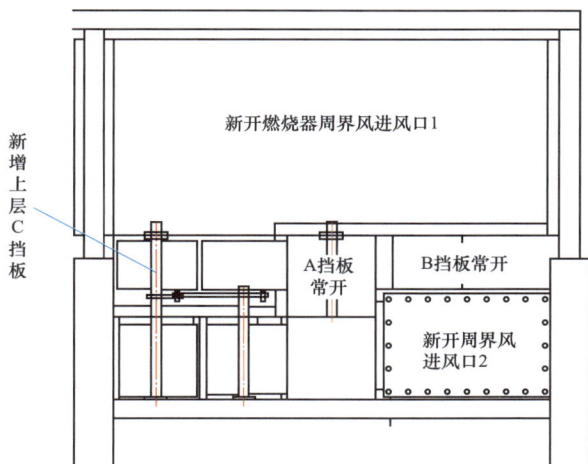

图 4-98　拱上 A、B、C 风门改造

下角的人孔门打开，作为新开的燃烧器周界风进风口 2；且 B 挡板常开，也为燃烧器周界风供风。新的油风喷口也有三个进风口：一是原来的 C 挡板；二是新增的 C 挡板；三是 A 挡板常开，也作为油风的进风口。

拱下二次风改造主要分为两部分：一是封堵前后墙 F 风喷口，上 F 风喷口全部封堵，高度为 730mm，下 F 风喷口自上端开始封堵，高度为 870mm；二是对 F 风门进行封堵，封堵面积占原风门面积的 50%，以保证 F 风门的调节特性。

4.6.5.3.2　燃尽风改造方案

为达到深化炉膛内空气分级燃烧的目的，在锅炉上炉膛增设燃尽风，在现有二次风箱和风道的基础上，构造出新的燃尽风风箱和风道（示意图见图 4-99），风道尺寸为 2000mm×2600mm，燃尽风风道上装设有风门和风量测量装置，风门采用气动执行机构远程控制。

将燃尽风布置在距离下炉膛出口以上 2.5m 处，标高为 27239.5mm，燃尽风喷口沿炉膛宽度方向呈均匀布置（前后墙各 11 个），燃尽风采用摆动式直流燃尽风设计，喷口尺寸为 400mm×320mm，喷口可实现上、下各 30°的垂直摆动，摆动方式为手动控制，燃尽风喷口布置在燃尽风箱内部，摆动式燃尽风喷口示意图见图 4-100。

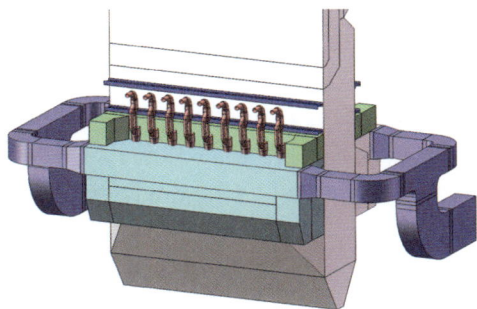

图 4-99　燃尽风风箱、风道布置示意图

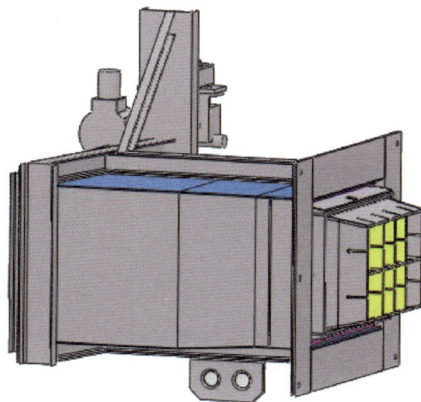

图 4-100　摆动式燃尽风喷口示意图

4.6.5.3.3 卫燃带改造方案

LIY电厂1号锅炉卫燃带现有敷设面积为 $644m^2$，约占下炉膛辐射吸热面积（$1033m^2$）的 62.3% 左右。卫燃带敷设较多，一方面导致下炉膛容易结渣；另一方面，下炉膛温度过高，也容易产生高温 NO_x，是这台锅炉 NO_x 较高的重要原因。

鉴于 LIY 电厂实际燃用较高比例的无烟煤，煤质着火和燃尽性能都较差，在炉膛无大块结渣的前提下，卫燃带应保持较高的比例，以保证锅炉的稳燃和煤粉的充分燃尽。

拱部区域布置有煤粉燃烧器，敷设卫燃带有利于保持煤粉颗粒的着火和炉膛燃烧的稳定性；垂直墙区域布置有众多的二次风喷口，可以起到良好的保护效果，不会产生严重的结焦；翼墙区域由于易形成涡流区，且下部属于高温区，易于结渣，同时距燃烧器距离较远，对燃烧的影响相对较小，应适当去除部分卫燃带。

为此，此次改造适当去除易结渣区域卫燃带，鉴于电厂运行人员反映翼墙区域易于结焦，将翼墙区域卫燃带打成方格形，卫燃带改造示意图见图 4-101，4 个翼墙各去除 $8.5m^2$，合计 $34m^2$ 左右。其余部分卫燃带不再进行去除。改造后，剩余卫燃带面积为 $610m^2$，占下炉膛辐射吸热面积的 59%。LIY 电厂锅炉卫燃带在面积和所占比例方面来说，均高于同类型 W 火焰炉，这和 LIY 电厂燃用大比例挥发分较低的无烟煤有较大关系。

另外，对拱部区域水冷壁进行全部更换，对该区域内的卫燃带进行重新敷设。卫燃带采用微膨胀耐火可塑料捣制而成。卫燃带敷设是一项重要施工项目，关系机组锅炉的稳定运行和安全运行。

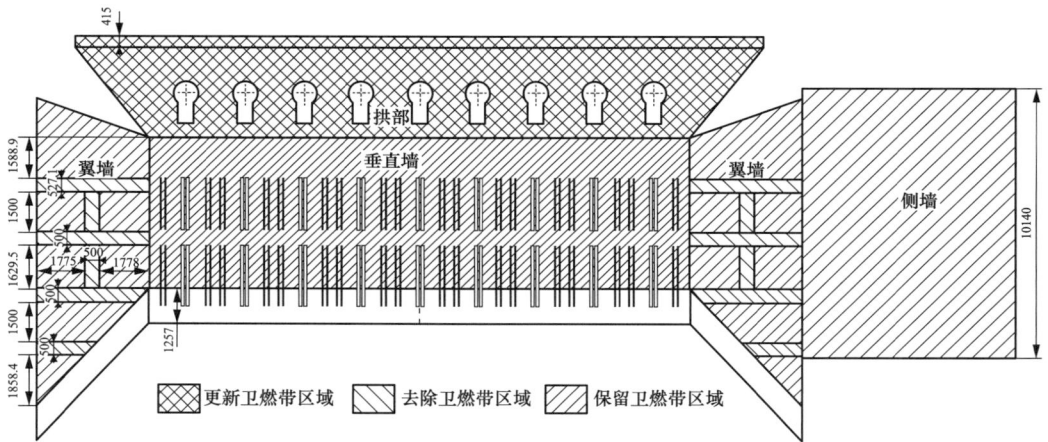

图 4-101 卫燃带改造示意图

4.6.5.3.4 大屏过热器改造方案

大屏过热器割短及对应的进口集箱、进口分配集箱改造方案见图 4-102。全大屏进口分配集箱上移后，对应处的标高 36600mm 的炉膛前墙刚性梁需移位，下移至标高 34000mm 处，由于全大屏进口分配集箱加长后需穿过移位后的 34000mm 刚性梁，因此需对刚性梁进行加固。

标高 36600mm 刚性梁沿炉膛四周布置，标高 34000mm 刚性梁为两侧墙、后墙三面布置，同时前墙标高 36600mm 刚性梁和标高 30780mm 间有竖梁，左右侧墙标高 36600mm 刚性梁和标高 30780mm 刚性梁间有竖梁。同时 36600mm 标高刚性梁上有防止锅炉震动的定位装置，36000mm 标高刚性梁下移后，此定位、防震动装置需同时下移，以保证炉膛的稳定。

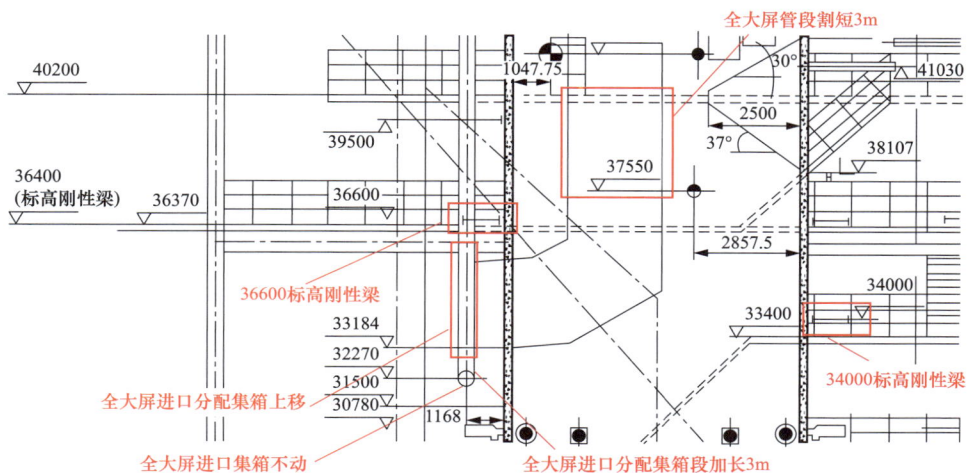

图 4-102　大屏过热器割短及对应的进口集箱、进口分配集箱改造方案

4.6.5.3.5　改造方案汇总

改造方案汇总表见表 4-55。

表 4-55　　　　　　　　　　改 造 方 案 汇 总 表

序号	锅炉设备	改造前	改造内容	设计内容	改造目的
1	燃烧器	双旋风筒煤粉燃烧器	改为新型低氮燃烧器	燃烧器区域水冷壁弯管，燃烧器设计	降低燃料 NO_x 和稳定燃烧
2	拱上和拱下二次风	A 风	A 和 B 风合为主气喷口的二次风	水冷壁重新加工和安装	增加拱上气流动量，增加煤粉气流下冲深度
		B 风			
		C 风（油风）	调整喷口位置，增设油喷口	油枪风箱挪动	
		D 风	D 风率降低		进行全炉膛空气分级降低燃料 NO_x 和热力 NO_x 的生成
		E 风	E 风率降低		
		F 风	F 风率降低并封堵部分 F 风喷口面积	封堵部分 F 风喷口面积	增大煤粉气流的下冲深度，提高煤粉燃尽率
		G 风	不变		
3	燃尽风	无	增加燃尽风喷口，燃尽风喷口可上下摆动	燃尽风风道、膨胀节、燃尽风风箱、调挡板、燃尽风喷嘴、流量测量、执行机构及附件等	进行全炉膛空气分级降低燃料 NO_x 和热力 NO_x 的生成
4	卫燃带		减少卫燃带面积约 34m²		防止炉内结焦和减少热力 NO_x 的生成
5	大屏过热器		割短大屏 3m		

4.6.5.4 改造结果

4.6.5.4.1 LIY电厂1号锅炉调试过程

（1）冷态试验。2018年6月下旬，LIY电厂1号锅炉低氮改造项目完成设备安装，2018年6月20日，烟台某公司完成了LIY电厂1号锅炉的炉内空气动力场试验，主要是考察燃烧系统的参数是否达到性能设计要求。W火焰炉冷态试验最主要的环节是二次风门特性试验和烟花示踪试验，二次风门特性试验可近似模拟热态运行下的风率分配，而烟花示踪可近距离观察燃烧器和燃尽风的流场形态，确认主气流下冲深度和刚性。

1）一次风及二次风门特性试验。二次风门特性试验筛选出一目标工况，其风门开度设置近似模拟热态运行工况，二次风门特性试验目标工况的挡板开度见表4-56。

表4-56　　　　　　　　　二次风门特性试验目标工况的挡板开度

工况编号	调风盘开度(%)	C挡板开度(%)	E挡板开度(%)	F挡板开度(%)	燃尽风挡板开度(%)	旋流叶片角度(°)
A-01	40	30	15	20	95	10

冷态试验中的目标工况与理论风率分配相贴近，此工况的风率分配状态基本反映了热态运行时各二次风门特性，待机组启动后，可在目标工况的基础上适当增大F挡板开度，关小C风挡板开度，以改善C风和F风的分配特性，可使其基本达到性能设计效果。但因燃尽风门开度已达到95%，已无裕量，其他风门挡板开度比较小，压缩空间不大，故需在此试验结果的基础上可适当再开大燃尽风取风口面积，确保空气分级效果。

2）烟花示踪试验。因LIY电厂1号锅炉冷态试验目标工况的风率分配与性能设计工况比较接近，故在此工况下选取两只具有代表性的燃烧器和一组燃尽风喷口（前后墙相对的燃尽风喷口为一组）进行烟花示踪试验，并进行拍摄记录。

燃烧器正面的烟花示踪拍摄结果见图4-103。

从燃烧器正面的烟花录像可以看出，烟花气流下冲刚性较足，折弯点基本位于下层F风喷口对应区域，这表明改造后燃烧器主火炬下冲深度将明显优于改造前，基本实现了设计初衷，即增加主火炬下冲刚性，提高下炉膛火焰充满度。

燃烧器侧面烟花示踪拍摄结果见图4-104。

图4-103　燃烧器正面烟花示踪拍摄结果　　　图4-104　燃烧器侧面烟花示踪拍摄结果

从燃烧器侧面的烟花示踪录像可以看出，在燃烧器喷口区域，燃烧器主气流与后侧的C风气流几乎平行下行（这与设计初衷是一致的，有利于初期着火和降氮）。通过反复观察烟花录像，发现后期C风气流会引射靠近水冷壁方向的周界风，但存在脉动现象，即C风与部分周界风在距离燃烧器喷口2.5m左右位置时交汇到一起，时而两股气流又分离，但一次风主气流并不受C风气流影响，且在C风下行后期有冲刷前后墙水冷壁的趋势。

燃尽风烟花试验正面拍摄图见图4-105。

图4-105　燃尽风烟花试验正面拍摄图

由此可以看出，前后墙燃尽风的气流穿透力较足，已于炉膛中心交汇，在上炉膛对上升的烟气流形成了良好的覆盖效果，在热态运行中可有效捕捉烟气中的CO和未燃尽碳。从录像中可以清晰看出，前墙燃尽风风速及刚性较强，后墙燃尽风刚性稍显不足，这从燃尽风风速测试结果也可以得到印证。

3）冷态试验后性能调整（热态点火前）。冷态试验结束后，我们分析燃尽风率略显不足，比性能设计值低5％左右，且LIY电厂煤质偏差，NO_x排放高，需在点火前实施增加燃尽风率的调整措施。

因燃尽风与拱上二次风箱仅一板之隔，可在燃尽风箱底板开孔，使拱上二次风通过新开的孔直接进入燃尽风箱。通过详细计算，燃尽风箱底板开孔布置示意图见图4-106。

图4-106　燃尽风箱底板开孔布置示意图

前后墙燃尽风箱底板各开9个孔，与燃尽风喷口的位置一一对应，每个孔的开孔尺寸为500mm×220mm，总面积约占燃尽风取风风道风口面积的20％，以弥补相应的燃尽风。单孔的示意图见图4-107。

另外，通过与LIY电厂运行人员和技术人员交流，并结合以往改造经验，安排施工人员将前后墙D挡板全部关闭，E挡板开度设置为15％，防止D风和E风干扰主气流下冲。

（2）热态调试。启动一周后，LIY电厂组织湖南省环保部门对超低排放改造后的1号机组进行了环评验收，要求环评期间（三天）99％的时段内SCR脱硝反应器出口NO_x浓度均低于50mg/m³。三天试验结束，LIY电厂1号锅炉顺利通过环

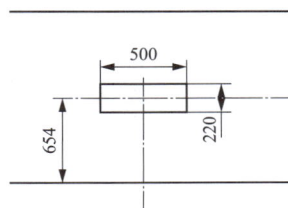

图4-107　单孔示意图

评验收。虽然考察的是脱硝后的净烟气，但因低氮改造后 SCR 脱硝反应器入口 NO_x 大幅降低，给脱硝系统预留了很大的裕量，为环评验收提供了有效保障。据统计，环评期间，300MW 负荷下，SCR 脱硝反应器入口 NO_x 浓度稳定在 $450\sim500\,mg/m^3$（标准状态）。

环评验收结束后，烟台某公司调试组对 LIY 电厂 1 号锅炉随即展开小指标精细调整。从前期 1 号锅炉各项运行参数看，NO_x 排放水平完全满足超低排放的需求，但飞灰含碳量与 2 号锅炉相比仍相对偏高。高负荷运行时的（$250\sim300$MW）飞灰含碳量为 5％左右。故后期 1 号锅炉燃烧调整的重点是提高煤粉的燃尽效果，降低飞灰和大渣的含碳量。

从燃烧角度讲，影响飞灰含碳量的主要因素有以下三个方面：煤质：主要是煤粉细度、挥发分和灰分。燃烧器自身的着火及燃尽特性。炉内各级二次风配风特性。

YTLY 公司调试组对煤质条件提出以下要求：

1）煤质稳定：主要是要求入炉煤的加权挥发分 V_{daf} 不低于 16％，发热量不低于 18MJ/kg（$\geqslant$17564.4kJ/kg）。

2）1 号锅炉 B 磨煤机煤粉细度远粗于 2 号锅炉 B 磨煤机的煤粉细度，要求电厂通过加钢球的方式降低 1 号锅炉 B 磨煤机煤粉细度。

注：1 号锅炉 A 磨煤机和 C 磨煤机的煤粉细度 R_{90} 为 1％～3％，B 磨煤机的煤粉细度很不稳定，在 4％～8％波动，而 2 号锅炉 A、B、C 三台磨的煤粉细度均低于 3％。且 B 磨煤机为烟煤和本地无烟煤的混煤，混煤的燃烧特性要比其中任一煤种都要差，故此时 B 磨煤机煤粉细度对降低飞灰含碳量就显得尤为重要。电厂运行人员先后三次加钢球，共加 8t，1 号锅炉 B 磨煤机的煤粉细度 R_{90} 随之降低至 3％以内。据统计电厂日报中飞灰含碳量，在不进行其他调整的情况下，飞灰含碳量降低了 0.5％左右。

另外，调试过程中存在以下问题：

1）燃烧器乏气风筒烧红问题。2018 年 7 月 4 日，靠近炉膛中心位置的 A5 燃烧器乏气筒顶盖出现超温烧红现象（见图 4-108），此部位用红外测温仪测试约 360℃，上面敷设的保温碳化。

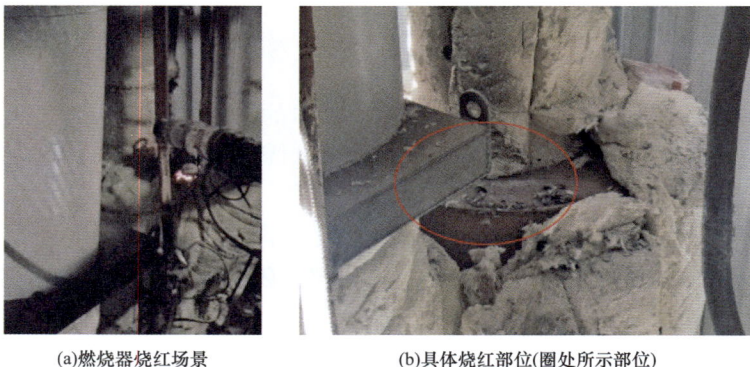

(a)燃烧器烧红场景　　　　(b)具体烧红部位(圈处所示部位)

图 4-108　燃烧器烧红现象

造成原因是二次风箱压力过低，低负荷期间二次风箱压力仅有 $0.06\sim0.09$kPa，即 $60\sim90$Pa，且压力测点在压力较大的二次风箱四角位置，二次风箱靠炉膛中心位置可能会出现负压，一旦有负压情况出现，高温烟气则会倒抽回流至二次风筒，导致二次风筒及乏气风筒及其顶部出现超温问题。二次风箱压力（DCS 画面）见图 4-109。

调试组尝试将 C 风风门关闭，并将周界风门也适当关小（从 50％关至 35％～40％），燃尽风门从 30％关至 0，同样 150MW 负荷下，二次风箱压力从 0.06kPa 增加至 0.12～0.15kPa，同时要求停运的燃烧器的周界风的开度不小于 10％，燃烧器乏气风筒超温烧红的问题得到解决。

究其原因，W 火焰炉的各次二次风（周界风、C风、D 风、E 风、F 风及燃尽风）均由二次风大风箱供风，相互之间形成并联的送风系统。对于炉前的二次风系统而言，无论是增设燃尽风，还是增大拱上二次风比例，

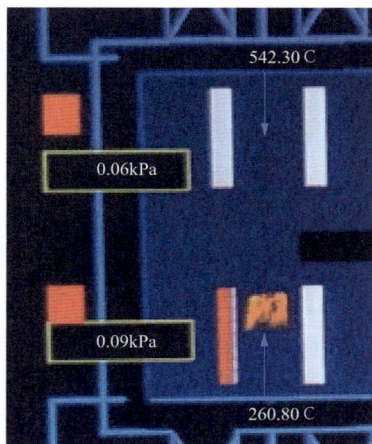

图 4-109   二次风箱压力（DCS 画面）

低氮改造的过程实际是一个增加二次风分流、减小并联系统阻力的过程。尤其是将拱上多个二次风门（A、B 风门、检修人孔门及周界风常开风口）设置为常开状态后，对大风箱卸压效果更加明显。尤其是低负荷，二次风量本身就小，风箱压力也就更低。导致二次风刚性不足，无法将高温的辐射热推离燃烧器喷口，辐射热逆流向上传导。燃烧器长时间停运，超温问题则在所难免。

2）后续的燃烧调整问题。燃烧器超温的问题解决后，调试组发现，将 C 风风门全关后，可有效提升二次风箱系统压力，增强了二次风的整体刚性。进入炉膛的无序风或者无组织风大幅减少，炉内燃烧组织得到优化，飞灰含碳量也有所下降。

同时，调试组也尝试在中高负荷将燃尽风门关闭，二次风系统压力得到进一步提升，但 SCR 脱硝反应器入口 NO_x 并未升高多少。原因在于仍有大量的二次风通过燃尽风箱底板常开的孔进入燃尽风箱，空气分级效果仍比较明显。

但关闭 C 挡板和燃尽风门后炉内燃烧更加稳定，燃烧效率也得到一定提高，飞灰含碳量明显降低。通过统计电厂每天的飞灰化验结果，飞灰含碳量从 4％～4.5％降低至 3％以下。2018 年热态调试期间飞灰含碳量均值见表 4-57。

表 4-57   2018 年热态调试期间飞灰含碳量均值

LIY 电厂 1 号锅炉	全天飞灰含碳量均值（％）
6 月 26 日	4.23
6 月 27 日	4.11
6 月 28 日	3.51
6 月 29 日	4.43
6 月 30 日	4.05
7 月 1 日	3.6
7 月 2 日	2.95
7 月 3 日	4.16
7 月 4 日	3.92
7 月 5 日	3.75

LIY电厂1号锅炉	全天飞灰含碳量均值（%）
7月6日	2.82
7月7日	2.97
7月8日	2.84
7月9日	2.81
7月10日	2.91

LIY电厂在不同阶段对配煤比例进行了相应调整，在LIY电厂1号锅炉后期调试期间电厂领导指示要加大低硫无烟煤的掺烧比例。配煤变化见表4-58。

表4-58 配煤变化表

LIY电厂1号锅炉	环评期间（2018年7月3日前）	2018年7月4日~7月10日	2018年7月11日~7月20日
入炉煤构成	高硫煤13.33%； 本地好煤16.67%； 烟煤33.33%； 良相煤36.67%	高硫煤16.67%； 本地好煤33.33%； 烟煤16.67%； 良相煤33.33%	低硫煤13.33%； 高硫煤13.33%； 本地好煤20%； 烟煤16.67%； 良相煤36.67%
加权挥发分V_{daf}（%）	21.38	16.97	14.87
加权低位热值（kJ/kg）	18087.15	18179.15	18476.08

后期入炉煤中加入低硫煤后，入炉煤挥发分进一步下降，飞灰含碳量又有所上涨，全天的飞灰含碳量（全负荷段）从3%左右又增长至4.2%左右。调试组通过跟踪运行发现，左右两侧飞灰偏差大，左侧飞灰含碳量高，右侧则明显偏低（低1%左右），可能存在风量或粉量分配不均问题。调试组首先进行热态一次风调平，将大部分粉管风速偏差控制在5%以内。（现场有2~3只粉管上可调缩孔现场无法调节，但偏差不超过10%），同时通过调节两侧F风门和周界风门平衡两侧氧量，飞灰含碳量降低0.5%左右。

另外，调试组发现个别燃烧器的投入与否对飞灰含碳量影响较大，即存在燃烧状态不佳的燃烧器，通过适当加大旋流（加大旋流叶片角度至15°）或切换燃烧器，进一步将飞灰含碳量控制在3%左右，满负荷SCR脱硝反应器入口NO_x浓度控制在600mg/m³左右，已具备性能考核条件。

（3）性能考核试验。2018年7月23日~26日，YTLY公司邀请HDY研究院对LIY电厂1号锅炉进行了性能考核试验，LIY电厂技术部和运行部负责监督及配合，HDY研究院对1号锅炉330MW工况、2个300MW工况、220MW工况和150MW工况分别进行了测试，并进行了最低稳燃负荷的测试，结论如下：

1）最低稳燃试验时，炉内燃烧、炉膛负压平稳，主蒸汽温度、压力，再热蒸汽温度、压力等各锅炉参数正常，锅炉蒸汽流量为365.69t/h，负荷为134.69MW，满足考核要求。

2）在试验工况下，300MW负荷点下两个平行工况的锅炉热效率分别为92.68%、92.97%，修正后的锅炉热效率分别为92.98%、93.30%，均高于效率考核值91%。该负荷点下飞灰可燃物含量分别为3.11%、3.39%，均低于飞灰可燃物含量考核值4%。主、再热蒸汽温度能维持在考核值（540±3）℃。过热器减温水流量分别为91.60、83.80t/h，高于考核值 70t/h。再热器减温水流量为 0t/h。脱硝入口 NO$_x$ 浓度分别为 629.5、592.2mg/m³，均低于考核值 700mg/m³。脱硝入口 CO 浓度分别为 93.38、98.92μL/L，均低于考核值 100μL/L。

3）在试验工况下，330MW 负荷点的锅炉热效率为 92.90%，修正后的锅炉热效率为 93.10%，高于效率考核值 91%。该负荷点下飞灰可燃物含量为 4.36%，高于考核值 4%。主、再热蒸汽温度能维持在考核值（540±3）℃。过热器减温水流量为 111.83t/h，高于考核值 70t/h。再热器减温水流量为 0t/h。脱硝入口 NO$_x$ 浓度为 536.63mg/m³，低于考核值 700mg/m³。脱硝入口 CO 浓度为 401.67μL/L，高于考核值 100μL/L。需要指出的是，在 330MW 负荷点下，锅炉引风机基本达到了最大出力。为控制引风机电流不超限，锅炉送风量相对偏小，炉膛出口氧量偏低，造成飞灰可燃物、CO 浓度相比于其他工况偏高。

4）在试验工况下，220MW 负荷点的锅炉热效率为 92.67%，修正后的锅炉热效率为 93.03%，高于效率考核值 91%。该负荷点下飞灰可燃物含量为 3.23%，低于考核值 4%。主、再热蒸汽温度能维持在考核值（540±3）℃。过热器减温水流量为 45.19t/h，低于考核值 70t/h。再热器减温水流量为 0t/h。脱硝入口 NO$_x$ 浓度为 486.14mg/m³，低于考核值 700mg/m³（标准状态）。脱硝入口 CO 浓度为 64.83μL/L，低于考核值 100μL/L。各参数满足性能考核要求。

5）在试验工况下，150MW 负荷点的锅炉热效率为 93.03%，修正后的锅炉热效率为 93.56%，高于效率考核值 91%；该负荷点下飞灰可燃物含量为 2.84%，低于考核值 4%；主、再热蒸汽温度能维持在考核值（540±3）℃，过热器减温水流量为 26.82t/h，低于考核值 70t/h；再热器减温水流量为 0t/h；脱硝入口 NO$_x$ 浓度为 445.22mg/m³，低于考核值 700mg/m³；脱硝入口 CO 浓度为 70.61μL/L，低于考核值 100μL/L。各参数满足性能考核要求。

4.6.5.4.2　LIY 电厂 2 号锅炉性能优化措施及效果

LIY 电厂 2 号锅炉在 1 号锅炉基础上对性能进行了以下方面的改进：

（1）优化拱上二次风门改造。封堵 1 号锅炉拱上常开的 A、B 挡板和人孔门，常开风口仅保留 A、B、C 风门上部的周界风口，优化 C 风门的连杆机构，使其风门关闭状态下漏风量大幅降低。上述措施主要目的是提高二次风箱压力。

（2）适当减小燃尽风箱底板常开风口。通过 1 号锅炉调试发现，从燃尽风箱底板常开风口分流的燃尽风份额较大，在四角的燃尽风总门全关的情况下，NO$_x$ 排放仍然不高。故为了进一步提高二次风压，在确保 NO$_x$ 排放达标的前提下适当减小常开燃尽口的面积，且开孔大小呈梯级分布，原来 500mm×220mm 的风口缩小为中间三个为 300mm×200mm，边上各两个 200mm×200mm 的风口，原来最边上两个风口取消，即原来 1 号锅炉的 9 个常开风口减为 7 个，且面积也适当缩减。

之后，LIY 电厂 2 号锅炉的热态调试设置基本照搬 1 号锅炉的参数，期间专责工程师对 2 号锅炉进行了一次风热态调平，飞灰含碳量基本控制在 4% 以内，满负荷 NO$_x$ 也控制在 600～650mg/m³（标准况态，Q$_2$＝6%）。2 号锅炉于 2018 年 11 月初完成性能考试试验，各项指标均满足考核要求。LIY 电厂 300MW 负荷下锅炉性能试验或摸底试验关键参数汇总表见表 4-59。

表 4-59 **LIY 电厂 300MW 负荷下锅炉性能试验或摸底试验关键参数汇总表**

项目名称	SGY 研究院锅炉性能试验（2015 年）2 号锅炉	YTLY 公司摸底试验（2013 年）2 号锅炉	XGY 研究院锅炉性能试验（2015 年）1 号锅炉	XGY 研究院锅炉摸底试验（2017 年）1 号锅炉	低氮改造性能考核值	HDY 研究院低氮考核试验（2018 年）1 号锅炉	HDY 研究院低氮考核试验（2018 年）2 号锅炉
试验煤低位发热量（kJ/kg）	19054.00	15696.94	17961.49	20414.40	19589.79（低氮设计煤种）	21264.13	18894.94
试验煤干燥无灰基挥发分（%）	22.91	14.5	14.99	15.85	16.87（低氮设计煤种）	16.39	14
飞灰含碳量（%）	3.70	3.13	2.96	6.34	≤4	3.11	3.77
实测排烟温度（℃）	155.35	140.5	153.96	145.2	—	144.89	136.38
空气预热器出口 CO 浓度（μL/L）	13.8	76.3	60	73	≤100	9.8	8
省煤器出口 O_2 浓度（%）	2.99	3.67	2.93	2.98		3.53	3.18
修正后锅炉热效率（%）	90.885	91.05	91.12	91.20	≥91	92.98	91.79
过热器减温水量（t/h）	—	94.82	—	136	≤70	91.60	100.7
省煤器出口 NO_x 浓度（标准状态，mg/m³）	—	1403	1419	1345	≤750	629.5	682.6

4.6.5.4.3 LIY 电厂低氮项目总结

LIY 电厂低氮项目性能之所以能达到较好的指标，主要得益于以下几个方面：

（1）LIY 电厂炉膛特征参数较早期的 AS 电厂、YF 电厂均有优势，容积放热强度较低，下炉膛空间较大且燃烧器数量少，下冲刚性明显大于早期炉型，给低氮创造了较好的改造条件。

（2）制粉出力比较高，制粉细度较高，R_{90} 大多数情况下低于 4%，十分有利于着火和燃尽。

（3）LIY 电厂低氮性能设计合理，主火炬下冲动量设置合理，下炉膛火焰充满度好，在满负荷情况下，整个下炉膛温度基本都在 1450～1550℃，热负荷分布均匀，无高温峰值，有助于降氮和稳燃。

（4）燃尽风率选取合理，LIY 电厂项目燃尽风率提高到 20%，并通过后期增开燃尽风常开风口，有效保证了炉膛整体的空气分级，这是 NO_x 指标优异的主要保证。

（5）对于炉内配风，必须考虑二次风箱的压力大于 0.5kPa，否则不利于各次风率的分配，不利于燃烧组织；而且低负荷段，由于回火，二次风箱可能会超温。

（6）增开油风，因为主气流的动量大得多，对于主气流的引射作用不强。减少周界风并未起到较明显的提前着火的效果。

4.7　LZ 电厂的改造

4.7.1　设备概况

属于典型的 FW 型亚临界 W 火焰炉，不再冗述。

4.7.1.1　锅炉性能试验情况

XGY 研究院在 2009 年 8 月对 1 号锅炉进行了性能考核试验，在 2010 年 6 月对 2 号锅炉进行了性能考核试验，现将此次试验结果作为乙方对机组状况的了解基础。

（1）1 号机组性能试验情况。

1）试验煤质。1 号机组试验煤种分析一、二分别见表 4-60、表 4-61。

表 4-60　　　　　　　　　　1 号机组试验煤种分析一

项目	符号	单位	T-01 工况（600MW）
收到基碳	C_{ar}	％	54.99
收到基氢	H_{ar}	％	2.36
收到基氧	O_{ar}	％	3.03
收到基氮	N_{ar}	％	0.78
收到基硫	S_{ar}	％	2.15
收到基水分	M_{ar}	％	7.20
收到基灰分	A_{ar}	％	29.49
干燥无灰基挥发分	V_{daf}	％	14.33
收到基低位发热量	$Q_{net.ar}$	kJ/kg	20520

表 4-61　　　　　　　　　　1 号机组试验煤种分析二

项目	符号	单位	T-05 工况（380MW）
收到基碳	C_{ar}	％	51.98
收到基氢	H_{ar}	％	2.22
收到基氧	O_{ar}	％	2.22
收到基氮	N_{ar}	％	0.75
收到基硫	S_{ar}	％	1.99
收到基水分	M_{ar}	％	8.90
收到基灰分	A_{ar}	％	31.94
干燥无灰基挥发分	V_{daf}	％	13.83
收到基低位发热量	$Q_{net,ar}$	kJ/kg	19100

2）试验结果。

（a）锅炉热效率。600MW 工况，锅炉热效率为 92.33％。380MW 工况，锅炉热效率修正后为 91.60％。600MW 工况，飞灰可燃物含量为 2.06％，大渣可燃物含量为 4.56％。

（b）NO$_x$排放。600MW时对NO$_x$排放量进行测量，NO$_x$排放测试结果见表4-62。锅炉A、B两侧烟道NO$_x$排放浓度平均值为1040mg/m³，高于保证值980mg/m³。

表4-62　　　　　　　　　　NO$_x$排放测试结果

项目	单位	A	B
实测 NO	μL/L	635.9	558.8
实测氧量	%	3.24	3.37
锅炉 NO$_x$ 排放量	mg/m³	1103	977

（2）2号机组性能试验情况。

1）试验煤质。2号机组试验煤种分析一、二分别见表4-63、表4-64。

表4-63　　　　　　　　　　2号机组试验煤种分析一

项目	符号	单位	T-02 工况（590MW）
收到基碳	C_{ar}	%	48.96
收到基氢	H_{ar}	%	2.20
收到基氧	O_{ar}	%	3.19
收到基氮	N_{ar}	%	0.66
收到基硫	S_{ar}	%	2.60
收到基水分	M_{ar}	%	6.80
收到基灰分	A_{ar}	%	35.59
干燥无灰基挥发分	V_{daf}	%	15.45
收到基低位发热量	$Q_{net,ar}$	kJ/kg	18320.00

表4-64　　　　　　　　　　2号机组试验煤种分析二

项目	符号	单位	T-05 工况（360MW）
收到基碳	C_{ar}	%	51.62
收到基氢	H_{ar}	%	2.30
收到基氧	O_{ar}	%	3.27
收到基氮	N_{ar}	%	0.70
收到基硫	S_{ar}	%	2.40
收到基水分	M_{ar}	%	6.62
收到基灰分	A_{ar}	%	33.10
收到基低位发热量	$Q_{net,ar}$	kJ/kg	19959.00

2）试验结果。

（a）锅炉热效率。对于锅炉热效率试验，590MW工况，锅炉热效率为91.85%。360MW工况，实测锅炉热效率为92.21%。590MW工况，飞灰可燃物含量为2.74%，大渣可燃物含量为1.8%。

（b）NO$_x$排放。590MW工况时对NO$_x$排放量进行测量，由NO$_x$排放测试结果（见表4-65）可知，锅炉A、B两侧烟道NO$_x$排放浓度平均值为944mg/m³，低于保证值980mg/m³。

4.7.1.2　锅炉局部改造情况

为降低锅炉排烟温度，提高锅炉热效率，2010年对62号锅炉原省煤器进行了改造，

2014 年对 61 号锅炉实施了该方案。

表 4-65   **NO$_x$ 排放测试结果**

项目	单位	A	B
实测 NO	$\mu L/L$	570.0	522.0
实测氧量	%	3.28	3.07
锅炉 NO$_x$ 排放量	mg/m³	991	897

为研究解决制粉系统出力不足及粗粉分离器堵塞等问题，2012 年对 62 号锅炉 F 磨煤机粗粉分离器进行改造试验，同时将 A/F 燃烧器均分器对称取出。

为解决再热器低负荷蒸汽温度达不到设计值以及防止屏式过热器超温，同时降低过热器减温水量，2014 年在 2 号锅炉进行了再热器改造，增加了冷再三段受热面改造和大屏改造。2015 年计划对 1 号锅炉实施再热器及大屏过热器改造。

电厂根据实际运行情况，已在炉膛四角增加防焦风，即在拱下四角将水冷壁连接扁钢开一定数量的通风孔。翼墙风开孔示意图见图 4-110。

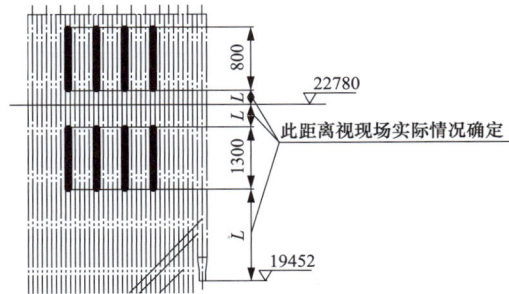

图 4-110　翼墙风开孔示意图

4.7.2　改造设计条件

（1）设计煤质见表 4-66。

表 4-66   **设 计 煤 质**

项目		符号	单位	数值
工业分析	全水分	M_t	%	6
	空气干燥基水分	M_d	%	1.58
	收到基灰分	A_{ar}	%	35
	干燥无灰基挥发分	V_d	%	14.5
	收到基固定碳	FC_{ar}	%	50.42
	焦渣特性			1
元素分析	收到基碳	C_{ar}	%	49
	收到基氢	H_{ar}	%	2.44
	收到基氮	N_{ar}	%	0.66
	收到基氧	O_{ar}	%	4.22
	干燥基全硫	$S_{d,ar}$	%	2.68
	收到基低位发热量	$Q_{net,ar}$	MJ/kg	20
灰熔融性温度	变形温度	DT	℃	1180
	软化温度	ST	℃	1270
	半球温度	HT	℃	1290
	流动温度	FT	℃	1320

（2）空气预热器改造性能设计参数见表 4-67。

表 4-67   空气预热器改造性能设计参数

序号	性能指标	单位	要求	备注
1	烟气侧阻力	kPa	≤1.3	THA 工况
2	排烟温度	℃	140～142	THA 工况
3	一次风出口温度	℃	≥310	THA 工况
4	二次风出口温度	℃	低负荷不小于 320，高负荷不小于 340	THA 工况
5	漏风率	%	5～6	THA 工况

2009 年 1 号锅炉性能考核试验空气预热器性能参数、2010 年 2 号锅炉性能考核试验空气预热器性能参数、改造后性能指标分别见表 4-68～表 4-70。

表 4-68   2009 年 1 号锅炉性能考核试验空气预热器性能参数

序号	性能指标		单位	600MW 测试值	备注
1	烟气侧阻力	A	Pa	1.21	实测值
		B		1.195	
2	排烟温度	工况 1	℃	141.2	修正后
		工况 2		139.8	
3	进口冷一次风温度	工况 1	℃	29.6	A/B 侧平均值
		工况 2		34.7	
4	出口热一次风温度	工况 1	℃	329	A/B 侧平均值
		工况 2		328	
5	进口冷二次风温度	工况 1	℃	24.7	A/B 侧平均值
		工况 2		28.9	
6	出口热二次风温度	工况 1	℃	341	A/B 侧平均值
		工况 2		341	
7	漏风率	A	%	8.50	工况平均值
		B		5.83	

表 4-69   2010 年 2 号锅炉性能考核试验空气预热器性能参数

序号	性能指标		单位	600MW 测试值	备注
1	烟气侧阻力	A	Pa	1.3	实测值
		B		1.4	
2	排烟温度	工况 1	℃	141.1	修正后
		工况 2		142.8	
3	进口冷一次风温度	工况 1	℃	28.6	A/B 侧平均值
		工况 2		28	
4	出口热一次风温度	工况 1	℃	313	A/B 侧平均值
		工况 2		313	
5	进口冷二次风温度	工况 1	℃	24	A/B 侧平均值
		工况 2		24	
6	出口热二次风温度	工况 1	℃	327.8	A/B 侧平均值
		工况 2		332	
7	漏风率	A	%	4.32	工况平均值
		B		6.97	

表 4-70　　　　　　　　　　改 造 后 性 能 指 标

序号	性能指标	单位	保证值
1	锅炉热效率	%	91.8
2	NO$_x$ 排放浓度（炉膛出口，标准状态）	Mg/m³	700
3	飞灰可燃物	%	3
4	大渣可燃物	%	5
5	炉膛出口 CO 含量	μL/L	100
6	运行氧量炉膛出口	%	3

4.7.3　方案概述

为了推出合理的改造方案，需进行以下工作：

首次，需要通过性能计算进行整个锅炉的安全性分析，考察整个锅炉能否在改造后安全、稳定运行，并核算是否需要对受热面进行调整。

其次，在通过计算和相关改造，确保锅炉各系统设备安全的情况下，充分考虑锅炉降低 NO$_x$ 排放浓度的要求。

低氮燃烧系统改造效果随煤种和锅炉结构（主要是燃烧和制粉系统）的不同而有差异，对无烟煤和贫煤锅炉，由于燃尽难度大于烟煤，NO$_x$ 控制相对难一些。因此，在对锅炉进行低氮燃烧改造时能满足经济性不会大幅降低（即锅炉的飞灰含碳量和大渣含碳量不会大幅升高），是 W 火焰炉燃烧系统改造的关键。

B&W 北京公司根据多年来数台 W 火焰炉的设计改造经验，并充分结合四川 LZ 电厂 2×600MW 机组 61、62 号锅炉的改造运行情况，从现有燃烧系统布置着手，本着尽量少改动其他设备的原则，以锅炉改造后的安全性和经济性为前提，提出锅炉燃烧系统改造方案，力求达到在燃烧系统改造后，大幅降低 NO$_x$ 排放浓度的同时锅炉经济性不降低的效果。

61、62 号锅炉燃烧系统改造方案具体如下所述。

（1）拱上增加燃尽风喷口。在燃烧器风箱拱上增设一层燃尽风喷口，以实现分级燃烧。

燃尽风喷口位置在燃烧器风箱拱上适当位置（标高 31290mm），喷口倾斜向下 10° 布置，二次风交汇点位置距离上炉膛拐点 1997mm，燃尽风喷口布置见图 4-111。

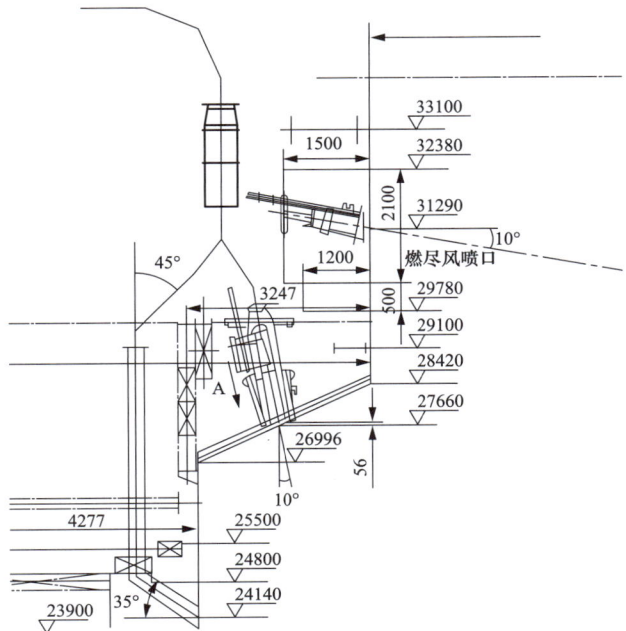

图 4-111　燃尽风喷口布置图（侧视图）

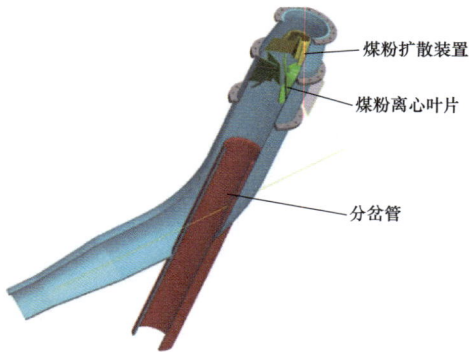

图 4-112　分离式煤粉浓缩器

燃尽风喷口与原燃烧器错位布置，前后墙各布置 20 只，共 40 只。

（2）增设分离式煤粉浓缩器。燃烧器入口段的煤粉管道内增设分离式煤粉浓缩器（见图 4-112），以实现煤粉的浓淡分离。每根煤粉管道均增加一个分离式煤粉浓缩器，共计 36 个该装置。

煤粉气流进入该分离装置首先经过扩散装置，使煤粉颗粒向管道壁运动，与一次风进行第一次分离。煤粉在扩散器的作用下，通过布置在管道壁的离心叶片，气流发生旋转，煤粉颗粒也会跟随气流进行旋转。经过离心叶片后，靠近管道壁的气流就带动煤粉颗粒旋转运动。煤粉颗粒在离心力的作用下，就会向管道壁运动，这样就在近煤粉管道壁形成浓相煤粉，而小颗粒则集中在管道中心，也就在管道中形成了外浓内淡的煤粉气流。该气流通过分岔管将两股气流分别从管道中引出。通过数值模拟分析表明，该装置分离效率超过 90%，阻力仅在 330Pa 左右，可为煤粉气流的着火创造极为有利的条件。

（3）将原燃烧器更换为中心风旋流燃烧器。锅炉原设计共配有 36 只燃烧器，每只燃烧器设有 2 个一次风喷口，错列布置在锅炉下炉膛的前后墙炉拱上。本次改造将原有的 36 只燃烧器替换为北京 B&W 公司设计的中心风旋流燃烧器（见图 4-113），一次风喷口由 72 只减少为 36 只，布置在下炉膛拱上，并与垂直方向形成 10°的入射角。

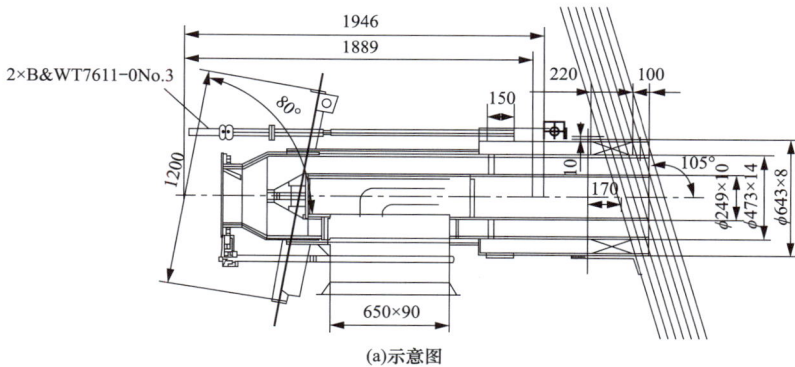

(a)示意图

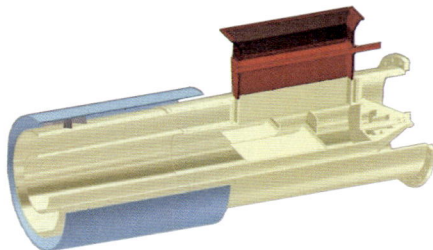

(b)实物图

图 4-113　中心风旋流燃烧器

（4）优化乏气风布置。为了克服乏气风喷口原设计的布置缺陷，本次改造对乏气风进行了优化布置。将原有每只燃烧器的两根乏气风管替换为经分离式煤粉浓缩器分离出的一根乏气风管道（淡相煤粉管道）。改变乏气风喷口的位置，由分离式煤粉浓缩器分离出的乏气风管道向下引至下炉膛垂直段标高 24140mm 处，下倾 35°引入下炉膛，乏气风喷口与燃烧器主喷口的竖直平面错开 476.25mm。乏气风管道设置气动调节翻板门，通过调节乏气风管道翻板门开度，可改变燃烧器一次风与乏气风之间的风量分配，可在锅炉煤种变化时进行调节，增强锅炉煤种适应性。

（5）优化二次风分配。对于锅炉原设计，无论是拱上二次风（由 A、B、C 挡板控制），还是分级风（由 D、E、F 挡板控制）都没有导流（或导流板较短）引入，进入炉膛后会很快发散，不利于二次风的组织，燃烧效果受到影响。为了克服原设计的这种缺陷，同时满足本次低氮燃烧改造效果，这次改造将对炉膛配风进行优化。

燃烧器更换和乏气风优化布置后，需相应对拱上二次风进行优化设计。优化后的拱上二次风布置见图 4-114。由于原设计燃烧器间距离较小，只有 1619.25mm，因此本次改造拱上二次风的设计结合了美国 B&W 旋流燃烧器及英国 B&W 直流狭缝式燃烧器的设计特点，采用燃烧器中心风、外环二次风与拱上狭缝二次风相结合的配风形式。改造后将通过调节挡板，对每只燃烧器对应的拱上二次风量进行调节。

每个燃烧单元布置方形二次风喷口，由于该喷口和一次风间隔布置且风速较高，可以避免二次风过早与燃烧器一次风射流会合，有利于形成合理的分级配风，使煤粉燃烧初期处于还原性气氛，对于抑制 NO_x 排放也更为有利。角部燃烧器外侧布置有二次风喷口，对侧墙水冷壁也有一定的保护作用，避免结焦。

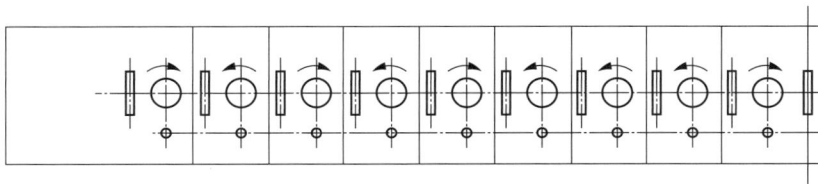

图 4-114　优化后的拱上二次风布置

由于原设计拱下二次风由 D、E、F 挡板控制，二次风均水平引入炉膛，故需对拱下二次风进行改进。取消 D、E 挡板，由于合并后的乏气风管道从 E 挡板位置下引至标高 24140mm 处，在乏气风喷口外侧设导风套管，一方面可以冷却乏气风喷口，另一方面可提供煤粉燃烧过程需要的部分风量。

保留 F 挡板。F 挡板控制的二次风采用导流管从标高 21000mm 处引入，并下倾 25°，每只燃烧器对应两个分级风喷口，位置与一次风喷口所在竖直平面错开，由 F 挡板电动控制。

（6）增设燃尽风风箱及其分风道。改造后的供风系统由原燃烧器大风箱及其分风道和新增的燃尽风风箱及其分风道组成。原燃烧器大风箱的分风道及其附属挡板执行机构、膨胀节及风量测量装置等保留，在主风道上引出燃尽风分风道。在燃尽风分风道上采用插入式风量测量装置，并设有电动调节挡板，以调节燃尽风风量分配，适应燃料及运行工况的变化。在分风道采用金属膨胀节，吸收锅炉及主风道的膨胀差。燃尽风风道布置充分考虑现有钢架位置，合理布置燃尽风分风道走向。

(7) 更换部分水冷壁。由于增设燃尽风喷口，需对燃尽风喷口区域水冷壁进行改造，增设燃尽风喷口处水冷壁开孔。

由于采用中心风旋流燃烧器替换原有燃烧器，并对拱上二次风进行优化，因此需要对拱上燃烧器区水冷壁进行更换。

由于 D 挡板取消，E 和 F 挡板引入的二次风喷口要进行优化，因此需对下炉膛前后墙垂直水冷壁的部分水冷壁进行改造。

(8) 卫燃带改造。为确保 LZ 电厂 61、62 号锅炉低氮燃烧改造后燃烧稳定，炉内结焦情况可控，杜绝大块焦块掉落而造成的安全事故，根据锅炉现运行情况及改造后炉内燃烧情况，对卫燃带进行优化设计，改造后卫燃带面积基本不变，总面积为 767.5m²。原锅炉两侧墙水冷壁卫燃带、前后墙水冷壁卫燃带分别见图 4-115、图 4-116，电厂改造后两侧墙水冷壁卫燃带、前后墙水冷壁卫燃带分别见图 4-117、图 4-118，本次改造后两侧墙水冷壁卫燃带、前后墙水冷壁卫燃带分别见图 4-119、图 4-120。

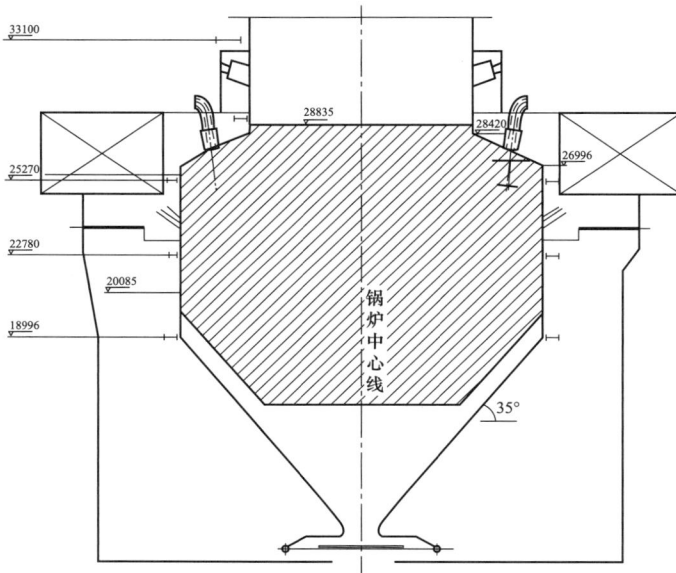

图 4-115　原锅炉两侧墙水冷壁卫燃带

图 4-115～图 4-120 中，图例 ▨ 为现有卫燃带；图例 ▩ 为本次改造需增加的卫燃带。

(9) 仪控电气设备：

燃尽风系统：风道电动执行机构 4 套；燃尽风风道风量测量装置及差压变送器 4 套；燃尽风风箱风压测量装置及压力变送器 4 套；部分燃尽风喷口处壁温热电偶 24 只。

燃烧器部分：拱上二次风挡板气动执行机构 36 套；部分燃烧器喷口处壁温热电偶 24 只。

乏气风系统：乏气风管道翻板门气动执行机构 36 套（利旧原有 C 挡板执行机构）。

分级风系统：分级风挡板气动执行机构 36 套（利旧原有 F 挡板及其执行机构）。

低氮燃烧改造涉及 DCS 部分。

以上执行机构和测量元件均包含必要的电缆和导线。

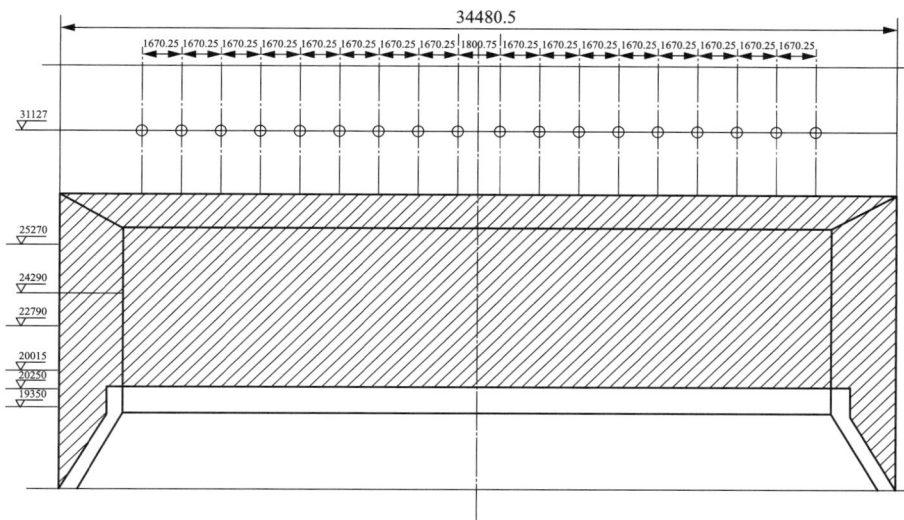

图 4-116　原锅炉前后墙水冷壁卫燃带

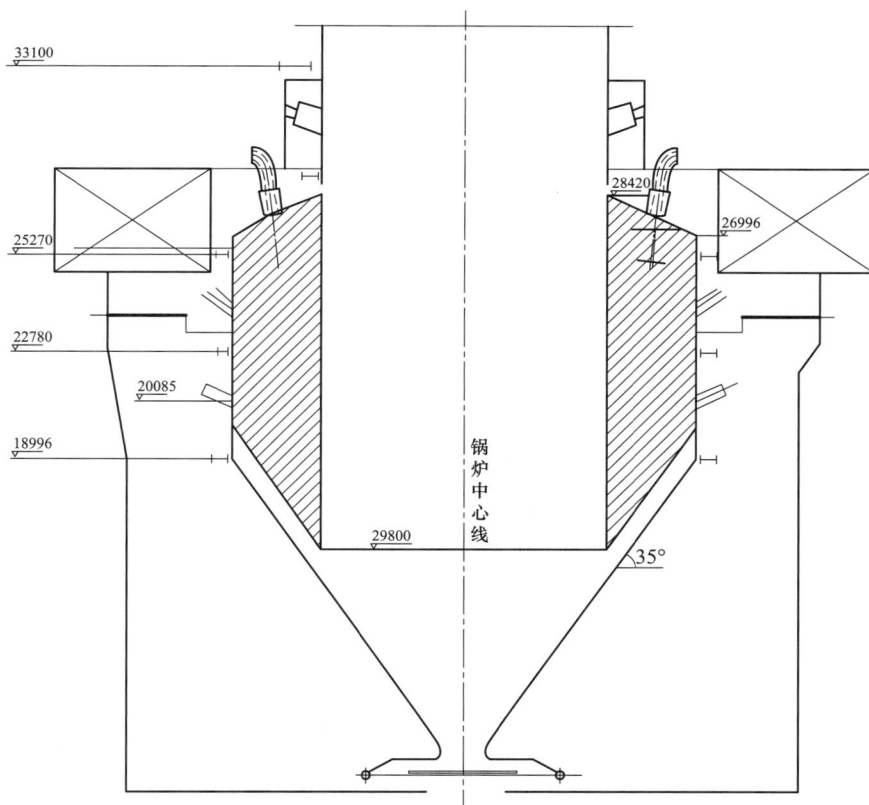

图 4-117　电厂改造后两侧墙水冷壁卫燃带

（10）其他改造。由燃烧系统改造引起的其他系统（钢结构、楼梯平台、吹灰器、护板、保温、油漆和照明设备等）的改造。

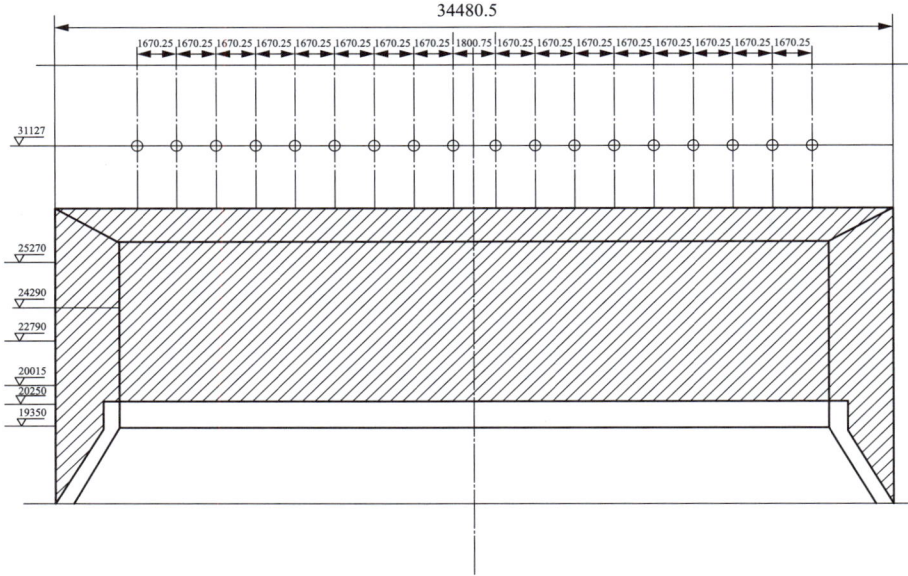

图 4-118　电厂改造后前后墙水冷壁卫燃带

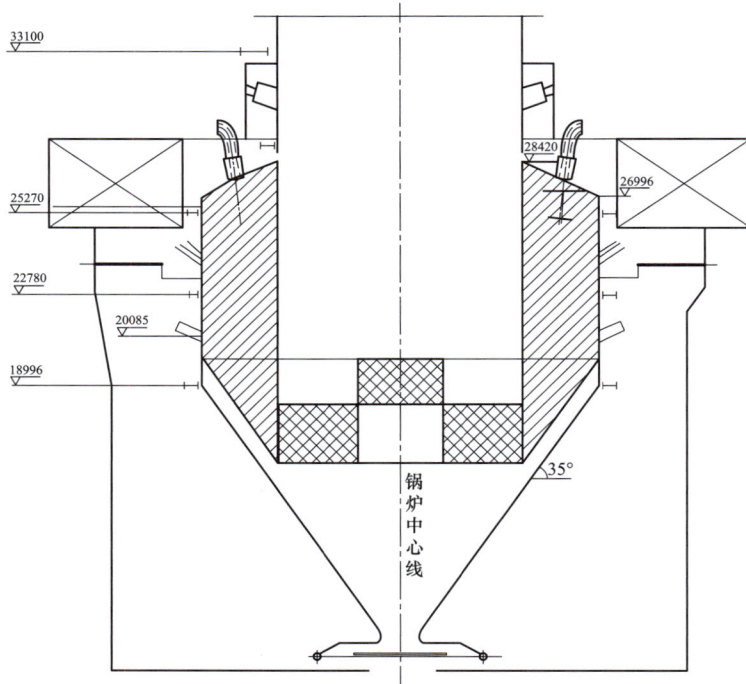

图 4-119　本次改造后两侧墙水冷壁卫燃带

4.7.4　改造结果

LZ 电厂 62 号锅炉改造结果对比表见表 4-71。

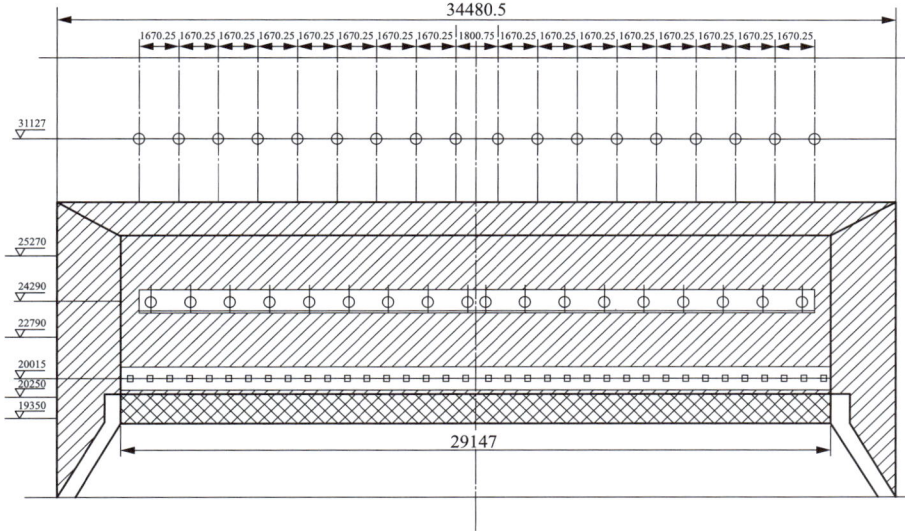

图 4-120 本次改造后前后墙水冷壁卫燃带

表 4-71 **LZ电厂62号锅炉改造结果对比表**

LZ电厂62号锅炉			
内容	改造设计指标	改造前	改造后
锅炉试验时发电负荷（MW）	600	590	570
改造时间	—	2010年6月	2016年11月16日
煤全水（%）	6.00	6.80	7.30
收到基灰分（%）	35.00	35.59	31.68
干燥无灰基挥发分（%）	14.5	15.45	13.89
收到基低位热值（kJ/kg）	20000	18320	19680
运行氧量（%）	3	3.18	3.409
运行CO（μL/L）	100	—	76.71
折算NO$_x$（mg/m³）	700	944	637.55
修正排烟温度（℃）	—	—	140.79
飞灰可燃物含量（%）	3	2.74	4.21（煤粉细度修正后为3.18）
大渣可燃物含量（%）	5	1.8	2.68
过热器减温水量（t/h）	65	—	118.6
再热器减温水量（t/h）	0	0.6	0
修正锅炉热效率（%）	91.8	91.85	91.95

4.7.5 对于这次改造的有关方面的思考和建议

由表 4-71 可知改造是比较成功的，在入炉煤干燥无灰基挥发分由 15.45% 下降到 13.89% 的条件下，NO$_x$ 由 944mg/m³ 下降到 637.55mg/m³（标准状态）；锅炉热效率由 91.85% 提高到 91.95%；CO 未超过设计值 100μL/L。这些都说明，将燃烧器的喷嘴数量由 72 只减少到 36 只，采用燃烧器中心风、外环二次风与拱上狭缝二次风相结合的配风形式，改造后将通过调节挡板对每只燃烧器对应的拱上二次风量进行调节的燃烧组织措施是正确的。

尽管燃烧器设置了周界风，但还是存在敞开式燃烧器易于导致结渣的问题，原有在四角结渣的问题仍然存在。这与FW型亚临界W火焰炉的下炉膛容积放热强度 220.57kW/m³、锅炉原设计卫燃带面积 1070m² 仍然偏高有关。尽管改造前卫燃带面积已经减少到 767.5m²。而这次对于炉膛卫燃带的面积，只做了一些改进，并未减少。

为此建议，在改造中应进一步加强防止结渣的措施，例如采用行之有效的条块式布置的卫燃带，更合理布置防渣风等。另外，对于干燥无灰基挥发分在 14% 左右的煤种，煤粉细度修正后的飞灰可燃物达到 3.18% 还是比较成功的。修正前的飞灰可燃物是 4.21%，而在将 36 只一次风管中煤粉细度分别为 10.2% 和 10.22% 的 A3 和 B4 两只粉管的煤粉修正到 8% 以下，就可以使全炉飞灰可燃物由 4.21% 降低到 3.18%，这说明在低质煤的燃烧中，制粉细度对于飞灰可燃物的影响较大。这一点值得在 W 火焰炉的改造中予以充分重视。

第5章

狭缝型燃烧器W火焰炉的设计特点和运行特性

5.1 英国巴布科克公司锅炉设备的布置特点

早期 MBEL 系列狭缝型燃烧器 W 火焰炉为英国巴布科克公司直供，后来主要是由哈尔滨锅炉（集团）股份有限公司制造，锅炉为亚临界参数、一次中间再热、单炉膛Ⅱ型露天岛式布置、自然循环汽包炉，燃用无烟煤，平衡通风，固态排渣，全钢架结构。

燃烧设备采用了双拱绝热炉膛、旋风分离煤粉燃烧器、分级配风、W 火焰燃烧方式。炉膛分为上、下两部分，下炉膛呈双拱形，在其水冷壁上及炉拱附近敷设卫燃带。

亚临界 W 火焰炉水循环采用自然循环方式，整个炉膛四周为全焊膜式水冷壁，过热器系统传热方式为辐射-对流型。从汽包中分离出来的饱和蒸汽依次经顶棚过热器、热回收区、低温过热器、中温过热器和高温过热器。再热器系统全部为对流型受热面，按蒸汽流程依次分为低温段再热器和高温段再热器，采用逆流传热方式顺列布置。省煤器由光管组成，位于后竖井冷段再热器与低温过热器下方，平行于前墙逆流顺列布置。

炉膛上部布置屏式过热器，折焰角上部布置高温过热器，水平烟道布置了垂直再热器，早期该型炉采用炉底热风调温加事故喷水。后期尾部竖井由隔离墙分成前后两个烟道，前部布置水平再热器和省煤器，后部为一级过热器和省煤器。在分烟道底部设置了烟气挡板，过热器系统的两级喷水减温器均采用多孔喷管式，喷管水平布置，装于低温过热器与屏式过热器之间和屏式过热器与高温过热器之间。再热蒸汽温度主要采用改变烟气调温挡板开度调节，在再热器入口的进口管道上设置了事故喷水减温装置，用于控制紧急状态下的再热蒸汽温度。

5.1.1 300MW 机组等级锅炉主要设计参数和设计特点

300MW 等级亚临界 MBEL 设计制造的 W 火焰炉，其代表的锅炉是岳阳电厂和菏泽电厂的锅炉，其设计参数见表 5-1。

表 5-1　　　　　　　　岳阳电厂及菏泽电厂 1、2 号锅炉主要设计参数

锅炉参数	单位	岳阳电厂		菏泽电厂	
		BMCR	100％TMCR (350MW)	BMCR	100％TMCR (300MW)
过热蒸汽流量	t/h	1160	1080	1025	916.007
过热蒸汽出口压力	MPa	17.5	17.41	18.20	17.17
过热蒸汽出口温度	℃	543	543	546	541

锅炉参数	单位	岳阳电厂		菏泽电厂	
		BMCR	100%TMCR（350MW）	BMCR	100%TMCR（300MW）
再热蒸汽流量	t/h	992.2	928.8	829	
再热蒸汽进/出口压力	MPa	4.16/3.95	3.97/3.77	4.377/3.79	
再热蒸汽进/出口温度	℃	338/541	335/541	329/335	
给水温度	℃	275	271	282.3	
给水压力	MPa	19.27	18.97	19.37	
排烟温度（修正后）	℃	115.4	115.2	116	
锅炉效率（高位热值）	%	89.04	88.86		92（低位热值）

岳阳电厂一期 2×362.5MW 亚临界进口机组，配备 MBEL 设计制造的 W 火焰炉，锅炉炉膛高、深、宽分别为 43.126m×16.224m×20.24m，上炉膛深 7.176m，炉膛容积为 7568m³，在 24.33m 炉拱处分为上、下两个部分。下炉膛为燃烧区，上炉膛为燃尽区。再热汽采用炉底热风调温和事故喷水。炉膛结构及燃烧器布置如图 5-1 所示。

哈尔滨锅炉厂设计制造的 300MW 等级亚临界 W 火焰炉，其代表的锅炉是 2005 年投入运行的纳雍二电厂和黔西电厂的锅炉，其锅炉总体布置如图 5-2 所示。

其设计特点是：双进双出磨煤机直吹式制粉系统；旋风分离器和直流缝隙式燃烧器相结合；采用较高的一次风温；采用较低的一次风量和一次风速，着火区域敷设卫燃带；膜式水冷壁采用内螺纹管和光管相结合；火焰流向与炉内水冷壁夹角为 15°，冷灰斗处布置三次风；屏式过热器和末级过热器底部采用膜式结构。其最大的改进是再热器调温方式由炉底热风调整改为烟气挡板调整。

5.1.2　MBEL W 火焰炉特征参数的特点

W 火焰炉炉膛以前后拱顶水平断面为界可划分为下炉膛和上炉膛两部分。按拱式燃烧的方案，下炉膛是主燃区。煤粉/空气（一、二次风）射流从布置在前后拱上的各燃烧器喷口垂直向下射入下炉膛，在比其他燃烧方式更为有利的条件下迅速接受炉膛辐射对流换热而达到着火燃烧，所形成的对称的双 U 形火炬能充满下炉膛的有效空间。在前后墙上布置的三次风口则分级补充煤粉燃尽所需的其余空气量。转折 180°后上行的高温火炬则是保障煤粉气流着火的最佳辐射对流热量。正确的下炉膛设计必须避免火焰短路上飘，也不应向下冲刷冷灰斗造成结渣。上炉膛的作用显然应是进一步完成火炬中残余固定碳组分的燃尽，并使燃烧产物通过与受热面之间的换热降温到设定的炉膛出口温度。

MBEL 系列狭缝型燃烧器 W 火焰炉特征参数的特点如下：

（1）按照一般燃用低挥发分煤种锅炉的特点，早期采用瘦高型的炉膛。早期的狭缝型燃烧器 W 火焰炉，例如珞璜电厂和岳阳电厂 300MW 机组等级的 W 火焰炉，其炉膛总高为 43.266～52.07m；下炉膛高度为 23.48m 和 20.355m；下炉膛折算高度为 16.21m 和 13.7m；下炉膛断面放热强度为 2.93～2.97MW/m²。总高远高于 FW 系列的阳泉电厂 1、2 号炉的炉膛总高（39.244m）和安顺电厂 1、2 号炉的炉膛总高（43.244m）。FW 系列锅

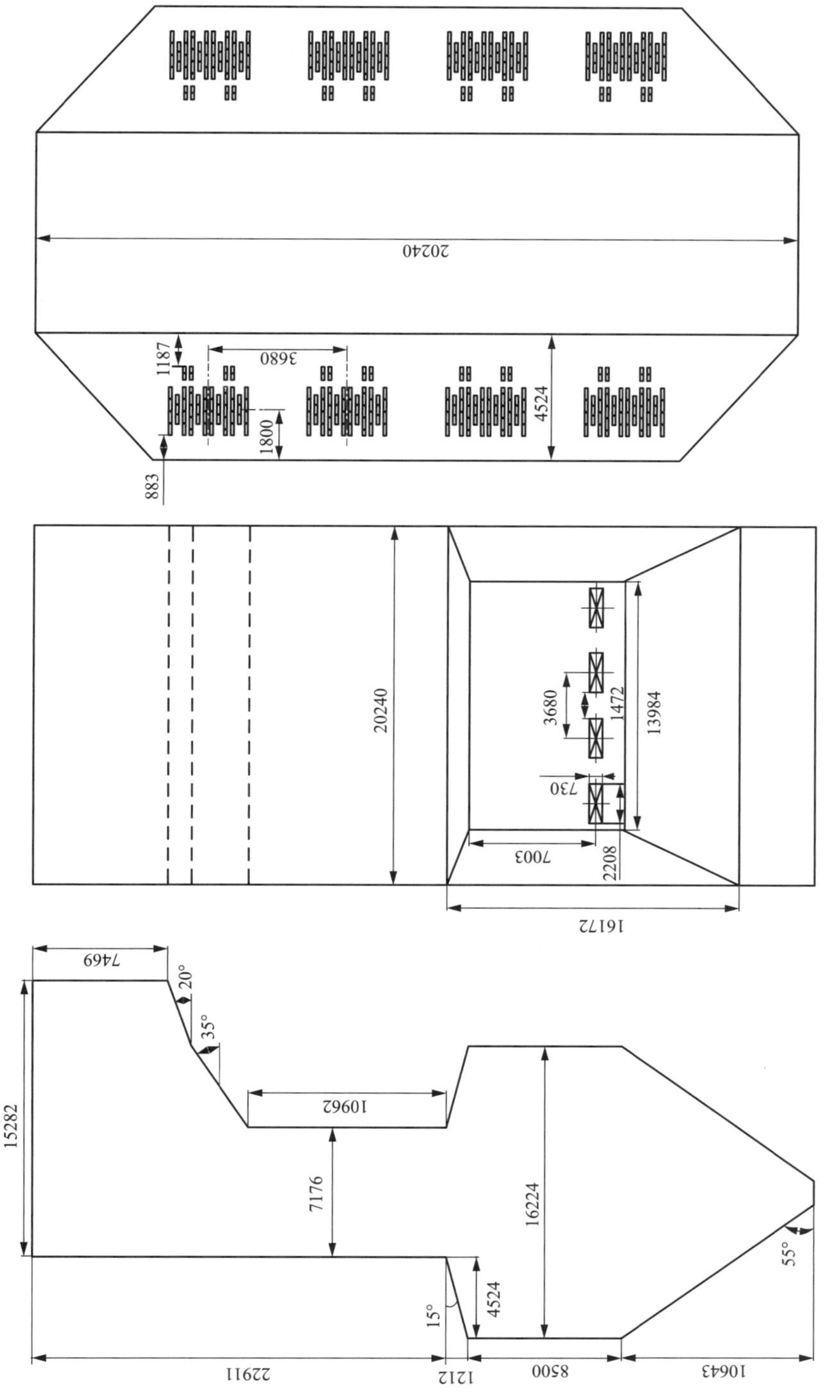

图5-1　岳阳电厂1、2号炉膛特征参数示意图

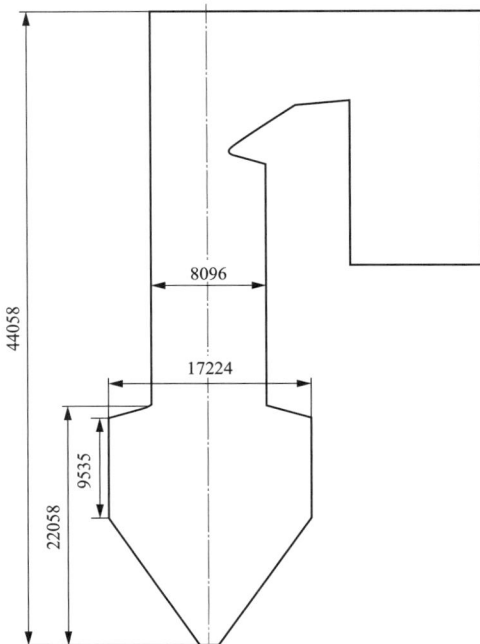

图 5-2　哈尔滨锅炉厂生产的 300MW
等级 W 火焰炉布置图

炉下炉膛高度为 15.480m 和 15.477m，下炉膛断面放热强度为 2.64MW/m² 和 2.55MW/m²。这种思路有利于燃尽，但是下炉膛结渣严重。因此到后期 600MW 等级的锅炉，例如聊城和塘寨电厂，才将下炉膛断面放热强度调整到 2.789～2.504MW/m²，见表 5-2。

（2）炉膛容积放热强度，特别是下炉膛容积放热强度较低，以利于燃尽和防止结渣。与其他常规煤粉燃烧炉型一样，W 火焰炉需要有足够大的全炉膛容积空间，以达到良好的燃尽，并使烟温降到给定的炉膛出口温度，因此需要根据锅炉容量和燃烧性质确定适宜的炉膛容积放热强度（q_v）。在全炉膛容积放热强度的选取方面，早期 MBEL 狭缝型燃烧器 W 火焰炉的全炉膛容积放热强度与其他类型的 W 火焰炉基本相当，岳阳电厂 1、2 号炉为 120kW/m³，菏泽电厂为 117kW/m³。此后因为结渣等原因，容积放热强度逐渐降低，在纳雍电厂已经降低到 93.3kW/m³；600MW 等级的聊城电厂为 97.36kW/m³；而到镇雄、塘寨电厂，考虑到大气压力降低的因素，则大幅度降低到 81.05～81.30kW/m³。

MBEL 系列狭缝型燃烧器 W 火焰炉特征参数（参考图 5-3 中聊城电厂参数）的最大特点，是充分贯彻了 W 火焰炉的设计思想——火焰行程较长。特殊的火焰形状和较大的下炉膛使煤粉颗粒在炉内，特别是在高温区的流动路径，即停留时间得到加长，比其他燃烧方式几乎增加一倍，燃烧效率高，从而保证了低挥发分煤的稳定燃烧及良好的燃尽条件。再加上狭缝型燃烧器 W 火焰炉易于结渣，因此选择了一个又高又大的下炉膛，其下炉膛容积放热强度偏低。而且，尽管选择了这样大的下炉膛，却未能充分加以利用，并且还带来一些弊病。

（3）炉膛宽深比较小，有利于减少沿锅炉横向热偏差。布置狭缝型燃烧器，要求较大的深度和较小的宽度。早期的珞璜电厂 350MW 机组锅炉宽深比为 0.981，岳阳电厂为 1.248。而 FW 系列的安顺电厂 1、2 号炉为 1.856。即使到后期 600MW 等级的镇雄、塘寨和聊城电厂，宽深比也只有 1.127～1.233，因此，该型炉的宽深比较小，带来的好处是沿炉膛宽度方向热负荷偏差较小，但是也带来其他的问题，这些问题也将在该型炉存在的问题一节中详细讨论。

（4）卫燃带面积较少，以利于防止结渣。为保证煤粉的及时着火，确保煤粉的充分燃尽，根据哈尔滨锅炉厂和巴布科克公司燃烧无烟煤的经验，在锅炉下炉膛敷设了一定数量的卫燃带，例如镇雄电厂 600MW 机组锅炉卫燃带面积为 494m²，占下炉膛辐射受热面的 19.0%；塘寨电厂下炉膛卫燃带面积原为 375m²（改后 487m²），占下炉膛辐射受热面的 18.7%（改后为 14.4%）。

卫燃带的面积是 MBEL 根据以往工程卫燃带的敷设经验及在运行后出现问题及改造经验，经总结分析后确定的。在敷设卫燃带后既要有效提高着火和稳燃性能，保证煤粉的着火、稳燃和燃尽；又要保证卫燃带敷设面积合理，防止出现结焦，同时卫燃带的结构处理又要方便检修和更换。MBEL典型的W火焰炉设计初期敷设的卫燃带面积和投产后最终敷设面积的对照数据见图5-4。

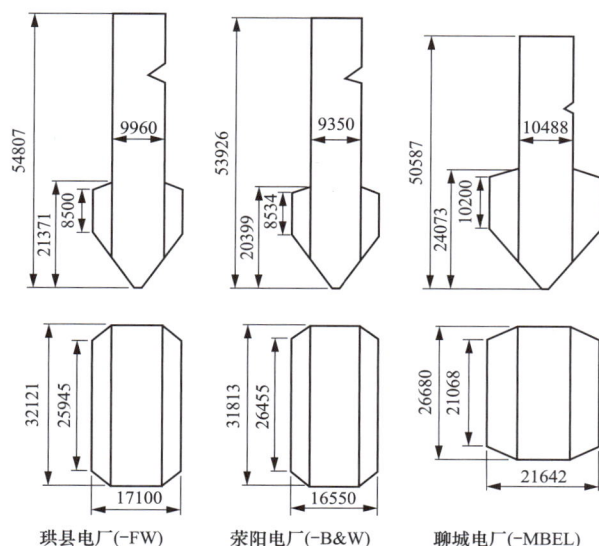

珙县电厂(-FW)　　　荣阳电厂(-B&W)　　　聊城电厂(-MBEL)

图 5-3　三种炉型特征参数的对比

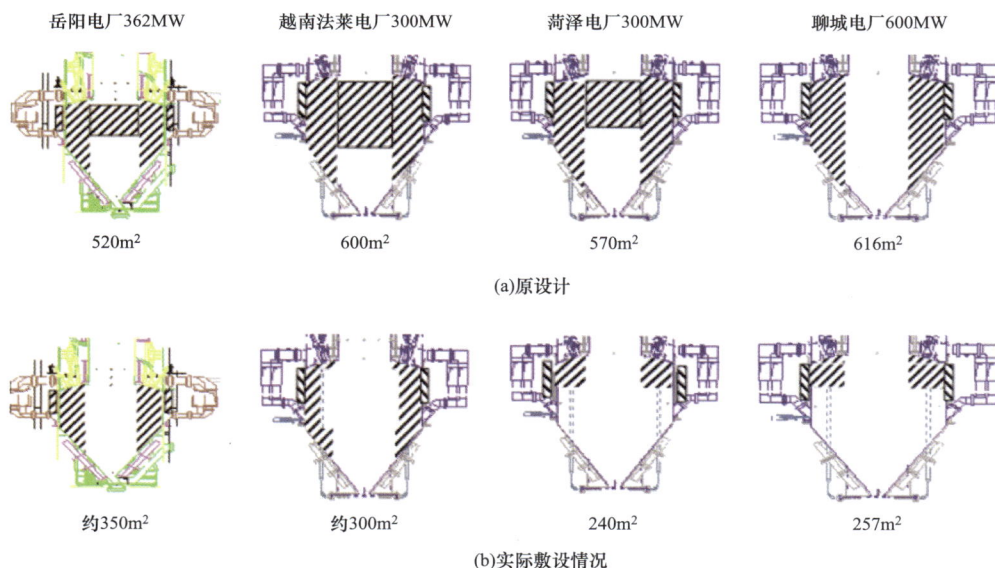

岳阳电厂362MW　　越南法莱电厂300MW　　菏泽电厂300MW　　聊城电厂600MW

520m²　　　　　600m²　　　　　570m²　　　　　616m²

(a)原设计

约350m²　　　约300m²　　　240m²　　　257m²

(b)实际敷设情况

图 5-4　部分电厂卫燃带敷设情况

为使卫燃带有足够强度，避免从水冷壁上脱落，在水冷壁上布置有托板。耐火砖是可拆装的，并且表面十分光滑，避免了水冷壁上挂焦。根据MBEL在多台W火焰炉上的实际应用卫燃带，取得了良好的效果，使用寿命均在4年以上。由于狭缝型燃烧器防结渣性能比较差，敷设的卫燃带远低于其他两种类型。例如聊城电厂600MW机组锅炉，原设计卫燃带面积也只占下炉膛辐射受热面的 26.5%，后由于结渣又减少到 14.94%。但这种做法有悖于 W 火焰炉分区燃烧的设计思想，带来一定的问题。MBEL 锅炉炉膛选型指标和其他炉型的比较见表 5-2。

表 5-2 　　　　　　　　　　MBEL 锅炉炉膛选型指标和其他炉型的比较

选型指标	单位	清镇（塘寨）电厂 2×600MW	聊城电厂 2×600MW	FW 型安顺电厂一期 2×300MW	岳阳电厂一期 2×360MW
全炉膛容积放热强度 q_v	kW/m³	81.05	97.36	107.81	119.96
下炉膛容积放热强度	kW/m³	144.57	171.83	252.29	217.06
下炉膛截面放热强度	MW/m²	2.504	2.789	2.554	2.974
炉膛宽度	m	26.68	26.68	24.765	20.24
上/下炉膛深度	m	12.512/23.666	10.488/21.642	7.239/13.345	7.176/16.224
比值		0.528	0.485	0.542	0.442
下炉膛折算高度	m	17.32	16.23	10.12	13.70

5.2　MBEL 系列狭缝型燃烧器 W 火焰炉燃烧组织的特点

5.2.1　燃烧设备的选取原则

现以哈尔滨锅炉厂生产的镇雄电厂 600MW W 火焰炉为例来说明燃烧设备的选取原则。

镇雄电厂所用燃烧器方案，是在哈尔滨锅炉厂与巴布科克公司对类似燃料所做的研究工作的基础上，对设计煤、校核煤进行了分析和评价，巴布科克公司作为技术支持，并根据哈尔滨锅炉厂和巴布科克公司在无烟煤锅炉上得到的成熟经验而设计的。巴布科克公司设计和制造的岳阳电厂锅炉（362MW）、越南法莱电厂锅炉（300MW）、聊城电厂锅炉（600MW）燃用煤质均为无烟煤，哈尔滨锅炉厂与 MBEL 合作的纳雍二电厂和黔西电厂燃用煤质也为无烟煤（已经全部投运）。

5.2.1.1　燃料着火特性（见表 5-3）

表 5-3 　　　　　　　　　　综合指数和着火温度判别指标

判别指数	R_w 综合指数	T_d 着火温度（℃）	结论
着火稳定性	$R_w \leq 4.0$	$T_d > 638$	极难
	$R_w > 4.0 \sim 4.65$	$613 < T_d \leq 638$	难
判别范围	$R_w > 4.65 \sim 5.0$	$593 < T_d \leq 613$	中等
	$R_w > 5$	$T_d \leq 593$	易
设计煤	4.32	644.6	难
校核煤	4.33	642.8	难

从表 5-3 可以看出，这一类设计煤、校核煤均属于难着火的无烟煤，其着火特性与聊城电厂、越南法莱电厂、纳雍二电厂、黔西电厂、岳阳电厂等煤质比较接近。因此，需借鉴上述电厂的成功经验，采取有效措施保证着火及时、稳定燃烧。

5.2.1.2　燃料燃尽特性（见表 5-4）

从表 5-4 所示判别指标看，这一类设计煤和校核煤属难燃尽煤种，与参比工程煤质燃尽特性相近，故在炉膛及燃烧器设计时，仍需采取充分措施来保证良好的燃尽率。

表 5-4　　　　　　　　　　　　　　　　燃尽判别指标

判别指标	F_z	R_J	结论
燃尽特性判别范围	$F_z \leqslant 0.5$	$R_J \leqslant 2.5$	极难
	$0.5 < F_z \leqslant 1.0$	$R_J > 2.5 \sim 3.0$	难
	$1.0 < F_z \leqslant 1.5$	$R_J > 3.0 \sim 4.4$	中等
	$F_z > 1.5$	$R_J > 4.4$	易
设计煤	0.38	2.89	难
校核煤	0.49	3.04	难

5.2.1.3　燃料结渣特性（见表5-5）

表 5-5　　　　　　　　　　　　　　　　结渣特性判别

结渣指数	T_2（℃）	R 综合指数	结论
结渣特性判别范围	>1390	<1.5	轻微
	1260～1390	1.5～2.5	中等
	<1260	>2.5	严重
设计煤	1280	2.12	中偏重
校核煤	1200	2.01	偏重

由表 5-5 可以看出，这一类工程设计煤和校核煤结焦特性属于中偏重，并且含灰量和含硫量较高。根据岳阳电厂等运行经验，为保证无烟煤及时着火和燃尽，必须有较高的炉内温度水平。这样煤灰中的某些矿物质可能会产生选择性沉积，形成结焦。因此，在锅炉设计中必须对结焦问题给予高度重视。

要获得低挥发分煤良好的燃烧效果，还必须满足下列两个主要条件：

（1）用煤粉高细度确保碳粒子点燃。

（2）用较长的炉内停留时间和足够高的炉膛温度达到碳粒子燃尽。

上述两点都要求选取适宜的制粉系统、磨煤机以及燃烧器形式，并要求选择较大的炉膛容积，以使在煤粉喷入炉膛后，在形成良好的稳定火焰基础上，保证煤粉在炉内有足够的停留时间。

根据这一类燃煤的特点，以及 MBEL 和哈尔滨锅炉厂燃用无烟煤的经验，为确保良好的稳定火焰以及煤粉的充分燃尽，哈尔滨锅炉厂认为使用 W 火焰炉是非常必要的。综上所述，在这一类煤种燃烧设备设计及制粉系统选取中，在保证以煤粉着火和燃尽为设计重点的同时，也充分考虑了降低 NO_x 排放、防止炉内结焦及高温腐蚀，并借鉴以前 MBEL 和哈尔滨锅炉厂燃用无烟煤的经验，选取最佳的方案（见图 5-5）。

燃烧器喷口初始及最终布置图见图 5-6

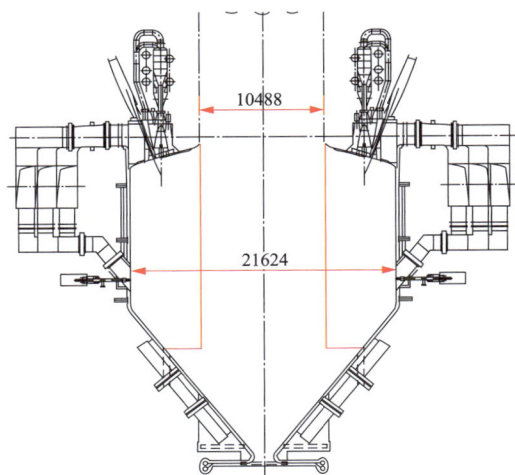

图 5-5　狭缝式浓淡燃烧器总体布置图
（此处尺寸以 LIC 电厂为例）

和图 5-7。

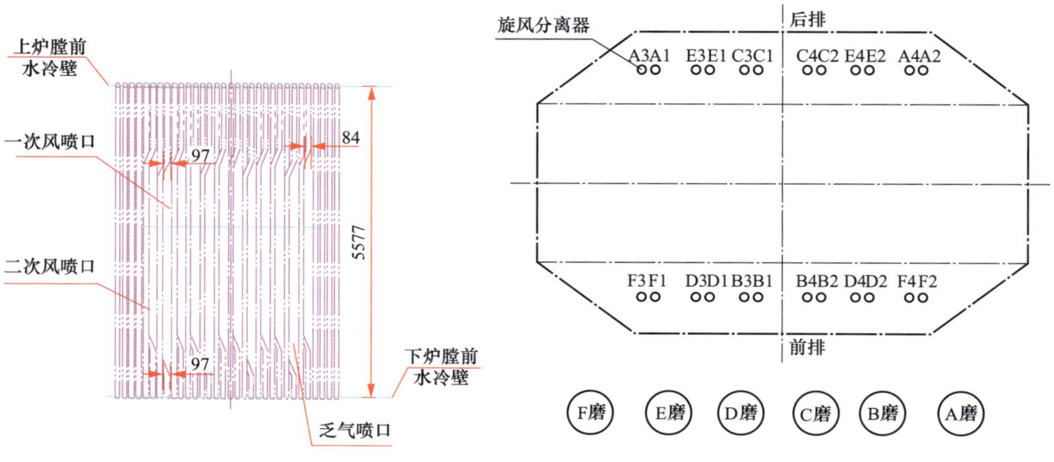

图 5-6　镇雄电厂锅炉初始的布置方案

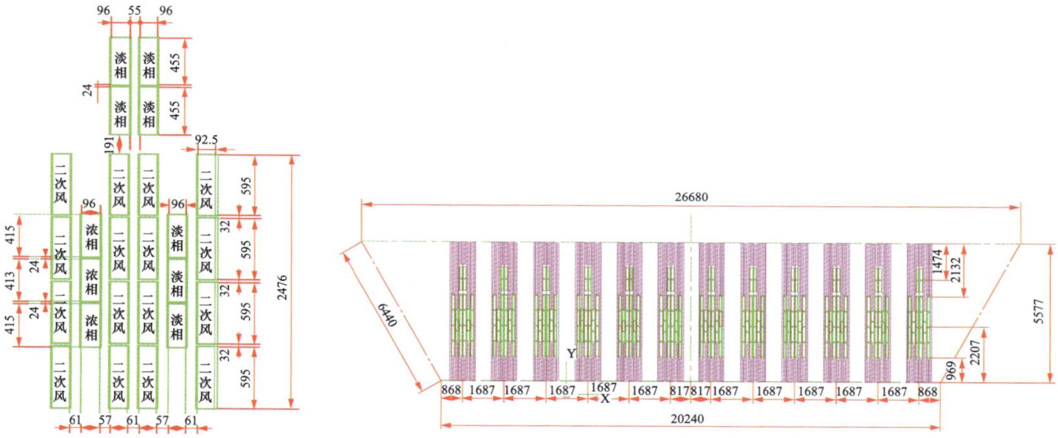

图 5-7　镇雄电厂锅炉最终的布置方案

5.2.2　制粉系统及燃烧器布置

镇雄电厂采用 6 台双进双出钢球磨煤机、正压直吹式制粉系统，每台磨煤机带 8 只煤粉燃烧器，共 48 只直流狭缝式燃烧器，煤粉喷口与二次风口相间单排布置在炉膛前、后拱顶上。为保证一次风煤粉不冲刷水冷壁，最外侧一次风喷口中心线至侧水冷壁留有较大间距，煤粉气流与炉中心线平行喷入炉内，避免了火炬短路上飘，保证了 W 火焰的对称性，使火焰在炉内具有良好的充满度，为煤粉的燃尽创造了有利条件。

煤粉分离器布置在燃烧器入口，浓一次风煤粉从水冷壁前、后拱内侧把煤粉送入炉膛，淡一次风煤粉（乏气）从锅炉前后拱水冷壁侧作为乏气送入炉膛。

燃烧所需二次风分两部分送入炉膛：一部分作为上二次风，由前、后拱顶喷入炉膛，主要提供煤粉初期燃烧所需的空气，另外较高的二次风速可以保证形成良好的空气动力场；另一部分二次风作为下部三次风由锅炉下部冷灰斗喷入炉膛，主要提供煤粉燃烧后期所需的氧气，确保煤粉的充分燃尽，同时实现分级燃烧，抑制 NO_x 生成，并且避免了燃烧器主气流冲刷冷灰斗形成结渣，为形成炉内良好的空气动力场创造了有利条件。

镇雄电厂油燃烧器的输入热量按 30% BMCR 计算，共设计 30 只简单机械雾化式油枪，其中 24 只布置在前、后拱上二次风口内，另外 6 只布置在炉膛下部前水冷壁上，油枪采用高能点火器点火，并配有进退驱动装置，完全满足了程控点火的要求。

5.2.2.1　双进双出磨煤机

双进双出磨煤机是具有达到无烟煤燃烧所需高煤粉细度要求的磨煤机。对于镇雄电厂工程的设计煤种，高细度煤粉是一个很重要的因素。一方面，高细度煤粉改善了着火条件；另一方面，高细度煤粉还减少了每个碳粒子燃尽所需的时间。

对于该工程，选用了六台双进双出磨煤机，这种磨煤机可靠性高且易于维护，维护工作可以在磨煤机运行时进行。这样就可以在磨煤机无须停机检修的情况下，长时间维持所要求的煤粉细度，从而维持较高的燃烧效率。特别是在低负荷时，该磨煤机能获得更好的煤粉细度，故更有利于低负荷稳燃。

5.2.2.2　炉膛设计的燃烧型式

对于具有该类燃烧特性的无烟煤，为保证良好的点火和稳定燃烧，还需要采取如下措施：

（1）在所有负荷下保证良好的煤粉细度。

（2）较低的风煤比，相对增加了一次风中燃煤挥发分的浓度。

（3）直流狭缝式浓淡燃烧器。

（4）在燃烧器区域维持较高的温度水平。

使用了带煤粉分离器的直吹式制粉系统，满足了前两个条件，后两个条件则由使用拱型燃烧系统以及 W 形火焰炉膛来实现。

火焰开始是向下垂直射入炉膛的，煤粉碳粒子的燃烧及放热使煤粒子变轻，速度降低，火焰在喷射点向下一段距离后改变方向，煤粉粒子在一个上升的过程中继续燃烧。由于火焰具有这种特点，使得其火焰行程长，燃烧稳定。

带双拱型式炉膛有较大的空间，煤粉粒子在较高温度下有较长的停留时间（大约两倍于四角或前墙燃烧型式），可减少未燃尽碳损失。煤粉管道及燃烧器的布置，确保在各种负荷下，燃料和空气通过炉膛都能形成良好的空气动力场，确保风粉分配混合均匀。

油燃烧器布置在两个煤粉燃烧器之间，满足低负荷助燃和锅炉启动的要求。

5.2.2.3　燃料燃烧系统

（1）燃烧器特点。直流狭缝式浓淡燃烧器是 MBEL 专门配 W 炉燃烧低挥发分燃料的一种煤粉燃烧器。该燃烧器具有结构简单、调节方便、有利于低负荷稳燃，以及能有效抑制 NO_x 排放等特点。

由磨煤机出来的一次风粉混合物经煤粉管道输送至煤粉分离器，煤粉分离器把煤粉分离成浓、淡两股。浓煤粉进入主煤粉喷口，从前、后拱内侧把煤粉送入炉膛，由于煤粉浓度较高，可大大提高煤粉的着火特性，也为煤粉的燃尽创造了有利条件。同时，由于实现了富燃料燃烧，也大大减少了燃料型 NO_x 的生成。淡煤粉经分离器，从锅炉前、后拱水冷壁侧作为乏气送入炉膛，使其充分燃烧，并能在水冷壁区域形成氧化性气氛，防止了水冷壁结焦和高温腐蚀。所有燃烧器喷口都采用耐热的铸钢材料。

（2）燃烧系统包括：

1）48 只拱上布置的煤粉燃烧器（每个拱布置 24 只），这种燃烧适用于挥发分低、难以点燃的煤。每支燃烧器的喷口都采用耐热钢制成，后部连接煤粉管道材料为碳钢。

2）煤粉燃烧器的布置使炉膛火焰形成理想的温度场和空气流场，使燃料最大限度地稳定、经济燃烧。

3）96 只拱上二次风喷嘴（每拱 48 只）与煤粉喷嘴交替布置。空气喷嘴采用耐热铸钢，连接风道部分采用碳钢制成，上二次风包括带电气执行器的关断挡板。

4）6 只轻柴油燃烧器布置在炉膛下部前水冷壁上，主要用于低负荷稳燃；另外 24 只轻柴油燃烧器（每拱 12 只），每 2 只一次风喷嘴中布置 1 只轻柴油燃烧器，每个燃烧器中的油枪为可伸缩式，并能自动控制。

5.2.3 炉膛特征参数存在的问题

MBEL 系列狭缝型燃烧器 W 火焰炉特征参数存在的共性问题是选择了一个又大又深又高的下炉膛，却又未能有效地加以利用，并且带来一系列问题。

5.2.3.1 下炉膛容积放热强度偏低

300MW 等级 MBEL 系列狭缝型燃烧器 W 火焰炉全炉膛容积放热强度偏高，下炉膛容积放热强度偏低，下炉膛卫燃带敷设偏少。由图 5-8 和表 5-6 可以明显地看到，MBEL 系列狭缝型燃烧器 W 火焰炉的容积放热强度，除了纳雍电厂和黔西电厂因为考虑大气压力而有所降低为 93.3～94.9kW/m³ 以外，菏泽电厂与岳阳电厂全炉膛容积放热强度高达 117～120kW/m³。而其他两种炉型全炉膛容积放热强度只有 111～112kW/m³。

但是 MBEL 系列狭缝型燃烧器 W 火焰炉在菏泽电厂和鸭河口电厂的下炉膛容积放热强度却只有 199.8～180.9kW/m³，纳雍电厂和黔西电厂考虑到大气压力的修正更进一步降低到约 156kW/m³，远低于其他炉型的 210～260kW/m³。

600MW 等级 MBEL 系列狭缝型燃烧器 W 火焰炉特征参数不仅存在下炉膛容积放热强度偏低问题，而且由于过分强调下炉膛的燃尽空间必须足够才能满足低挥发分煤燃烧的要求，进一步将下炉膛加大，但是又很难从燃烧组织方面加以充分利用，带来了更大的问题。

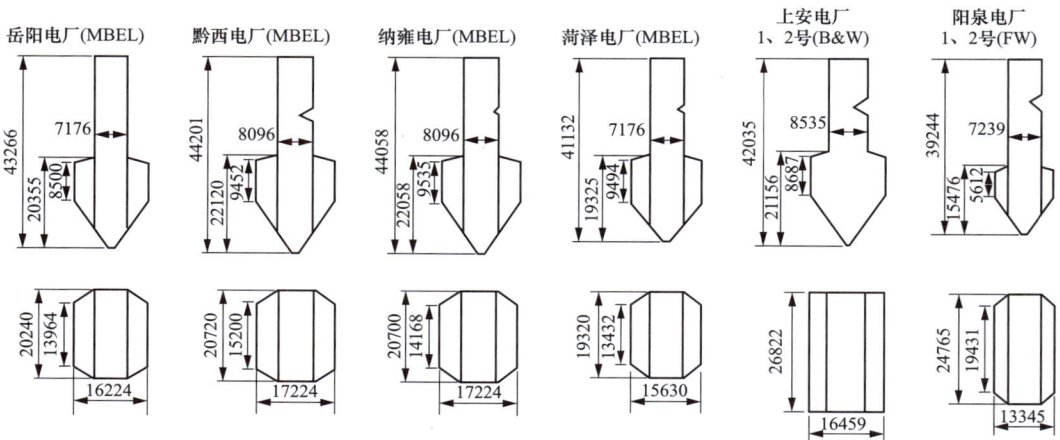

图 5-8　300MW 等级 W 火焰炉特征参数对比

表 5-6　　　　　　　　**300MW 等级 W 火焰炉炉膛特征参数比较**

序号	项目	单位	珞璜电厂1~4号 AEG/SI	岳阳电厂1、2号 MBEL	鸭河口电厂	菏泽电厂	黔西电厂	纳雍电厂	上安电厂3、4号炉 DFW	阳泉二电厂1、2号炉 DFW	安顺电厂1、2号炉 DFW	鄂州电厂1、2号炉 FWEC	阳泉电厂3、4号（北京B&W）
1	W 火焰炉类型		MBEL 狭缝型燃烧器						FW 双旋风筒燃烧器				B&W 双调风型燃烧器
2	机组额定发电功率（TRL）	MW	360	362.5	350	300	300	300	300	300	300	300	300
3	最大连续蒸发量（BMCR）	t/h	1099	1160	1081	1025	1025	1025	1025	1025	1025	1072	1025
4	输入热功率（BMCR）	MW	898	892	896	766	771	775	830	817	802	798	795
5	制粉系统	—	中储式热风送粉	直吹式	中储开式热风送粉	直吹式	直吹式	直吹式	直吹式	直吹式	直吹式	直吹式	中储式热风送粉
6	磨煤机类别	—	钢球磨煤机	双进双出磨煤机	2×BBI 4084	4×SEVD ALA14′-0″×18′-0″	4×BBD 4060	4×BBD 3854	4×SEVD ALA 3.96×5.4	4×FWD-10D	4×FWD-10D	4×FWD-10D	4×MG380/650J
7	炉膛容积热强度 q_V（BMCR）	kW/m³	94.9	120.0	94.9	117.1	98.8	93.3	122.2	120.3	107.8	112.6	107.5
8	下炉膛断面热强度 q_F（BMCR）	MW/m²	2.93	2.97	2.92	2.76	2.33	2.37	2.64	2.60	2.55	2.41	2.43
9	下炉膛容积热强度 $q_{V,L}$（BMCR）	MW/m³	180.7	217.1	180.9	199.8	155.5	157.7	260.8	256.8	252.3	241.5	210.1
10	最小燃尽区 q_m（BMCR）	kW/m³	356	580	355	541	539	478	327	322	259	304	363
11	炉膛高度 H	m	52.065	43.266	51.875	41.132	44.202	44.058	39.244	39.244	43.244	39.890	41.791

续表

序号	项目	单位	珞璜电厂1~4号 AEG/SI	岳阳电厂1、2号 MBEL	鸭河口电厂	菏泽电厂	黔西电厂	纳雍电厂	上安电厂3、4号炉 DFW	阳泉二电厂1、2号炉 DFW	安顺电厂1、2号炉 DFW	鄂州电厂1、2号炉 FWEC	阳泉电厂3、4号(北京B&W)
12	下炉膛高度	m	23.475	20.355	23.375	19.325	22.121	22.058	15.480	15.480	15.477	16.124	17.045
13	下炉膛折算高度 h_z	—	16.21	13.70	16.15	13.84	14.97	15.03	10.12	10.12	10.12	9.97	11.55
14	下炉膛深度	m	17.678	16.224	17.678	15.630	17.224	17.224	13.345	13.345	13.345	13.345	15.600
15	下炉膛宽深比	—	0.981	1.248	0.981	1.236	1.202	1.202	1.856	1.856	1.856	1.856	1.346
16	D_U/D_L	—	0.514	0.442	0.514	0.459	0.470	0.470	0.542	0.542	0.542	0.542	0.543
17	卫燃带面积/占下炉膛辐射受热面的比例	m²/%	577/34.4	520/36.8	350/20.9	436/33.2	318/19.9	444/28.1	657/55.3	657/55.3	504/42.4	—	598/44.6

注 1. 岳阳电厂全炉膛容积放热强度 MBEL 提供为 122kW/m³，电厂招标书提供为 133.5kW/m³，经计算为 120kW/m³，与 MBEL 提供的相接近。

2. 岳阳电厂卫燃带面积标书提供为 723m²，实为岳阳电厂二期（FW 炉型）原设计的卫燃带面积，MBEL 提供为 520m²。菏泽电厂卫燃带面积 MBEL 提供为 570m²，菏泽电厂提供为 436m²。黔西电厂卫燃带面积哈尔滨锅炉厂提供为 444m² 和 318m²。

由表 5-6 可知，MBEL 600MW 聊城电厂 W 火焰炉下炉膛容积放热强度为 171.83MW/m³，镇雄电厂、唐寨电厂考虑到大气压力的修正，又进一步降低到 144MW/m³，远低于荥阳电厂（B&W）和邯峰电厂（FW）的 W 火焰炉的容积放热强度 216.2～254.81MW/m³。

5.2.3.2 卫燃带面积偏少，有悖于 W 火焰炉设计理念

另一问题是下炉膛卫燃带偏少。从表 5-6 可知，300MW MBEL 系列狭缝型燃烧器 W 火焰炉下炉膛卫燃带的面积占下炉膛辐射受热面的比例只有 19.9%～36.8%。而 FW 锅炉为 55.3%～42.4%，远高于 MBEL 系列狭缝型燃烧器 W 火焰炉。而且由于结渣严重，有些厂甚至把卫燃带降低到 10% 以下。例如菏泽电厂原设计卫燃带面积为 570m²，占下炉膛辐射受热面的 43.14%。实际上，卫燃带面积为 5m×5m×4＝100m²，合计为 436m²，占下炉膛有效辐射受热面的 33%。最后因为结渣严重，卫燃带仅保留 100m²，仅占下炉膛辐射受热面的 7%。

而 FW 锅炉系列的永福电厂，锅炉卫燃带面积 753.6m²，占下炉膛有效辐射受热面的 57%。

600MW 机组锅炉卫燃带数量依然偏低，例如为了着火和燃尽的需要，聊城电厂锅炉布置的卫燃带共 616m²，占下炉膛辐射受热面积的 26.5%。结果造成 NOₓ 浓度达到 1500mg/m³（标准状况下）以上；而且由于燃烧组织不良，结渣严重。为了解决聊城电厂锅炉的结焦及 NOₓ 偏高等问题，将聊城电厂锅炉卫燃带由原设计的 616m² 减少到 346m²，占下炉膛辐射受热面的 14.9%。采取上述措施后，NOₓ 浓度由 1500mg/m³ 下降到了

1000mg/m³（标准状况下）左右，同时解决了下炉膛严重结渣问题，取得了一定的效果。但是也带来飞灰可燃物上升、燃烧稳定性降低和再热蒸汽温度低等问题。

镇雄电厂的卫燃带为494m²，占下炉膛辐射受热面的19%。塘寨电厂卫燃带原为375m²，2015年改造后为487m²，占下炉膛辐射受热面的14.4%。而荥阳电厂卫燃带的面积为912m²，占下炉膛辐射受热面的45.1%，邯峰电厂卫燃带的面积为1084.6m²，占下炉膛辐射受热面的55.5%，都远高于聊城电厂和镇雄电厂的锅炉，见图5-9和表5-7。

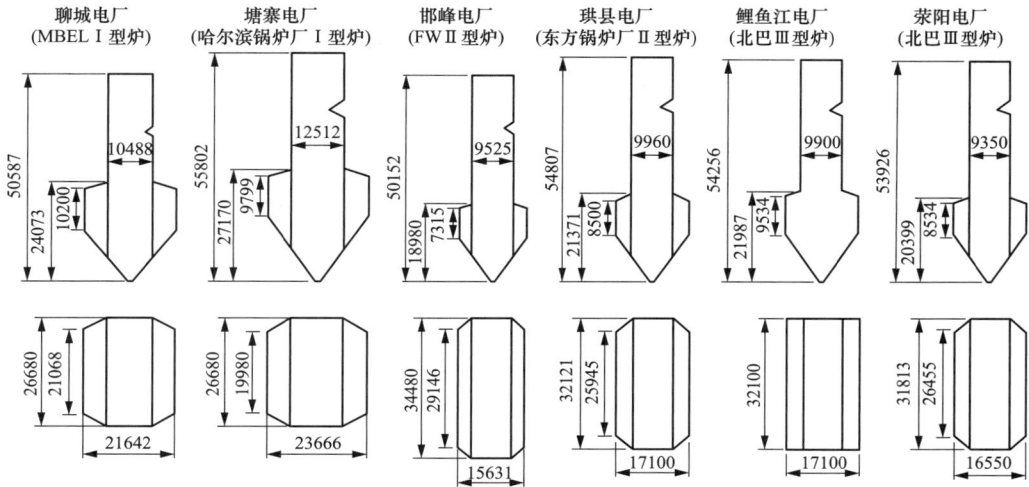

图 5-9　600MW W 火焰炉炉型对比

表 5-7　　　　　　　　　　600MW 级 W 火焰炉炉膛设计特征参数比较

序号	项目	单位	聊城电厂1号(2号)	塘寨电厂	镇雄电厂	珙县电厂	邯峰电厂	荥阳电厂	鲤鱼江电厂
1	W 火焰锅炉类型		MBEL			FW		B&W	
2	机组额定发电功率（TRL）	MW	600	600	600	600	600	600	600
3	最大连续蒸发量（BMCR）	t/h	2027	1900	1900	1950	2026	1950	2028
4	输入热功率（BMCR）	MW	1523	1488	1476	1444	1665	1497	1553
5	制粉系统/磨煤机类别	—	直吹/双进双出钢球磨煤机	直吹/双进双出钢球磨煤机	直吹/双进双出钢球磨煤机	直吹/双进双出钢球磨煤机	直吹/双进双出钢球磨煤机	直吹/双进双出钢球磨煤机	直吹/双进双出钢球磨煤机
6	炉膛容积放热强度 q_V（BMCR）	kW/m³	97.36	81.05	81.30	89.45	105.11	95.33	90.95
7	下炉膛断面放热强度 q_F（BMCR）	MW/m²	2.789	2.504	2.485	2.867	3.187	2.951	2.829
8	下炉膛容积热强度 $q_{V,L}$（BMCR）	MW/m³	171.83	144.57	143.46	200.84	254.81	216.41	191.71

序号	项目	单位	聊城电厂1号(2号)	塘寨电厂	镇雄电厂	珙县电厂	邯峰电厂	荥阳电厂	鲤鱼江电厂
9	最小燃尽区 q_m(BMCR)/最小燃尽区容积	kW/m³	447/3407	305/4877	350/4215	222/6796	275/6057	232/6455	244/6796
10	炉膛高度 H	m	50.587	55.802	55.802	54.807	50.152	53.926	54.256
11	下炉膛出口到屏下高度	m	12.387	14.610	12.628	21.244	11.953	21.601	20.169
12	下炉膛高度	m	24.073	27.170	27.170	21.372	18.980	20.399	21.987
13	下炉膛垂直墙高度	m	10.20	9.799	9.799	8.500	7.315	8.534	9.534
14	下炉膛折算高度 h_z	m	16.23	17.32	17.32	14.28	12.51	13.64	14.76
15	下炉膛深度	m	21.642	23.666	23.666	17.1	15.631	16.55	17.1
16	下炉膛宽度	m	26.680	26.680	26.680	32.121	34.48	31.813	32.1
17	下炉膛宽深比	—	1.233	1.127	1.127	1.878	2.206	1.922	1.877
18	D_U/D_L	—	0.485	0.529	0.529	0.582	0.609	0.565	0.579
19	卫燃带面积	m³	616	75	494	900	1084.6	912	720
20	卫燃带面积占下炉膛辐射受热面比例	%	26.5	14.4	19.0	42.7	55.5	45.1	31.2

炉膛容积放热强度较低,卫燃带面积少,尤其是拱顶没有敷设卫燃带(其他炉型都有卫燃带)。这些都有悖于W火焰炉设计。"独特的双拱型炉膛设计,使燃烧区和辐射区分离开来,下炉膛容积放热强度较高,水冷壁敷设一定面积的卫燃带也保证了炉内的高温和煤粉气流的迅速着火和燃烧"的基本理念,十分不利于含粉气流的着火和燃尽。这是MBEL系列W火焰炉飞灰可燃物普遍较高、低负荷稳燃性能不良的重要原因。

5.2.3.3　炉膛深度过大、宽深比过小是造成偏烧的主要原因之一

纵观我国引进的三种技术类型的W火焰炉,唯有采用MBEL系列的W火焰炉"偏烧"现象最为严重。偏烧分为两种(见图5-10):一种是前墙火焰短、后墙火焰长的燃烧工况,U形火炬的中心位置偏向后墙。后墙火炬下冲严重时,火炬流速较高,导致火焰细长,下冲后向上托举,把前墙的火炬上抬,因此前墙就显得易于着火,燃烧稳定。这就是"前墙主导火焰"(后长前短)。另一种是后墙火焰短、前墙火焰长的燃烧工况,U形火炬的中心位置偏向前墙,现场称为"后墙主导"(前长后短)。总的来说,前墙主导火焰特点为:①后墙侧火炬细长,直冲炉底,前墙火炬又短又胖,火检信号强。②屏式过热器冲刷良好,过热汽温高,减温水量大。③再热器下部冲刷不良,再热气温低。前墙主导火焰时,聊城电厂在505MW负荷下过热器减温水量为84/20t/h;

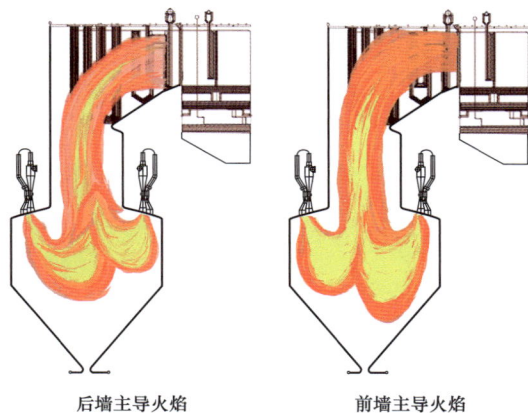

后墙主导火焰　　　　　前墙主导火焰

图5-10　偏烧示意图

再热气温为533℃/521℃。如果是后墙主导火焰，其特点为：①前墙火焰又细又长直冲炉底，后墙火焰又粗又胖，火检信号强。②屏式过热器冲刷不良，减温水量小，过热气温低。③再热器冲刷良好，再热器温度高。在505MW负荷下，后墙主导火焰下，过热器减温水量为27/12t/h，再热气温为542℃/553℃。负荷越高，这种反差越大。

偏烧会带来下列问题：

(1) 温度场极不均匀，高温区容易产生高温NO_x和导致结渣。

(2) 主蒸汽、再热蒸汽参数不稳定。

(3) 火焰短路，燃尽时间大幅度缩短，炉膛有效利用率下降，燃烧效率下降。

造成偏烧的原因多种多样，主要包括：拱上风动量过大，冲到炉底后向上反流，导致下炉膛整体旋转；拱下风只有8%，比例太低，无法控制流场；拱下风位置偏上、下射角度偏小，对流场干扰较大；以及前后拱制粉系统与燃烧器的对应不合理等因素。这些问题将在燃烧组织一节详细阐述。但是其根本原因就在于炉膛特征参数的差别：上下炉膛的深度过大、宽深比过小，炉膛接近方形，应当是最主要的原因。由图5-8和表5-6可以明显看到，在300MW等级W火焰炉的三种炉型中，MBEL系列宽深比较低，下炉膛深度为15.63~17.67m，宽深比为0.9816~1.248。FW系列的上安电厂300MW机组锅炉，深度只有13.345m，宽深比约为1.856。

由表5-7可知，600MW等级的聊城电厂、塘寨电厂锅炉下炉膛深度为21.642m和23.666m，其他两种类型锅炉的深度为15.631~17.1m。600MW等级W火焰炉MBEL系列宽深比为1.127~1.233，其他两种炉型为1.878~2.206。

由此可见，MBEL锅炉接近方形。较小的宽深比，在炉膛宽度的热负荷均匀性方面有利于减少偏差。但是这种炉型接近方形，数学模拟证明主火焰易于发生旋转，结果导致偏烧；由于深度偏大，这就导致前后拱的火焰伸展和排挤相对侧的火焰留出了宽阔的空间，结果就造成偏烧，即前后墙一侧火焰长，另一侧火焰短。这就是MBEL系列狭缝型燃烧器W火焰炉普遍存在偏烧的最重要原因。岳阳电厂、纳雍电厂都发生偏烧。岳阳电厂利用炉底风调整再热汽温，由于引入方式不恰当，也是导致偏烧的原因，见图5-11。

实际运行中，在各组燃烧器一、二、三次风量和煤量几乎相等的燃烧方式下，无法实现理论上对称的U形火炬，长期偏烧，且后短前长的"后墙主导"火焰占据绝大部分。在少数工况下，在某台磨煤机启动过程中，炉内燃烧有时能够自动变化为"前短后长"，但持续时间不长，遇有大的燃烧工况变化时很快又会回到"后短前长"的状态。偏烧工况中，前、后墙拱部的火检信号强度差别较大，如果火焰监视器上的火焰明亮、稳定，DCS画面中火检信号强，则说明该侧火焰是主导火焰。而火焰频繁晃动、火检信号弱的另一侧为非主导火焰。当然这还与火焰监视器、火检探头安装在与前后拱水平位置的侧墙部位有关。从两侧墙上、下看火孔测量，短火焰的上部（靠近燃烧器处）温度较高，下部（下炉膛下腹部处）温度较低；长火焰的上部（靠近燃烧器处）温度较低，且温度变化较大，下部（下炉膛下腹部处）温度较高。

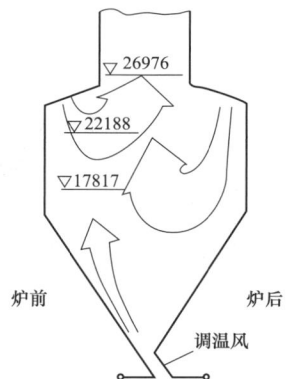

图5-11　岳阳电厂因炉底热风导致下炉膛偏烧的示意图

从拱部窥视窗观察，短火焰侧的火焰根部明亮，长火焰侧的火焰根部昏暗，火焰闪烁。实际运行表明，负荷越高，这种偏烧程度越突出；随着负荷的降低，偏烧程度逐渐减弱。聊城电厂在 420MW 左右运行时，偏烧现象仍有，但已不突出。

不同的偏烧工况对锅炉燃烧特性和蒸汽参数的影响程度不同。当前墙或后墙的 U 形火焰过长时，长火焰的着火距离增加，容易引起局部脱火，严重时会破坏燃烧的稳定性。例如聊城电厂在负荷变化时可能发生"切火"，即前后墙主导火焰切换的现象。由于长火焰一侧局部脱火，火焰检测可能无法检测到火焰的存在，甚至触发灭火保护动作，导致锅炉灭火。偏烧对减温水量也影响较大，菏泽电厂由于偏烧多为"前短后长"的工况，再热器温度偏低。为了提高再热蒸汽温度，炉底热风经常保持 60% 以上的开度，火焰中心抬高，火焰行程也因之缩短，是导致该厂飞灰可燃物高达 9%～10% 的重要原因之一。

分析认为，两种偏烧状态下，蒸汽温度的差异主要与火炬下射深度、煤粉在下炉膛燃烧停留时间、炉膛出口烟温尤其是对高温受热面的冲刷系数的差别等因素有关；飞灰含碳量的差异，主要与火炬下射的深度、煤粉在下炉膛燃烧停留的时间等因素有关；NO_x 排放浓度的差异与下炉膛局部温度偏高的区域停留时间有关。

5.2.3.4 下炉膛太高、太深不利于燃烧组织，而且下炉膛利用率也很低

菏泽电厂下炉膛高度为 19.91m，远高于永福电厂的 16.531m（见图 5-8）；聊城电厂下炉膛高度为 24.073m，远高于荥阳电厂（20.399m）和珙县电厂（21.372m）的下炉膛高度（见图 5-9）。尽管炉膛较高、较深，利用率却较低。

为了保证较好的充满程度，拱上二次风率高达 71%，二次风速约为 40m/s。而且一、二次风过早混合大幅度增加了着火热，燃烧器又未采取提前着火的措施，导致"黑龙区"大幅度增加，大部分锅炉的"黑龙区"达到 2～3m，火焰中心大幅度下移。这样设计的结果是气流的充满度增加了，火焰的充满程度却并未得到应有的改善，只是火焰中心由上部移到了下部，燃烧过程并未得到应有的延长。由于火焰中心大幅度下移，在"前长后短"燃烧方式时还导致再热器温度低于设计值 30～40℃。

下炉膛太高，炉膛深度又太深，为了保证冷灰斗不积灰，聊城电厂冷灰斗的仰角由菏泽电厂的 50°增加到 55°，结果整个下炉膛沿高度方向，大部分被冷灰斗占据。在这种炉膛特征参数的条件下，尽管聊城电厂锅炉下炉膛高度和荥阳电厂邯峰电厂相比尽管增加了 6～7m，下炉膛前后墙的高度却仍然只增加约 2m，即下炉膛的有效利用空间并未增加。如果采取措施使拱上气流的动量增加，以达到改善下炉膛的充满程度时，就非常容易造成冲冷灰斗。岳阳电厂、黔西电厂都出现过冷灰斗超温、堆渣等问题，见图 5-12。黔西电厂也出现过类似的问题，后来黔西电厂将拱上风比例降低，并在下炉膛前后前肩部增加了二次风，把主气流推向炉膛中心侧，才使这一问题得以缓解。曾有采用 MBEL 技术的 600MWW 火焰炉，将一、二次风相对集中布置，将一次风的流速由 10m/s 提高到 15m/s，二次风速由 35m/s 提高到 55m/s，造成冷灰斗

图 5-12 岳阳电厂三次风喷口以下冷灰斗斜坡结渣严重

超温，几乎每个月都会发生爆管。

此外，下炉膛的高度增加，但锅炉的总高度没有增高，上炉膛燃尽段大幅度减少。从下炉膛出口到屏下，荥阳电厂是 21.484m，邯峰电厂是 18.443m，聊城电厂只有 12.21m。下炉膛利用率又降低，必然造成燃烧效率的下降，而且也给下一步 OFA 的布置带来较大困难。

5.2.4　燃烧组织方面的问题

5.2.4.1　狭缝式燃烧器着火不良

狭缝式燃烧器，一、二次风相间布置，一次风速为 10m/s，二次风速为 35m/s，企图由一、二次风之间的大速差，卷吸高温烟气回流，以提前着火。但是一、二次风之间间距太小，例如聊城电厂一次风喷口宽度只有 97mm，二次风喷口宽度只有 84mm，一、二次风的间隔只有 92mm（一根水冷壁管的宽度）。从数学模拟和现场实测都说明，一、二次风喷入后距出口 800mm 左右就完全混合。稀释后含粉气流的着火热大幅度增加；而且狭缝式燃烧器由于一、二次风过快地混合，含粉浓度下降，流速较高，依靠火焰传播点燃的可能性很小，导致着火困难。

狭缝型燃烧器尽管火炬沿炉膛深度方向很宽，但是沿炉膛宽度方向很窄，不利于接受炉膛中心上升主火炬的辐射和对流，以及传质所带来的热量。这些原因都造成着火延迟，"黑龙区"加长。"黑龙区"长是 MBEL 系列 W 火焰炉的共性问题。由图 5-13 和图 5-14 可见，岳阳电厂、菏泽电厂锅炉实测的"黑龙区"都接近 3m。"黑龙区"长会直接影响燃尽，同时造成燃烧不稳。这就是 MBEL 型的狭缝式燃烧器火焰闪动，燃烧不稳，飞灰可燃物较高（聊城电厂 2 号炉摸底试验 600MW 负荷飞灰浓度为 3.25%～7.47%，菏泽电厂摸底试验飞灰可燃物浓度为 9%～10%，黔西电厂锅炉飞灰可燃物浓度为 8%），低负荷下容易发生灭火的主要原因。

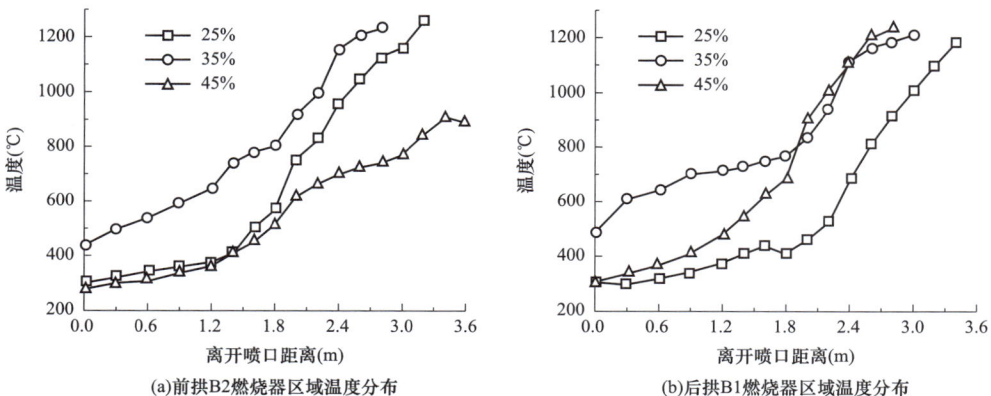

(a)前拱B2燃烧器区域温度分布　　　　　　　　(b)后拱B1燃烧器区域温度分布

图 5-13　岳阳电厂的着火距离（2010 年测定）

5.2.4.2　狭缝式燃烧器导致易于结渣

狭缝式燃烧器着火不良，为了着火和燃尽的需要，例如聊城电厂锅炉沿前后墙全膛宽度从燃烧器向下布置了高度为 11.694m 的耐火砖结构的卫燃带，四角处沿整个水冷壁高度上布满卫燃带，共 616m²，占下炉膛辐射受热面积的 25.6%，结果造成 NO_x 排放浓度达到

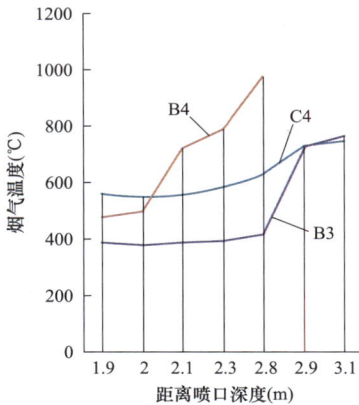

图 5-14 菏泽电厂的着火距离
（2011 年测定）

1500mg/m³ 以上，而且结焦严重。投产以来，多次出现运行中炉内掉大渣故障，造成捞渣机、碎渣机多次停运，排渣困难。最坏的一次出现在 2002 年 12 月，1 号锅炉因为结渣将渣斗水冷壁砸坏，被迫停炉。炉内结渣、积渣集中在下炉膛的卫燃带上，尤以四个角部最为严重，燃烧器喷口上方挂渣也比较严重，炉膛水冷壁、屏式过热器等处没有发现挂渣现象。严重的结渣导致锅炉效率下降、影响出力甚至导致事故，仅 2002 年 10 月 1 日到 12 月 1 日就连续发生故障 31 次。为了解决聊城电厂锅炉的结渣及 NO_x 排放浓度偏高等问题，将聊城电厂锅炉卫燃带由原设计的 616m² 减少到 346m²，角隅处四面水冷壁上的卫燃带打掉 270m²，仅保留上部约 2.5m 的高度。改进后，卫燃带占下炉膛辐射受热面积的 14.9%。采取上述措施后 NO_x 排放浓度由 1500mg/m³ 下降到了 1000mg/m³ 左右，同时解决了下炉膛严重结渣的问题，取得了一定的综合效果，但是也带来飞灰可燃物上升、燃烧稳定性降低和再热蒸汽温度低的问题。

岳阳电厂原设计卫燃带面积为 723.4m²，因结渣严重，最后只保留 100m²；菏泽电厂原设计 570m²，最后只保留 100m²；黔西电厂原设计 570m²，后来只保留 444m²。菏泽电厂因卫燃带去除太多，导致再热汽温严重不足，被迫加大炉底风，炉底风开度经常保持在 60% 以上，过量空气量也较高，结果导致火焰中心上升，这是该厂在燃用 V_{daf} 接近 15% 时飞灰可燃物高达 9%～10% 的重要原因。

聊城电厂卫燃带的绝对值和卫燃带占下炉膛辐射受热面的比例都远低于荥阳电厂与邯峰电厂 600MW W 火焰炉（见表 5-7）。其原因都与狭缝型燃烧器防结渣性能不良有关。

狭缝式燃烧器未能良好地实现风包火的结构，是导致所有狭缝型燃烧器结渣严重的主要原因之一。

狭缝式燃烧器全炉共 12 组燃烧器，是各种类型的 W 火焰炉中燃烧器数量最少的。再加上二次风速高达 35～40m/s，整组燃烧器动量较高，直冲炉底。为了结构便于处理的原因，目前 W 火焰炉普遍采取翼墙的结构，这就使锅炉的两侧留出了较大的火炬短路通道。火炬直冲炉底，然后由炉底沿两侧翼墙和侧墙上行，是造成翼墙结渣严重的另一原因。不少电厂为了防止结渣，在翼墙上都增加了防渣风。这些风尽管有利于防止翼墙结渣，但是都属于无组织风，不利于降低飞灰可燃物和 NO_x 的排放浓度。

狭缝型燃烧器在前后墙缺少类似 FW 系列 W 火焰炉的 D/E 风，不利于消除该部分的涡流，也是导致结渣的原因。尽管在下炉膛的肩部增加了防渣风，见图 5-15。但是冷态动力场试验表明，防渣风衰减很快，很难起到保护前后墙不结渣的作用。

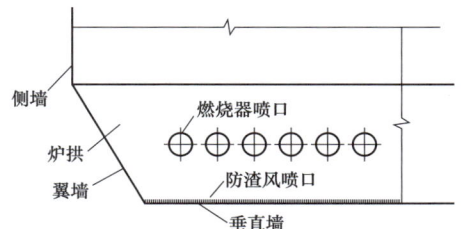

图 5-15 肩部防渣风示意图

5.2.4.3 狭缝式燃烧器易于导致 NO_x 偏高

聊城电厂锅炉下炉膛高达 24.073m，远高于荥阳电厂锅炉的 20.517m 和邯峰电厂锅炉的 18.6m。该厂尽管拱上风流速已经相当高，燃烧器分12组布置，拱上风总的动量较大，但是着火性能较差，火焰中心偏下。因此，尽管下炉膛气流的充满程度有所改善，火焰的充满程度仍然不好。菏泽电厂现场测量结果显示，下炉膛下部温度比上部偏高70℃以上。数学模拟的结果也说明下炉膛下部比上部温度高出50℃。聊城电厂数学模拟的结果为下炉膛下部比上部温度高出207℃。聊城电厂现场测量结果是下炉膛下部温度比上部偏高303℃，见图5-16。热负荷集中在下炉膛下部，造成局部温度升高，高温NO_x大量产生，同时燃烧效率降低。

狭缝式燃烧器一、二次风混合过早还造成燃烧初期着火区氧量过高，也是NO_x偏高的重要原因。

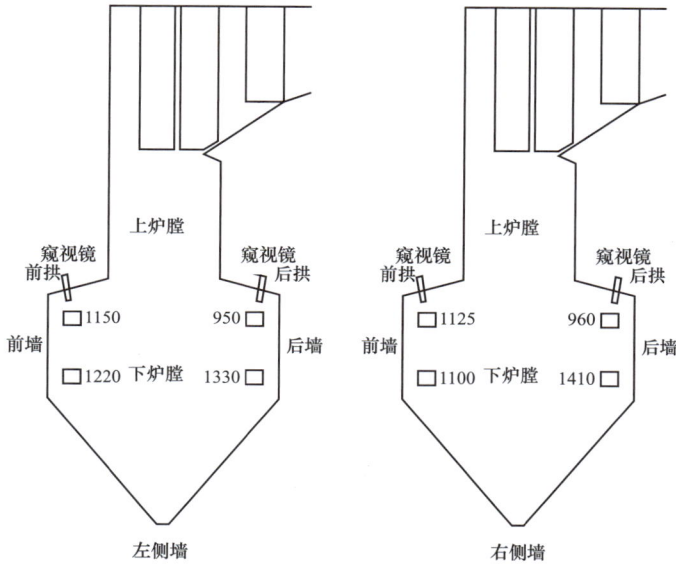

图5-16 改造前聊城电厂炉膛温度分布

燃烧器组整体布置不合理，原锅炉燃烧器组太少，例如菏泽电厂只有6组，见图5-17，这种布置增加了局部热流密度，导致沿炉膛宽度方向热负荷分布不均匀，造成局部高温区分布较多，下炉膛局部温度远超过1500℃，造成热力型NO_x呈指数上升而生成了大量NO_x。

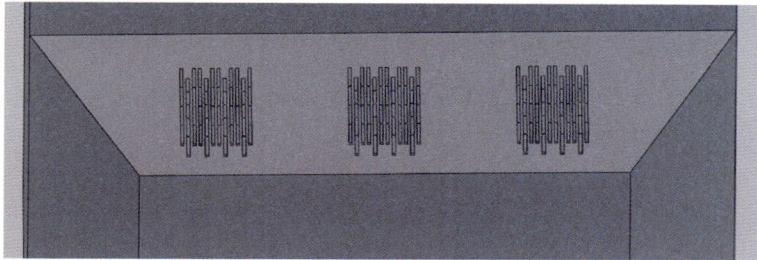

图5-17 菏泽电厂的燃烧器布置

5.2.4.4 拱上气流的动量过大

燃烧器组数太少，拱上二次风的比例高达71％，这就是单组燃烧器的动量过大。主火炬下冲到炉底，又以较大的动量向上返回，再加上拱下风的比例过小，炉膛深度过大，就很可能导致一侧气流被另一侧吹偏而出现偏烧。聊城电厂在 420MW 以下的负荷偏烧的问题就明显得到缓解，也间接说明这一问题。

300MW 机组锅炉拱下三次风布置也欠合理。三次风喷口是向下倾斜的，但是因为风箱内未设置导向板，气流仍然以水平方向射入。哈尔滨工业大学在纳雍电厂的调整试验中指出，当三次风的开度增加到一定程度以后，偏烧情况立即发生。因此，三次风布置不合理也是导致偏烧的原因之一。

5.2.4.5 乏气布置不合理

乏气引入不合理是该种炉型一直未能很好解决的共同问题。岳阳电厂乏气最早布置在靠炉膛中心一侧，结果因为乏气短路，导致飞灰可燃物较高；纳雍、黔西电厂布置在浓相一次风内侧，结果乏气排挤主气流；镇雄电厂又将乏气恢复布置到靠炉膛中心一侧，于是重新出现乏气短路的问题；塘寨电厂在改造中曾将乏气布置在内外二次风之间，由于乏气无法接触高温烟气，黑龙区超过 10m 以上（见图 5-18～图 5-20）。

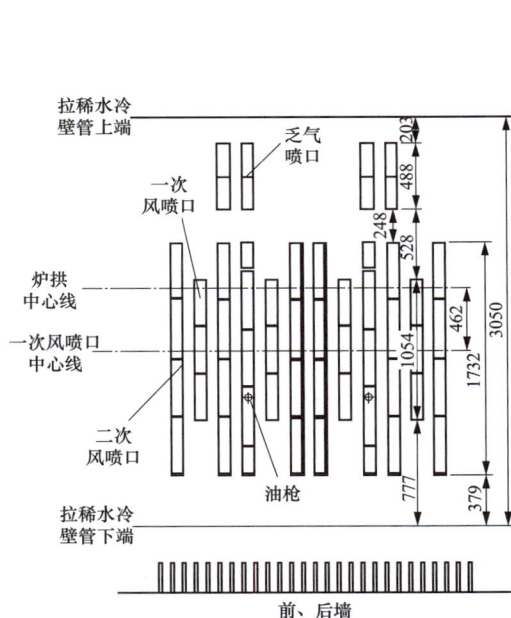

图 5-18 岳阳电厂的乏气布置图

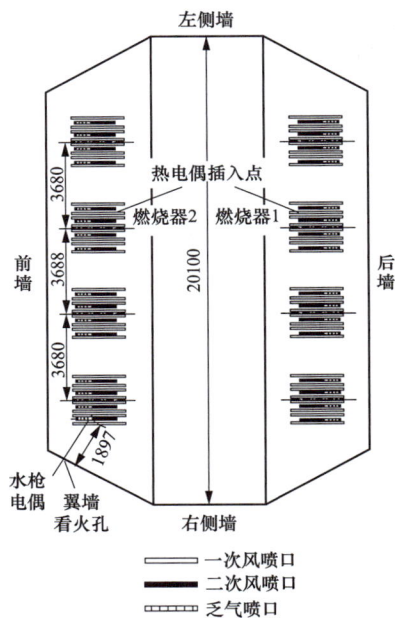

图 5-19 纳雍、黔西电厂乏气的布置

因此，乏气引入不合理是该种炉型一直未能很好解决的共同问题。W 火焰炉分级送风以降低 NO_x 的设计思想基本未能实现。

5.2.4.6 拱上风的比例过高（高达 71%）

拱上一、二次风在出口处 800mm 左右即完全混合，拱下风的比例较低，全炉又未设置整体分级的燃尽风。因此，很难实现 W 火焰炉分级送风、依靠化学当量差别以降低 NO_x 的设计思想。这也是该炉型 NO_x 排放值偏高的重要原因。

5.2.4.7 无烟气调温挡板，不利于再热器调温和降低 NO_x

再热器全部为对流型，在基础工况高负荷下，减温水量高达 28t/h，其中低负荷再热蒸汽温度基本能保持额定。

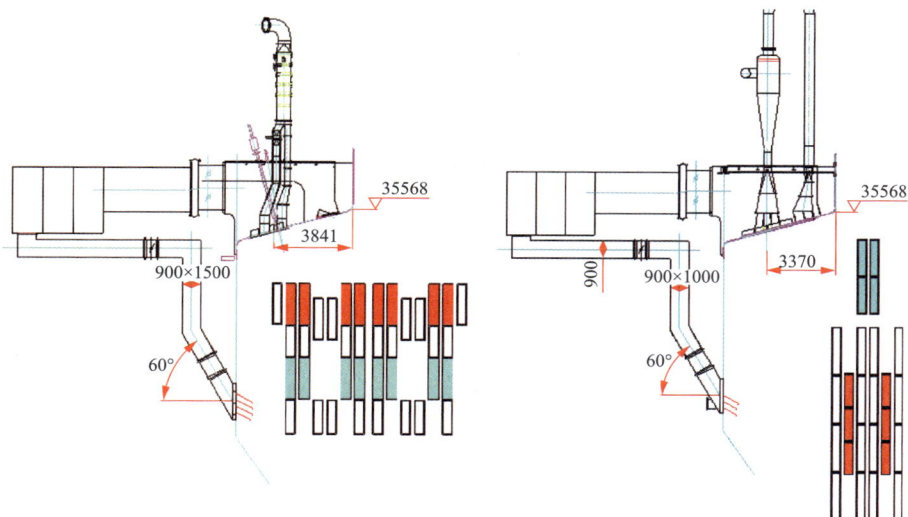

图 5-20　塘寨电厂乏气喷口的布置以及镇雄电厂乏气的布置

注：红色为浓相喷口，青色为淡相喷口，白色为二次风喷口。

聊城、菏泽等电厂未设烟气挡板，见图 5-21。低负荷下再热器温度低，原设计思想是通过由炉底送入热风，既能调节火焰中心的高低，又可增加过量空气量以提高再热器温度。但是由于热风布置方式不合理，一旦送入热风则造成严重偏烧。这种情况是早期引进的 MBEL 锅炉的共性问题，在岳阳电厂早已出现。而且炉底风开度过大将导致火焰中心过分上移，火焰短路，也是飞灰可燃物偏高的重要原因。

5.2.4.8　制粉系统配置带来的问题

四角切圆燃烧锅炉全炉膛组织燃烧，对于风粉的均匀性要求不高；墙式燃烧锅炉尽管也是单只燃烧器组织燃烧，但也可以对冲，下层可以点燃上层燃烧器，影响上层燃烧器的燃烧。W 火焰炉的燃烧方式是各燃烧

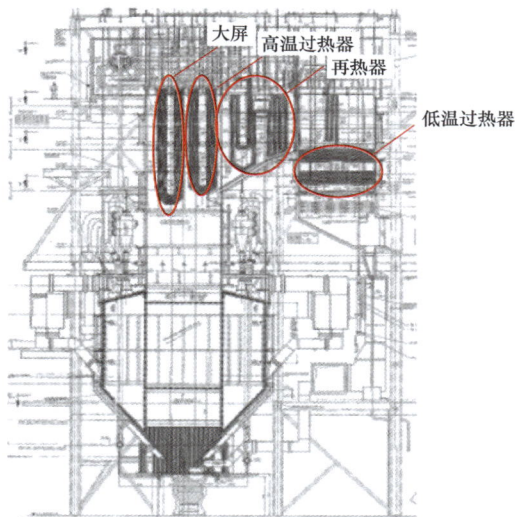

图 5-21　菏泽电厂锅炉再热器布置图

器间平行进入燃烧，风粉分配不均匀直接影响炉膛热负荷的分布不均匀和燃烧组织不均匀。在这方面 MBEL 的 W 火焰炉是考虑最为周全的，该炉型双进双出磨煤机出口每侧只引出一根煤粉管道，煤粉管道上设有调节缩孔，用以调平磨煤机两侧的风量。主煤粉管路进入旋风筒之前，配置有分叉管，将含粉气流分别导向两只旋风筒。煤粉管道与分叉管前，设置了煤粉分配装置（应当是节流孔或文丘里管），分叉管后的浓度分布比较均匀。MBEL 系列二次风的配风是分风箱单独配风，而且每只进风风箱之前都设置了机翼型测速装置。因此，在所有 W 火焰炉中，MBEL 技术的锅炉的配风是最均匀的，最能做到精确配风的。这些都十分有利于燃烧，但是在磨煤机和燃烧器之间的匹配却比较不合理，见图 5-22～图 5-25。

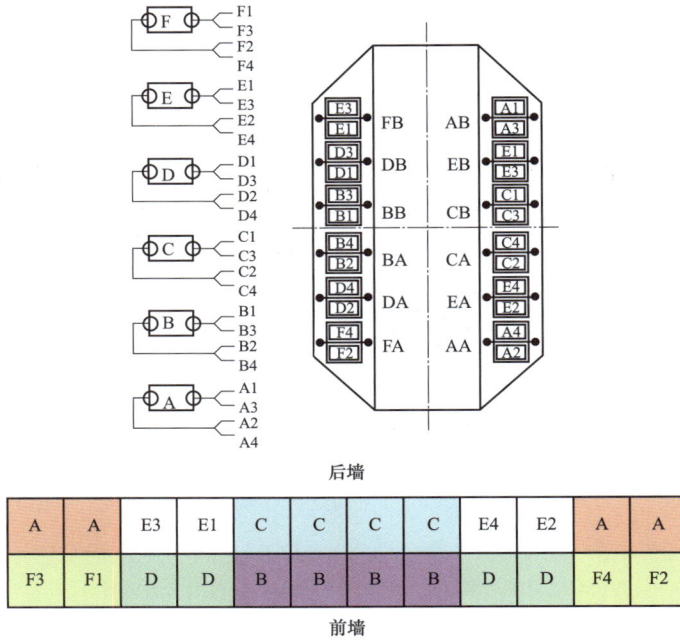

图 5-22　聊城电厂锅炉的磨煤机与燃烧器对应图

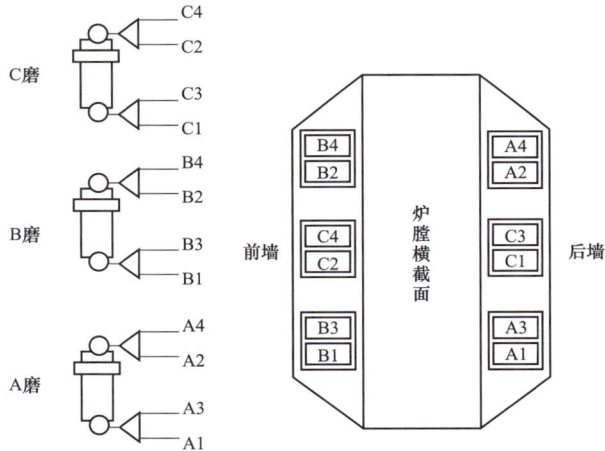

图 5-23　菏泽电厂 300MW W 火焰炉磨煤机和燃烧器匹配图

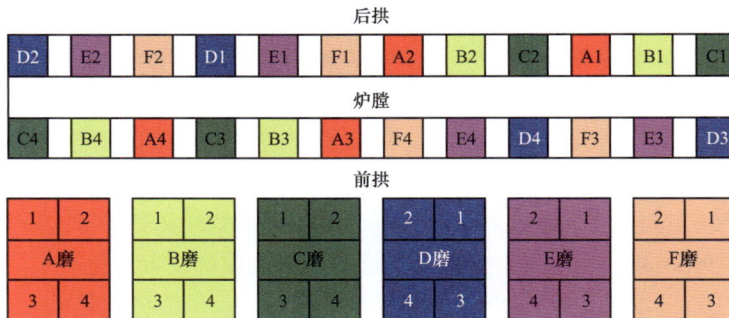

图 5-24　B&W 金竹山电厂 600MW W 火焰炉磨煤机和燃烧器匹配图

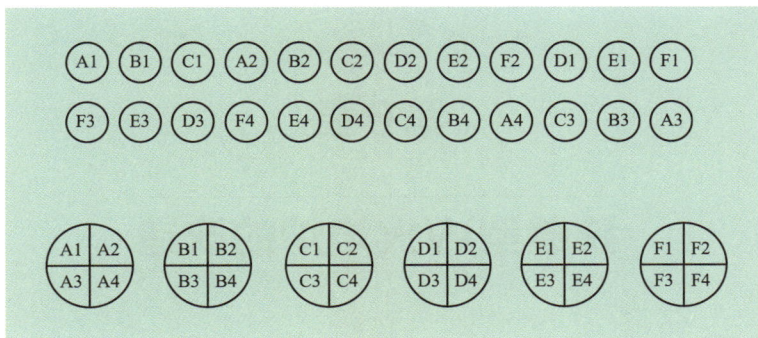

图 5-25 DGC 锅炉厂生产的珙县电厂生产的 600MW W 火焰炉磨煤机和燃烧器匹配图

例如聊城电厂，MBEL 是按锅炉只带基本负荷来设计的，基本没有考虑在降低负荷时，炉膛热负荷的均匀性。B、D、F 磨煤机和 A、C、E 磨煤机分别对应前后墙的燃烧器，当任何一台磨煤机退出运行，或者 B、C 磨煤机，D、E 磨煤机或 A、F 磨煤机之间的出力不均衡时，就可能造成偏烧。据介绍机组负荷不同、工况不同切换的时间长短不同。因为协调控制已投入，二次风随一次风量成比例地增加。因此，聊城电厂正常运行满负荷下一次风量不超过 18kg/s（菏泽电厂一般也为 18kg/s），一般前后墙各磨煤机一次风量偏差约为 0.5kg/s，即可改变前后主导的燃烧工况。聊城电厂如果将一次风量加大则燃烧不稳。目前逻辑已经修改，二次风随负荷而不是随一次风量改变。

目前在低负荷下一般停运 F 磨煤机，即使负荷继续降低，也保持 5 台磨煤机运行。这样既可以保持后墙主导火焰，又保证煤粉较细，燃烧比较稳定，燃烧效率较高。制粉细度偏高是制粉系统存在的另一问题，目前制粉系统分离器为静态分离器，由于设计原因，分离效果差，当遇到难磨煤质或磨煤机出力大时，效果更差。

第6章

狭缝型W火焰炉的改造

6.1　KDRT 对狭缝型燃烧器 W 火焰炉的改造方案

6.1.1　改造厂家对现有设备的分析评估

（1）狭缝式燃烧器有很多优点及不足，分别详述如下。

1）狭缝式燃烧器的优点。

a）燃烧器数量（组数）较少，单只燃烧器出力比较大，这一特点使得燃烧稳定性增强，火焰抗干扰能力好。

b）拱上气流的下冲能力强，下炉膛充满度好。由于拱上二次风动量远大于一次风动量，因此火焰的下冲能力不受磨煤机出力变化的影响，下火焰行程长对降低飞灰含碳量具有重要意义。

c）燃烧器成组布置，组间留有很大的距离。两组燃烧器之间的空间内充满高温烟气，高速二次风卷吸热烟气使得其温度迅速提高并将一次风点燃。尽管没有采用钝体或旋流产生烟气回流来稳定火焰，但其足够长的高温区火焰行程使得其稳燃能力足够强。

d）由于火焰下冲能力足够因此这种燃烧器真正能够实现浓淡燃烧（大部分双旋风筒燃烧器由于一次风速低乏气挡板被关闭，并没有实现浓淡燃烧）。

e）采用直流式燃烧器，因此不存在其他种类燃烧器旋流过强所造成的拱上结渣问题，翼墙结渣程度也低于其他形式的 W 火焰炉；这些位置的高温腐蚀也不强。

f）所有燃烧器都可以投运，而不是像某些 W 火焰炉那样四角的燃烧器不能投运。

g）混合好，省煤器出口处一氧化碳浓度低（有些其他形式的 W 火焰炉尾部一氧化碳浓度会达到 $1000\mu L/L$）。

2）狭缝型燃烧器的缺点。

a）拱上二次风量较多，分级燃烧程度不够，着火所需热量也较大。

b）分离出的乏气温度低又含有大量的水蒸气，将其加热到煤粉着火温度所吸收的热量很大。乏气在拱上送入炉膛过早与着火初期的火焰混合使着火过程拖长，影响火焰稳定性；同时由于乏气喷嘴离前、后墙水冷壁很近，乏气煤粉着火后，很容易贴壁致使锅炉前后墙结渣。

c）三次风比例较小且出口面积不变，因此拱上二次风的速度调节范围不大。即使全关三次风，二次风速也只能增加 10% 左右，这对提高火焰下冲能力以适应燃煤变化不利。

d）三次风未设喷嘴是通过水冷壁上的缝隙进入炉内，因此其流动方向下倾不大。

（2）前后墙热风道的布置特点。前后墙热风道结构如图 6-1 所示。风道被分成三个通道，每个通道为左右侧的两组燃烧器提供二次风和三次风；远离水冷壁的通道的风管通过穿过靠近水冷壁风道来向燃烧器供应三次风。

这种结构的不足主要是由于靠近水冷壁的通道两个出口间距离比较大，风道内的风速又不高，容易造成积灰，增加悬吊结构承受的负荷；由于煤粉着火后产生的浮力是向上的，相当于喷嘴出口的阻力，着火不好的燃烧器阻力相对小，因此更多的风流向该处，这又会使着火条件变差，而着火好的燃烧器又处于缺风状态。

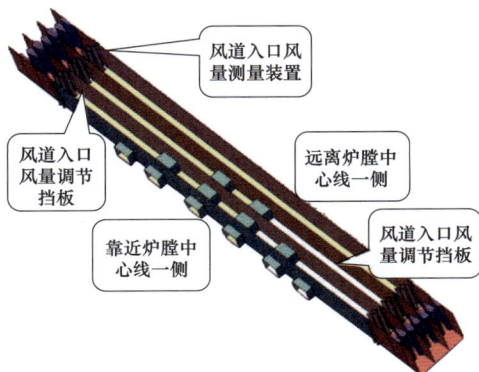

图 6-1　两侧风道示意图

6.1.2　改造的基本思路

燃烧系统通过炉内空气和燃料分级，有效控制 NO_x 的生成，还具有极好的稳燃能力，确保煤粉燃尽；通过改变拱上、拱下炉内空气量的重新分配，提高拱上气流的下冲动量，提高下炉膛的火焰充满度，同时防止水冷壁高温腐蚀和炉膛结渣。

在保证燃烧改造设计煤质，确保煤粉气流能够及时着火、燃烧稳定、燃烧完全及维持炉膛出口烟气温度、流量分配均匀等前提条件下，采用浓淡分离燃烧，增加燃尽风等适用于 W 火焰锅炉的低氮燃烧技术；针对煤粉细度较粗等现场存在的问题对分离器进行改造，选用具有足够煤粉分离能力且煤粉均匀性指数较高的动静态旋转分离器。改造后燃烧系统布置如图 6-2 所示。该技术已被应用在 NY 电厂 2～4 号炉，以及 QX3、4 号 W 火焰锅炉。

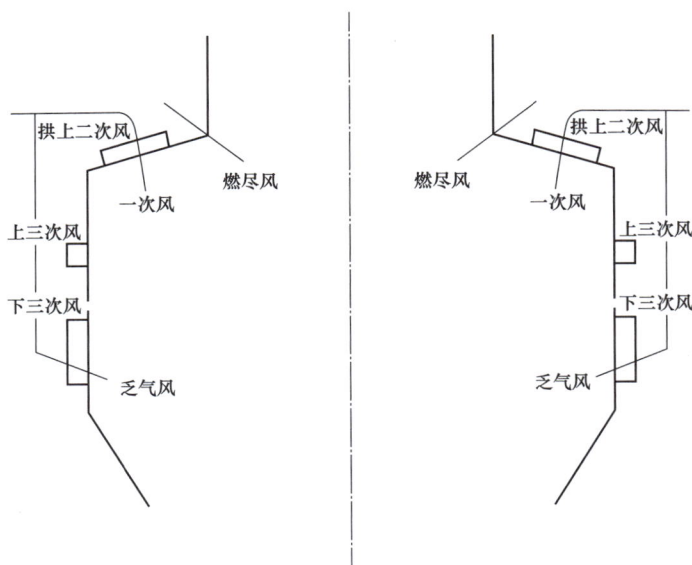

图 6-2　燃烧系统布置图

6.1.3　改造的基本方案

该改造方案中保留了原来的浓淡燃烧方式，并对空气进行了两次分级。第一级是位于下炉膛前后墙的三次风，第二级是位于炉拱和上炉膛前后水冷壁拐点的燃尽风。与改前相比三次风量增加了一倍，达到热风总量的 20% 左右，燃尽风占热风的 30% 左右。

改造方案保留原一次风燃烧器双旋风筒和缝隙式一次风喷嘴。浓侧一次风布置位置不变，将二次风嘴减少一排。因此，一、二次风喷嘴间距适当加大。燃烧系统总布置图如图 6-3 所示。

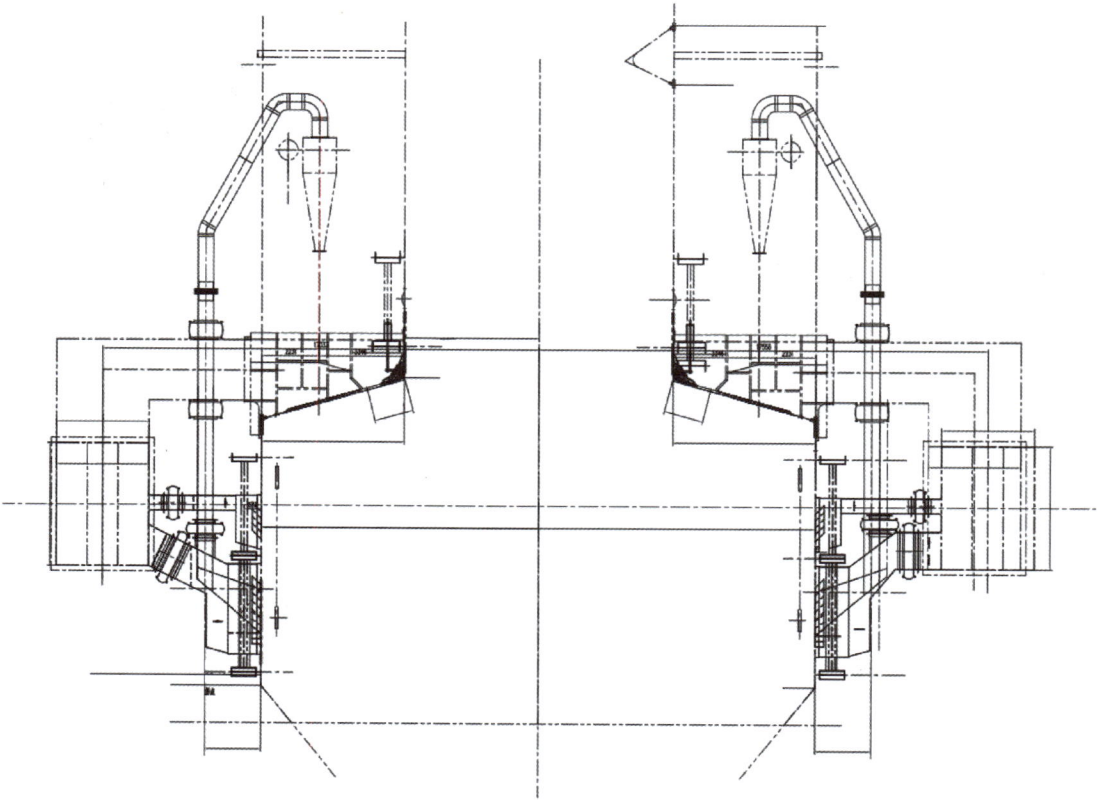

图 6-3 燃烧系统改造总布置示意图

6.1.3.1 乏气风

乏气温度低又含有大量的水蒸气，将其加热到煤粉着火温度所吸收的热量很大。乏气在拱上送入炉膛既隔绝了浓相风粉气流与热烟气的换热，又过早与着火初期的火焰混合使着火过程拖长，影响火焰稳定性。

大量燃用贫煤、无烟煤的切向燃烧锅炉的经验表明，将乏气在远离着火区的高温区送入，不影响主燃烧器着火又有利于乏气所带煤粉燃尽。

因此，将乏气由拱上送入炉膛改为从拱下三次风区域送入炉膛。乏气管道从拱上穿出（避开煤粉管道、水冷壁吊挂管等），从二次热风道中穿过，至前后拱下标高约 20920mm 处分 32 组喷口进入下炉膛（每只乏气粉管对应两组喷口）。乏气喷口速度约为 13.8m/s，向下倾斜 40° 进入炉膛，此处距浓煤粉喷口垂直距离超过 7600mm（浓煤粉喷口标高 28567mm），火焰已经稳定、下炉膛内温度也较高了，这个区域烟气温度在 1500℃ 左右，低温的乏气不会对下炉膛内温度形成干扰。乏气不会过快短路流出炉膛，同时还会起到为火焰补氧的作用。乏气管道与水冷壁一同膨胀，拱上下胀差由金属补偿器吸收。原乏气管道上的调节挡板仍予以保留。

乏气喷嘴夹在三次风喷嘴中间，其流动方向与三次风喷嘴一致。部分三次风位于乏气喷嘴的下面，可以防止乏气接近冷灰斗水冷壁，消除潜在的结渣可能。

乏气喷嘴采用缝隙燃烧器喷嘴，布置见图6-4。

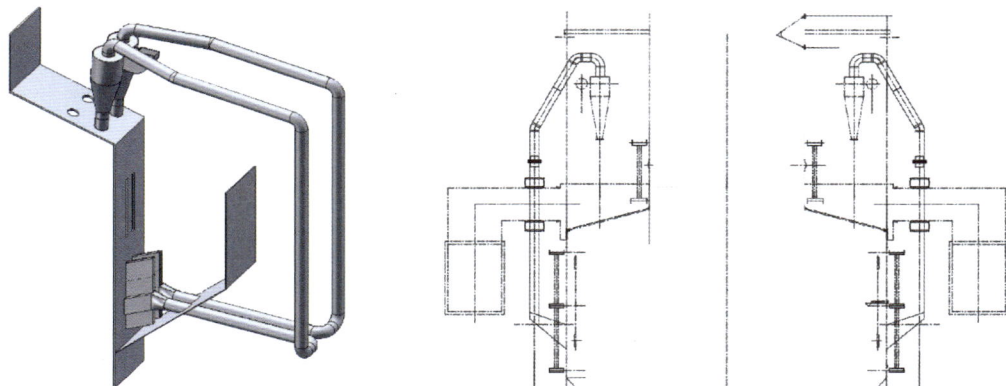

图 6-4　乏气喷嘴

6.1.3.2　拱上二次风

为减少拱上二次风风量，提高拱上二次风风速，使二次风具有足够刚性携带一次风下行至下炉膛。改造后一次风喷口数量、安装位置不变，取消部分二次风喷口。将原一次风两个浓喷口之间的二次风喷口由两组改为一组，一、二次风喷口为间隔布置，即两组燃烧器喷口布置方式为二一二一二一二，每组中间的两组二次风喷口数量由 4 个减少至 3个，如此布置使拱上二次风率由原设计的占总二次风的 87％降低至占总二次风的 39.33％，多余的二次风作为燃尽风、拱下三次风等喷入炉膛。拱上燃烧器布置方式改变后，拱上二次风喷嘴仍采用缝隙式扁平喷嘴，一、二次风喷口间距增加至 200mm，每两组燃烧器二次风喷嘴数量减少至 18 个，全炉减少二次喷口 112 个。

改造前后拱上二次风布置见图6-5。

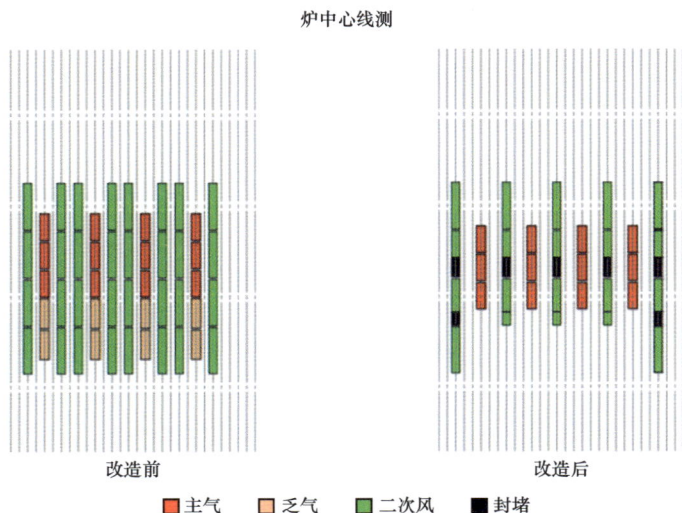

炉中心线测

改造前　　　　　　　　　改造后

■主气　■乏气　■二次风　■封堵

图 6-5　改造前后拱上二次风布置图

6.1.3.3 三次风

三次风采用缝隙式扁平喷嘴，与改前相比三次风量有所增加，布置的位置也不相同。三次风分两级布置，上级风量少于下级，下级三次风喷嘴之间布置乏气喷嘴。三次风喷嘴向下倾斜以实现供风与燃烧过程相匹配这一基本原则。三次风箱也做了相应改造以适应三次风喷嘴布置的改变。三次风布置见图 6-6。

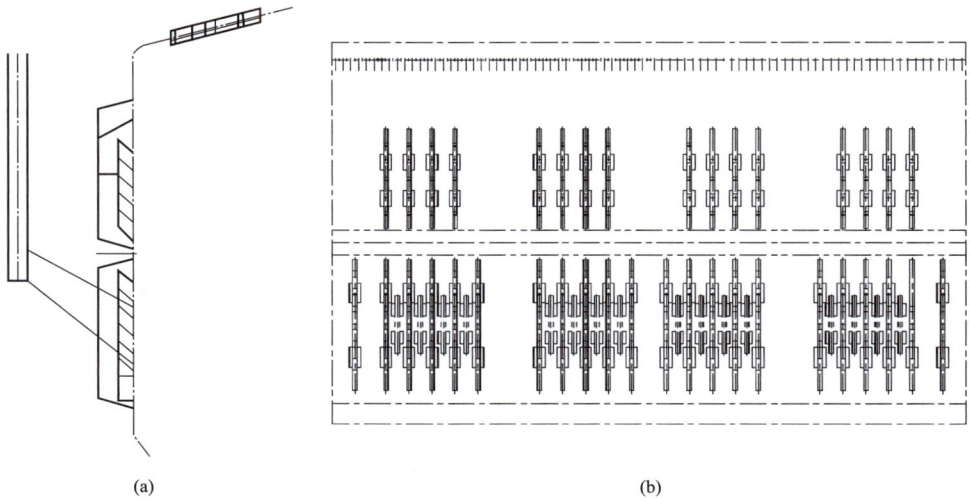

图 6-6 三次风布置图

（a）侧视图；（b）前视图

6.1.3.4 增设燃尽风

燃尽风布置在接近下炉膛出口处的炉拱上，由喷嘴和风门调节挡板组成。为保证燃尽风射流有足够的穿透力以实现和燃料的充分混合，单个燃尽风的截面积、风速作为重要指标被保证。调节燃尽风门可以改变二次风分配以适应燃料、负荷变化并兼顾燃烧效率和 NO_x 排放。燃尽风布置见图 6-7。

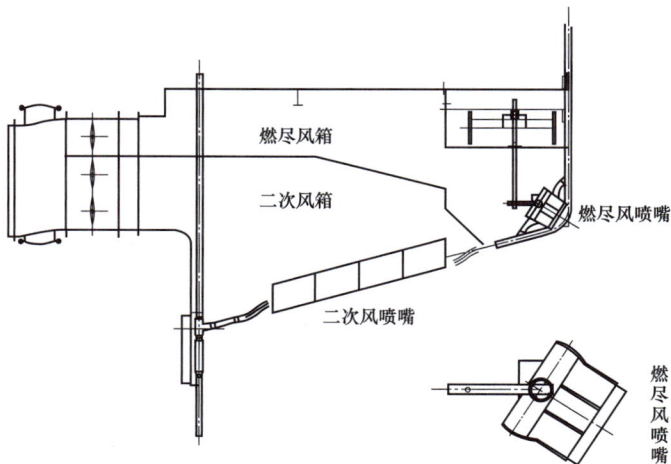

图 6-7 燃尽风布置图

6.1.3.5 改进前后墙热风道和风箱

在前后墙风道中增加竖直隔板，可以防止出现左右侧窜风和积灰问题。

由于燃尽风是来自原来的拱上二次风，所以将原拱上二次风箱分隔成二次风箱和燃尽风箱后其中的风速能满足要求。

6.1.3.6 重新布置卫燃带

条块式卫燃带目前广泛应用在结焦严重的电厂，卫燃带与裸露的水冷壁交替布置可以防止焦块过分蔓延、增长，避免大块渣落下造成锅炉燃烧不稳定，甚至砸坏冷灰斗。卫燃带布置原理如图 6-8 所示。

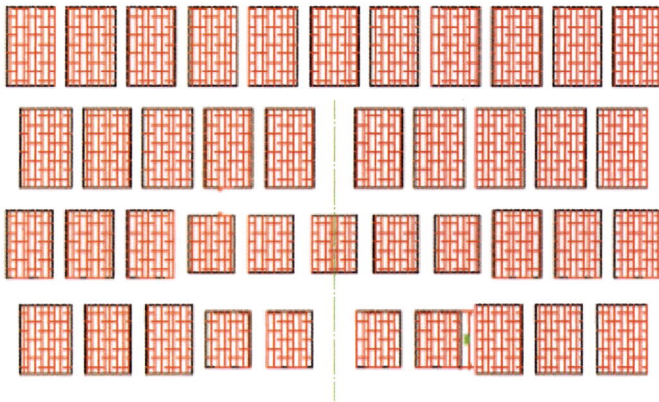

图 6-8 卫燃带的布置原理图

6.1.3.7 增设翼墙风

为防止下炉膛的四个翼墙结渣，在下炉膛的四个翼墙上各布置了一个翼墙风箱，风源取自锅炉环形风箱上。翼墙风口分三层送入炉膛，在进风管上设置了手动调整挡板。

6.1.4 性能保证措施

低氮改造的基本原理就是在燃烧过程的初期控制氧的浓度。低氧条件下活性强的氢、碳首先与氧反应，氮的反应能力弱，在缺氧的条件下难以生成氮氧化物。

低氧同时也使煤的燃烧反应变慢，燃尽时间增加，在有限的炉内停留时间内不发展到足够的燃尽水平，飞灰含碳量增加。低氧情况下炉内还原性气氛强，结渣和高温腐蚀倾向加剧。分级后的三次风和燃尽风都是要穿透高温烟气与煤粒子混合，由于高温烟气的黏度大，因此其混合能力要弱于改造前的拱上二次风。

因此，对燃烧系统的低氮改造必须同时考虑着火、燃尽和防止结渣与高温腐蚀。

6.1.4.1 强化着火和稳燃的措施

(1) 改变乏气送入炉膛的位置。乏气温度低又含有大量的水蒸气，将其加热到煤粉着火温度所吸收的热量很大。乏气在拱上送入炉膛既隔绝了浓相风粉气流与热烟气的换热，又过早与着火初期的火焰混合使着火过程拖长，影响火焰稳定性。大量燃用贫煤、无烟煤的切向燃烧锅炉的经验表明，将乏气在远离着火区的高温区送入，不影响主燃烧器着火又有利于乏气所带煤粉燃尽。

该方案中，乏气在前后墙的下部送入炉内。这个区域烟气温度在1500℃左右，乏气进入炉膛后迅速被加热着火，不会对燃烧稳定性构成威胁，乏气不会过快短路流出炉膛，同时还会起到为火焰补氧的作用。乏气喷嘴夹在三次风喷嘴中间，其流动方向与三次风喷嘴一致。部分三次风位于乏气喷嘴的下面，可以防止乏气接近冷灰斗水冷壁，消除潜在的结焦可能。改变乏气送入炉膛的位置后，拱上主燃烧器的着火条件大为改善，为其他改造提供了良好的条件。

（2）减少拱上二次风比例。改造前将近90%的热风以拱上二次风的形式送入炉内，这与逐渐进行的燃烧过程并不匹配。将一部分热空气分成三次风和燃尽风也是低氮燃烧的要求。拱上风的减少降低了着火热，提高了着火能力和燃烧稳定性。在采用上述措施后，以着火温度800℃计，拱上一、二次风着火所需热量减少了近三分之一。

（3）强化二次风与烟气的换热。选择较高的二次风速，使其卷吸更多的热烟气提高自身温度并将一次风点燃，足够长的高温区火焰行程也使得其稳燃能力足够强。每组燃烧器边上与热烟气接触面积大的两个喷嘴的外侧都有扰流齿，扰流齿的作用与钝体相似，在其下游可以产生热烟气回流。扰流齿同时使气流的横向脉动增强，有利于气流与烟气间换热。部分二次风中设有钝体，钝体造成的回流可以使热烟气更早地加热风粉混合物，有利于风粉混合物着火和稳定燃烧。扰流齿和钝体结构分别见图6-9和图6-10所示。

图6-9 扰流齿结构图　　　　图6-10 钝体结构图

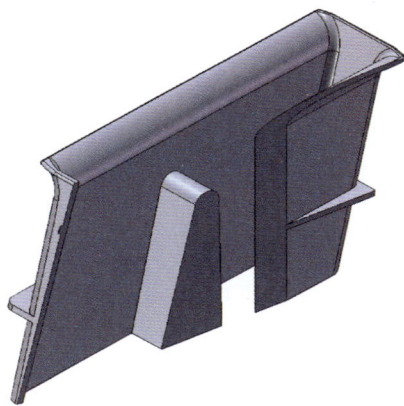

6.1.4.2 高效燃烧的措施

（1）强化着火。着火被强化后火焰在下炉膛的停留时间相对延长，会有更多的煤粒子被烧掉或转化为燃尽时间极短的一氧化碳，因此强化着火也是高效燃烧的重要手段。

（2）提高二次风速。MBEL式燃烧器的着火能力取决于二次风卷吸热烟气的能力。选择较高的二次风速，使其卷吸更多的热烟气，提高自身温度并将一次风点燃，足够长的高温区火焰行程也使得其燃尽程度提高。提高二次风速使火焰下冲能力提高、火焰膨胀的空间加大，这也是克服偏烧的重要手段。

（3）三次风下倾布置。三次风下倾布置并降低其入炉速度可以减小其对火焰的冲击，三次风与火焰逐渐混合符合燃烧过程对补氧的要求。三次风下倾布置会携带煤粉气流向炉膛下部流动，提高炉膛充满度，延长粒子在高温区的停留时间，改善燃尽程度。

三次风下倾布置提高下炉膛燃尽度的另一个好处是：三次风量可以适当加大并且降低速度后，喷嘴高度增加，空气与火焰逐渐混合，氧的利用率提高，消除由于局部过分缺氧造成的一氧化碳量高、过热器减温水量大、过热器管壁高温腐蚀严重等问题。

（4）增加三次风量。在采取了改变乏气送入炉膛的位置、一次风喷嘴设置扰流齿等强化着火的措施后，能否在合适的位置及时送入助燃风是影响燃尽的重要因素。MBEL 的技术在拱上布置了大量二次风，由于二次风喷嘴与一次风喷嘴的间距过小、混合太早，对着火造成了不利影响。

将部分热风从前后墙的位置以三次风的形式送入炉膛，二次风减少后可以增大拱上一、二次风间距，使二次风在一次风强烈着火后与其混合。三次风量增大并可调下倾布置可以起到控制火焰行程、提供火焰转弯动力的作用，可以解决火焰烧偏的问题。加大三次风量也是分级燃烧的主要手段，对降低氮氧化物排放有着极其重要的作用。

（5）燃尽风低位布置。常规的做法是燃尽风布置在上炉膛的前后水冷壁上，受结构限制，这种布置方式与燃尽风布置在炉拱和上炉膛前后水冷壁拐点处，相比燃尽风中心线到过热器屏底的距离要短 3m 以上。因此燃尽风低位布置是提高燃尽率的关键手段。

即使低位布置燃尽风，达到其中心线的火焰行程至少也要有 8m 以上，这个距离对空气分级降低氮氧化物来说也足够了。燃尽风被设计成在与水平呈一定角度摆动，以调解其射入炉内的方向为寻找燃烧效率和 NO_x 排放的最佳工况创造条件。

6.1.4.3　低氮燃烧措施

（1）确保浓淡燃烧。原设计的燃烧器为双旋风煤粉燃烧器。这种燃烧器将煤粉气流分成浓淡两股，浓侧含有大部分煤粉从主燃烧器进入炉内，淡侧含有少量煤粉从乏气燃烧器进入炉内。这种燃烧器具有较强的低 NO_x 燃烧能力，该次改造首先要确保浓淡燃烧。

（2）设置燃尽风。在低 NO_x 燃烧系统的设计中，目前应用范围极广且运行效果较好的是设置燃尽风。即将燃烧区域划分为燃烧器区域和燃尽风区域两个部分，通过调节两级分级燃烧系统不同的风量配比能够获得更低的 NO_x 排放水平。

燃尽风布置在炉拱和上炉膛前后水冷壁的拐点处，由喷嘴、摆动机构和风门调节挡板组成。为保证燃尽风射流有足够的穿透力以实现与燃料的充分混合，单个燃尽风的截面积作为重要指标被保证。调节燃尽风门可以改变二次风分配以适应燃料、负荷变化并兼顾燃烧效率和 NO_x 排放。燃尽风被设计成在与水平呈 $-45°\sim-25°$ 之间摆动，以调解其射入炉内的方向，寻找燃烧效率和 NO_x 排放的最佳工况。

6.1.4.4　防止结渣措施

（1）前后墙布置三次风。前后墙布置低速三次风，由于喷嘴高度较大，占据了前后墙水冷壁的很大一部分表面，使得下炉膛前后墙水冷壁处于氧化性气氛，不再具备结渣的条件。

（2）修改翼墙处卫燃带并设置防焦风。电厂已经有很多翼墙防焦风改造经验，该方案将采用已取得成效的那部分措施。

该方案中在翼墙处增设向下倾斜的防渣风喷口也是防止翼墙堆渣的措施之一。倾斜的防焦风不会过分冲击火焰，影响其燃烧稳定性。适当修改翼墙卫燃带布置方式，增大卫燃带距冷灰斗斜坡的尺寸，有助于减轻结渣。

（3）条块式布置卫燃带。条块式卫燃带目前广泛应用在结焦严重的电厂，卫燃带与裸露的水冷壁交替布置可以防止渣块过份蔓延、增长，避免大块渣落下造成锅炉燃烧不稳定，甚至砸坏冷灰斗。

6.1.4.5　控制过、再热汽温的措施

分级配风会推迟燃烧过程，使炉膛出口烟温上升。该改造方案中燃尽风布置在炉拱和上炉膛前后水冷壁的拐点处，相对于在上炉膛布置燃尽风，其对火焰中心的抬高效应要弱很多。燃尽风进入炉膛角度可调为兼顾炉膛出口烟温和低氮运行创造了条件。强化燃尽风与火焰的混合会加快煤粒子燃尽，降低炉膛出口烟气温度。

6.1.4.6　减轻炉内偏烧问题的措施

前后墙火焰长度不同造成的火焰中心偏斜被称为偏烧。偏烧会引起过、再热汽温变化和飞灰含碳量变化，对运行经济性造成不利影响。

（1）影响偏烧的因素。偏烧与各燃烧器之间的一次风、粉分配，二次风分配，以及三次风对已着火气流方向的影响能力有关。目前燃烧器的布置方式也对偏烧有很大影响。乏气占一次风的60%以上，速度也较浓一次风高一倍左右，其动量是浓侧的三倍以上，对着火的影响很大。一旦出现偏烧乏气会使着火差的一侧更不易着火，加剧偏烧。目前设计的拱上二次风速约为35m/s，这个风速使得火焰的下冲能力不足，先着火一侧的火焰很容易短路偏出炉膛，加剧偏烧。

热风道的结构也对偏烧有一定影响，目前的前后墙热风道被分成三个通道，每个通道为左右侧的两组燃烧器提供二次风和三次风；远离水冷壁的通道的风管通过穿过靠近水冷壁风道来向燃烧器供应三次风。这种结构的不足是：由于煤粉着火后产生的浮力是向上的，相当于喷嘴出口的阻力，着火不好的燃烧器阻力相对小，因此更多的风流向该处，这又会使着火条件变差，而着火好的燃烧器又处于缺风状态。

（2）减轻偏烧的措施。将乏气布置在下炉膛远离着火区域的位置，改善燃烧器的着火能力是减轻偏烧的有力措施。提高拱上二次风速使火焰的下冲能力增强，加大下炉膛火焰行程可以削弱偏烧对过、再热汽温和飞灰含碳量的影响。大部分三次风下倾布置、在三次风口处设置节流装置以控制三次风速减弱其对下行火焰的冲击，下部三次风水平布置并具有较高的风速，强制火焰转弯向上行走，来防止偏烧时下冲过强的一侧火焰冲撞冷灰斗水冷壁管。在前后墙风道中增加竖直隔板可以防止出现左右侧窜风，以及由此引起的配风不均问题，减轻由于该原因造成的火焰偏烧。

6.1.5　改造的结果

由考核试验主要结果汇总表6-1可知：改造前后飞灰可燃物、大渣可燃物降低，锅炉效率提高，燃烧稳定性较大提高，结渣情况得到较大改善，NO$_x$的排放值也明显降低。

这些结果表明改造是比较成功的。这些改造措施说明：

（1）只要适当减少拱上风风率，加大一、二次风之间的间隙，延后一、二次风的混合，对于改善着火，也是降低NO$_x$的主要原因。

表6-1 改造后性能考核试验主要结果汇总

锅炉类型	电厂名称	锅炉容量 (MW)	改造厂家	改造前后	考核试验煤质		NOₓ mg/m³ (标准状况)	飞灰可燃物 %	大渣可燃物 %	锅炉效率 %	是否结渣	备注
					V_{daf} (%)	$Q_{net,ar}$ (kJ/kg)						
MBEL 类型	NY电厂1号炉	300	KDRT	前	10.25	20600	1156	12.89	6.96	86.02	轻微	修前报告 2011 年 1 月
				后	12.91	20190	866	8.84	3.96	88.85	轻微	修后报告 2011 年 1 月
	NY电厂3号炉	300	KDRT	前	12.47	21145	1200	11.91	10.73	86.95	轻微	修前报告 2011 年 1 月
				后	12.61	20620	958	8.7	3.08	89.05	轻微	修后报告 2011 年 1 月
	NY电厂4号炉	300	KDRT	前	13.42	19280	1250	10.68	5.95	86.55	轻微	修后报告 2014 年 9 月
				后	13.14	20210	850	5.82	6.11	88.79	轻微	修后报告 2014 年 9 月
	QX电厂1, 2号炉	300	KDRT	前	11.55	20200	—	9.52	4.26	88.28	—	修前报告 2009 年 3 月
				后	9.32	20930	—	11.32	7.46	89.18	—	修后报告 2011 年 1 月

（2）乏气的布置，一直是 W 火焰炉的难题之一。在墙式燃烧的锅炉乏气引入主燃区，容易造成喷口附近结渣。在 B&W 系列的 W 火焰炉将乏气引入前后墙下部主燃区，几乎无一例外地在乏气喷口上部都造成结渣。这次改造将乏气引入三次风区域，有效地解决了结渣的问题，这一经验是值得参考的。

（3）狭缝型燃烧器由于着火后火焰发散，易于导致结渣，此次改造采用分割状的卫燃带，适当布置防渣风的措施都有利于防止结渣。改造前三次风下部由于存在涡流区，在各台 300MW 狭缝型燃烧器的 W 火焰炉中都易于堆渣。此次将三次风分三格并以不同的方向布置，有利于防止原有三次风下部易于堆渣的问题。

（4）改造措施中提到改造磨煤机的分离器的措施，该措施可以使制粉更细，显然有利于提高燃烧效率。

但是这些改造对于干燥无灰基在 12% 左右的煤种，锅炉效率未达到 90%，NO$_x$ 的排放值为 866～958mg/m³，笔者认为也许在某些方面还有改进的余地，现简述如下以供参考。

采用防渣风，有利于防止结渣，但是过多的防渣风可能会影响燃烧组织，从而影响燃烧效率。减少卫燃带有利于防止结渣。但是狭缝型燃烧器的 W 火焰炉，下炉膛容积负荷本来就比较低，卫燃带占下炉膛辐射受热面的比例也比较低，如果减少卫燃带，也有悖于 W 火焰炉分区燃烧的设计思想。如果能从燃烧组织上防止结渣，尽可能减少防渣风，适当提高卫燃带占下炉膛的比例辐射受热面的比例，可能更有利于提高燃烧效率。

根据已经收集到的资料表明，这次改造燃尽风的比例为 30%。对于烟煤，这一比例是合理的，对于贫煤和无烟煤这一比例显然偏高。根据已经收集到的资料，后来在准备采用这一方案的其他锅炉的改造中已经将燃尽风的比例降低到 22.41%。根据已经收集到的多台 B&W 系列 W 火焰炉的改造说明，对于贫煤燃尽风的比例超过 24% 将严重影响燃烧效率。根据笔者的经验，对于接近无烟煤的煤种，燃尽风的比例不宜超过 20%。笔者认为这一系列改造燃尽风比例过高，可能也是燃烧效率偏低的重要原因。

燃尽风布置在上下炉膛交界的拐角处，有利于增加燃尽距离，但是不利于降低 NO$_x$。根据在 FW 系列锅炉的改造经验说明，JJ 电厂燃尽高度保持在 12.3m，即燃尽风布置在距下炉膛出口 2m，也是可行的。这样 NO$_x$ 可以降低，飞灰可燃物也不致太高。

6.2　HZ 电厂 300MW 狭缝型燃烧器 W 火焰炉的改造

6.2.1　HZ 电厂设备锅炉概况

HZ 电厂 3、4 号锅炉系英国巴布科克有限公司制造的与 300MW 机组配套锅炉，为亚临界、一次中间再热、自然循环加内螺纹管、单炉膛、全悬吊、平衡通风、W 火焰、露天布置、固态排渣燃煤汽包炉，布置 6 台给煤机，炉后尾部标高 12.42m 布置两台三分仓回转式空气预热器，于 2001 年 11 月投产。

2013、2014 年因脱硫、脱硝改造分别对空气预热器、引风机、增风机进行了相应改造，改造后的空气预热器使用不便，对引风机、增风机进行了合并改造。

锅炉采用 W 火焰燃烧方式，在炉膛前后拱上分三列布置了 24 组狭缝式燃烧器。二次风与一次风喷口间隔布置。三次风从下部炉膛前后炉墙的下部进入炉膛（每侧墙有3个三次风道），每两只组燃烧器配一只油枪，每一只油枪配一只电火花点火器，共配置12只点火油枪。炉前在三次风下部布置了3只启动油枪，供点火启动时用。锅炉设计燃用85%的无烟煤和15%半无烟煤的混合物。锅炉主要设计性能参数见表6-2。

表6-2 HZ电厂300MW机组锅炉设计性能参数

项目	单位	设计参数（BMCR）
过热蒸汽流量	t/h	1025
过热蒸汽压力	MPa	17.3
过热蒸汽温度	℃	541
再热蒸汽流量	t/h	829
再热蒸汽进出口压力	MPa	3.86/3.68
再热蒸汽进出口温度	℃	329/541
给水温度	℃	282.3
排烟温度	℃	116
最低不投油稳燃负荷（BMCR）	%	60
锅炉效率	%	92

炉膛设计成前后双拱结构，以膜式水冷壁构造炉墙并内敷卫燃带，炉膛结构尺寸见表6-3。炉膛在23m高度炉拱处分为上、下两个部分，下炉膛截面为19320mm×15630mm，呈八角形；上炉膛为19320mm×7176mm，呈长方形。炉膛容积为6557m³。炉膛四周由ϕ66.7/52.5mm的上升管组成膜式水冷壁，高温区上升管带有内螺纹，四根直径ϕ406.4/338集中下降管把炉水引下分配到水冷壁进口联箱。汽包内采用旋风子和百叶窗以及顶部孔板进行汽水分离。

锅炉过热器有三级：一级、屏式和末级，以及由炉膛和廊道顶棚、后烟井围墙形成的蒸汽冷却面。由顶棚、包覆、低温、前屏、末级过热器五部分组成。顶棚及包覆过热器均采用顺流布置；低温过热器分三组，二卧一立，在竖井烟道上部，逆流布置；前屏过热器属辐射式过热器，顺流布置；末级过热器在炉膛出口处，属半辐射式，采用顺流布置。在屏式过热器前、后各有一级喷水减温装置。

表6-3 HZ电厂300MW机组锅炉膛结构尺寸

序号	项目	单位	数值
1	炉顶标高	m	52.298
2	炉膛宽度	m	19.32
3	上炉膛深度	m	7.176
4	下炉膛深度	m	15.63
5	炉膛容积（去除下部灰斗）	m³	6557

锅炉再热器为单级式，采用逆-顺流布置在水平烟道内，进口处装有紧急喷水减温装置，正常调温由炉底注入热风控制。

6.2.1.1 磨煤机与燃料

锅炉配备正压直吹式制粉系统，由2台密封风机、2台离心式一次风机、3台双进双出磨煤机、6台皮带式给煤机组成。磨煤机设计与运行参数见表6-4，每台磨煤机两端各有一台挡板式径向粗粉分离器，每台磨煤机引出2根DN800煤粉管道至28m处，每根再分为2根DN600煤粉管道，每根煤粉管对应一只旋风筒式煤粉浓缩分离燃烧器。

磨煤机投产以来未进行过大的改造，只是钢球装载量进行过级配，目前的钢球装载量大概在50t左右，只有经过小球技术改造的A磨煤机装球量只有35t，磨煤机电流控制在103～126A之间，除采用小球技术的磨煤机之外，磨煤机出力能够达到设计出力。

表6-4　　　　　　　　　　HZ电厂锅炉磨煤机运行参数

序号	项目	单位	数值
1	给煤量	t	58.3
2	给煤尺寸	mm	＜32
3	入口空气温度（最大）	℃	160
4	出口温度（最大）	℃	172
5	风煤比	—	1.67∶1
6	煤粉细度（R_{75}）	%	10
7	钢球装载量	t	73
8	钢球尺寸	mm	ϕ60/50/40/25mm
9	各种钢球量比例	%	35/29/21/15
10	电动机功率及电源	—	1400kW/6kV/3ph/50Hz

锅炉原设计燃用85％的无烟煤和15％的半无烟煤的混合物，煤质分析见表6-5。2014年4月锅炉低氮燃烧改造前性能摸底煤质分析见表6-6，该次改造以性能试验摸底煤质为设计煤种。

表6-5　　　　　　　　　　锅炉原设计煤种分析

序号	项目	符号	单位	设计煤种	校核煤种
1	收到基碳	$C_{net,ar}$	%	60.3	48.2～65.85
2	收到基氢	$H_{net,ar}$	%	2.23	2.23～3.08
3	收到基氧	$O_{net,ar}$	%	3.36	2.21～5.79
4	收到基氮	$N_{net,ar}$	%	0.89	0.68～1.09
5	收到基硫	$S_{net,ar}$	%	0.76	0.33～2.66
6	全水分	M_t	%	8.75	5.20～11.2
7	分析基水分	M_{ad}	%	2.69	1.11～3.52
8	收到基灰分	A	%	23.71	20.33～34.0
9	干燥无灰基挥发分	V_{daf}	%	11.36	10.3～16.33
10	固定碳	AR	%	59.87	49.16～59.74

序号	项目	符号	单位	设计煤种	校核煤种
11	高位发热量	$Q_{gr,ar}$	kJ/kg	22857.5	18632~26231
12	低位发热量	$Q_{net,ar}$	kJ/kg	22137	18000~25258
13	可磨系数	HGI	%	70	60~90
14	变形温度	DT	℃	1400	1350~1450
15	软化温度	ST	℃	1450	1400~1500
16	熔化温度	FT	℃	>1500	

表 6-6　　　　　　　　　　　性 能 摸 底 试 验 煤 质

项目	单位	T-01	T-02	T-03	T-04	T-05
碳 C_{ar}	%	57.22	58.25	57.59	56.88	57.46
氢 H_{ar}	%	2.47	2.67	2.60	2.41	2.63
氧 O_{ar}	%	4.26	4.19	5.04	4.96	5.25
氮 N_{ar}	%	0.85	0.88	0.88	0.86	0.87
全硫 $S_{t,ar}$	%	1.72	1.57	1.31	1.66	1.55
全水 M_t	%	7.2	5.4	6.8	5.9	5.9
灰 A_{ar}	%	26.27	27.04	25.77	27.32	26.34
挥发分 V_{daf}	%	16.54	16.34	18.49	15.86	18.33
低位发热量 $Q_{net,ar}$	kJ/kg	21900	22100	21970	21870	22110

6.2.1.2　燃烧器

炉膛前后两侧火拱处各布置了 3 组直流下射狭缝式燃烧器，每组有 4 只煤粉喷嘴、一支油枪，二次风间隔布置，乏气风在靠下前后炉墙侧注入。为防结焦，设有前后墙贴墙风。燃烧方式为直吹前、后下射，在炉膛内形成 W 火焰。

为降低煤粉气流的着火热，一次风粉在进入燃烧器前先经过一个旋风筒式分离器进行煤粉浓缩分离，浓相气流进入炉膛外侧的煤粉喷嘴，淡相气流进入炉膛内侧的乏气喷嘴。每组燃烧器内一、二次风喷口间隔布置，在炉内一、二次风以直流方式垂直下射进入炉膛，形成"W"形大回流长火焰燃烧方式。燃烧器布置示意图见图 6-11，燃烧器结构示意图见图 6-12，采用该种燃烧方式，在设计煤种下的最低不投油稳燃负荷为 60%BMCR。

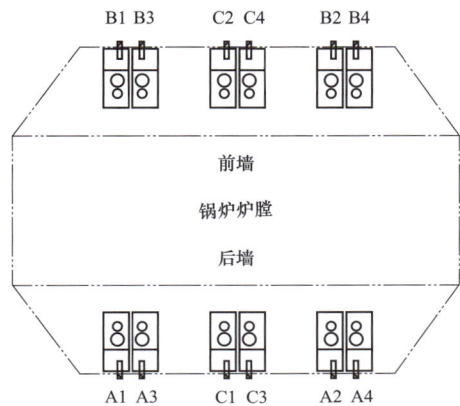

图 6-11　燃烧器布置示意图

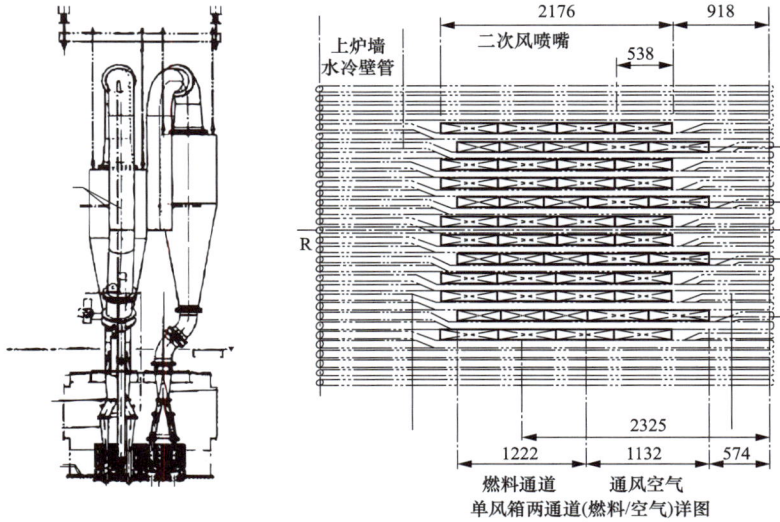

图 6-12　一组燃烧器结构示意图

6.2.1.3　卫燃带

原设计 570m²，占下炉膛辐射受热面的 43%，实际上前、后墙宽度为 14m，高度为 12m，标高范围为：14～26m。面积为 14m×12m×2＝336m²，四角宽度为 5m，高度为 5m，标高范围为：21～26m。面积为 5m×5m×4＝100m²，合计 436m²。占下炉膛辐射受热面的 33.2%，后因结渣严重，卫燃带仅余 100m²，占下炉膛辐射受热面的 7.6%。

6.2.2　锅炉运行现状

6.2.2.1　燃料统计

二期入炉煤煤质化验报告单见表 6-7。

表 6-7　　　　　　　　　　　二期入炉煤煤质化验报告单

分析项目	2012 年	2013 年	2014 年
全水分 M_{ar}（%）	8.56	9.48	8.78
空气干燥基水分 M_{ad}（%）	0.96	1.14	1.02
空气干燥基灰分 A_{ad}（%）	35.78	34.16	33.56
干燥基灰分 A_d（%）	36.12	34.37	33.84
空气干燥基挥发分 V_{ad}（%）	9.61	9.85	9.53
干燥无灰基挥发分 V_{daf}（%）	15.22	15.82	14.17
固定碳 FC_{ad}（%）	52.42	52.25	52.47
空气干燥基全硫 $S_{t,ad}$（%）	1.25	1.32	1.40
空干基高位发热量 $Q_{gr,ad}$（MJ/kg）	22325	22654	22762
收到基低位发热量 $Q_{net,ar}$（MJ/kg）	20216	19827	19985

6.2.2.2　摸底测试试验工况

该次摸底测试试验主要在 300、240MW 以及 180MW 负荷典型工况下对 3 号锅炉运行情况进行了摸底测试，试验工况具体安排见表6-8。

表 6-8   试 验 工 况 设 置

机组	工况	试验日期	试验时间	机组负荷	试验内容
	T-01	2014 年 4 月 10 日	9：30～12：30	300MW	高负荷基准工况
	T-02	2014 年 4 月 10 日	14：30～17：30	300MW	高负荷变氧量工况
3 号	T-03	2014 年 4 月 10 日	20：00～23：00	240MW	中负荷基准工况
	T-04	2014 年 4 月 11 日	00：00～3：00	180MW	低负荷基准工况
	T-05	2014 年 4 月 12 日	8：30～11：30	300MW	高负荷变煤种工况

摸底试验煤质分析见表6-9。

表 6-9   摸 底 试 验 煤 质 分 析

项目	单位	T-01	T-02	T-03	T-04	T-05
碳 C_{ar}	%	57.22	58.25	57.59	56.88	57.46
氢 H_{ar}	%	2.47	2.67	2.60	2.41	2.63
氧 O_{ar}	%	4.26	4.19	5.04	4.96	5.25
氮 N_{ar}	%	0.85	0.88	0.88	0.86	0.87
全硫 $S_{t,ar}$	%	1.72	1.57	1.31	1.66	1.55
全水 M_t	%	7.2	5.4	6.8	5.9	5.9
灰 A_{ar}	%	26.27	27.04	25.77	27.32	26.34
挥发分 V_{daf}	%	16.54	16.34	18.49	15.86	18.33
低位发热量 $Q_{net,ar}$	kJ/kg	21900	22100	21970	21870	22110

（1）摸底试验锅炉效率。各试验工况下的锅炉效率汇总见表6-10。

表 6-10   不同试验工况下的锅炉效率

项目名称	单位	T-01	T-02	T-03	T-04	T-05
机组负荷	MW	300	300	240	180	300
省煤器出口氧量	%	3.9	3.3	4.45	3.53	3.74
空预器出口 CO 含量	$\times 10^{-6}$	17	17	16	20	36
飞灰含碳量	%	7.68	7.86	10.01	10.94	10.03
排烟热损失	%	6.34	6.25	5.91	5.13	5.96
气体未燃烧热损失	%	0.01	0.01	0.01	0.01	0.01
固体未燃烧热损失	%	3.18	3.34	4.33	5.17	4.32
辐射和对流热损失	%	0.44	0.43	0.54	0.71	0.44
灰渣物理热损失	%	0.21	0.21	0.20	0.22	0.22
总的热损失	%	10.18	10.24	10.99	11.24	10.95
锅炉热效率	%	89.82	89.76	89.01	88.76	89.05
实际排烟温度	℃	140.50	139.90	127.30	121.70	138.40

续表

项目名称	单位	T-01	T-02	T-03	T-04	T-05
修正后的排烟温度	℃	140.50	141.24	130.02	125.58	143.74
修正后排烟热损失	%	6.34	6.22	5.85	5.04	5.84
修正后锅炉热效率	%	89.82	89.79	89.07	88.85	89.17

从试验结果可以看出：3号锅炉300MW负荷下修正后的锅炉效率为89.17%～89.82%。

1）3号锅炉T-01和T-02为变氧量工况，运行氧量的降低约为0.6%，烟气中CO含量基本不变，气体未完全燃烧热损失未有改变，锅炉飞灰含碳量略有升高，锅炉效率也略有降低。

2）3号锅炉T-03和T-04为中、低负荷常规运行工况。相对于高负荷工况，中、低负荷工况下飞灰含碳量较高，固体未完全燃烧热损失大，因此锅炉效率相对较低。

3）3号锅炉T-05为满负荷变煤种常规运行工况。相对于常用煤种（设计煤种）工况下飞灰含碳量较高，固体未完全燃烧损失大，因此锅炉效率相对较低。

4）满负荷工况下，3号锅炉修正后的排烟温度约为140℃，高于设计值128℃。

（2）NO_x排放。

2014年4月上旬在3号锅炉上进行了详细的测试，测试工况主要有：满负荷下的变氧量、变配煤，以及中低负荷等。测试结果见表6-11。

表6-11　　　　　不同试验工况下 NO_x 排放浓度

工况	负荷	工况说明	运行氧量	A侧省煤器出口		B侧省煤器口	
				O_2	NO_x	O_2	NO_x
单位	MW	—	%	%	mg/m³（标准状况）	%	mg/m³（标准状况）
T-01	300	高负荷基准工况	3.90	3.92	1282	3.88	1170
T-02	300	高负荷低氧量工况	3.30	3.22	987	3.38	847
T-03	240	中负荷基准工况	4.45	4.65	1001	4.24	955
T-04	180	低负荷基准工况	3.52	3.45	714	3.6	692
T-05	300	高负荷变煤种工况	3.73	3.58	882	3.88	910

该次试验在各工况下，均对省煤器出口的 NO_x 排放浓度进行了详细测量。测试工况主要有：3号锅炉常用煤种（设计煤种）下300MW负荷基准工况及变氧量工况，240、180MW负荷基准工况以及300MW负荷变煤种工况。测试结果见表6-11。

从表中可以看出：3号锅炉300MW负荷下 NO_x 排放浓度约为896～1226mg/m³（标准工况），NO_x 排放浓度较高。另外在实际的测试中，表盘值曾经达到1300mg/m³ 以上，只是在测试中未捕捉到最高值。

3号锅炉T-01～T-02为变氧量工况。相对于基准工况，当运行氧量降低时 NO_x 排放浓度降低了约309mg/m³。

3号锅炉T-01、T-03和T-04分别为300、240、180MW负荷基准工况。300MW基准工况下，NO_x 排放浓度最高，约为1226mg/m³；180MW负荷工况下，NO_x 排放浓度最低，约 703mg/m³。

3 号锅炉 T-01 和 T-05 为变煤种工况，由于煤质 V_{daf} 增加 1.79%，此时 NO_x 排放浓度降低较为明显，降低约为 330mg/m³。

（3）烟气温度。各试验工况下，均对省煤器出口烟温进行了测量，其结果见表 6-12。

表 6-12　　　　　　　　　　　　不同工况下省煤器出口烟温

机组	工况	负荷（MW）	工况说明	省煤器出口烟温（℃）	
				A 侧	B 侧
3 号	T-01	300	高负荷基准工况	399	390
	T-02	300	高负荷低氧量工况	392	384
	T-03	240	中负荷基准工况	371	363
	T-04	180	低负荷基准工况	331	326
	T-05	300	高负荷变煤种工况	399	389

从表中可以看出，3 号锅炉 300MW 负荷下，省煤器出口烟温在 384～399℃ 之间；240MW 负荷下，省煤器出口烟温约为 367℃；180MW 负荷下，省煤器出口烟温约为 329℃。因此，3 号锅炉不同负荷下的省煤器出口烟温均满足脱硝催化剂对烟温的要求。

（4）结渣与减温水。锅炉在实际运行中很少出现结焦和掉焦现象。3、4 号炉正常运行中，过热器减温水量较少（1～2t），再热器基本无减温水。但是在 2014 年的性能摸底试验中，机组高负荷时过热器无减温水，再热器在工况为 T-01 时有 20.8t/h 的减温水，其余工况无减温水。

6.2.3　HZ 电厂存在问题分析

当前存在的问题可以归纳为以下几点：

（1）锅炉效率较低。摸底试验说明 3 号锅炉 300MW 负荷下修正后的锅炉效率为 89.17%～89.82%。主要原因是在燃用现有运行煤种的条件下飞灰可燃物含量为 7.68%～10.03%；修正后的排烟温度约为 140℃，高于设计值 128℃。造成的原因如下：

1）下炉膛容积放热强度偏低，卫燃带面积偏少，有悖于 W 火焰炉设计理念。

2）狭缝式燃烧器着火不良。

3）偏烧严重。

4）卫燃带去除过多，为保持气温，炉底风开度过大，火焰中心偏高，火焰短路。

5）制粉细度偏粗。

（2）正常氧量下 NO_x 排放值高达 1226mg/m³（标准状况），在实际的测试中，表盘值曾经达到 1300mg/m³ 以上，只是在测试中未捕捉到最高值。其造成原因如下：

1）偏烧严重。

2）狭缝式燃烧器 NO_x 偏高。

3）W 火焰炉分级送风以降低 NO_x 的设计思想基本未能实现。

（3）由于卫燃带由设计的 570m² 减少到 100m²，3、4 号炉正常运行中，过热器减温水量较少（1～2t），再热器基本无减温水。

（4）无烟气挡板调温方式不合理。

6.2.4 燃烧系统改造煤种

请根据上述表 6-11 中 T-01 工况煤种进行低氮燃烧系统改造设计。

6.2.5 性能保证

（1）最低不投油稳燃负荷，指不投油情况下锅炉能够持续稳定燃烧的最低负荷，通过实际运行测试来确定。锅炉设计保证最低不投油稳燃负荷为 60%BMCR。

（2）在 300MW 负荷下，燃烧器改造后省煤器出口 NO_x 排放浓度不大于 800mg/m³（标准状况），CO 排放浓度不大于 $100\mu L/L$，飞灰可燃物含量不大于 4%，且满负荷下的锅炉效率不小于 91%。

（3）省煤器后排烟温度不低于 330℃，不高于 410℃。

（4）锅炉最低不投油稳燃负荷不大于 60%BMCR。

（5）正常运行状况负荷下，改造后的过热蒸汽设计温度在原设计温度（540℃）基础上变化不大于 ±5℃，过热器减温水量不大于 3t/h；再热蒸汽设计温度在原设计温度（540℃）基础上变化不大于 ±5℃，再热器减温水量为 0t/h。

（6）动静态分离器改造，煤粉细度 $R_{75}\leq 6\%$，煤粉细度调节范围 200 目过筛率在 75%～96% 范围内动态可调，保证煤粉均匀性指数不低于 1.1。动态分离器动叶停止转动时，煤粉细度 $R_{75}\leq 10\%$。

6.2.6 HZ 电厂的改造方案

6.2.6.1 改造的思路

由于工程量太大，很难对锅炉的轮廓进行改造，只能针对特征参数的特点，改进燃烧器和整体燃烧组织，充分利用下炉膛较大带来的有利的一面。

增加燃尽风，真正实行分级燃烧。实行空气分级的关键是大力改善燃烧组织，以保证在实现分级燃烧的同时尽可能减少对燃烧效率的影响和对主蒸汽参数和再热蒸汽参数的影响。

按系统工程的观点，统筹考虑制粉燃烧系统的改造，大力改善燃烧组织，来规避由于选型不当带来的影响，特别是防止结渣和偏烧。

按系统工程的观点，在燃烧系统改造的同时，并采用增加火焰中心调节的手段如采用调节性能较好的燃烧器和燃尽风喷口，拱下风射入角度和风量可调，解决再热器的调整手段。

按系统工程的观点，不但对单只燃烧器、炉膛，而且对整个送风系统进行数学模拟，适当调整各次风率和系统阻力的匹配，以保证设计思想得以正确实施。

6.2.6.2 改造措施

6.2.6.2.1 改变燃烧器喷口布置方式

燃烧器作为煤粉燃烧系统中的关键设备，其性能对锅炉运行的可靠性、经济性以及降低 NO_x 等方面起主要作用。尤其是在锅炉燃烧系统进行低 NO_x 改造后，在降低锅炉 NO_x 排放量的同时，如何合理地组织好煤粉气流的燃烧过程以满足锅炉高效稳燃是燃烧器设计的主要目的。改造前的布置见图 6-13 和图 6-14。

锅炉原狭缝式燃烧器的设计意图是：高速的拱上二次风气流夹带着煤粉气流下行，既有利于煤粉颗粒的下冲深度，增大煤粉颗粒在炉内的停留时间，又可以及时补充煤粉颗粒燃烧所需的氧量；但是由于煤粉气流与二次风混合太早，影响了煤粉颗粒的着火，经过现场炉膛温度测量发现，下炉膛上层看火孔（靠近燃烧器）温度低于下层看火孔（远离燃烧器）温度。而且，在煤粉燃烧初期即大量混入二次风，不利于 NO_x 的降低。此外，淡煤粉气流距离主煤粉气流较近，浓淡分离燃烧不明显，同样不利于 NO_x 的降低。

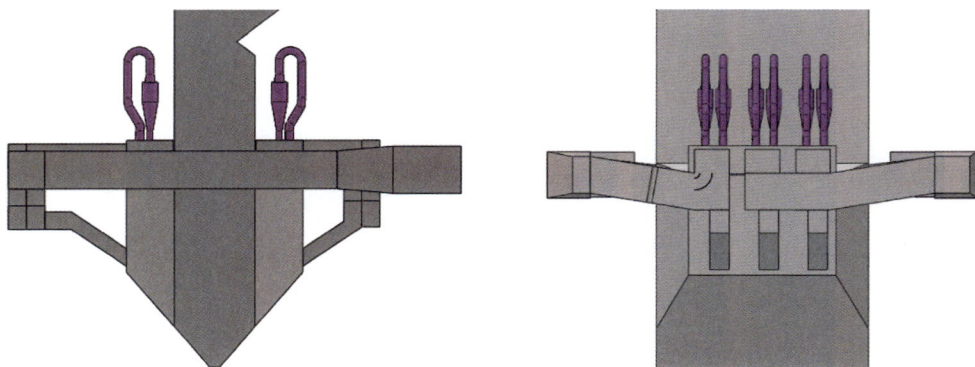

图 6-13　改造前布置图

针对上述原狭缝式燃烧器存在的问题，结合数台 W 火焰炉低 NO_x 燃烧改造的燃烧器设计经验，提出该次燃烧器改造方案：

（1）一次风集中布置，增加向火面吸收炉膛中心辐射吸热的能力，同时加大一、二次风的间距，使一、二次风的混合推迟，改善一次风含粉气流的着火条件，见图 6-15。

（2）一次风中乏气置在前后垂直墙中下部，与拱下风错列，直接射入火焰中心，既实现浓淡燃烧有利于降低 NO_x，同时可以解决乏气引燃困难的问题，有利于降低飞灰可燃物，见图 6-16。

（3）适当调整拱上拱下风的比例，防止偏烧；大幅度减少原来在下炉膛肩部布置的防渣风，在一

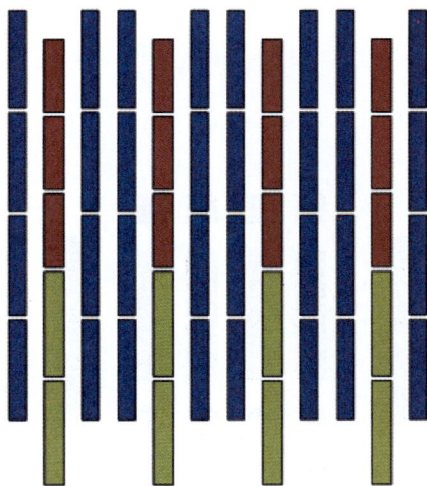

图 6-14　改造前燃烧器喷口布置方式

次风的外侧布置二次风，如图 6-17 和图 6-18 所示。这样既可以携带一次风下行，解决主火炬的穿透能力，下炉膛充满度的问题，又可以防止前后墙结渣。

（4）在下炉膛燃烧组织得到改善的前提下，在上炉膛布置燃尽风，适当降低拱上风的比例，实行三次分级燃烧，降低 NO_x，见图 6-19。

6.2.6.2.2　增加燃尽风

采用分段燃烧技术的关键，在于下炉膛在过量空气量大幅度减少以后，如何尽可能减少对燃烧效率的影响。燃烧器和燃烧方式的改造为分段燃烧奠定了较好的基础。

改造燃烧器，恢复燃烧器的浓淡燃烧设计，在不烧损燃烧器、不结渣的前提下尽可能提前着火，实现火焰内还原以降低 NO_x；增设燃尽风，实行炉膛整体分级送风（拱上风、拱下风、OFA）降低 NO_x；充分利用上炉膛的燃尽空间，控制下炉膛的氧量，从而达到控

制下炉膛的温度、控制下炉膛燃烧的化学当量比、降低 NO_x、防止结渣的目的。

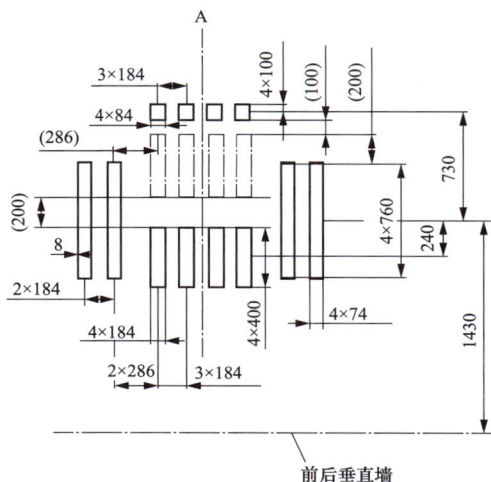

图 6-15 喷口布置图

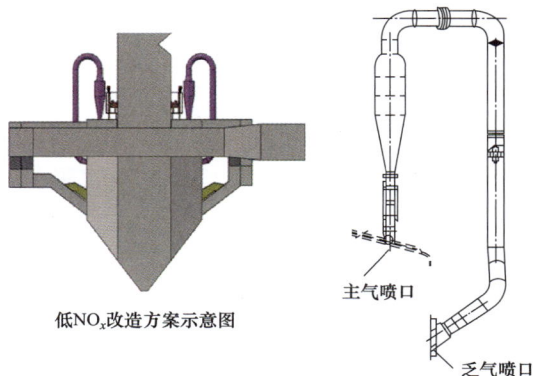

低 NO_x 改造方案示意图

图 6-16 改造后乏气喷口布置方式

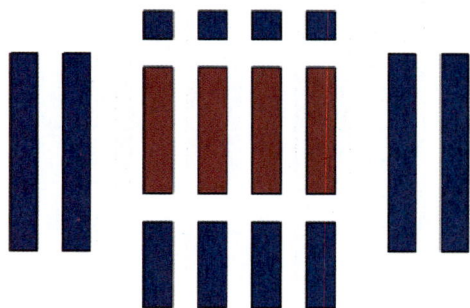

图 6-17 喷口相对位置

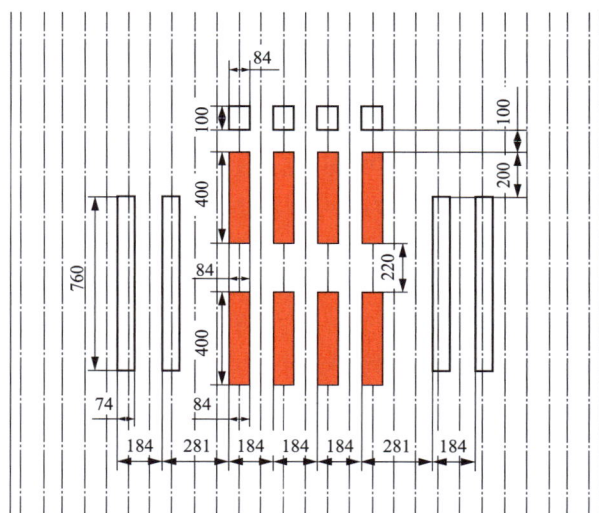

图 6-18 改造后燃烧器布置图

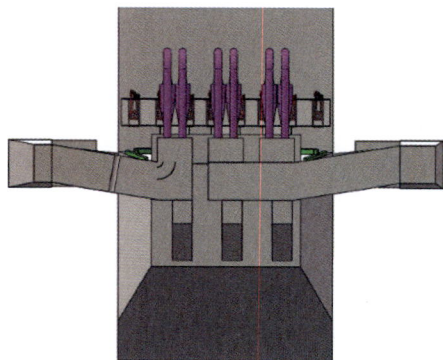

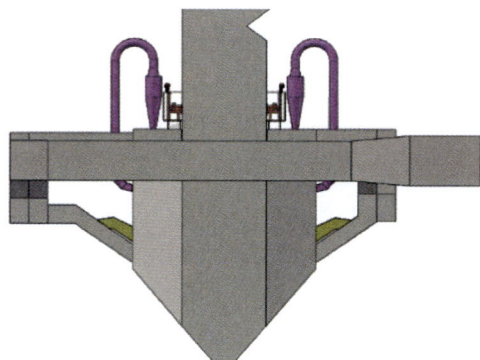

图 6-19 燃尽风布置图

燃尽风布置的关键，在于上炉膛较其他类型的 W 火焰炉高度低。例如 YF 电厂是23.914m，而 HZ 电厂是 21.807m，低近 2.107m，见图 6-20。因此，燃尽风的高度只能布置在距下炉膛出口 2m 左右的位置。同时由于上炉膛深度比其他同容量的锅炉深 5～6m，燃尽风的穿透能力必须较强。由于方喷口比圆形喷口的穿透能力较强，可采用自行开发的可上下左右摆动的方形喷口。为了防止沿两侧墙和翼墙气流短路，燃尽风喷口的数量不但一一与燃烧喷口对应，而且炉膛两侧分别增设两只燃尽风喷口。图 6-21～图 6-23 所示为燃尽风箱、风道、摆动喷口布置示意图。

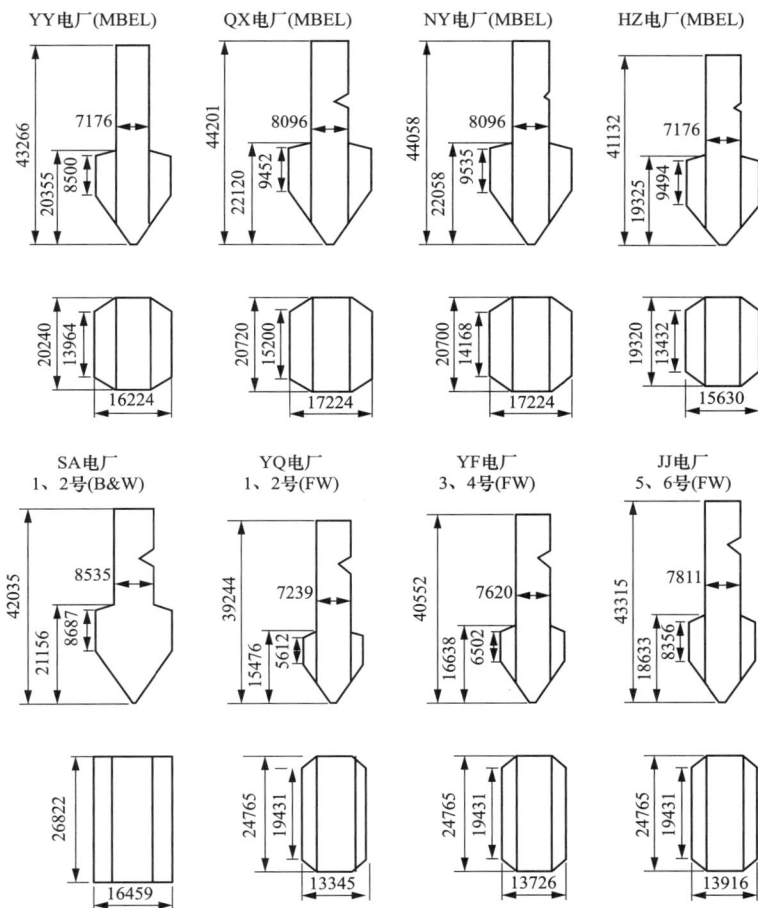

图 6-20　300MW 机组炉膛特征参数对比图

（1）燃尽风量的分配。参考燃用与 HZ 电厂相近煤质、并已成功实施低 NO_x 燃烧技术改造的 W 火焰锅炉的燃尽风率，结合 HZ 电厂 W 火焰锅炉具体炉膛轮廓，在保证锅炉效率和煤粉颗粒燃尽程度的前提下，妥善分配燃烧过程各部分的风量，确定初始燃尽风率，并运用 CFD 热态数值模拟进行了验证对比，并确定最佳燃尽风率。

（2）燃尽风喷口结构。燃尽风喷口采用摆动式燃尽风设计（见图 6-22），摆动式燃尽风喷口可进行上下、左右摆动，直流气流的气流刚性强，能够增加燃尽风气流的行程，增强对上升烟气的穿透和卷吸作用来降低飞灰，并可以调节火焰中心高度和屏过等受热面的汽温特性，对于控制炉膛火焰中心和主再热汽温十分有利。

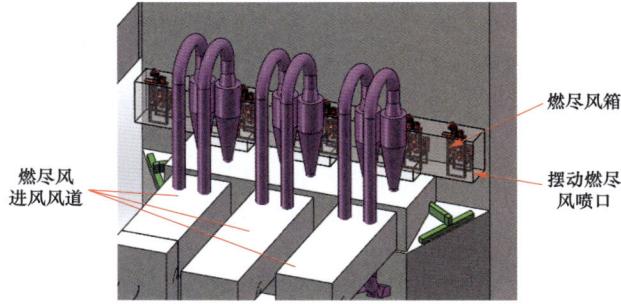

图 6-21　燃尽风布置图

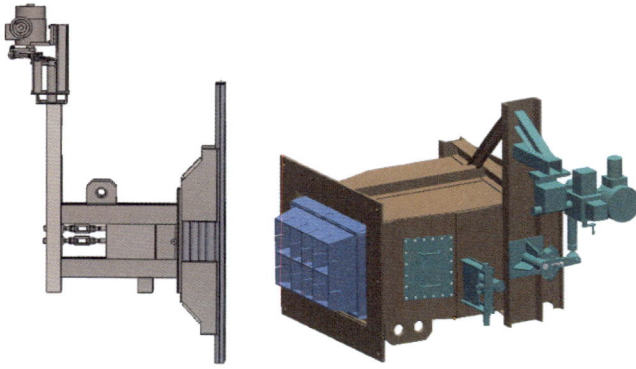

图 6-22　摆动燃尽风结构图

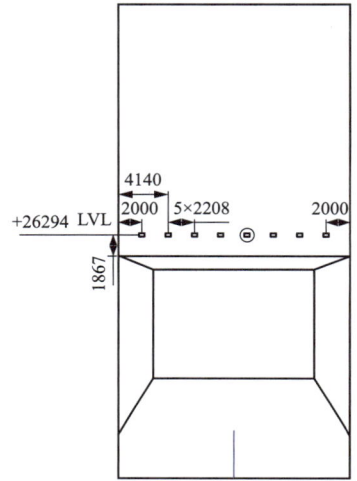

图 6-23　燃尽风布置位置图

　　燃尽风喷口可采用手动或电动调整，调整手段灵活。燃尽风总风量的调节通过燃尽风风箱入口风门执行器来实现调节，确保燃尽风分级配风设计意图的实现。

　　这种改造预估的优点如下：

　　1）煤粉颗粒的着火提前。集中了主煤粉气流喷口，增大了主煤粉气流喷口与二次风喷口间距，推迟了二次风与主煤粉气流的混合，降低了煤粉颗粒着火所需的着火热，有利于煤粉颗粒的着火，见图 6-24。

　　2）减少了 NO_x 的生成。推迟了二次风与主煤粉气流的混合，使煤粉气流在着火前期形成了还原性气氛，减少了 NO_x 的生成。同时，实现了浓淡燃烧，减少了 NO_x 的生成，见图 6-25。

　　3）保证炉膛内火焰充满程度。通过合理配置喷口风速，保证了煤粉气流的下冲深度、炉膛内火焰充满程度，以及煤粉颗粒的燃尽。

6.2.6.2.3　增设拱部区域卫燃带

　　锅炉设计下炉膛容积放热强度较低，根据摸底试验数据，煤粉气流着火较晚，飞灰含碳量偏高，锅炉效率低，并且锅炉低负荷时再热汽温略微偏低，表明锅炉下炉膛吸热过多。同时为兼顾煤粉气流的着火，该次改造将在前后拱部增设卫燃带，以利于降低飞灰含碳量，提高锅炉效率。在防结渣能力增强的前提下，将下炉膛卫燃带恢复到 320m² 左右，提高下炉膛的温度水平，以改进燃烧组织；减少辐射吸热的比例，从而尽可能减少炉底热风的比例，进一步降低燃烧中心，改善下炉膛的充满程度，既有利于降低 NO_x，又有利于降低飞灰可燃物。

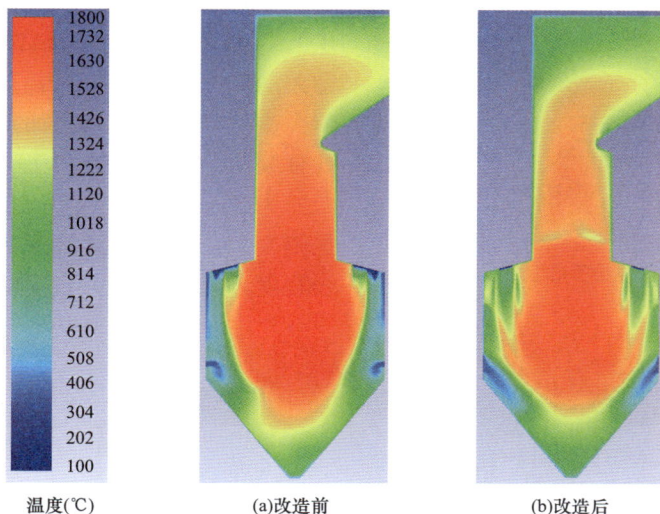

图 6-24　低 NO_x 改造前后炉膛温度场对比图

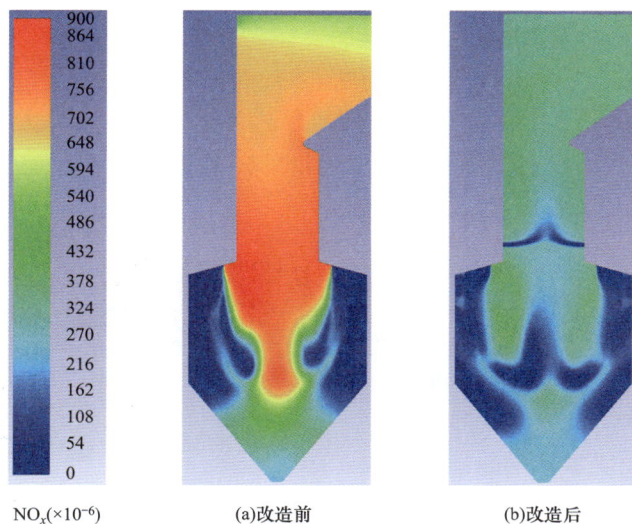

图 6-25　改造前后炉膛 NO_x 模拟对比图

改造前锅炉原有部分卫燃带，分别位于前、后垂直墙（部分）和四个翼墙的上部区域，现场观察卫燃带表面基本都附有结焦，确认卫燃带准确面积前需将其表面的结焦清除。

该次改造的范围有如下两部分：

（1）前、后炉拱，范围如图 6-26 所示区域 1，新增自上、下炉膛连接处（喉口）至距燃烧器管屏开孔 500mm 处，前、后炉拱总计新增面积约 60m²。

（2）前、后垂直墙，范围如图 6-26 所示区域 2，自垂直墙上沿至距分级风喷口 500mm 处。该区域锅炉原有部分卫燃带，因表面有结焦，准确面积现在未知，需等清除结焦后确认。即该区域改造为在原有卫燃带的基础上根据现方案范围进行增补，面积待定。

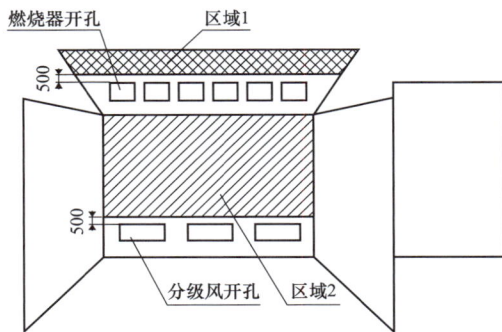

图 6-26　HZ电厂卫燃带改造示意图

锅炉其余部位原有卫燃带保持不动。

6.2.6.2.4　拱下风改造

（1）增大了分级风的比例。原锅炉设计拱上二次风比例过大，在煤粉燃烧初期二次风即大量混入，一方面增加了煤粉燃烧器所需的着火热，推迟了煤粉颗粒的着火；另一方面空气分级程度较弱，造成 NO_x 的大量生成。

为此，该方案适当增加了分级风的比例，见图 6-27，优化了炉膛配风，深化了空气分级程度，减少了 NO_x 的生成。

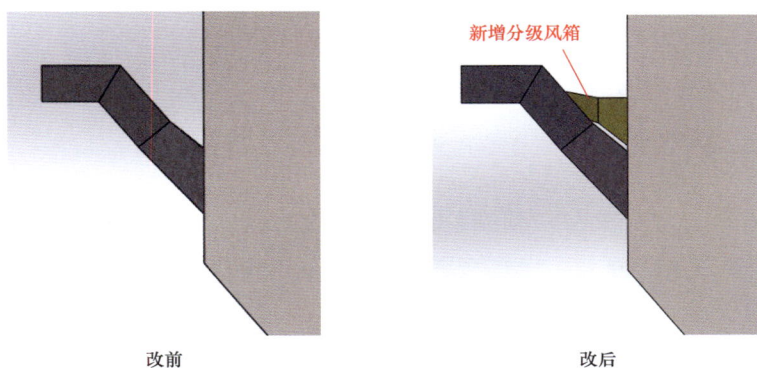

改前　　　　　　　　　改后

图 6-27　分级风箱改造示意图

（2）分级风喷口处理。在现有分级风喷口的基础上，增大了分级风喷口的面积，降低了喷口的阻力。

（3）增设可调下倾导流板。此外，在分级风喷口前布置可调下倾导流板，见图 6-28，可使分级风以一定角度进入炉膛，减轻分级风对拱上主气流下冲的影响，尽量提高主燃烧器射流的充满程度，以免分级风过早与拱上风射流会合并推动其过早拐弯，造成未燃尽损失过大；同时降低了炉膛局部高温区，减少了热力型 NO_x 的生成。

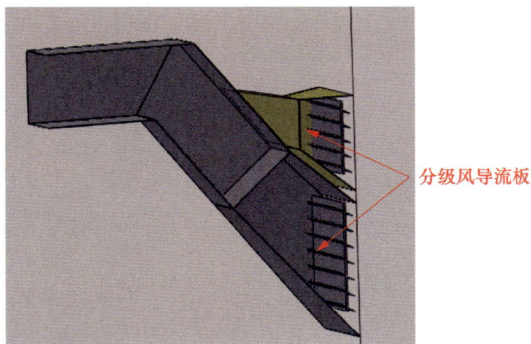

图 6-28　分级风下倾导流板示意图

6.2.6.2.5　更换原静态分离器为动静态分离器

作为燃烧系统的上游系统，制粉系统对煤粉颗粒的着火、燃尽及 NO_x 排放有着重要影响。鉴于该锅炉燃用煤质较差，具有着火难、燃尽难的特点，一旦煤粉变粗，则会造成飞灰可燃物含量显著升高，影响锅炉效率。

为此，该次改造将原磨煤机的静态分离器改为动静态分离器，以降低煤粉细度，利于煤粉颗粒的燃尽。

6.2.6.3　HZ电厂改造后结果

6.2.6.3.1　投入运行后出现的主要问题

2015年1月16日到1月底为第一阶段，调试消缺。初步调试的结果说明，在300MW工况，入炉煤中 $V_{daf}=13.47\%\sim14.73\%$，$A_{ar}=29.84\%\sim30.58\%$，$Q_{ar,net}=22.507\sim22.865MJ/kg$ 的条件下，NO_x 排放浓度为 $592.23mg/m^3$；主蒸汽温度为537.6℃，减温水量为4.7t/h；再热汽温为543.2℃，减温水量为零；300MW下飞灰可燃物为14.17%，主要是旋转分离器转速太低，回粉门卡涩所造成。除飞灰可燃物以外，各项指标基本满足设计要求。

从2月1日到2月9日为第二阶段，入炉煤挥发分提高 $V_{daf}=15.33\%$ 最高到19.13%，$A_{ar}=23.5\%\sim31.67\%$，$Q_{ar,net}=20.64\sim24.14MJ/kg$，炉内结渣发展较快，导致主、再热汽温过高。从2月17日以后为第三阶段。

存在的问题主要是结渣严重、飞灰可燃物偏高。

6.2.6.3.2　投入运行后出现的主要问题的原因

在春节期间，按网调要求停炉，停炉检查结渣情况见图6-29。

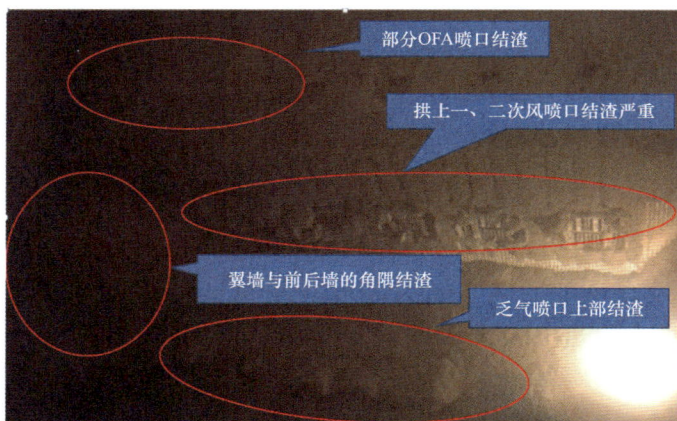

图 6-29　拱上结渣的情况

由图6-29可知：

（1）拱上结渣严重，二次喷口形成突出的喷嘴。

（2）前后墙也结渣，但比较均匀。

（3）乏气喷嘴上部和拱下三次风上部结渣。

（4）翼墙与前墙连接处结渣。

（5）部分OFA喷口堵塞。

造成结渣的原因如下：

（1）主气风速偏低，着火过早。原设计采用狭缝型大速差燃烧器，企图利用速差产生的卷吸，提前着火。实际上导致一、二次风混合过早，不利于着火，黑龙区长达3m左右。

该次改造的思路是一次风集中布置，增加向火面吸收炉膛中心辐射吸热的能力，同时加大一、二次风的间距，使一、二次风的混合推迟，改善一次风含粉气流的着火条件。从实践来看，这些措施对于提前着火的作用是十分有效的。在一次风初期风速的选取上，为了保证提前着火，同时保证适当的穿透能力，300MW的FW型W火焰炉一次风主气的速度，选取为 10.8~13.8m/s，HZ 电厂选取一次风主气流速为 12.6m/s。从数学模拟的结果可以看到，穿透能力适中，黑龙区也能保持在 1m 左右，见图 6-30。

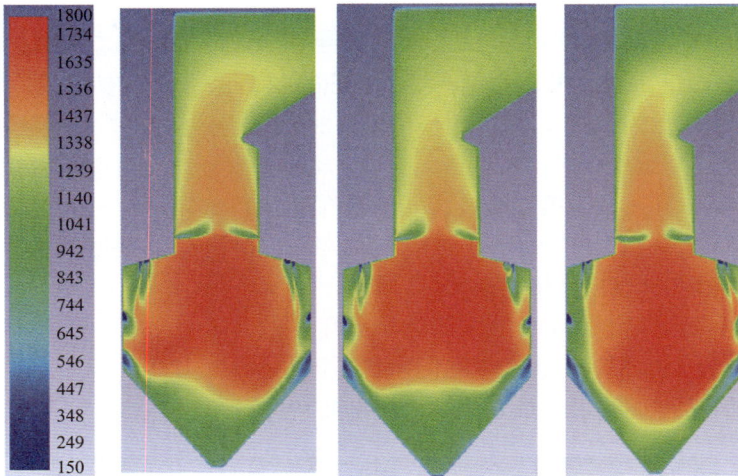

图 6-30　数学模拟的温度场

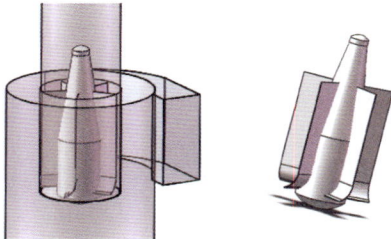

图 6-31　乏气进气口的整流
装置和分流钝体

但是在主乏汽流速的匹配的数学模拟中，全部计算都是按照原设计的结构计算的。而在运行中由于一次风阻力大，影响磨煤机出力，现场早已将旋风子进口的配风钝体和乏气出口的整流装置全部拆除（见图 6-31），导致乏气侧阻力大幅度下降。再加上为了使一次风提前着火，一次风出口还增设了类似稳燃齿的结构，一次风阻力进一步增加。因此，按数学模拟计算结果主气流速应当达到 12.6m/s，冷态试验的结果是主气的流速低于 3.33m/s。尽管将乏气可调缩孔全关，一次风速度仍然偏低。

该次改造利用原有的旋风分离器将一次风分为主气与乏气两部分，乏气布置在拱下垂直墙，可以通过乏气管道上的可调缩孔调节主、乏气分配比例，以达到浓淡分离强化燃烧的目的。主、乏气分配比例测试结果见表 6-13。

表 6-13　　　　　　　　　　　主、乏气分配比例测试结果

工况	单位	A-01	A-02	A-03
可调缩孔开度	％	100	30	0
主气风速	m/s	2.08	3.33	7.59
乏气风速	m/s	16.24	15.9	9.62
主气/乏气比例	—	0.9：9.1	1.4：8.6	3.8：6.2

通过试验结果可以看出，当乏气可调缩孔全关时（内部实际开度 15％），主乏气分离比达到极限为 3.8：6.2，接近设计值 4：6。但是当乏气可调缩孔全开时，主气份额比较小，占一次风总量的 9％。

这一试验是在清洁气流的条件下试验的，而在运行中一次风带粉以后，阻力将大幅度

上升，因此，主气的比例必然大幅度降低。这也是实际运行中一次风速低于设计值的重要原因。一次风速低导致黑龙区大幅度缩短，见表6-14。由表6-14可知，一次风速过低，着火点仅距离喷口170～520mm，是导致结渣的主要原因之一。

表6-14　　　　　　　　　　　浓煤粉喷口着火距离的测量

工况（1）9：30—10：00			工况（2）10：40—11：20			工况（3）14：50—15：10		
乏气蝶阀关闭前喷口温度			乏气蝶阀关闭后喷口温度（1）			乏气蝶阀关闭后喷口温度（2）		
测试距离	着火距离	C4（℃）	测试距离	着火距离	C4（℃）	测试距离	着火距离	C4（℃）
4.2m	0.0737m	606	4.2m	0.0737m	680			
4.25m	0.1237m	750						
4.3m	0.1737m	795	4.3m	0.1737m	710	4.3m	0.1737m	635
4.35m	0.2237m	840						
			4.4m	0.2737m	854	4.4m	0.2737m	745
						4.5m	0.3737m	854
测试距离	着火距离	C2（℃）	测试距离	着火距离	C2（℃）	测试距离	着火距离	C2（℃）
			4.1m	−0.0263m	453			
			4.2m	0.0737m	472			
			4.3m	0.1737m	673	4.3m	0.1737m	460
			4.35m	0.2237m	805			
			4.4m	0.2737m	825	4.4m	0.2737m	620
4.5m	0.3737m	644	4.5m	0.3737m	870	4.5m	0.3737m	740
4.6m	0.4737m	715				4.6m	0.4737m	820
4.65m	0.5237m	784						
4.7m	0.5737m	848						

注　本次着火点测试是在280MW负荷下对C2、C4进行测试。

（2）喷口附近局部存在涡流。改造的设计思想是增加一、二次风之间的距离，以达到延缓一、二次风过早混合，导致含粉浓度下降，含粉气流平均速度增加，导致黑龙区长达2～3m的问题。一二次风之间的中心距离由原设计的184mm增加到286mm，主气和后二次风之间的距离也达到200mm。见图6-32。

由于一次风速为12.6m/s，二次风速为45.5m/s，一、二次风之间速差较大必然造成二次风对一次风的卷吸。这一点在冷态动力场的火花示踪中也可以得到明显的证明，见图6-33。

通过图6-33可以发现主气与后二次风混

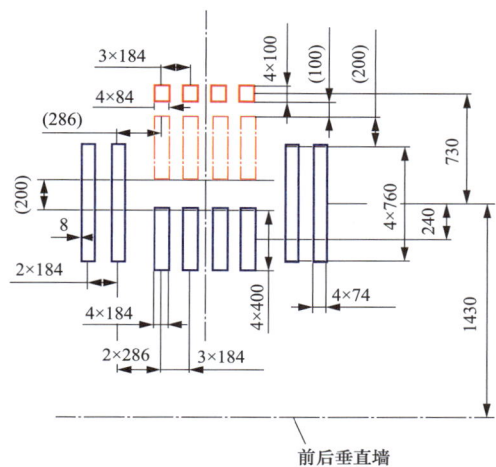

图6-32　一、二次风口布置图

合较快，就地目测距主气喷口约500～700mm的距离主气与后二次风即交汇至一起。在热态现场也可以看到，主气出口后立即被后二次风卷吸，偏向后二次风。再加上一次风主气流着火点过近，炙热的炭粒被卷吸到侧二次风喷口，尤其是主气与后二次风之间的耐火材料上，这就是二次风喷口及拱上结渣严重的另一主要原因。

图 6-33 主气与后二次风流场

此外，在乏气喷口上方也存在涡流区，这就是导致乏气喷口上方结渣的主要原因。

（3）防渣风设置。对于这种形式燃烧器下炉膛局部卫燃带偏多，且未按条块式布置，未设置必要的防渣风。

（4）乏气布置在下炉膛易于导致乏气上方结渣。

6.2.6.3.3 防止结渣的改进措施

（1）提高主气风速。HZ 电厂 3 号炉改造后拱上部位结渣的主要原因是主气流着火过于提前，燃烧器喷口区域热负荷偏高，熔融状态的灰颗粒被高温烟气裹携至燃烧器区域水冷壁，并附着其上累积形成大的渣块。因此，提高主气流喷口风速是缓解炉内结渣的重要手段。

经冷态动力场测试（见表 6-13），发现拱下乏气侧因阻力较小，更多的一次风经过旋风子分离后进入乏气管道，导致燃烧器主气风速偏低。因此，提高主气风速需增加乏气侧阻力，借助此次临停机会可在旋风子上部乏气竖直段增设一 12mm 厚的截流挡板，仅保留 15% 的通流面积（具体如图 6-34 所示），未将乏气竖直段截面全部封死。同时结合可调锁孔对乏气风速进行调整，防止满负荷下主气风速过高而形成黑龙区过长或冲炉底灰斗的现象。

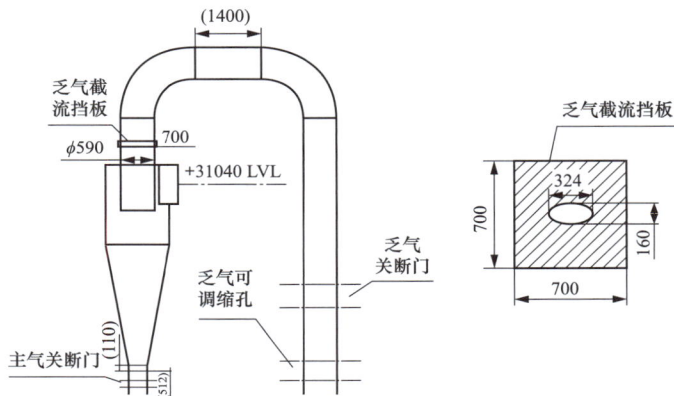

图 6-34 乏气侧截流挡板布置示意图

（2）消除局部涡流措施。

1）取消燃烧器前二次风门。

2）在主气、后二次风之间加设防焦风。

3）在局部管区域加设布风板孔。

消除局部涡流具体方案如图 6-35 和图 6-36 所示。

（3）卫燃带辐射面积调整措施。

1）卫燃带的调整。在炉膛稳燃的前提下，将结焦严重部位的卫燃带去除，经过两次消缺后卫燃带剩余面积为 $156m^2$，占下炉膛辐射受热面的 11.8%。改造后的卫燃带分布图见图 6-37。

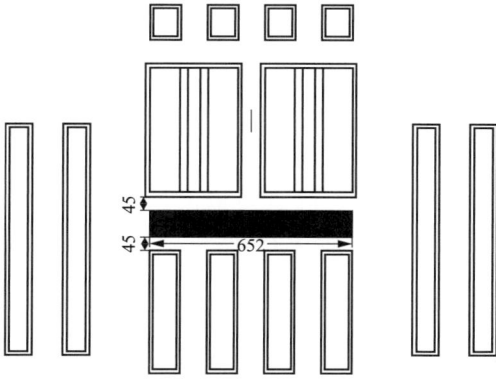

图 6-35　主气、后二次风之间防焦风布置图

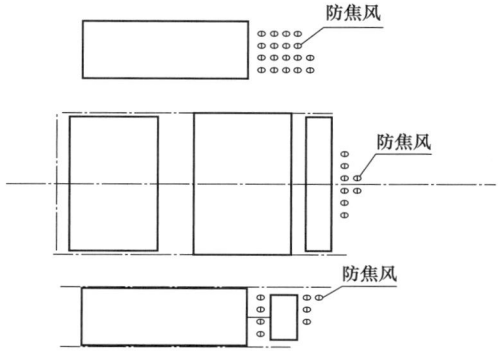

图 6-36　局部管屏区域防焦风开设示意

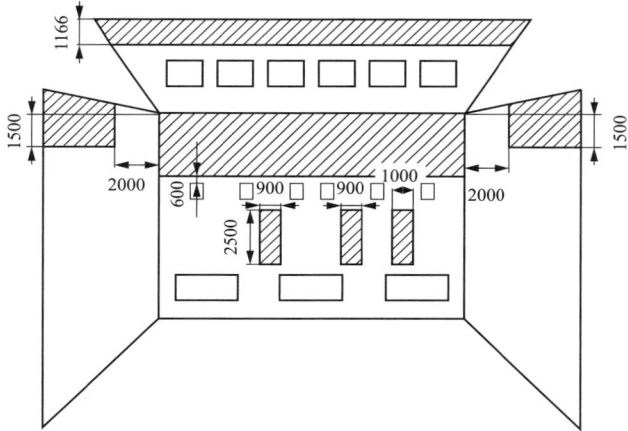

前墙卫燃带

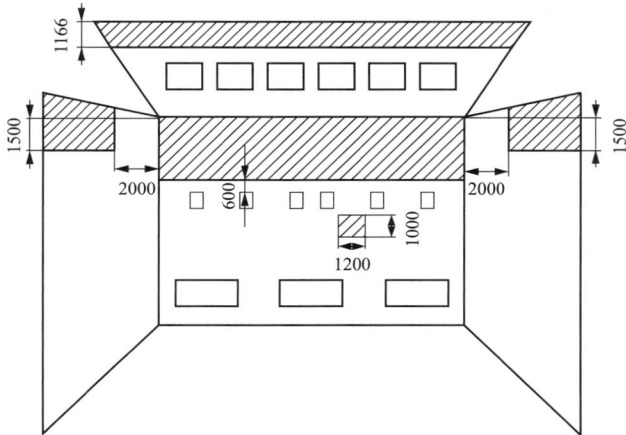

后墙卫燃带

图 6-37　卫燃带布置图

2015年12月27日停炉后，对炉内进行勘测后发现：拱上位置轻微挂焦，可暂不做考虑；垂直墙乏气喷口与拱部之间出现挂焦；乏气喷口与分级风喷口之间、翼墙上部出现结焦。

鉴于炉膛出现局部炉温高、掉焦卡捞渣机等问题，目前对机组运行影响较大的问题是如何降低炉温防止结焦，故再次提出以下卫燃带去除方案。

将下炉膛前/后墙垂直墙、翼墙上部的卫燃带全部去除，仅保留拱部卫燃带，以此来降低炉膛温度削弱炉膛结焦倾向。去除卫燃带面积110m²，最终卫燃带留存面积为43.2m²。卫燃带施工图见图6-38和图6-39。该项目于2016年1月完成。

2）二次风流场的调整。后二次风设置5°或8°的导流板，除点火枪占据的二次风喷口导流板角度为5°外，其余的均为8°，这样使得气流整体向炉膛中心偏斜，同时后二次风起到保护炉墙的作用，见图6-40。

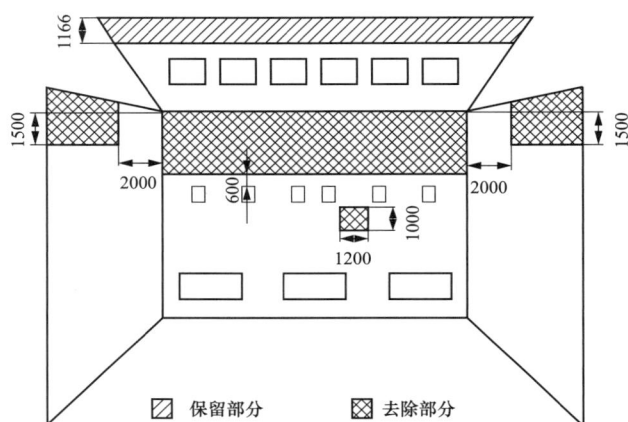

图6-38　前墙卫燃带施工图

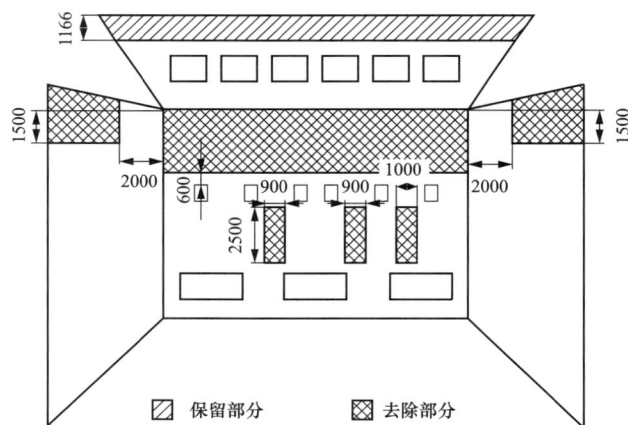

图6-39　后墙卫燃带施工图

3）乏气喷口流场的调整。进行二次浓淡分离，减小拱上气流与乏气气流之间的速度梯度，破坏涡流区，具体布置见图6-41。

加设导流板后刷墙现象有所缓解，但火焰脉动现象频繁。

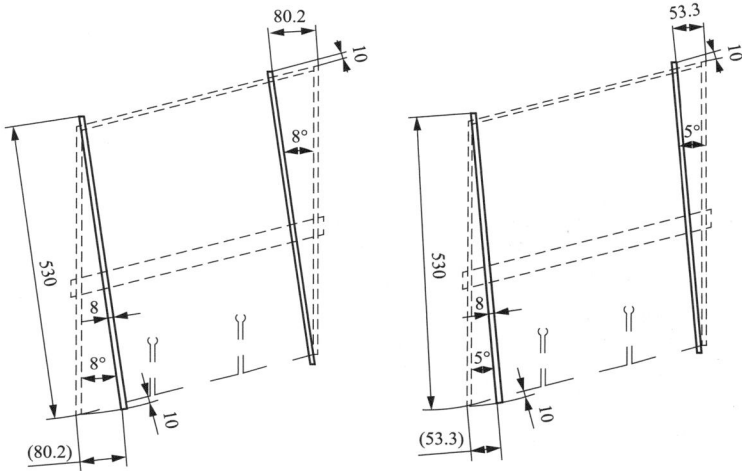

图 6-40　后二次风导流板示意图

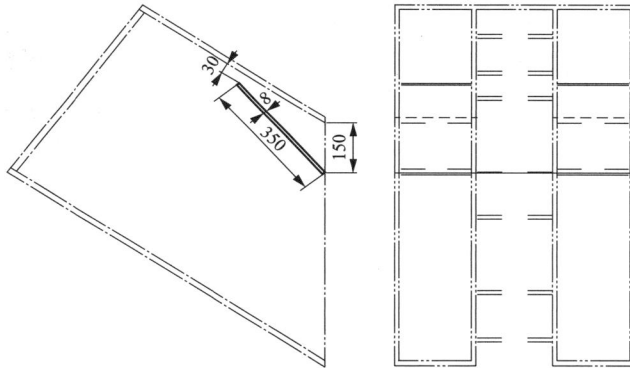

图 6-41　乏气喷口流场的调整示意图

6.2.6.3.4　改进措施的效果和新出现的问题

（1）消缺后的运行情况。2015 年在春节期间，从 2 月 18 日停炉，因为春节从 2 月 25 日至 3 月 8 日处理了 12 天。HZ 电厂 3 号炉自 2015 年 3 月 9 日 7：00 并网，从锅炉启动后，到 3 月 17 日的 8 天运行情况说明见表 6-15。

表 6-15　　　　　　　　　　**着　火　点　测　试**

时间	2015 年 3 月 10 日 14：22		2015 年 3 月 11 日 14：30		
负荷	280MW		280MW		
可调缩孔开度	0%（全关）		50%		
距喷口长度（mm）	C2	C4	C2	C4	B2
164	—	—	642	624	680
264	—	—	673	687	690
364	677	630	700	711	723
464	705	640	774	704	725
564	690	642	808	675	755
664	691	644	818	672	736
764	—	—	783	647	731
864	725	626	763	652	735

（2）结渣情况好转。由表 6-15 可知，在 280MW 负荷下，乏气的可调缩孔全关和打开 50％的情况下，着火点可以控制在 600～800mm。到 3 月 21 日为止炉内一直没有掉渣的问题发生。

2016 年 1 月进一步去除卫燃带运行十天后网调安排于 2016 年 1 月 27 日停炉，检查现场结焦情况见图 6-42 和图 6-43。

图 6-42　前墙结渣情况

图 6-43　前左翼墙结渣情况

通过图 6-42～图 6-47 可见：
1）前后垂直墙在乏气喷口周围，分级风上侧略有结渣。
2）翼墙几乎没有结渣。
3）拱上在原有卫燃带区域敷上一层渣，但渣质疏松，随结随脱落，并不影响正常运行。

图 6-44　后墙垂直墙结渣情况

图 6-45　后左翼墙结渣情况

通过图 6-44～图 6-47 还可以看出：
1）乏气喷口周围结渣较为严重，但主要是局部结渣。
2）拱上敷设有卫燃带的位置略有挂渣，不影响运行。
3）翼墙部分结渣轻微，可以忽略。

2016 年 3 号炉自起炉以来，3 月 24 日早上出现一次掉大渣但未卡涩捞渣机。

（3）主、再热汽温不足，经调整后基本满足要求。表 6-16 所示为起炉之初与目前运行状态的各风门开度。

图 6-46 拱上燃烧器结渣情况

图 6-47 后墙拱上结渣情况

表 6-16 风门开度和汽温对比表

名称		单位	起炉开度	目前开度
二次风		%	50	55
拱上二次风		%	80	60
分级风		%	40	80
燃尽风		%	30	50
炉底风		%	10	40
乏气可调缩孔		%	0	50
300MW负荷下	主蒸汽温度	℃	—	540
	主蒸汽减温水量	t/h	—	0
	再热蒸汽温度	℃	—	541.4
	再热蒸汽减温水量	t/h	—	0

主、再热汽温中再热蒸汽温度偏低，在加大拱下二次风、炉底调温风、控制拱上二次

风，使火焰中心抬高以后，主蒸汽温度和再热蒸气温度都基本达到设计要求。但是炉底风大幅度增加必然导致 NO_x 升高、燃烧效率降低，但是因为大面积去除了卫燃带，排烟温度基本未增加。

（4）一次风阻力大幅度增加，当入炉煤低位发热量低于 19MJ/kg 时，锅炉达不到满出力。一次风压增高带来的另一后果是磨煤机出力下降，锅炉带不到满负荷。3 月 12 日将一次风机变频控制频率在最大值 50Hz，一次风压在 11kPa 以上，在这样的极限工况下，负荷也就在 270MW 左右。

锅炉出力下降，一次风机压头增加的原因如下：

1）乏气进口增加了节流缩孔，造成一次风阻力增加。因为双进双出磨煤机出力和负荷风量成正比，一次风阻力增加，流量下降直接影响磨煤机出力。但是动态分离器转数降低，必然导致煤粉变粗，直接影响飞灰可燃物上升，锅炉效率下降。

2）煤质下降是阻力增大的另一主要原因。发热量由第一阶段的 $22.507\sim22.865$MJ/kg 降低到 19MJ/kg，则磨煤机出力需增加 18%，双进双出磨煤机出力与通风量成正比。因此，一次风量相应需增加 18%，阻力与流速的平方成正比则应当增加 1.4 倍。这也是导致阻力上升的主要原因之一。

3）动态分离器的改造带来分离器阻力增加约 1000Pa。

4）小球技术可以降低磨煤机电流，但是必然导致碾磨出力下降。双进双出磨煤机的综合出力由碾磨出力、通风出力、分离出力、干燥出力的共同影响来确定。小球技术可以降低磨煤机电流，但是必然导致碾磨出力下降，很多实行这项技术的电厂，都将钢球量恢复原设计值，否则影响碾磨出力。A 磨煤机采用小球技术也是导致磨煤机出力下降的主要原因之一。

5）NO_x 排放值从 592mg/m³ 上升到 700mg/m³。

6.2.6.4　HZ 电厂改造的后评估

6.2.6.4.1　一次风率、卫燃带面积选取的后评估

经核算，除一次风速以外各次风速和风率的选取和卫燃带面积的选取比较合理。

在第一阶段，即 1 月 16 日到 1 月 28 日这一阶段，除飞灰可燃物以外，各项指标基本满足设计要求。这说明下列问题：

（1）改造后可以有效地防止偏烧。

（2）上炉膛布置燃尽风，燃尽距离能满足控制飞灰可燃物的要求。

（3）乏气下移，有利于降低飞灰可燃物，布置得当时不会导致偏烧。

6.2.6.4.2　这种燃烧组织防结渣性能差的原因和改进意见

（1）一次风速偏低，且未布置周界风，是导致结渣的重要原因之一。在运行的第二阶段，即 2 月初到 2 月 18 日以前。当煤质改变后迅速导致结渣，如前所述，主要是一次风速偏低。导致一次风速偏低的原因，一方面是由于未考虑实际的系统中已经将旋风子入口分流钝体取消、乏气入口的整流装置已经磨损等因素，主、乏气之间的阻力匹配的计算，导致主气流量偏少；另一方面重要原因是一次风主气设计流速 12.6m/s 的选取，是参照偏置浓淡缩孔均流的单调风燃烧器的流速 $10.8\sim13.8$m/s 选取的。而这两种燃烧器的着火性能差别较大。单调风燃烧器尽管采用了一些提前着火的措施，但是由于是风包火的燃烧组织，一次风主气流很难直接接受由下炉膛回流上行的高温气流的传质和传热。因此，必须采用

比较低的一次风主流的流速，才能保证较短的黑龙区。而且单调风燃烧器由于是风包火的燃烧组织，一次风即使提前着火，也不可能发散到整个炉膛，从而导致接渣。HZ电厂狭缝型燃烧器原来存在的问题主要是黑龙区过长。将一次风主气流由狭缝改成四列，并列敞开面向由下炉膛回流上行的高温气流，非常容易接受火焰中心的传质和传热。实践说明这些措施对于提前着火是十分有效的，黑龙区由改前的2～3m减少到170～270mm。因此，在一次风流速按单调风燃烧器选择，就容易导致着火点过短，导致拱上一、二次风喷口结渣。后来在乏气口增设了节流孔板，一次风速提高到，着火距离仍然维持在700mm左右。

（2）二次风间距过大是造成拱上结渣的原因之二。HZ电厂的一、二次风布置形式，在改前是一、二次风相间布置，导致一、二次风过早混合，一次风浓度大幅度降低，着火热大幅度增加，导致黑龙区长。改后将一、二次风间隔的中心距离由184mm增加到286mm。尽管延迟一、二次风混合的目的达到了，着火提前了，但是由于一、二次风之间的速差，二次风卷吸的作用非常明显，把炙热的煤粉颗粒不断卷吸到二次风喷口，因此导致二次风喷口结渣严重。在NY电厂、QX电厂的改造中将改造前两列一次风之间的二次风改为一列，其一、二次风之间的间距只有192mm，既起到了防止一、二次风过早混合，着火延迟的作用，又没有导致拱上严重结渣。因此，合理的一、二次风之间的间距是非常重要的。

（3）燃烧器组二次风距离前后墙距离过远也是导致前后墙结渣的主要原因。TAZ电厂600MW机组锅炉最终改造燃烧器的布置方案与HZ电厂十分相似，见图6-48。但是TAZ电厂的600MW机组锅炉，改造后前后墙结渣十分轻微。究其原因除了TAZ电厂锅炉下炉膛的容积放热强度较低（为142.6 kW/m³，而HZ电厂为197 kW/m³），下炉膛燃烧温度较低（1250～1420℃）之外，其重要原因是TAZ电厂乏气仍然布置在拱上，保留了外二次风，其外二次风距离前后墙的距离为668mm，外二次风起到了防渣风的作用。而HZ电厂二次风据前后墙的距离为1080mm，不但起不到防结渣的作用，反而吸引一次风火炬偏向前后墙，导致结渣。

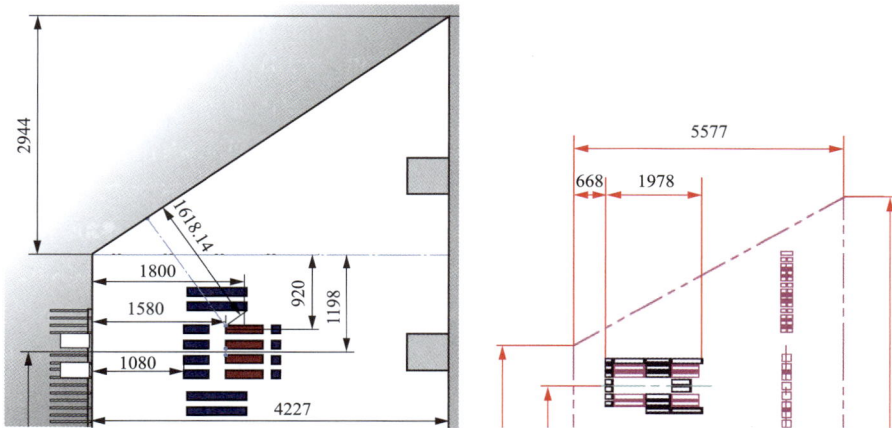

图6-48　TAZ电厂与HZ电厂燃烧器的比较

（4）由于狭缝型燃烧器未实现风包火的燃烧组织，翼墙与侧墙易于结渣。

（5）卫燃带仍然沿袭过去连片布置的方法，未采用条块似的布置方案，而且在前后墙、翼墙和侧墙都未采取必要的防渣风。

小结如下：

（1）HZ电厂燃烧器的布置形式对于着火非常有利，即使对于贫煤下限，也可以达到着火良好的目的，这对于特别难燃的煤种是有较大意义的。

（2）即使对于 V_{daf} 为 13%～14% 的贫煤，如果一次风速参照单调风燃烧器选取，易于导致结渣。一次风速选取 18～20m/s 是合理的。

（3）HZ电厂燃烧器宜考虑增设周界风，或者把一、二次风的间距减小到192mm，以消除由于二次风的卷吸造成结渣。

（4）不宜布置后二次风，如果燃烧器距离前后墙较近，在前后墙应考虑防渣风，对于存在涡流的下炉膛角隅部分宜布置防渣风。

（5）乏气下移，容易导致前后墙结渣。为减少这方面的影响，乏气喷口的周界风应适当加大，甚至仿照KDRT的方案将乏气以扁风口布置夹在拱下风的中心。

6.2.6.4.3　一次风阻力增加的原因分析和下一步改进的意见

春节期间停炉以后，重新启动后一次风机压头增加，影响磨煤机的出力。经过测试分析，主要原因如下：

（1）煤质下降，需要磨煤机出力增加，双进双出磨煤机出力和通风量成正比，通风量增加，阻力按平方增加。

（2）乏气加缩孔导致一次风阻力增加。

（3）A磨煤机采用小球技术，装球量不足，导致出力降低3～5t/h以上。磨煤机综合出力由碾磨出力、通风出力、分离出力和干燥出力共同决定。A磨煤机碾磨出力下降，所需处理需要由B/C磨煤机来分担，结果导致通风量增加，阻力增加。A磨煤机本身碾磨出力下降，也需要提高通风量来增加出力，也会导致阻力增加。

（4）采用动态分离器导致阻力增加。

改进意见如下：

（1）取消旋风子代之以偏置浓淡分离器，也可使整个系统阻力下降2000Pa以上。这样旋转式分离器就可以提高转数，可望飞灰可燃物大幅度降低。

（2）采用小球技术改造同时必须同时采取提高碾磨出力的措施，例如将波浪形钢瓦改造成梯形或三角形钢瓦。仅采用减少装球量的方法来降低磨煤机电耗，将可能导致磨煤机出力大幅度下降。

6.3　LH电厂二期机组低氮燃烧器改造

6.3.1　设备概况

6.3.1.1　锅炉概况

LH电厂一、二期工程的四台360MW发电机组锅炉设备均系法国STEIN公司设计制造产品，其中1、2号锅炉于1992年投产，3、4号炉于1998年投产。锅炉型式为亚临界参数、一次中间再热、双拱炉膛、露天布置、固态排渣、燃煤汽包炉。锅炉设计参数见表6-17，锅炉总图见图6-49。

表 6-17 锅炉主要性能参数

项目	单位	BMCR	ECR
电负荷	MW	375.98	360
主汽流量	t/h	1099.3	1006.7
再热汽流量	t/h	1006.4	927.9
汽包压力	MPa	19.5	19.2
主蒸汽压力	MPa	18.4	18.3
再热器进口压力	MPa	4.38	4.03
再热器出口压力	MPa	4.18	3.84
主蒸汽温度	℃	541	541
再热器进口温度	℃	336	328
再热器出口温度	℃	540	540
省煤器进口温度	℃	261	256
省煤器出口温度	℃	281	278
过热器减温水量	t/h	19.4	14.3
再热器减温水量	t/h	16.5	15.1
空气预热器出口一次风温	℃	377	367
空气预热器出口二次风温	℃	359	352
炉膛出口烟气温度	℃	1040	1013
省煤器进口烟气温度	℃	499	485
省煤器出口烟气温度	℃	425	413
排烟温度	℃	152	146
排烟温度（修正）	℃	145	140
燃烧器一次风压降	kPa	5.0	5.0
燃料消耗量	t/h	154.2	143.0
锅炉效率	%	89.8	90.02
截面放热强度	W/m²	107.4	98.4
磨煤机运行台数	台	2	2
给粉机运行台数	台	18	16
氧量	%	3.95	3.95

炉膛宽度为 17340mm，下炉膛深度为 17678mm，上炉膛深度为 9078mm，炉膛高度为 40300mm，炉膛容积为 9495m³。炉膛辐射受热面积为 5866.5m²，对流受热面积为 18783.5m²。在炉膛标高 21000～29725mm 之间的水冷壁上敷设有 604.6m² 卫燃带。

6.3.1.2 汽水系统

（1）锅炉水循环，见图 6-50。给水经省煤器进入汽包，在汽包中与炉水混合。从汽包出来的炉水经过 6 根下降管，在炉水循环泵入口联箱处汇合后，再经过 3 根入口管分别进入 3 台炉水循环泵，每台炉水泵有两个出口管接至水冷壁下部环形联箱前部。炉水循环泵用以保证水冷壁的正常水循环。在每一循环的水冷壁的进口，均装有节流

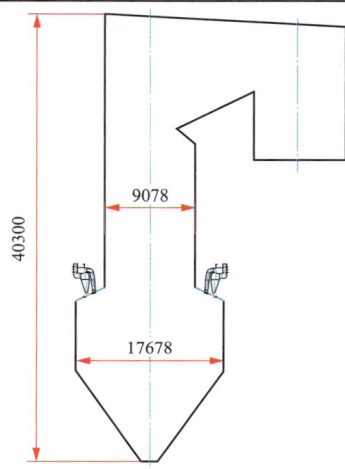

图 6-49 锅炉总图

孔板，以保证水流分配均匀，从而避免由于水流不均造成的热偏差（脱硝配套改造，省煤器烟气侧增加了 H 型鳍片，降低 SCR 入口烟温）。

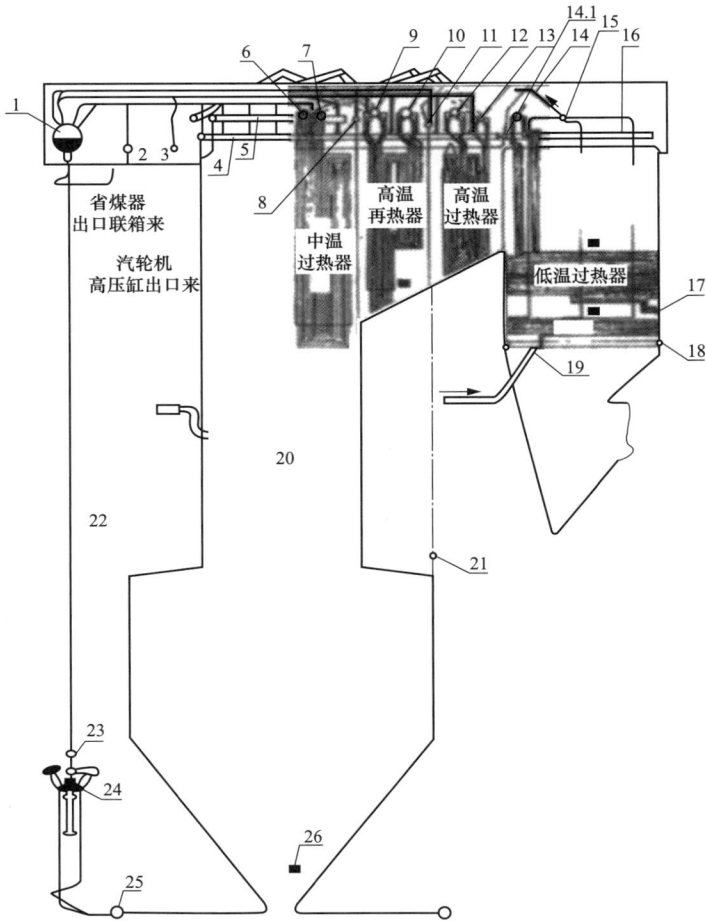

图 6-50　锅炉泵压部件纵剖面图

1—汽包；2—前墙悬吊管出口联箱；3—炉顶过热器过口联箱；4—水冷壁出口联箱；5—低温再热器出口联箱；6—中温过热器进口联箱；7—中温过热器进口联箱；8—拉稀管出口联箱；9—高温再热器进口联箱；10—高温再热器出口联箱；11—后墙悬吊管出口联箱；12—高温过热器出口联箱；13—高温过热器进口联箱；14—低温过热器出口联箱；14.1—炉顶过热器出口联箱；15—省煤器出口联箱；16—汽冷壁进口联箱；17—低温过热器进口联箱；18—汽冷壁出口联箱；19—省煤器进口联箱；20—低温再热器进口联箱；21—后墙悬吊管进口联箱；22—前墙悬吊管进口联箱；23—炉水壁进口联箱；24—炉水泵；25—水冷壁进口联箱；26—人孔门

下部环形联箱出口分前墙、后墙、左侧墙、右侧墙四部分水冷壁，水冷壁为膜式水冷壁。为了避免在炉内水冷壁中出现膜态沸腾，在标高 17.9～32m（冷灰斗上沿至喉口上方约 2m）的水冷壁采用了 $\phi38\times4.77mm$ 的内螺纹管。

两侧墙水冷壁分为三部分，其中部水冷壁的炉水汇入出口联箱后，经 5 根导汽管（$\phi219.1\times25mm$）引入汽包，由于布置燃烧器的需要，A/B 侧墙水冷壁的炉水汇入拱部"匚"型联箱，通过吊挂管，吊挂联箱，然后分别由 6 根导汽管（$\phi139.7$）引入汽包。

后墙水冷壁在折焰角处，每 5 根水冷壁管抽 1 根，穿过烟道接至后墙水冷壁出口联箱，然后由 6 根导汽管（$\phi139.7$）引至汽包。另外 4 根水冷壁管分两侧组成水平烟道下部和两侧的附加水冷壁，两侧附加水冷壁出口分别接至侧墙附加水冷壁的出口联箱，然后分别由 4 根导汽管（$\phi219.1\times25mm$）引入汽包。

在环形联箱后部还有 4 根水冷壁管由炉外引至水平烟道处后从两侧交叉穿入烟道内，作为过热器、再热器的固定管，然后引入两侧墙水冷壁上联箱。

在下部环形联箱与省煤器入口之间装有省煤器再循环管，以便启动初期主蒸汽流量小于 150t/h 间断上水或者不上水期间，水循环未建立时保护省煤器。

（2）过热器系统。从汽包分离出来的饱和蒸汽通过 12 根饱和蒸汽引出管至顶棚入口联箱，经顶棚过热器后引至顶棚过热器出口"匚"形联箱中部，"匚"形联箱出口经尾部竖井烟道的两侧墙，形成尾部竖井烟道的侧包墙过热器后到包墙管下部环形联箱。在环形联箱内装有两块隔板。其中靠前部的大部分侧包墙管过热器经环型联箱汇集至前部，通过前包墙管过热器穿过烟道至尾部的顶棚管过热器，再到尾部竖井烟道的后包墙上部后包墙过热器引至低温过热器的入口联箱。靠后部的少数侧包墙过热器经环形联箱汇集到后部，通过尾部竖井烟道后墙的下部后包墙过热器引至低温过热器的入口联箱。

低温过热器分为两级，一级为卧式逆流布置在尾部竖井烟道内，二级为立式布置在烟道内。低温过热器蒸汽经一级减温后进入中温过热器，中温过热器布置在炉出口，为屏式。中温过热器蒸汽经二级减温后，左、右交叉进入高温过热器。过热器一、二级减温水来自高压加热器出口，给水调节门前。高温过热器布置在水平烟道的高温再热器后，采用先逆流后顺流的布置方式，经高温过热器出口联箱，主蒸汽管到汽轮机高压缸做功。

低温过热器受热面积为 $6922m^2$，169 排、3 圈卧式布置在烟道内，为逆流布置。中温过热器受热面积为 $2321m^2$，21 屏、2 圈，悬吊于炉膛顶靠炉膛出口处，吸收炉膛辐射热和对流热，顺流布置。高温过热器受热面积为 $4583m^2$，135 排、3 圈，悬吊于炉膛出口的斜坡面上，吸收对流热，逆流布置。

（3）再热器系统。汽轮机高压缸做功后的排汽，通过低再热蒸汽母管经再热器减温水后，分 A、B 侧一级从 A、B 侧进入低温再热器入口"匚"形联箱。再热器减温水来自给水泵的中间抽头，低温再热器为墙式辐射受热面，布置在炉膛上部前、左、右侧三面墙的水冷壁前。加热后的蒸汽汇集到低温再热器的出口"匚"形联箱上，左、右交叉后进入高温再热器，高温再热器顺流布置在中温过热器后，加热后的再热蒸汽经高温再热器的出口联箱进入高温再热蒸汽母管到汽轮机中压缸做功。低温再热器由标高 40525mm 处沿炉膛内壁分前、左、右向上布置至炉顶。高温再热器受热面积为 $4296m^2$，67 排、4 圈。

（4）省煤器系统。省煤器采用卧式布置在尾部烟道内，是利用锅炉尾部的烟气热量来加热给水的一种热交换设备，目的是提高给水温度降低排烟温度，提高锅炉效率，节约燃料消耗量。省煤器主要技术规范为：面积为 $3292m^2$，H 型鳍片式省煤器管排 169 排，管子规格为 $\phi48.3\times5.6mm$，材质为 SA-210C，横向节距为 102mm，纵向节距为 96.9mm。

6.3.1.3　燃料

一、二期锅炉的设计煤种和实际燃用煤种的煤质分析数据见表 6-18。

从表 6-18 中可以看到，锅炉目前实际燃用煤质与设计煤质都属于高硫煤，实际燃用煤质的挥发分较高、发热量较低。

表 6-18 锅炉设计煤种和实际煤种的煤质分析

序号	名称	符号	单位	原煤	设计煤质	实际煤种
工业分析	全水分	M_{ar}	%	2.5~8	4.22	6.1
	收到基灰分	A_{ar}	%	25.45~35.45	30.45	36.6
	收到基挥发分	V_{ar}	%	5.4~10.21	9.31	9.6
	收到基低位发热量	$Q_{net,ar}$	MJ/kg	19.92~23.279	21.604	18.03
元素分析	收到基碳	C_{ar}	%	54.89~61.95	56.03	48.18
	收到基氢	H_{ar}	%	2.14~2.71	2.20	2.19
	收到基氧	O_{ar}	%	0.68~3.24	2.14	1.90
	收到基氮	N_{ar}	%	0.88~1.15	0.94	0.64
	收到基硫	S_{ar}	%	3.5~5.0	4.02	4.39
哈氏可磨性系数		HGI	—	73~87	73	
煤粉细度		R_{75}	%		11	
灰成分分析	二氧化硅	SiO_2	%	42.78~46	42.78	48.11
	三氧化二铝	Al_2O_3	%	25.51~28.81	25.63	23.66
	三氧化二铁	Fe_2O_3	%	14.62~20.3	19.13	15.01
	二氧化钛	TiO_2	%	2.36~4.2	3.14	2.54
	氧化钙	CaO	%	2.51~5.13	3.25	4.30
	氧化镁	MgO	%	0.67~1.01	0.86	1.14
	氧化钾	K_2O	%	0.87~1.41	1.12	1.6
	氧化钠	Na_2O	%	0.86~1.08	0.86	0.75
	三氧化硫	SO_3	%	2.1~5.18	2.94	1.56
	五氧化二磷	P_2O_5	%	0.09~0.17	0.16	
	氧化钼	MuO	%	0.1~1.13	1.13	
灰熔点	变形温度	DT	℃	1160~1320	1200	1180
	软化温度	ST	℃	1280~1420	1310	1270
	流动温度	FT	℃	1320~1440	1350	1440

6.3.1.4 燃烧系统

锅炉采用热风送粉，每台锅炉配置 18 台给粉机，36 个燃烧器，每台给粉机输出的煤粉供给相应编号的 2 个煤粉燃烧器；煤粉燃烧器竖直布置在炉膛的前、后拱上各 18 个顺序排列；燃烧器排列前墙 1~4 号角依次为 A2/B1/C2/D1/E2/F1/G2/H1/I2，后墙 3~2 号角依次为 A1/B2/C1/D2/E1/F2/G1/H2/I1。其中编号"1"为 A 粉仓给粉机，编号"2"为 B 粉仓给粉机。煤粉燃烧器在炉膛上的布置图见图 6-51 和图 6-52，一次风管风速为 25m/s（2 号炉摸底试验中实测为 33m/s），一次风压（热）为 3.8kPa。煤粉管路（一台给粉机）包括：一个下粉插板 HV011（HV021），一台双出口叶轮给粉机及电动机，一台变频调速器，两条下粉软管（及对应的文丘里混合器）。

每台给粉机对应的两个煤粉燃烧器配置一支油枪，用于投入煤粉燃烧器时点燃煤粉，从周围进来的二次风加入燃烧。另外，每台锅炉配置 C3、C4、G3、G4 四台小给粉机，对应四个燃烧器，四个燃烧器内分别配置 C35、C45、G35、G45 四支小油枪，将原 C/G 组油枪拆除，目前每拱各 9 支油枪（7 支大油枪、2 支小油枪），总容量为 30%BMCR。

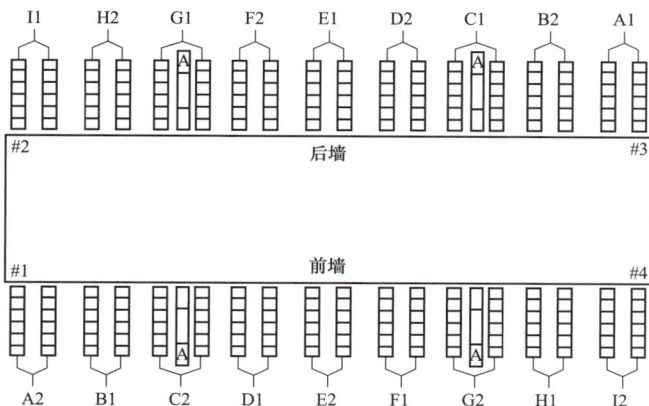

图 6-51　煤粉喷燃器的布置图

6.3.1.5　燃烧器及风口布置

LH 电厂二期 3、4 号锅炉采用无浓淡分离直流缝隙式燃烧器，总共 36 台，前、后拱各 18 台，沿炉宽度方向排列。每个燃烧器一次风喷口长 1821mm，宽 135mm，一次风喷口被分为六个小的喷口，每个小喷口的通流面积分别为 373/375/375/375/375/373cm²。每只煤粉燃烧器的出力为 4.2t/h，一次风管的风速为 25m/s，一次风压为 38mbar，其中煤粉燃烧器的喷口风速为 8～10m/s。煤粉燃烧器内部风道设有调节挡板，根据煤质情况调节挡板位置改变一次风煤粉气流入射速度，以防止煤粉着火距离过近而烧坏喷口。38 只二次风喷口（前、后拱各 19 只）布置在一次风喷口两侧，与一次风喷口交替间隔布置，沿炉膛宽度方向形成均等的配风方式。拱上二次风口长 2656mm，宽 170/140mm，二次风口被分为 A、B、C 三个小喷

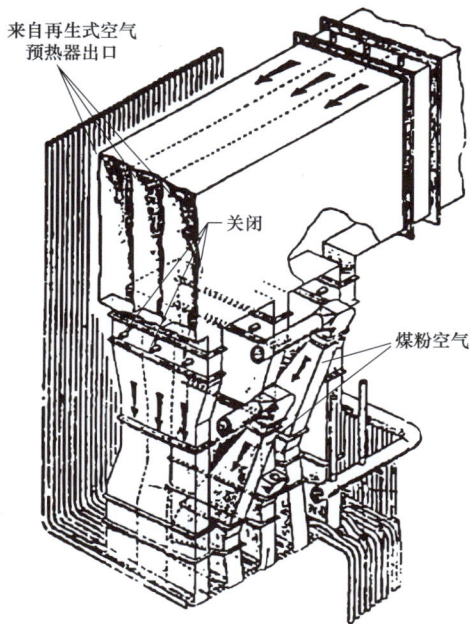

图 6-52　燃烧设备布置图

口，每个小喷口的面积是 A＝1361.7cm²、B＝1560.2cm²、C＝978cm²。小喷口的风量分别可由三个隔离风道的调节挡板分别进行调节。为了避免一次风射流向炉内偏斜，一次风口中心线向外倾斜 6°，二次风喷口中心线则垂直向下布置。在前后拱燃烧器下部的 4.2m 处均匀布置有上二次风口 72 个，离下部 7.84m 处布置有乏气风口 16 个，在离下部 8.576m 处均匀布置有下二次风口 36 个。排粉机出口的乏气，一部分进入球磨机出口进行再循环，另一部分经乏气风机作为三次风送入炉膛燃烧。燃烧器布置及结构见图 6-53，燃烧器设计参数见表 6-19。

燃烧区水冷壁敷设有卫燃带，提高了炉膛内的温度水平，使煤粉混合物能获得较高的辐射热，促使煤粉气流尽快着火，提高了低负荷时的燃烧稳定性。

在每两个煤粉燃烧器之间的二次风口内布置有一只容量为 1400kg/h 的油枪和高能点

火装置，原设计的 18 只油枪可以满足 30％MCR 的需要。2010 年，C、G 组共 4 支油枪改造为烟台双强公司生产的小油枪，容量为 200kg/h；2015 年，B、D、E、F、H 组共 10 支油枪更换为武汉奇斯公司生产提供的 QS 高效油枪，容量为 800kg/h。

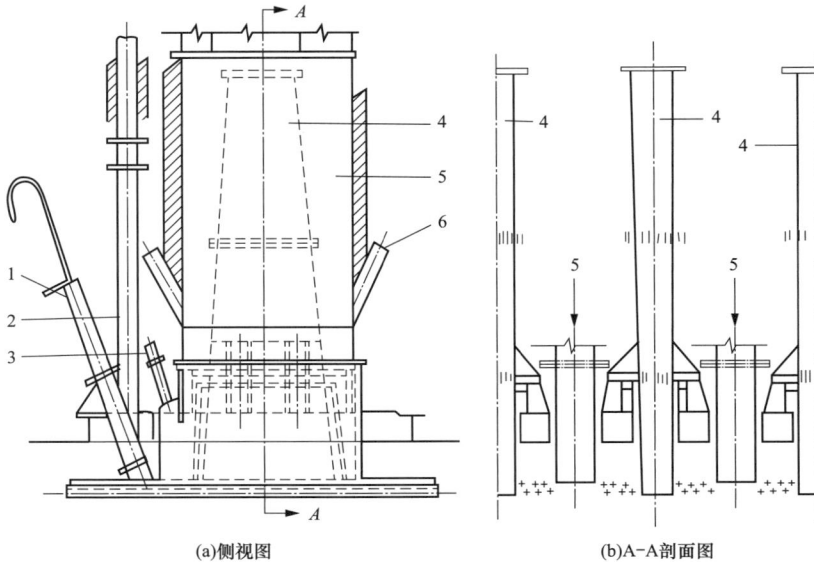

(a)侧视图   (b)A-A剖面图

图 6-53 　燃烧器布置及结构图

1—点火及稳燃油枪；2—油燃烧器配风管；3—火焰探测器；4——一次风和煤粉；5—二次风；6—窥视孔

表 6-19 　　　　　　　　　　　　　燃 烧 器 设 计 参 数

序号	项目	单位	数值
1	一次风率	％	约 10.8
2	一次风粉温度	℃	250
3	一次风速度	m/s	7.6
4	风煤比（BMCR）	kg/kg	1.88
5	制粉乏气风率	％	约 4.2
6	制粉乏气温度	℃	110
7	拱上二次风率	％	约 73
8	拱上二次风温	℃	359
9	拱上二次风速	m/s	41.6
10	三次风率	％	约 12
11	三次风温	℃	359

锅炉设计燃煤最低稳燃负荷为 40％BMCR。

一、二期锅炉原设计卫燃带，前后墙各 144m²，共 288m²，左右侧墙各 73m²，共 146m²，单台炉共计 434m²，卫燃带面积占下炉膛面积的 38％。

2007、2008 年为稳定炉膛煤粉着火燃烧，降低稳燃助燃油，前后墙各增加 36m²，左右侧墙各增加 40m²，单台炉共计增加 152m²，卫燃带面积总计 586m²，卫燃带面积占下炉膛面积的 51.3％。

2012 年起，由于煤质转好，挥发分增加，灰熔点降低，多次发生垮焦砸伤冷灰斗水冷壁。2014 年 2 月，减少侧墙卫燃带 52.4m²，剩余卫燃带面积共计 533m²，占下炉膛面积的 46.7%。卫燃带的变更情况见图 6-54。

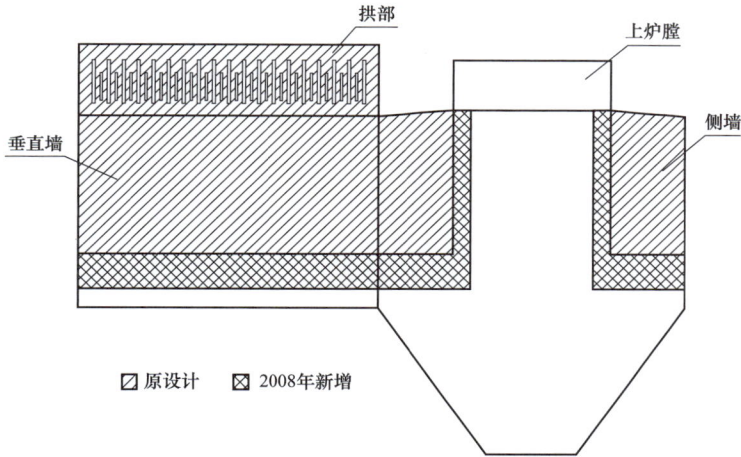

图 6-54　卫燃带布置图

6.3.1.6　制粉系统

锅炉制粉系统为钢球磨煤机，中间储仓式系统，其中干燥介质为热烟气，其调温介质为热二次风和冷风。排粉风机出口的乏气，一部分进入磨煤机出口进行再循环，另一部分经乏气风机由乏气风嘴送入炉膛燃烧。乏气风嘴前后各 8 个，共 16 个。制粉系统流程示意图见图 6-55。

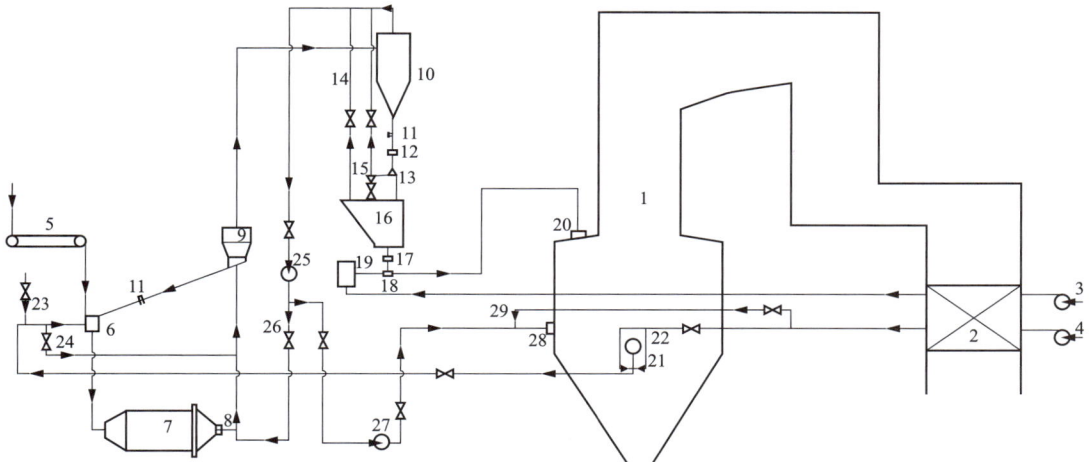

图 6-55　制粉系统流程示意图

1—炉膛；2—空气预热器；3——次风机；4—送风机；5—给煤机；6—混合器；7—磨煤机；8—木块分离器；9—粗粉分离器；10—细粉分离器；11—锁气器；12—木屑分离器；13—换向器；14—吸潮管；15—螺旋输粉器；16—粉仓；17—给粉机；18—风粉混合器；19——次风箱；20—燃烧器；21—干燥剂热烟气管道；22—调温介质热二次风管道；23—调温介质冷风管道；24—磨煤机旁路管道；25—排粉风机；26—再循环管道；27—乏气风机；28—制粉乏气喷口；29—制粉乏气喷口冷却风管道

2013 年，3 号炉 B 磨煤机、4 号炉 A 磨煤机采用湖南红宇公司提供的少球技术改造。

制粉系统由以下设备组成：原煤斗、给煤机、磨煤机、排粉风机、乏气风机、粗粉分离器、细粉分离器、煤粉仓、输粉机等。下面就各设备参数汇总如下。

原煤斗：容积为 1000m³；总高 20.8m，煤斗壁与水平夹角为 70°。

给煤机：两套变频调节控制器，型式为皮带称重式；出力 110t/h，每台磨煤机一台，型号为 EG3690。

磨煤机：型式为阿尔斯通生产的 BBI4080，2 台/炉，出力为 90.8t/h，最大出力 101t/h，内衬内径为 3950mm，内衬长度为 8540mm，容积为 104m³，最大载球量为 157t，推荐载球量为 140t，钢球直径 30、40、50mm 各占 1/3，入口允许温度为 350～700℃之间（预混箱之前），磨煤机转速为 14.1r/min，电动机额定功率为 2330kW。

粗粉分离器：型式为双圆锥形，数量为 2 台/炉，内衬型式为混凝土。

细粉分离器：型式为斜平顶圆筒下锥形，4 台/炉。

排粉风机：型式为单吸、单速、离心式，数量为 2 台/炉，介质温度为 110℃，电动机功率为 750kW，转速为 980r/min，入口压头（静压）为 −8.676kPa，出口压头为 −0.5416kPa，设计流量为 198000m³/h。

乏气风机：2 台/炉，型式为单吸、单速、离心式，流量为 68040m³/h，介质温度为 110℃，电动机功率为 225kW，转速为 980r/min。入口压头（静压）为 2.459kPa，出口压头为 3.504kPa（一次风箱压力为 4.0kPa 左右，二次风箱压力为 1.3kPa 左右）。

煤粉仓：2 个/炉，横截面积为 16×6.6m²，高度（除料斗外）为 5m，总高度（加料斗）为 8.5m，总容积为 640m³，粉位测定装置为称重式。

给粉机：型式为 730 DIA-6022 双出口型，18 台/炉，给粉机直径为 730mm，给粉机高度为 60mm；转速在 3～15r/min，出力在 2.6～13t/h，转速为 10r/min 时出力 10t/h，转速为 15r/min 时出力 13t/h，无级变频变速，电动机功率为 4kW（1500r/min）。

6.3.1.7　空气预热器

该锅炉采用法国 STEIN 公司生产的三分仓再热式空气预热器，其特点是体积小、热能力强、安装布置方便、漏风率小等。该预热器为垂直布置，转子旋转，空气预热器的设计参数见表 6-20。

表 6-20　　　　　　　　　　空气预热器设计参数

项目		单位	主要参数
转速（高/低）		r/min	1.05/0.265
烟气	流量	t/h	
	进/出口温度	℃	413/146
	进/出口压降	Mbar	8.6
一次空气	流量	t/h	
	进/出口温度	℃	27/367
	进/出口压降	Mbar	4.1
二次空气	流量	t/h	
	进/出口温度	℃	25/352
	进/出口压降	Mbar	9.3

项目	单位	主要参数
泄漏率	%	<10
电动机容量（高/低）	kW	22/7.5
受热面积	m²	24400
总重量	t	321
转子直径	m	10.32

6.3.1.8 引风机

一期脱硝配套改造采用成都电力机械厂生产的 AN 系列轴流通风机作为引风机，它是根据脉动原理进行工作的，轴向方向的气流通过安装在叶轮上游的进口导叶向叶轮的旋转方向或其相反方向进行导向，而改变引风机工况。引风机由进气箱、进口大集流器、进口前导叶、进口小集流器、机壳及后导叶、转子、扩压器等主要部件组成。

6.3.1.9 锅炉运行现状

2016 年，DGC 公司承担了 LH 电厂二期锅炉的改造任务，改造之前对该厂的运行情况调查的运行现状如下：

（1）煤粉细度。目前二期制粉系统煤粉细度 R_{75} 在 21% 左右。

（2）低氮燃烧改造前摸底试验。

1）试验内容及工况设置。该次 LH 电厂二期锅炉超净排放低氮燃烧改造部分摸底试验以 4 号锅炉为摸底对象。试验项目主要包括：不同负荷下的省煤器出口 NO_x 及 CO 排放浓度、烟气温度、锅炉效率等。试验工况设置如表 6-21 所示。

表 6-21   试 验 工 况 设 置

机组	工况	负荷	试验内容
4 号	T-01	360MW	省煤器出口 NO_x、CO 浓度、烟气温度、锅炉效率等
	T-02	280MW	
	T-03	200MW	

2）试验煤质。摸底测试试验期间各工况下的煤质分析结果见表 6-22。

表 6-22   试 验 煤 质 分 析 结 果

项目	符号	单位	T-01	T-02	T-03
收到基碳	C_{ar}	%	49.95	52.26	49.95
收到基氢	H_{ar}	%	2.43	2.43	2.43
收到基氮	N_{ar}	%	0.75	0.74	0.75
收到基氧	O_{ar}	%	4.46	4.44	4.46
全硫	$S_{t,ar}$	%	3.02	2.82	3.02
全水	M_t	%	7.6	8.4	7.6
空气干燥基水分	M_{ad}	%	1.08	1.42	1.08
收到基灰分	A_{ar}	%	31.79	28.90	31.80

续表

项目	符号	单位	T-01	T-02	T-03
干燥无灰基挥发分	V_{daf}	%	22.26	21.40	22.26
收到基低位发热量	$Q_{ner,ar}$	kJ/kg	19130	19990	19130

3）NO$_x$及CO排放浓度。该次试验在各工况下，采用网格方法均对省煤器出口的NO$_x$与CO浓度进行了详细测量，测量结果见表6-23。NO$_x$及CO浓度均为修正到标准状态、干基、6% O$_2$条件下的浓度。由表6-23结果可知，目前锅炉省煤器出口NO$_x$排放浓度在920~1200mg/m^3，相对较高。

表6-23 各工况下NO$_x$及CO排放浓度

工况	负荷	A侧省煤器出口			B侧省煤器出口		
		O$_2$	NO$_x$	CO	O$_2$	NO$_x$	CO
单位	MW	%	mg/m^3	μL/L	%	mg/m^3	μL/L
T-01	360	2.89	1156	9	3.13	1177	5
T-02	280	3.73	937	0	5.15	970	0
T-03	200	6.91	919	0	6.67	982	0

4）锅炉效率。各试验工况下的锅炉效率计算结果见表6-24。高中低负荷下锅炉效率分别为90.62%、90.73%、90.72%，均高于设计值。锅炉飞灰含碳量高中负荷下大于5%。

表6-24 各工况下锅炉效率

项目	单位	T-01	T-02	T-03
机组负荷	MW	360	280	200
环境温度	℃	27.0	26.0	26.5
相对湿度	%	50.0	46.0	50.0
炉渣可燃物含量	%	1.65	2.44	18.93
飞灰可燃物含量	%	5.05	5.82	4.05
排烟温度	℃	148.2	140.9	122.4
空气预热器出口O$_2$	%	4.58	6.02	7.91
空气预热器出口CO	%	0.00	0.00	0.00
实测预热器进口烟气温度	℃	387.9	374.6	355.4
未燃尽碳的热损失	%	2.766	2.824	3.282
干烟气热损失	%	5.103	5.319	5.044
入炉燃料中水分引起的热损失	%	0.086	0.088	0.069
燃料中的氢引起的热损失	%	0.247	0.226	0.196
空气中水分引起的热损失	%	0.103	0.093	0.099
生成一氧化碳造成的热损失	%	0.000	0.000	0.000
表面辐射和对流热损失	%	0.23	0.3	0.36
不可测量热损失	%	0.35	0.35	0.35
试验锅炉热效率	%	91.12	90.80	90.60
修正后排烟温度	℃	148.6	134.5	111.9
干烟气热损失	%	5.639	5.442	4.992
入炉燃料中水分引起的热损失	%	0.047	0.042	0.033

续表

项目	单位	T-01	T-02	T-03
燃料中的氢引起的热损失	%	0.219	0.195	0.156
空气中水分引起的热损失	%	0.125	0.121	0.111
修正后锅炉热效率	%	90.62	90.73	90.72

5）省煤器出口烟温。各试验工况下，均对省煤器出口烟温进行了测量，其结果见表 6-25。由表中结果可知，4 号锅炉 360MW 负荷下，省煤器出口烟温为 387.9℃；280MW 负荷下，省煤器出口烟温为 374.6℃；180MW 负荷下，省煤器出口烟温为 355.4℃。4 号锅炉不同负荷下的省煤器出口烟温均满足脱硝催化剂对烟温的要求。

表 6-25　　　　　　　　　　各工况下省煤器出口烟气温度

工况	负荷（MW）	省煤器出口烟温（℃）	
		A 侧	B 侧
T-01	360	386.6	389.3
T-02	280	375.1	374.0
T-03	200	352.9	357.8

6）汽温及减温水。各工况下主再热蒸汽温度及减温水量见表 6-26。由表中结果可知，锅炉主、再热蒸汽温度在不同负荷下基本达到设计值，但中、低负荷下过热器减温水量有点偏高。

表 6-26　　　　　　　　　　主再热蒸汽温度及减温水量

项目	单位	汽水参数		
		T-01	T-02	T-03
负荷	MW	360	280	200
过热蒸汽温度	℃	542.5	540.5	541.5
再热蒸汽温度	℃	540.5	540.0	540.5
过热器减温水量	t/h	22.4	90.7	80.5
再热器减温水量	t/h	4.4	6.2	5.3

6.3.2　DGC 低氮燃烧系统设计原则

要降低 NO_x 的生成，除应强化燃烧，促使挥发分尽早快速、大量析出，还应同时在一次燃烧阶段的火焰内控制氧的浓度以利产生还原介质（CHi）来还原已生成的 NO_x，在一次燃烧阶段的火焰内控制氧的浓度即所谓的空气分级供给。DGC 采用燃烧器火焰内 NO_x 还原和炉内空气深度分级供给相结合的手段，即在燃烧器内和炉内垂直方向同时采用空气的分级供给。对于燃烧器内的分级燃烧主要是采用浓淡分离，并配合燃烧用空气的延时和分阶段供给；炉内垂直方向的空气分级供给主要是在整个炉膛高度方向组织分级送风燃烧，即在煤粉燃烧器顶部布置单层（或多层）分离型燃尽风喷口，这样在一次燃烧区域形成还原性的燃烧气氛，抑制 NO_x 的生成，在燃烧后期送入燃尽所需的部分空气。

6.3.3　DGC 低氮燃烧改造思路

LH 电厂二期 3、4 号锅炉采用 W 火焰燃烧方式，在目前燃煤情况下，锅炉正常负荷

范围内 NO_x 排放浓度为 $900\sim1200mg/m^3$，NO_x 排放浓度较高。

通过对锅炉现有燃料、制粉系统、燃烧器系统及锅炉配风等边界条件综合分析，NO_x 排放高的原因有以下几点：

（1）炉内沿高度方向空气分级程度不够。

（2）燃烧系统配风不合理，拱上一、二次风布置间距过小，没有拉开相应距离，燃烧用风在燃烧初期过早与一次风混合，燃烧器区域空气分级效果较差。

（3）拱下燃烧用风未实现分级送风，拱上二次风风量过大。

根据目前两台锅炉实际运行情况及 NO_x 排放高的原因，结合 DGC 低氮燃烧系统技术特点，对该次低氮燃烧系统改造提出以下改造思路：

（1）炉拱上布置燃尽风，使炉膛沿高度方向实现空气分级燃烧。

（2）对燃烧器进行优化改造，一次风管增加分离器，提高燃烧器的燃煤适应性。

（3）对拱上配风进行调整，避免空气与煤粉的过早混合，降低 NO_x 生成。

（4）局部优化拱下配风，实现下炉膛分级送风。

6.3.4 DGC 低氮燃烧改造方案

优化设计后的"新型分离型低 NO_x 燃烧器+燃尽风"系统已作为 DGC 常规新建及改造项目同类型锅炉的主推设计方案，其先进和具有成熟应用经验的低氮燃烧技术也非常适用于该项目改造设计中。

通过将同类型锅炉在炉膛结构尺寸、性能设计参数、设计煤质、燃烧器及燃尽风布置设计等方面综合对比分析，并结合 DGC 在锅炉低 NO_x 控制方面的设计及调试经验，提出该项目低氮燃烧改造方案。

DGC 将通过低氮燃烧设备、燃烧系统的改造和现有炉膛的匹配来实现降低 NO_x 生成量、低负荷稳定燃烧、充分燃尽。低氮燃烧改造主要分为主燃烧系统改造、燃尽风改造及相关设备等的改造。

6.3.4.1 改造设计煤质

该次低氮燃烧改造设计煤种见表 6-27。

表 6-27　低氮燃烧改造设计煤种

名称及符号		单位	设计煤种
收到基低位发热量 $Q_{net,ar}$		kJ/kg	21.25
工业分析	收到基全水分 M_{ar}	%	8.49
	空气干燥基水分 M_{ad}	%	3.38
	收到基灰分 A_{ar}	%	26.64
	收到基挥发分 V_{ar}	%	12.38
元素分析	收到基碳 C_{ar}	%	54.55
	收到基氢 H_{ar}	%	2.51
	收到基氧 O_{ar}	%	3.69
	收到基氮 N_{ar}	%	0.90
	收到基全硫 $S_{t,ar}$	%	3.50

6.3.4.2 燃烧系统风量调节改造

原拱上二次风 A、B、C 分风道共用一个挡板调节风量，由一个执行器控制，改造后将原挡板改为仅调节 A、B 风道的风量，原执行器利旧用于控制 A、B 风道挡板。原拱上二次风 A、B、C 总风道风门挡板、执行机构利旧。

改造后风量分配布置见图 6-56，改造后炉内空气动力场如图 6-57 所示。

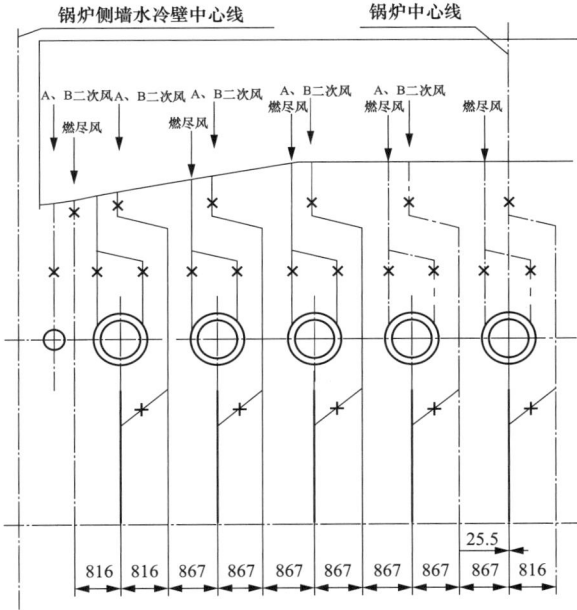

图 6-56　改造后风量分配布置示意图

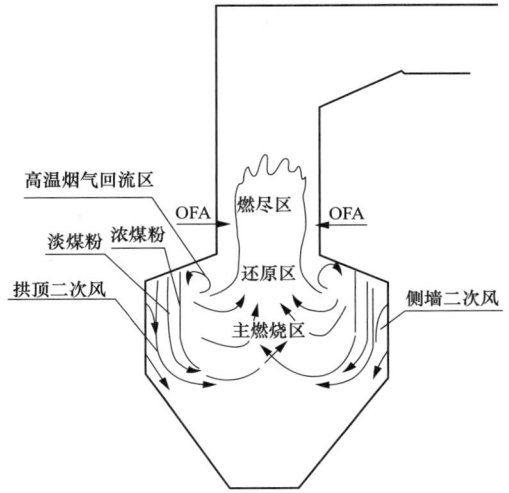

图 6-57　改造后炉内空气动力场

燃用改造设计煤质情况下，DGC 燃烧器改造技术设计参数见表 6-28。

表 6-28　　　　　　　　　　　DGC 燃烧器改造技术设计参数

项目		单位	改造设计	原设计
锅炉容量		MW	360	360
炉膛出口过量空气系数		—	约 1.23	约 1.23
煤粉细度 R_{75}（R_{90}）		%	约 21（约 16）	约 21（约 16）
燃烧器区域化学当量比		—	约 0.9	
风率	一次风	%	14	约 10.8
	OFA 二次风	%	约 23	—
	拱上二次风	%	约 39.1	约 73.5
	三次风	%	约 15.2	约 8.47
	乏气风率	%	约 5.37	约 5.37
	周界风率	%	4.5	—
风速	一次风	m/s	约 16	7.8
	OFA 二次风	m/s	约 43/33	—
	拱上二次风	m/s	约 45	约 34.4
	三次风	m/s	约 35/30	约 22.6/36.2
	周界风	m/s	25	

低氮燃烧改造整体布置见图 6-58。

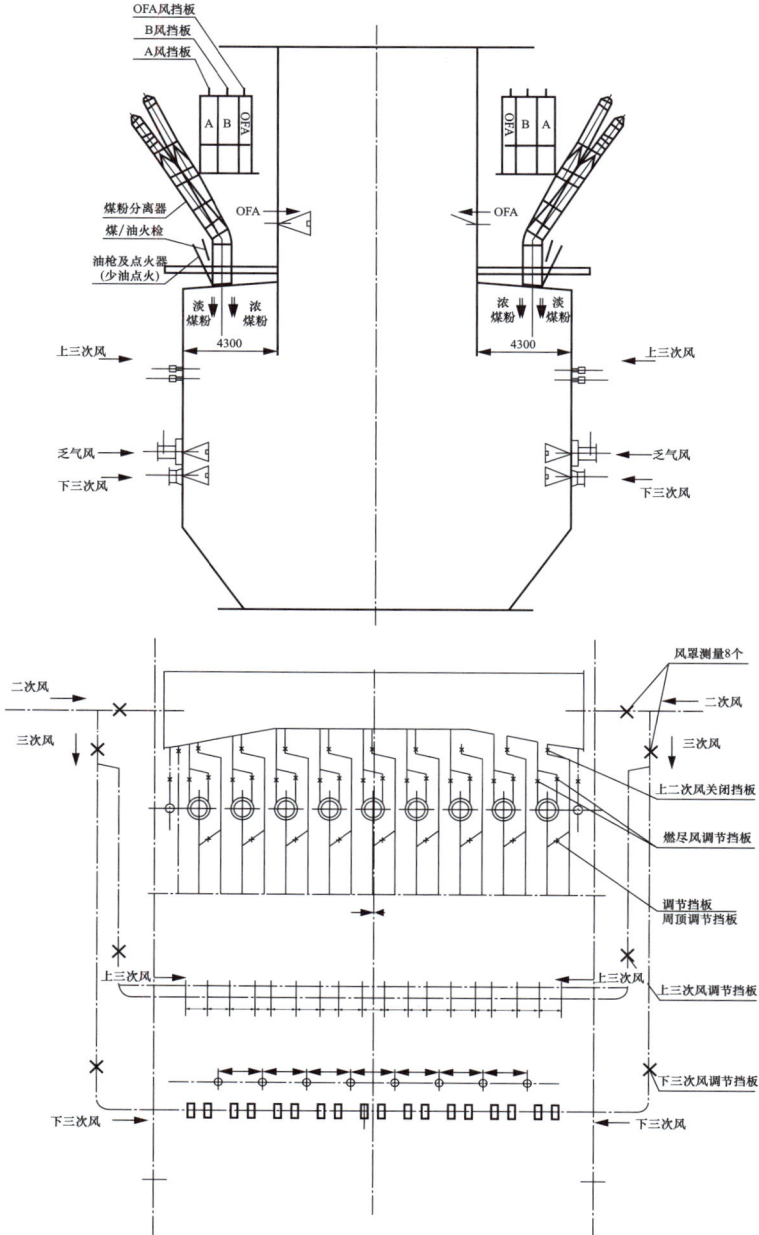

图 6-58 低氮燃烧器改造整体布置示意图

6.3.4.3 主燃烧系统改造

该次改造根据电厂燃烧器优化改造要求，结合以往工程改造经验及优化方案，把 DGC 新型分离型低 NO_x 燃烧器技术应用于该工程中，在确保达到该次改造目标的前提下，也注意从改造成本上加以控制。具体改造方案如下：

（1）一次风改造。

1）燃烧器喷口改造。原燃烧器喷口共 36 只，采用缝隙式喷口，一次风风速较低。该布置方式单个煤粉喷嘴功率小，自身下冲动量不足，煤粉燃尽较差，且一次风与二次风喷口距离较近不利低氮燃烧。改造后，燃烧器喷口数量不变，仍为 36 只，喷口布置采用相邻两只喷口集中布置成一组，全炉共布置 18 组燃烧器喷口，而燃烧器仍为 36 只，与煤粉管道的接口不变。即将同一台给粉机对应的两个燃烧器喷口集中布置作为一组一次风单元，布置在两个二次风喷口中间，同时拉开一次风与二次风间距。

改造后燃烧器一次风喷口布置见图 6-59；改造后，一台给粉机对应一组一次风单元，全炉共 18 组，制粉系统与燃烧器一次风喷口配置示意图见图 6-60。

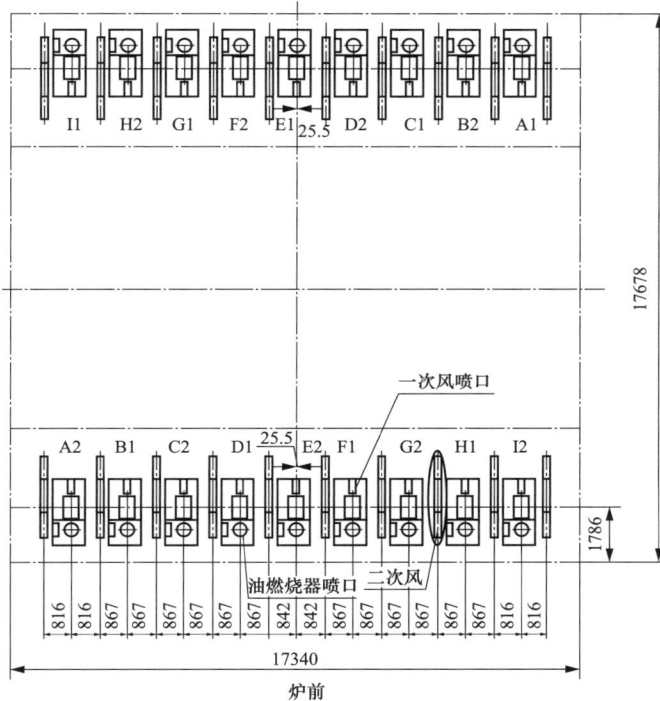

图 6-59　改造后燃烧器一次风喷口布置示意图

新燃烧器前端采用耐高温耐磨铸件喷口，出口设置有稳焰齿，燃烧器喷口外侧设周界风，周界风由各一次风单元两侧的二次风道引出，并通过手动挡板加以控制，从喷口外侧送入炉膛。通过周界风口的翻边导向扩锥设计，为燃烧器提供运行冷却风，防止喷口结焦，同时可延迟空气与煤粉的混合时间，对控制 NO_x 的生成有利。

燃烧器喷口及周界风示意图见图 6-61。

2）燃烧器一次风管改造。一次风管内布置煤粉离器。采用 DGC 自主开发设计并成熟运用的低氮煤粉燃烧器的核心一次风管。

燃烧器整体更换，一次风管入口段布置楔形体煤粉离器将煤粉管道煤粉分离，并通过入口弯头和喷口出口的导向扩锥，实现燃料分级，部分较高浓度煤粉面向炉内中心高温火焰，并与回流的高温烟气混合，其余在背火侧送入炉膛。改造后燃烧器一次风示意图见图 6-62。

（2）二次风改造。改造后拱上二次风采用分离布置，在燃烧器两侧位置布置分离式二次风喷口。燃烧器喷口的冷却主要由布置在喷口外的周界风控制，煤粉着火阶段所需风量主要来自拱上分离式二次风喷口，油枪的点火和燃烧供风也由拱上二次风控制。同时，火检布置在拱上二次风喷口内，使之能得到冷却保护。

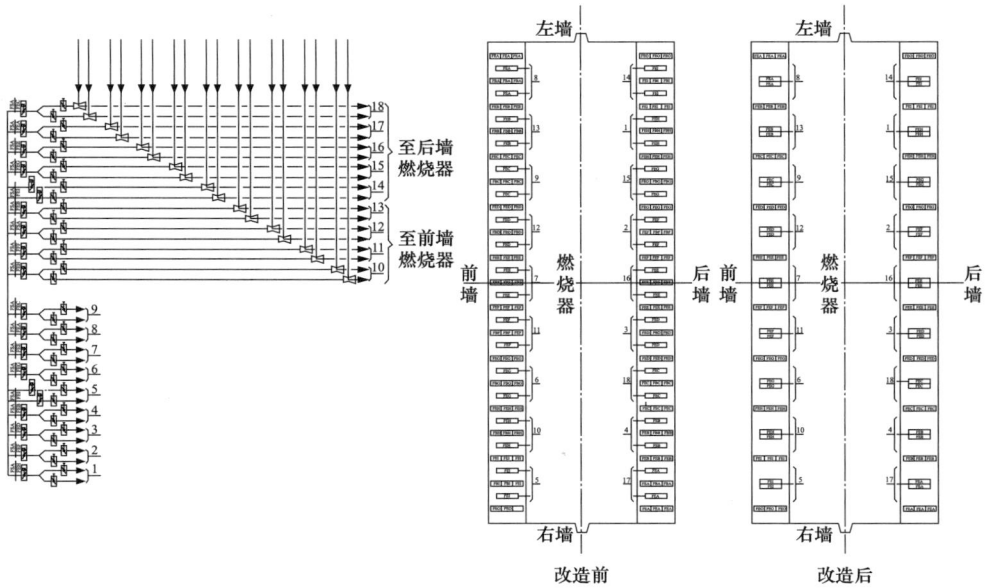

图 6-60　制粉系统与燃烧器一次风喷口配置示意图

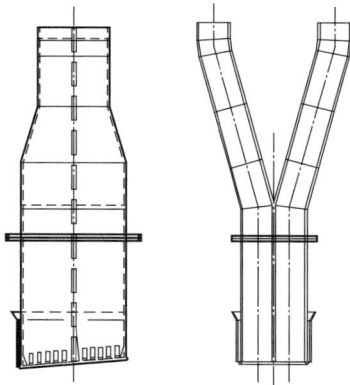

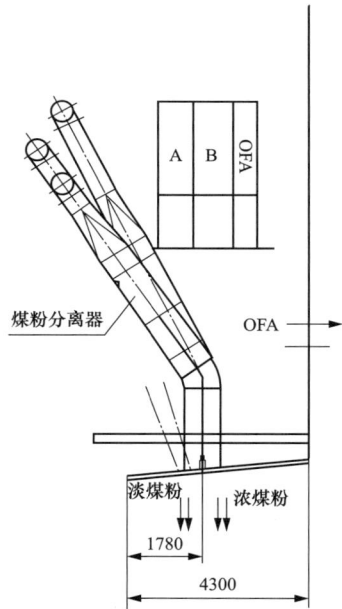

图 6-61　改造后燃烧器喷口及周界风示意图　　图 6-62　改造后燃烧器一次风示意图

改造后拱上二次风喷口共 20 个，见图 6-63。单个拱布置 10 个。原布置油枪的拱上二次风喷口及配风风道取消，其余二次风喷口（A、B、C）布置位置不变，部分喷口通过封堵原 C 喷口进行局部优化，重新设计喷口大小，其对应的挡板 A、B 仍然共用一套执行机构；C 风道保留，原喷口用耐高温钢板封堵。改造后封堵二次风喷口共 16 个，原布置在拱上四角的二次风喷口（A、B、C）位置不变，其喷口不改造，全炉共 4 个。

　　改造后较多的二次风仍然从拱上送入炉膛，但远离一次风并拉开一定距离，其引射一次风气流向下，火焰下冲动量高、行程长；延迟与一次风的混合时间，实现燃烧器区域的空气分级送入，在煤粉燃烧的早期形成还原性气氛；使炉内高温烟气卷吸至煤粉喷口端部，加热煤粉，促进着火。

　　（3）上三次风改造。该次改造上三次风道及喷口的布置数量和位置不变，全部利旧，此次不做改造。

　　（4）乏气风改造。该次改造乏气风布置位置、数量不变，仍为前后墙共布置16只（每侧8只），见图6-64。为控制乏气风与一次风火焰混合位置，形成良好的W形火焰形状，增加一次风向下贯穿的深度，从而提高煤粉在下炉膛的停留时间和燃烧率，将乏气风喷口设计为摆动式，摆动范围为−15°～+15°送入炉膛。同时，可根据不同的摆动角度调整火焰中心的位置，从而调节汽水温度及减温水量。

　　（5）下三次风改造。原设计拱下三次风喷口共布置36只，与燃烧器一次风喷口一一对

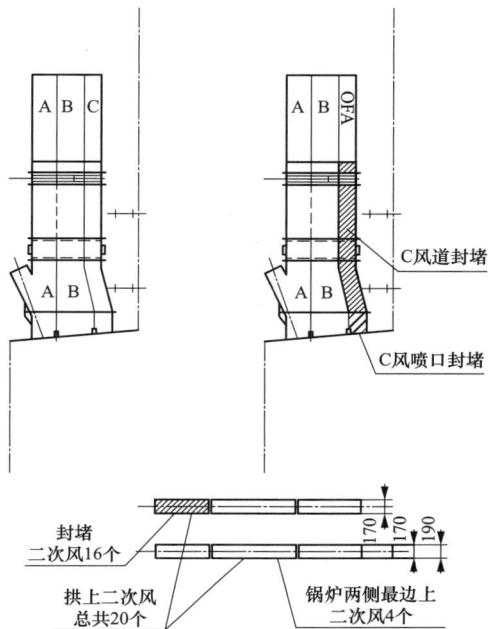

图6-63　改造前后燃烧器二次风布置图

应。为控制下三次风与一次风火焰混合位置，形成良好的W形火焰形状，增加一次风向下贯穿的深度，从而提高煤粉在下炉膛的停留时间和燃烧率，在原下三次风出口处增加可调式风向导流板，将下三次风喷口设计为摆动式，摆动范围为−20°～+20°送入炉膛，在乏气风停止投运时，可根据不同的摆动角度调整火焰中心的位置，从而调节汽水温度及减温水量。改造后下三次风喷口数量仍为36个，单侧墙数量为18个，前后墙单层布置，喷口出口面积和布置间距进行调整，布置标高不变，见图6-64。

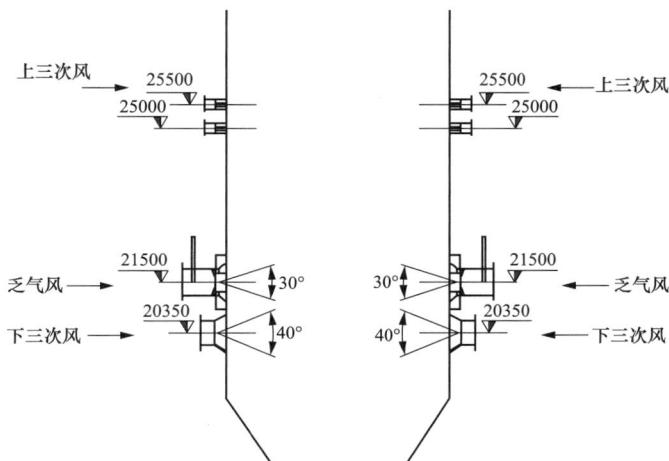

图6-64　改造后燃烧器三次风、乏气布置图

（6）风量测量装置改造。新增三次风风量测量装置，以实现在不同燃烧状况下风量的精确控制。

（7）火检、油枪系统。原燃烧器其余组件、油枪和火检系统等全部利旧，新更换的组件预留相应的开孔，保证利旧设备安装到位。

6.3.4.4 增设燃尽风

在拱上布置一层 DGC 特有的直流＋旋流燃尽风调风器，水平布置，摆动式喷口，单个喷口可上下摆动 15°。燃尽风调风器数量共 22 个，前后墙各 11 个，其中中间采用 9 个直流＋旋流燃尽风调风器，角部采用 2 个直流风喷口。同时为燃尽风增加风量测量装置。

改造后燃尽风布置示意图见图 6-65。

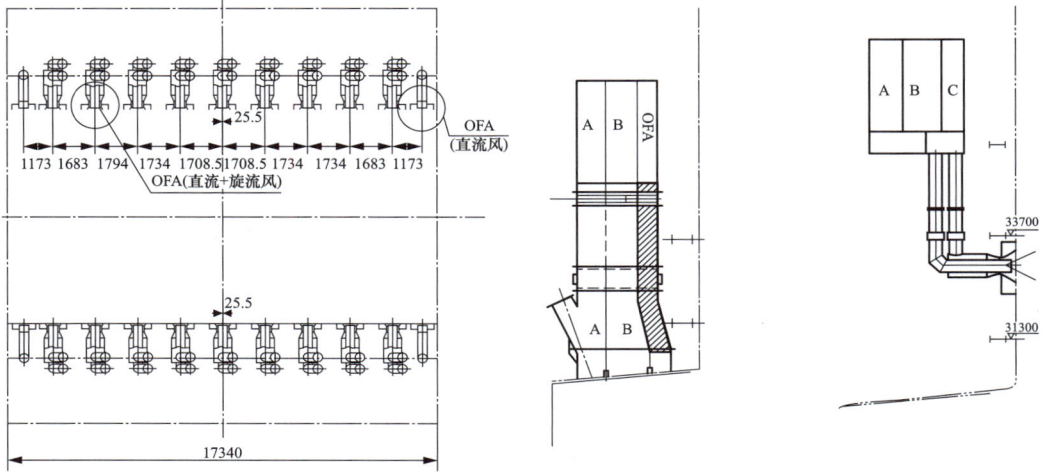

图 6-65 改造后燃尽风布置图

改造后，新增燃尽风取自拱上二次风总风道中原 C 风道，原调节 C 风道的风门挡板及气动执行器更换为电动控制，用于调节总燃尽风风量，通过燃尽风风量的调节，可自动控制拱上、拱下的二次风风量分配，以形成全炉膛分级燃烧，降低锅炉的 NO_x 排放量。同时，在燃尽风风管上设置手动调节蝶阀，控制沿炉膛宽度上风量及直流风/旋流风的分配。为适应煤质、锅炉负荷的变化，精确控制调节燃尽风量的大小，在燃尽风道上增设风量测量装置。

6.3.4.5 燃烧器风箱、风道改造

原前后墙拱上二次风箱各 1 个，每个二次风箱分为 A、B、C 三个风室；二次风道共 38 个，前后拱各 19 个，每个风道分为 A、B、C 三个风道。

改造后（每一侧墙）将取消 9 个风道，其余 10 个风道与一次风管相间交错均匀布置，每个风道增加引出周界风管道为一次风提供冷却用风。每个 C 风道功能取消，仅保留 A、B 风道。燃尽风风管引自二次风大风箱，共 40 个燃尽风风管，具体布置如图 6-65 所示。

6.3.4.6 预热器旁路系统改造

为满足此次低氮改造扩大煤种适应性（能够适应掺烧 40%～60% 华亭烟煤）的要求，根据现有煤质、运行情况及招标技术文件要求，确定制粉系统改造思路为：在保持现有制粉方式不变的前提下对预热器进行增加旁路改造。

由于掺烧烟煤后，煤质中挥发分将大幅度提高，现有制粉系统采用热风送粉方式，风温较高（约为250℃），易导致煤粉管道自燃等安全事故发生。因此掺烧烟煤后可将原制粉系统热风送粉改为温风送粉，即在热一次风母管中引入部分未经空气预热器预热的旁路冷风，冷风取自一次风机出口，控制一次风粉混合温度低于160℃，从而保证制粉系统输送煤粉的安全性。

制粉系统改造见图6-66。

6.3.4.7　水冷壁改造

增设燃尽风后，前后墙相应区域的水冷壁需更换改造，新的水冷壁上增加燃尽风开孔，开孔水冷壁采用一孔一片管屏的型式更换，共需更换22片管屏。

拱上布置新燃烧器后，布置形式、结构、配风口数量发生变化，拱部水冷壁燃烧器区域局部更换改造（一次风喷口区域水冷壁），该区域拱部水冷壁密封也相应更换改造。

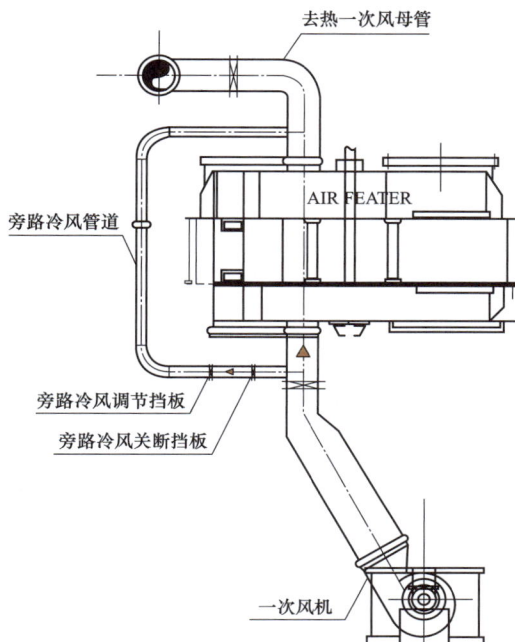

图 6-66　制粉系统改造示意图

拱下垂直墙水冷壁乏气喷口和下三次风喷口进行了更换和重新布置，因此对该区域拱下垂直墙水冷壁局部更换改造。新的开孔水冷壁采用一孔一片管屏的型式更换，共需更换16片管屏（乏气风喷口）和36片管屏（下三次风喷口）。

考虑到原拱上垂直墙水冷壁（前后墙）存在高温腐蚀问题，确定该次改造需更换原该区域水冷壁（前后墙），从标高EL30000～EL31950区间。

原敷设了卫燃带的水冷壁，其更换区域的管屏出厂前焊接销钉。

水冷壁开孔安装时采取洁净化的安装工艺，在保证水冷壁安装质量的同时，还确保安装过程中不会有异物或渣滓落入水冷壁管内。

6.3.5　低氮燃烧改造的初步结果

改造后的结果见表6-29～表6-31。

表 6-29　　　　　　　　　　　　　改 造 的 设 计 煤 质

日期	全水分	收到基全硫	干燥无灰基挥发分	收到基灰分	收到基低位热值
符号	M_{ar}	$S_{t,ar}$	V_{daf}	A_{ar}	$Q_{net,ar}$
单位	%	%	%	%	MJ/kg
原设计煤种	4.22	4.02	14.25	30.45	21604
改造煤种	8.49	3.50	19.08	26.64	21.25
试验煤种	8.49～11.85	2.57～3.5	19.08～27.64	24.4～26.64	19.36～21.25

表 6-30 改造后的各项锅炉效率指标与设计值比较

工况说明		工况 1	工况 2	工况 3	工况 4	工况 5	工况 6
		50%额定负荷工况	100%额定负荷工况	100%额定负荷工况	50%额定负荷工况	75%额定负荷工况	75%额定负荷工况
负荷	MW	180	360	360	180	270	270
飞灰含碳量	%	3.86	3.63	3.54	3.79	3.36	3.48
炉渣含碳量	%	2.92	1.86	2.20	3.22	3.40	3.26
机械不完全燃烧损失	%	1.545	1.413	1.368	1.504	1.427	1.468
排烟处氧量	%	8.09	5.31	5.10	7.78	6.06	6.22
排烟温度	℃	140.1	154.7	151.0	142.2	143.5	147.4
排烟热损失	%	5.730	5.398	5.242	6.034	5.550	5.877
可燃气体不完全燃烧损失	%	0.003	0.002	0.001	0.003	0.002	0.002
锅炉散热损失	%	0.819	0.414	0.414	0.789	0.547	0.554
灰渣物理热损失	%	0.173	0.184	0.182	0.180	0.192	0.197
锅炉热效率	%	91.729	92.589	92.793	91.491	92.282	91.901
修正后锅炉热效率（送风修正）	%	91.526	92.404	92.662	91.406	92.220	91.853

表 6-31 改造后的各项指标与设计值比较

项目		保证值	改造后数据	评价
锅炉效率（%）	100%ECR 负荷	90.62	92.140/92.288	合格
	75%ECR 负荷	90.62	91.878/91.487	合格
	50%ECR 负荷	90.62	91.255/90.980	合格
省煤器出口 NOₓ 排放浓度（mg/m³，标准状态）	100%ECR 负荷	700	506.71/438.17	合格
	75%ECR 负荷	680	379.69/469.05	合格
	50%ECR 负荷	680	460.56/576.42	合格
省煤器出口 CO 排放浓度（mL/L）	100%ECR 负荷	100	15.10/16.11	合格
	75%ECR 负荷	100	22.98/24.71	合格
	50%ECR 负荷	100	16.75/19.56	合格
飞灰可燃物（%）	100%ECR 负荷	4	3.63/3.54	合格
	75%ECR 负荷	4	3.36/3.48	合格
	50%ECR 负荷	4	3.86/3.79	合格
主蒸汽温度（℃）	100%ECR 负荷	±3	538.60/539.60	合格
	75%ECR 负荷	±3	538.50/538.40	合格
	50%ECR 负荷	±3	540.6/540.24	合格
再热蒸汽温度（℃）	100%ECR 负荷	±3	537.92/540.65	合格
	75%ECR 负荷	±3	538.48/539.11	合格
	50%ECR 负荷	±3	539.17/539.39	合格
过热器减温水量（t/h）	100%ECR 负荷	60	90.05/81.97	不合格
	75%ECR 负荷	60	96.21/123.84	不合格
	50%ECR 负荷	60	71.13/72.68	不合格

续表

项目		保证值	改造后数据	评价
再热器减温水量（t/h）	100%ECR负荷	2	22.02/12.18	不合格
	75%ECR负荷	2	12.91/18.98	不合格
	50%ECR负荷	2	4.97/8.63	不合格

2017年2月，4号炉改造后的投入运行考核试验报告的结论中指出：

（1）工况1（50%额定负荷工况）的锅炉热效率为91.729%，经送风温度修正后锅炉热效率为91.526%，经煤质修正后锅炉热效率为91.255%。工况2（100%额定负荷工况）的锅炉热效率为92.589%，经送风温度修正后锅炉热效率为92.404%，经煤质修正锅炉热效率为92.140%。工况3（100%额定负荷工况）的锅炉热效率为92.793%，经送风温度修正后锅炉热效率为92.662%，经煤质修正后锅炉热效率为92.288%。工况4（50%额定负荷平行工况）的锅炉热效率为91.491%，经送风温度修正后锅炉热效率为91.406%，经煤质修正后锅炉热效率为90.980%；工况5（75%额定负荷平行工况）的锅炉热效率为92.282%，经送风温度修正后锅炉热效率为92.220%，经煤质修正后锅炉热效率为91.878%。工况6（75%额定负荷平行工况）的锅炉热效率为91.901%，经送风温度修正后锅炉热效率为91.853%，经煤质修正后锅炉热效率为91.487%。50%～100%负荷工况下，锅炉效率为90.62%，满足设计要求。

（2）工况1的飞灰含碳量为3.86%；工况2的飞灰含碳量为3.63%；工况3的飞灰含碳量为3.54%；工况4的飞灰含碳量为3.79%；工况5的飞灰含碳量为3.36%；工况6的飞灰含碳量为3.48%。相关数据满足设计要求。

（3）工况1（50%额定负荷工况）的脱硝入口CO（$O_2=6\%$）浓度为16.75×10^{-6}，工况2（100%额定负荷工况）的脱硝入口CO（$O_2=6\%$）浓度为15.10×10^{-6}，工况3（100%额定负荷工况）的脱硝入口CO（$O_2=6\%$）浓度为16.11×10^{-6}，工况4（50%额定负荷平行工况）的脱硝入口CO（$O_2=6\%$）浓度为19.56×10^{-6}，工况5（75%额定负荷平行工况）的脱硝入口CO（$O_2=6\%$）浓度为22.98×10^{-6}，工况6（75%额定负荷平行工况）的脱硝入口CO（$O_2=6\%$）浓度为24.71×10^{-6}，满足改造目标要求。

（4）工况1（50%额定负荷工况）的脱硝入口NO_x（$O_2=6\%$）为460.56mg/m³（标准状态），工况2（100%额定负荷工况）的脱硝入口NO_x（$O_2=6\%$）为506.71mg/m³，工况3（100%额定负荷工况）的脱硝入口NO_x（$O_2=6\%$）为438.17mg/m³，工况4（50%额定负荷平行工况）的脱硝入口NO_x（$O_2=6\%$）为576.42mg/m³，工况5（100%额定负荷平行工况）的脱硝入口NO_x（$O_2=6\%$）为379.69mg/m³，工况6（100%额定负荷平行工况）的脱硝入口NO_x（$O_2=6\%$）A侧为469.05mg/m³。满足改造目标要求。

（5）100%额定负荷工况1的空气预热器漏风率A侧为9.784%、B侧为8.813%，100%额定负荷工况1的空气预热器漏风率A侧为9.881%、B侧为8.087%。

（6）保温测试。环境温度高于30℃时，燃烧器区域保温表面温度大部分大于55℃，保温效果未达到技术协议要求，不合格。

（7）锅炉各受热面未发现超温情况，过、再热汽温在设计范围内。

（8）过热器减温水流量、再热器减温水流量均超过设计值，不合格。

6.3.6 对该次改造有关问题的思考和建议

该次改造总的来说是成功的。

采用掺烧烟煤的手段大幅度降低 NO_x 是有效的，掺烧烟煤 20%～30% 的工况，NO_x 排放值低达 506.71/438.17mg/m³，是难能可贵的。

这说明将一、二次风的间距拉大而且还增设了燃尽风，将拱上风的风率由 73.5% 降低到 39.5%，有利于实现分级送风，这些措施是十分有利的。

采用敞开式燃烧器，有利于着火。将两股一次风合并，增加了一次风的动量和刚性，有利于增加主火炬的动量下射，增长了火炬的行程，有利于提高燃烧效率，降低飞灰可燃物。以确保在降低 NO_x 时，燃烧效率不会降低。

但是，为了解决二期锅炉原来存在的问题采用下列方式：

(1) 拉大一、二次风之间的距离，防止一、二次风过早混合，有利于降低 NO_x。但是敞开式燃烧器的布置方案和 SA 3、4 号炉改后燃烧器的布置方式相似，因为增设了周界风，因此结渣情况远比 SA 电厂减轻。但是二次风对一次风的抽吸作用显著，还是造成结渣，见图 6-67。后来又将炉内结渣部位的卫燃带进一步清除，才使结渣得以控制。目前可以维持正常运行。

图 6-67　LH电厂4号炉结渣情况

(2) 为了实现分级送风拱顶二次风率由 73.5% 降低到 39.5%，有利于实现整个炉膛分级送风，以求降低 NO_x，结果使拱上风的动量大幅度下降。将一次风集中布置，风速提高到 16m/s；二次风的风速由 34.4m/s 提高到 45m/s，以求达到提高主气流下冲的能力。但是从实践来看，由于一、二次风分开布置，拱上二次风风率减少过多，拱上单只燃烧器的动量减少较多，整个主气流的充满程度并未得到改善，火焰中心抬高。其结果导致过热器减温水量上升到 90t/h，尤其是再热汽减温水量从 8t/h 增加到 22t/h，将会对循环效率造成较大的影响。运行调整中也说明了下三次风挡板开度，对减温水量影响较大。当挡板开度为70%时，再热减温水为26t/h；开度为50%时，再热减温水为14t/h；开度为40%时，再热减温水为8t/h左右。一次风母管压力调整，风压大小分别为4.1、4.2、4.3kPa，再热减温水由25t/h降至18t/h。而且火焰中心抬高，火焰行程缩短，也导致升负荷的速率降低，在升负荷过程中必须控制三次风门，关小燃尽风门，才能满足升负荷速率的要求5MW/min，给运行控制带来困难。

6.4　LH 电厂一期锅炉 YTLY 公司的改造方案

6.4.1　设备概况

因 LH 电厂一期与二期炉型完全相同，设备概况见 6.3.1。

6.4.2　LH 电厂一二期锅炉存在的主要问题

综合锅炉已有设计资料及实际运行参数，并结合 2015 年 11 月期间进行的摸底测试结果，对锅炉的现状作出全面评价，分析结果如下。

6.4.2.1　实际燃用燃料分析

（1）入炉煤统计。一、二期锅炉半年时间入炉煤的煤质变化显示见图 6-68，锅炉近期燃煤相对较为稳定。煤中全水在 6%～10% 之间；收到基灰分为 23%～32%；干燥无灰基挥发分为 15%～20%，略高于设计值 14.27%；低位发热量在 20～22MJ/kg，与设计值 21.39MJ/kg 接近；全硫在 2%～3.5% 之间，属于高硫煤，但低于设计值 4.06%。

整体来看，锅炉近期煤质与设计煤质接近，为中挥发分高硫分贫煤。

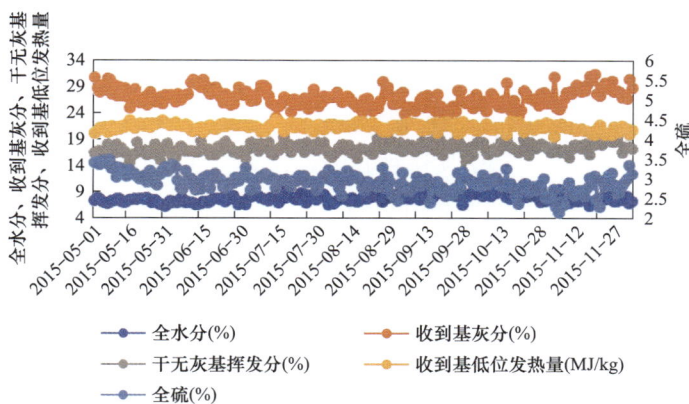

图 6-68　一、二期锅炉半年时间入炉煤质变化趋势

根据可行性研究技术协议上提供的锅炉实际燃用煤质见表 6-32。从表中可见，技术协议提供的煤质发热量明显低于锅炉近半年实际入炉煤质发热量。

表 6-32   技术协议提供的锅炉实际燃用煤质

项目	全水分 M_{ar}（％）	灰分 A_{ar}（％）	全硫 S_{ar}（％）	干无灰基挥发分 V_{daf}（％）	低位发热量（MJ/kg）
原设计煤	4.22	30.53	4.02	14.27	21.604
实际煤质	6.1	36.6	4.39	16.75	18.03

（2）摸底测试煤质。一、二期锅炉目前入炉煤为无烟煤与烟煤的混煤，在入炉皮带前通过不同的给煤混筒进行掺配。2 号炉摸底试验煤质分析见表 6-33，其中工况 1～4 为 360MW 负荷习惯煤种，约掺配 15％烟煤；工况 5～6 为 360MW 负荷约掺配 20％烟煤，其中工况 5 为正常氧量，工况 6 为低氧量；工况 7 为 300MW 负荷习惯煤种；工况 8～9 为 215MW 负荷习惯煤种，其中工况 8 为正常运行工况，工况 9 为磨煤机全停工况。

表 6-33   2 号炉摸底试验煤质分析

项目	符号	单位	工况 1～4	工况 5～6	工况 7	工况 8～9
全水	M_{ar}	％	6.6	7.4	6.84	6.92
空干基水分	M_{ad}	％	1.18	1.74	1.35	1.4
收到基灰分	A_{ar}	％	28.88	27.85	28.57	28.47
干无灰基挥发分	V_{daf}	％	15.03	19.02	16.23	16.63
收到基低位发热量	$Q_{net,ar}$	MJ/kg	21.02	20.78	20.95	20.92
收到基碳	C_{ar}	％	55.45	54.9	55.29	55.23
收到基氢	H_{ar}	％	2.36	2.55	2.42	2.44
收到基氧	O_{ar}	％	2.33	3.28	2.62	2.71
收到基氮	N_{ar}	％	0.86	0.84	0.85	0.85
收到基硫	S_{ar}	％	3.52	3.18	3.42	3.38

一、二期锅炉目前实际燃用煤质与设计煤质相比，干燥无灰基挥发分在 16％左右，略高于设计值 14.27％；发热量为 21MJ/kg 左右，基本等同于设计值，远高于技术协议要求的发热量。

（3）试验工况介绍。为了解锅炉实际的运行情况，需进行以下试验：

1）锅炉在高/中/低负荷下，测量锅炉效率；需要测量飞灰、大渣含碳量、排烟温度等。

2）锅炉在高/中/低负荷下，测量省煤器出口烟气成分（NO_x、O_2、CO 浓度等）以及烟气温度等参数。

3）实测炉膛温度，燃烧器着火情况。

4）锅炉汽水参数情况，主、再热汽温、汽压、减温水量等。

5）粉管风速测量、粉管煤粉取样等。

6）变煤种试验。

7）制粉系统测试。

机组运行负荷在 60％～100％范围内，在 360MW 负荷下，进行了习惯煤种和变煤种的试验以及相应的低氧量试验。在 300MW 和 215MW 负荷时，采用习惯运行方式，运行氧量为 3.8%～4.3%。

6.4.2.2　锅炉效率分析

一期锅炉 ECR 工况设计锅炉效率为 90.02%。

2 号锅炉摸底测试对各工况下锅炉效率进行了测试，实测锅炉效率 360MW 负荷时为 91.61%～92.21%，低氧量时为 91.61%，主要是由于飞灰含碳量大幅上升所致；工况 5 变煤种时，由于排烟温度的上升和飞灰可燃物的上升，锅炉效率为 91.14%，降低氧量后锅炉效率下降为 90.56%。

从结果来看，随着锅炉掺烧烟煤比例的提高，飞灰含碳量和排烟温度均有所上升。分析原因为：烟煤要求的一次风率较高，原锅炉是按贫煤设计的，一次风率偏低；再加上烟煤和无烟煤的着火燃尽特性差别较大，烟煤和贫煤抢风，增大了飞灰含碳量。而且二次风量比例高达 73.5%，但是设计风速为 41.6m/s，实际风速低达 34.4m/s。在烟煤比例增加后容易着火，着火后火炬膨胀，下冲力减小，导致火焰行程缩短，也是导致排烟温度上升、飞灰可燃物增加的重要原因。

综合来看，2 号锅炉在正常运行时，锅炉效率可以达到保证的锅炉效率，但锅炉效率仍低于同等容量下的其他类型锅炉。测试结果见表 6-34。

6.4.2.3　尾部烟气组分与温度分析

在 2 号锅炉摸底测试的各工况下，均采用网格法对省煤器后、空气预热器后各烟气组分和烟气温度进行了测量，测量结果见表 6-35 和图 6-69～图 6-73。从试验结果看，可得到以下结论：

（1）2 号炉运行氧量偏低，而且沿炉膛宽度方向分布不均，见图 6-69，呈现出中间低、两侧高的规律。

（2）NO_x 排放水平为：在习惯运行条件、习惯煤质时 360MW 负荷下在 1000～1104mg/m³（O_2=6%），将烟煤的掺烧比例由 15% 升至 25% 时，NO_x 浓度下降至 997mg/m³。另外从工况 4、6 可见，降低运行氧量可显著降低 NO_x 排放浓度，但同时 CO 浓度上升明显，300MW 负荷时为 1009mg/m³（O_2=6%），215MW 负荷时为 797mg/m³（O_2=6%）。停运磨煤机后，NO_x 下降。总体来看，2 号炉 NO_x 排放浓度处于较高水平。

（3）在正常运行条件下，锅炉 CO 排放浓度较低，基本可忽略，但在低氧量时，CO 浓度上升明显。

（4）省煤器后烟温 360MW 负荷时在 371～385℃之间，300MW 负荷和 215MW 负荷分别为 371.5℃ 和 344.5℃。制粉系统停运后，烟气温度降低约 12℃；锅炉省煤器后烟气温度处于正常状态，略微偏低。

（5）排烟温度 360MW 时在 144～150℃ 之间，300MW 和 215MW 负荷时分别为 147.1℃ 和 138.8℃；排烟温度基本等于设计值；提高烟煤掺烧比例后，排烟温度未有明显变化。

（6）SO_2 浓度在 360MW 负荷下在 6087～7723mg/m³（O_2=6%）之间，300MW 和 215MW 分别在 6248mg/m³ 和 5045mg/m³（O_2=6%）。

（7）由表 6-35 可见，随着入炉煤挥发分的提高，飞灰可燃物显著上升。

表6-34　　摸 底 测 试 锅 炉 效 率

工况	1	2	3	4	5	6	7	8	9
负荷	360	360	360	360	360	360	300	215	215
省煤器后氧量（%）	2.65	2.55	2.60	1.58	2.60	0.98	3.28	5.45	4.32
空气预热器后氧量（%）	4.99	5.31	5.37	4.63	5.26	4.12	6.10	7.47	7.40
CO（$\times 10^{-6}$）	8	8	9	174	32	2384	9	12	15
排烟温度（修正前）	144.7	148.3	147.8	146.2	148.2	149.1	147.1	138.8	125.2
飞灰含碳量	2.46	2.46	2.28	4.21	4.53	4.61	5.07	5.83	5.83
大渣含碳量	1.48	1.48	3.79	1.93	2.26	2.9	2.74	0.58	0.58
锅炉效率（未修正）	92.05	91.80	91.87	91.52	91.02	90.56	90.28	89.76	90.68
锅炉效率（修正）	92.21	91.95	91.98	91.61	91.14	90.68	90.47	89.95	90.81

表 6-35 　　　　　　　　　　　　**2 号锅炉摸底测试各工况尾部烟气组分**

位置	工况	1	2	3	4	5	6	7	8	9
	负荷	360	360	360	360	360	360	300	215	215
省煤器后	氧量（%）	2.65	2.55	2.60	1.58	2.60	0.98	3.28	5.45	4.32
	NO_x（mg/m^3）	1104	1054	1089	877	997	783	1009	797	697
	烟温	377.9	380.6	383.9	374.4	384.3	371.2	371.5	344.5	332.3
空气预热器后	氧量（%）	4.99	5.31	5.37	4.63	5.26	4.12	6.10	7.47	7.40
	CO（$\times 10^{-6}$）	8	8	9	174	32	2384	9	12	15
	SO_2（mg/m^3）	7723	7710	7222	6087	6717	6843	6248	5045	5506
	排烟温度	144.7	148.3	147.8	146.2	148.2	149.1	147.1	138.8	125.2

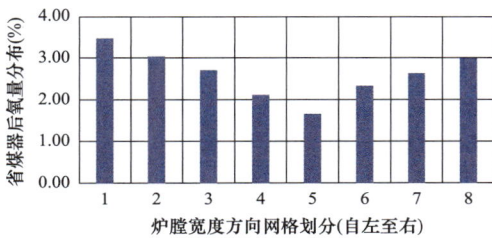

图 6-69　360MW 时省煤器后 O_2
沿炉膛宽度方向分布

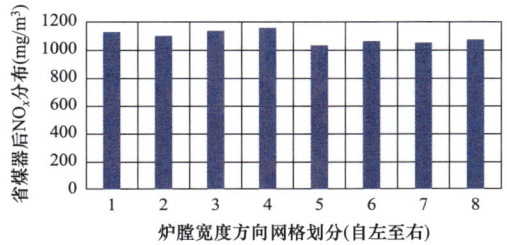

图 6-70　360MW 时省煤器后 NO_x
沿炉膛宽度方向分布

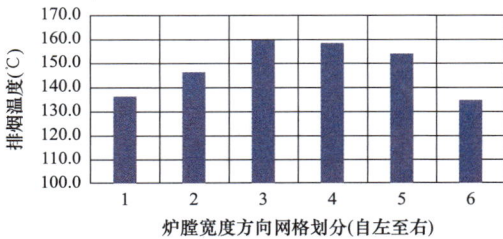

图 6-71　360MW 时排烟温度沿炉膛宽度方向分布

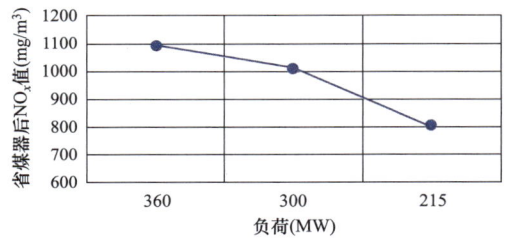

图 6-72　省煤器后 NO_x 浓度随负荷变化规律

6.4.2.4　炉膛温度分析

在各工况下，对炉膛温度水平进行了测量，在下炉膛有两层看火孔，标高依次为 18.6、27.5m。其中 27.5m 看火孔分布在两侧墙和前后垂直墙上，前后垂直墙上的看火孔位于燃烧器主喷口下方；上炉膛有一层看火孔，标高为 36.2m，在左右侧墙上，位于壁式再热器入口下方。看火孔位置见图 6-74。

（1）由图 6-75 和图 6-76 可见，下炉膛温度分布基本均匀，仅右前看火孔温度偏低，锅炉未存在明显的偏烧问题。

（2）由图 6-77 可见，下炉膛 18600mm 标高处温度低于 27500mm 标高处温度，说明炉膛火焰高度偏上，炉膛充满程度有进一步提升空间。

（3）由图 6-78 可见，燃烧器下方炉膛温度沿炉膛宽度方向分布基本均匀，后墙燃烧器着火好于前墙，从燃烧器的着火距离也可印证这点，见图 6-79。

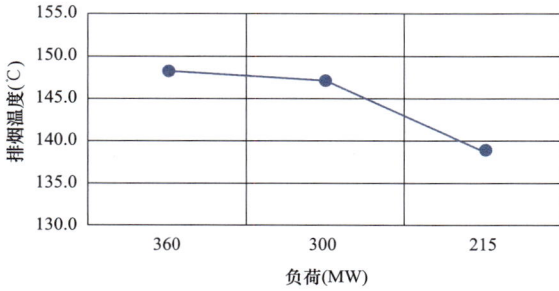

图 6-73　排烟温度随负荷变化规律

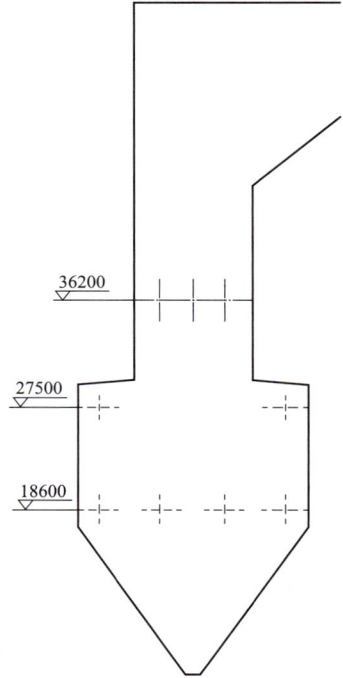

图 6-74　看火孔位置图

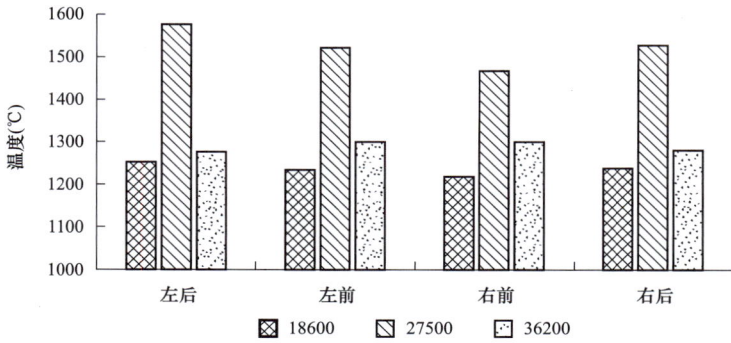

图 6-75　360MW 时炉膛不同位置看火孔炉膛温度对比

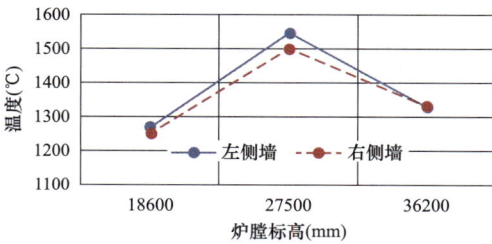

图 6-76　360MW 锅炉左右两侧炉膛温度对比

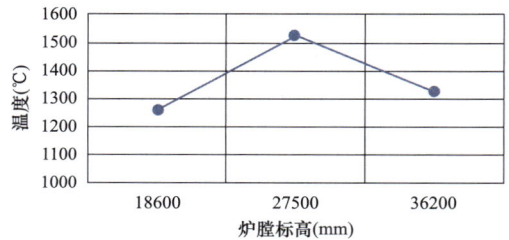

图 6-77　360MW 时锅炉不同标高看火孔
炉膛温度分布

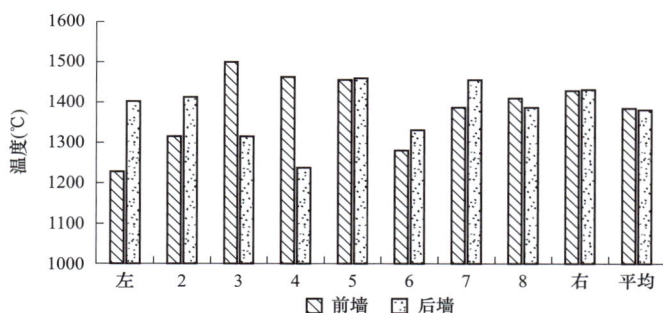

图 6-78 360MW 时燃烧器下方炉膛温度沿炉膛宽度方向分布规律

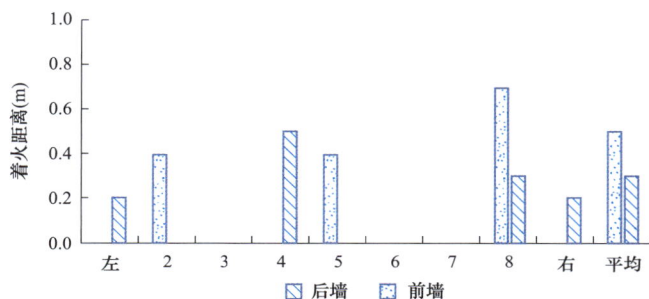

图 6-79 360MW 时部分燃烧器着火距离

（4）由图 6-80 可见，锅炉燃用煤质由掺烧 15%烟煤至 25%烟煤后，看火孔温度变化不明显。

（5）由图 6-81 可见，随着负荷的降低，炉膛平均温度水平逐渐下降，且低负荷阶段下降更明显。

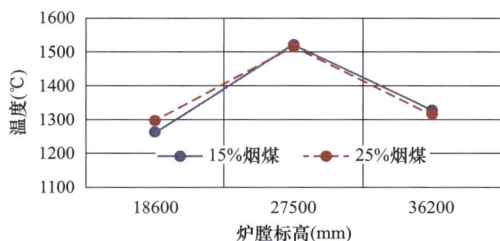

图 6-80 360MW 时不同煤种条件下炉膛温度对比

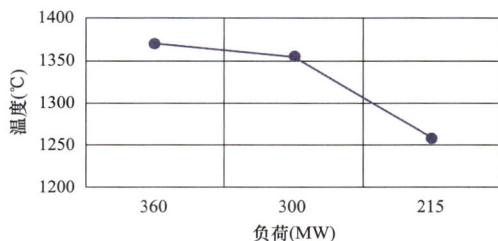

图 6-81 不同负荷下炉膛平均温度水平对比

6.4.2.5 汽水参数和减温水量分析

在各工况下，对锅炉汽水参数和减温水数据进行了采集，见表 6-36。从表 6-36 可以得到以下结论：

（1）2 号锅炉过热汽温在各负荷下均可达到设计值，过热器减温水量 360MW 负荷时在 0～62t/h 之间，300MW 负荷时为 78.4t/h，220MW 负荷时为 50.6t/h。锅炉过热器减温水量高于设计值。

（2）再热汽温在各负荷下均可以达到设计值，360MW 负荷下减温水量在 6～12.4t/h 之间，在 300MW 负荷时减温水量为 8t/h，220MW 负荷时减温水量为 0～3t/h，低于设计值。

表 6-36　　　　　　　　　　　摸底测试各工况下的汽水参数汇总

工况		单位	1	2	3	4	5	6	7	8	9
机组负荷		MW	360	358	357.7	357.8	357.6	358.5	299.9	219.9	216.2
总燃料量		t/h	145.8	146.3	151.6	139.6	146.5	146.7	130.4	103.3	103.2
总风量		km³/h（标准状态）	817.4	807.2	838.3	768.4	811.2	723.7	692.8	580.9	578
一级减温水调阀开度	A	%	5	16.5	15.5	4	20.6	0	49.32	45	30.5
	B	%	19	27.5	50.5	10	5	0	55.5	48	39.5
二级减温水调阀开度	A	%	6	20	23.8	19	21.7	15.6	18.3	20.6	18.3
	B	%	0	0	1.7	6.4	4	0	4	6.3	2.7
过热器减温水总量		t/h	20.63	49.9	61.9	30.8	40.9	0	78.4	64.6	50.6
末级过热器出口蒸汽温度	A	℃	546	544	547	540	541	543	539	541	540
	B	℃	530	533	533	539	541	535	539	537	537
末级过热器出口蒸汽压力		MPa	18.01	17.9	17.9	18.01	17.95	18.05	15.25	11.57	11.44
主蒸汽流量		t/h	1039	1036	1064	1052	1051	1056	878.3	629.7	630.1
再热器减温水调阀开度	A	%	0.62	4.2	5	2	2	0	1.5	0.6	0
	B	%	0.58	0	2.2	0	1	0	3.5	3.3	0
再热器减温水总量		t/h	6.5	10.6	12.4	6.1	9.6	7.9	8	2.9	0
高温再热器出口蒸汽压力		MPa	3.761	3.762	3.749	3.779	3.785	3.803	3.133	2.266	2.193
高温再热器出口蒸汽温度	A	℃	545	545	544	542	544	538	542	538	540
	B	℃	540	541	540	542	542	545	541	540	541

6.4.2.6　制粉系统分析

每台锅炉配 2 台钢球磨煤机，型号为 BBI4080，中储仓式系统。其中干燥介质为热烟气，其调温介质为热二次风和冷风。排粉机出口的乏气，一部分进入磨煤机出口进行再循环，另一部分经乏气风机送入炉膛燃烧。推荐载球量为 140t，最大载球量为 157t，设计出力为 90.8t/h，最大出力为 101t/h。制粉系统出力及煤粉细度基本能够满足负荷及煤粉着火和燃尽的要求，在磨煤机出力变化不大的情况下，当磨煤机钢球配比不同时，煤粉细度变化不大。锅炉实际出力 80～92t/h 左右，在保证出力范围内。

制粉系统磨制的煤粉细度 R_{90} 平均值两个粉仓分别为 6.65% 和 19.21%，均匀度系数平均值两个粉仓分别为 0.63 和 0.87，具体见表 6-37。可见两个粉仓煤粉细度差别较大，煤粉整体较粗，且均匀度系数较小，存在较多的粗颗粒。

表 6-37　　　　　　　　　　　摸底测试各台磨煤粉细度数据

粉仓编号	粉管编号	R_{200}（%）	R_{90}（%）	n
1	A12	1.10	6.70	0.64
	E12	1.01	5.81	0.60
	E14	1.52	8.32	0.65
	I12	0.98	5.78	0.61
	平均	1.15	6.65	0.63

粉仓编号	粉管编号	R_{200}（%）	R_{90}（%）	n
2	A21	4.30	23.50	0.97
	B24	3.88	19.48	0.86
	C23	2.93	15.73	0.81
	E21	3.73	18.13	0.82
	平均	3.71	19.21	0.87
平均值		2.43	12.93	0.75

YTLY 公司认为 LH 电厂一、二期锅炉存在的主要问题如下：

（1）炉膛特征参数方面的问题。

1）下炉膛容积热负荷较低，不利于煤粉颗粒的燃尽。LH 电厂一、二期锅炉 ECR 工况下炉膛容积放热强度约为 165kW/m³（BMCR 下为 186kW/m³），远低于 300MW 等级的 FW 技术 W 火焰锅炉。例如 AS 电厂一期锅炉的 240.32kW/m³ 和 YF 电厂二期锅炉的 207.98 kW/m³。较低的容积放热强度意味着炉膛整体的温度水平较低，这不利于煤粉颗粒的稳定着火和燃尽。该炉属于瘦高型，但下炉膛的高度和垂直墙的高度都较高，是 W 火焰炉中较高者。这一特点为煤粉颗粒在炉内的停留、充分燃尽创造了有利条件。同时，如何充分利用下炉膛所创造的比较宽松的燃烧组织，就成为这台锅炉是否能较好地组织燃烧的关键。

2）下炉膛宽深比小，造成下炉膛断面放热强度较高。LH 电厂一、二期锅炉下炉膛宽深比小于 1，较小的宽度使得燃烧器在拱上的布置距离较近。为加大燃烧器的相对距离，减小了燃烧器喷口的宽度，将燃烧器喷口做成长条形，同时不设置翼墙，以减小最外侧燃烧器喷口距侧墙的距离。

下炉膛断面放热强度高达 3.0MW/m²，与 FW 系列和后期狭缝型燃烧器的 W 火焰炉相比，高出 20% 以上。燃烧器喷口距侧墙距离较近，且不设置翼墙，导致锅炉易于结渣。

燃烧器在拱上的布置距离较近，导致锅炉沿炉膛宽度方向的热负荷分布较为集中，造成燃烧器区域的温度水平较高，而且该炉是热风送粉，含粉气流温度高达 250℃。煤粉气流在距离喷口不足 1m 的位置即着火，燃烧器区域较高的温度有利于煤粉颗粒的稳定着火。但是燃烧器喷口旁边有大量的二次风喷口，使得在煤粉燃烧初期即有大量二次风混入，加之较高的温度水平造成 NO_x 的大量生成。

3）下炉膛较高，但是下炉膛利用率低。LH 电厂一、二期锅炉的下炉膛高度为 23.5m，远高于 YF 电厂的 16.5m；下炉膛折算高 16.1m，远高于 FW 系列和 B&W 系列的 10~11m。但是尽管炉膛较高，利用率却较低。

由于拱上二次风喷口数量较多，喷口面积大，尽管拱上二次风率已经达到 70%，但实际风速却仅在 30m/s 左右，加之拱上二次风喷口的布置较为分散，导致拱上气流下冲动量不足，下冲深度较小，火焰中心偏高。从数值模拟结果中可以得到验证，下炉膛的火焰充满程度差，燃烧过程并未得到应有的延长。火焰中心偏高同时导致锅炉尾部受热面的烟气温度较高，尤其是省煤器后烟温已经超出 SCR 投运的温度上限，为此将省煤器更换为带 H 型鳍片的管材，以增加受热面积，降低省煤器后烟温。

（2）燃烧组织方面的问题。

1）锅炉分级送风降低 NO_x 的设计思想基本未能实现。W 火焰锅炉的设计思想是由于一次风中煤粉浓度高和二次风分拱上、拱下两级送入，在炉内形成明显的两级燃烧区，设计和调整适当时可望降低 NO_x 的排放量。

锅炉拱上风比例高达 70%，拱下风比例很小，且拱上二次风在煤粉燃烧初期即混入主煤粉气流，几乎完全背离 W 火焰锅炉的设计思想，不能实现拱上风、拱下风分级送风以降低 NO_x 的设计意图，使得助燃空气主要在下炉膛下部与煤粉混合。而且未设置实现炉膛整体分级送风的装置燃尽风，煤粉燃烧始终处于富氧气氛中，这是造成锅炉 NO_x 排放浓度高达 1100mg/m³ 的重要原因。

2）狭缝型燃烧器问题较多。

a）狭缝式燃烧器不利于降低 NO_x。LH 电厂一、二期锅炉采用狭缝式燃烧器，其特点是一、二次风喷口均为长条形，喷口相间布置，一、二次风接触面积大，二次风易混入到一次风中。从数值模拟和现场实测都说明，一、二次风混合良好，气流出喷口后即在较短距离充分混合。这一方面有利于补充煤粉颗粒燃烧所需的氧气；另一方面没有实现很好的空气分级意图，造成在煤粉燃烧初期即有大量二次风的混入，使煤粉气流的着火热增加。并且造成煤粉颗粒的周围的富氧环境，造成燃料型 NO_x 的大量生成，这一点从数值模拟结果中可以得到验证。

同时，由于拱上二次风喷口数量较多、面积较大，导致拱上二次风风速偏低，拱上气流下射深度小。造成下炉膛充满程度较小。此外，由于锅炉宽度较小，也导致燃烧器布置相对集中。这两方面导致锅炉热负荷集中，炉膛温度较高，根据摸底试验数据，燃烧器喷口下方不足 1m 的距离炉膛温度即达到 1300℃以上，较高的炉膛温度导致高温型 NO_x 的大量生成。

b）狭缝式燃烧易于导致结渣。为保证煤粉颗粒的着火和燃尽需要，锅炉在前后墙、侧墙部分区域布置了卫燃带，这提高了炉膛的温度水平，易导致炉膛结渣；狭缝式燃烧器未能良好地实现"风包火"的结构，是导致所有狭缝式燃烧器结渣严重的重要原因；竖直向下喷射的拱上气流在下冲过程中易偏向水冷壁面，尤其是前后垂直墙和侧墙，这是造成侧墙燃烧器区域结渣严重的一个原因。

（3）制粉系统的问题。LH 电厂一、二期锅炉制粉系统配备钢球磨煤机，中间储仓式系统，为了减少乏气数量，采用热烟气为干燥介质，调温介质为热二次风和冷风。排粉风机出口的乏气，一部分进入球磨机出口（一般中间仓储式制粉系统发起再循环都是引入磨煤机入口）进行再循环，另一部分经乏气风机送入炉膛燃烧。

乏气风对燃烧干扰较大，由于乏气的干燥介质为热烟气，含氧量较低，且其中水分含量高、风速高，喷入炉膛后其中的煤粉着火不良，并会影响拱上主煤粉气流的燃烧。此外，其微向上喷入炉膛，对拱上气流的下冲影响较大，抬升了炉膛火焰中心高度。摸底试验表明，磨煤机停运后炉膛火焰中心明显下降，排烟温度下降 12℃以上。

由于是负压运行，制粉系统漏风严重（现场测试结果制粉系统漏风率高达 80% 左右），造成空气预热器换热效率较低，排烟温度较高。漏风严重还导致抽烟量增加，这可以从投产初期乏气风机的流量为 30000m³/h 增加到现在的 60000m³/h 得到证实。乏气量增加，不但影响燃烧，而且易于导致抽烟口结渣。

乏气风喷口周围易结渣，由于乏气喷口位于炉膛高温区，热负荷高，在磨煤机停运时易造成喷口结渣和管道烧红。同时由于拱上气流在向下运动中有向垂直墙方向靠的倾向，易在乏气风喷口周围结渣。

另外，2 号炉摸底试验结果表明，两个粉仓煤粉细度差别较大，2 号粉仓煤粉 R_{90} 为 19.2％，远高于 1 号粉仓的 6.6％。煤粉较粗使得煤粉颗粒燃尽困难，增大了飞灰可燃物含量，降低了锅炉效率。

由以上分析可知，LH 电厂一、二期 W 火焰锅炉存在问题较多，进行低氮燃烧系统的综合改造是十分必要的。

6.4.3　LH 电厂一期锅炉 YTLY 公司的改造方案

6.4.3.1　制粉系统改造方案

燃用煤质由低挥发分的贫煤改为大比例掺烧高挥发分的烟煤，对锅炉的制粉系统、燃烧组织、汽水参数将产生重大影响，对它们采取有针对性的措施进行改造，是这次改造的重点。改造的前提是保证制粉系统的安全运行、正常出力、炉膛不结渣及汽水参数正常；改造的关键是改善炉膛火焰的充满程度，改善燃烧组织，并避免煤粉气流冲刷水冷壁；主要措施是改造燃烧器，增大拱上气流动量，优化二次风系统，确定合理的卫燃带面积，使温度场尽可能均匀，以降低炉膛火焰的峰值，减少结渣的可能性；在降低 NO_x 的同时又不会降低燃烧效率，在不烧坏喷口和喷口结渣的同时尽可能改善燃烧器的着火，是这次改造的重点和主要难点。

该期掺烧烟煤及低氮燃烧改造方案主要分为制粉系统（包括输粉系统）改造方案和燃烧系统的改造方案。

针对制粉系统进行了详细的制粉系统热力计算，根据计算结果，制粉系统改造是保持现有制粉系统不变，同时增设冷一次风管道及配套调节门，降低一次风箱热风温度。

针对燃烧系统的改造方案需采用比较成熟的、具有良好的防结渣性能和较好的火焰中心调节性能的燃烧器对锅炉进行改造。同时增设燃尽风，并对卫燃带面积进行调整，必要时对受热面进行调整，以保证汽水参数的正常。

由于计划掺烧用烟煤挥发分含量较高，锅炉大比例掺烧烟煤后，制粉系统需进行改造以适应磨制烟煤的需要。该工程制粉系统为钢球磨煤机、中间储仓式系统，干燥介质为热烟气，调温介质为热二次风和冷风。排粉风机出口的乏气一部分进入磨煤机出口进行再循环，另一部分经乏气风机由乏气喷嘴送入炉膛燃烧。输粉系统采用热一次风送粉，无冷一次风管道。

锅炉原制粉系统是为磨制低挥发分无烟煤而设计的，现要磨制烟煤，由于烟煤的挥发分含量高，易发生爆炸，为此需对制粉系统进行改造，以防止制粉系统爆炸。防爆措施需考虑两部分，一是制粉系统，二是输粉系统。

根据制粉系统的防爆规程的要求，干燥出力也需要进行校核。磨煤机出口允许最高温度见表 6-38。

表 6-38　　　　　　　　　　　　　磨煤机出口允许最高温度

磨煤机类型	用空气作干燥剂	用烟气空气混合物作干燥剂
风扇磨煤机（直吹式制粉系统，在粗粉分离器后的温度）	贫煤：约 150℃；烟煤：约 130℃；褐煤和页岩：约 100℃	烟煤、褐煤、页岩：180～200℃
钢球磨煤机（中储式制粉系统，在磨煤机出口的温度）	贫煤：约 130℃；烟煤、褐煤：约 70℃	烟煤：约 120℃；褐煤：约 90℃
中速磨煤机（直吹式制粉系统，在分离器后的温度）	当可燃基挥发分 $V^T=12％～40％$ 时：120～70℃	

采用热风送粉时，对非易燃性的燃料（$V^T<10\%$），热风温度可适当提高；对易着火的燃料，如磨制烟煤时，热风温度的选定应使燃烧器入口处气粉混合物的温度不超过160℃；对褐煤，气粉混合物温度不应超过100℃；特殊情况应通过试验确定。

6.4.3.1.1 制粉系统改造

该次改造保持现有制粉系统不变，仅对制粉系统漏风点进行封堵，严控漏风系数，同时增设冷一次风管道及配套调节门，降低一次风箱热风温度。此外针对磨制烟煤所需的防爆要求进行相应改造。制粉系统干燥出力校核计算见表6-39。

表 6-39   制粉系统干燥出力校核计算

	项目	单位	实际运行-初期	实际运行-目前	20%烟煤	40%烟煤	60%烟煤	80%烟煤
工业分析	全水分	%	6.6	6.6	10.5	12.28	14.05	15.83
	空干基水分	%	1.18	1.18	3.41	5.32	7.24	9.15
	收到基灰分	%	28.88	28.88	30.86	26.19	21.54	16.87
	干燥无灰基挥发分	%	15.03	15.03	20.65	25.12	29.58	34.05
	收到基低位发热量	kJ/kg	21020	21020	19070	19470	19880	20280
	哈氏可磨性指数		73	73	65	65	65	65
元素分析	收到基碳	%	55.45	55.45	48.95	50.6	52.27	53.92
	收到基氢	%	2.36	2.36	2.3	2.6	2.89	3.19
	收到基氧	%	2.33	2.33	3.07	4.74	6.4	8.07
	收到基氮	%	0.86	0.86	0.97	0.89	0.81	0.73
	收到基硫	%	3.52	3.52	3.35	2.7	2.04	1.39
磨煤机实际通风量计算	锅炉实际负荷	MW	360	360	360	360	360	360
	锅炉实际燃煤量	t/h	143.41	143.41	158.07	154.83	151.63	148.64
	磨煤机台数	台	2	2	2	2	2	2
	煤粉细度		9.5	9.5	12.3	16.6	18.8	21.0
	磨煤机计算碾磨出力	t/h	85.9	85.9	86.8	96.7	103.9	111.5
	磨煤机实际出力	t/h	71.7	71.7	79.0	77.4	75.8	74.3
	磨煤机出力储备系数		1.197	1.197	1.099	1.250	1.371	1.501
	磨煤机最佳通风量	m³/h	205940.6	205940.6	210535.3	227324.8	236165.5	245026.1
	满足干燥出力的最小通风量	m³/h	34020.0	57834.0	81648.0	91854.0	96957.0	102060.0
	磨煤机始端实际煤质下的风煤比	kg/kg	0.308	0.332	0.442	0.510	0.549	0.588
干燥剂温度计算	漏风系数		0.2	1.1	1.1	1.1	1.1	1.1
	冷风温度	℃	20	20	20	20	20	20
	干燥剂温度	℃	636.5	649.6	616.3	611.6	630.4	647.0
	磨煤机出口温度	℃	78	78	60	60	60	60

表6-39中，通过对锅炉投运初期和目前实际运行的磨煤机干燥出力计算可知，在投运初期，制粉系统漏风较小，磨煤机的实际通风量也较小。但随着运行时间的增加，制粉系统漏风严重，导致目前的磨煤机实际通风量增加了将近一倍，这可以从2号炉摸底试验数据和LH电厂运行人员的反映得到印证。若保持目前漏风系数不变的情况大比例掺烧烟煤，

则需增加磨煤机的通风出力，目前乏气风机额定通风量为 68040m³/h，从表 6-39 可见，目前的乏气风机只能勉强满足需要。

然而若能有效控制制粉系统的漏风，将漏风系数减小到设计范围内，则目前的乏气风机可以满足磨制烟煤的所需通风量的要求，计算结果见表 6-40。

表 6-40 方案一制粉系统干燥出力校核计算（减小漏风）

	项目	单位	20%烟煤	40%烟煤	60%烟煤	80%烟煤
工业分析	全水分	%	10.5	12.28	14.05	15.83
	空干基水分	%	3.41	5.32	7.24	9.15
	收到基灰分	%	30.86	26.19	21.54	16.87
	干燥无灰基挥发分	%	20.65	25.12	29.58	34.05
	收到基低位发热量	kJ/kg	19070	19470	19880	20280
	哈氏可磨性指数		65	65	65	65
元素分析	收到基碳	%	48.95	50.6	52.27	53.92
	收到基氢	%	2.3	2.6	2.89	3.19
	收到基氧	%	3.07	4.74	6.4	8.07
	收到基氮	%	0.97	0.89	0.81	0.73
	收到基硫	%	3.35	2.7	2.04	1.39
磨煤机实际通风量计算	锅炉实际负荷	MW	360	360	360	360
	锅炉实际燃煤量	t/h	158.07	154.83	151.63	148.64
	磨煤机台数	台	2	2	2	2
	煤粉细度		12.3	16.6	18.8	21.0
	磨煤机计算碾磨出力	t/h	86.8	96.7	103.9	111.5
	磨煤机实际出力	t/h	79.0	77.4	75.8	74.3
	磨煤机出力储备系数		1.099	1.250	1.371	1.501
	磨煤机最佳通风量	m³/h	210535.3	227324.8	236165.5	245026.1
	满足干燥出力的最小通风量	m³/h	47628.0	53071.2	57834.0	64638.0
	磨煤机始端实际煤质下的风煤比	kg/kg	0.401	0.461	0.515	0.583
干燥剂温度计算	漏风系数		0.2	0.2	0.2	0.2
	冷风温度	℃	20	20	20	20
	干燥剂温度	℃	630.0	628.4	628.9	633.4
	磨煤机出口温度	℃	60	60	60	65

（1）通风出力。根据技术规定计算可知，磨煤机目前的通风量远低于其最佳通风量。在锅炉投运初期，漏风率较小的情况下乏气风机流量仅为目前的一半左右，但依然可以满足通风出力的要求，说明该磨煤机的通风出力有很大的余量。锅炉改为华亭烟煤和重庆能投无烟煤后，所需燃煤量有所上升，但变化不大，在磨煤机所需的通风出力范围内，可以满足要求。

（2）碾磨出力。锅炉原设计煤质哈氏可磨系数为 72，属于易磨煤，由于计划掺烧烟煤的哈氏可磨系数为 65，与原设计差别不大，对碾磨出力的影响不大。

（3）分离出力。煤粉细度参照烟煤的计算公式 $R_{90}=4+0.5nV_{daf}$ 作为参考选取，兼顾低氮燃烧、着火和燃尽性的要求，随着烟煤掺烧比例的提高，R_{90} 逐渐升高。这将提高磨煤机的出力。

（4）出力核算结果。由上述分析可知，锅炉掺烧烟煤后，主要是干燥出力需要提高。根据计算结果提出以下两种措施：①封堵制粉系统漏风点，并加强运行维护，减小磨煤机漏风，降低漏风系数至设计值，则可满足磨制烟煤所需的干燥出力；②若漏风系数不降低，根据表6-39可知，需更换大流量乏气风机。由于进入炉内的乏气量大幅度增加，将对燃烧带来较大的影响。

但是根据摸底试验的结果说明，目前在燃用混合煤时磨煤机出口温度实际保持在70～80℃，送粉温度维持在100～120℃。因此，系统的干燥出力和运行参数是可以满足防爆规程的要求的，制粉系统无需进行较大改造，只需在防爆方面作出部分改进。乏气风机的原设计出力为68040m³/h，投产初期乏气风机的流量为30000m³/h，实际达到66837～75438m³/h，其原因就是系统漏风较大。这必将导致锅炉效率和各项指标偏离设计值。

6.4.3.1.2 一次风部分改造

由于烟煤煤粉气流的易爆性，需降低输粉介质温度保证安全。为确定一次冷风量，对输粉介质进行了热力计算，计算结果见表6-41。

表6-41 输粉介质热力计算结果

项目		单位	实际运行-目前	20%烟煤	40%烟煤	60%烟煤	80%烟煤
一次风热力计算	粉管风温	℃	200.0	60.0	60.0	60.0	65.0
	粉管内径	mm	305.00	396	396	396	396
	粉管数量	个	36.00	18	18	18	18
	一次风量	t/h	207.90	216.27	216.27	216.27	213.07
	锅炉实际空气量	t/h	1210.19	1185.15	1195.57	1204.77	1214.40
	一次风煤比	kg/kg	1.61	1.52	1.55	1.58	1.59
一次含粉气流热平衡	煤粉仓中煤粉温度	℃	10	10	10	10	10
	带粉介质温度	℃	200	60	60	60	65
	带粉前一次风温度	℃	322.0	88.9	89.8	91.0	101.1
一次冷、热风计算	一次冷风温度	℃	20	20	20	20	20
	一次冷风比例	%	0.0	77.5	77.2	76.8	73.5
	一次热风温度	℃	322	322	322	322	322

从表6-41可知，锅炉现粉管风速较高，改造后适当降低以减小粉管阻力，同时降低了输粉介质的温度，一次风率略微上升。

为降低输粉介质温度，需要73%～78%的冷一次风，设备上需增加冷一次风管道；此外，由于大量的一次风不通过空气预热器，造成空气预热器一次风部分换热的大量浪费，故须对空气预热器进行改造。但是如果将输粉温度由60℃提高到110℃左右，那么一次风的比例必将大幅度提高，就不一定需要另设冷一次风道。在试烧中，现场实际就是在不烧坏燃烧器的前提下将输粉温度维持在110～120℃，因此不需设置较大的冷风道。

6.4.3.1.3 制粉系统改造方案小结

该方案保持现有制粉系统不变，为满足大比例掺烧烟煤的需要，通过上述分析，得到以下结论：

（1）现有制粉系统漏风严重，降低了磨煤机的干燥出力。大比例磨制烟煤，需提高磨煤机的干燥出力，经制粉系统热力计算，现有漏风系数不变的情况下，需更换大流量乏气风机以提高磨煤机通风量；若控制制粉系统漏风，现有乏气风机亦可满足磨制烟煤所需的干燥出力；但是把制粉系统漏风率控制到 0.2 以下难度较大，如果提高乏气风机的出力，由于进入炉内的乏气量大幅度增加，将对燃烧带来较大的影响。

（2）一次风率略微上升，同时需增设冷一次风管道。

6.4.3.1.4　制粉系统防爆技术措施

根据 DL/T 5145—2012《发电厂制粉系统设计计算技术规定》中规定的制粉系统防爆技术措施，建议对 LH 电厂一、二期锅炉制粉系统实施如下防爆技术措施：

（1）磨煤机磨制烟煤时，磨煤机出口温度应控制在 $70\sim90℃$ 之间，送粉管道内流速在额定负荷下不小于 25m/s，在最低负荷下不小于 18m/s。

（2）在磨煤机前的烟风管道中引入灭火蒸汽，蒸汽压力不应超过 0.3MPa，供汽管道的阀门应采用电动并在锅炉操作盘上控制。

（3）在原煤仓上部空间及金属煤斗下部安装防爆、消防用蒸汽喷嘴，蒸汽压力不应超过 0.3MPa。

（4）消除煤粉管道中的袋形和盲肠管以及助长煤粉沉积的凸出和不光滑出，避免煤粉沉积。

（5）在磨煤机和燃烧器之间的送粉管道上应装设隔离风门，隔离风门宜布置在紧靠分离器出口的竖向管段上，便于风门在开启状态时，使风门上方积聚的煤粉落到磨煤机中。

（6）增设煤粉仓惰性气体及灭火介质的引入管并接至粉仓的上部。

（7）防爆门的设置。设计内压为 147kPa 时，全部防爆门的总面积不得小于 $0.025m^2/m^3$。

1）装设防爆门的地点及截面积分别如下：

a）钢球磨煤机进口干燥管和出口管、细粉分离器进出口管及排粉机（或含粉一次风机）进口管，防爆门的面积不小于该管道截面积的 70%。

b）排粉机出口风箱上，防爆门面积为每立方米风箱容积不小于 $0.025m^2$。

c）每座煤粉仓安装防爆门不少于 2 个，并采用重力式，其动作压力为 $0.98\sim1.47kPa$（$0.01\sim0.015kgf/cm^2$），防爆门总截面积按每立方米煤粉仓容积取 $0.005m^2$，并且不小于 $1m^2$。

d）与磨煤机分开安装的粗粉分离器内外壳上，至少应各自装设 2 个防爆门，防爆门总面积按粗粉分离器的单位容积计算，不得小于 $0.025m^2/m^3$。

e）细粉分离器的中间短管上，应装设一个或数个防爆门；在细粉分离器顶端盖圆环圈上，至少安装 2 个防爆门，其直径等于顶盖圆环宽度的 75%；细粉分离器上防爆门的总截面积，按分离器的容积计算，不得小于 $0.025m^2/m^3$。

2）防爆门装设的注意事项。

a）原煤仓、磨煤机入口侧的烟风道和风门、不含粉的一次风及其密封装置等，不需装设防爆门。

b）安装在制粉系统上的防爆门，应装设在转弯处或易于发生爆炸的地方。应防止爆炸时气体喷射到工作地点、人行通道、电缆、重油管道和油管道上。如不可能把防爆门安装在对运行人员无危险的地方，则需用引出管引出。

c）当防爆门的薄膜装在短管的端部时，该短管的长度不应超过 30 倍短管的管径，在不能满足此要求时，可用加大管径的办法解决。当短管不是圆管时，可用当量管径计算。该管的容积在计算防爆门面积时需加以考虑。

d）装设带引出管的防爆门时，薄膜前的短管长度不得大于 2 倍管径，薄膜后引出管的长度不得大于 30 倍引出管的管径。引出管的截面积不得小于防爆门的截面积。

e）防爆门前面的短管宜竖直，也可做成倾斜的，但与水平面的夹角不得小于 45°。防爆门后面的引出管应尽量少带弯管，细粉分离器和煤粉仓内爆炸时产生的气体应当引到室外。装在室外的防爆门与水平面所成的夹角不得小于 45°。

f）与防爆门连接处不能积粉。

6.4.3.2 燃烧系统改造方案

该次改造涉及主要内容有：①更换原狭缝式燃烧器为新型低 NO_x 燃烧器（单调风燃烧器），更换相应拱部水冷壁；②构建拱上风箱，同时增设油风室及其相应风门、执行机构；③增设燃尽风喷口，更换相应水冷壁管，利旧原二次风箱 C 风箱、风道作为燃尽风箱、风道；④改造三次风风箱、喷口，使三次风喷口下倾一定角度喷入炉膛；⑤改造制粉乏气喷口及其冷却风，使喷口下倾一定角度，冷却风改为制粉乏气；⑥增设磨煤机消防蒸汽系统，设置防爆门；⑦增设冷一次风旁路管道及相依风门、执行器；⑧去除部分卫燃带。

燃烧器改造方案具体如下。

6.4.3.2.1 取消原狭缝式燃烧器

取消原狭缝式燃烧器，采用新型低 NO_x 燃烧器（单调风燃烧器），见图 6-82。

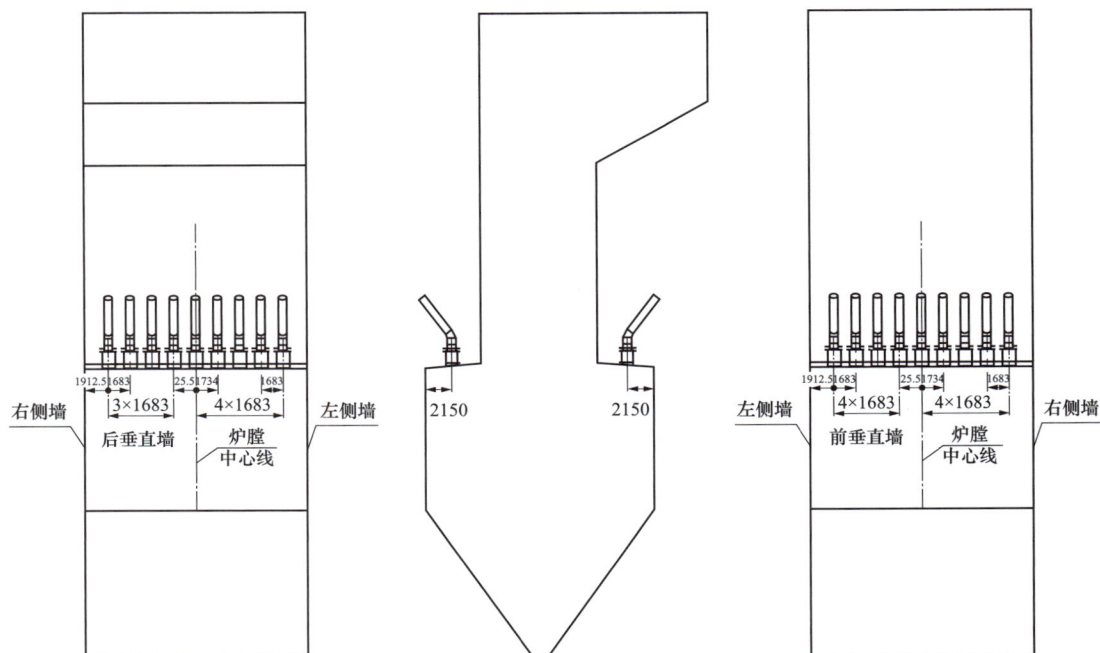

图 6-82 燃烧器布置图

（1）一次风部分。该次改造，将原有的一次煤粉管道在邻近燃烧器处二合一，将燃烧器数量由原来的 36 只减少为 18 只，每个燃烧器与相邻的两个煤粉管道通过裤衩管相连，即将同一台给粉机对应的两个煤粉管道与一个燃烧器的一次风喷口连接。粉管与燃烧器对应关系见图 6-83，改造后燃烧器喷口布置图见图 6-84。

煤粉管道尺寸为 $\phi324 \times 10mm$，经裤衩管合并为一个煤粉管道，在弯头处设置导流板，喷口处设置了稳燃环、稳燃齿，稳燃环角度为10°；一次风喷口外壁设有温度测量用热电偶。

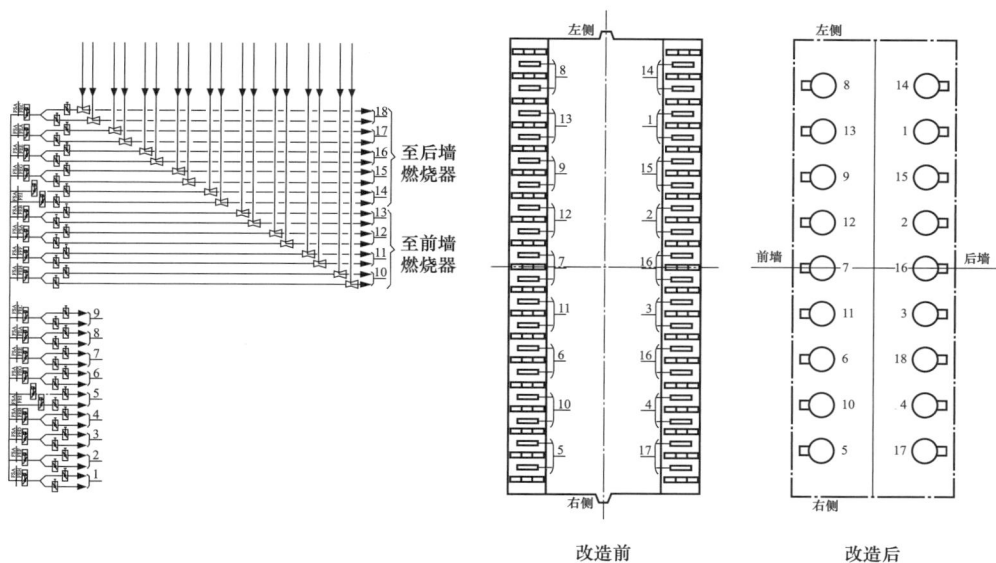

图 6-83　粉管与燃烧器对应关系图

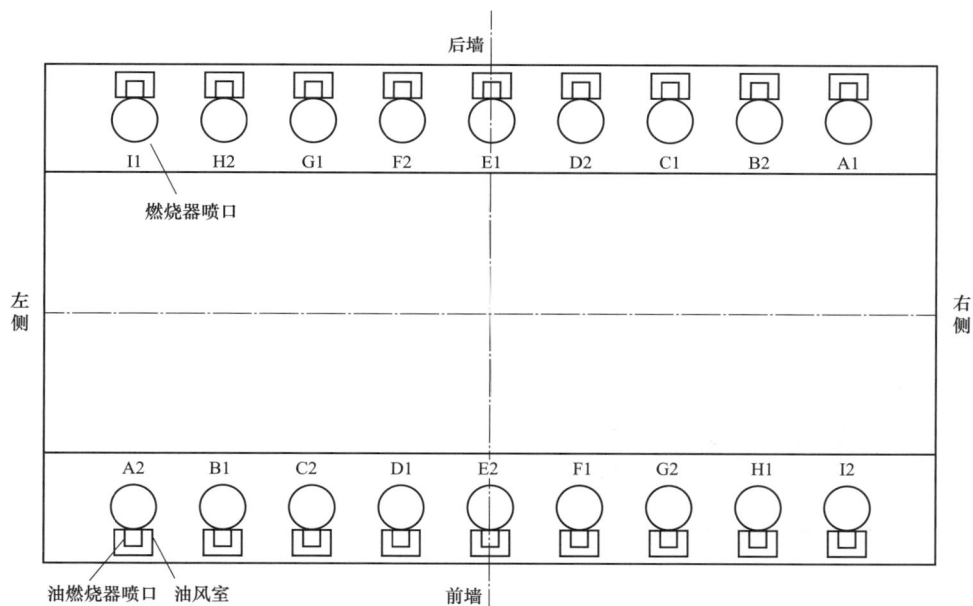

图 6-84　改造后燃烧器喷口布置示意图

（2）周界风部分。周界风通道内布置轴向可调旋流叶片，叶片数量为 16 片，叶片长度为 380mm；叶片倾角 0°～40°可调，周界风碹口设计角度为 10°。周界风叶片旋向示意图见图 6-85。

周界风通道进口设有周界风调风盘，以实现周界风风量调节，调风盘配有气动执行器；周界风调风盘行程为 220mm，最大开度为 240mm，最小限位为 20mm。

（3）拱上风箱部分。

后墙								
逆时针	顺时针	逆时针	顺时针	顺时针	逆时针	顺时针	逆时针	顺时针
I1	H2	G1	F2	E1	D2	C1	B2	A1
A2	B1	C2	D1	E2	F1	G2	H1	I2
顺时针	逆时针	顺时针	逆时针	顺时针	顺时针	逆时针	顺时针	逆时针
前墙								

图 6-85　周界风叶片旋向示意图

（4）拱上风箱及小风道。该次改造，由于采用了新型燃烧器，需在拱部水冷壁上方构建新的拱上风箱，前、后墙各 1 套。改造锅炉原二次风箱，打通原 A、B 风通道，构建新的拱上二次风进风小风道，前、后墙各 10 个，与新构建的拱上风箱相连。见图 6-86。

同时拆除原二次风箱的 A、B 风通道风门及其执行器，设置新的手动二次风门，前、后墙左右两侧各 1 套。

（5）油风室及油枪。在新构建的拱上风箱内，为普通油枪和 QS 高效油枪构建油风室（计 14 只），并配备油风门及气动执行器。

改造后，在燃烧器喷口后方布置油喷口，油枪喷口尺寸为 350mm×300mm，喷口内布置油枪及点火器、油火检和看火镜。所有油点火装置及火检利旧回用，恢复安装，C、G 组四只微油燃烧器整体利旧。

拱部防渣风，为防止前、后垂直墙结渣，在拱部靠近前、后垂直墙处设有防渣风喷口。防渣风喷口与燃烧器一一对应，具体尺寸见图 6-87。

图 6-86　新增拱上风箱及小风道

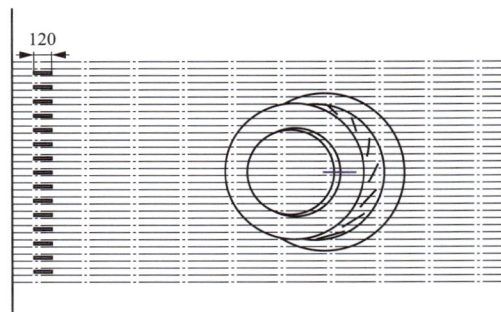

图 6-87　拱部防渣风喷口示意图

6.4.3.2.2　增加燃尽风系统

为达到深化炉膛内空气分级燃烧的目的，在标高 32850 处布置燃尽风喷口。燃尽风喷口与燃烧器一一对应，计 18 个，喷口尺寸为：高 320mm，宽 440mm。

另外在前、后墙靠近左右侧墙处，各布置有一个侧燃尽风喷口，距左右侧墙距离为 0.7905m，计 4 个，喷口尺寸为：高 280mm，宽 360mm；燃尽风喷口合计 22 个。燃尽风采用摆动式直流燃尽风设计，燃尽风喷口可实现上、下各 30 度的垂直摆动，为手动调节。见图 6-88 和图 6-89。

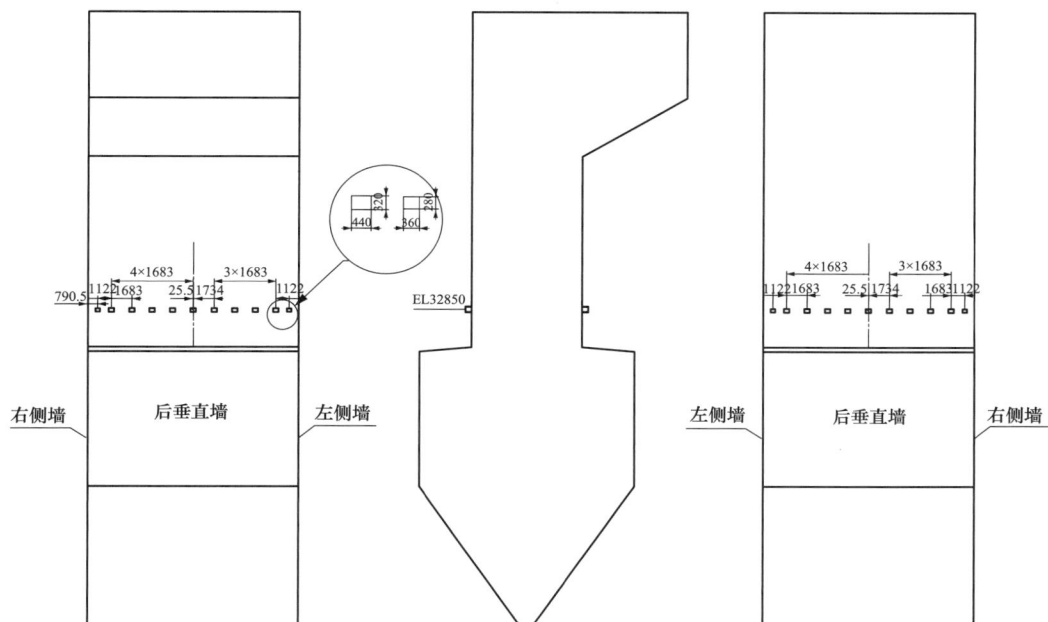

图 6-88 燃尽风喷口尺寸及布置图

将原二次风箱内的 C 风通道作为燃尽风箱,前、后墙各 1 套;更换其风门及气动执行器,前、后墙左右两侧各 1 套;并在风门后增设风量测量装置,前、后墙左右两侧各 1 套;同时在燃尽风箱上方增设压力测点,前、后墙各 2 只。

在燃尽风箱上引出小型燃尽风道,共计 22 只,燃尽风喷口通过小型燃尽风道与燃尽风箱相连,每个小型燃尽风道上设置调节风门和膨胀节,各计 22 套。

6.4.3.2.3 拱下三次风改造

拱下三次风分为上三次风和下三次风,目前拱下三次风均为水平喷入炉膛。该次改造更换上、下三次风喷口,使其向下倾斜一定角度喷入炉膛,上三次风下倾 30°,下三次风下倾 25°,上三次风喷口前后墙各计 36

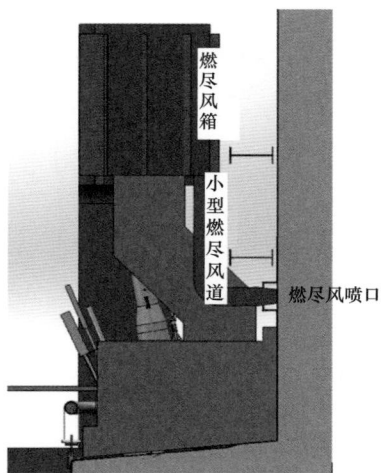

图 6-89 燃尽风系统示意图

只,上下 2 只为 1 组,计 18 组,下三次风喷口前后墙各计 18 只。

上、下三次风喷口在炉膛上的布置位置与改造前相同,单个上三次风喷口的宽度尺寸与改造前相同,改造前为高 221mm、宽 56mm;单个下三次风喷口流通截面的宽度尺寸与改造前的宽度尺寸相同,为宽 56mm。但是由于喷口下倾一定角度,故三次风喷口的水冷壁开口高度的尺寸与改造前相比略有增加,为 542mm。三次风系统改造示意图见图 6-90。

同时下三次风箱向上移动一定距离,原则为在布置空间允许的情况下尽可能提高,同时将下三次风喷口的进风小风道靠下三次风箱的下方布置。下三次风箱利旧,将锅炉两侧的竖直方向的三次风道截短一定长度。此外,从锅炉两侧的下三次风管道上增设管道引至下三次风箱中部，引管尺寸为 $\phi500\times4mm$，改造示意图见图 6-91。

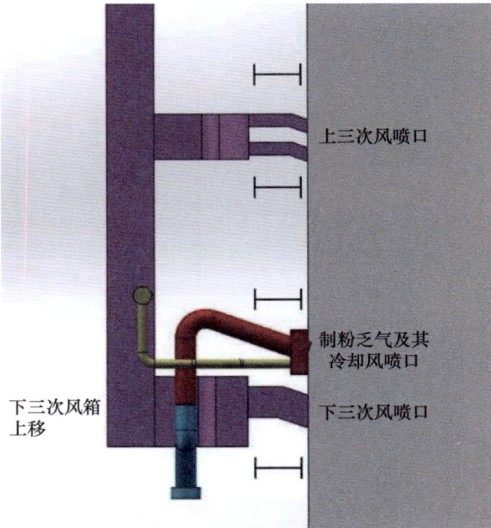

图 6-90　三次风系统改造及制粉乏气喷口改造示意图

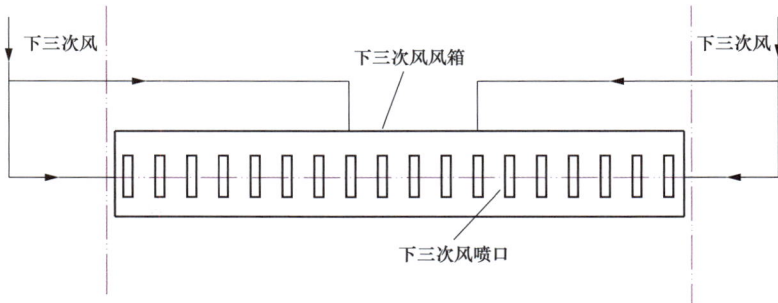

图 6-91　下三次风管道增设引风导管示意图

上、下三次风原风门挡板及执行器利旧，增设上、下三次风道的风量测量装置，各计 4 套。

6.4.3.3　卫燃带改造方案

W 型火焰锅炉为保证煤粉颗粒的及时着火和燃尽，在下炉膛敷设了大量的卫燃带来提高下炉膛温度水平。LH 电厂一、二期锅炉原设计敷设卫燃带 434m²，目前下炉膛敷设 586m² 的卫燃带，占下炉膛辐射受热面的 51.3％。卫燃带面积较大导致炉膛温度水平较高，由于烟煤的灰熔点较低，同时燃用烟煤时理论燃烧温度有所降低而造成炉膛出口温度上升，为避免炉内水冷壁及过热器受热面的大面积结焦，除燃烧器设计时避免煤粉气流冲刷水冷壁外，主要手段是降低炉膛火焰温度，因此需减少炉内卫燃带面积。

6.4.4　改造方案汇总和结论

由上述可得以下结论：

（1）为保证锅炉的正常安全运行，掺烧烟煤后需对制粉系统、燃烧系统、卫燃带及受热面进行改造。改造后总面积为447.2m²，其中拱部为149.7m²，前后垂直墙为193.2m²，左右侧墙为104.3m²（见图6-92）。

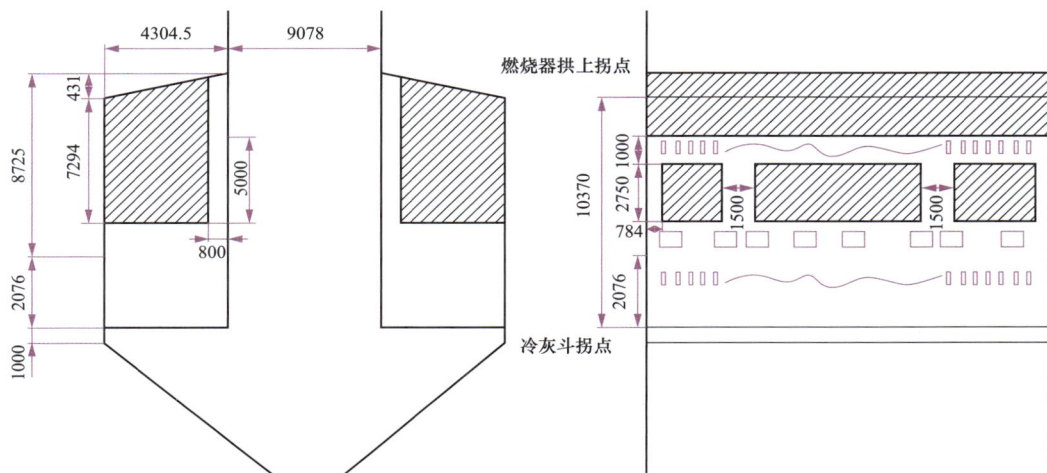

图 6-92　改造后卫燃带布置示意图

（2）通过核算和采取有效措施，磨煤机可以满足大比例掺磨烟煤的需要。

（3）数值模拟结果表明：锅炉可实现大比例掺烧烟煤，结合低氮燃烧改造，可将省煤器出口 NO_x 排放浓度降低至 $500mg/m^3$ 以下。

（4）热力计算结果表明：大比例掺烧烟煤后，为防止锅炉结焦，需去除部分卫燃带，为稳妥起见，去除卫燃带侧墙区域和部分垂直墙区域卫燃带。

（5）建议在空气预热器后增加低温省煤器。

6.4.4.1　改后的结果

6.4.4.1.1　1、2号炉参数对比

LH电厂1号炉与2号炉都是采用相同的低氮燃烧设计，现将两台炉运行参数做综合对比。

LH电厂2号炉在采用AGC控制升负荷时，只能以1.5MW/s的速率升负荷，若超过1.5MW/s，容易造成再热器减温水量超出限制，影响锅炉温度运行。1号炉采用AGC控制升负荷时，能以3MW/s的速率升负荷，锅炉运行参数正常。1号炉与2号炉的 NO_x 排放都在合理可控的范围内，但是减温水量相差较大，在不同负荷下锅炉减温水量对比见表6-42。

表 6-42　　　　　　　　　　　锅炉减温水对比

项目	358MW		300MW		210MW	
锅炉	1号炉	2号炉	1号炉	2号炉	1号炉	2号炉
过热器减温水（t/h）	76	97	106	168	68	77
再热器减温水（t/h）	23	26	31	36	0	6

从两台炉的减温水量对比可以看出，1、2号炉在中负荷下减温水量最高，尤其是2号炉其过热器减温水量高达168t/h。

锅炉制粉系统所制出的煤粉细度对煤粉燃尽率有重要影响，由于1号炉在满负荷时A磨煤机出现问题，故只对比低负荷时1号炉与2号炉煤粉细度及飞灰含量（数据选取多天平均值，见表6-43）。

表 6-43   煤 粉 细 度 与 飞 灰

项目	2号炉	1号炉
煤粉细度 R_{90}（%）	11.1	8.3
飞灰含碳（%）	4.9	4.1
负荷（MW）	210	215

在同等负荷下对比锅炉1号炉与2号炉的下炉膛温度，见表6-44。

表 6-44   下 炉 膛 温 度 对 比

项目	2号炉	1号炉
下炉膛温度（℃），负荷300MW	1248	1358
下炉膛温度（℃），负荷210MW	1131	1261
温度偏差（℃）	110	130

从表6-43和表6-44可以看出，在低负荷下，1号炉与2号炉的煤粉都较细，相对比1号炉煤粉更细些，故1号炉的飞灰可燃物含量比2号炉低。在满负荷时1号炉与2号炉相差110℃，在低负荷时1号炉与2号炉相差130℃。

6.4.4.1.2 参数偏差原因分析

LH电厂1号炉与2号炉都是按照相同的设计参数设计的，但是两台炉的运行参数及可调节性却不一样。造成此现象的原因如下：

（1）锅炉煤粉细度偏差。锅炉制粉系统煤粉细度直接影响炉内的燃烧参数。煤粉越粗，煤粉颗粒在炉膛的着火越不容易，使得煤粉颗粒的火焰形成拖后。这将造成煤粉颗粒在下炉膛放热减少，上炉膛放热增多，进而造成锅炉火焰中心偏上及煤粉燃尽率不足。煤粉细度对飞灰的影响从表6-43可以看出，1号炉与2号炉的煤粉细度与飞灰对比，煤粉较粗的2号炉飞灰可燃物含量较高。从LH电厂飞灰化验的数据可以得出，4号炉飞灰可燃物含量最低，2号炉飞灰可燃物含量最高，1号炉飞灰可燃物含量趋于4号炉与2号炉之间（见表6-45）。

表 6-45   煤 粉 细 度 与 飞 灰

	1号炉	2号炉	4号炉
煤粉细度 R_{90}（%）	≈10	≈13	≈8

煤粉细度与飞灰可燃物含量的对应趋势相同。对比1号炉磨煤机修好前与修好后同一负荷下煤粉细度与飞灰可燃物含量之间的关系（见表6-46），可以进一步证明煤粉细度对飞灰可燃物含量有着重要影响。

表 6-46   煤 粉 细 度 与 飞 灰

项目	1号炉（A磨煤机损坏）	1号炉（A磨煤机修好）
煤粉细度 R_{90}（%）	11.4	8.3
飞灰含碳（%）	6.1	4.9
负荷（MW）	220	215

（2）锅炉漏风偏差。锅炉漏风可分为炉膛漏风和制粉系统漏风。锅炉炉膛漏风主要在冷灰斗水封处。针对炉底漏风问题，YTLY公司调试人员采用飘带法对1号炉、2号炉、4号炉炉底处检查炉底漏风。检查发现1号炉水封处后墙中间位置存在400mm长度的漏风间隙；2号炉整个水封处沿锅炉冷灰斗一圈都存在漏风；4号炉基本上不存在漏风。炉底漏风直接影响锅炉火焰中心高度，这是造成2号炉火焰中心调整困难的重要原因。锅炉炉底漏风较多，从炉底进入下炉膛的无组织的冷风量加大，将降低下炉膛的炉膛温度。同时减小了有组织的风量，影响锅炉的燃烧组织。

制粉系统漏风可以从乏汽风机流量的大小得出。对比1号与2号炉在相同负荷下的乏气流量见表6-47。

表6-47　　　　　　　　　　1、2号炉乏气风机流量偏差表

项目	2号炉		1号炉	
	A磨煤机	B磨煤机	A磨煤机	B磨煤机
乏气风机流量（m³/h）	54793	48358	47230	36011
A磨煤机1号炉与2号炉乏气流量偏差（％）	17.1			
B磨煤机1号炉与2号炉乏气流量偏差（％）	33.3			

从表6-47可以看出，在同等负荷下，2号炉的乏气风机流量明显比1号炉的大，其中A磨煤机流量大17.1％，B磨煤机流量大33.3％。制粉系统漏风越大，进入炉膛的漏风就越多，为了达到同样的干燥出力，从炉膛抽取的烟气量就越大，进入炉膛的乏气流量就越大，对拱上气流的拦截作用就越强。据LH电厂有关人员反映，在同样负荷下，磨煤机关停时（乏气也就关停了），锅炉排烟温度比磨煤机开启时低12℃左右。故2号炉的乏气流量大使得2号炉的乏气对拱上气流的拦截作用比1号炉强。制粉系统的漏风最后都进入炉膛，因此的漏风率也较高，这是造成2号炉火焰中心偏高的重要原因之一。

6.4.4.2　考核试验结果

根据前期调整试验的结果，电厂配合调整了2号炉的制粉细度，对制粉系统的漏风、锅炉炉底的漏风进行了治理，然后进行了考核试验，考核试验的结果见表6-48。由表6-48可见，2号炉的飞灰比调整前可燃物下降较多，过热器的减温水量也基本与1号炉持平，氮氧化物还是偏高。

LH电厂一期改造的后评估如下：LH电厂一期改造效果不够理想。飞灰可燃物超过设计4％的要求，NO$_x$浓度未能低于500mg/m³，减温水量超过设计值。

究其原因如下：

表6-48　　　华能LH电厂一期机组1、2号锅炉低氮燃烧改后试验报告汇总表

项目名称	低氮改造性能考核值	XGY	XGY
		低氮考核试验	低氮考核试验
		（2018）1号炉	（2018）2号炉
试验煤 低位发热量（kJ/kg）	21180	20510	20510
试验煤 干燥无灰基挥发分（％）	21.64	19.47	27.15

项目名称	低氮改造性能考核值	XGY 低氮考核试验 (2018) 1号炉	XGY 低氮考核试验 (2018) 2号炉
飞灰含碳量（%）	4	5.38	3.52
大渣含碳量		0.67	1.4
实测排烟温度（℃，修正后的）		162 (126.9)	174.09 (140.5)
空气预热器出口 CO 浓度（$\times 10^{-6}$）	100	81	291
空气预热器出口 O_2 浓度（%）		4.56	4.75
修正后锅炉效率（%）	90.02	91.75	91.88
过热汽温（℃）	540	537.8	540.6
过热器减温水量（t/h）	60	89.6	89.2
省煤器出口 NO_x 浓度（mg/m³，标准状态）	650	520	580

（1）一、二次风速选择偏低。LIC 电厂下炉膛高度为 24.093m，LH 电厂下炉膛高度为 23.47m，二者基本相近；LIC 电厂一次风速为 18.18m/s，LH 电厂一次风速为 16.1m/s。LIC 电厂已经反映出火焰中心偏高，改造前摸底试验已经反映出掺烧烟煤时，飞灰可燃物偏高。因此 LIC 电厂更容易出现火焰中心偏高。其结果造成飞灰可燃物上升，过热器减温水量偏高。

（2）由于布置困难，LIC 电厂的燃烧器未按常规单调风燃烧器设置浓淡装置。而一次风的风煤比仍为 1.85，与普通直吹式制粉系统的一次风的风煤比相近。这一装置的缺失，必然影响着火，导致飞灰可燃物上升，NO_x 上升。而且由于没有将乏气分离，在调整一次风速时，只能增加一次风量，更导致一次风的风煤比增加，不利于着火，也是导致飞灰可燃物较高的原因。

（3）1、2号炉炉底漏风较大，尤其2号炉制粉系统漏风也较高，是造成火焰中心上抬的重要原因。

（4）1、2号炉制粉细度较粗，也是飞灰可燃物较高的重要原因。

（5）对于单调风的燃烧器，尽管减少了燃烧器的支数，有利于增加单只燃烧器的动量，有利于提高火炬的穿透能力；但是单调风燃烧器的火炬是上小下大，在下行时阻力较大，尤其对于挥发分较高，较易着火的煤种着火以后，随着温度的急剧上升，火炬的动力黏度迅速增加，更不利于火炬的穿透。因此，今后在掺烧烟煤的改造项目，应当适当提高一、二次风速，以利于改善火炬的穿透能力，改善炉膛的充满程度。

6.5　英巴系列 LIC 电厂 600MW 狭缝型燃烧器 W 火焰炉的改造

6.5.1　LIC 电厂设备概况

6.5.1.1　锅炉概况

LIC 电厂一期机组（1、2号）装机容量为 2×600MW，锅炉为英国巴布科克能源有限公司制造的亚临界、W火焰、单炉膛、中间一次再热、自然循环、平衡通风、固态排渣、悬吊式燃煤汽包炉，于2003年8月投产。锅炉设计燃用山西西山等地的无烟煤和贫瘦煤。锅炉主要设计性能参数见表6-49。

表 6-49　　　　　　　　　　　　　锅炉主要设计性能参数

序号	项目	单位	BMCR	TMCR	THA	85％THA（滑压）	55％THA（滑压）
1	主蒸汽流量	t/h	2026.5	1930.1	1803.1	1486.4	944.5
2	过热器出口蒸汽压力（绝对）	MPa	17.27	17.22	17.15	17	11.04
3	主蒸汽温度	℃	541	541	541	541	541
4	再热蒸汽流量	t/h	1652	1578.8	1481.9	1237	808.6
5	再热蒸汽压力（进/出）	MPa	3.92/3.73	3.75/3.57	3.51/3.34	2.94/2.797	1.93/1.83
6	再热蒸汽温度（进/出）	℃	327.7/541	323.3/541	316.8/541	299.7/541	309.0/541
7	汽包压力	MPa	18.77	18.59	18.36	17.84	11.62
8	给水温度	℃	281.6	278.4	274.1	262	237.5
9	送风温度	℃	20	20	20	20	20
10	空气预热器出口热风温度（一次/二次）	℃	367.8/336.7	366.7/335.0	362.8/331.7	358.4/325.0	315.7/294.6
11	炉膛出口烟温	℃	1115	1101	1082	1024	897
12	排烟温度（已修正）	℃	116	115	115	115	115
13	预计锅炉效率	％	92.98	92.85	92.69	91.92	91.62
14	锅炉燃煤量	t/h	284.76	272.16		221.76	

炉膛设计成前后双拱结构，以膜式水冷壁构造炉墙并内敷卫燃带，炉膛结构尺寸见表6-50。在炉膛的上方悬吊了前屏过热器和末级过热器，水平烟道布置单级再热器，竖井烟道中顺流布置低温过热器和省煤器，在锅炉尾部安置两台回转式空气预热器。

表 6-50　　　　　　　　　　　　　炉 膛 结 构 尺 寸

序号	项目	单位	数值
1	炉顶标高	m	63.3
2	炉膛宽度	m	26.680
3	上炉膛深度	m	10.488
4	下炉膛深度	m	21.642
5	炉膛容积	m³	6557

锅炉于29m高度炉拱处分为上、下两个部分，下炉膛截面为26680mm×21642mm，八角形；上炉膛为26680mm×10488mm，呈长方形。炉膛四周由上升管组成膜式水冷壁，高温区上升管带有内螺纹，设计敷设卫燃带面积616m²。锅炉总图如图6-93所示。

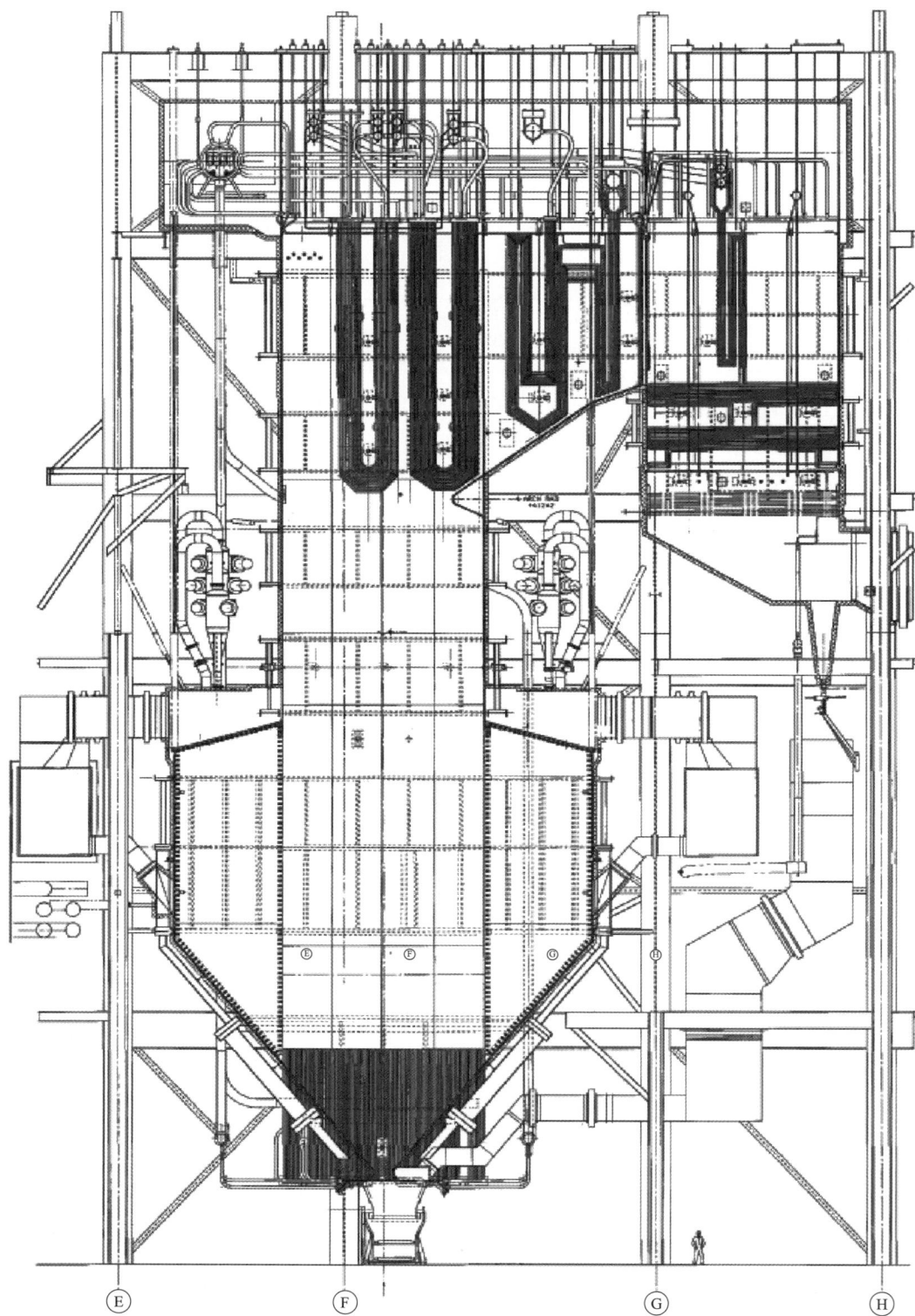

图 6-93　锅炉总图

6.5.1.2　制粉系统

LIC电厂一期机组的制粉系统采用双进双出钢球磨煤机冷一次风正压直吹式。每台炉配6台双进双出磨煤机。当6台磨煤机运行时，可满足锅炉120%BMCR工况运行时燃用设计煤种的耗煤量。每台磨煤机引出2根DN800煤粉管道，至28m处每根再分为2根DN600煤粉管道，共24根煤粉管道，连接到锅炉前后墙各12个旋风分离式煤粉浓缩型燃烧器，根据锅炉负荷的变化可以停用任何一台磨煤机。每台锅炉配置12台称重式皮带给煤机，每台出力为82.6t/h。每台锅炉配置6座钢制原煤仓，每台原煤仓的有效容积为620m³，按6座煤斗计算能满足锅炉BMCR负荷下12h的燃煤量。磨煤机设计参数见表6-51，设计出力约为54.46t/h，煤粉细度为$R_{75}=15\%$。

表6-51　　　　　　　　　　　磨 煤 机 设 计 参 数

序号	项目	单位	数值
1	给煤量	t	54.46
2	给煤尺寸	mm	<32
3	入口空气温度（最大）	℃	200
4	出口温度（最大）	℃	172
5	风煤比	—	1：0.625
6	煤粉细度（R_{75}）	%	10
7	钢球装载量	t	80
8	钢球尺寸	mm	ϕ60/50/40/25mm
9	各种钢球量比例	%	36.05/29.9/21.6/15.5
10	电动机功率及电源		1400kW，6kV，3ph，50Hz

磨煤机出力约为45t/h，一般不超过50t/h；磨煤机煤粉管道无分配器，有可调缩孔，未经过改造。

锅炉设计煤种为80%无烟煤和20%贫瘦混合煤，煤源由山西西山等矿区供应。煤种的特性见表6-52。

表6-52　　　　　　　　　　　锅炉设计煤种分析

序号	项目	符号	单位	燃煤		燃油	
				设计煤种	校核煤种		
1	收到基碳	$C_{net,ar}$	%	60.6±5.4	50.19~67.34	油种	0号柴油
2	收到基氢	$H_{net,ar}$	%	2.88±0.25	2.51~3.63	水分	无痕迹
3	收到基氧	$O_{net,ar}$	%	2.28±0.21	1.28~3.53	灰分	不大于0.025%
4	收到基氮	$N_{net,ar}$	%	0.94±0.1	0.84~1.08	含硫量	不大于0.2%
5	收到基硫	$S_{net,ar}$	%	1.3±0.21	1.03~2.53	酸度	不大于10mg/100mL
6	收到基水分	M_t	%	6.09±0.55	4.0~9.6	胶质	不大于70mg/100mL
7	收到基灰分	A	%	25.91±2.4	21.5~34.89	恩氏黏度	1.2~1.67°E
8	干燥无灰基挥发分	V_{daf}	%	10.53±1.5	9~15.3	运动黏度	3.0~8.0m²/s
9	收到基低位发热量	$Q_{net,ar}$	kJ/kg	22960±2066	20239~27070	低位发热量	41868kJ/kg
10	哈氏可磨性指数	HGI	%	67±5	59~81	凝固点	不大于0℃
11	变形温度	DT	℃	1400	1350~1400	闭口闪点	不小于65℃
12	软化温度	ST	℃	1450	1450~1500		
13	熔化温度	FT	℃	>1500	>1500		
14	固定碳		%	37			

近三年的煤质统计资料，见表 6-53。

表 6-53 近三年煤质统计资料

项目	单位	2012 年	2013 年	2014 年
全水分 M_{ar}	%	7.67	8.39	8.75
内水 M_{ad}	%	1.06	1.09	1.13
灰分 A_{ad}	%	27.21	27.95	28.34
挥发分 V_{daf}	%	12.67	15.17	15.80
固定碳 FC_{ad}	%	62.65	60.25	59.39
全硫 $S_{t,ad}$	%	1.62	1.65	1.61
高位发热量 $Q_{gr,ad}$	J/g	24596.67	24007.50	24120.00
低位发热量 $Q_{net,ar}$	J/g	22345.00	21617.50	21742.50

低氮燃烧器改造摸底测试试验期间的煤质分析结果见表 6-54。

表 6-54 试 验 煤 种 分 析

项目	单位	T-01	T-02	T-03	T-04	T-05
碳 C_{ar}	%	60.76	67.00	63.63	60.36	51.65
氢 H_{ar}	%	2.56	2.92	2.74	2.47	2.22
氮 N_{ar}	%	0.91	0.98	0.97	0.94	0.82
氧 O_{ar}	%	3.64	3.35	4.20	4.87	5.00
全硫 $S_{t,ar}$	%	1.33	1.22	1.53	1.21	1.51
全水 M_t	%	5.8	7.6	7.2	7.6	7.0
灰 A_{ar}	%	25.00	16.93	19.74	22.56	31.80
挥发分 V_{daf}	%	12.66	13.34	14.32	13.95	17.25
低位发热量 $Q_{net,ar}$	kJ/kg	23210	25740	24370	23170	19720

低氮燃烧系统改造设计煤种和校核煤种见表 6-55。

表 6-55 低氮燃烧系统改造设计煤种和校核煤种

项目	符号	单位	设计煤种	校核煤种
全水分	M_t	%	6.09	4.0~9.6
空气干燥基水分	M_{ad}	%		
灰分	A_{ar}	%	25.9	21.5~34.89
挥发分	V_{daf}	%	10.53	9~15.3
固定碳	FC_{ar}	%		
全硫	$S_{t,ar}$	%	1.3	1.03~2.53
低位发热量	$Q_{net,ar}$	MJ/kg	22960	20239~27070
碳	C_{ar}	%	60.6	50.19~67.34
氢	H_{ar}	%	2.88	2.51~3.63
氮	N_{ar}	%	0.94	0.84~1.08
氧	O_{ar}	%	2.28	1.28~3.53

项目	符号	单位	设计煤种	校核煤种
变形温度	DT	℃	1400	1350～1400
软化温度	ST	℃	1450	1450～1500
半球温度	HT	℃		
流动温度	FT	℃		
哈氏可磨性指数	HGI		67	59～80

6.5.1.3　燃烧系统

炉膛两侧火拱处各布置了24组直流下射狭缝式燃烧器，每组有两只煤粉喷嘴、一支油枪，二次风间隔布置，乏气风在靠前后炉墙侧射入炉膛（见图6-94）。为防结焦，设有前后墙贴墙风。

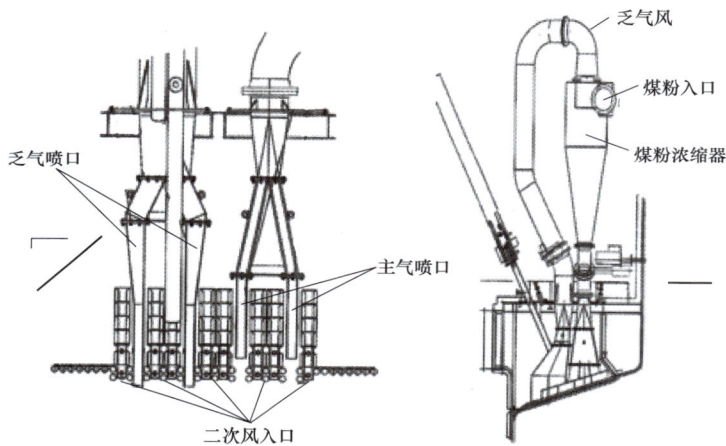

图6-94　一组燃烧器结构示意图

6.5.2　LIC 电厂锅炉存在的问题

锅炉存在的问题及其产生原因，在"MBEL系列狭缝型燃烧器 W 火焰炉存在的主要问题"部分已经有较详尽的阐述，在此不再累述。现以改造前摸底试验的结果来简要说明存在的问题。

摸底试验的结果由 XGY 进行，煤质成分见表6-54，所列的煤种下各试验工况下的锅炉效率汇总见表6-56。

表 6-56　　　　　　　　　　不同试验工况下的锅炉效率

项目名称	单位	T-01	T-02	T-03	T-04	T-05
机组负荷	MW	600	600	600	480	360
省煤器出口氧量	%	3.18	2.66	3.63	4.67	4.84
空气预热器出口 CO 含量	×10^{-6}	15	341	16	6	5

续表

项目名称	单位	T-01	T-02	T-03	T-04	T-05
飞灰含碳量	%	3.25	7.47	5.89	2.27	2.95
排烟热损失	%	6.17	5.78	6.44	5.98	5.93
气体未燃烧热损失	%	0	0.14	0	0	0
固体未燃烧热损失	%	1.38	1.75	1.77	0.94	2.11
辐射和对流热损失	%	0.34	0.33	0.34	0.44	0.59
灰渣物理热损失	%	0.19	0.12	0.15	0.16	0.27
总的热损失	%	8.08	8.12	8.70	7.52	8.90
锅炉热效率	%	91.92	91.88	91.30	92.48	91.10
实际排烟温度	℃	144.40	145.80	147.50	135.20	124.50
修正后的排烟温度	℃	148.38	145.47	154.05	136.54	127.84
修正后排烟热损失	%	6.08	5.79	6.29	5.96	5.83
修正后锅炉热效率	%	92.01	91.87	91.46	92.50	91.20

从试验结果可以看出，2号锅炉各工况下的飞灰可燃物为3.25%~7.47%，正常氧量3.63%下飞灰可燃物为5.89%。相应锅炉效率为91.20%~92.50%（进风温度修正到20℃，未对煤种进行修正）。变氧量工况，变煤种600、480、360MW负荷工况等，NO_x排放浓度测量结果见表6-57。

表6-57 不同试验工况下NO_x排放浓度

工况	负荷	工况说明	运行氧量	A侧空气预热器入口				B侧空气预热器入口			
				O_2	NO_x			O_2	NO_x		
					最大	最小	平均		最大	最小	平均
单位	MW	—	%	%	$\times10^{-6}$		mg/m³	%	$\times10^{-6}$		mg/m³
T-01	600	高负荷基准工况	3.18	3.54	840	750	1476	2.82	886	755	1472
T-02	600	高负荷变氧量工况	2.66	2.28	833	727	1359	3.04	877	765	1506
T-03	600	变煤种高负荷工况	3.63	3.18	840	678	1424	4.07	842	747	1484
T-04	480	变煤种中负荷工况	4.67	5.07	704	642	1363	4.26	783	724	1456
T-05	360	变煤种低负荷工况	4.84	4.7	667	602	1280	4.98	611	592	1220

从表6-57中可以看出，2号锅炉在所有工况下NO_x排放浓度在1220~1506mg/m³（标准状态），在额定负荷下NO_x排放浓度在1472.~1476mg/m³，NO_x排放浓度较高。

不同工况下主再热汽温及减温水量见表6-58。

表 6-58 不同工况下主再热汽温及减温水量

项目		单位	2号炉				
			T-01	T-02	T-03	T-04	T-05
过热蒸汽温度	Max	℃	540.7	541	541.9	542.2	542.8
	Min	℃	536.2	532.1	536.4	536.7	539.6
	Ave	℃	538	536.7	539.4	539.4	542.2
再热蒸汽温度	Max	℃	542.1	536.3	550.4	536.4	506.4
	Min	℃	538.3	527.8	522.1	515.1	501
	Ave	℃	539.9	531.7	537.8	525.8	503.6
过热器减温水量	一级	t/h	139.1	33.8	26.4	28.2	87.7
	二级	t/h	30.9	5.8	53.1	61.9	47.2
再热器减温水量		t/h	89.9	10.8	78.3	0	0

注 Max 为试验时最大值；Min 为试验时最小值；Ave 为试验时平均值。

在正常氧量下再热蒸汽减温水量高达 78.3t/h，最高达 89.9t/h。过热器减温水量为 79.5~170t/h。

需要强调的是再热器调温方式不合理，低负荷再热器温度低。"前墙主导火焰"即前短后长时，为过热器减温水量高、再热汽温不足；"后墙主导火焰"即后短前长时，过热器减温水量低而再热汽温高。

再热器全部为对流型，再热器温度随负荷变化明显。在基础工况高负荷下，减温水量高达 89.9t/h，其中低负荷 T-05、360MW 下再热蒸汽温度较设计值低了近 37℃，严重影响全厂循环效率。

该炉未设烟气挡板，低负荷下再热器温度低，原设计思想是通过由炉底送入热风，既能调节火焰中心的高低，又可增加过剩空气量以提高再热器温。但是由于炉底热风布置方式不合理，一旦送入热风则造成严重偏烧。这种情况是早期引进的 MBEL 锅炉的共性问题，在 YY 电厂早已出现。而且炉底热风打开也导致过量空气量增加，排烟热损失增加。

锅炉原设计有卫燃带 616m²，因投产后严重结焦，根据设备制造商英巴公司建议进行了优化，只保留了前后墙卫燃带，目前保留 346m²。原设计卫燃带分布见图 6-95。

由于辐射和对流吸热量比例的变化，更进一步造成低负荷再热汽温偏低的问题。即使在高负荷下也是依靠不合理的偏烧来维持再热器温，直接影响锅炉效率和 NO_x 的排放。

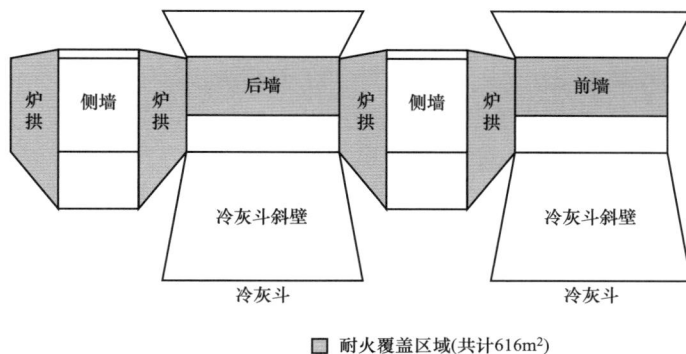

■ 耐火覆盖区域(共计616m²)

图 6-95 锅炉炉膛原设计卫燃带

高负荷下风量不足，氧量一般只能维持2%。1号炉运行反应是由于空气预热器设计压差为1000Pa，实际已经高达1700Pa，加上预热器漏风严重所造成。2号炉在今年大修中增加了SCR，尽管空气预热器换热元件全部更换，但是SCR增加以后，由于喷氨量过大，引风机又未做相应的改进，引风机出力不足，结果也限制了高负荷下风量的增加。

6.5.3　LIC电厂MBEL系列600MW狭缝型燃烧器W火焰炉的改造方案

6.5.3.1　改造前的情况和改造目标

（1）低氮燃烧系统改造设计煤种和校核煤种见表6-59。

表6-59　　　　　　　　　低氮燃烧系统改造设计煤种和校核煤种

项目	符号	单位	设计煤种	校核煤种
全水分	M_t	%	6.09	4.0～9.6
空气干燥基水分	M_{ad}	%		
灰分	A_{ar}	%	25.9	21.5～34.89
挥发分	V_{daf}	%	10.53	9～15.3
固定碳	FC_{ar}	%		
全硫	$S_{t,ar}$	%	1.3	1.03～2.53
低位发热量	$Q_{net,ar}$	MJ/kg	22960	20239～27070
碳	C_{ar}	%	60.6	50.19～67.34
氢	H_{ar}	%	2.88	2.51～3.63
氮	N_{ar}	%	0.94	0.84～1.08
氧	O_{ar}	%	2.28	1.28～3.53
变形温度	DT	℃	1400	1350～1400
软化温度	ST	℃	1450	1450～1500
半球温度	HT	℃		
流动温度	FT	℃		
哈氏可磨性指数	HGI		67	59～80

（2）改造目标。保证锅炉在正常运行负荷（60%～100%ECR）范围内达到以下性能指标：

1）锅炉NO_x的排放值不超过850mg/m³（O_2=6%）。

2）CO排放浓度不大于100×10^{-6}。

3）锅炉效率基本不低于92%。

4）锅炉主、再热蒸汽参数达到额定值，减温水量不高于改造前运行水平。

6.5.3.2　改造的思路

由上述可知，LIC电厂锅炉存在的主要问题是炉膛特征参数不合理，燃烧组织不合理，偏烧严重，制粉系统选择不合理，高负荷下风量不足。

狭缝型燃烧器存在着火不良、结渣严重、单只燃烧器动量过大等问题，又反过来影响下炉膛不能采用较高的容积放热强度和较多的卫燃带，直接影响实现W火焰炉的基本设计思想和下炉膛的有效利用，结果带来燃烧效率低、NO_x排放高、结渣严重、威胁正常运行等一系列严重后果。再热器温度调节方式不合理，是导致再热器温偏离设计值影响经济性的主要原因。制粉系统性能不良更加剧了上述问题。

改造的思路是：由于工程量太大，很难对锅炉的轮廓进行改造，只能针对炉膛特征参数的特征，对燃烧组织进行改造，以充分利用下炉膛较大所带来的有利的一面。

这些措施包括以下方面：

（1）增加燃尽风，真正实行分级燃烧。

（2）更换新型燃烧器彻底改变燃烧组织，以保证在实现分级燃烧的同时不会对燃烧效率和对主蒸汽参数和再热蒸汽参数带来影响。包括用 24 只更换偏置浓淡、缩孔均流单调风燃烧器，代替现有的狭缝型燃烧器。

（3）按系统工程的观点，统筹考虑制粉、燃烧系统的改造，包括重新分配拱上风、拱下风分配的比例，增加 OFA，大力改善燃烧组织，来规避由于分配不当带来的影响，特别是防止结渣和偏烧。

（4）将雷蒙式分离器改造为旋转式分离器，改善制粉细度。

（5）按系统工程的观点，在燃烧系统改造的同时，恢复卫燃带，适当改变辐射对流的吸热比例，增加火焰中心调节的手段解决再热器与设计值偏差太大的问题。

（6）按系统工程的观点，不但对单只燃烧器、炉膛，而且对整个送风系统进行数学模拟，适当调整各次风率和系统阻力的匹配，以保证设计思想得以正确实施。

6.5.3.3 燃烧器改造措施

6.5.3.3.1 燃烧器的改造

燃烧器的改造是这次改造最重要的方面。

燃烧器改造的选择原则主要有：①解决狭缝型燃烧器存在的着火性能较差、温度场不均匀、防止结渣性能不良、低负荷燃烧不稳定等问题；②在保证性能的前提下尽可能降低造价。

（1）偏置浓淡缩孔均流单调风燃烧器的优点。偏置浓淡缩孔均流单调风燃烧器的改进措施包括：采用偏置浓缩器代替旋风分离器，一只偏置分离器对应一只偏置浓淡缩孔均流单调风燃烧器，即一台磨煤机对应四只偏置燃烧器，燃烧器由目前的 12 组，改造为 24 只燃烧器。改造前燃烧器布置示意图见图 6-96。

图 6-96 改造前燃烧器布置示意图

这种燃烧器的优点如下：

1）偏置浓淡缩孔均流单调风燃烧器示意图见图 6-96。偏置浓淡缩孔均流单调风燃烧器单调风将一次风的乏气以周界风的形式并入主气流，拱上二次风以旋流风的形式围绕一次风送入炉膛。一次风喷口减少一半，但燃烧器组的数量增加一倍。这些措施都可以提高单只燃烧器的动量，以实现将拱上二次风的比例由 71％减小到 45％～50％的前提下，提高主气流的刚性，改善下炉膛火焰的充满程度见图 6-97～图 6-100。数值模拟结果见图 6-101。

2）充分利用下炉膛燃烧空间，降低下炉膛最高温度的峰值，达到提高燃尽率，减少高

温 NO_x 的生成量，防止下炉膛结渣。

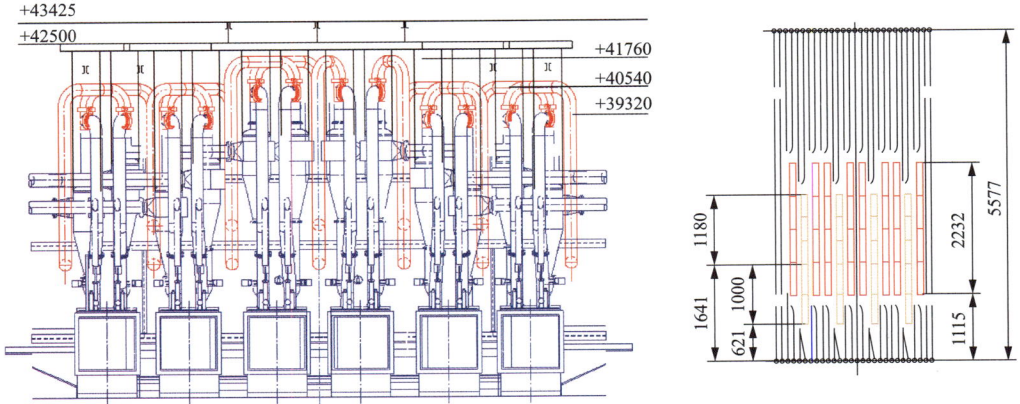

图 6-97　改造前燃烧器布置示意图

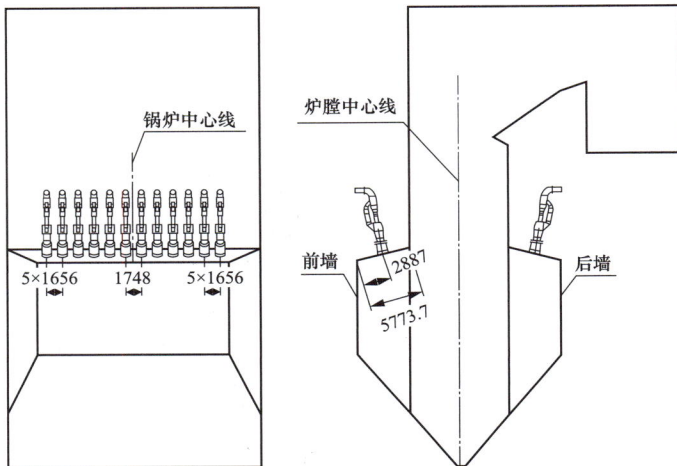

图 6-98　改造后燃烧器布置图

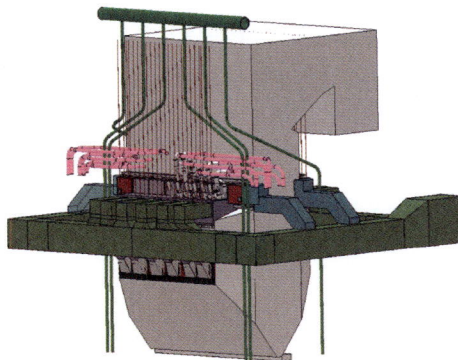

图 6-99　改造后燃烧器布置示意图

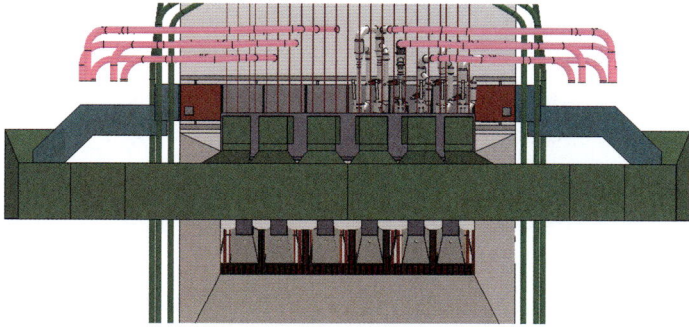

图 6-100　改造后燃烧器布置图

3）旋流式燃烧器后期气流衰减较快，减少偏烧的可能性。采用新型浓淡分离装置，实现浓淡燃烧同时改善燃烧组织，浓淡燃烧既有利于降低 NO_x，乏气作为主燃烧器的周界风排入上炉膛，利用速差形成环形回流区，有利于稳燃，又减少了着火热，有利于提前着火，同时解决了乏气难于着火导致飞灰上升的问题。

4）偏置浓淡缩孔均流单调风燃烧器具有自稳燃的特性。一次风乏气和主气流以一定的速差喷出，形成一个环形回流区，乏气喷口设有稳燃环，燃烧器具有自稳燃性能；尽管由于一次风口数量减少动量增加，但是一次风速提高不多；解决了狭缝式燃烧器受到高速二次风的卷吸，一次风浓度迅速降低，点火热增加的问题。因此，在下炉膛充满程度改善的情况下，不会出现黑龙区过长（见图 6-101）、燃烧效率下降、低负荷燃烧不稳等问题。

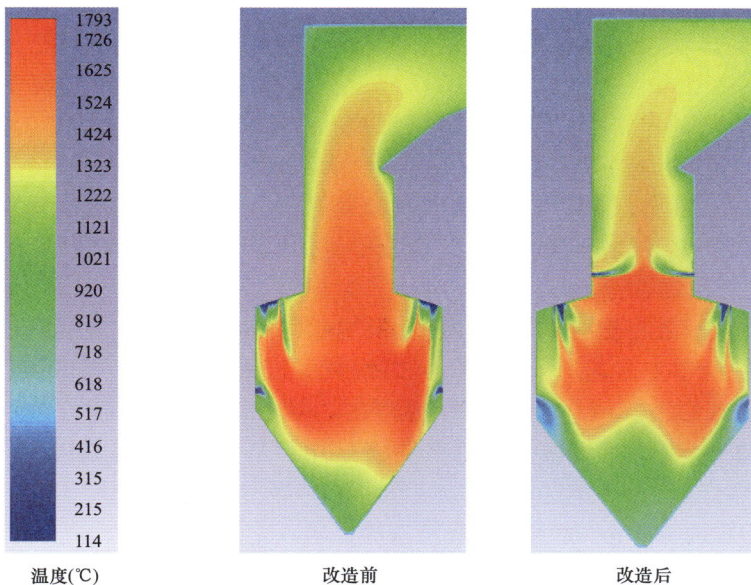

温度(℃)　　　　改造前　　　　改造后

图 6-101　改造前后炉内温度场对比

该燃烧器一方面实现了浓淡燃烧，另一方面又具有较好的着火性能，其结果导致提前着火尽快进入火焰内还原区，有利于降低 NO_x。

5）偏置浓淡缩孔均流单调风燃烧器十分有利于防止结渣。由前述可知缝隙式燃烧方式结渣严重和偏烧是影响该炉燃烧效率不高，NO_x增加、再热汽温偏低的主要原因。

偏置浓淡缩孔均流单调风燃烧器防结渣功能强，适合 LIC 电厂锅炉燃用煤种易于结渣的特点。该种燃烧器实际上是一种单调风旋流式燃烧器，在防止结渣方面具有以下特点：

a) 为了达到下炉膛的充满程度，扩散角比较小，不可能出现飞边而造成结渣的可能性。

b) 不依靠内二次风的旋转达到提前着火和前期供氧的目的，而是以主乏气间的速差和喷口的稳燃环形成环形回流区以达到提前着火的目地。因此不存在由于内二次风开大以后，导致整个火炬膨胀，引起结渣的问题。

c) 旋流式的燃烧方式在保持适当的下冲力，保证合适的充满程度的同时，当主火炬达到大下炉膛冷灰斗附近标高时，气流已经衰减，不会造成狭缝式燃烧器由于下冲到炉底然后向上反流，导致翼墙结渣严重的问题。

d) 外二次风在后期形成闭式回流区，一方面保证后期的供氧，另一方面也有利于防止火焰刷墙造成结渣。

e) 从已经改造的 JJ 5、6 号炉、YF 4 号炉，以及 AS 2 号炉的实践说明，偏置浓淡缩孔均流单调风燃烧器由于实现了风包火的结构，具有优良的防结渣功能。

f) 24 只燃烧器布置的结果，两侧距离侧墙 4.876m，距离翼墙 2.827m，距离前后墙 2.786m，也有利于防止结渣。

6) 该燃烧器调节性能较好，有利于控制火焰中心，以调整汽温。而且，优良的防止结渣的功能，为适当增加下炉膛适当敷设卫燃带、提高锅炉燃烧效率创造了十分有利的条件，同时解决了结渣对安全运行带来的威胁。卫燃带恢复以后，由于改变了辐射和对流吸热的比例，还有利于解决再热蒸汽温度偏低的问题。

7) 旋流式的燃烧方式在主火炬达到下炉膛冷灰斗附近标高时，气流已经基本衰减的特性，还不会造成狭缝式燃烧器由于下冲到炉底然后向上反流，导致严重偏烧的问题。从数学模拟的结果也说明偏烧的问题能得到较好地控制，从而使由于偏烧带来的燃烧效率低下、NO_x 偏高、主/再热蒸汽参数大幅度偏离设计值等问题得以缓解。

8) 使一次风系统阻力下降，并有利于提高磨煤机出力和降低电耗。偏置浓淡代替旋风分离器，使一次风系统阻力下降 2000～3000kPa。由于双进双出磨煤机出力与负荷风成正比，因此磨煤机出力将提高。

(2) 采用偏置浓淡缩孔均流单调风燃烧器的风险分析。

1) 布置的可行性。JJ 电厂 350MW 机组锅炉宽度为 24.765m，LIC 电厂锅炉宽度为 26.68m，比 JJ 电厂宽约 2m。尽管锅炉容量增加，但是圆形墙孔面积与燃烧器直径的平方成正比。因此，LIC 电厂燃烧器的直径只是从 JJ 电厂的 830mm 增加到 1044mm，完全可以布置下 24 只燃烧器。

距离侧墙的距离为 4m，能满足防止结渣的要求。

燃烧器间的干扰：燃烧器的旋转方向是成对布置的，一是可以是热负荷分布更均匀，二是可以防止燃烧器间的干扰。

2) 充满程度的可行性。下炉膛高度的对比：双调风燃烧器的 DID 电厂下炉膛高度为 22m，LIC 电厂为 24m；二次风的风率、风速和扩散角可以调整。数学模拟的证明可以满足充满程度的要求。

3) 着火性能的影响。着火主要依靠燃烧器自身的稳燃能力，以及一次风浓度较高。

结论：尽管偏置浓淡缩孔均流单调风燃烧器的改造工作量较大、造价较高，但是防结渣性能好，可以将卫燃带恢复到原设计水平，有利于提高再热器温。同时这种燃烧器着火性能较好，调节性能较好，有较好的防止偏烧的功能等优点。推荐采用该型燃烧器，作为改造方案选用的燃烧器。

（3）燃烧器具体改造内容。

1）一次风部分。煤粉管道尺寸为 $\phi560\times10mm$，通过弯头煤粉浓淡分离装置后，一次风分成浓淡两股气流（主气和乏气）。为强化着火和降低 NO_x，主气喷口处设置了稳燃环；燃烧器采取内衬陶瓷结构减轻煤粉气流的冲刷磨损；为防止烧坏燃烧器喷口，材质采用 Cr50Ni50 或更优质材质。煤粉管道上增设一次风速在线测量装置（电厂已购置一套风速在线测量调节装置，该台炉取消一次风速在线测量装置）。

原燃烧器主气管上关断门、乏气管上蝶阀利旧，为使其与现燃烧器主、乏气管连接，需进行变径处理。此外，在乏气管上设置可调缩孔，以进行主、乏气分配调节，可调缩孔全关时的流通面积为乏气管总流通面积的 15%。具体详细尺寸见燃烧器图纸。

在燃烧器弯头前煤粉管道水平段上布置膨胀节，以吸收燃烧器和煤粉管自身的三维膨胀。

2）燃烧器的二次风部分。燃烧器的二次风通道内布置轴向可调旋流叶片，叶片数量为 16 片，叶片长度为 380mm；叶片倾角 $0°\sim40°$ 可调，周界风碹口设计角度为 $15°$。周界风叶片旋向示意见图 6-102。

周界风通道进口设有周界风调风盘，以实现周界风风量调节，调风盘配有气动执行结构；周界风调风盘行程为 200mm，最小限位为 20mm。

后　拱

逆时针	顺时针	逆时针	顺时针	逆时针	顺时针	逆时针	顺时针	逆时针	顺时针	逆时针	顺时针
A3	A1	E3	E1	C3	C1	C4	C2	E4	E2	A4	A2

F3	F1	D3	D1	B3	B1	B4	B2	D4	D2	F4	F2
顺时针	逆时针	顺时针	逆时针	顺时针	逆时针	顺时针	逆时针	顺时针	逆时针	顺时针	逆时针

前　拱

图 6-102　周界风叶片旋向示意图

3）拱上风箱部分。12 个原拱上二次风道分别对应一个拱上二次风箱，每个拱上二次风箱内有 2 个燃烧器，二次风箱之间通过隔板隔开，相邻的拱上二次风箱应避免串风。

因油枪燃烧需要，需在燃烧器喷口附近拱部水冷壁处开设油枪喷口，每个燃烧器对应一个油枪喷口，油枪喷口尺寸为 430mm×430mm，为油枪着火需要，需为油枪配备配风盘；构造出新的油风室，两个油枪喷口对应一个油风室，油风室设有风门，并配有气动执行机构。

4）拱部防渣风。为防止前、后垂直墙结渣，在拱部靠近前、后垂直墙处设有防渣风喷口。防渣风喷口与燃烧器一一对应，具体尺寸见图 6-103。

6.5.3.3.2　采用控制氧量的燃料/空气分段燃烧技术

采用分段燃烧技术的关键，在于下炉膛在过量空气量大幅度减少以后，如何尽可能减少对燃烧效率的影响。燃烧器和燃烧方式的改造为分段燃烧奠定了较好的基础。

改造燃烧器，恢复燃烧器的浓淡燃烧设计，在不烧损燃烧器、不结渣的前提下尽可能提前着火，实现火焰内还原以降低 NO_x；增设燃尽风，实行炉膛整体分级送风（拱上风、拱下风、OFA）降低 NO_x；充分利用上炉膛的燃尽空间，控制下炉膛的氧量，从而达到控制下炉膛的温度、控制下炉膛燃烧的化学当量比、降低 NO_x、防止结渣的目的（见图 6-104）。

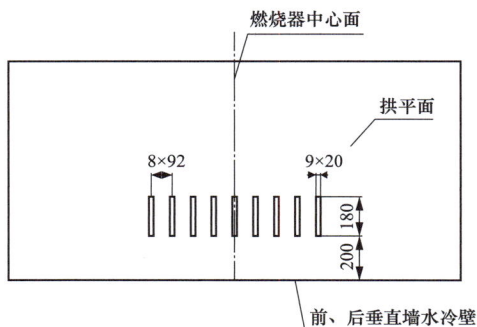

图 6-103　拱部防渣风喷口示意图

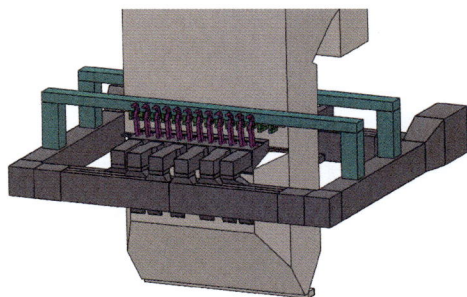

图 6-104　燃尽风箱、风道布置示意图

　　燃尽风布置的关键，由于燃尽段较其他类型的 W 火焰炉矮近 5～9m，只有 12.21m，因此必须考虑增加燃尽风以后能否满足燃尽段的高度。布置在距下炉膛出口 2m。根据 JJ 电厂、YF 电厂改造的经验，燃尽风距折焰角的距离也只有 9.9m。因此燃尽风布置在下炉膛出口 2m 的位置是可行的。同时由于上炉膛深度比其他同容量的锅炉深 5～6m，燃尽风的穿透能力必须较强。由于方喷口比圆形喷口的穿透能力较强，采用自行开发的可上下左右摆动的方形喷口。为了防止沿两侧墙和翼墙气流短路，燃尽风喷口的数量不但一一与燃烧喷口对应，而且炉膛两侧分别增设两只燃尽风喷口。图 6-105 为改造前、后 NO_x 排放模拟对比图。

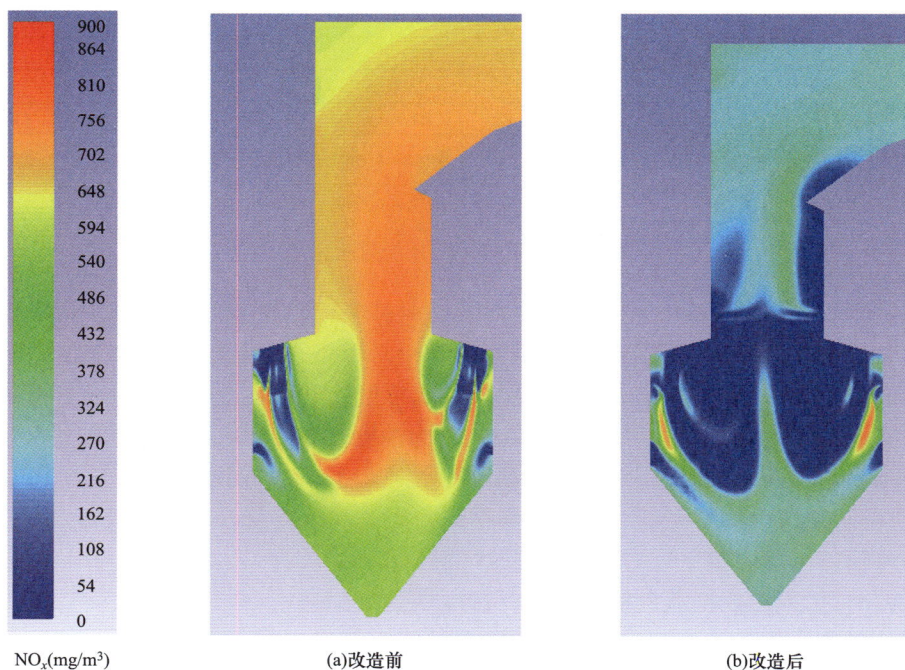

$NO_x(mg/m^3)$　　　　(a)改造前　　　　　　　　(b)改造后

图 6-105　改造前、后 NO_x 排放对比

为达到深化炉膛内空气分级燃烧的目的，在标高 31005mm（下炉膛出口以上近 2m 的位置）处布置燃尽风喷口。燃尽风喷口尺寸为：高 300mm，宽 450mm。燃尽风喷口与燃烧器一一对应，间距为 1656mm，炉膛中心的两个间距为 1748mm，计 24 个；另外在前后墙靠近左右侧墙处各布置有一个侧燃尽风喷口，距左右侧墙距离为 2m，计 4 个；燃尽风喷口合计 28 个。燃尽风采用摆动式直流燃尽风设计，燃尽风喷口可实现上、下各 30°的垂直摆动和左、右各 20°的水平摆动。燃尽风喷口布置在燃尽风箱内部。燃尽风喷口采用 Cr50Ni50 或更优质材质。其中垂直摆动设有气动执行结构，水平摆动为手动调节。

在现有二次风箱和风道的基础上，构造出新的燃尽风风箱和风道。燃尽风箱前、后墙 1 个，计 2 个，截面积为 7m²；燃尽风道前后左右各一个，计 4 个，风道截面积为 6m²。在燃尽风道上设置风门及气动执行机构，并有风量测量装置。

应业主要求，在左右侧墙标高 33005mm（燃尽风喷口以上 2m）处设置烟气取样管，取样管尺寸为 φ10×1mm，左、右侧墙各两个，布置图见图 6-106。取样管应焊接在水冷壁鳍片上。

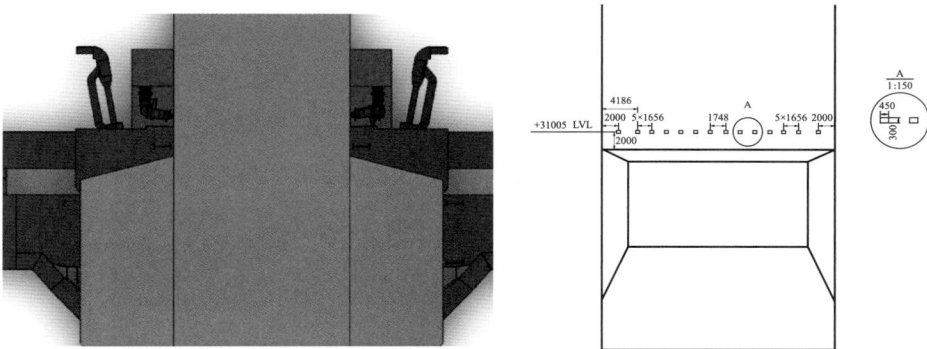

图 6-106 燃尽风喷口尺寸及布置图

6.5.3.3.3 下炉膛卫燃带恢复到原设计的水平、拱上增设卫燃带

该炉改造前卫燃带为 616m²，占下炉膛有效辐射面的 25%；HAF 电厂 660MW W 火焰炉下炉膛最初卫燃带面积为 1084m²，因结渣严重减少后为 985.2m²，减少后仍占下炉膛有效辐射受热面的 63%。XY 电厂卫燃带的面积为 779m²，占下炉膛辐射受热面的 38%。因此，LIC 电厂改造前因狭缝式燃烧器防结渣性能不良，原设计卫燃带的面积本就不多。只是因为燃烧组织不当，结渣严重，防止结渣才将卫燃带减少到 346m²，占下炉膛有效辐射受热面的 14%。尽管结渣情况好转，NO$_x$ 也有所下降，但是燃烧效率下降，再热汽温偏低。

此次改造由于燃烧组织方式改变，结渣情况可望得到较大改善，因此基本恢复到原设计的卫燃带面积，并敷设拱上卫燃带，以提前着火，有利于燃尽，提高下炉膛的燃烧效率。同时可以适当降低过量空气量，更有利于降低 NO$_x$ 的排放值和提高锅炉效率。

该次改造增设前、后拱部卫燃带，共计 191m²。与原保留卫燃带面积合计 491m²。为避免挂焦，卫燃带分条敷设，具体卫燃带布置图见图 6-107。拱部增设卫燃带，应考虑拱部水冷壁的承受能力，相应增加支吊等措施。

6.5.3.3.4 拱下风改造

（1）增大了分级风的比例。原锅炉设计拱上二次风比例过大，在煤粉燃烧初期二次风

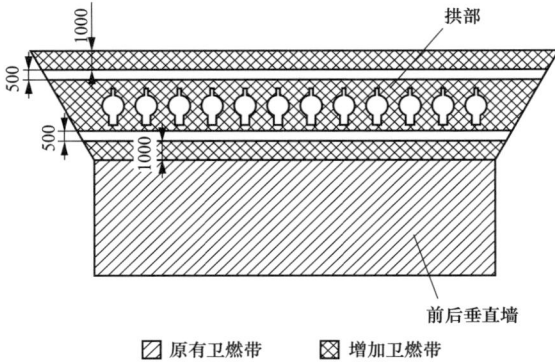

图 6-107 卫燃带敷设示意图

即大量混入，一方面增加了煤粉燃烧器所需的着火热，推迟了煤粉颗粒的着火；另一方面空气分级程度较弱，造成 NO_x 的大量生成。

为此，该方案适当增加了分级风的比例，优化了炉膛配风，深化了空气分级程度，减少了 NO_x 的生成（见图 6-108）。

相应地进行分级风箱的改造，在原有分级风道和膨胀节的基础上设计新的分级风箱，具体见图 6-109 和图 6-110。

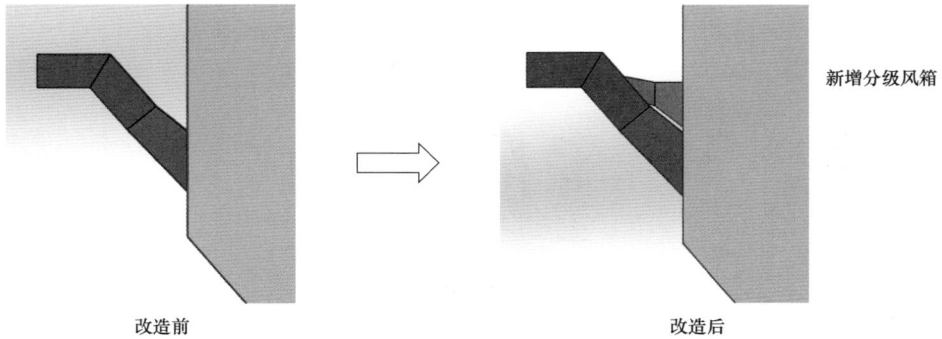

图 6-108 分级风箱改造示意图

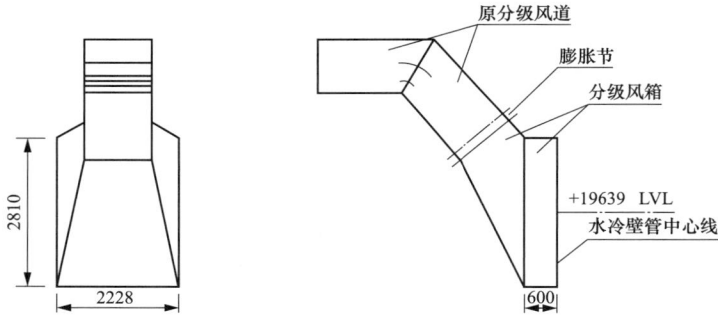

图 6-109 分级风箱尺寸图

（2）分级风喷口处理。在现有分级风喷口的基础上，增大了分级风喷口的面积，降低了喷口的阻力。

（3）增设可调下倾导流板。此外，在分级风喷口前布置可调下倾导流板，在分级风喷口前设置向下倾斜一定角度的导流板，导流板可实现与水平面夹角 0°～40°可调。导流板布置图见图 6-111。

可使分级风以一定角度进入炉膛，减轻分级风对拱上主气流下冲的影响，尽量提高主燃烧器射流的充满程度，以免分级风过早与拱上风射流会合并推动其过早拐弯，造成未燃尽损失大；同时降低了炉膛局部高温区，减少了热力型 NO_x 的生成。

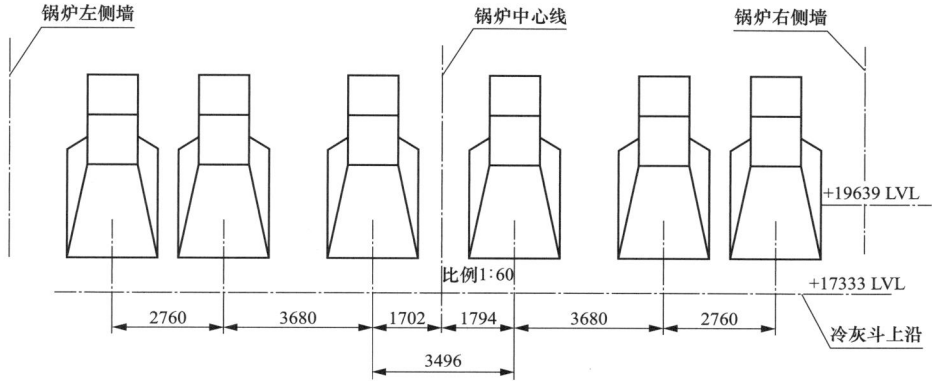

图 6-110　分级风箱布置图

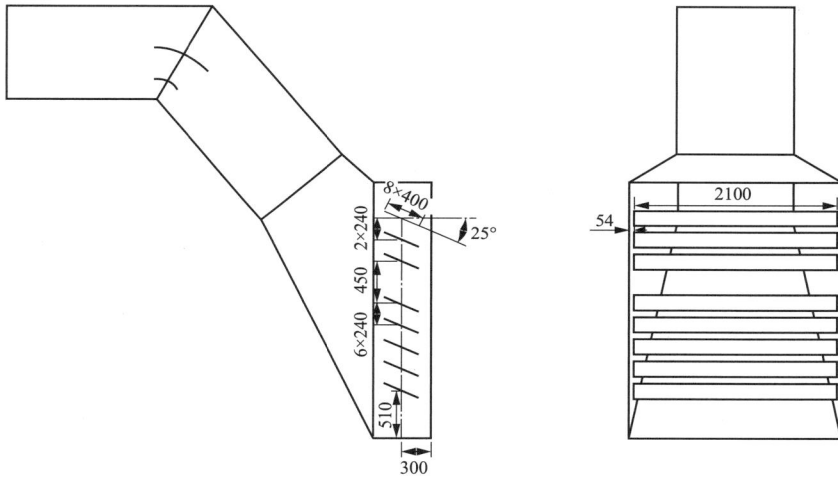

图 6-111　分级风下倾导流板尺寸图

（4）布风板。为使分级风喷口布风均匀，在分级风箱内设置有布风板。

6.5.3.3.5　制粉系统改为动静态分离器

作为燃烧系统的上游系统，制粉系统对煤粉颗粒的着火、燃尽及 NO_x 有着重要影响。鉴于该锅炉燃用煤质较差，具有着火难、燃尽难的特点，一旦煤粉变粗，则会造成飞灰可燃物含量显著升高，影响锅炉效率。为此，该次改造将原磨煤机的静态分离器改为动态分离器，以降低煤粉细度，利于煤粉颗粒的燃尽。

6.5.3.3.6　改造的措施汇总（见表6-60）

表 6-60　　　　　　　　　改 造 措 施 汇 总 表

序号	锅炉设备	改造前	改造内容	设计内容	改造目的
1	燃烧器	单旋风筒煤粉燃烧器	单调风燃烧器	燃烧器设计，燃烧器区域水冷壁重新弯管	降低燃料型 NO_x、稳定燃烧，减轻结渣
2	油风室	无	增设新的油风室	油风室（包括风门、执行结构）设计，水冷壁弯管	提供油燃烧器所需空气
3	分级风箱	分级风	分级风率有所提高，喷口面积增大，并与水平方向呈一定角度喷入炉膛	新分级风箱、新的分级风喷口，出口加装可调导流板、布风板	深化空气分级，优化炉内流场

序号	锅炉设备	改造前	改造内容	设计内容	改造目的
4	燃尽风	无	由二次风箱引出部分二次风在上炉膛一定位置喷入	OFA 风道、膨胀节、OFA 风箱、风量调挡板、燃尽风喷嘴、流量测量、执行机构及附件等，水冷壁管重新弯管	进行全炉膛空气分级降低燃料 NO_x 和热力 NO_x 的生成
5	卫燃带		恢复部分卫燃带		减少下炉膛吸热量，利于煤粉气流着火，提高蒸汽温度
6	分离器	静态分离器	动静态分离器		降低煤粉细度，减少不完全燃烧损失

6.5.4　LIC 电厂改造后的调试及影响

在 GNSD 公司、ZHFD 公司、LIC 电厂的大力支持下，经过 50 天的紧张施工，LIC 电厂 2 号机组锅炉改造工程于 2015 年 1 月 13 日顺利投入运行。经过 5 个多月的运行，原来最为担心的在宽深比为 1.233 的狭缝型燃烧器的 MBEL W 火焰炉上布置偏置浓淡、缩孔均流单调风燃烧器间相互干扰的问题并未出现；锅炉低氮改造后下炉膛结渣、偏烧、高温腐蚀以及受热面超温等问题均未出现。说明改造工程的方案论证是合理的。

6.5.4.1　调试过程

整个调试过程可以分为两个阶段。第一阶段从 1 月 13 日投入运行到 1 月底，主要是以安全稳定运行、各项参数达标为主，初步观察改造的效果；第二阶段从 2 月到 6 月，主要是使各项指标进一步优化，如何降低飞灰可燃物、气温波动大，增负荷速度较慢的如何更好地使锅炉的调整适应 AGC 的要求。

6.5.4.1.1　第一阶段调试

（1）燃烧器之间未发生干扰，着火稳定。这些说明在宽深比为 1.233 的狭缝型燃烧器的 MBEL W 火焰炉上布置偏置浓淡、缩孔均流单调风（以下简称单调风燃烧器）是可行的。

（2）锅炉 NO_x 远低于技术协议要求。2 号炉在改造前所有工况下 NO_x 排放浓度在 1250~1474mg/m³。低氮改造后，在燃用阳泉煤时，根据 1 月 26 日到 1 月 30 日的平均值，锅炉省煤器出口 NO_x 排放量在 580.4MW 负荷时：平均为 741.5mg/m³（O_2＝6％）左右，CO 含量为 0；在 480MW 负荷时：平均为 700mg/m³（O_2＝6％）；在 360MW 负荷时：平均为 600mg/m³（O_2＝6％）。远低于技术协议中的"在上述负荷状态下，锅炉省煤器出口 NO_x 排放水平在燃用低氮设计煤种情况下分别不高于 850、800、750mg/m³"的排放要求。

（3）2 号锅炉效率比改造前提高。改造后锅炉效率比改造前提高，且高于技术协议保证值。

1 月下旬在高负荷下改造后的各项参数中，在燃用 V_{daf} 为 11.93％~14.92％、低位发热量 $Q_{net,ar}$ 为 21140~25030kJ/kg 的贫煤时，电负荷在 568~611MW 下，飞灰可燃物浓度为 3.2％~5.93％，平均为 4.105％；大渣可燃物为 1.46％~10.77％，平均为 3.97％；省煤器后烟温为 407℃，比改造前下降 5℃；锅炉效率为 92.15％；NO_x 浓度为 604~815mg/m³，平均为 741.5mg/m³；CO 为 0。主气温平均为 537.6℃，再热汽温平均为 539.1℃。

（4）2号炉改造前锅炉偏烧的问题基本解决。表6-61所示为2015年1月，投入运行后15天，实测的各项参数。

表6-61　　　　　　　　　　　投运15天后各项参数汇总

日期	1月26日	1月27日	1月28日	1月28日	1月28日	1月29日	1月30日	1月30日	平均
时间	10：40	11：00	11：25	15：10	17：15	9：15	10：35	11：50	
负荷（MW）	574	567	574	568	570	575	604	611	580.4
飞灰含碳量（撞击取样加修正）	4.33	3.08	5.93	5.06	4.91	2.73	3.6	3.2	4.11
飞灰含碳量（%）	6.98	4.97	9.56	8.16	7.92	4.4	5.81	5.16	6.63
大渣含碳量（%）	1.97	2.64	1.46	3.34	3.94	4.6	3.07	10.77	3.97
排烟温度（℃）	127.2	123.4	129.8	129.3	128.7	127.4	130	132.1	128.5
CO（$\times 10^{-6}$）	0	0	0	0	0	0	0	0	0
省煤器后氧量（%）	3.9	3.84	3.32	4.1	3.47	3.98	2.72	3.53	3.61
空气预热器氧量（%）	5.4	5.34	4.82	5.6	4.97	5.48	4.22	5.03	5.11
锅炉效率（%）	92.92	93	91.27	91.31	91.59	92.54	92.92	92.41	92.25
锅炉效率（修正后）（%）	92.86	92.89	91.19	91.22	91.5	92.48	92.8	92.29	92.15
NO_x（mg/m³）（O_2＝6%）	742	783	810	737	687	754	604	815	741.5
主蒸汽温度（℃）	533	531	545	541	537	538	538	538	537.6
再热汽温（℃）	539	539	537	538	541	540	539	540	539.1
一级减温水（t/h）	38	0	108	81	90	65	77	65	65.5
二级减温水（t/h）	21	15	27	28	18	19	32	19	22.38
再热器减温水（t/h）	0	0	6.6	6.3	3	28	23	28	11.86
全水 M_{ar}（%）	7.4	8	7.2	7.2	7.2	5.8	8	8	7.35
灰分 A_{ar}（%）	20.22	20.23	28.63	28.63	28.63	27.95	23.29	23.29	25.11
挥发分 V_{daf}（%）	11.93	13.53	14.55	14.55	14.55	12.88	14.91	14.91	13.98
低位发热量 $Q_{net,ar}$（kJ/kg）	25030	24220	21140	21140	21140	22210	23130	23130	22643

6.5.4.1.2　第二阶段调试

从2月至6月，这一阶段是以降低飞灰可燃物为主要目标的各项指标，力求在保持主/再热汽温，与降低飞灰可燃物方面寻求一种两全的调整方案。同时在机组增负荷方面的速率能满足调度的要求。在这一阶段持续了近5个月，有些方面是值得仔细分析、进一步完善的。

6.5.4.2　调试过程运行情况具体分析

6.5.4.2.1　煤质对燃烧效率的影响

（1）调试期间燃用混煤时的运行情况。锅炉实际运行燃用阳泉煤：烟煤＝1：1的混煤。其干燥无灰基挥发分为17.1%，低位发热量为22.53MJ/kg。在燃用该混煤的情况下，煤质情况及飞灰含碳量见表6-62和表6-63。

表6-62　　　　燃用混煤、负荷在580MW以上时的煤质参数

日期	全水分 M_{ar}（%）	内水 M_{ad}（%）	挥发分 V_{daf}（%）	全硫 $S_{t,ad}$（%）	低位热值 $Q_{net,ar}$（J/g）	收到基灰分 A_{ar}（%）
3月9日	7.35	1.37	18.43	1.82	22370	25.14
3月10日	7.13	0.97	13.84	1.51	23907	22.19
3月13日	7.47	1.22	18.95	1.46	22497	24.32
3月14日	8.2	1.26	17.5	1.46	23150	22
3月17日	7.07	1.27	17.41	1.83	21183	27.56
3月18日	7.4	1.86	17.08	1.35	22310	25.54
3月19日	7.53	1.06	13.27	1.09	23913	21.69
3月24日	7.4	1.8	14.88	1.13	21140	31.5
3月25日	7	2.34	22.31	1.46	22510	27.6
4月9日	8	0.74	17.31	1.5	22346	28.54
平均	7.46	1.39	17.1	1.46	22532.6	25.61

表6-63　　　　燃用混煤、负荷在580MW以上时的飞灰含碳量

日期	时间	撞击取样		
		A 侧	B 侧	平均值
3月9日	9：30	6.87	123.43	5.15
	15：30	4.25	3.06	3.66
	17：00	1.55	4.75	3.15
3月10日	9：35	6.30	3.58	4.94
3月13日	14：40	3.60	4.45	4.03
	16：00	3.70	4.05	3.88
3月14日	9：50	4.54	4.42	4.48
	14：10	3.97	4.31	4.14
	16：50	5.02	4.28	4.65
3月17日	8：50	3.58	4.26	3.92
	15：00	4.12	5.20	4.66
3月18日	9：30	2.52	3.42	2.97
3月19日	9：30	2.30	2.63	2.47
	11：30	1.18	4.08	2.63

续表

日期	时间	撞击取样		
		A 侧	B 侧	平均值
3 月 24 日	16：00	4.21	6.27	5.24
3 月 25 日	8：30	3.98	2.91	3.45
	11：15	3.06	4.32	3.69
4 月 9 日	15：50	4.14	4.09	4.12
平均值		3.83	4.084	3.96

从表 6-63 可见，锅炉在常用燃用干燥无灰基挥发分为 17.1%、低位发热量为 22.53MJ/kg 时的混煤的情况下，飞灰可燃物含量较低，可达到 4% 以下的要求。此外，在燃用混煤的情况下，NO_x 浓度较低，高不过 $800mg/m^3$，低可至 $500mg/m^3$。

（2）燃用阳泉煤时的运行情况。2014 年 1 月 21 日～2014 年 2 月 6 日期间完全燃用阳泉煤，其干燥无灰基挥发分为 13.24%，低位发热量为 22.8MJ/kg，在此期间约 9 天的时间有 580MW 以上负荷。这段时间 580MW 以上负荷的煤质与飞灰含碳量化验结果分别见表 6-64 和表 6-65。

表 6-64 **燃用阳泉煤、负荷在 580MW 以上时的煤质参数**

日期	全水分 M_{ar}	内水分 M_{ad}	灰分 A_{ad}	挥发分 V_{daf}	全硫	低位发热量
1 月 24 日	7	1.12	25.65	11.69	1.68	22980
1 月 26 日	7.4	1.54	21.5	11.93	0.63	25030
1 月 28 日	7.2	1.21	30.48	14.55	1.92	21140
1 月 29 日	5.8	0.56	29.51	12.88	2.1	22210
1 月 30 日	8	1.4	24.96	14.91	1.7	23130
2 月 2 日	7	0.9	26.77	16.7	2.22	22550
2 月 3 日	8	1.79	23.66	11.55	1.55	23790
2 月 4 日	8.2	1.18	25.18	11.16	1.64	23110
2 月 5 日	8.8	1.72	28	12.92	1.67	21660
2 月 6 日	8	2.23	25.26	14.09	1.73	22620
平均值	7.54	1.365	26.097	13.24	1.684	22822

表 6-65 **燃用阳泉煤、负荷在 580MW 以上二次风叶片角度小于 15° 时的飞灰含碳量**

日期	时间	A 侧	B 侧	平均
1 月 24 日	11：30	7.13	9.97	8.55
1 月 26 日	11：30	7.68	6.44	7.06
1 月 28 日	9：00	12.79	10.41	11.6
1 月 30 日	10：40	6.49	5.15	5.82
	11：50	6.37	3.86	5.11
2 月 2 日	9：40	6.51	7.2	6.85
	11：50	7.12	5.16	6.14
	14：50	8.42	7.63	8.02
	16：00	7.8	8.25	8.02
	20：00	7.3	8.16	7.73

续表

日期	时间	A 侧	B 侧	平均
2月3日	10：30	8.4	5.61	7
	11：50	10.99	7.9	9.44
	16：00	6.72	7.61	7.16
	17：30	6.41	6.73	6.57
2月5日	9：30	6.71	6.23	6.47
	10：40	6.2	6.57	6.38
	15：30	9.9	6.92	8.41
2月6日	9：30	6.49	6.01	6.25
平均		7.75	6.99	7.37

从表6-66可见，在燃用阳泉煤时，在二次风旋流叶片角度在15°以下的19个工况，飞灰含碳量平均为7.37%，浓度为850mg/m^3。而在燃烧器的旋流叶片角度为15°～20°的7个工况，飞灰含碳量平均为3.18%。这说明二次风的扰动对于改善燃烧组织是十分有利的。但在高负荷连续运行的情况下，出现了掉焦卡碎渣机的现象，同时过热器减温水量在120t/h以上，再热器减温水为30～60t/h。这显然是旋流叶片角度加大后，火焰中心抬高所致。

表 6-66　燃用阳泉煤、负荷在 580MW 以上二次风叶片角度大于 15°时的飞灰含碳量

日期	时间	A 侧	B 侧	平均
1月29日	9：30	3.7	4.8	4.25
	13：20	4.42	3.24	3.83
	15：00	3.33	1.52	2.42
	16：30	1.83	1.39	1.61
2月4日	9：40	3.41	2.96	3.18
	15：10	3.52	3.03	3.27
	17：30	5.37	2.05	3.71
平均		3.65	2.71	3.18

6.5.4.2.2　二次风叶片角度对汽温的影响

改造后着火提前，炉膛的充满程度得到改善，但是从运行调试中可见充满程度与气温高低有矛盾。由于没有烟气挡板调温，再热汽温主要依靠燃烧调整来实现。

此次改造由于采用了防结渣能力较强的偏置浓淡缩孔均流、单调风燃烧器，将卫燃带恢复到495m^2，占下炉膛辐射受热面的20.9%。由于仍未恢复到原设计比例，再热汽温尽管会有所缓和，仍应当偏低。但是投入运行以后，主蒸汽减温水量高达80～120t/h，再热器减温水量也高达10～60t/h。这明显是由于火焰中心偏高所造成。为此，在投入运行初期将拱上二次风的叶片角度由25°减小到5°，主蒸汽减温水量由80～120t/h下降到10t/h。再热蒸汽温度则低于设计值5～10℃。后来将二次风角度维持在10°～15°，才使再热汽温恢复设计值。改造前后的设计参数见表6-67。

表 6-67　　　　　　　　　　改造前后的设计参数

项目名称		单位	LIC电厂2号炉	
			改造前	改造后
一次风风率		%	16.4	16.4
主气风率		%	6.2	9.9
乏气风率		%	10.2	6.6
拱上二次风率（含防焦风）		%	73.6	45.6
拱下风风率		%	10	20
燃尽风风率		%	0	18
炉膛漏风率		%	0	0
过量空气系数	一次风		0.194	0.194
	一次风+拱上二次风		1.064	0.733
	下炉膛		1.182	0.969
	全炉膛		1.182	1.182
入炉总风量		t/h	2114	2114
主气喷口风速		m/s	8.9	18.1
乏气喷口风速		m/s	16.8	23.9
拱上二次风速		m/s	45.9	42.8
拱下风喷口风速		m/s	23.2	25.4
燃尽风喷口风速		m/s		50
主气（含煤粉）		kg·m/s²	30.5	77.3
乏气（含煤粉）		kg·m/s²	74.5	81.9
拱上二次风		kg·m/s²	1652.8	477.3
单只燃烧器下冲动量		kg·m/s²	1862	636

由此可见：

（1）单只燃烧器设计动量偏低，是影响火焰中心偏高的主要原因。由表6-67也可知，单只燃烧器的动量已经由 1862kg·m/s² 降低到 636kg·m/s²。主火炬的充满程度，直接影响主、再热器温度。由于卫燃带未恢复到原设计的比例，当火焰下射深度较大、火焰中心较低、充满程度较好时，主、再热蒸汽温度则不足。

改造后拱上风的风率是 45.6%，拱下风的风率为 20%，OFA 的风率为 18%。运行中曾经试图通过控制拱下风，将拱下风的开度由 40% 减少到 20%，来增加拱上二次风的动量。结果汽温变化不大（过热器减温水量由 120t 下降为 98t，再热器减温水量由 53t 下降为 40t），而下炉膛的分级燃烧的效果减弱。因此，NO_x 的排放值由 730mg/m³ 上升到 810mg/m³ 以上。

（2）二次风的角度对火焰中心的高低影响较大，调整二次风的叶片角度和风量可以使汽温保持在正常范围。在这些调整工况下，拱上二次风即使全开（调风盘全开，但二次风挡板在 50%~70% 之间），也需要在拱上二次风叶片角度小于 10° 时，火焰中心才能满足主蒸汽温度和再热蒸汽温度的要求。而此时由于二次风的扰动效果降低，可能会影响到燃烧效率。

6.5.4.2.3　卫燃带的面积对汽温和升负荷速度和汽温波动的影响

此次改造将卫燃带由 346m² 恢复到 495m²，占下炉膛辐射受热面的 20.9%，但仍然未达到原设计的卫燃带比例 26%。增加卫燃带必然影响辐射、对流吸热的比例。这一措施除了应当影响汽温之外，还会影响到升负荷过程汽压上升的速率和汽温上升速率的匹配。由于卫燃带的面积并未恢复到原设计面积，升负荷过程汽压上升的速率和气温上升速率的匹配关系不应当发生较大的变化。但是由于火焰中心偏高的因素，在升负荷过程中，汽温增加的速率远高于汽压增加的速率。在运行中表现为，增负荷过程汽温，主要是大屏过热器、末级过热器上升较快，尤其是第二支路、第三支路（其一、二级减温水调阀已经全开）尽管减温因减小一次风量过多，导致过热汽温低达 520℃。甚至在正常运行中尽管燃烧稳定，主、再热汽温水都已经大开（一、二级减温水量最大达 150t），过热汽温瞬间达到 570℃。而且待压力上升后成正弦波振荡，波动范围高达 20～30℃，严重影响运行安全。

后来降低升负荷速度，使情况有所好转，可以满足调度升负荷的速率的要求（6MW/minim），但是达不到调度升负荷达的标准（12MW/minim）。而且正常运行中汽温呈正弦波振荡的问题仍未消除。

此次改造将卫燃带由 346m² 恢复到 495m²，占下炉膛辐射受热面的 20.9%。但仍然未达到原设计的卫燃带比例 26%。因此，出现这一问题的主要原因是自动控制的逻辑不合理。但是在甲方的强烈要求下，将卫燃带去除 100m²。去除的部位见图 6-112。

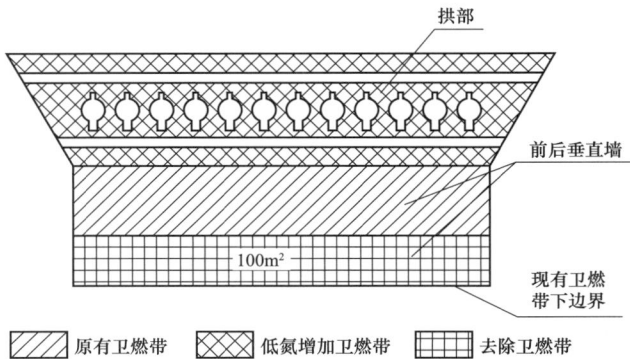

图 6-112　卫燃带分布图

卫燃带去除以后，正常运行状态下的蒸汽参数的波动没有明显变化，但由启、停磨煤机产生的过热器超温现象有明显改善，过热汽温很少超 560℃。NO_x 排放浓度下降约 150mg/m³（由 700mg/m³ 下降到 550mg/m³ 附近），但是飞灰可燃物上升约 1.35%（由 3.96% 上升至 5.31% 左右）。

6.5.4.2.4　炉膛火焰充满程度得到较大改善（见表 6-68）

表 6-68　　　　　　　　　　改造前后测点温度值　　　　　　　　　　（℃）

项目	改造前					改造后				
	左前	右前	右后	左后	平均	左前	右前	右后	左后	平均
上层	1150	1125	960	950	1046	1440	1404	1500	1470	1453
下层	1360	1478	1410	1330	1394	1308	1232	1569	1558	1416

6.5.4.2.5　考核试验结果

LIC2 号炉已于 4 月 25 日停炉，停炉时间 1 周左右，处理空气预热器堵塞问题，同时增设水冲洗吹灰设备，暂定锅炉起炉后 5 月中旬再次进行满负荷试验。试验结果汇总见表 6-69。

表 6-69　　　　　　　　　　考核试验结果汇总

项目	单位	600MW		480MW		360MW	
		改前	改后	改前	改后	改前	改后
负荷	MW	600	600	480	480	360	360

续表

项目		单位	600MW		480MW		360MW	
			改前	改后	改前	改后	改前	改后
磨煤机数量		台	6	6	5	5	5	5
省煤器后氧量		%	3.18	2.41/2.49	4.67	4.10/4.93	4.84	4.83/5.20
工业分析	全水 M_{ar}	%	5.8	8.5	7.6	6.8	7	6.5
	收到基灰分 A_{ar}	%	25	26.9	22.56	26.8	31.8	27.2
	干无灰挥发分 V_{daf}	%	12.66	18.77	13.95	15.6	17.25	14.89
	收到基低位发热量 $Q_{net,ar}$	MJ/kg	23.21	20.83	23.17	21.76	19.72	21.89
元素分析	收到基碳 C_{ar}	%	60.76	54.98	60.36	57.17	51.65	58.21
	收到基 H_{ar}	%	2.56	2.6	2.47	2.51	2.22	2.52
	收到基 O_{ar}	%	3.64	5.01	4.87	4.14	5	2.75
	收到基 N_{ar}	%	0.91	0.78	0.94	0.87	0.82	0.93
	收到基 S_{ar}	%	1.33	1.24	1.21	1.71	1.51	1.88
飞灰含碳量		%	3.25	3.19	2.27	3.28	2.95	2.4
大渣含碳量		%		0.49		0.31		0.49
空气预热器后 CO		mg/m³	15	107	6	18	5	4
空气预热器后氧量		%		4.01		6		7.36
排烟温度		℃	144.4	144.9	135.2	124.1	124.5	109.2
锅炉效率（未修正）		%	91.92	93.03	92.48	92.48	91.1	92.79
锅炉效率（修正）		%	92.01	92.79	92.5	92.55	91.2	92.9
NO_x 浓度		mg/m³	1474	680.3	1409	722.4	1250	595.9
主蒸汽温度		℃	538	538.7	539.4	539.9	542.2	538.6
再热汽温		℃	539.9	542.2	525.8	530.2	503.6	505.2
过热器一级减温水		t/h	共170	74.97	90.1	111.32	134.9	41.57
过热器二级减温水		t/h						
再热器减温水		t/h	89.9	5	0	0	0	0

由考核试验汇总表可知，在燃用 14.16%～14.65% 的阳泉煤，600、480MW 和 360MW 的条件下：NO_x 排放值分别为 680.3mg/m³、722.4mg/m³、595.9mg/m³；飞灰可燃物分别为 3.19%、3.28%、2.4%；大渣可燃物分别为 0.49%、0.31%、0.49%；空气预热器后 CO 分别为 107mg/m³、18mg/m³ 和 4mg/m³；修正后的锅炉效率分别为 92.79%、92.55% 和 92.90%。以上各项指标全部满足技术协议的要求。唯有再热汽温为 542.2℃、530.6℃、505.2℃，在中低负荷下低于设计值 540℃，而此时炉底热风开度已达 30%，但是过热汽的减温水量却有 90.1t/h、111.3t/h、41.6t/h。这说明该炉未设计烟气调节挡板是十分不利于汽温调节的。

6.5.5 LIC 电厂改造的后评估

6.5.5.1 改造结果的评价

改造后的实践说明下列情况：

（1）燃烧器之间未发生干扰，着火稳定。这些说明在宽深比为 1.233 的狭缝型燃烧器的 MBEL W 火焰炉上布置偏置浓淡、缩孔均流单调风（以下简称单调风燃烧器）是可行的。

（2）各项指标全部达到技术协议要求。NO_x 排放值分别为 680.3、722.4、595.9mg/m³；

飞灰可燃物分别为3.19%、3.28%、2.4%；大渣可燃物分别为0.49%、0.31%、0.49%；空气预热器后CO分别为107、18mg/m³和4mg/m³；修正后的锅炉效率分别为92.79%、92.55%和92.90%。

（3）2号炉改造前锅炉偏烧的问题基本解决。改造前炉膛燃烧组织存在前、后墙主导火焰（前长后短为前墙主导火焰，后长前短为后墙主导火）现象，且由于运行中前、后墙主导火焰的情况瞬间互换（现场称为"切火"），导致炉膛燃烧不稳，对汽温、汽压参数影响极大，甚至产生灭火现象。改造后炉膛前、后墙火焰主导现象得到很大改善，燃烧组织稳定，汽温汽压参数稳定，所谓"切火"现象从未发生，更未因此导致突然灭火。

改造后防止偏烧的功能得到加强，但是在拱上二次风的叶片角度在10°以下时，将导致主火炬刚性太强也易于导致偏烧。叶片角度较大的一侧火焰较长。当叶片角度维持在15°以上时，可以避免偏烧。但是火焰中心偏上，气温较高。因此，目前前后拱二次风叶片角度按10°调整，既可不出现严重偏烧，又可维持气温不超高。

该炉改造的设计思想即采用偏置浓淡、缩孔均流单调风燃烧器是正确的。采用这种燃烧器，既可保证一定的充满程度，而且主火炬后期衰减较快，不会造成偏烧。拱下风布置的位置和下倾角也是比较合理的，也有利于减少偏烧。如果拱上风的刚性能从设计上采取措施进一步提高，使二次风能在旋转的情况下下射，就可能达到既有合理的充满度，又不会发生偏烧。

（4）燃烧组织有较好的防结渣功能。2月10日停炉检查炉内结渣情况的照片见图6-113～图6-116。此后几次停炉检查也基本未发现结渣。

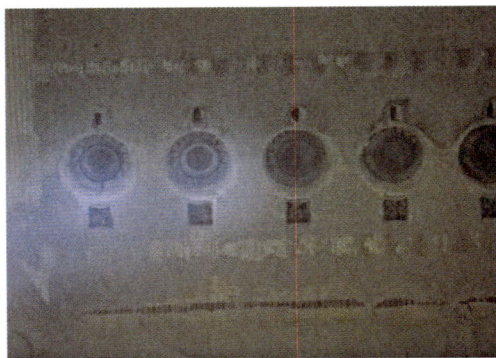

图6-113　拱上结渣轻微

图6-114　前后墙结渣轻微

图6-115　拱下三次风结渣轻微

图6-116　侧墙、翼墙结渣轻微

尽管在调试过程出现过掉较大渣块（当量直径约 500mm），但都是在调试的极端工况中出现的。例如当开始投入运行时，二次风叶片角度在 20°以上时，火焰中心上移，拱上可能结渣。但是负荷稍有变动即掉落。投入运行初期，因汽温偏高，主蒸汽减温水高达 120t/h，再热汽减温水达到 60t/h 时，为了降低减温水，曾将拱上二次风的叶片角度调整到 5°，此时减温水量大幅度下降。但是由于主火炬刚性太强，导致偏烧，火炬较短的一侧喷口可能结渣。

为了解决再热汽温偏低的问题，也曾将前墙或后墙的二次风叶片角度调大，另一侧二次风叶片角度调小，有意造成主火炬偏烧。这种调整方式都会造成一侧燃烧器的火炬缩短，火炬出口就着火，最后导致燃烧器喷口结渣。但结渣情况也不甚严重（见图 6-117）。

这种燃烧组织是有利于防止结渣的。如果从设计上设法进一步提高拱上风的刚性，在二次风旋转的前提下仍能保持合适的充满程度，更有利于防止结渣。

（5）卫燃带的面积和敷设范围基本合理。此次改造将卫燃带由 346m² 恢复到 495m²，占下炉膛辐射受热面的 20.9% 是合理的。在这种卫燃带的比例下，不会发生严重的结渣。

图 6-117　后墙部分喷口轻微结渣

过热器再热器汽温偏高是由于拱上风动量偏小、火焰中心偏高所造成的。目前采取的将拱上二次风旋流角度控制在 15°以下，尽管可以防止超温，但是不利于降低飞灰可燃物，还有偏烧的上的风险。

增加卫燃带，必然影响辐射、对流吸热的比例，会影响到升负荷过程汽压上升的速率和气温上升速率的匹配，甚至出现汽温的反复波动。但是出现这些问题从热工自动控制方面是能够妥善解决的。后期将卫燃带又去除 100m²，尽管可以缓解这些问题，却与锅炉的原设计意图和 W 火焰炉分区燃烧的理念相悖，必然造成飞灰可燃物上升，是不利的。

（6）OFA 布置在上炉膛，只要燃烧组织合理对燃尽影响不大。此次改造由于上炉膛燃尽高度只有 12.2m，远低于 XY 电厂和 GX 电厂的 21.6m 和 19.6m。对于 OFA 布置在拱上还是在上炉膛比较合理，也有不同的考虑。我们参照 YF 电厂，燃尽风距折焰角的距离也只有 9.9m，最终为了保证 OFA 的效果，还是将燃尽风布置在下炉膛出口上部 2m 的位置。在设计煤种，即燃用 V_{daf} 为 12%～14% 的贫煤的情况下，飞灰可燃物仍然能保持在 4% 左右。由此可见，OFA 布置在上炉膛还是可行的。

（7）制粉细度对于飞灰可燃物影响较大。雷蒙式分离器改造为动态分离器以后，煤粉变细，一次风阻力增大约 2000Pa，风煤比下降约 0.2。改造后投入运行初期由于分离器未进行调整，制粉细度 R_{75} 高达 12%，飞灰可燃物高达 8%。在燃烧调整后，分离器的叶片角度由 45°调整到 35°，分离器转速由 80% 提高到 90%，锁气器不灵活的问题得以解决后，制粉细度 R_{75} 可以达到 6%（见表 6-70）。

表 6-70 制粉系统调整试验数据汇总表

煤粉管	静叶（度）/转速（％）	R_{150}	R_{75}	均匀性指数
F2	35/85	0.53	4.36	0.74
F1	35/85	0.69	5.72	0.80
E2	35/100	0.23	2.72	0.75
E1	35/100	0.17	2.1	0.72
B1	35/85	1.04	7.02	0.78
B2	35/85	0.85	5.47	0.71
C2	35/85	0.97	6.64	0.77

尽管均匀性指数未达到设计值 1.2，只能达到 0.8 左右，对飞灰可燃物下降到 4％ 左右也起到较大作用。此外，动态分离器的阻力约上升 2kPa，但是由于该炉的一次风浓缩器改造成为偏置式浓缩器，阻力下降 2kPa 以上，因此未对磨煤机的出力和一次风压造成明显的影响。

6.5.5.2 今后工作的建议

由上述分析综合后从设计思想来考虑可以提出以下建议：

（1）下炉膛过高。改造后采用单调风燃烧器，带来一系列好处，但充满程度偏低。根据运行调试的结果，飞灰可燃物高，过热气温偏高，升负荷过程气温上升过快，正常运行中汽温上下波动都和火焰的充满程度有关。

为此，在此后的调整中应当大开二次风的挡板，适当减小拱下风的开度。

从设计方面宜考虑做如下改进：

1）适当提高拱上风的风率，改造后拱上风的风率是 45.6％，拱下风的风率为 20％，OFA 的风率为 18％。今后的设计可以考虑适当提高拱上风的比例，或适当减小拱下风的出口断面积。

2）可适当缩小拱上二次风的出口断面积，提高拱上二次风速。其前提是二次风机的压头还有裕量，否则将适得其反，不但拱上风的动量不能增加，反而会因为拱上二次风的流通面积减小，阻力增加，二次风量将进一步较小。

3）也可适当减小燃烧器出口的扩散角，增加拱上主气流的下冲力。

（2）燃带的面积应当仍保持 495m² 是合理的。出现气温波动，升负荷速率不足的问题应当通过热工自动控制系统的改进来缓解。

（3）原设计燃烧组织不良、下炉膛过高是出现这些问题的根本原因，今后新的锅炉设计中在改进燃烧组织的前提下，应适当降低下炉膛的高度，提高下炉膛的容积放热强度。

（4）烟气挡板的设置是必需的。

6.6 TAZ 电厂 600MW 超临界 W 火焰炉的改造

6.6.1 设备状况

TAZ 电厂 2 号机组锅炉为 600MW 超临界 W 火焰锅炉，采用一次中间再热、平衡通风、固态排渣、全钢构架、露天布置，炉膛采用带有内螺纹的低质量流速垂直水冷壁，见图 6-118。炉膛高、深、宽分别为 $55.80m \times 23.67m \times 26.68m$，上炉膛深 12.51m，炉膛容积为 $7568m^3$，在 25.57m 炉拱处分为上、下两个部分。锅炉燃用无烟煤，采用 W 火焰燃烧方式，在前、后拱上共布置有 24 个煤粉燃烧器，6 台 BBD4360 双进双出磨煤机直吹式制粉系统。主要设计参数如表 6-71 所示，设计煤质成分等如表 6-72 所示。

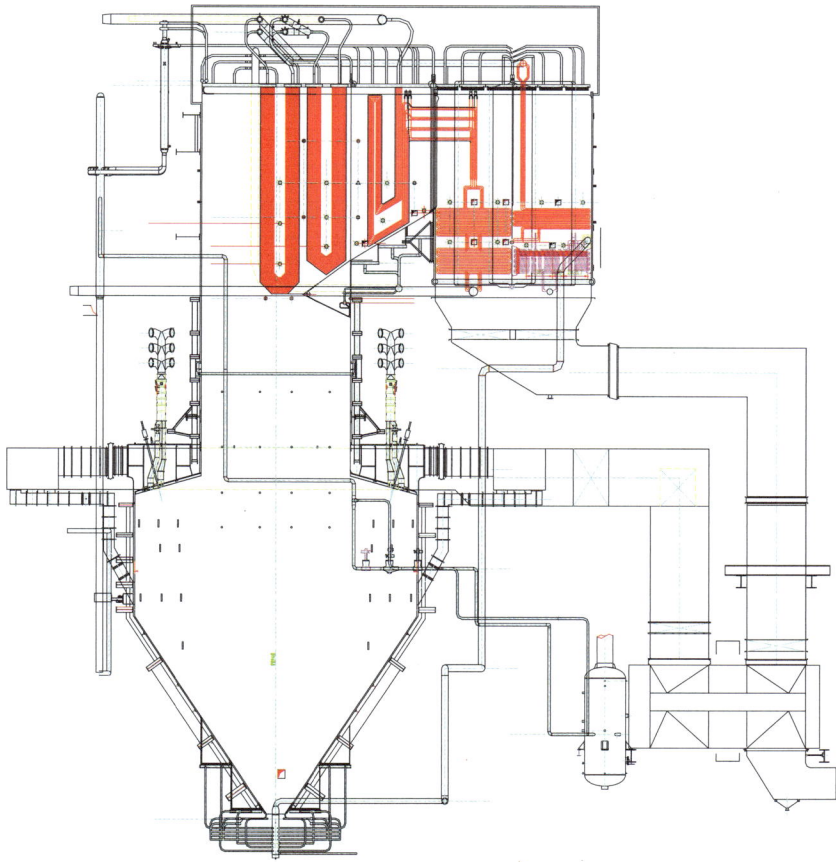

图 6-118   锅炉简图

表 6-71   锅 炉 主 要 设 计 参 数

锅炉参数	单位	BMCR	TRL
过热蒸汽流量	t/h	1900	1790
过热蒸汽出口压力	MPa	25.5	25.36
过热蒸汽出口温度	℃	571	571
再热蒸汽流量	t/h	1618	1521
再热蒸汽进/出口压力	MPa	4.66/4.48	4.39/4.22
再热蒸汽进/出口温度	℃	316.8/519	311/569
给水温度	℃	283.2	279.1
给水压力	MPa	27.78	27.39

锅炉参数	单位	BMCR	TRL
排烟温度（修正后）	℃	124	120.9
锅炉效率（低位热值）	%	90.73	90.87
不投油最低稳燃负荷（BMCR）	—		

表 6-72　　　　　　　　　　锅 炉 设 计 煤 质 分 析

项目		单位	设计煤种
工业分析	收到基全水分（M_t）	%	5.6
	收到基灰分（A_{ar}）	%	36
	干燥无灰基挥发份（V_{daf}）	%	13.5
	低位发热量（$Q_{net,ar}$）	MJ/kg	19
元素分析	收到基碳（C_{ar}）	%	49.88
	收到基氢（H_{ar}）	%	2.2
	收到基氧（O_{ar}）	%	1.74
	收到基氮（N_{ar}）	%	0.73
	收到基硫（$S_{t,ar}$）	%	3.89
哈氏可磨度		HGI	
灰熔点	变形温度（DT）	℃	1136
	软化温度（ST）	℃	1227
	溶化流动温度（FT）	℃	1315
海拔高度	H_a	m	1180～1275
平均气压	P	hPa	874

6.6.2　TAZ电厂600MW超临界机组锅炉最初的改进方案及改进结果

6.6.2.1　改进方案

为了改变狭缝型燃烧器的W火焰炉依靠国外技术的状况，在TAZ电厂600MW超临界机组W火焰炉的燃烧组织方面采用了多次引射分级燃烧技术，其技术思路为保证拱上一次风下射深度足以保证燃尽，同时采用多次引射分级燃烧技术。其示意图见图6-119。

技术特点：浓煤粉气流布置在靠近炉膛中心一侧，有利于及时着火；一次风速低，下射深度小，在高速的内、外二次风、下倾的三次风依次引射下，保证了浓煤粉气流的下射深度，同时实现随燃烧进行逐渐供风，保证煤粉燃尽及稳燃。将淡煤粉气流布置在浓煤粉气流与前后墙之间，实现浓淡燃烧；二次风分为内、外二次风、三次风，实现多次分级燃烧，以保证低氮氧化物排放。靠近前后墙水冷壁为外二次风，以有效防止结渣。同时将离心式旋风煤粉浓缩器改造为百叶窗式煤粉浓缩器，大幅度降低一次风系统阻力。

6.6.2.2　初次改造结果

TAZ电厂锅炉在英巴公司原有超临界W火焰锅炉的技术基础上，采用了新型的多级引射风包粉高效低氮氧化物燃烧器。新燃烧器突出了稳燃能力强，氮氧化物排放量低两个特点。锅炉能达到锅炉的设计出力，炉膛出口氧量正常，炉内燃烧对称且燃烧稳定性高（炉膛负压稳定在−80Pa附近），飞灰可燃物含量低至近2%～3%，满负荷下NO_x排放约

1000mg/m³（折6％O₂）。但是存在下列问题：

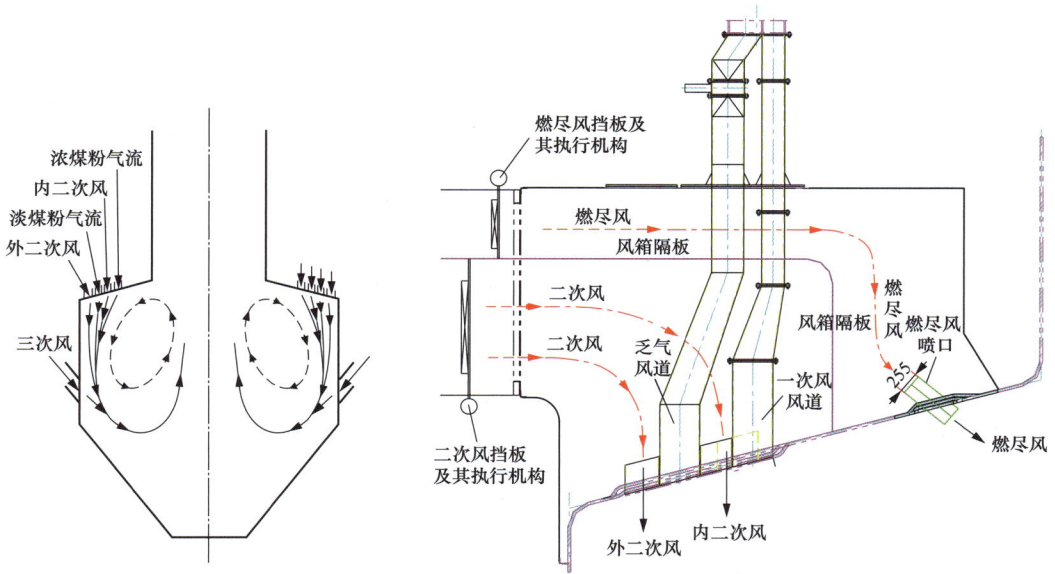

图 6-119　W 火焰锅炉多次引射分级燃烧示意图

（1）侧水冷壁壁温超温、不好控制。在试运过程中，在转干态运行之后，拱下微油点火燃烧器停运后（负荷 300MW 以上），出现了上部水冷壁两侧墙容易超温的现象。上部水冷壁两侧墙整体壁温要高于前后墙壁温，且两侧墙壁温很容易超过报警值（侧水上壁温报警值为 428℃，调整后为 455℃）。

（2）过热气温偏低约 20℃，再热器温偏低 50℃。因为在改进方案中过多考虑了火焰的充满程度，没有考虑燃烧组织对锅炉整体性能的影响，二次风速过高、燃烧器组数偏少，火焰下冲过大，三次风阻力大，三次风下射角度偏大。结果火焰中心过分下移，对流、辐射吸热的比例发生较大变化，导致过热气温偏低约 20℃，再热器温偏低 50℃。

（3）冷灰斗超温。主火炬过分下冲导致冷灰斗超温（见图 6-120）。在近水冷壁区 5cm左右，1 号炉膛温度即达到 1100～1300℃以上，该温度偏高，易给水冷壁安全带来隐患。

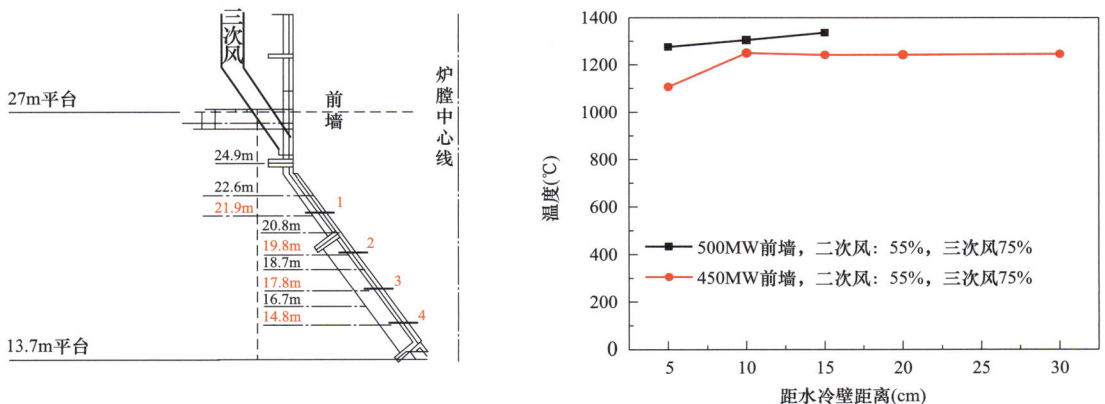

图 6-120　1 号炉 14m 标高冷灰斗近壁区温度

(4) 水冷壁热偏差较大，导致爆管。炉内火焰偏斜，易造成局部水冷壁超温，水冷壁管子之间热偏差也较大；热负荷分布不均，稳定性差，再之上下水冷壁之间的工质没有充分混合，下部水冷壁的热偏差带到上部水冷壁。累计热偏差导致水冷壁超温爆管。

(5) 煤粉浓淡分离器分离效率低、乏气着火延迟，同时三次风阻力大，对煤粉气流拦截作用弱，进而导致火焰下冲大，炉膛水冷壁吸热量增大。同时还造成火焰冲刷冷灰斗，冷灰斗处局部水冷壁出现热疲劳，渣井酸性 pH 值及水温较高现象。

(6) 由于采用同台磨煤机所对应燃烧器集中布置的方式，锅炉不同磨煤机投运时，炉内热负荷分布不均匀，造成不同区域水冷壁工质温度变化很大甚至超温的现象。

(7) NO_x 偏高。

(8) 排烟温度偏高。

6.6.3　投入运行以后的后续改造

为了解决这些问题，两台锅炉先后进行了 6 次改造（见表 6-73），取得了明显的改善。

第一次改造（2012 年 8 月）：主要在燃烧侧做改造，通过增加燃尽风，改变燃烧器三次风下倾角度等措施提升火焰中心高度，提高锅炉炉膛出口烟气温度，增加再热器的吸热量，提高再热汽温。此种改造对提高再热汽温起到了一定的作用，但燃尽风过大时将导致压火，再热汽温反而下降，故效果不明显。

第二次至第六次改造（2012 年 10 月～2014 年 1 月）：主要在蒸汽侧做改造，增加再热器受热面作为提高再热汽温的主要手段，同时以在燃烧侧降低二次风速、增大三次风量、减小三次风下倾角度等减小火焰下冲深度的措施作为提高再热汽温的辅助手段。此种改造使过、再热汽温达到了设计值。

通过 6 次改造，TAZ1、2 号锅炉蒸汽参数基本正常（1 号炉近期出现了再热器部分管屏超温，待停炉检查后给出解决方案）；燃烧稳定性强；氮氧化物浓度在 600～900mg/m³ 之间，优于锅炉性能保证值；燃烧效率提升，排烟温度降低，但还要继续优化调整。

6.6.4　2014 年的大规模改造内容

为彻底解决存在的问题，HGC 投入大量人力物力，从 2012 年 8 月到 2014 年 2 月经过进行了包括增加再热器面积 4500m² 的六次改造，仍未能取得满意的效果。几经研讨的改进方案，最后于 2014 年末，历时 3 个月，对该厂 2 号炉进行了一次综合改造。

6.6.4.1　燃烧器及煤粉分离器系统的改进

(1) 针对现有的已运行的燃烧器布置情况，优化了燃烧器喷口的布置方式，如图 6-121 所示。

(2) 更改原同台磨煤机所对应燃烧器集中布置为同台磨煤机所对应燃烧器喷口交叉布置的方式，如图 6-122 所示。

(3) 更换了原燃烧器系统中的百叶窗浓淡燃烧器，采用旋风筒式分离器，如图 6-123 所示。

表6-73

各次改造汇总表

锅炉	1号	2号	2号	2号	2号	1号
时间	2012年8月	2012年10月~12月	2013年3月	2013年6月~7月	2013年9月	2014年2~4月
改造目的	提升主再热汽温；降低排烟温度	(1)提升主、再热汽温；(2)降低排烟温度	减弱火焰下冲、防止冷灰斗热疲劳	使NO_x排放量降低到900mg/m³以下	降低灰渣含碳量	提高再热汽温
改造项目	(1)增加拱上燃尽风，减小拱上火焰下冲动量；(2)减小三次风下倾角度，增强三次风对下冲火焰的托举作用	(1)增加再热器面积5500m²；(2)增加侧墙卫燃带；(3)增加翼墙燃尽风，控制侧水冷壁温，降低灰渣含碳量	(1)增加拱上二次风面积，降低拱上二次风风速；(2)减小三次风下倾角度，增强三次风对下冲火焰的托举作用	(1)改变拱上燃烧器喷口布置，增加燃尽风量，降低NO_x排放；(2)采用下倾角度可调节的三次风；(3)调整立式低温再热器面积至3900m²	(1)改变拱上燃烧器喷口结构，增强燃尽能力；(2)增加三次风面积，进一步增加三次风量	增加再热器面积4900m²
改后运行效果	(1)主汽温度达到额定值；再热器温度提高10℃；(2)排烟温度未改善；(3)灰渣含碳量上升；(4)NO_x大幅降低	(1)主、再热汽温均达到额定值；(2)水冷壁不超温	(1)主、再热汽温、排烟温度均达到额定值；(2)火焰下冲减弱；(3)水冷壁不超温；(4)NO_x排放量高，达到1000~1500mg/m³	(1)NO_x排放量降低到500~900mg/m³；(2)灰渣含碳量上升	(1)灰渣含碳量降低到4%~5%；(2)NO_x排放量降低到800~900mg/m³	(1)投运初期，再热汽温提高至正常水平；(2)目前部分再热器管屏超温

改造前

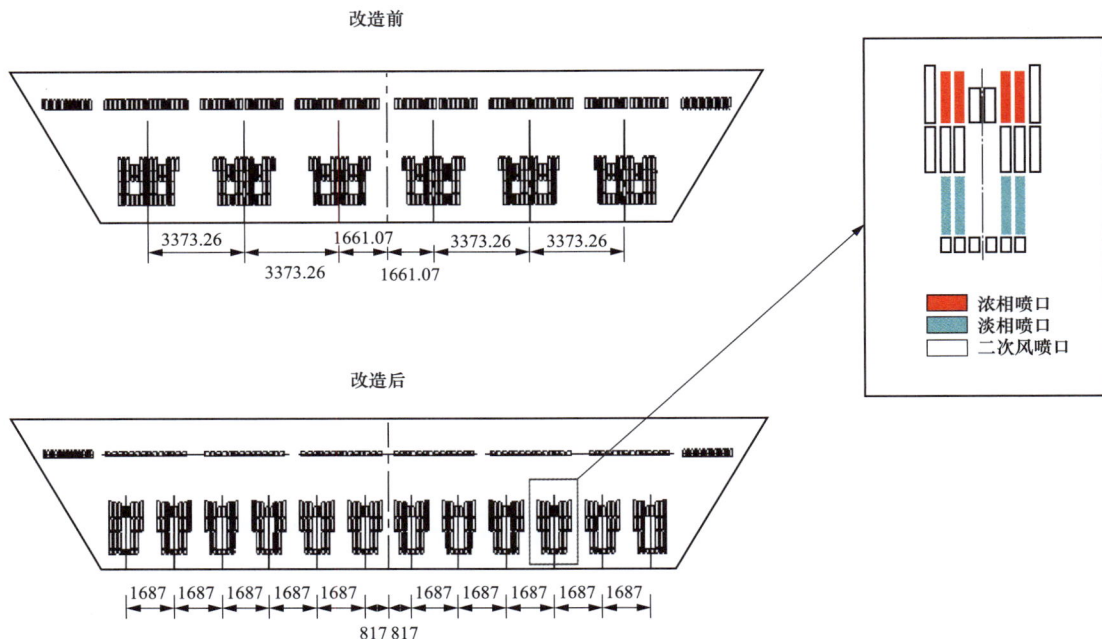

3373.26   1661.07   3373.26   3373.26

3373.26   1661.07

浓相喷口
淡相喷口
二次风喷口

改造后

1687 1687 1687 1687 1687   1687 1687 1687 1687 1687

817 817

图 6-121　燃烧器布置型式对比

左侧	A1	A1	E3	E1	C3	C1	C4	C2	E4	E2	A4	A2	右侧
	改造前煤粉管道对应燃烧器布置型式												
	F3	F1	D3	D1	B3	B1	B4	B2	D4	D2	F4	F2	

左侧	F2	E2	D2	F1	E3	D3	A4	B4	C4	A1	B1	C1	右侧
	改造后煤粉管道对应燃烧器布置型式												
	C2	B2	A2	C3	B3	A3	E4	B2	F4	D1	E1	F3	

图 6-122　煤粉管道对应燃烧器布置型式对比

6.6.4.2　水冷壁及再热器系统的改进

该部分改造主要是结合燃烧器系统的改造，针对现场运行中水冷壁、再热器系统出现的问题，对前后水冷壁、侧墙水冷壁、中间混合联箱、高温再热器弯头及疏水放气管路进行的修改。主要改造内容如下：

（1）在下炉膛出口处增加汽水全混合系统，以减少水冷壁工质侧热偏差，改善上下水冷壁的工作条件，提高水冷壁运行的安全性；对燃烧器系统改造相关的水冷壁进行相应的改造。

（2）对以往出现的问题及发现的结构隐患进行彻底的解决。

此次改造的最终目的，就是提高锅炉受热面系统运行的安全性，使得锅炉在往后的运行中能够安全稳定运行。改造具体描述如下：

（1）中间混合联箱系统。在水冷壁拱上位置处增加水冷壁中间混合联箱系统，并增加相应的联箱吊挂，如图 6-124 和图 6-125 所示。

$\phi457\times10$
1180
$\phi457\times10$
$\phi1150\times8$
$\phi406\times8$
$\phi600\times10$
$\phi1150$

35568
3841
900×1500
60°

35568
900
3370
900×1000
60°

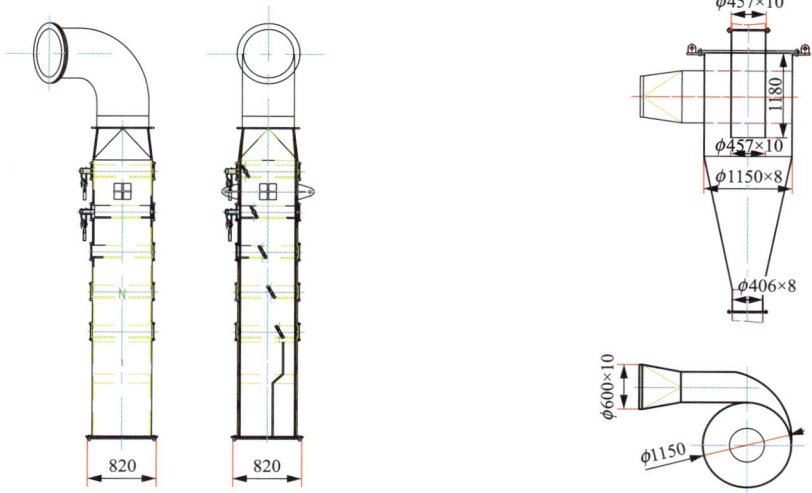

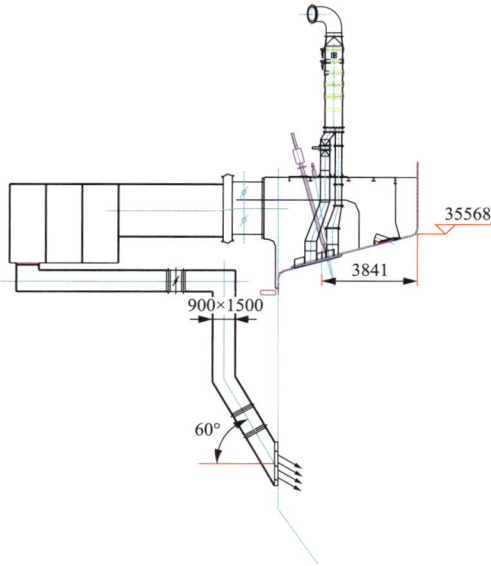

改造前的百叶窗分离器

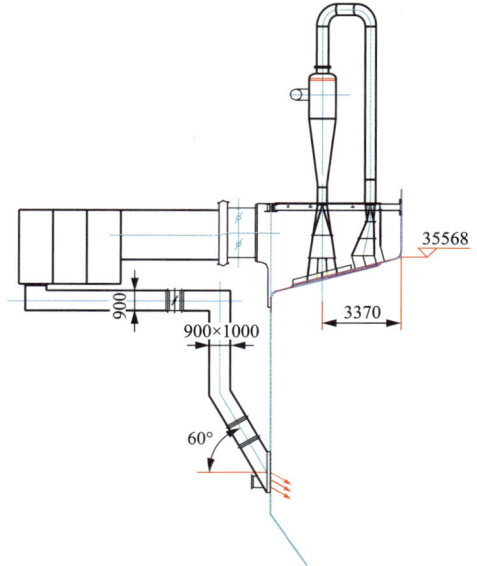

改造后的旋风子分离器

图 6-123　旋风筒分离器外形图

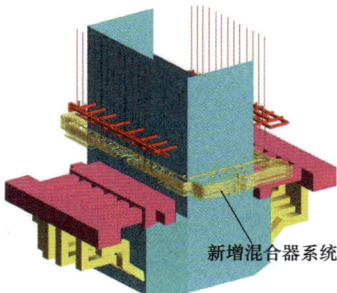

新增混合器系统

图 6-124　新增中间混合联箱在锅炉位置示意图

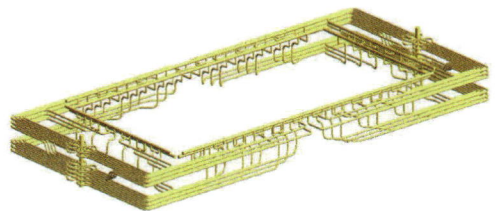

图 6-125　新增混合联箱

321

（2）高温再热器弯头改造。高温再热器前部倒 U 形弯提到顶棚以上，共计 115 屏，管子材质为 SA-213TP347H，外径 $\phi51$。管屏吊挂形式由焊接吊挂板改为非焊接的管箍形式，炉顶吊杆相应更换，在顶棚处加装套管及密封梳型板，管屏外部加装密封盒，密封盒内填充硅酸铝纤维毡等密封材料。其型式见图 6-126。

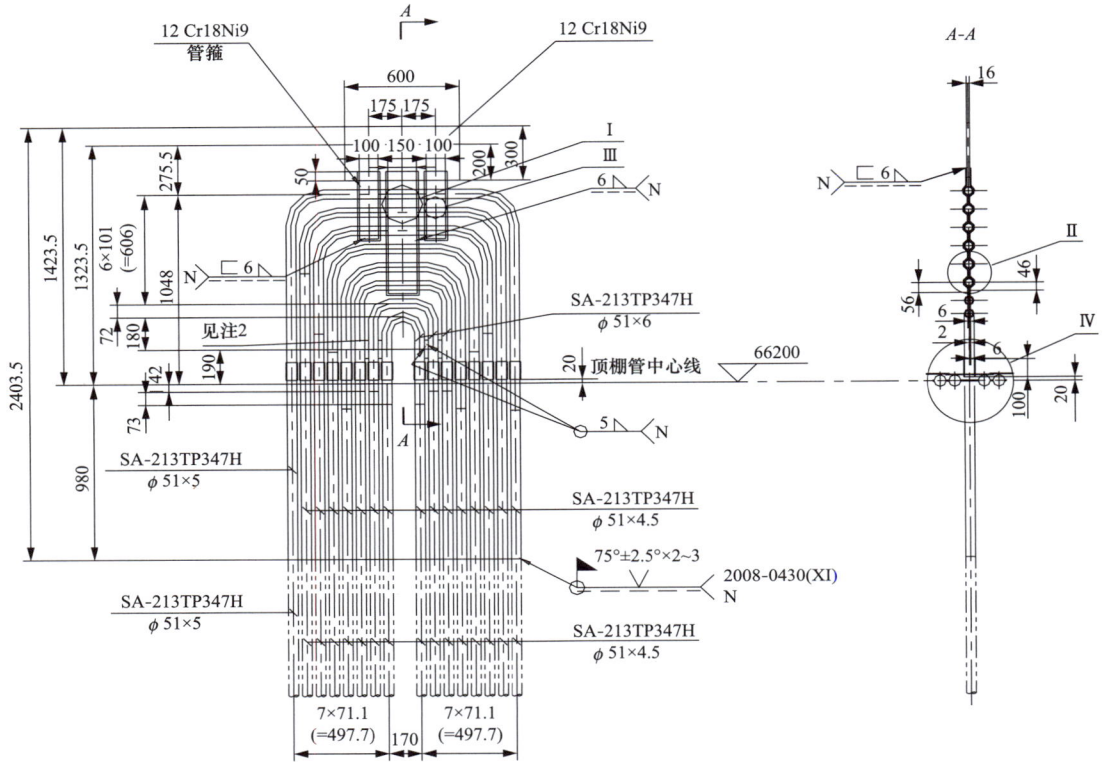

图 6-126　高温再热器改造图

（3）疏水放汽管路。增加 $\phi32\times6$、15CrMoG 及 $\phi38\times6.5$、15CrMoG 管道，重新布置疏水放汽管路。

6.6.4.3　刚性梁系统的改进

该部分的改造，主要为了与燃烧器、水冷壁系统改造相适应，对部分刚性梁进行了修改或补充部分刚性梁在拆卸过程中损坏的连接件等。同时还针对原刚性梁系统的安装进行重新检查，以排除因刚性梁安装所带来的安全隐患。改造部分刚性梁如图 6-127 所示。

6.6.4.4　空气预热器的改进

该次预热器的改造方案为预热器型号不改变、传热元件板型及高度不变，只改变预热器的转子转向，即由顺转改为逆转。

主要内容如下：

（1）由于预热器转向发生改变，改变减速机的主、辅电动机的转向，改变超越离合器的转向。

（2）对换密封片。有正反的预热器密封片互换安装，即 1 号预热器密封片换到 2 号，2

号预热器密封片换到 1 号。没有正反的密封片旋转 180°后，安装于隔板另一侧。

（3）重新调整密封间隙。调整密封片和扇形板、轴向密封板的间隙值。

6.6.4.5　2014 年的大规模改造结果

改造后锅炉总图见图 6-128。

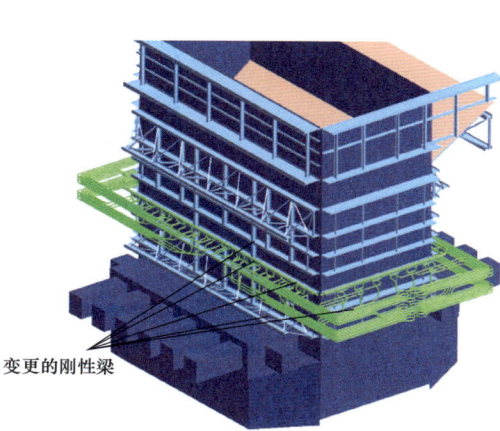

图 6-127　改造刚性梁位置示意图

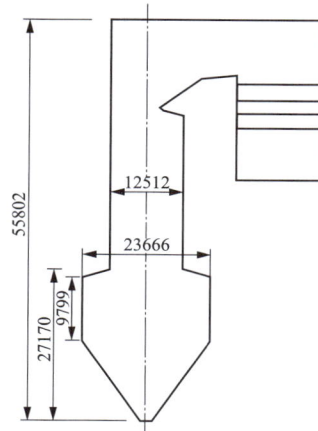

图 6-128　改造后锅炉轮廓示意图

（1）水冷壁壁温在全负荷段分布均匀，整个 168h 试运期间壁温偏差的平均值可以控制在 30℃以内。说明炉内热负荷均匀，新增的中间全混合对消除壁面偏差有很好的作用，未出现超温现象（见表 6-74）。

表 6-74　　　　　　　　　　168h 期间上部水冷壁壁温统计　　　　　　　　　　（℃）

水冷壁位置	壁温最高值	壁温平均值	偏差平均值	偏差最高值
前墙上部	461.7	405.8	24.1	95.5
后墙上部	412.9	396.3	6.9	16.4
左墙上部	461.3	387.0	18.9	62.1
右墙上部	458.4	403.6	28.4	64.4

（2）在改造后测试的所用工况的着火点，浓相着火均较短，离开喷口约 1m 的位置温度即达到 1000℃以上，对比改造前浓相接近 3m 的着火距离有明显改善。

（3）改造后，汽水参数稳定，可以达到设计值。

（4）煤粉浓缩器浓淡分离效果。

改造前，百叶窗分离器分离效果的平均值为 50.48%：49.52%，浓相与淡相粉量基本持平，分离效果较差，且受弯头走向影响明显。改造后采用相同试验方法对旋风分离器的分离效果进行了测试，结果如表 6-75 和表 6-76 所示。从结果可以看出旋风分离器分离效果很好，高中低位置的分离器都能达到设计值。

（5）在 BRL 工况下 NO_x 排放值为 601.45～603.11mg/m^3，燃尽风开度在 55% 以上时，NO_x 排放浓度在 600mg/m^3（标准状态）以下。

（6）锅炉热效率经修正后为 91.42%，炉渣可燃物含量明显降低，最低为 2.83%，飞灰可燃物在 5%～7%，改后锅炉能够安全、稳定地运行。

表 6-75   168h 试运期间锅炉主要参数

序号	指标、参数名称	单位	设计值或标准	试运结果
1	总发电量	MWh	—	90744.23
2	平均负荷	MW	—	533.7896
3	平均负荷率	%	—	88.96
4	平均主蒸汽压力	MPa	24.4	22.78
5	平均主蒸汽温度	℃	566	564.72
6	平均再热汽压力	MPa	4.4	3.50
7	平均再热汽温度	℃	566	559.78
8	平均排烟温度	℃	137	144.44
9	飞灰含碳量	%	—	7.59
10	大渣含碳量	%	—	7.63
11	厂用电率	%	8.505	8.5
12	发电煤耗（正平衡）	g/kWh	283.7	304.35
13	供电煤耗（正平衡）	g/kWh	310.1	1.66

表 6-76   旋风分离器的分离效果

粉管名称	分离器高度	百分比（%）	
		淡相	浓相
E4	高	5.05	94.95
D1	中	0.84	99.16
C3	低	1.72	98.28

（7）不足之处在于翼墙和侧墙部分地区结渣；炉膛右侧墙翼墙结焦较严重。主要是由于炉膛右侧的各组分离器淡浓比更高，相应的浓相将具有更低的风速和更高的煤粉浓度，着火距离更近造成的。另外启炉后 A 侧（右侧）暖风器存在堵塞的情况，阻力较大，A 侧风量较小也是右侧墙翼墙结焦较严重的原因。但是结渣严重的根本原因在于这种敞开式燃烧器，并未真正实现风包火的结构。这是该种类型的燃烧器共性的问题。改造后火焰中心上移，因此这些部位更容易造成结渣。

第7章

B&W系列的双调风燃烧器W火焰炉

7.1　B&W系列双调风燃烧器W火焰炉及其制粉系统

7.1.1　锅炉设备

B&W的W火焰炉，除了上安电厂1、2号炉以外，均为北京B&W公司按美国B&W公司的RBC系列W火焰锅炉技术标准，结合燃用的煤质特性和自然条件，采用W型火焰燃烧方式，进行性能结构优化设计的W火焰炉，即采用双拱炉膛，W型燃烧方式。W火焰炉的炉膛设计与常规前后墙对冲燃烧方式锅炉的不同之处在于：燃烧器沿炉宽方向布置在前后墙水冷壁组成的两个拱上，双拱炉膛配以下射式燃烧器，形成了W型火焰。W型火焰可使煤粉气流尽可能多地接触高温回流热烟气并获得充分的扰动和混合，以提高燃烧器出口火焰根部的着火温度水平。同时在下炉膛区域合理布置卫燃带，进一步提高煤粉着火、稳燃区域的温度水平。这样为煤粉的及时着火提供了有利条件，因此，W火焰炉在燃用低挥发分的无烟煤上，能取得较高的燃烧效率。

鲤鱼江B厂1、2号炉为亚临界压力、一次再热、单炉膛平衡通风、自然循环、单锅筒锅炉。设计燃料为无烟煤，采用双进双出正压直吹制粉系统、W型火焰燃烧方式，并配置浓缩型EI-XCL低NO_x双调风旋流燃烧器。尾部设置分烟道，采用烟气分流挡板调节再热器出口汽温。锅炉本体采用半露天布置，固态连续排渣。在尾部竖井下设置两台豪顿华公司所配套的三分仓容克式空气预热器。鲤鱼江B厂锅炉轮廓见图7-1，设计参数见表7-1。

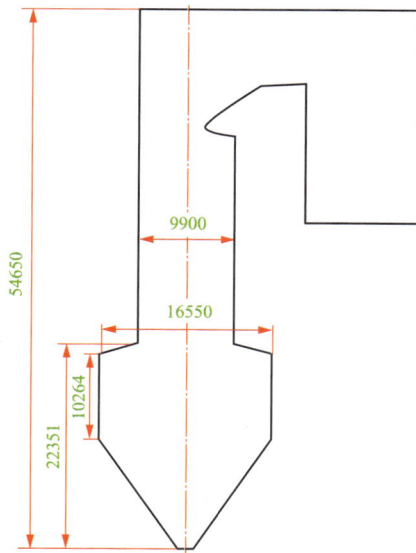

图 7-1　鲤鱼江B厂锅炉轮廓图

表 7-1　　　　　　　　　鲤鱼江B厂锅炉主要设计参数

名称	单位	数据
锅炉深度	mm	47100
锅炉宽度	mm	61000
锅炉顶梁标高	mm	74900

续表

名称	单位	数据
锅筒中心线标高	mm	67230
顶棚管标高	mm	62650
水冷壁下联箱标高	mm	8000
炉膛宽度	mm	32100
下炉膛深度	mm	17100
上炉膛深度	mm	9900
全炉膛容积放热强度	kW/m^3	85.3
下炉膛容积放热强度	kW/m^3	190.5
上炉膛截面放热强度	MW/m^2	4.891
下炉膛截面放热强度	MW/m^2	2.832

表 7-2 所示为设计煤种下的锅炉性能参数。

表 7-2   **锅炉设计性能参数（设计煤种下）**

名称	单位	BMCR（VWO）	BRL（TRL）
锅炉最大连续蒸发量（BMCR）	t/h	2028	1995
过热器出口蒸汽压力	MPa（g）	17.4	17.32
过热器出口蒸汽温度	℃	541	541
再热蒸汽流量	t/h	1717.3	1631.6
再热器进口蒸汽压力	MPa（g）	3.972	3.765
再热器出口蒸汽压力	MPa（g）	3.782	3.584
再热器进口蒸汽温度	℃	331	326
再热器出口蒸汽温度	℃	541	541
省煤器进口给水温度	℃	281	278
减温水温度（高压加热器进口）	℃	189	187
喷水温度	℃	188	186
锅筒及过热器设计压力	MPa（g）	19.65	
省煤器设计压力	MPa（g）	20.17	
再热器设计压力	MPa（g）	5.17	
锅炉计算效率	%	91.73	91.82

7.1.2　设计煤质

鲤鱼江 B 厂燃用的设计煤种及校核煤种均为无烟煤，煤质分析见表 7-3。

7.1.3　燃烧设备概况

燃烧系统由浓缩型 EI-XCL 燃烧器、乏气管道、分级风管、开式风箱（燃烧器二次风和分级风风箱）、高能点火装置、炉前油系统、火焰检测器等组成。燃烧器布置在炉膛的前后拱上，并垂直于前后拱，前、后拱每排各有 12 只燃烧器，每台锅炉共有 24 只燃烧器，燃烧器与磨煤机的匹配关系见图 7-2，燃烧器结构见图 7-3。

表 7-3　　　　　　　　　　　　　　　煤 种 煤 质 一 览 表

项目		符号	单位	设计煤种	校核煤种（1）	校核煤种（2）
元素分析	收到基碳	C_{ar}	％	62.23	51.09	64.96
	收到基氢	H_{ar}	％	1.34	1.12	2.71
	收到基氧	O_{ar}	％	1.97	2.13	1.36
	收到基氮	N_{ar}	％	0.45	0.37	0.9
	收到基全硫	$S_{t,ar}$	％	0.74	1.06	0.77
工业分析	收到基灰分	A_{ar}	％	25.97	36.43	20.30
	收到基水分	M_t	％	7.30	7.80	9.00
	空气干燥基水分	M_{ad}	％	1.45	1.51	1.89
	干燥无灰基挥发分	V_{daf}	％	7.18	8.97	6.0
收到基低位发热量		$Q_{net,ar}$	kcal/kg	5213	4320	5679
			kJ/kg	21790	18060	23740
哈氏可磨性指数		HGI	—	95	92	104
冲刷磨损指数		Ke	—	3.78	3.33	3.15
着火稳定性指数/燃尽特性指数		R_w/R_j	—	3.84/2.78	3.60/2.24	3.97/4.31
煤粉气流着火温度		IT	℃	850	880	870
反应指数/燃尽指数		RI/Cb	℃/—	434/28.19	452/35.51	412/9.06
灰熔点	变形温度	DT	×10³℃	1.25	1.27	1.3
	软化温度	ST	×10³℃	1.34	1.33	1.35
	熔化温度	FT	×10³℃	1.40	1.42	1.43
灰成分	二氧化硅	SiO_2	％	50.64	51.24	50.83
	三氧化二铝	Al_2O_3	％	27.42	29.34	30.12
	三氧化二铁	Fe_2O_3	％	6.12	6.32	3.60
	氧化钙	CaO	％	6.06	4.05	5.90
	氧化镁	MgO	％	1.44	1.12	1.70
	氧化钾	K_2O	％	3.02	2.99	2.30
	氧化钠	Na_2O	％	0.68	0.64	0.65
	三氧化硫	SO_3	％	2.34	1.73	2.37
	二氧化钛	TiO_2	％	1.23	1.21	1.20

这种燃烧组织方式的好处如下：

（1）有利于着火和燃尽，有较好的煤质适应性和低负荷稳燃能力。来自磨煤机的一次风煤粉气流在经过浓缩型 EI-XCL 燃烧器弯头的离心力作用沿弯头外侧内壁流动，在气流进入一次风浓缩装置之后，使 50％的一次风和 10％～15％的煤粉分离出来经乏气管喷入炉膛燃烧，其余由燃烧器一次风喷口喷入炉内燃烧。浓缩后一次风的煤粉浓度提高到 1.0～1.1kg 煤粉/kg 空气，降低了煤粉着火热，有利于煤粉的着火与稳燃；旋流引入的内外二次风可及时卷吸高温热烟气并适时补充燃烧所需的空气。

后拱											
顺时针	顺时针	顺时针	顺时针	顺时针	顺时针	逆时针	逆时针	逆时针	逆时针	逆时针	逆时针
↻	↻	↻	↻	↻	↻	↻	↻	↻	↻	↻	↻
C1	B1	A1	C2	B2	A2	F1	E1	D1	F2	E2	D2
D3	E3	F3	D4	E4	F4	A3	B3	C3	A4	B4	C4
↻	↻	↻	↻	↻	↻	↻	↻	↻	↻	↻	↻
顺时针	顺时针	顺时针	顺时针	顺时针	顺时针	顺时针	顺时针	顺时针	顺时针	顺时针	顺时针
前拱											

图 7-2 燃烧器与磨煤机匹配关系示意图

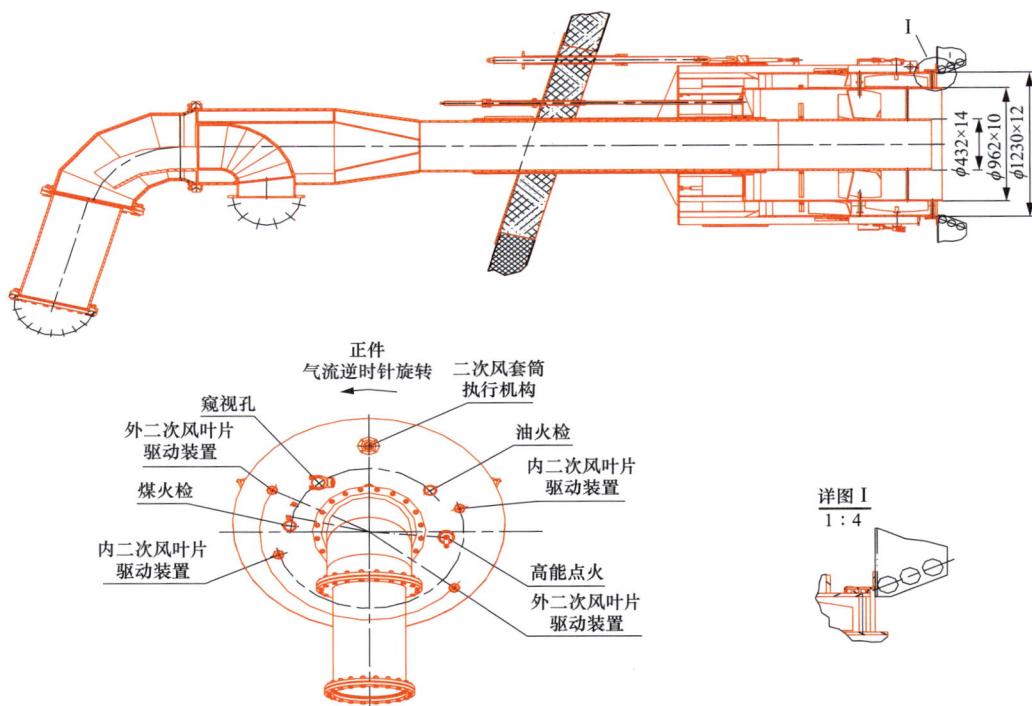

图 7-3 燃烧器结构示意图

合理选取一、二次风风速等参数的前提下，使燃烧器的二次风保持适当的旋流强度，适度的卷吸高温烟气，从而有利于煤粉的着火和点燃。同时，通过调节外二次风叶片的开度，可适当调节煤粉气流的下冲力，充分利用下炉膛的空间，从而有效地延长了煤粉在下炉膛的停留时间，改善火焰充满度。

改变内二次风通道入口端的调风盘位置可以调节进入内二次风通道的风量，从而改变单个燃烧器内、外二次风的风量比。内二次风设有 16 个轴向可调叶片，内调风环向外移动时，叶片开度减小。轴向叶片最大开度为 60°（与燃烧器轴线夹角成 30°），最小开度为 20°

（与燃烧器轴线夹角成 70°）。外二次风调节机构包括两组叶片，第一组是布置在通道前端的固定叶片，主要是使空气沿外二次风通道周向均匀分布；第二组是轴向可调节叶片，同样由 16 个轴向叶片组成，传动机构与内调风叶片相同，外调风叶片的最大开度为 80°（与燃烧器轴线夹角成 10°），最小开度为 40°（与燃烧器轴向夹角 50°）。

为了及时补充燃烧器在燃烧后期的风量，加强燃烧后期的混合，高效地燃烧煤粉，同时也为了降低 NO_x 排放量，沿火焰行程在炉膛前后墙分段送入乏气和分级风。来自燃烧器的带粉乏气温度虽较低，但其与主火焰的交汇点处于稳定着火点之后，不会对主火焰产生影响。沿炉膛宽度方向布置的分级风不仅用来补充燃尽所需空气，而且起到托举煤粉、引导气流折转的作用，以防火焰中尚未燃烬的固体颗粒从高温烟气中分离出来。

根据 B&W 公司的冷模试验和计算机辅助试验的结果，以及滇东电厂 600MW W 火焰锅炉和黔北、耒阳、北海、鸭溪等电厂 300MW W 火焰锅炉的运行实践，证明以上配风的设计思路是比较成功的，有利于无烟煤的高效燃烧，同时也有利于降低飞灰可燃物。

（2）炉膛特征参数比较合理。对 W 型锅炉而言，煤粉燃烧主要集中在下炉膛，增加下炉膛高度可以收到双倍的延长燃烧距离的效果。但是下炉膛增高以后如何解决下炉膛的充满程度，而且在提高下炉膛的充满程度的同时，不至于造成着火距离（黑龙区）过长。在这两方面 B&W 型 W 型锅炉是具有相当优势的。

浓缩型 H-PAX 双调风旋流燃烧器着火性能较好，着火距离（黑龙区）不会太长。布置在下炉膛的拱上，这种方式尽管拱上风率较高但是由于是双调风，在一定程度上具有分级供风以控制 NO_x 的效果，避免了拱上风率过高，影响到 W 火焰锅炉拱上拱下分级供风，以控制 NO_x 的效果。

强大的内外二次风气流包裹着煤粉向下冲，通过调节外二次风叶片的开度，可适当调节煤粉气流的下冲力，充分利用下炉膛的空间，从而有效地延长了煤粉在下炉膛的停留时间，改善火焰充满度。因此为适当增加下炉膛的高度提供了有利条件。

根据这一燃烧技术的特点，设计了与之相匹配的下炉膛垂直段高度和较大的下炉膛容积。同时，在上炉膛也设置了足够的高度，有利于煤粉充分燃尽。因此，总体来说，在不同技术流派的 W 火焰锅炉的运行实践证明，其炉膛特征参数是比较合理的。

（3）抗结渣能力较强。在旋流燃烧器墙式燃烧方式下，直流的煤粉气流处在两股强大的二次风包围之中，在正常运行工况下，煤粉难以从二次风中分离出来，几乎没有接触炉壁的机会，因而不易在近壁处形成还原性气氛或火焰刷墙而造成炉膛结渣。同时，为了防止侧墙结焦和高温腐蚀，在边燃烧器与侧墙之间增加一个边界风口。通过该边界风口引入的二次风，可在边燃烧器与侧墙之间形成一个气幕，有效阻止煤粉颗粒与侧墙的接触或冲刷，从而有效地防止侧墙结焦和高温腐蚀的发生。

B&W 公司长期积累的经验说明，只要炉膛尺寸合理、燃烧器布置适当、单个燃烧器的容量选择合适、边燃烧器距侧墙的距离适当、燃烧运行控制和调节得当，再辅以有效的配风措施，因此结渣和高温腐蚀都是可以避免的。滇东电厂 600MW W 火焰锅炉，黔北电厂 1、2 号锅炉都具有较好的抗结渣性能，见图 7-4。

（4）低 NO_x 排放。浓缩型双调风旋流燃烧器本身就是一种低 NO_x 燃烧器，从两个方面降低了 NO_x 的生成量。一方面，内、外二次风采用了分级送风措施，具有合理的风量配比和适当的旋流强度，形成两级分段燃烧。一次风中的煤粉着火后，首先与数量较少的内

图 7-4　滇东电厂 1 号炉清洁的下炉膛

二次风混合实现低氧浓度的富燃料燃烧，然后再与数量和刚性相对较大的外二次风混合进一步燃尽，形成贫燃料的富氧燃烧，煤粉燃烧的整个过程中，燃烧区域内的温度水平整体降低。另一方面，燃烧所需的空气分两部分送入炉膛，其中大部分从拱上送入，另一部分燃尽所需的空气通过拱下前后墙上的分级风口送入炉膛，每个分级风管上设有电动门，从而可与燃烧器一对一的同步控制，实现分级送风、分级燃烧。这种方式既适合燃烧发展缓慢的无烟煤特性又可降低 NO_x 的生成。

因此，采用浓缩型低 NO_x 双调风旋流燃烧器，既减少了燃料型 NO_x 的生成量，又减少了热力型 NO_x 的生成量。

7.2　B&W 系列双调风燃烧器 W 火焰炉后期主要的改进措施

7.2.1　设计分别独立的拱上二次风箱

以往的工程无论 300MW 还是 600MW 机组锅炉，分级风为原来整体风箱设置格栅而成的分割仓式风箱，如图 7-5 所示。改进后的独立风箱结构如图 7-6 所示，避免二次风与分级风相互之间的漏风，风量的调控性能有较大提高。

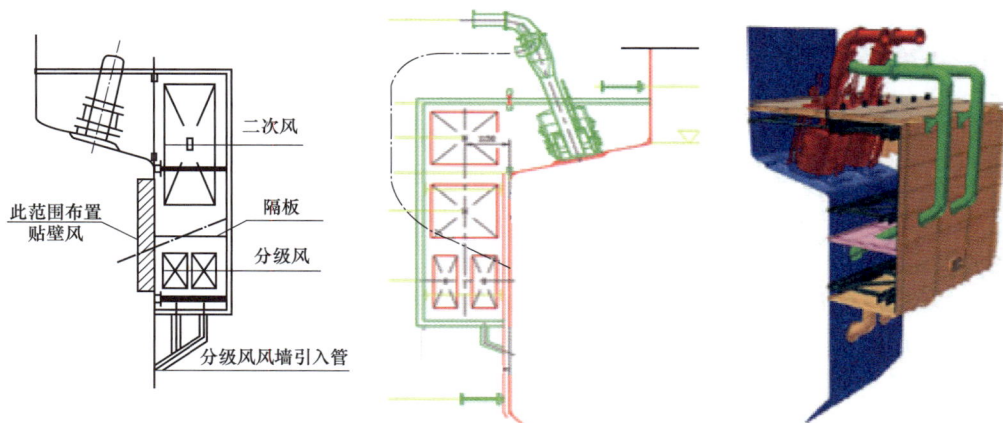

图 7-5　改进前的分级风箱示意图

7.2.2　燃烧器的布置与二次风配置的改进

以往设计的部分 300MW 机组锅炉的燃烧器，采用分级布置的方案，如图 7-7 左图所示，一台磨煤机所供的 4 只燃烧器分成两组，同组的燃烧器布置在一起视为一个燃烧单元。锅炉的 16 只燃烧器分成 8 组沿炉宽分别布置在 8 个（四组）拱上的二次风分隔风箱内。每个燃烧单元投/停时风量的变化，由置于风箱两侧的挡板来完成。燃烧器设手动调风套筒进行初始风压的调平。改进后的燃烧器布置如图 7-7 右图所示：16 个燃烧器以保证各燃烧工况下炉内热负荷沿炉膛宽均匀分布的原则布置于独立的开式风箱内，由位于风箱两侧进口的 4 个挡板自动控制风量并平衡两侧风压。每个燃烧器设电动调风套筒进行燃烧器间的风压平衡及投停时的风量调节。300MW 锅炉改进后的调节形式与 600MW 机组锅炉相同。600MW 锅炉挡板及风门数量为 4 套（风箱入口风道）及 24 套（燃烧器二次风电动调风套筒），300MW 锅炉则由原来的 8 套（风箱入口风道）调整为 4 套（风箱入口风道）及 16 套（燃烧器二次风电动调风套筒）。

7.2.3　分级风风口布置与控制的改进

原 300MW 锅炉分级风口改进前后的布置如图 7-8 所示，有两种形式：一种是左图表示的同一磨煤机对应燃烧器的分级风口交叉布置，另一种是图 7-8 右图所示的同一磨煤机对应燃烧器的分级风口集中布置方式。两种方式的分级风口均布置分隔风仓内。近期的设计将分级风的布置与控制改为图 7-7 右侧所示的与拱上二次风相类似形式。具有开式统仓独立风箱，位于两侧进口的 4 块挡板自动控制

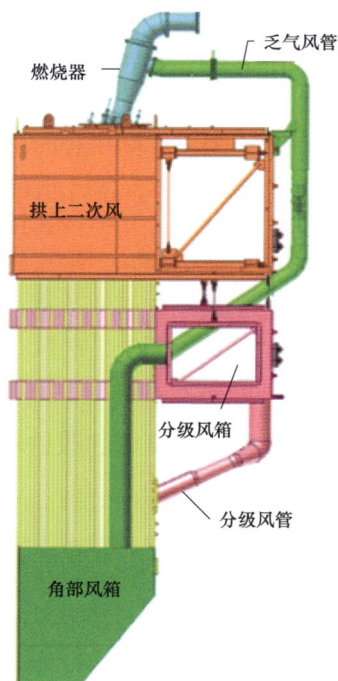

图 7-6　避免二次风与分级风相互之间的漏风改进示意图

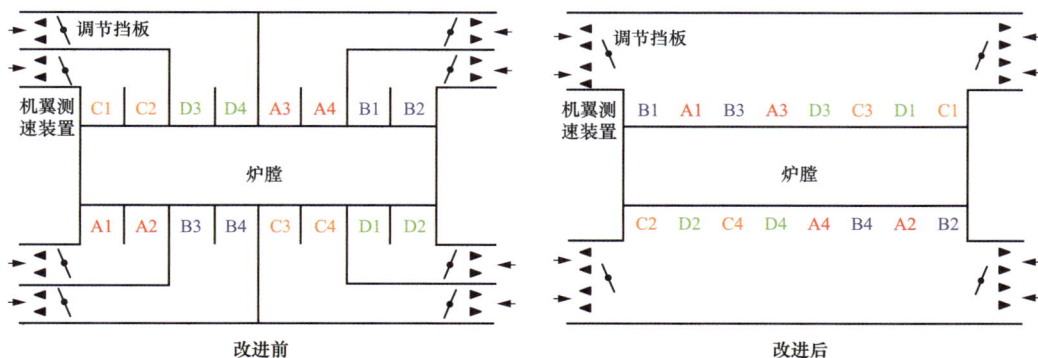

图 7-7　改进前后拱上二次风布置

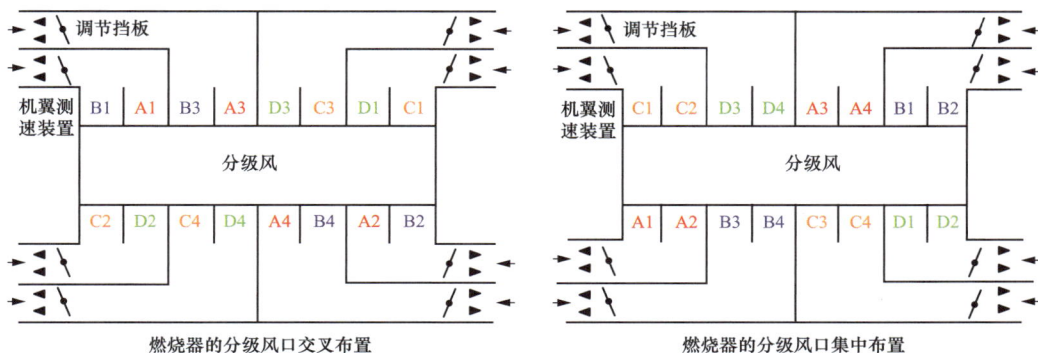

图 7-8　改进前后的分级风布置图

风量及平衡两侧风压，每个分级风管增设电动调节门兼顾风压平衡及运行风量控制。调整后的挡板及风门数量为：600MW锅炉为4套（风道、电动）＋24套（分级风管、电动），300MW锅炉由原来的8套（风道、电动）调整为4套（风道、电动）＋16套（分级风管、电动）。

另外，根据实际工程的反馈，B&W公司对分级风喷口的数量和入射角度进行了优化，在保证分级风具有足够入射强度的同时，使得分级风在锅炉宽度方向上的覆盖范围更加严密，入射角度的优化使得其托举作用更加有效，保证炉膛内具有合理的火焰中心位置，有利于降低大渣可燃物，提高燃烧效率。

实际上述几方面的改进，从手段上保证了各燃烧器间入炉二次风、分级风的均匀性，从根本上消除了原来二次风与分级风之间的相互泄（渗）漏问题，并能方便地进行此两部分风之间的风量分配。

7.2.4 燃烧器的改进

用于着火指数相对较高的低挥发分贫煤的PAX燃烧器见图7-9。该型燃烧器一般用于直吹式制粉系统中。曾用于由B&W公司进口的上安电厂350MW W火焰锅炉及国内首台采用中速磨煤机直吹系统的对冲燃烧贫煤的300MW蒲城电厂项目锅炉中。PAX燃烧器具有B&W公司双调风旋流燃烧器的基本特征，其独特之处在其一次风置换装置。一次风置换的目的在于保证燃料初期燃烧所需空气量的同时，又可有效提高一次风粉混合物的温度，为煤粉的着火提供较多的热量。它可将从磨煤机来的一次风风粉混合物温度由原来的85℃左右提高到190℃左右，从而降低了需从炉膛内高温烟气侧摄入的点燃一次风煤粉气流侧着火热，确保了燃料的着火、稳燃和燃尽。

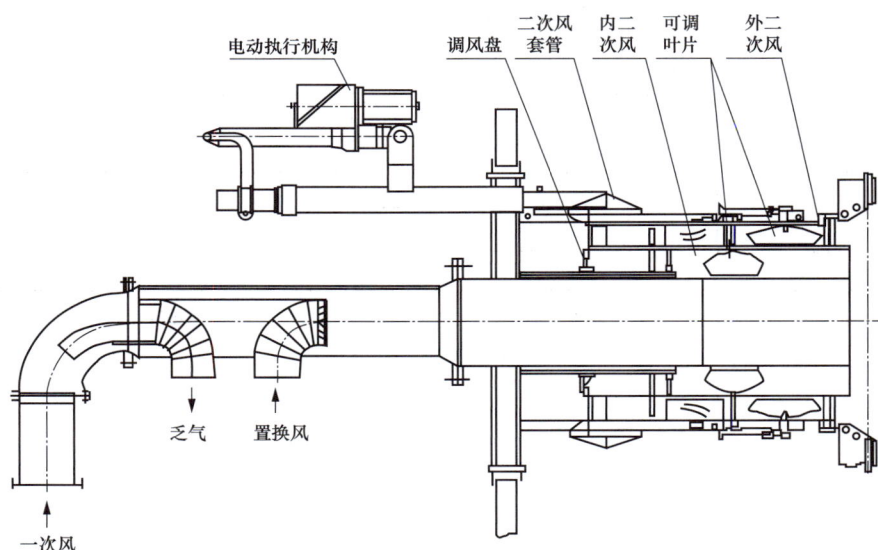

图 7-9 PAX（Primary Air Exchange）燃烧器示意图

要实现空气的置换，在向燃烧器一次风侧注入高温热置换空气之前，需从原来的一次风混合物中选抽出一部分携带少量煤粉的原低温空气，如图7-9所示。来自磨煤机的一次风风粉混合物在燃烧器的弯头前，先通过一段偏心异径管加速后，由燃烧器弯头进入分离装置。其中约50%的一次风和85%～90%的大多数煤粉由于离心力作用沿弯头外侧内壁流动，然后进入一次风交换装置，在其末端与占一次风量50％的高温置换风混合，将一次风温度提高到约190℃左右后，由燃烧器一次风喷口喷入炉膛燃烧。其余50％的一次风和10％～15％的煤粉经乏气管引入乏气喷口，直接进入炉内燃烧。燃烧器的二次风量由调风盘控制，呈圆环状的二次风内外两层以同向旋流的方式进入炉内，通过内外层二次风的两组手动可调轴向旋流叶片可以方便地调节燃烧器的综合旋流强度。在二次风的进口端设有靠背管式测风装置，通过改变调风盘位置调整各燃烧器进口二次风的动压值，以确保各燃烧器风量分配基本均匀。运行中外二次风的轴向流速较高，在其入口处设置固定导向叶片，以改善气流分布，减小燃烧器的阻力。

2000年以后开发的浓缩型增强着火燃烧器H-PAX见图7-10。该燃烧器既可配直吹式制粉系统，也可适应钢球磨煤机中储式制粉系统，是一款针对挥发分极低的无烟煤而设计的燃烧器。浓缩型增强着火燃烧器设计参数与E1-XCL相当，结构上与PAX相比，一方面，保留了PAX燃烧器前端的空气分离装置，以

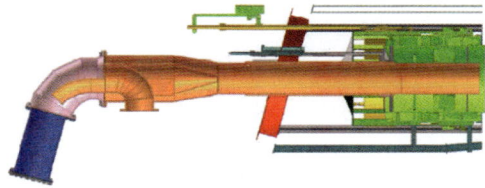

图7-10　H-PAX燃烧器

实现煤粉的浓缩；另一方面，取消了PAX燃烧器一次管后端的热风置换装置，既可维持高的一次风混合物的煤粉浓度，又避免了燃烧早期加入过多的空气造成燃烧的不稳定。此燃烧器因无PAX燃烧器后部的热风置换装置，故又称为半PAX燃烧器，即H-PAX。该型燃烧器在所有北京巴威公司2000年后设计的配双进双出磨煤机直吹系统的燃烧贫煤及无烟煤的对冲及W火焰锅炉中，均取得了很好的燃烧效果及较低的NO$_x$排放指标。

煤粉着火所需热量与燃用煤种的着火温度有关，一般低反应性的贫煤、无烟煤的着火温度较高。表7-4所示为基于假设某一着火温度为750℃的无烟煤，在相同的煤粉细度条件下，采用不同制粉系统及燃烧器的配置，对每种配置的一次风混合物进入锅炉时所需着火热进行简化估算，并进行了比较。而表7-5所示则假定了在着火热量均为1465.1kJ/kg的情况下，不同系统搭配可能适应的燃料的着火温度。上述表格可从定性上为如何从燃烧系统的设计上有效解决燃料难着火、难燃尽问题提供了参考。

表7-4　　　　　　　　　　　　　着火温度相同时燃烧热量的比较

制粉系统	单位	配置A 双进双出直吹式	配置B 双进双出直吹式	配置C 中储式	配置D 中储式
燃烧器型式		PAX	H-PAX	E1-XCL	H-PAX
着火温度	℃	750	750	750	750
一次风率	％	18	18	16	16
一次风温	℃	190	120	220	220
燃烧器喷口处煤粉浓度（C/A）	kg/kg	0.56	0.952	0.6	1.02
着火热	kJ/kg	1741.4	1465.1	1582.3	1193.0

表7-5　　　　　　　　　　　　　相同着火热下着火温度的比较

制粉系统	单位	配置A 双进双出直吹式	配置B 双进双出直吹式	配置C 中储式	配置D 中储式
燃烧器型式		PAX	H-PAX	E1-XCL	H-PAX
着火温度	℃	661	750	711	871
一次风率	％	18	18	16	16

制粉系统	单位	配置 A 双进双出直吹式	配置 B 双进双出直吹式	配置 C 中储式	配置 D 中储式
一次风温	℃	190	120	220	220
燃烧器喷口处煤粉浓度	C/A	0.56	0.952	0.6	1.02
着火热	kJ/kg	1465.1	1465.1	1465.1	1465.1

从表 7-4 和表 7-5 不难看出，一次风混合物着火所需的着火热量与混合物的温度及煤粉的浓度有关，混合物温度或煤粉浓度越高，则点燃所需热量就越小，就越容易着火。而提高一次风浓度比获得更高的一次风温度更加有效，且容易实现。由表 7-4 和表 7-5 便可以做一个简单的判断，对于同一难燃煤种，当采用配置 D，即制粉系统为中储制，并与 H-PAX 浓缩增强着火燃烧器组合时，着火所需热量最小，依次则为配置 B、C、A。相同地，当假定各配置的一次风混合物的着火热量均为 1465.1kJ/kg 时，适应煤种的着火温度由高到低依次仍是：D、B、C、A，且温度跨度大于 200℃。由此可看出，北京巴威公司 W 火焰锅炉燃烧技术对燃料的适应范围非常广。

7.3　B&W 系列双调风燃烧器 W 火焰炉存在的不足

7.3.1　未设燃尽风

B&W 系列双调风燃烧器的 W 火焰炉是 600MW 超临界机组 W 火焰炉中至今唯一没有布置燃尽风的锅炉，也不利于降低 NO_x 的排放值。珙县电厂是 FW 系列的 W 火焰炉，由于设置了燃尽风，炉膛特征参数比较合理，NO_x 的排放值低达 700mg/m³。

7.3.2　防结渣性能有待进一步改进

这种类型的锅炉，尽管防止结渣的功能比前两种炉型较好，纵观已经投入运行的该种类型的 W 火焰炉，结渣情况仍然时有发生。

这种燃烧器尽管从设计理念上是希望在主燃区出现低温燃烧。但是由于主要的风量是在主燃区供入的（拱上二次风率大于 57%），主燃区的温度也较难控制。例如金竹山电厂，实测下炉膛温度在 1600～1700℃，结果造成两侧墙分级风口以上直到燃烧器的标高处存在较重的结渣，最厚的地方超过 500mm。而且火焰冲炉底导致分级风管和冷灰斗护板超温。后来减少拱上二次风量，加大分级风的供风量得以缓解。

是否结渣还取决于炉膛容积放热强度及下炉膛卫燃带的多少。荥阳电厂 600MW 超临界锅炉，其下炉膛的容积放热强度高于早期投入运行的鲤鱼江电厂 600MW 机组锅炉，卫燃带的面积也高于鲤鱼江电厂，是结渣的主要原因（详见荥阳电厂的改造方案）。根据实测，下炉膛冷灰斗以上的平均温度也达到 1570℃。因此，结渣也比较严重。上安电厂 1、2 号炉是 350MW W 火焰炉，卫燃带面积为 1023m²，后因结渣严重改为 763m²，占下炉膛有效辐射受热面的比值 40%。

是否结渣不但取决于燃烧器本身的燃烧组织还取决于燃烧器距离两侧墙的距离。在 300MW 的晋江电厂 300MW 机组锅炉两侧墙存在较严重的结渣。晋江电厂没有翼墙，燃烧器距侧墙距离只有 2963mm，也是重要原因。

当着火情况不良、内二次风的开度加大、燃烧器的旋流强度大的情况下，易于造成气流刷墙，导致结渣；而且，由于乏气喷口布置在前后墙，而在前后墙布置防渣的二次风，在乏气喷口上方的涡流区易于结渣，也是该型炉的共性问题。

乏气送到下炉膛，分别集中射入炉膛，但因旋转气流，乏气射入困难，因此上行，在前后墙形成结渣，都是该型炉的共性问题。

7.3.3　燃烧器两侧向中间旋转、易于造成温度场不均匀

由图 7-11 可见，燃烧器两侧向中间旋转，易于造成中间温度偏高，不仅导致高温 NO_x 增多，而且导致沿炉膛宽度温度场不均匀。金竹山电厂再热器温度偏低，但是在改造中增加再热器受热面以后，再热器中部有出现超温，也是因为这一原因。

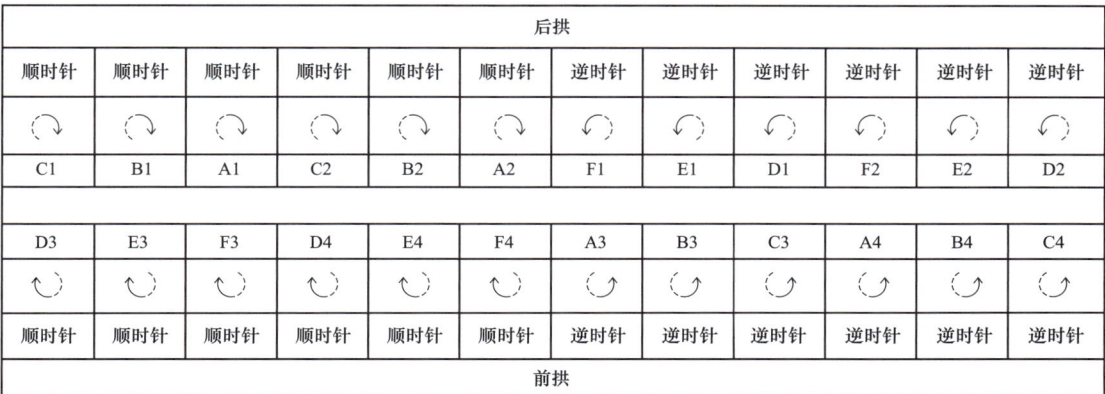

后拱											
顺时针	顺时针	顺时针	顺时针	顺时针	顺时针	逆时针	逆时针	逆时针	逆时针	逆时针	逆时针
↺	↺	↺	↺	↺	↺	↻	↻	↻	↻	↻	↻
C1	B1	A1	C2	B2	A2	F1	E1	D1	F2	E2	D2
D3	E3	F3	D4	E4	F4	A3	B3	C3	A4	B4	C4
↺	↺	↺	↺	↺	↺	↻	↻	↻	↻	↻	↻
顺时针	顺时针	顺时针	顺时针	顺时针	顺时针	逆时针	逆时针	逆时针	逆时针	逆时针	逆时针
前拱											

图 7-11　燃烧器的旋转方向示意图

7.3.4　早期生产的 W 火焰炉着火性能、燃烧效率有待进一步提高

由于 W 火焰炉燃用煤种一般存在着火难、稳燃难、燃尽难的问题，有的还是易于结渣、磨损严重的煤种。因此，炉型选择与炉膛设计的重点在于解决燃料的着火、稳燃、燃尽，扩大煤种的适应能力，负荷调节能力、低负荷不投油稳燃等重要问题。对于这一点 W 火焰炉的主要措施是分区燃烧，即将燃烧区和辐射区分开布置。独特的双拱型炉膛设计，使燃烧区和辐射区分离开来，使锅炉负荷变化对燃烧的影响降至最低；下炉膛容积放热强度较高，水冷壁敷设一定面积的卫燃带也保证了炉内的高温和煤粉气流的迅速着火和燃烧。在这方面 FW 型 W 火焰炉采取的措施最为彻底。

因此，FW 型炉的下炉膛容积放热强度最高，辐射的卫燃带占下炉膛辐射受热面的比例最高。而且实施的结果，的确对于着火和燃尽带来一定的好处。燃烧器喷口数量较多，一次风速较低，这些也都给提前着火和燃尽带来好处。但是双调风燃烧器的锅炉这方面的优势不明显。例如黔西电厂，1、2 号炉为 B&W 型炉，3、4 号炉为 FW 型炉。为进行降低 NO_x 的改造，于 2000 年初对这 4 台炉进行摸底试验。试验结果见表 7-6。

表 7-6　　　　　　　　　　黔西电厂摸底试验结果

项目	单位	1、2 号锅炉				3、4 号锅炉			
		设计值	实测值			设计值	实测值		
负荷		300	300	300	300	300	300	300	282

续表

项目	单位	1、2号锅炉			3、4号锅炉		
		设计值	实测值		设计值	实测值	
炉渣可燃物含量	%		7.06	6.99	6.18	2.06	2.07	2.67
飞灰可燃物含量	%		5.76	5.73	9.44	3.82	3.79	4.78
空气预热器入口氧量	%		4.10	4.21	3.34	4.23	4.02	4.29
修正后排烟温度	℃		145	147	138	134	134	149
未燃碳热损失	%	2.72	4.36	4.31	7.24	3.00	2.45	2.46	3.42
排烟热损失	%	5.23	5.43	5.46	4.53	5.02	4.70	4.97	4.63
设计热效率	%	91.56			91.68		
修正后的热效率	%		89.85	89.84	87.86	92.49	92.22	91.58
NO_x排放浓度	mg/m³		1161	1337	1218	1438	1383	1638

从表7-6中可以看出，1、2号锅炉炉渣可燃物含量为6.18%～7.09%，飞灰可燃物含量为5.73%～9.44%，导致相应未燃碳热损失为4.31%～7.24%，已明显高于设计值；3、4号锅炉炉渣可燃物含量为2.06%～2.67%，飞灰可燃物含量为3.79%～4.78%，相应未燃碳热损失为2.45%～3.42%，能控制在设计值范围内。同时1、2号机组实际锅炉效率低于设计值，3、4号锅炉实际锅炉效率高于设计值。但是由于3、4号炉下炉膛炉膛容积放热强度高，卫燃带面积较大，下炉膛温度较高，高温NO_x较高。因此，1、2号锅炉空气预热器入口NO_x排放浓度较高时在1350mg/m³左右，3、4号锅炉空气预热器入口NO_x排放浓度较高时在1650mg/m³左右。

这也是双调风燃烧器在实行降低NO_x改造时，燃烧效率下降较多的重要原因。

第8章

B&W系列双调风燃烧器W火焰炉锅炉的改造

8.1 B&W 系列 300MW 等级机组双调风燃烧器 W 火焰炉锅炉的改造

8.1.1 YG 电厂 3 号 W 火焰炉锅炉的改造

8.1.1.1 锅炉概况

锅炉型号为 B&WB-1025/18.3-M，设计煤种为当地无烟煤。采用钢球磨煤机中间粉仓热风送粉系统，每台锅炉配置 4 台 MZT-3865 型钢球磨煤机。前后墙各布置 8 只 B&W 公司标准的 EI-XCL 型旋流燃烧器。设计锅炉效率 91.23%。乏气风箱出口引出 2 个排粉管，亦即三次风管，该工程燃烧系统共有 8 个乏气风管。8 个从磨煤机出来的乏气经 $\phi700 \times 6$ 管子送到炉膛前后墙风箱尾部后，再分流经尺寸 $\phi462 \times 6$ 的管子进入炉膛，共有 16 个乏气喷口，前后各 8 个。

1. 原设计煤质

YG 电厂 3 号锅炉原设计煤种为某地无烟煤。其煤种成分见表 8-1。

表 8-1　　　　　　　　　　　锅炉原设计煤种成分

项目	名称	符号	单位	设计煤种
工业分析	全水分	M_{ar}	%	5.73
	空气干燥基水分	M_{ad}	%	1.62
	收到基灰分	A_{ar}	%	23.86
	干燥无灰基挥发分	V_{daf}	%	9.85
	收到基低位发热量	$Q_{net,ar}$	MJ/kg	23.686
	哈氏可磨系数	HGI	—	54.5
灰熔点	变形温度	T_1	℃	>1500
	软化温度	T_2	℃	>1500
	熔化温度	T_3	℃	>1500

锅炉原主要设计参数见表 8-2。

表 8-2　　　　　　　　　　　锅炉原主要设计参数

序号	项目	单位	最大负荷	额定负荷
1	蒸发量	t/h	1025	956

序号	项目	单位	最大负荷	额定负荷
2	热一次风温度	℃	355	351
3	热二次风温度	℃	355	351
4	排烟温度	℃	130	125.6
5	炉膛容积放热强度	kJ/（m³·h）	316.8×103	295.38×103
6	炉膛断面放热强度	kJ/（m²·h）	17.1×106	16.0×106
7	省煤器出口过量空气系数	—	1.26	1.267
8	燃烧器一次风阻力	mmH₂O	74	70
9	风箱和燃烧器二次风阻力	mmH₂O	188	164
10	锅炉效率	%		91.23
11	计算燃料消耗量	t/h		115.78

2. 锅炉原燃烧设备

锅炉原燃烧系统示意图见图 8-1。

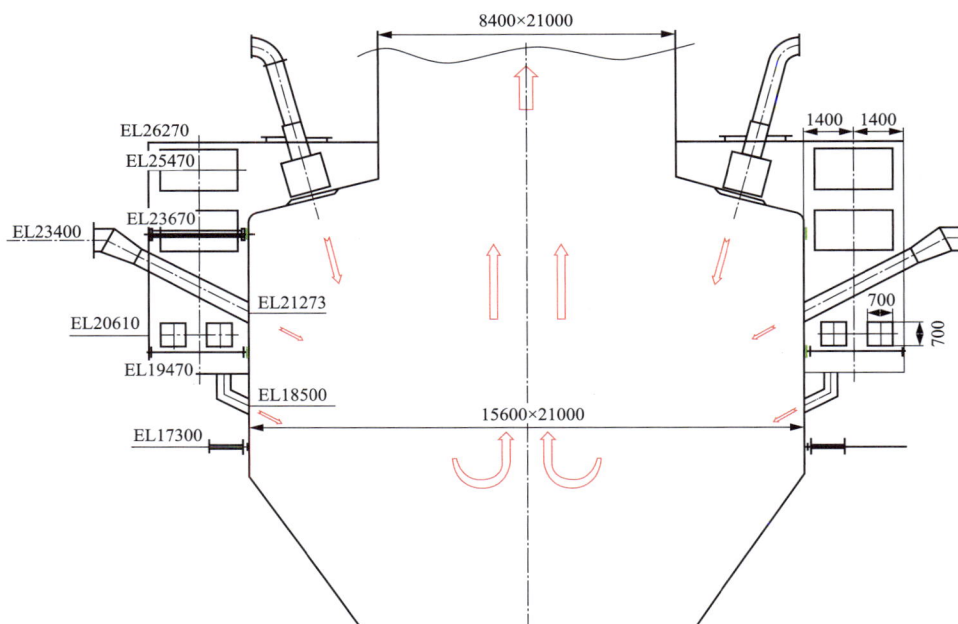

图 8-1　锅炉原燃烧系统示意图

锅炉的燃烧系统由 EI-XCL 型燃烧器、乏气管、大风箱、分级风管、高能点火器、点火油枪等组成。

锅炉燃烧器布置在炉膛的前后拱上，并垂直于前后拱，前后拱各一排，各有 8 只燃烧器。燃烧器结构见图 8-2。

锅炉采用隔仓式大风箱，每个风箱分为三个隔仓。制粉系统乏气经排粉机进入乏气风箱，每个排粉机对应的乏气风箱出口引出 2 个排粉管，亦即三次风管，该工程燃烧系统共有 8 个三次风管。8 个从磨煤机出来的乏气经 $\phi700×6$ 管子送到炉膛前后墙风箱尾部后，再分流经尺寸 $\phi462×6$ 的管子进入炉膛，共有 16 个乏气喷口，前后各 8 个。

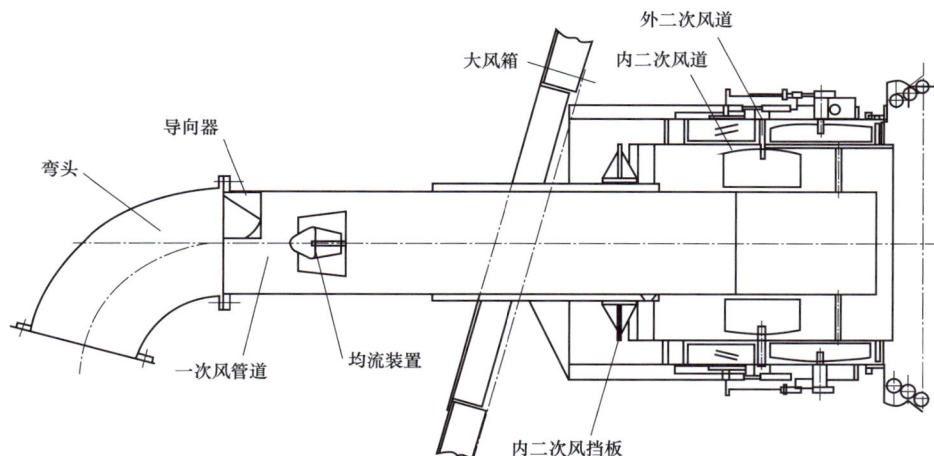

图 8-2 锅炉原燃烧器结构图

3. 锅炉历史改造情况

（1）3号机组在低氮燃烧改造前进行过汽轮机的通流改造，锅炉额定负荷容量由原来的 300MW 变为 320MW。

（2）3号锅炉于 2012 年增加 SOFA 系统及改造相关的控制和电气设备。

（3）卫燃带部分，3号炉在原设计卫燃带基础上，分次共去除卫燃带 149.1m^2。

（4）对省煤器进行了改造，将 186 片光管省煤器改为了"H"形鳍片省煤器，联箱保留原设计，省煤器出口加装了 4 台伸缩式蒸汽吹灰器（IK-525）。每台伸缩式蒸汽吹灰器有 2 组喷口，每组 5 个喷嘴，喷嘴入口内径 6mm、出口直径 8mm、厚度 10mm。

（5）对 4 台粗粉分离器全部改成了串联双轴向粗粉分离器，8 台细粉锁气器改成了球形锁气器。改造后煤粉细度 R_{90} 在 8% 以下。

4. 改造设计煤种及校核煤种

该次改造将根据用户提供的改造设计煤质（见表 8-3）及通流改造后数据进行燃烧系统的设计。

表 8-3　　　　　　　　　　锅炉改造设计煤种及校核煤种

名称	符号	单位	设计煤种	校核煤种 1	校核煤种 2
收到基全水分	M_t	%	7.97	6	6.30
收到基灰分	A_{ar}	%	29.59	23.96	34.84
空气干燥基水分	M_{ad}	%	1.250	1.28	1.660
干燥无灰基挥发分	V_{daf}	%	12.69	12.97	13.13
收到基低位发热量	Q	kJ/kg	20368	22360	18780
可磨性系数	HGI		55	54	55
灰变形温度	DT	℃	1490	1500	1500
灰软化温度	ST	℃	1500	1500	1500
灰溶化温度	FT	℃	1500	1500	1500

8.1.1.2　改造方案及结果

（1）YG 电厂 3 号锅炉设计为 W 火焰炉，现主要存在以下问题：

1) NO$_x$ 排放量偏高，1000～1200mg/m^3。

2) SOFA 风挡板开度大于 30％时，NO$_x$ 排放量 600～700mg/m^3 时，锅炉效率和飞灰含碳量均不达标。

3) SOFA 风挡板开度大于 30％时，燃烧不经济，主蒸汽、再热蒸汽温度明显偏低，到 530℃以下。

（2）具体改造方案如下：

1) 拱上增加两层 OFA 喷口。在前后墙燃烧器上方增加两层 OFA 喷口，以实现分级燃烧。从二次风主风道上引出燃烬风道，向 OFA 喷口供风。

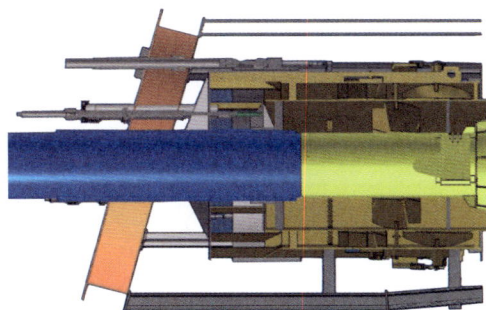

图 8-3　新设计 EI-XCL 型燃烧器

2) 更换原有 16 只燃烧器。由于增设 OFA 喷口分级燃烧，为了保证燃烧器的性能要求，必须重新设计燃烧器的结构尺寸，更换原有燃烧器，使新设计的燃烧器的性能参数尽量靠近原燃烧器设计参数，以保证煤粉的着火、稳燃和火炬的下冲力。同时，为了强化煤粉喷口着火及稳燃，在燃烧器喷口处增加钝体及稳燃环。

新设计的 EI-XCL 型燃烧器（见图 8-3）设有调风套筒及手动驱动装置，可根据煤质及运行工况的变化，调整单只燃烧器二次风流量。

3) 燃烧系统优化改造。为了保证改造后锅炉的经济性，对燃烧系统采取以下优化改造：

a. 三次风喷口位置优化改造。为避免燃烧器主气流对三次风气流的压迫作用，使三次风气流在下炉膛空间中自由伸展至炉膛中心的高温区域着火燃烧，从而有利于主火焰的稳定并降低大渣含碳量。该次改造将三次风喷口位置与燃烧器竖直平面错开 525mm 布置。

b. 燃烧器旋向优化。为了使燃烧改造后炉内的空气动力场更均匀，该次改造将燃烧器二次风的旋向进行调整为两两对旋。

c. 炉膛卫燃带优化。乙方根据目前的锅炉运行情况，对 3 号锅炉卫燃带进行优化改造，具体布置见施工图。

4) 拱下侧墙增加二次风箱。为避免拱下侧墙区域长期运行后产生结渣现象，该次改造在侧墙增加二次风箱，去除风箱内水冷壁管间扁钢，二次风由水冷壁管间间隙进入，在近壁处形成风膜，以防止水冷壁结焦。通过 4 号锅炉低氮燃烧改造后的运行情况，证明侧墙二次风的增加对控制侧墙结焦起到一定的作用。

5) 其他。

a. 增加 OFA 风箱和分风道。为了对 OFA 喷口供风，同时控制 OFA 的总风量，需设置 OFA 风箱和相应的分风道。同时在 OFA 分风道上设置挡板和执行机构、风量测量装置以及相应的膨胀节，在风箱上设置风箱压力测量装置。通过每个 OFA 分风道的调节挡板，来调节 OFA 分风道的燃尽风流量。在分风道与总风道及 OFA 风箱的接口处布置有胀缩节以解决分风道的膨胀问题。

b. 更换部分水冷壁。由于设置 OFA 喷口，增设 OFA 喷口处水冷壁开孔并补直管；由于燃烧器尺寸发生变化，燃烧器区域水冷壁弯管相应更换；三次风区域水冷壁整体改造，分片出厂。

c. 吹灰器更改。由于增设了 OFA 喷口，取消 EL28600 层前后墙吹灰器。

燃烧系统改造图见图 8-4 和图 8-5。

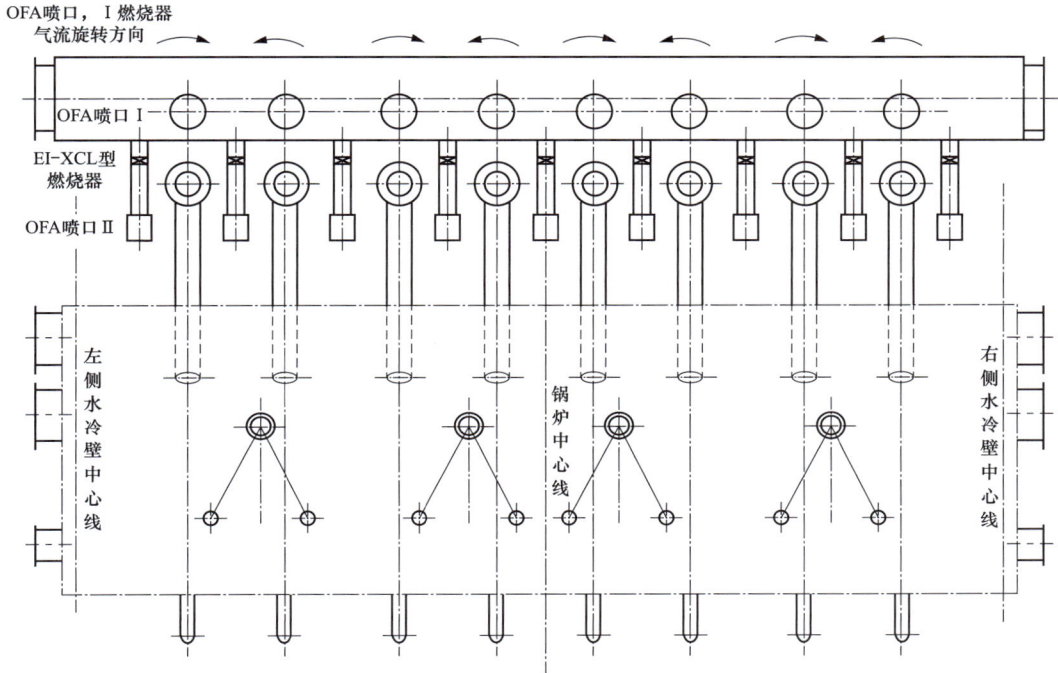

图 8-4　改造后锅炉燃烧系统示意图（侧墙）

（3）具体的改造结果如下：

改造后进行了燃烧调整试验，现锅炉燃烧稳定，各项指标合格，未发现明显结渣挂渣现象，将锅炉燃烧调整情况汇总如下。

在现有煤质基础上，通过对氧量、燃尽风开度、分级风开度、主燃烧器（调风盘、内外二次风旋流、燃尽风外二次风旋流）进行调整，300MW 工况下，将燃尽风电动门控制在 60%～100%，空气预热器入口氧量控制在 3.0%～3.5%，飞灰可燃物可控制在 5.5%～6.0%，脱硝入口 NO_x 可控制在 650～800mg/L，一级减温水量 40～60t/h，二级减温水量 10～20t/h，再热器减温水 0t/h，主蒸汽、再热蒸汽温度均能达到额定值。炉膛最高温度 1560℃。

8.1.2　YG 电厂 4 号 W 火焰炉锅炉的改造

8.1.2.1　低氮燃烧改造

锅炉于 2013 年 7 月进行了低氮燃烧改造，改造方案基于改造设计和校核煤质，煤质情况见表 8-4。改造方案和 3 号锅炉的改造方案基本一致，燃烧系统主要改造内容如下：

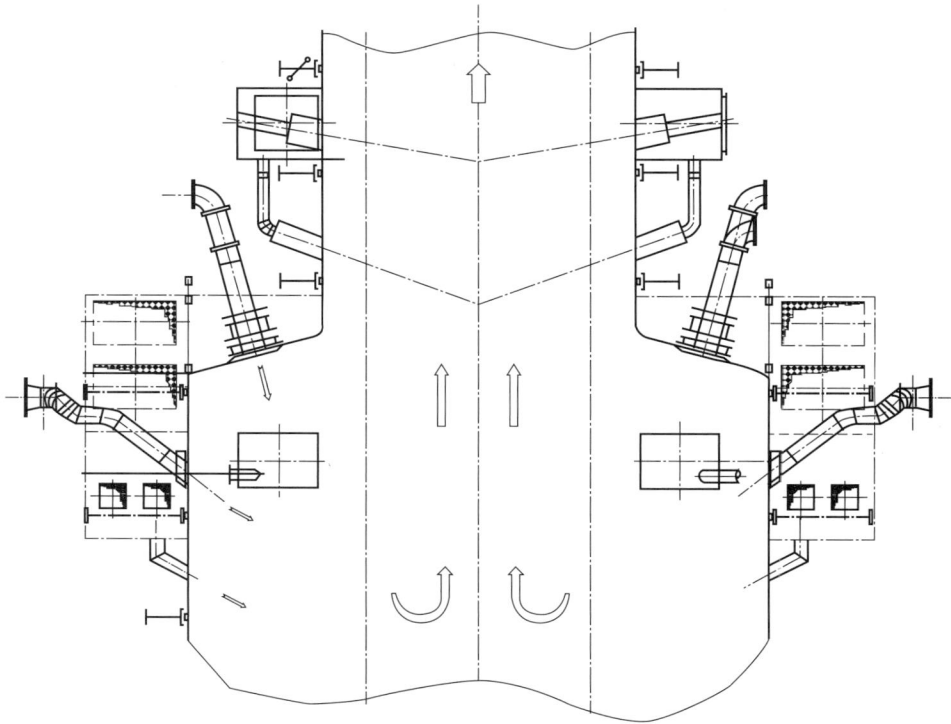

图 8-5　改造后锅炉燃烧系统示意图（前后墙）

表 8-4　　　　　　　　　　　　　　　原设计和改造用煤质

序号	煤元素分析	单位	原设计煤种	现设计煤种	校核煤种 1	校核煤种 2
1	收到基碳	%	63.06	54.14	57.89	50.88
2	收到基氢	%	2.2	2.43	2.53	2.36
3	收到基氧	%	2.57	2.92	2.74	3.21
4	收到基氮	%	0.97	0.81	0.85	0.75
5	收到基硫	%	1.61	1.72	1.70	1.58
6	收到基水分	%	5.73	8.40	8.80	8.60
7	收到基灰分	%	23.86	29.58	25.50	32.62
8	空干基水分	%	1.62	1.25	1.20	1.20
9	干燥无灰基挥发分	%	9.85	12.69	11.84	13.93
10	收到基低位发热量	kJ/kg	23686	20366	21810	18951

（1）更换原燃烧器，新设计燃烧器增加了钝体、稳燃环及电动执行机构，燃烧器旋向优化。

（2）拱上增加 16 只 NO_x 喷口，前后墙各 8 只，与燃烧器对应布置。

（3）将拱上二次风和分级风一体风箱改为风量控制各自独立风箱。

（4）分级风喷口优化改造，采用一分二竖直交错布置方式。

（5）三次风喷口位置优化改造，与燃烧器主喷口的竖直平面错开距离为 525mm。

改造结束后，XGY 研究院、BBC 公司及电厂方一起进行了调试工作，主要结论如下：

（1）锅炉可以在各工况稳定运行。

（2）各负荷下氮氧化物排放满足 $800mg/m^3$。

（3）在现有煤质基础上（试验煤质热值在 $21767.2\sim23860.2kJ/kg$，见表 8-5），锅炉飞灰含碳量为 $10\%\sim13\%$；在燃用热值为 $20511.4kJ/kg$ 左右的设计煤质时，飞灰含碳量略低，为 $6\%\sim9\%$。

（4）XGY 研究院调整试验的结果指出，300MW 负荷下锅炉效率在 $88.49\%\sim89.13\%$。

表 8-5 调试煤质工业分析

日期	全水分 M_t	内水分 M_{ad}	挥发分 V_{daf}	灰分 A_{ad}	固定碳 C_{cad}	硫分 S_{ad}	低位热值 $Q_{net,ar}$
	%	%	%	%	%	%	kJ/kg
12 月 12 日	6.4	0.35	12.67	30.88	60.06	1.97	21532.6
12 月 13 日	5.6	0.47	12.51	28.46	62.18	1.98	23060.7
12 月 14 日	6	0.56	12.02	29.96	61.13	2.14	21873.0
12 月 15 日	6	0.71	11.39	28.1	63.08	1.67	22814.0
12 月 16 日	6.2	0.49	11.40	27.6	67.71	1.85	22733.9
均值	6.04	0.52	12.00	29.00	62.83	1.92	22402.8

8.1.2.2　改造后存在问题及其进一步改造

1. 改造方对飞灰含碳量偏高的分析

锅炉低氮燃烧改造后主要存在的问题为飞灰含碳量偏高。改造设计煤质与电厂调试过程中实际燃用煤质收到基低位发热量偏差较大，高于改造设计煤质，因此实际燃用煤种的干燥无灰基挥发分含量减少（属于无烟煤），煤质碳化程度高，燃尽更困难，改造设计主燃区二次风量对于实际燃用煤种偏小，造成改造后飞灰含碳量偏高。改造设计煤种的干燥无灰基挥发分为 13% 左右，属于贫煤，与无烟煤相比，由于挥发分高，着火需的温度相对较低，煤粉燃尽所需的时间相对较短，燃尽较好，因此燃用接近设计煤种的煤质时，显示供风容易，且飞灰含碳量较低，而燃用高热值煤种（是干燥无灰基挥发分 11.5%～12%），显示供风困难，且飞灰含碳量较高（因无烟煤燃尽需要提供较多的氧量）。因此，无烟煤低氮燃烧改造时不宜深度分级，主燃烧区应处于微缺氧燃烧状态。在其他布置燃尽风系统燃用无烟煤的 W 火焰炉上的试验结果显示，增大送风机压力，提高拱下二次风风量，可降低飞灰含碳量，从而验证了无烟煤低氮燃烧改造主燃烧器区氧量控制的分析判断。

2. 降低飞灰含碳量整改方案

根据上述分析和试验验证，可通过增加二次风风量，解决飞灰含碳量较高的问题。为增加拱下氧量，本次整改在前后拱上各增加 9 只二次风喷口（见图 8-6），与燃烧器相间布置（见图 8-7 和图 8-8），以增加后期燃烧的二次风量。前后拱二次风射入交汇点标高为 EL20530，可在炉膛温度较高的位置进行补风，将前期未燃尽碳燃尽。改造二次风喷口设置手动调节装置，可根据实际燃用煤质的变化，控制进入喷口的二次风量。

整改后，4 号锅炉拱上 18 只喷口加装后对飞灰可燃物控制效果不佳，而且造成燃烧区域水冷壁高温腐蚀，之后出于安全考虑又去除了此喷口，对飞灰可燃物最有效的控制是由燃用无烟煤改用偏重贫煤的混合煤种。飞灰可以降低到 6% 以下。

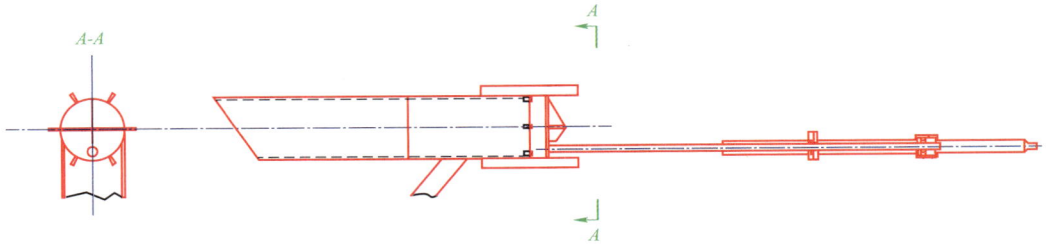

图 8-6　整改二次风喷口

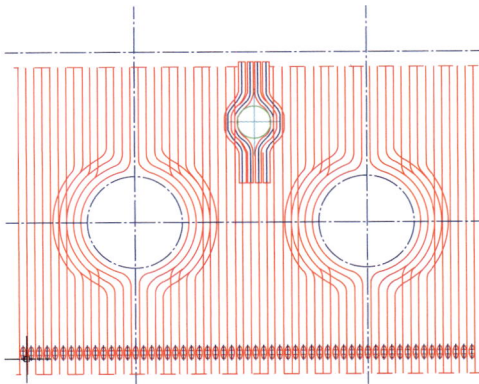

图 8-7　整改二次风喷口布置示意图　　　图 8-8　整改二次风喷口位置示意图

8.1.3　QX电厂300MW等级双调风W火焰炉的改造

8.1.3.1　锅炉概况

QX电厂3号锅炉系北京某有限公司生产的 B&WB-1025/17.4-M 型亚临界参数、单炉膛平衡通风、一次中间再热、自然循环、W形燃烧方式、露天全钢架结构煤粉炉。燃用煤种为无烟煤，锅炉配置四台直吹式双进双出钢球磨煤机和 16 只 EI-XCL 双调风煤粉燃烧器，对称布置在前后炉拱上，内外旋二次风旋流角度和内外旋二次风份额可调，一次风和乏气风均为直流喷口；煤粉流经弯头产生离心实现浓淡分离，乏气从拱下引入炉膛，乏气下方布置 16 只分级风喷口。

改造前，锅炉额定负荷 NO_x 排放在 $1100\sim1200$ mg/m³，按照脱硝要求，SCR 入口 NO_x 应控制在 1000mg/m³ 以内，最后 SCR 出口才能满足 NO_x 排放值不超过 200mg/m³（折算到 $O_2=6\%$）的环保要求，达到控制脱硝成本的目的。

8.1.3.2　低氮燃烧器改造方案及结果

1. 低氮改造方案

（1）增设燃尽风风箱和喷口。为更大程度的分级送风，达到降低 NO_x 的目的，在锅炉拱上（标高 28450mm）增设一层 B&W 公司的双风区 OFA 喷口，见图 8-9，图 8-10 与 16 个燃烧器一一对应。并在前后拱布置燃尽风风箱，燃尽风分别从 A、B 侧二次大风箱上引出，总风量通过 A、B 侧前后墙各一个燃尽风总门调节。每个 OFA 喷口的二次风量由 OFA 喷口调风套筒来调节。双风区 OFA 喷口有两个风区，其一，中心风区为直流，能确保后期送入的风有足够的穿透力，将风送入炉膛中心；其二，外环风区为旋流（旋流强度可调），能确保后期送入的风沿炉膛宽度方向和近壁处均匀分布。

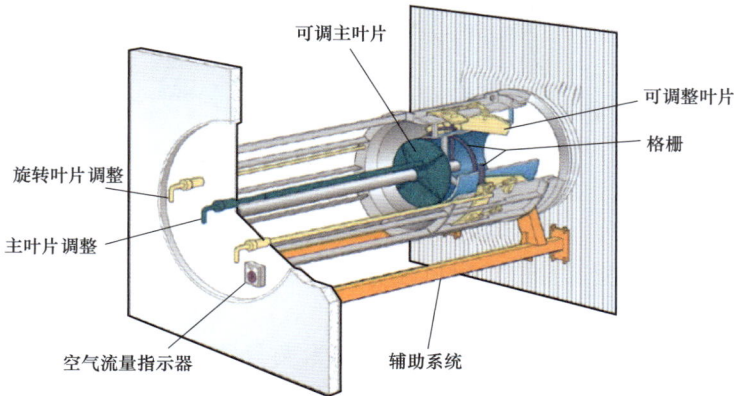

图 8-9　燃尽风喷口设计图

（2）对原有浓缩型低 NO_x 双调风旋流燃烧器进行局部改造。由于增加了 OFA 喷口后，燃烧系统的风量发生了较大变化，为保证原燃烧器的设计参数，该次对燃烧器进行了局部改造，见图 8-11 和图 8-12。

在一次风喷口处加一钝体，同时在一次风喷口增设稳燃环。改造后增强了一次风喷口处的回流，对于煤粉提前着火、稳燃和降低飞灰、大渣含碳量具有很大的帮助。

在外二次风内增设节流环。节流环和稳燃环能使外二次风风速和内二次风风速尽可能接近设计值，从而使改造后内、外二次风速与一次风速相匹配，满足改造后具有较好燃烧效率的要求。

图 8-10　燃尽风喷口实物图

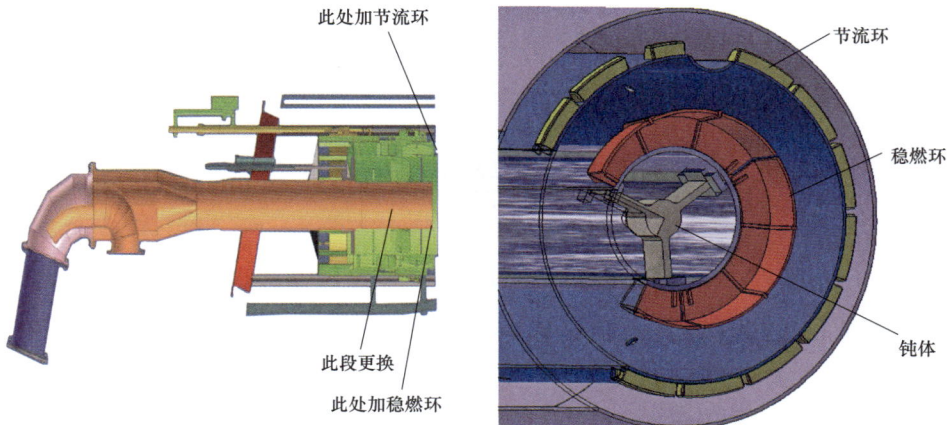

图 8-11　燃烧器及燃烧器局部改造后的示意图

图 8-12 燃烧器实际改造后效果图

（3）对乏气风喷口位置和分级风喷口改造。将乏气风喷口位置与燃烧器竖直平面错开布置，见图 8-13。

将每只燃烧器对应的分级风由单只喷口改为两只喷口，并将喷口位置的标高下移 500mm，同时将喷口下倾角由原来的 35°改为 25°。

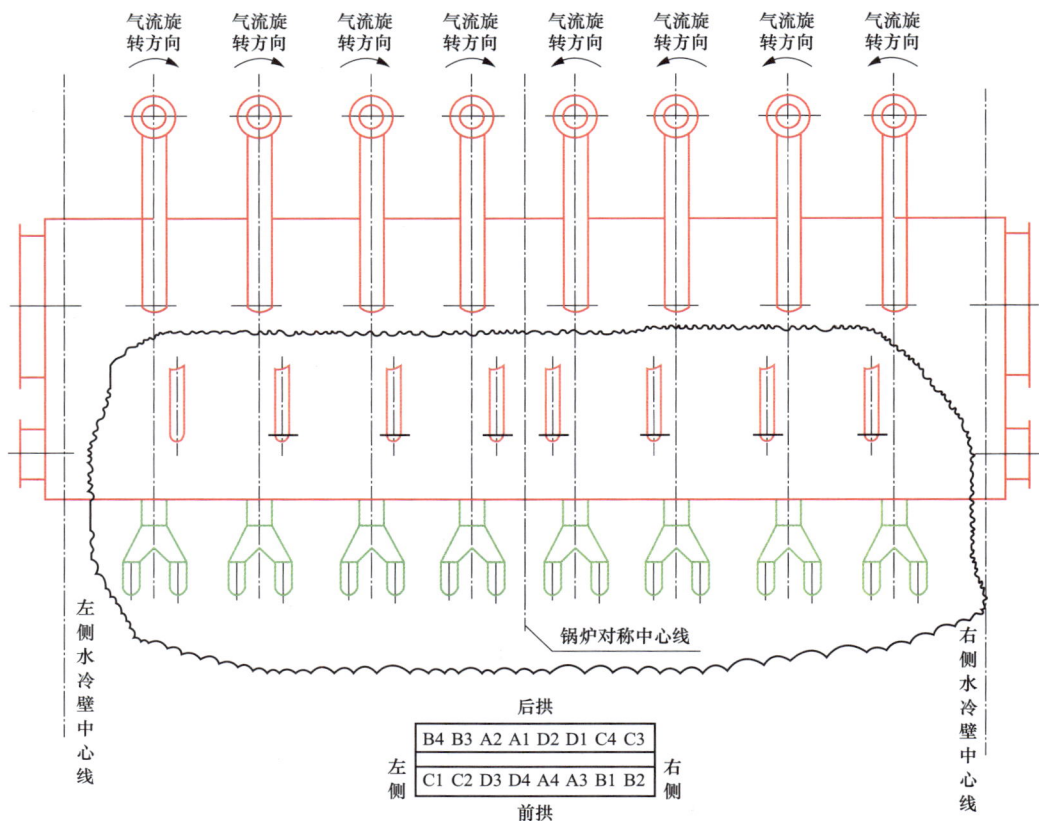

图 8-13 乏气风喷口位置和分级风喷口改造示意图

为满足下炉膛低氮燃烧要求，将分级风喷口用碳化硅敷设来减少喷口直径，喷口直径由原来的 310mm 减至 290mm，见图 8-14。

（4）将炉内脱落的卫燃带补齐，并增加 124m² 卫燃带面积，现卫燃带总面积约 620m²。

（5）锅炉改造后的燃烧示意图见图 8-15。

2. 改造的结论

为了解燃尽风对锅炉效率和NO_x排放值的影响，在额定负荷300MW工况下，分别试验燃尽风总门0%、10%、20%、30%、40%、50%、60%开度，观察对锅炉飞灰、大渣、效率、NO_x的影响。

调整燃烧器调风套筒70%，调风盘80mm，内旋38°，外旋50°，分级风80%，燃尽风套筒120mm，燃尽风调风盘80mm，燃尽风旋流风角度60°为基础工况不变。

图8-14　分级风喷口敷设后效果图

（1）将燃尽风总门全关：燃尽风总门全关后，二次风箱压力达1.6kPa，二次风箱压力过高，所以此工况只做短暂观察，未进行飞灰、大渣取样，燃尽风全关时NO_x为892mg/m³。

（2）试验燃尽风总门0%、10%、20%、30%、40%、50%、60%、80%开度，观察对锅炉飞灰、大渣、效率、NO_x的影响（见表8-6）。

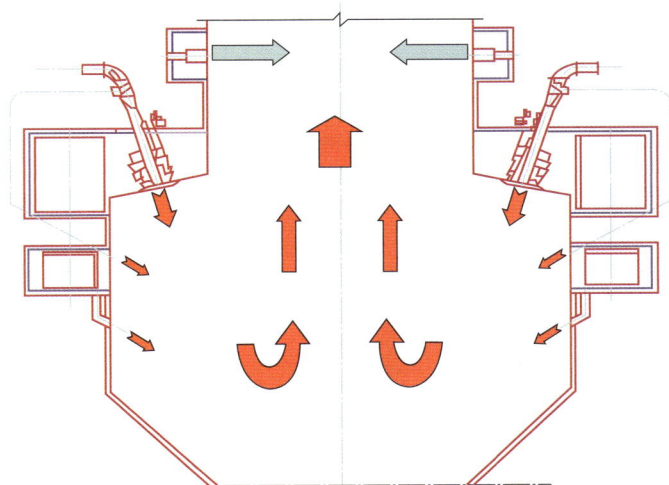

图8-15　锅炉改造后的燃烧示意图

表8-6　　试验燃尽风总门的开度，观察对锅炉飞灰、大渣、效率、NO_x的影响

OFA总门开度（%）	10	20	30	40	50	60	80
氧量（%）	3.1/4.19	3.3/3.2	3.17/2.9	3.01/3.67	3.65/3.6	3.3/3.6	3.4/3.7
排烟温度（℃）	140.2/139	141.3/142.3	143.27/138.4	142.3/143.7	143.1/144	144.2/144.3	145.2/146.3
减温水（t/h）	32	38	42	45	43	47	55
飞灰（%）	6.23/6.4	6.5/6.8	6.4/7.3	6.5/6.3	7.5/7.6	8.3/8.6	9.5/10.3
大渣（%）	2.06	2.9	3.1	3.5	4	6.2	9.3
锅炉效率（%）	89.77	89.61	89.58	89.22	88.7	88.23	87.45
NO_x（mg/m³）	810.1	783.64	745.53	678.96	670.8	664.79	673.14

通过试验燃尽风总门开度可以看出，燃尽风总门开度在50%及以内对NO_x的影响效

果就最明显，当燃尽风总门开度超过 50% 后，对 NO_x 影响很小；到 80% 基本不变化，另外，燃尽风开度大，对燃烧影响较大，主蒸汽压力不能维持，煤耗增加，计算锅炉效率明显下降。在控制 NO_x 时，综合锅炉效率变化，燃尽风总门不宜超过 50%。

通过调整，额定负荷工况下，燃尽风总门开出 40%～50%，烟气中 NO_x 排放量为 730mg/m³（6%O_2），满足低氮燃烧器改造 800mg/m³（6%O_2）的要求。此时锅炉效率维持在 89.6%，飞灰可燃物为 6.4%～7.3%。

低氮燃烧器改造后，锅炉上、下炉膛未发现大面积结渣和垮渣。

8.1.4　SA 电厂 300MW 等级机组 1、2 号双调风 W 火焰炉的改造

1. 设备概述

SA 电厂 1、2 号锅炉由加拿大 B&W 公司设计制造的亚临界压力、一次中间再热、自然循环、双拱型单炉膛、W 形火焰燃烧、尾部双烟道、平衡通风、固态排渣、全钢构架、全悬吊结构、露天布置燃煤锅炉。锅炉主要设计性能参数见表 8-7。

每台锅炉配套 4 台 B&W 生产的 MPS89K 型中速磨煤机，每台磨煤机出口有 5 根一次粉管，分别与锅炉前后拱上的 5 只燃烧器相连，磨煤机设计最大出力为 55.25t/h，目前磨组出力（在煤粉细度超标状态下）能带 52t/h，设计出口煤粉细度 $R_{75}=15\%$（实际 22%～25%）。锅炉设计煤种为 25% 阳泉无烟煤 + 75% 寿阳贫煤，设计燃料特性见表 8-8。

表 8-7　　　　　　　　　　　　　锅炉主要设计性能参数

项目		单位	BMCR	100%ECR	75%ECR	50%ECR
机组额定功率		MW	364	352	264	175
汽包	蒸发量	t/h	1190.1	1085.1	769.9	500.04
	汽包工作压力	MPa	19.72	19.39	18.55	18.07
	汽包内工质温度	℃	359	357	—	354
过热蒸汽	过热蒸汽出口压力	MPa	18.29	18.20	17.96	17.82
	过热蒸汽出口温度	℃	540	540	540	540
	过热器阻力	MPa	1.43	1.19	0.60	0.25
再热蒸汽	再热蒸汽入口压力	MPa	3.36	3.08	2.22	1.43
	再热蒸汽入口温度	℃	311	301	277	256
	再热蒸汽出口压力	MPa	3.21	2.94	2.12	1.36
	再热蒸汽出口温度	℃	539	539	539	539
	再热蒸汽汽量	t/h	955.5	877.8	637.6	424.6
	再热器阻力	MPa	0.15	0.14	0.10	0.07
省煤器出口给水温度		℃	288	282	260	235
减温水	过热器减温水温度	℃	288	282	260	235
	过热器一级减温预计流量	t/h	0	27.2	15.2	10.0
	过热器一级减温设计流量	t/h	76.6	69.8	238.8	212.6
	过热器二级减温预计流量	t/h	0	0	0	0
	过热器二级减温设计流量	t/h	13.6	16.4	0	0
	再热器减温预计喷水量	t/h	0	0	0	0
	再热器减温设计喷水量	t/h	28.7	26.3	19.1	12.75

续表

项目		单位	BMCR	100%ECR	75%ECR	50%ECR
烟气参数	大屏下端烟气温度	℃	1297	—	—	—
	高压过热器入口屏前烟温/烟速	℃/（m·s）	1163/6.9	—	—	—
	高压过热器出口屏前烟温/烟速	℃/（m·s）	1004/7.5	—	—	—
	高压再热器出口屏前烟温/烟速	℃/（m·s）	934/9.0	—	—	—
	低压过热器悬吊前烟温/烟速	℃/（m·s）	784/9.0	—	—	—
	低压过热器入口烟温/烟速	℃/（m·s）	701/8.7	—	—	—
	省煤器出口烟温	℃	381	—	—	—
	低压再热器入口烟温/烟速	℃/（m·s）	682/9.9	—	—	—
	低压再热器出口烟温/烟速	℃/（m·s）	415	—	—	—
其他	锅炉效率（设计煤种）	％	90.74	90.88	91.15	90.88
	计算燃料消耗量	t/h	139.7	129.7	97.2	67.1
	设计煤总风量	t/h	1336.6	1239.1	—	—
	投入运行的磨煤机数量	台	3	3	3	3
	锅炉水循环倍率	—	3	—	—	—

表 8-8 设 计 燃 料 特 性

项目		单位	设计混煤：25％阳泉无烟煤＋75％寿阳贫煤
工业分析	收到基全水分	％	6+3
	空气干燥基水分	％	0.67
	收到基灰分	％	26.20
	收到基挥发分	％	11.72
	可燃基挥发分	％	16.72
	$(FC/V)_{daf}$	—	4.98
	低位发热量	MJ/kg	23.0
元素分析	收到基碳	％	64.89
	收到基氢	％	2.83
	收到基氧	％	2.40
	收到基氮	％	0.98
	收到基硫	％	1.08
哈氏可磨度		°H	75
灰变形温度		℃	1330
灰软化温度		℃	＞1500
SiO_2		％	49
Al_2O_3		％	35.88
Fe_2O_3		％	6.83
CaO		％	2.14
MgO		％	0.42
K_2O		％	2.56
Na_2O		％	
SO_3		％	1.08
其他		％	2.09

B&W 公司生产的 Carolina 型锅炉采取了拱形炉膛的设计，加大了火焰行程，延长了煤粉的炉内停留时间，产生了角部的回流有利于充分完全燃烧，充分考虑低挥发分高灰分燃料的着火及燃尽。锅炉共装有 20 只 PAX 双调节燃烧器，分两排布置在标高 27.6m 炉膛拱部前后墙斜坡上，燃烧器轴线与水平方向成 75°。两排燃烧器分别向炉底中心线斜下方喷射，在冷灰斗向上折回，使火焰成 W 形，20 只燃烧器由 4 台磨煤机供粉，燃烧器布置见图 8-16。

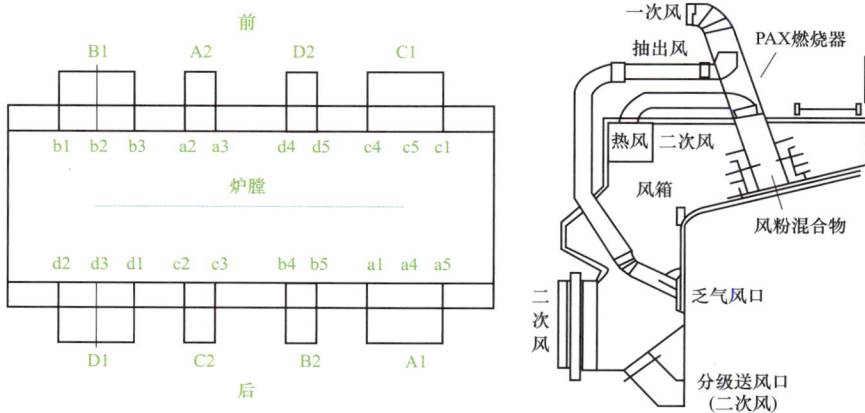

图 8-16　燃烧器布置示意图

PAX 燃烧器采用直吹式制粉系统，磨煤机出口煤粉较细、温度较高，一次风粉混合物被送往燃烧器并在燃烧器弯头前通过一段偏心异径管接头，该异径管接头用来加快风粉混合物流速，使混合物流向燃烧器弯头的外半径，降低靠近弯头内半径处的煤粉浓度。

利用与燃烧器弯头连接的"一次风交换"装置，抽出 50％的一次风和 10％左右的煤粉并将这股混合物引至位于燃烧器下方垂直墙上的的乏气风口，通过喷口加速与燃烧器主火焰混合，其余 50％的一次风和 90％煤粉流至燃烧器喷嘴；在 PAX 燃烧器的下部设有另一个弯头，该弯头由二次风系统供给增压热风（热风的供给量按重量计算正好等于前面抽的50％一次风量），二次增压风通过 PAX 燃烧器的热风入口和导流装置与浓相煤粉迅速混合，以提高燃烧器喷口处煤粉温度（由磨煤机出口处的 93℃提高至 177℃），改善燃料的燃烧性能。在乏气风支管及二次增压风支管设有自动隔离阀，防止停磨时炉膛热烟气在燃烧器和支管之间循环。

二次风经空气预热器加热后送入二次风箱，并分配到各燃烧器及对应的分级送风口。调节 PAX 燃烧器特有的内外调风器挡板及旋转叶片开度可以调整流入内空气区的热空气量和流入外空气区的热空气量及空气的旋转角度。内调风的作用是使煤粉着火以后能及时得到燃烧所需要的氧量，并保持火焰稳定。当煤质变差时，减少其旋流叶片角度，增加旋流强度以保持有足够的高温烟气回流到燃烧器前着火区，强化着火；当煤质变好时，增加旋流叶片开度，减少旋流强度，使着火推迟，不至于烧坏燃烧器。

外调风的作用是保持煤粉火炬有足够的刚度下冲到下炉膛的适当深度，补充煤粉后期燃烧所需要的氧量。增加外调风可使火焰拉长，并伸展到炉膛的下部空间，使煤粉颗粒有较长的燃烧路程，达到充分燃烧的目的。反之，若减少外调风，火焰则缩短，虽能提高燃烧的稳定性，但容易造成火焰短路、飞灰可燃物增加、过热器超温等。外调风器的设计使外空气逐步与燃烧器下游的燃料混合，减少燃料燃烧初期空气量，从而减少 NO_x 生成量。

燃烧器示意图见图8-17。

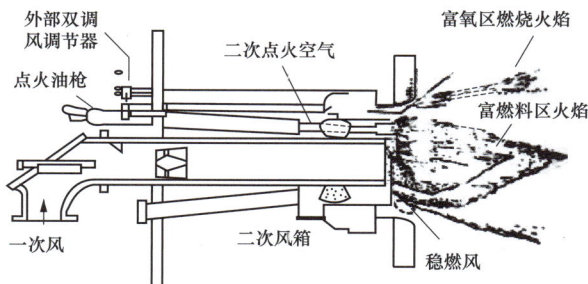

图8-17　燃烧器示意图

2. 低氮燃烧改造内容

（1）本次低氮燃烧系统改造主要内容如下：

1）更换风量、风速测量装置（一、二次风、燃尽风、风速测量装置），所有测量装置应具备防堵塞功能。

2）将PAX燃烧器全部更换为新设计的EI-XCL型燃烧器（煤粉管道及其补偿器、接口、煤粉喷嘴、气动执行机构、点火及推进器系统、油枪）。

3）二次风系统，取消增压风挡板，连通原管道。

4）燃尽风系统（燃尽风箱、燃尽风箱挡板门、膨胀节、风箱、喷嘴、风量测量）。

（2）改造结果：

1）350MW负荷，飞灰可燃物含量平均值分别在11.34%～19.43%，炉渣可燃物含量分别在11.86%～22.65%，高于三个不同负荷点下的飞灰可燃物含量保证值9.5%，未达到技术协议对飞灰可燃物含量的要求，见表8-9。

表8-9　　　　　　　　　　　改造前后效率参数比较

项目	负荷 (MW)	干燥无灰基挥发分 (%)	收到基低位发热量 (MJ/kg)	飞灰含碳量 (%)	大渣含碳量 (%)	空气预热器后CO (μL/L)	省煤器后氧量 (%)	锅炉效率 (修正) (%)	NO_x 浓度 (mg/m³)
改造前	350	17.30	24.46	12.1～14.7	22.7～28.4	—	3.4	87.53～88.63	936
改造后	350	16.72	23.0	11.34～19.43	11.86～22.65	1193	3.4	87.11～89.98	619～676

2）350MW负荷点下，省煤器出口烟气中CO排放浓度平均值在23～1193μL/L、满负荷下高于性能保证值100μL/L。

3）相应的NO_x排放浓度平均值分别在619～676mg/m³、低于性能保证值800mg/m³，满足技术协议对NO_x排放浓度的要求。

4）锅炉热效率修正后。350MW负荷在87.11%～89.98%、低于性能保证值90.88%。

8.1.5　B&W公司300MW机组W火焰炉改造有关问题的思考和建议

B&W公司负责改造的10台300MW机组W火焰炉可以分成三种类型，第一种类型是YG电厂的中间仓储式系统的W火焰炉，第二种类型是金源公司的5台双进双出磨煤机直吹式系统的W火焰炉（QX电厂3、4号锅炉，QB电厂1、2号锅炉，YX电厂2号锅炉），第三种是加拿大 B&W 公司生产的 SA 电厂两台配中速磨煤机直吹系统的 W 火焰炉。

改造前 B&W 公司双调风燃烧器的性能总的来说是良好的，表现在燃烧稳定，NO_x 相对较低，但是燃烧效率较低，NO_x 最高一般在 $1100\sim1200mg/m^3$，飞灰可燃物占 $5\%\sim6\%$。

对于上述三种类型的锅炉 B&W 公司改造的思路是：

（1）将拱上风和拱下风的份额部分移到燃尽风。为了保持拱上风的动量，将各次风速都适当提高。为了达到上述要求：

对于 YG 电厂的 3、4 号锅炉，把原有燃烧器全部更换。新设计燃烧器增加了钝体、稳燃环及电动执行机构，燃烧器旋向优化为两两对旋。

对于 QX 电厂等 6 台锅炉则只是把燃烧器予以局部改造。

对于 SA 电厂 1、2 号锅炉，由于是加拿大 B&W 供给的 PAX 燃烧器（一次风换风燃烧器），改造时更换为新设计的 EI-XCL 型燃烧器（一次风不换风燃烧器）燃烧器。

（2）对下炉膛配风系统进行改造。现以 YG 电厂 3 号炉为例加以说明，见图 8-4 和图 8-5。

1）将拱上二次风和分级风一体风箱改为风量控制各自独立风箱。

2）将每只燃烧器对应的分级风由单只喷口改为两只喷口，并将喷口位置的标高下移 500mm，同时将喷口下倾角由原来的 $35°$ 改为 $25°$。

3）对三次风（乏气）风喷口位置和分级风喷口改造，将乏气风喷口位置与燃烧器竖直平面错开 525mm 布置。对于 QX 电厂 3、4 号锅炉，QB 电厂 1、2 号锅炉，YX 电厂 2 号锅炉 B&W 火焰炉，因为是双进双出磨煤机直吹系统，没有三次风，只有来自燃烧器浓缩后的乏气，见图 8-5。

4）为满足增设燃尽风的要求，将分级风喷口用碳化硅敷设来减少喷口直径，喷口直径由原来 310mm 减至 290mm，见图 8-14。

（3）炉膛卫燃带优化。例如 QB 电厂 1、2 号炉将炉内脱落的卫燃带补齐，并增加 $124m^2$ 卫燃带面积，现卫燃带总面积约 $620m^2$。

（4）增加气膜风。在侧墙增加二次风箱，去除风箱内水冷壁管间扁钢，二次风由水冷壁管间间隙进入，在近壁处形成风膜，以防止水冷壁结渣。

改造的结果说明见表 8-10。

表 8-10　　　　　　　　B&W 公司 300MW 机组锅炉改造后的指标汇总

电厂名称及锅炉编号	锅炉容量(MW)	低氮改造厂家	改造前后	煤质		NO_x (mg/m³)	飞灰可燃物(%)	大渣可燃物(%)	锅炉效率(%)	是否结渣	备注
				V_{daf}(%)	$Q_{net,ar}$(kJ/kg)						
YG 电厂 3 号	300	北京巴威	前	9.85	23655	1444 1000~1200	7.29	1.04	87.62		烟台龙源 2011 年摸底试验
			后	12.69	20368	650~800	5.5~6.0				
QX 电厂 3 号	300	北京巴威	前			1100~1200			89.69		QX 电厂"低氮改造与调整"文章
			后			673~810	6.23~10.3	2.06~9.3	87.45~89.77	未发生大面积结焦	QX 电厂"低氮改造与调整"文章

续表

电厂名称及锅炉编号	锅炉容量(MW)	低氮改造厂家	改造前后	煤质		NO_x (mg/m³)	飞灰可燃物(%)	大渣可燃物(%)	锅炉效率(%)	是否结渣	备注
				V_{daf} (%)	$Q_{net,ar}$ (kJ/kg)						
QB电厂1、2号	300	北京巴威	前	10.89	18605	1033	9.66	9.51	86.83		HDY电科院改前性能试验报告2014年5月
			后	14.05	17190	697	8.77	17.4	87.63		HDY电科院改后性能试验报告2014年12月
YX电厂2号	300	北京巴威	前	13.08	19880		3.92	1.8	90.65		锅炉运行规程2014年修前报告平均值
			后	10.99	22931	822	6.91	1.41	91.42		XGY研究院2016年改后报告平均值

1）NO_x 普遍达到 800mg/m³ 左右，满足设计要求。

2）锅炉效率基本未降低，有的电厂还略有提高。但是飞灰可燃物普遍较高，锅炉效率，除 YX 电厂以外大部较低。

（5）当 V_{daf} 下降到 12% 左右时，飞灰可燃物升高较多。

例如 YG 电厂 4 号炉，在燃用改造的设计煤种的条件下即 V_{daf} 为 12.69%～13.31%，Q_{net} 为 20.368kJ/kg 的条件下，各负荷下氮氧化物排放满足 800mg/m³ 的同时，飞灰含碳量可控制在 5%～6%。但是当 V_{daf} 为 12.0%，Q_{net} 为 21767.2～23860.2kJ/kg，飞灰含碳量上升到 10%～13%。

B&W 公司认为，改造设计煤种的干燥无灰基挥发分为 13% 左右，属于贫煤，实际燃用煤质干燥无灰基挥发分为 12.0%（即 V_{ad}8.5%）左右的贫煤低氮燃烧改造时不宜深度分级，笔者也认为燃尽风率 24.19% 偏高。因此，B&W 公司通过增加二次风风量，解决飞灰含碳量较高的问题。为增加拱下氧量，YG 电厂 4 号锅炉整改在前后拱上各增加 9 只二次风喷口，但是实施后飞灰下降不多，实际成为无组织的漏风，最终因在主燃区造成严重的高温腐蚀而被迫关闭。

（6）SA 电厂改造后尽管不结渣，NO_x 也达到设计要求，但是在燃用 V_{daf} 达到 17% 的煤种时锅炉效率不高。见表 8-9。

究其原因，这次改造采用的 H-PAX 浓缩型替代不换风的 EI-XCL 燃烧器，本来是后期改进后的燃烧器，在 QB、QX 电厂锅炉的改造中，都取得较好效果。在这次改造中之所以出现这种结果。除了该炉制粉系统为中速磨煤机，裕量较小，煤粉细度偏粗（中速磨煤粉细度 R_{75} 约 17.6%，R_{90} 约 11.88%，C 磨煤机煤粉细度 R_{75} 约 27.6%，R_{90} 约 20.19%，D 磨煤机煤粉细度 R_{75} 约 36%，R_{90} 约 28.69%）的原因之外。更主要是因为这台锅炉是加拿大巴威生产的锅炉，其下炉膛容积放热强度仅为 146.68kW/m³，远低于其他由美巴生产的 182～219kW/m³，不利于实现 W 火焰炉分区燃烧的设计理念。其下炉膛远高于美巴生产的 W 火焰炉，其燃尽段也小于美巴生产的 W 火焰炉。在这种条件下如果所配的燃烧器的动量不足，再加上拱上、拱下风率风速的设计如果对阻力的匹配没有充分考虑，卫燃带也没有做必要的调整，就可能导致下炉膛温度偏低和下炉膛的充满程度不足，结果燃烧效率下降。

（7）改造后下炉膛结渣未加重，锅炉上、下炉膛未发现大面积结渣和垮渣。

总的来说，B&W 公司的锅炉燃烧稳定性好，防结渣性能较好，但是燃烧效率比较低，飞灰可燃物比较高。B&W 公司进行的低 NO_x 改造的思路就是为了保持拱上风的动量，保持一二次风之间比例，较大幅度提高原燃烧器的风速的基础上，将一部分风量移到燃尽风上。尽管拱上风的比例缩小，改造效果还是比较好的，NO_x 大幅度下降，飞灰可燃物上升不多。

但是从设计上希望提高一、二次风速来保持拱上风的动量，而一、二次风的风速的高低不但取决于流通断面积的大小，更取决于各次风之间的阻力匹配。如果不从阻力匹配方面采取措施，其提高流速的意图就很难实现。因此，保持拱上风动量的设计企图较难实现。

对于低挥发分煤种燃尽风率达到 24.19% 显然是偏高的。这就是在燃用挥发分比较低的煤种时，飞灰可燃物由 5%~6% 上升到 10%~12% 的主要原因。为了降低飞灰可燃物，采取了在拱上单独补风的措施，其效果有限。比较合理的方法，建议从阻力匹配方面着手，适当增加拱上风的比例，减少燃尽风的比例。或采取增加卫燃带等其他措施，使火焰的充满度增加，着火提前，可能会有更好的燃尽效果。

8.2 B&W 公司 600MW 等级 W 火焰炉的改造

8.2.1 LYJ 电厂 1 号锅炉的改造

8.2.1.1 设备概况

1. 锅炉概况

LYJ 电厂 2×600MW 机组锅炉为北京巴威公司按美国 B&W 公司的 RBC 系列 W 火焰锅炉技术标准，结合该工程原有设计和校核煤质的特性和自然条件，采用 W 火焰燃烧方式，进行性能结构优化设计的亚临界参数锅炉。1 号锅炉为亚临界压力、单炉膛、平衡通风、固态排渣、全悬吊结构、一次中间再热、Ⅱ形布置锅炉。原设计燃料为无烟煤，采用双进双出正压直吹制粉系统、W 火焰燃烧方式，并配置浓缩型 EI-XCL 低 NO_x 双调风旋流燃烧器。锅炉本体采用半露天布置，固态连续排渣。炉膛由膜式水冷壁构成，炉膛上部布置屏式过热器，炉膛折焰角上方布置二级过热器（后屏过热器和末级过热器），在水平烟道处布置垂直再热器。尾部竖井由隔墙分隔成前后两个烟道，前部布置水平再热器，后部布置一级过热器（低温过热器）和省煤器。在分烟道下部设置烟气调节挡板装置，用来分流烟气量，以保持控制负荷范围内的再热蒸汽出口温度，烟气通过调节挡板后又汇集在一起，经两个尾部烟道引入左、右侧的三分仓容克式空气预热器。机组在设计初期，考虑了预留 SCR 装置方案。LYJ 电厂 1 号锅炉轮廓尺寸示意图见图 8-18。

（1）锅炉容量和设计参数。锅炉以最大连续负荷（BMCR）为设计参数，即锅炉蒸发量为 2028t/h，过热蒸汽出口压力为 17.4MPa（g）。锅炉型号：B&WB-2028/17.4-M。锅炉容量和主要设计参数（原设计煤种）见表8-11。锅炉主要尺寸和热力参数见表8-12。

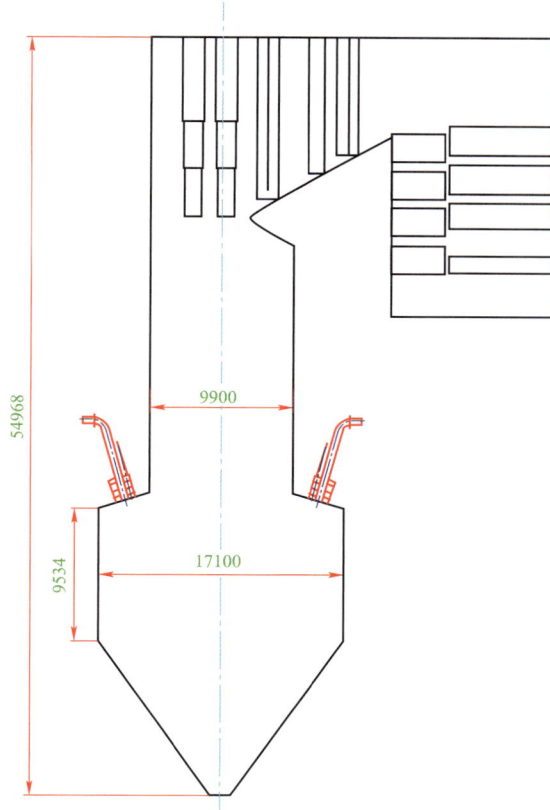

图 8-18　LYJ 电厂1号锅炉轮廓尺寸示意图

表 8-11　　　　　　　　　**锅炉设计参数（设计煤种下）**

名称	单位	BMCR（VWO）	BRL（TRL）
锅炉最大连续蒸发量（BMCR）	t/h	2028	1995
过热器出口蒸汽压力	MPa（g）	17.4	17.32
过热器出口蒸汽温度	℃	541	541
再热蒸汽流量	t/h	1717.3	1631.6
再热器进口蒸汽压力	MPa（g）	3.972	3.765
再热器出口蒸汽压力	MPa（g）	3.782	3.584
再热器进口蒸汽温度	℃	331	326
再热器出口蒸汽温度	℃	541	541
省煤器进口给水温度	℃	281	278
减温水温度（高加进口）	℃	189	187
喷水温度	℃	188	186
锅筒及过热器设计压力	MPa（g）	19.65	
省煤器设计压力	MPa（g）	20.17	
再热器设计压力	MPa（g）	5.17	
锅炉计算效率	%	91.73	91.82

表 8-12　　　　　　　　　　锅炉主要尺寸和热力参数表（原设计煤种）

名称	单位	数据
锅炉深度	mm	47100
锅炉宽度	mm	61000
锅炉顶梁标高	mm	74900
锅筒中心线标高	mm	67230
顶棚管标高	mm	62650
水冷壁下集箱标高	mm	8000
炉膛宽度	mm	32100
下炉膛深度	mm	17100
上炉膛深度	mm	9900
全炉膛容积放热强度	kW/m³	85.3
下炉膛容积放热强度	kW/m³	190.5
上炉膛截面放热强度	MW/m³	4.891
下炉膛截面放热强度	MW/m³	2.832

（2）设计煤质。LYJ♯B 厂燃用的设计煤种及校核煤种均为无烟煤。煤种煤质分析一览表见表 8-13。

表 8-13　　　　　　　　　　煤种煤质分析一览表

项目		符号	单位	设计煤种	校核煤种（1）	校核煤种（2）
元素分析	收到基碳	C_{ar}	%	62.23	51.09	64.96
	收到基氢	H_{ar}	%	1.34	1.12	2.71
	收到基氧	O_{ar}	%	1.97	2.13	1.36
	收到基氮	N_{ar}	%	0.45	0.37	0.9
	收到基全硫	$S_{t,ar}$	%	0.74	1.06	0.77
工业分析	收到基灰分	A_{ar}	%	25.97	36.43	20.30
	收到基水分	M_t	%	7.30	7.80	9.00
	空气干燥基水分	M_{ad}	%	1.45	1.51	1.89
	干燥无灰基固定碳	C_{daf}	%			
	干燥无灰基挥发分	V_{daf}	%	7.18	8.97	6.0
收到基低位发热量		$Q_{net,ar}$	kcal/kg	5213	4320	5679
			kJ/kg	21790	18060	23740
可磨系数		HGI	—	95	92	104
冲刷磨损指数		K_e	—	3.78	3.33	3.15
着火稳定性指数/燃尽特性指数		R_w/R_j	—	3.84/2.78	3.60/2.24	3.97/4.31
煤粉气流着火温度		IT	℃	850	880	870
反应指数/燃尽指数		R_I/C_b	℃/	434/28.19	452/35.51	412/9.06
灰熔点	变形温度	DT	×10³℃	1.25	1.27	1.3
	软化温度	ST	×10³℃	1.34	1.33	1.35
	熔化温度	FT	×10³℃	1.40	1.42	1.43

续表

项目		符号	单位	设计煤种	校核煤种（1）	校核煤种（2）
灰成分	二氧化硅	SiO_2	%	50.64	51.24	50.83
	三氧化二铝	Al_2O_3	%	27.42	29.34	30.12
	三氧化二铁	Fe_2O_3	%	6.12	6.32	3.60
	氧化钙	CaO	%	6.06	4.05	5.90
	氧化镁	MgO	%	1.44	1.12	1.70
	氧化钾	K_2O	%	3.02	2.99	2.30
	氧化钠	Na_2O	%	0.68	0.64	0.65
	三氧化硫	SO_3	%	2.34	1.73	2.37
	二氧化钛	TiO_2	%	1.23	1.21	1.20

设计和校核煤质均为难着火、难燃尽煤质，设计煤种和校核煤种 1 为中等结渣，严重磨损特性，校核煤种 2 为不易结渣、中等磨损特性。

从煤质分析的情况来看，煤质的着火燃尽特性很差，因此在降低 NO_x 排放的同时，保证锅炉的燃尽（控制飞灰、大渣的含碳量）是低氮燃烧器系统改造是否成功的关键条件。

（3）制粉系统概况。每台锅炉配置 6 台沈重制造的 BBD4060A 型双进双出钢球磨煤机，冷一次风机正压直吹式制粉系统。每套制粉系统包括 1 台磨煤机、2 台给煤机、2 台煤粉分离器和各自的连接管道、控制挡板、原煤仓等。磨煤机主要参数见表 8-14。

表 8-14　　　　　　　　　　磨 煤 机 主 要 参 数

型号	BBD4060A	型式	双进双出钢球磨煤机
单台磨最大出力（t/h）	46	单台磨对应燃烧器只数	4
煤粉细度 R_{90}（%）	6	磨煤机出口风温（℃）	120
分离器形式	折向挡板式分离	制造厂家	沈阳某机械厂

（4）燃烧设备概况。燃烧系统由浓缩型 EI-XCL 燃烧器、乏气管道、分级风管、开式风箱（燃烧器二次风和分级风风箱）、高能点火装置、炉前油系统、火焰检测器等组成。每台磨煤机对应锅炉 4 只燃烧器，燃烧器布置在炉膛的前后拱上，并垂直于前后拱，前后拱每排各有 12 只燃烧器，每台锅炉共有 24 只燃烧器，燃烧器结构及布置见图 8-19 和图 8-20。来自磨煤机的一次风煤粉气流在经过浓缩型 EI-XCL 燃烧器弯头的离心力作用沿弯头外侧

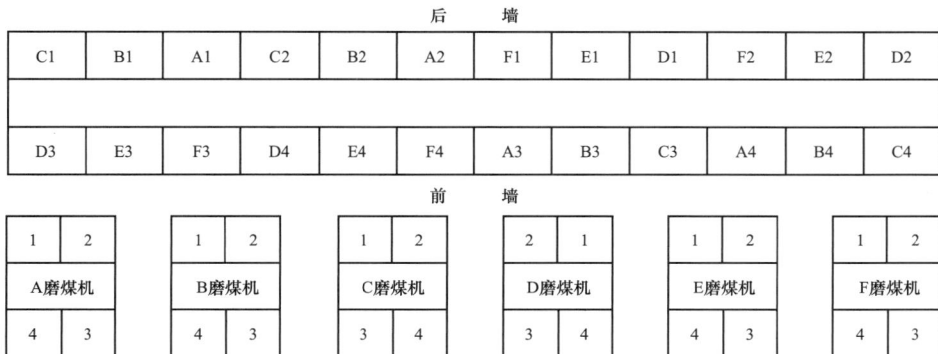

后　墙

C1	B1	A1	C2	B2	A2	F1	E1	D1	F2	E2	D2

D3	E3	F3	D4	E4	F4	A3	B3	C3	A4	B4	C4

前　墙

1	2
A磨煤机	
4	3

1	2
B磨煤机	
4	3

1	2
C磨煤机	
3	4

2	1
D磨煤机	
3	4

1	2
E磨煤机	
4	3

1	2
F磨煤机	
4	3

图 8-19　燃烧器与磨煤机匹配关系示意图

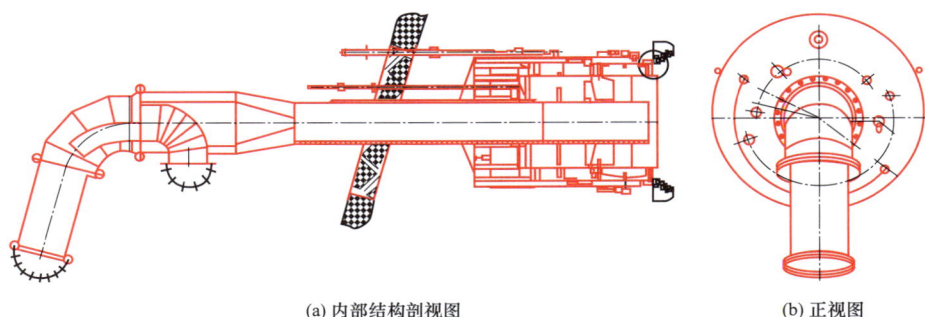

(a) 内部结构剖视图　　　　　　　(b) 正视图

图 8-20　燃烧器布置示意图

内壁流动，在气流进入一次风浓缩装置之后，使 50% 的一次风和 10%～15% 的煤粉分离出来经乏气管喷入炉膛燃烧，其余由燃烧器一次风喷口喷入炉内燃烧，浓缩后一次风的煤粉浓度提高到 1.0～1.1kg/kg（煤粉/空气），降低了煤粉着火热，有利于煤粉的着火与稳燃；旋流引入的内外二次风可及时卷吸高温热烟气并适时补充燃烧所需的空气。

改变内二次风通道入口端的调风盘位置可以调节进入内二次风通道的风量，从而改变单个燃烧器内、外二次风的风量比。内二次风设有 16 个轴向可调叶片，内调风环向外移动时，叶片开度减小。轴向叶片最大开度为 60°（与燃烧器轴线夹角成 30°），最小开度为 20°（与燃烧器轴线夹角成 70°）。外二次风调节机构包括两组叶片：第一组是布置在通道前端的固定叶片，主要是使空气沿外二次风通道周向均匀分布；第二组是轴向可调节叶片，同样由 16 个轴向叶片组成，传动机构与内调风叶片相同，外调风叶片的最大开度为 80°（与燃烧器轴线夹角成 10°），最小开度为 40°（与燃烧器轴向夹角 50°）。

从燃烧器煤粉浓缩装置分离出来的淡相风粉混合气流经乏气喷口送入炉膛，前后墙各 12 个，布置在燃烧器的下部，与水平方向成 35° 倾角引入炉膛，乏气管路上设有电动快关插板门。

每个燃烧器下部均设有分级风管，风管上装有电动风门，同时在分级风标高靠近锅炉两侧墙位置各增设一个分级风风管。风门为手动风门，该风门调整后，不随燃烧器投停变化。每台锅炉共有 28 个 φ560×10 的分级风管，前后墙各 14 个，分级风从风箱底部引出，与水平方向成 35°（边分级风为 10°）倾角引入炉膛。燃烧器布置图见图 8-21。

2. 1 号锅炉改造前情况

改造前 1 号锅炉运行稳定，在燃烧纯无烟煤时飞灰含碳量在 5%～6%，NO_x 排放浓度为 1000～1300mg/m³（干燥基，折算到标准状态，$O_2=6\%$），在掺烧烟煤时飞灰含碳在 4%～5%，NO_x 排放浓度为 900～1100mg/m³（干燥基，折算到标准状态，$O_2=6\%$）。

锅炉自 2007 年投运以来总体运行良好，但是 NO_x 排放浓度偏高，在燃烧纯无烟煤时 NO_x 排放浓度为 1000～1300mg/m³（干燥基，折算到标准状态，$O_2=6\%$），在掺烧烟煤时 NO_x 排放浓度为 900～1100mg/m³（干燥基，折算到标准状态，$O_2=6\%$）。

改造方认为锅炉 NO_x 排放浓度高的原因是配风方式不当。华润电力湖南有限公司 2×600MW 机组 2 号锅炉原燃烧系统示意图见图 8-21。从图 8-21 可以看出，进入炉膛的风量由三部分组成：第一部分为拱上从燃烧器向下射的风（包括一次风和拱上二次风）；第二部分为乏气风（即浓缩燃烧器分离出来的淡相）；第三部分为分级风（即拱下二次风）。虽然锅炉原燃烧系统的设计也考虑了分级送风措施，如燃烧器为由内外二次风组成的分级送风双调风旋流燃烧器，在主火焰的下游先后送入乏气风和分级风。但由于 W 火焰的特点，火焰下射后往下走，然后再拐弯上行，分级送入的风都要经过高温区，分级风与主火焰过早交汇，下炉膛空气过量系数仍然没有改变，这就造成补氧过早，缺氧燃烧时间短暂，使空气分级的效果大打折扣，这是引起 NO_x 排放值高的主要原因。

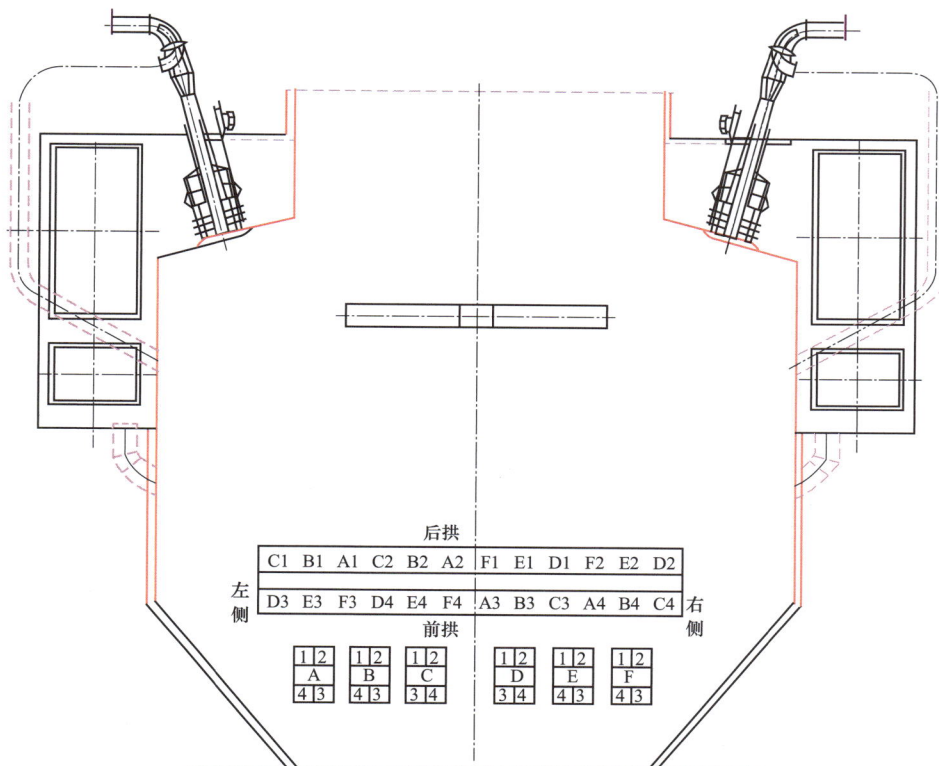

图 8-21　原燃烧系统布置示意图

8.2.1.2　低氮燃烧系统改造方案

（1）拱上增加 NO_x 喷口，重新调整风量分配。在燃烧器风箱拱上增设一层 NO_x 喷口。设置 NO_x 喷口的主要目的是，在保证总空气量不变的条件下，分出部分二次风降低主燃烧区的氧浓度，降低主燃烧区的风量，使得炉膛主燃烧区处于相对欠氧燃烧的状态，可大大降低燃料型 NO_x 的生成量，同时燃烧生成的还原性气体能将燃烧中已产生的 NO_x 分解成 N_2，其余风量在燃烧的后期从 NO_x 喷口送入，能确保燃烧前期产生的还原性气体和粗颗粒煤粉充分完全燃烧。

此次改造采用了 B&W 公司的双风区 NO_x 喷口（见图 8-9），更大程度的分级送风，进一步实现煤粉的分级燃烧，最大限度地降低了 NO_x 的排放。双风区 NO_x 喷口有两个风区，其一，中心风区为直流，能确保后期送入的风有足够的穿透力，将风送入炉膛中心；其二，外环风区为旋流（旋流强度可调），能确保后期送入的风沿炉膛宽度方向和近壁处均匀分布。

此次改造 NO$_x$ 喷口布置方式为倾斜向下，与水平成 15°夹角安装，使得喷口的后期补风能更好地参与混合燃烧，延长后期煤粉颗粒的燃烧行程。通过上述方式，既能保证粗颗粒的煤粉在后期通过补风燃尽，也能确保前期生成的还原性气体在后期通过补风及时氧化燃烧，保证烟气中的 CO 处于较低甚至可以忽略的水平。

NO$_x$ 喷口设在燃烧器风箱拱上适当位置（暂定标高 33700mm），喷口倾斜向下 15°布置，二次风交汇点位置距离上炉膛拐点 1993mm，相比 1 号锅炉位置（4593mm）下降 2600mm，NO$_x$ 喷口与原燃烧器交错布置，前后墙各布置 13 只。NO$_x$ 喷口布置图见图 8-22 和图 8-23。

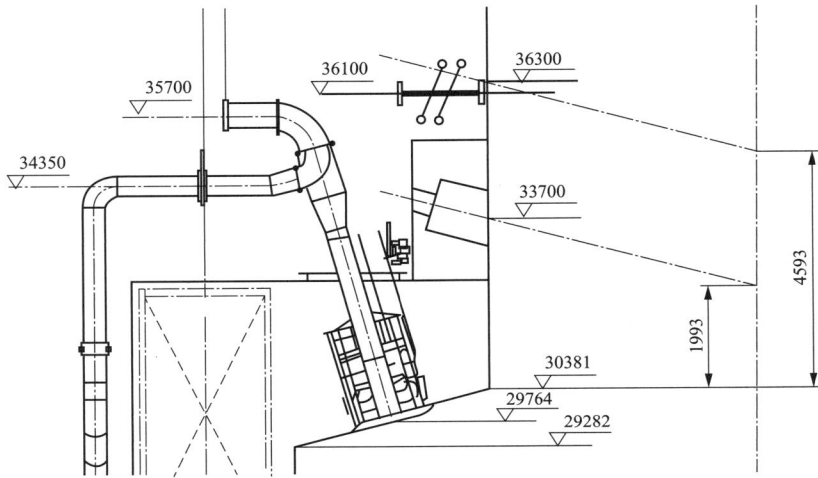

图 8-22　NO$_x$ 喷口布置图（侧视图）

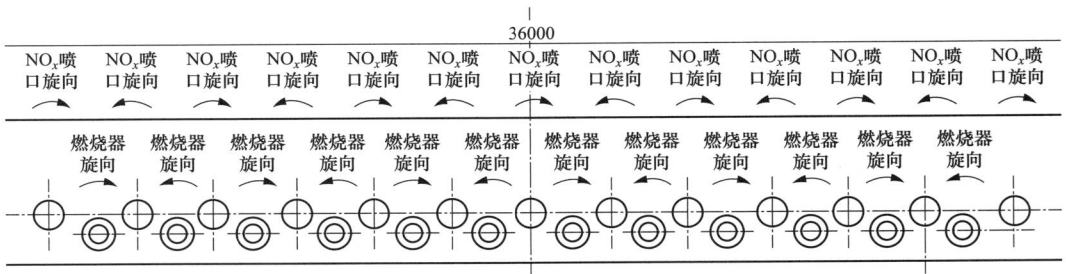

图 8-23　NO$_x$ 喷口布置图（俯视图）

（2）对原有 24 只燃烧器进行更换。分级送风是降低 NO$_x$ 排放量的基础，而燃烧器是保证锅炉燃烧状况良好的关键。因为增设了 NO$_x$ 喷口以实现分级燃烧，导致进入主燃烧器的风量减少，如果保持原有燃烧器结构尺寸不变，则必然使燃烧器内外二次风速度均降低，旋流燃烧器的下冲能力减弱，这就超出了原有的浓缩型 EI-XCL 燃烧器的设计范围。

为了保证燃烧器的性能要求，适应分级燃烧时配风的要求，应该对原有燃烧器进行更换。改变原有燃烧器的结构尺寸，使改造后的燃烧器的性能参数尽量接近原燃烧器设计参数，以保证煤粉的着火、稳燃和火炬的下冲力。

另外，相比原有燃烧器，本次改造中为了强化煤粉着火及稳燃，在一次风喷口处增加钝体及稳燃环。这样改造会增强一次风喷口处的回流，对于改造后的着火、稳燃和降低飞灰、大渣含碳量具有很大的帮助。

燃烧器示意图见图 8-24，燃烧器增加钝体和稳燃环见图 8-25。

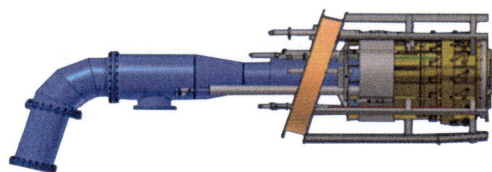

图 8-24　燃烧器示意图

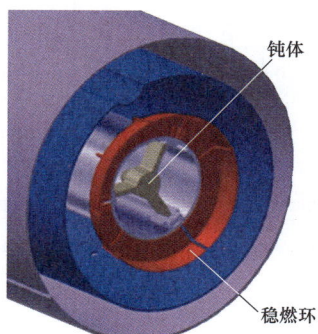

图 8-25　燃烧器增加钝体和稳燃环

（3）乏气风管偏置。目前该锅炉采用燃烧器与乏气风管一对一竖直齐平布置方式，根据 B&W 公司 W 火焰炉的运行经验表明，此种布置方式对火焰稳定和炉膛负压波动会产生不利影响。因此，此次改造将乏气风管调整为偏置方式，避免乏气风直接对主火焰产生冲击，有利于火焰稳定。

在乏气管道的布置上，将乏气风喷口位置与燃烧器竖直平面错开布置，乏气风喷口与燃烧器主喷口的竖直平面错开距离为 525mm。改造前后乏气管道布置见图 8-26 和图 8-27。

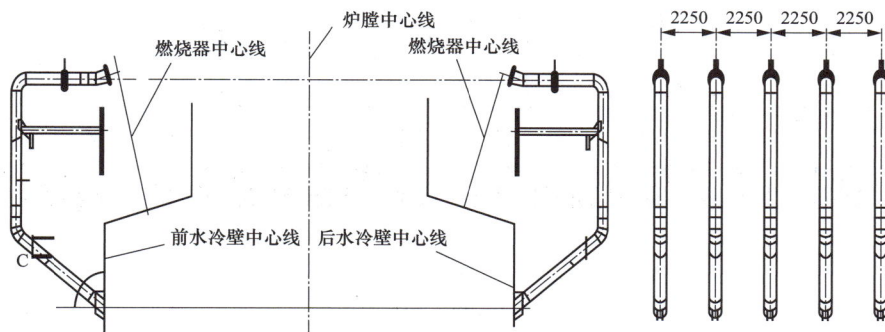

图 8-26　改造前乏气风管布置图

（4）更改分级风管为一分二形式。目前该锅炉采用燃烧器与分级风管一对一竖直齐平布置方式，单只分级风管的动量较大，根据对 W 火焰炉的运行经验表明，此种布置方式对着火后期的火焰稳定和炉膛负压波动会产生不利影响。因此，此次分级风管采用一分二竖直交错布置方式，一方面降低分级风管的动量，减少分级风对炉膛下部燃烧的干扰；另一方面使燃烧后期的补风更加均匀、及时地向上托起火焰。

同时将原有分级风倾角 35°更改为 25°，这样能增加对煤粉的托举作用，有利于降低大渣含碳量。

分级风改造前后示意图见图 8-28～图 8-30。

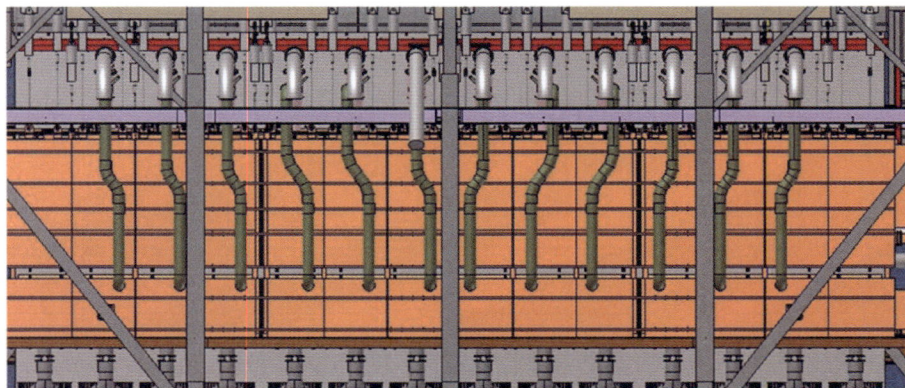

图 8-27　改造后乏气风管偏置前视图

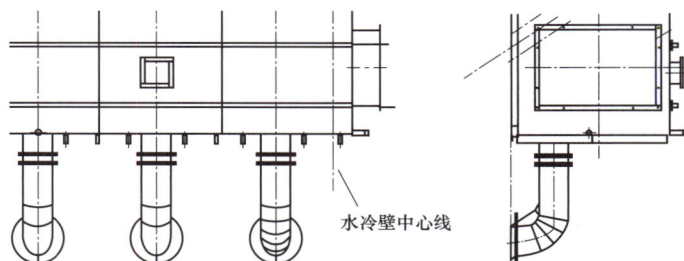

水冷壁中心线

图 8-28　分级风管道原设计图

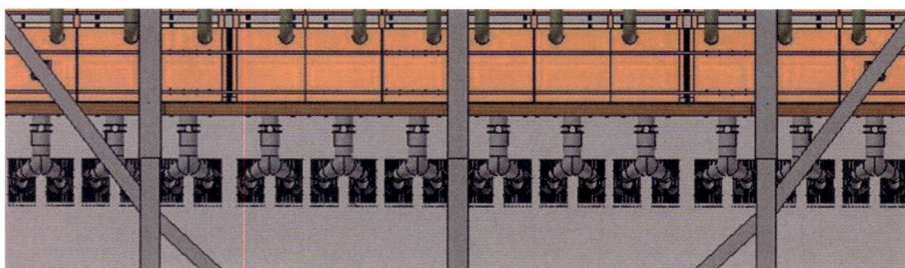

图 8-29　改造后分级风管道一分二外观图

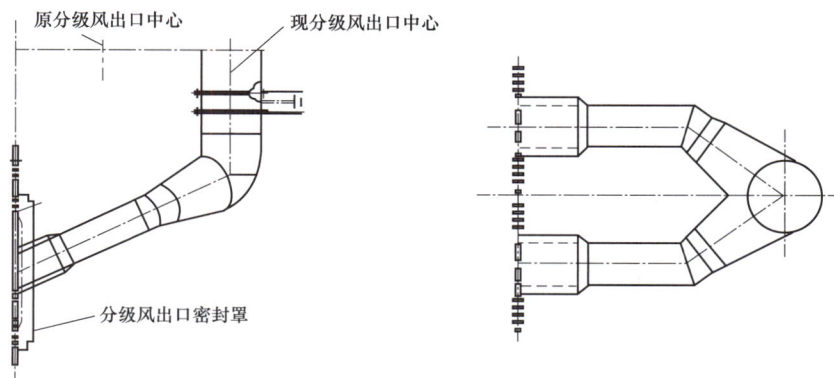

原分级风出口中心　　　现分级风出口中心

分级风出口密封罩

图 8-30　改造后分级风管道一分二侧视和俯视设计图

（5）更改原有风箱结构，调整燃烧器与分级风的配风方式。B&W公司锅炉原有风箱为前后墙风箱，采用上下一体式结构，用水平隔板将主燃烧器与分级风隔开，由于水平隔板密封不严，主燃烧器与分级风之间存在着漏风或窜风，这对主燃烧器区与分级风的风量调节与分配造成了不利影响。

考虑到现有燃烧器的具体结构以及电厂运行过程中存在配风调整不便的问题，将原有的分隔隔板取消，为主燃烧器风箱加装了底护板，为分级风风箱加装了顶护板，原有分隔风箱更改为上下两个独立的风箱（主燃烧器风箱与分级风箱）。主燃烧器风箱形成一个独立的空间，通过前后墙燃烧器风箱入口的调节挡板来调整前后墙燃烧器的总二次风量，再通过单只燃烧器的调风套筒来调整单只燃烧器的二次风量；分级风箱也形成一个独立的空间，通过前后墙分级风箱入口的调节挡板来调整前后墙分级风的总量，再通过分级风管入口的电动挡板门来调整、控制各个风管的风量。燃烧器风箱与分级风箱分开见图8-31。

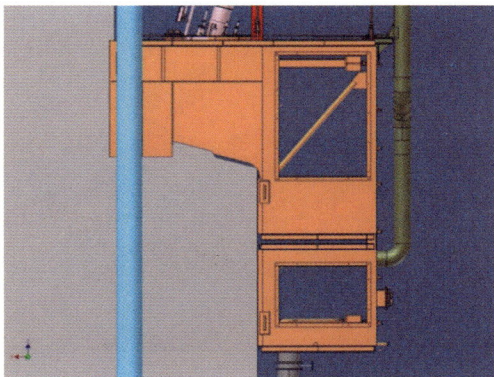

图 8-31　燃烧器风箱与分级风箱分开

（6）增加 NO_x 风箱。由于拱上增加了 NO_x 喷口，需要在前后墙各增设一个 NO_x 风箱。

该次改造的 NO_x 风箱从燃烧器大风箱直接引出布置，不需要设置额外的 NO_x 风道。

（7）更换部分水冷壁。由 B&W 公司提供如下水冷壁设备，满足改造要求：

提供 NO_x 喷口区域水冷壁弯管，以实现 NO_x 喷口与水冷壁开孔的配合；提供乏气风喷口处水冷壁弯管，实现乏气风管的偏置方案；提供新的分级风喷口处水冷壁弯管，实现分级风管道一分二后与水冷壁开孔的配合。

（8）卫燃带改造。改造后，为了在空气分级燃烧情况下达到较好的燃烧效果，保持燃烧稳定性，需要在现有基础上增加卫燃带面积约 $184m^2$。两侧墙水冷壁卫燃带见图8-32，前后墙水冷壁卫燃带见图8-33。

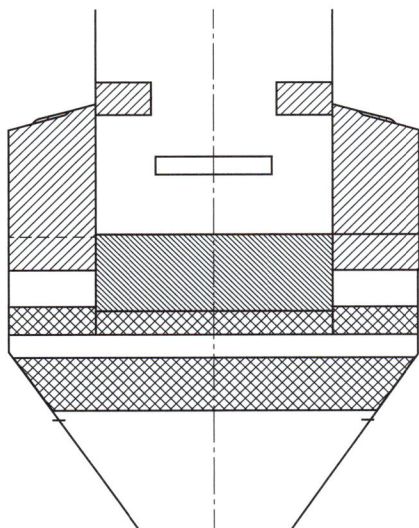

图 8-32　两侧墙水冷壁卫燃带示意图

图 8-32 和图 8-33 中：

图例 ⬜ 为原设计卫燃带，面积为 $779m^2$。

图例 ⬜ 为新炉投运后电厂增加的卫燃带，面积为 $123m^2$。

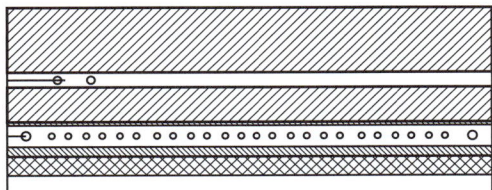

图 8-33　前后墙水冷壁卫燃带示意图

图例 ▨ 为本次改造需增加的卫燃带，面积为 $184m^2$。

8.2.1.3 煤种适应性说明

鉴于锅炉改造后可能会燃烧其他煤种，比如燃烧无烟煤和贫煤、烟煤的混煤，B&W 公司建议在乏气风管处加装了手动调节翻板门，见图 8-34，以方便锅炉在煤种变化时进行调节。

图 8-34 乏气风管手动调节翻板风门

当燃用无烟煤时，将手动调节翻板门全开，来自磨煤机的一次风煤粉气流在经过浓缩型 EI-XCL 燃烧器弯头前，先通过一段偏心异径管加速，大多数煤粉由于离心力作用沿弯头外侧内壁流动，在气流进入一次风浓缩装置之后，使 50% 的一次风和 10%～15% 的煤粉分离出来，经乏气管垂直向下引到乏气喷口直接喷入炉膛燃烧，其余的 50% 一次风和 85%～90% 的煤粉由燃烧器一次风喷口喷入炉内燃烧。

当燃用其他煤种，如贫煤和烟煤时，可以根据煤种的不同对乏气管道的翻板门进行调节，通过翻板门的调节来改变燃烧器浓缩装置的浓缩比例，从而适应不同煤种的稳定燃烧。同时，原制粉系统是为磨制低挥发分的无烟煤设计的，如果掺烧挥发分较高的煤种，B&W 公司建议对原制粉系统进行防爆改造，最大限度减少制粉系统爆炸的可能性。

8.2.1.4 改造后锅炉性能指标分析

改造后，由于采用了空气分级燃烧技术，可以大幅度降低氮氧化物的排放，但同时也会带来飞灰含碳量升高，锅炉效率降低的风险，尤其是局部改造后，由于燃烧器性能无法达到最优的燃烧效果，可能导致飞灰含碳量较改造前升高。

B&W 公司对整体改造和局部改造后锅炉预计性能参数的汇总见表 8-15。

表 8-15 　　　　B&W 公司对整体改造和局部改造后锅炉预计性能参数的汇总

项目	单位	性能参数
煤质情况		
收到基碳	%	62.23
收到基氢	%	1.34
收到基氧	%	1.97
收到基氮	%	0.45
收到基全硫	%	0.74
收到基灰分	%	25.97
收到基水分	%	7.3
收到基低位发热量	MJ/kg	21.79
干燥无灰基挥发分	%	7.18
可磨系数	HGI	95

项目	单位	性能参数
主要参数		
主蒸汽流量	t/h	1995
主蒸汽压力	MPa	17.32
主蒸汽温度	℃	541
再热器流量	t/h	1631.6
再热器出口温度	℃	541
过热器喷水量	t/h	约30
再热器喷水量	t/h	0
空气预热器入口烟温	℃	395
空气预热器出口一次风温	℃	333
空气预热器出口二次风温	℃	358
空气预热器入口平均风温	℃	25
未考虑漏风修正的排烟温度	℃	122
省煤器出口过剩空气系数	—	1.25
飞灰含碳量		
飞灰份额	—	0.85
飞灰含碳量	%	7.2
炉渣份额	—	0.15
炉渣含碳量	%	7.2
灰渣含碳热损失	%	3.116
锅炉效率计算		
锅炉排烟温度（无漏风）	%	122
干烟气热损失	%	4.34
燃料中 H_2 及 H_2O 热损失	%	0.18
空气中水分热损失	%	0.08
不完全燃烧热损失	%	3.116
散热损失	%	0.18
未计损失	%	0.3
制造厂裕度	%	0.3
锅炉保证效率	%	91.5

1. 改造后预期达到的效果

按改造方案对该工程进行燃烧系统优化和低氮燃烧改造后，在额定负荷工况，燃用改造设计煤种，煤粉细度（R_{90}）不超过7%的情况下，B&W公司预期能达到以下改造效果：

（1）省煤器出口的 NO_x 排放浓度不超过 $800mg/m^3$（干燥基，标准状态，折算到 $O_2 =$ 6%）。

（2）在燃用改造设计煤种（即原设计煤种）时，锅炉能长期安全、稳定运行。在燃用改造设计煤种、煤粉细度（R_{90}）为7％、煤粉均匀性指数不低于1.0、负荷为额定蒸发量时，飞灰含碳量不高于7.2％，锅炉热效率不低于91.5％（按低位发热量计）。

2. 1号锅炉改造后运行情况和结果分析

B&W公司改造的1号锅炉于2013年12月初投运，运行后，总体情况表现陈述如下：

（1）锅炉运行安全改造后，锅炉运行稳定，炉膛负压平稳，汽包水位偏差小；锅炉出力可以满足满负荷运行要求，锅炉各受热面壁温可控，无超温现象。

（2）改造后，锅炉出力可以达到最大蒸发量，可以满足机组630MW发电量的需求。

（3）改造后，锅炉煤种适应性增强，可以适应无烟煤、贫煤和中低挥发分烟煤的稳定燃烧。改造后，锅炉燃烧了从无烟煤到烟煤的各种煤质（入炉煤干燥无灰基挥发分从7％到18％范围，热值从18837.0kJ/kg到21767.2kJ/kg范围）；电厂实际运行时基本采用分磨燃烧方式，单台磨煤机实际燃烧煤质干燥无灰基挥发分最大达到38％，热值达到23023.0kJ/kg；在这些煤质范围内，锅炉运行稳定。

（4）NO_x排放浓度明显降低，燃烧改造设计煤种时，在NO_x分风道挡板开度仅为30％时，NO_x排放浓度可以达到700mg/m³以下，达到了合同要求。锅炉改造后，从锅炉表盘数据显示，锅炉NO_x排放量可以完全控制在合同要求以内，而且根据XGY研究院实测数据显示，表盘数据高于实测数据约60mg/m³。

（5）改造后，CO排放浓度低，基本在100μL/L以内。

（6）改造后，尽管增加了部分卫燃带，但是锅炉结焦情况可控，甚至比改造前减轻，锅炉运行安全。

（7）在实际运行中，在燃用改造设计煤种时，最低不投油电负荷达到了280MW，比业主要求的290MW低。

（8）改造后，锅炉各设备使用正常，没有因为锅炉设备问题导致的停机等情况出现。

存在的主要不足有：

（1）改造后，锅炉在满负荷时，主蒸汽温度和再热蒸汽出口温度偏低，在520～540℃。

（2）锅炉飞灰含碳量偏高，飞灰含碳量为8％～10％。

3. 1号锅炉优化改造方案

出现上述问题后，B&W公司积极与用户共同分析问题，并经过大量的现场实际运行总结和数据汇总，认为造成上述问题的主要原因为：

（1）改造后，由于主火焰下冲力增强，火焰中心位置下移，在掺烧烟煤后，着火性能增强，热量释放快，且在增设NO_x喷口并下倾15°布置，燃尽风具有明显的压火作用。因而使炉膛水冷壁吸热量增加，炉膛出口烟温降低，从而导致主蒸汽温度和再热蒸汽出口温度降低，造成欠温现象。

（2）燃用低挥发分煤的低氮改造不宜深度分级。与烟煤相比，低挥发分的无烟煤、贫煤的燃烧反应较慢，要使其烧得好，需要相对较多的氧，因此，对于该炉，低挥发分煤质低氮燃烧改造时不宜深度分级，否则，运行后可能导致飞灰含碳量升高。

2014年1月10日XGY研究院在1号锅炉上进行了相关实验，实验方式和结果为：在增大送风机压力，提高拱下二次风风量后，飞灰含碳量明显降低，具体数据见表8-16。

表 8-16   **风量对飞灰可燃物的影响**

负荷（MW）	飞灰含碳量（%）	二次风压（Pa，送风机出口）	实验日期
620	9.24	3950	2014 年 1 月 9 日
620	7.31	4350	2014 年 1 月 10 日
620	5.64	4750	2014 年 1 月 10 日

（3）NO_x 喷口距离主燃烧器区域的尺寸不宜太大。W 火焰炉在燃烧无烟煤时，虽然下炉膛温度很高，但是无烟煤本身极难燃尽的特点，在设置 NO_x 喷口时距离不宜太高，否则会造成后期补风后，因补风处的烟温降低，补入的风起不了助燃作用，使燃尽困难，飞灰含碳量偏高，而且由于距离较高会造成明显的"冷风效应"，导致炉膛出口温度低，甚至造成欠温现象。在 2014 年 1 月的实验中表明，在从 30% 开度到关闭 NO_x 分风道挡板后，主蒸汽和再热蒸汽温度上升 6～8℃，飞灰含碳量下降 1%～2%。

在分析了 1 号锅炉改造存在的问题后，B&W 公司有针对性地提出了优化改造方案，陈述如下：

（1）增加部分锅炉卫燃带。考虑锅炉运行安全性问题，并根据锅炉实际卫燃带布置情况，在锅炉侧墙增加 78m² 卫燃带，改变蒸发受热面和过热受热面的吸热比例，使得主蒸汽、再热蒸汽温度能达到额定值。

（2）在拱上增加进风口。在锅炉拱上每两个燃烧器中间布置一个二次风进风口，前后共布置 13 个，总共 26 个，进风口与燃烧器相间布置，以增加后期燃烧的二次风量。

增加进风口 B&W 公司需要供水冷壁弯管到现场，在工地进行水冷壁开孔焊接，二次风喷口水冷壁布置见图 8-35。

前后拱二次风进风口射入交汇点标高为 26000mm，可在炉膛温度较高的位置进行补风，将前期未燃尽碳燃尽。优化改造二次风喷口布置见图 8-36 和图 8-37。

改造二次风喷口设置手动调节装置，可根据实际燃用煤质的变化，控制进入喷口的二次风量；进风口结构见图 8-38。

在与用户进行技术沟通后，与甲方达成了一致意见，认为优化改造方案可行，相信通过该改造方案进行优化后，上述存在的主要问题均可以得到有效解决；但是由于春节期间，1 号锅炉停炉时间较短，仅有 10 天左右，工期紧张，不可能满足现场水冷壁的施工要求，因此在工期紧张的限制条件下，经过与用户进一步协商，在 2014 年 1 月底对 1 号锅炉实施了部分改造，对优化方案中的第 2 项内容（见图 8-36）采取了如下"临时性"措施：

1）增加锅炉卫燃带即增加 78m² 卫燃带，改变蒸发受热面和过热受热面的吸热比例，使得主蒸汽、再热蒸汽温度能达到额定值。

2）增加水冷壁处进风口，作为优化方案中在炉膛拱上增加进风口的补偿临时性措施，改造方案改为在水冷壁上不设喷嘴，而是增加鳍片进风口。在炉膛拱上，在前后墙水冷壁标高处 31300～31800mm 水冷壁间的扁钢割加风口，前后共 284 条加风口，每隔 3 根管子割一条加风口，加风口宽 8～10mm，长 500mm，见图 8-39。在炉膛拱下，在前后墙水冷壁标高 26000～26550mm 处水冷壁间的扁钢割加风口，前后共 200 条加风口，两只乏气风喷口间割 4 条加风口，中间两只乏气风喷口间割 2 条加风口。加风口宽 8～10mm，长 550mm，见图 8-40。

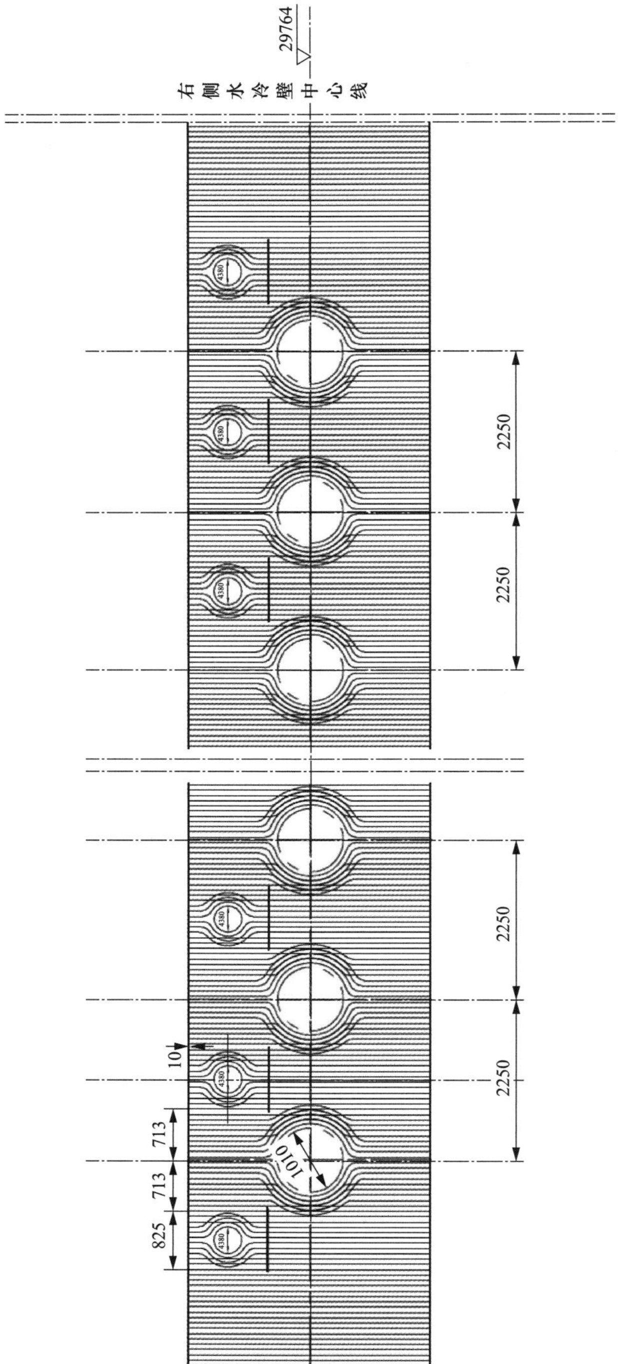

图8-35 优化改造二次风喷口水冷壁布置图

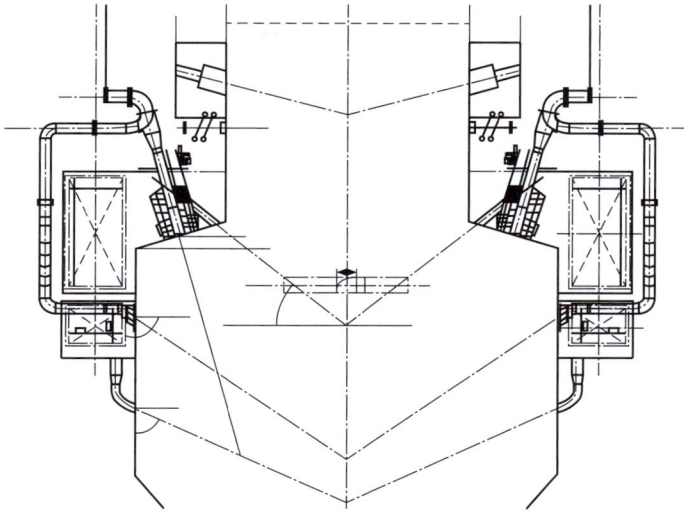

图 8-36　优化改造二次风喷口布置图（一）

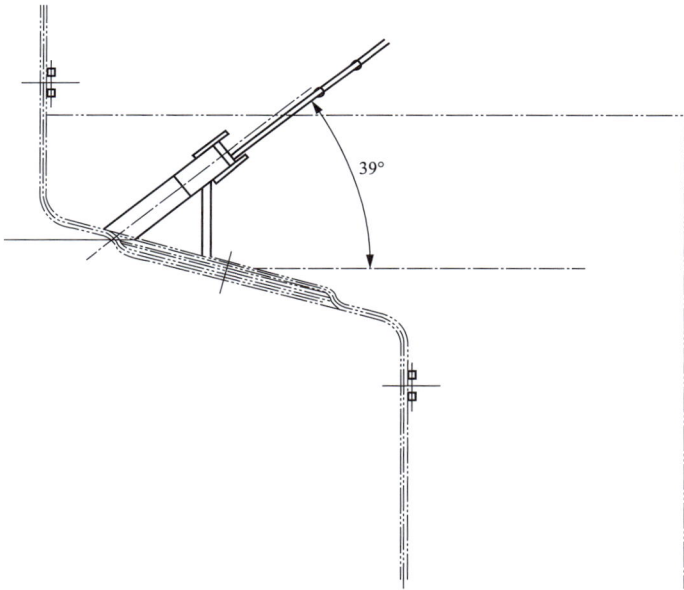

图 8-37　优化改造二次风喷口布置图（二）

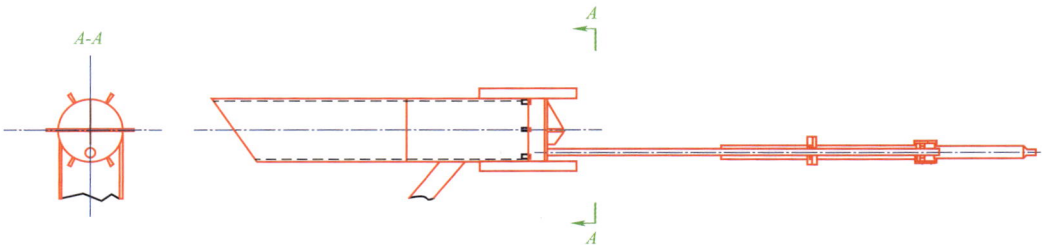

图 8-38　优化改造的二次风进风口

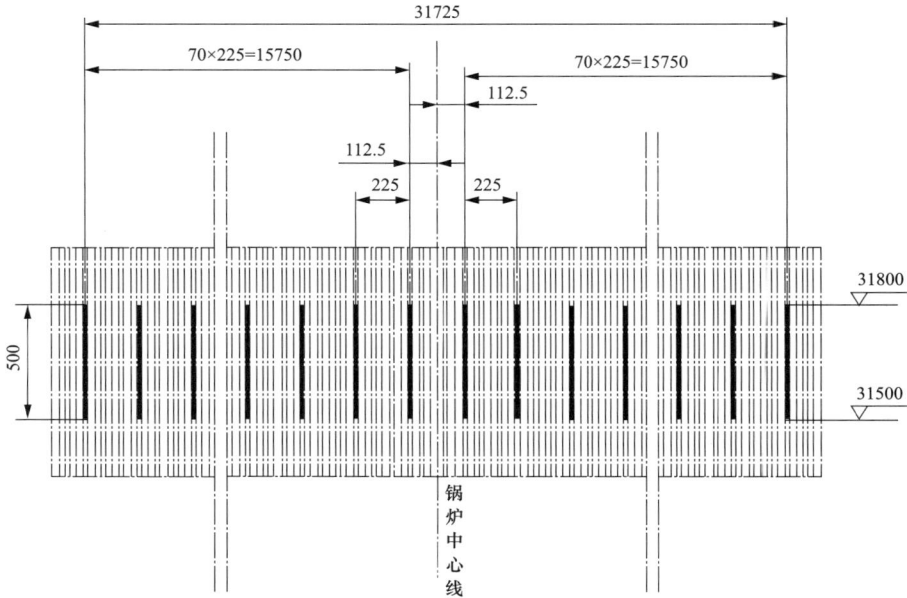

图 8-39　炉膛拱上水冷壁扁钢加风口位置

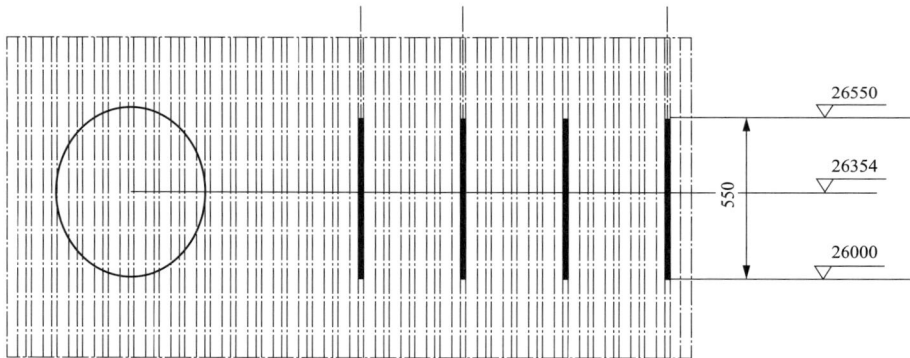

图 8-40　炉膛拱下水冷壁扁钢加风口位置

4. 1号锅炉优化改造后运行情况

优化改造后，于2014年2月点炉后进行燃烧调整试验，试验结果显示，经过优化改造后效果明显：

（1）锅炉主蒸汽、再热蒸汽温度均能达到额定值。

（2）锅炉加风困难问题解决，风箱压力降低，锅炉飞灰含碳量有所降低，可以控制到平均 6%～9% 的水平。

（3）锅炉 NO_x 排放更低，在改造设计煤种情况，NO_x 风道挡板关闭或开度很小时，NO_x 排放均可以达到 500～700mg/m³ （干燥基，折算到标准状态，$O_2 = 6\%$）。

1号锅炉优化改造后运行数据见表 8-17。

1号锅炉 580MW 负荷下测得的锅炉实际热效率 89.46%，经空气预热器出口温度及煤质修正后的锅炉效率为 89.16%，主要原因是飞灰可燃物和大渣可燃物大幅度升高所致。

表 8-17　　　　　　　　　　1号锅炉灰、渣可燃物含量化验结果

工况编号	飞灰可燃物含碳量（%）					炉渣可燃物含量（%）
	A 侧左	A 侧右	B 侧左	B 侧右	平均值	
580MW	10.69	11.10	14.98	9.17	11.49	19.33

8.2.1.5　B&W 对于1号锅炉优化改造后的结果分析和建议

经过优化改造后，目前1号锅炉的运行情况比较稳定，锅炉主蒸汽、再热蒸汽温度均能达到额定值，且在空气预热器入口含氧量较低的情况下，飞灰含碳量可以达到 6%～9% 水平，而且本次优化改造后没有带来其他问题。但是本次优化改造后，锅炉飞灰含碳量仍然偏高。B&W 公司在本次改造前已经对此有了预期。因为，本次改造是在施工周期紧张的情况下进行的"临时性"改造，存在一些先天的不足，加之现场运行中，风机出力不足等也对飞灰含碳量造成一些影响。

（1）二次风的有效控制。由于施工周期紧张，在优化改造时，采取了在拱上（水冷壁标高处 31300～31800mm 处）和拱下（水冷壁标高 26000～26550mm 处）分别增加鳍片型式的进风口，以增大主燃烧器区域的进风量的目的。由于水冷壁上直接增加鳍片缝隙，虽然加大了二次风的进风量，有效解决了主燃烧器区域缺氧和加风困难的问题，但是在水冷壁上直接开孔，造成进入炉膛的二次风量没有得到有效组织，而且没有控制调节的手段，在实际燃烧时，无法达到较好的效果，也无法在燃烧调整时进行有效的控制来优化配风。

（2）锅炉风量不足。目前1号锅炉运行时，满负荷时锅炉风量较低（由于联合风机出力不足），锅炉满负荷时表盘显示空气预热器入口的含氧量在 2.0%～2.5% 之间（实际测量值更低，约偏低 1% 左右），较大的偏离了锅炉设计的正常过量空气系数，如果空气预热器入口含氧量可以适当升高（锅炉设计的空气预热器入口过量空气系数为 1.25，即含氧量为 4.2%），锅炉的飞灰含碳量可以有一定程度降低。实际运行显示，在 500MW 负荷下，锅炉氧量由 3% 升高至 4%～5% 时，锅炉飞灰含碳量可以降低 1.5%～2.5%。

B&W 公司承诺会在有条件情况下（下一次锅炉停炉时间较长时），对1号锅炉按照 B&W 公司和用户在 2014 年 1 月共同确定的优化改造方案进行施工改造，增加相应的调节手段，对进入炉膛拱下的二次风量进行有效控制，使得二次风的分配更适合华润电力湖南有限公司 2×600MW 机组 2 号锅炉改造，相信锅炉的燃烧状况会得到进一步改善，飞灰含碳量可以进一步降低。

8.2.2　LYJ 电厂 2 号锅炉的改造

8.2.2.1　锅炉改造边界条件

1. 改造设计燃料

根据对未来煤炭市场的预测，LYJ 电厂 2×600MW 机组锅炉入炉煤将由无烟煤转变为无烟煤掺烧烟煤甚至纯烧中低挥发分烟煤，煤质的变化已超出了锅炉燃烧调整适应范围。该次改造设计煤种是以无烟煤为主，掺烧烟煤，按照无烟煤∶贫瘦煤∶烟煤＝46∶24∶30 的比例，现场采制煤样后送湖南中试所化验，化验结果作为设计煤种。考虑在煤炭市场缓和期有可能短期内纯烧无烟煤，故以原锅炉设计中校核 1 煤种作为改造校核煤种 1，考虑在煤炭市场紧张期有可能短时期烟煤比例大于 50%，按照无烟煤∶贫瘦煤∶烟煤＝1∶1∶3 的比例采样送检，化验结果作为校核煤种 2，改造设计煤种和校核煤种参数详见表 8-18。

用户要求改造后，入炉煤主要为挥发分偏高的贫瘦煤情况下，锅炉能长期安全、稳定、高效运行，短时期内入炉煤为无烟煤或烟煤情况下，锅炉仍能安全稳定运行。

改造设计煤种和校核煤种参数见表 8-18。

表 8-18 改造设计煤种和校核煤种参数

序号	名称	单位	设计煤种	校核煤种 1*	校核煤种 2
1	煤种编号		HM046		HM047
2	碳 C_{ar}	%	52.8	50.91	56.3
3	氢 H_{ar}	%	2.24	1.05	2.09
4	氧 O_{ar}	%	0.76	1.99	3.84
5	氮 N_{ar}	%	0.74	0.35	0.72
6	硫 $S_{t,ar}$	%	0.88	0.99	0.66
7	灰分 A_{ar}	%	30.58	36.91	24.39
8	挥发分 V_{daf}	%	17.58	8.97	26.21
9	水分 M_t	%	12	7.8	12
10	低位发热量 $Q_{net,ar}$	kJ/kg	19678	18085	20055
11	可磨系数 HGI	—	75	92	75
12	变形温度 DT	℃	1310	1270	1280
13	软化温度 ST	℃	1330	1330	1320
14	半球温度 HT	℃	1350	1390	1340
15	熔化温度 FT	℃	1390	1420	1380

注 表中的校核煤种 1* 接近原设计的校核煤种 1。

2. 锅炉运行状况

LYJ 电厂 2×600MW 机组 2 号锅炉原设计参数见表 8-11 和表 8-12，锅炉实际运行情况陈述如下：目前 2 号锅炉运行稳定，在燃烧纯无烟煤时飞灰含碳量在 5%～6%，NO_x 排放浓度为 1000～1300mg/m³（干燥基，折算到标准状态，O_2=6%），在掺烧烟煤时飞灰含碳量在 4%～5%，NO_x 排放浓度为 900～1100mg/m³（干燥基，折算到标准状态，O_2=6%）。

对于 LYJ 电厂 2×600MW 机组 2 号锅炉改造后，业主性能指标要求为：

（1）在燃烧改造后设计煤种时保证 NO_x 的排放浓度不大于 700mg/m³，在燃烧挥发分较高的校核煤种 2 时可以保证 NO_x 的排放浓度不大于 650mg/m³（NO_x 排放浓度均指修正到以 NO_2 计，标准状态、干燥基、6%O_2 时烟气中 NO_x 浓度）。

（2）炉膛出口两侧烟温差不超过 50℃。负荷为额定蒸发量时锅炉热效率不低于 91.73%（按低位发热值），不投油最低稳燃负荷不大于锅炉 BMCR 负荷时的 45%。改造后锅炉保证效率高于 91.73%（按低位发热值）。

（3）改造后能提高锅炉对煤种的适应性。以新设计煤种为设计基准，其干燥无灰基挥发分为 17.58%，同时锅炉能适应干燥无灰基挥发分从 8.0% 到 28.0% 范围内的煤种或混煤（煤质的灰变形温度 DT 不低于 1270℃），在此范围内锅炉均能够安全长期稳定的运行。对于干燥无灰基挥发分高于 28.0% 的烟煤，锅炉长期运行会面临结焦严重的风险，但能适应短期（连续 8h）稳定运行。

（4）油燃烧器仍使用原有油燃烧器。改造方负责位置变更设计，并保证良好着火燃烧。

3. 2号锅炉煤种适应性分析

根据对未来煤炭市场的预测，LYJ电厂2×600MW机组锅炉入炉煤将由无烟煤转变为无烟煤掺烧烟煤甚至纯烧中低挥发分烟煤，煤质的变化已超出了锅炉燃烧调整适应范围。因此，为了推出合理的改造方案，需进行以下工作：

首先需要对改造后会燃用的煤质进行全面的分析，为制粉系统和锅炉的改造方案提供技术保障。

其次，根据改造燃用煤质的分析情况进行制粉系统的安全性校核，只有制粉系统能够安全运行才能保证方案有稳定的基础。

再次，需要通过性能计算进行整个锅炉的安全性分析，考察整个锅炉能否在改造后安全、稳定运行，并核算是否需要对受热面进行调整。

最后，在通过计算和相关改造，确保制粉系统和锅炉各系统设备安全的情况下，充分考虑锅炉降低 NO_x 排放浓度的要求。

（1）煤质分析。众所周知，燃料特性分析时设计锅炉和进行锅炉改造的基础，只有对燃料特性有深入的认识，才能准确进行锅炉相关设计。根据用户提供的2号锅炉改造煤质资料，采用国内外不同方法进行了燃料特性分析，并与原始设计的煤质特性进行了对比，其主要特性判别的结论和设计考虑见表8-19。

表 8-19　　　　　　　　　　　　主要特性判别的结论和设计考虑

项目	原设计和校核煤种			改造设计和校核煤种		
	设计煤种	校核煤种1	校核煤种2	设计煤种	校核煤种1	校核煤种2
着火特性指数（B&W）	2.79	1.54	3.75	19.96	3.20	41.45
着火特性指数	3.98（极难着火）	4.07（难着火）	3.91（极难着火）	4.54（难着火）	4.07（难着火）	5.01（易着火）
设计考虑	极难着火			难着火		
燃尽特性指数	2.01（极难燃尽）	2.21（极难燃尽）	1.88（极难燃尽）	3.15（中等燃尽）	2.21（极难燃尽）	4.10（中等燃尽）
设计考虑	极难燃尽			极难燃尽		
普华结渣特性指数	1.61（中等结渣）	1.51（中等结渣）	1.42（不易结渣）	1.53（中等结渣）	1.51（中等结渣）	1.55（中等结渣）
设计考虑	中等结渣			中等结渣		
沾污特性指数（B&W）	—	0.118（轻微）	—	0.282（轻微）	0.118（轻微）	0.295（轻微）
以%Na₂O计的沾污特性指数	0.68（轻微）	—	0.65（轻微）	—	—	—
设计考虑	中等偏轻			中等偏轻		
灰磨损特性指数	24.0（严重）	32.8（严重）	19.2（中等）	29.9（严重）	35.4（严重）	23.8（严重）
设计考虑	严重			严重		

从表8-19分析可以看出，锅炉原设计和校核煤质特性均为极难着火、极难燃尽煤质，设计煤种和校核煤种1为中等结渣，严重磨损特性，校核煤种2为不易结渣、中等磨损特性。改造设计和校核煤质分析为：设计煤种为贫煤，煤质特性为难着火，中等燃尽；校核

煤种1为无烟煤，煤质特性为难着火，极难燃尽；校核煤种2为烟煤，煤质特性为易着火，中等燃尽；三种煤质均为中等结渣、轻微沾污、严重磨损、无反射特性煤种。

（2）安全性校核。原制粉系统是为磨制低挥发分的无烟煤设计的，现在由于掺烧挥发分较高的烟煤增加了易自燃、易爆炸的倾向，根据标准要求，原有制粉系统的设计不能适应掺烧烟煤的要求，因此为了确保掺烧改造后的机组安全，必须对原制粉系统进行防爆改造，最大限度减少制粉系统爆炸的可能性和危害。改造方在1号锅炉改造时已经同业主和设计单位进行了技术配合，业主委托了专业设计院进行制粉系统掺烧烟煤的具体防爆改造核算和设计，已经根据技术方案对1、2号锅炉制粉系统完成了改造，改造后能满足系统的防爆需求。

（3）锅炉掺烧改造的性能计算和受热面安全性校核。为了确定锅炉整体对掺烧方案的适应性，必须对方案进行详细的性能计算，根据性能计算结果确定锅炉对于掺烧方案的适应性以及锅炉为了适应掺烧方案所需做出的调整。

烟台某公司以模拟计算的结果为基础，制定了改造方案，并根据改造方案进行了相关计算，计算结果汇总见表8-20和表8-21。

表8-20　　　　　　　　　　　　改造后主要热力数据汇总

项目	单位	负荷：BRL		
煤种		设计	校核煤种1	校核煤种2
煤种编号		HM046		HM047
主蒸汽流量	t/h	1995	1995	1995
主蒸汽压力	MPa	17.32	17.32	17.32
主蒸汽温度	℃	541	541	541
再热器流量	t/h	1632	1632	1632
再热器出口温度	℃	541	541	541
过热器喷水量	t/h	34.3	31.1	25.6
再热器喷水量	t/h	0	0	0
空气预热器入口烟温	℃	393	395	392
空气预热器出口一次风温	℃	332	334	330
空气预热器出口二次风温	℃	356	358	356
空气预热器入口平均风温	℃	25	25	25
未考虑漏风修正的排烟温度	℃	122	～120	120
过量空气系数		1.25	1.25	1.25
锅炉计算效率		92.14	90.79	92.97
锅炉保证效率	%	91.84		

表8-21　　　　　　　　　　　原设计参数与改造后过热器喷水量对比

项目	单位	改造后			原设计		
		设计煤种	校核煤种1	校核煤种2	设计煤种 HM046	校核煤种1	校核煤种2 HM047
过热器计算喷水量	t/h	61.4	81.1	108.5	31.3	31.1	25.6

从表8-20和表8-21的热力数据可以看出，经过核算，在锅炉改造后，因煤粉燃烧的

滞后，锅炉的喷水量整体会上升。设计煤和校核煤在各工况下，蒸汽温度均能维持正常值，汽水系统均处于安全状态。改造后 TRL 工况最大喷水量没有超过原设计值，受热面面积无须进行调整。经过校核计算，各级受热面壁温也在安全范围之内，不会超温。因此本次改造无须进行受热面的调整。

（4）乏气风手动调节翻板门。鉴于锅炉改造后所燃用煤质范围很广，从无烟煤到无烟煤掺烧烟煤甚至纯烧中低挥发分烟煤，烟台某公司燃烧系统改造方案建议在乏气风管处加装手动调节翻板门，以方便锅炉在煤种变化时进行调节。

（5）锅炉改造后的煤种适应性和运行安全性措施。根据用户要求，锅炉改造后，入炉煤主要为挥发分偏高的贫瘦煤情况下，锅炉能长期安全、稳定、高效运行，短时期内入炉煤为无烟煤或烟煤情况下，锅炉仍能安全稳定运行。为了使得锅炉改造后能有较好的煤种适应性，B&W 公司充分考虑改造后锅炉的煤种适应性和安全性，对改造方案进行深入优化。

改造后锅炉煤种适应性和安全性分析：

1）布置 NO_x 喷口后，在一定程度上可以拉开炉膛燃烧温度场，使得燃烧集中的状态有所改善，炉膛燃烧温度降低后，锅炉结焦倾向相比改造前减轻。

2）改造后煤种的灰变形温度高于原设计煤种，软化温度与原设计煤种相当，煤的结渣特性指数原设计煤种为 1.61，改造设计煤种为 1.53，因此改造设计煤种的结渣特性倾向低于原设计煤种，现有的炉膛、卫燃带布置可以满足锅炉安全运行的要求，锅炉结渣情况能处于正常控制范围内。

3）根据 B&W 公司的经验，W 火焰炉在侧墙位置容易结渣，改造后在分级风标高的翼墙处安装吹灰器，并且保留原设计的贴壁风系统，进一步降低锅炉发生严重结渣的风险。

4）B&W 公司改造方案中，在乏气风管处加装了手动调节翻板门，以方便锅炉在煤种变化时进行调节，增强锅炉煤种适应性。

5）B&W 公司燃烧系统改造时，设置了足够的调节手段，许多调节措施采用了电动执行机构方式，可以根据实际燃用煤种不同，对燃烧系统相关设置进行调节，保证运行的安全性、高效性。

6）锅炉改造后尾部受热面的烟速略有降低，省煤器部分的防磨损性能也没有下降，改造后仍可以安全、可靠、经济地运行。

7）B&W 公司对燃烧系统进行了一系列全面性的改造，改造后可以保证锅炉的煤种适应性和安全性。

8.2.2.2　2号锅炉燃烧系统改造方案

根据对未来煤炭市场的预测，华润电力湖南有限公司 2×600MW 机组锅炉入炉煤将由无烟煤转变为无烟煤掺烧烟煤甚至纯烧中低挥发分烟煤，煤质的变化已超出了锅炉燃烧调整适应范围。因此，如 8.2.1.1 所提到的 B&W 公司认为锅炉 NO_x 排放浓度高的原因是配风不当，由此在考虑锅炉改造时所进行的一系列工作所述，B&W 公司作为锅炉的原设计单位，对锅炉性能和结构最为熟悉，可以从锅炉整体性能上进行考虑，保证锅炉改造后达到业主要求的改造指标，而且不带来锅炉运行中的其他性能或结构上的问题。

1. 基于 1 号锅炉的实际运行对 2 号锅炉方案的优化

与 1 号锅炉的改造方案相比，主要有以下几个不同点：

（1）优化燃烧器结构。在总结 1 号锅炉运行情况基础上，对原来浓缩型 EI-XCL 燃烧器结构上进行优化，增加中心风口，优化为中心风环浓缩旋流燃烧器。

（2）调整 NO_x 喷口的布置。

1）降低 NO_x 喷口的布置高度。相比 1 号锅炉 NO_x 喷口布置在标高 36300mm 的位置，2 号锅炉改造方案根据实际情况将 NO_x 喷口的布置标高选取为 33700mm。NO_x 喷口仍然倾斜向下 15°布置，二次风交汇点位置距离上炉膛拐点 1993mm，相比 1 号锅炉位置（4593mm）下降 2600mm。在 NO_x 喷口高度降低后，有利于在炉膛温度较高的区域喷入燃尽风进行补风燃烧，在降低 NO_x 排放的同时，能确保前期燃烧产生的还原性气体和粗颗粒煤粉充分完全燃烧。

2）增加 NO_x 喷口的数量。相比 1 号锅炉前后墙各 10 只 NO_x 喷口（共 20 只），2 号锅炉改造方案时采用 NO_x 喷口与原燃烧器交错布置的方式，在前后墙各布置 13 只 NO_x 喷口（共 26 只）。在增加 NO_x 喷口后，有利于燃尽风在炉膛中更加充分的混合，增强沿锅炉宽度方向的覆盖性，减少燃尽"盲区"，有利于对前期未完全燃烧的煤粉和可燃气体的进一步燃烧。

3）取消 NO_x 分风道。NO_x 喷口位置变化后，可以取消 NO_x 分风道。1 号锅炉在布置 NO_x 分风道时，由于受到现场结构的制约，风道走向和位置比较特殊，尤其是锅炉前墙右侧（B 侧）风道，布置了较多的弯道，造成实际运行中各风道流量的不均匀。

表 8-22 为冷态试验时，在 NO_x 分风道挡板全开情况下测得的 4 个分风道的流量。

表 8-22   冷态试验时分风道流量

名称		单位	炉前 A 侧	炉前 B 侧	炉后 A 侧	炉后 B 侧
OFA 分风道风量	实测值	m^3/h	70242	53328	108403	153726
		t/h	91	69	140	199
	DCS 值	t/h	57.4～70	53～60.8	143～154	108.7～118

在 2 号锅炉改造中，取消了 NO_x 风道，而改为从锅炉拱上二次大风箱中引风进入 NO_x 风箱，避免了由于 NO_x 风道布置导致的流量分配不均匀问题；而且从锅炉拱上二次大风箱（相当于从一个大空间）引风，进风压力稳定。

（3）风量分配调整。根据 1 号锅炉改造的运行和调试情况，2 号锅炉改造方案考虑适当增大锅炉主燃烧器区域风的化学当量，以充分适应无烟煤燃烧的特点，在较大程度降低 NO_x 排放量的同时，保证飞灰含碳量不升高，同时对锅炉其余各部分风量分配进行调整。

2. 2 号锅炉燃烧系统改造方案

（1）拱上增加 NO_x 喷口。

1）NO_x 喷口的结构和原理介绍。在燃烧器风箱拱上增设一层 NO_x 喷口。

本次改造采用了 B&W 公司的双风区 NO_x 喷口（见图 8-9），更大程度的分级送风，进一步实现煤粉的分级燃烧，最大限度地降低了 NO_x 的排放。双风区 NO_x 喷口有两个风区，其一，中心风区为直流，能确保后期送入的风有足够的穿透力，将风送入炉膛中心；其二，外环风区为旋流（旋流强度可调），能确保后期送入的风沿炉膛宽度方向和近壁处均匀分布。

2）NO_x 喷口的调节手段。每个 NO_x 喷口盖板上装有调风套筒、中心调风盘以及调风叶片的驱动装置。可以通过调风套筒、调风盘来调节风量，调风套筒可以控制每个 NO_x 喷口的总风量，调风套筒为电动执行机构，以方便运行人员调节；中心调风盘用于调节进入 NO_x 喷口内通道（即直流风）的空气量；同时，利用可调叶片可以改变气流的旋转强度。

燃尽风通过 NO_x 喷口入口处的锥形口进入 NO_x 喷口的，其内外通道入口处装有一个环形皮托管测量装置。在锅炉试运行调整期间，每只 NO_x 喷口就地给出一个风量指示，可以调节每个 NO_x 喷口的风量平衡。

3）NO_x 喷口的布置形式。此次改造 NO_x 喷口布置方式为倾斜向下，与水平成 15°夹角安装，使得喷口的后期补风能更好地参与混合燃烧，延长后期煤粉颗粒的燃烧行程。通过上述方式，既能保证粗颗粒的煤粉在后期通过补风燃尽，也能确保前期生成的还原性气体在后期通过补风及时氧化燃烧，保证烟气中的 CO 处于较低甚至可忽略的水平。

NO_x 喷口位置在燃烧器风箱拱上适当位置（暂定标高 33700mm），喷口倾斜向下 15°布置，二次风交汇点位置距离上炉膛拐点 1993mm，相比 1 号锅炉位置（4593mm）下降 2600mm。NO_x 喷口与原燃烧器交错布置，前后墙各布置 13 只。NO_x 喷口布置图见图 8-41。

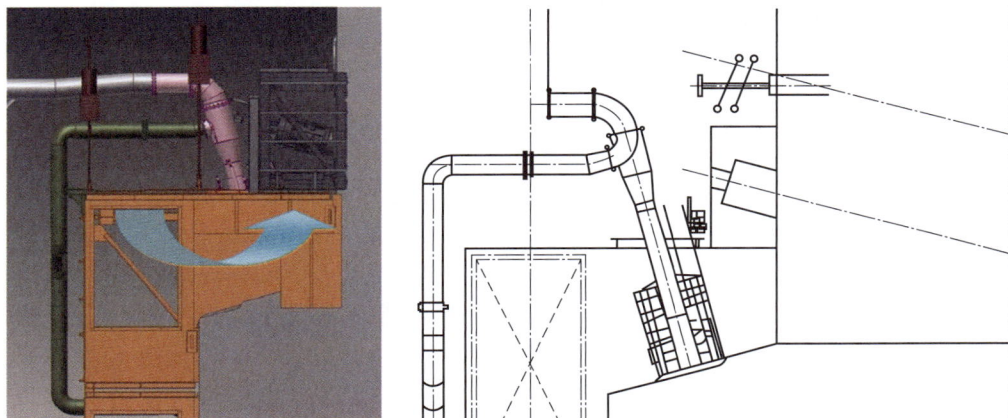

图 8-41 NO_x 喷口布置示意图

4）NO_x 喷口的冷却。为了防止在锅炉运行期间，NO_x 喷口风量过小对 NO_x 喷口产生损坏，选择一些位置上的 NO_x 喷口，在这些 NO_x 喷口上，每个装 2 只壁温热电偶。一只装在 NO_x 喷口中心风的端部，另一只装在外套筒靠近喉口处。热电偶的最大允许温度读数为 900℃。

（2）对原有 24 只燃烧器进行更换。分级送风是降低 NO_x 排放量的基础，而燃烧器是保证锅炉燃烧状况良好的关键。因为增设了 NO_x 喷口以实现分级燃烧，导致进入主燃烧器的风量减少，如果保持原有燃烧器结构尺寸不变，则必然使燃烧器内外二次风速度均降低，旋流燃烧器的下冲能力减弱，这就超出了原有的浓缩型 EI-XCL 燃烧器的设计范围。因此，为了保证燃烧器的性能要求，适应分级燃烧时配风的要求，必须重新设计燃烧器的结构尺寸，更换原有燃烧器，使新设计的燃烧器的性能参数尽量靠近原燃烧器设计参数，以保证煤粉的着火、稳燃和火炬的下冲力。

不仅如此，正如前面所述，对无烟煤和贫煤锅炉，由于燃尽难度大于烟煤，在对锅炉进行低氮燃烧改造时能满足经济性不会大幅降低（即锅炉的飞灰含碳量和大渣含碳量不会大幅升高），是 W 火焰炉燃烧系统改造的关键。

正因为如此，在对燃烧器进行更换时，不仅要考虑燃烧器的性能参数尽量靠近原燃烧器设计参数，以保证煤粉的着火、稳燃和火炬的下冲力，而且要尽可能考虑对原有燃烧器结构进行优化，以满足 W 火焰炉改造后，锅炉经济性不降低的要求。本次对 2 号锅炉改造，B&W 公司在总结 1 号锅炉改造后运行情况的基础上，充分分析了 W 火焰炉改造的特点，对原来浓缩型 EI-XCL 燃烧器结构上进行优化，增加中心风口，优化为中心风环浓缩旋流燃烧器。

原设计和 1 号锅炉改造用浓缩型 EI-XCL 燃烧器见图 8-42；2 号锅炉改造用中心风环浓缩旋流燃烧器见图 8-43。

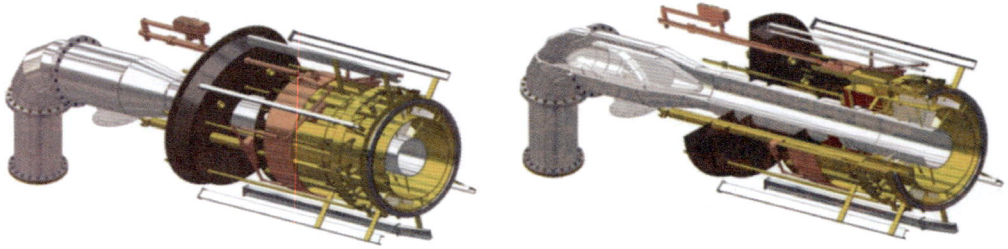

图 8-42　浓缩型 EI-XCL 燃烧器结构示意图

1）浓缩型 EI-XCL 燃烧器结构和原理介绍。锅炉原设计和校核煤种均为低挥发分无烟煤，其主要特点是着火温度高、燃烧稳定性差、燃尽率差。对无烟煤而言，解决着火的主要措施是提高一次风粉混合物的煤粉浓度、提高煤粉气流温度、将高温烟气回流至着火区、采用卫燃带增强着火区辐射热量；而解决燃尽的主要措施是提高煤粉细度、提高燃烧区温度、增加煤粉在燃烧区的停留时间、分级送入二次风、适量增大过量空气系数等。由于受到磨煤机通风量的限制，进入燃烧器的煤粉浓度偏低，为此，烟台某公司在锅炉原设计和 1 号锅炉改造时采用了浓缩型 EI-XCL 燃烧器（见图 8-44），提高了煤粉浓度以解决无烟煤或贫煤的着火和燃尽问题，该燃烧器的主要特点是可以获得更高的煤粉浓度和分级送风。

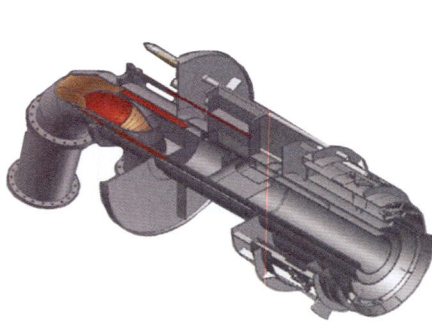

图 8-43　中心风环浓缩旋流燃烧器结构示意图

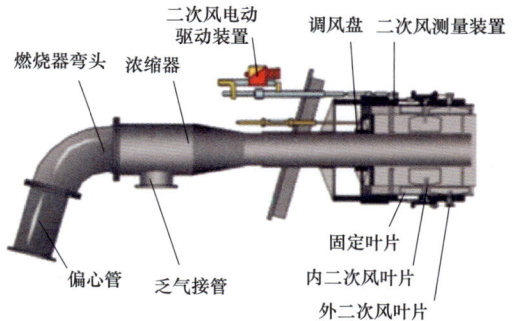

图 8-44　浓缩型 EI-XCL 燃烧器结构原理图

如图 8-44 所示，来自磨煤机的一次风煤粉气流在经过浓缩型 EI-XCL 燃烧器弯头前，先通过一段偏心异径管加速，大多数煤粉由离心力作用沿弯头外侧内壁流动，在气流进入一次风浓缩装置之后，使 50%的一次风和 10%～15%煤粉分离出来，经乏气管垂直向下引到乏气喷口直接喷入炉膛燃烧，其余的 50%一次风和 85%～90%的煤粉由燃烧器一次风喷口喷入炉内燃烧。浓缩后一次风的煤粉浓度得到大幅提高，从而降低了煤粉着火所需的吸热量，有利于煤粉的着火与稳燃；旋流引入的内外二次风可及时卷吸高温热烟气并适时补充燃烧所需的空气，有利于煤粉的着火与燃尽。

2）中心风环浓缩旋流燃烧器结构和原理介绍。

在 1 号锅炉改造后，大部分指标达到了用户期望的改造要求，但是仍然存在飞灰含碳量偏高的问题。B&W 公司对此进行了深入分析，在分析基础上，在 2 号锅炉上对燃烧器结构进行了优化，增加中心风口，把原来的浓缩旋流燃烧器优化为中心风环浓缩旋流燃烧器。

如图 8-45 所示，中心风环浓缩旋流燃烧器在充分吸收浓缩旋流燃烧器优势（如煤粉浓度高，着火、燃尽容易）的基础上，在充分考虑 2 号锅炉改造后需要增设燃尽风喷口的特点，进行了结构优化，增加了中心进风。

中心风环浓缩旋流燃烧器的中心风区域设计在燃烧器的轴线上。轴向的中心风区域依次被环形的煤粉喷口、内二次风区域、外二次风区域环绕。凭借中心风区和内、外二次风区的设计，供给环形煤粉喷口的一次风粉混合物被自内向外和自外向内地点燃和着火。到燃烧器的二次风一部分通过蝶形挡板进入，蝶形挡板控制中心风量；大部分的燃

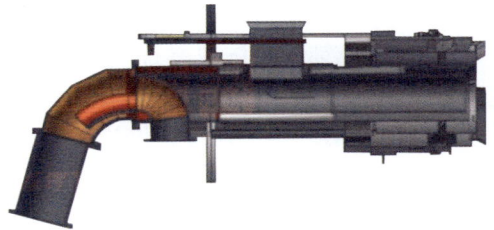

图 8-45　中心风环浓缩旋流燃烧器结构图

烧器二次风通过调风套筒后经内外二次风进入。二次风通过调风套筒进入燃烧器套筒，分别进入两个平行的内、外二次风通道。内二次风通道由煤粉管道和内套筒形成，内套筒分隔开了内、外二次风通道。内二次风通道内装有一组固定叶片，可使与煤粉气流外表面相接触的内二次风旋转，促进煤粉的点火和火焰内部的回流。外二次风通道由内套筒和燃烧器外套筒形成。外二次风通道内装有两级叶片。第一级为固定叶片，用于改善进入该通道气流的圆周分布；第二级叶片为可调旋转叶片，用于进一步的燃烧优化。两个驱动装置穿过燃烧器盖板控制外二次风可调叶片开度。外二次风通过置于外二次风通道内的可调叶片调节旋流，由此产生的空气动力场增加了火焰内部的回流。

3）中心风环浓缩旋流燃烧器除了具有浓缩旋流燃烧器（浓缩型 EI-XCL 燃烧器）的结构特点外，还具有如下特点：

a. 挥发分更快、更多地析出，有利于煤粉快速地着火，由于煤粉气流处于中心风和内二次风之间配风中，煤粉着火后呈现出双层火焰：内层火焰由内到外和外层火焰由外到内，两层火焰"波纹"状的交错作用，使燃烧迅速而剧烈，不但燃烧效率高、稳燃效果高，而且由于配风较好，利用率高，能实现低氧燃烧。

b. 中心风环浓缩旋流燃烧器是与 OFA 喷口配合使用的，主燃烧区处于相对缺氧的燃

烧状态下，其余二次风从 OFA 喷口送入，主燃烧区燃烧虽然迅速而剧烈，但处于相对缺氧燃烧状态，因而，一方面能抑制燃料型 NO_x 的生产，另一方面，燃烧生成的大量还原性物质能将燃烧过程中生成的 NO_x 还原成 N_2。

c. 煤粉与二次风或高温烟气的接触面积成倍增加，有利于煤粉的高效燃烧，可以到达较浓缩旋流燃烧器更低的飞灰、大渣含碳量，更高的锅炉效率。

d. 燃烧迅速而剧烈，能快速消耗氧，不但使煤粉的燃尽时间相对延长，有利于降低飞灰含碳量，而且使缺氧燃烧的时间相对加长，与其他燃烧器相比，降低燃料型 NO_x 生成的幅度更大。

e. 煤粉着火迅速而剧烈，同时煤粉颗粒处于内、外二次风的包裹之中，很难挣脱出来甩向水冷壁壁面而引起结焦，因而该燃烧器具有较好的抗结焦性。

f. 由于中心风设有电动调节挡板，外二次风设有手动可调节叶片，通过挡板开度的调节，能满足和适应煤质变化对着火的需求及对 NO_x 排放浓度的要求，因而增强了中心风环浓缩旋流燃烧器对煤种的适应性。

综上所述，中心风环浓缩旋流燃烧器不但具有超低 NO_x 排放能力，而且具有着火迅速、低负荷稳燃能力强、燃烧效率高、抗结焦性能好和煤种适应性强等方面的特点，配合 NO_x 喷口使用，特别适合 W 火焰炉低氮燃烧系统的改造。

4）中心风环浓缩旋流燃烧器调节手段。中心风环浓缩旋流燃烧器具有很好的调节手段，有较强的煤种适应性，其调节手段主要为：

中心风调节：中心风环浓缩旋流燃烧器的中心风进风口处设置有电动调节挡板，通过调节挡板的开度可以控制中心风风量；

单只燃烧器的总二次风量调节：中心风环浓缩旋流燃烧器设置有电动调风套筒，用于调节内外二次风的总风量；

旋流强度调节：中心风环浓缩旋流燃烧器的外二次风设置有手动可调叶片，用于调节外二次风的旋流强度。

5）两种燃烧器比较。旋流燃烧器轴向叶片的旋流强度（Ω）：

$$\Omega = \frac{2\pi(d^3 - d_0^3)}{3\varepsilon Z(\sqrt{d^2 - d_0^2})(\sqrt{d - d_0})}\tan\beta$$

式中　Z——叶片数目；

　　　ε——相邻叶片的平均间距；

　　　β——叶片装置角度；

d，d_0——流通通道的内、外径。

中心风环浓缩旋流燃烧器与浓缩型旋流燃烧器旋流强度比较见表 8-23。

表 8-23　　　　　　　　　　两种燃烧器旋流强度比较

项目	单位	中心风环浓缩旋流燃烧器	浓缩型旋流燃烧器
中心风管外径 d_0	mm	470	—
壁厚	mm	10	—
中心风管内径 d_0'	mm	450	—
一次风喷口外径 d_1	mm	694	450

续表

项目	单位	中心风环浓缩旋流燃烧器	浓缩型旋流燃烧器
壁厚	mm	14	14
一次风喷口内径 d'_1	mm	666	422
内二次风喷口外径 d_2	mm	866	866
壁厚	mm	8	8
内二次风喷口内径 d'_2	mm	850	850
外二次风喷口外径 d_3	mm	1170	1170
壁厚	mm	10	10
外二次风喷口内径 d'_3	mm	1150	1150
内二次风旋流强度	—	1011464	973802
外二次风旋流强度	—	1879805	1879805

中心风环浓缩旋流燃烧器与浓缩型旋流燃烧器风粉混合物与二次风接触面积比较见表8-24。由表8-23和表8-24可以看出，中心风环浓缩旋流燃烧器相对原来的浓缩型旋流燃烧器具有更大的旋流强度，一次风粉混合物与二次风的接触面积大幅增加。

表 8-24　　　　　　　　两种燃烧器风粉混合物与二次风接触面积比较

项目	单位	中心风环浓缩旋流燃烧器	浓缩型旋流燃烧器	接触面积比较
一次风喷口外径 d_1	mm	外环：666；内环：470	422	
单位长度风粉混合物在燃烧器喷口处外边缘与二次风的接触面积	m²	2.092	1.326	1.58
单位长度风粉混合物在燃烧器喷口处内边缘与二次风的接触面积	m²	1.477	0	
单位长度风粉混合物在燃烧器喷口处与二次风的接触面积	m²	3.569	1.326	2.69

6）燃烧器旋向调整。原设计的锅炉燃烧器布置方式为：燃烧器布置在炉膛的前后拱上，并垂直于前后拱，前拱一排，后拱一排，每排各有12只燃烧器，每台锅炉共有24只燃烧器，其中12只燃烧器的二次风顺时针方向旋转，另12只逆时针方向旋转，原燃烧器布置形式见图8-46。

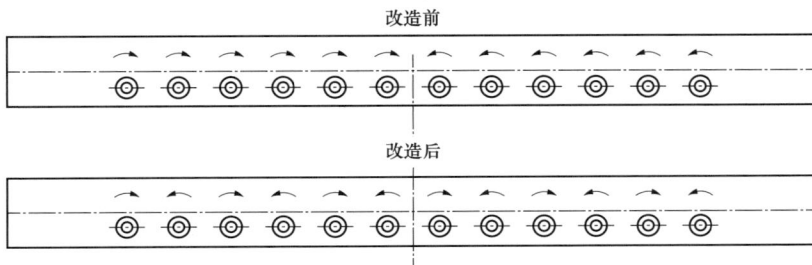

图 8-46　燃烧器旋向布置图

旋流燃烧器出口气流旋转方向决定了锅炉烟道内烟气流速分布，同时也决定了烟道内受热面壁温的分布规律，旋流燃烧器出口气流旋向有两种布置方式。根据实测情况发现，采用改造前布置方式的结构，烟道内受热面壁温沿烟道宽度方向分布有可能会出现 M 形分布，采用改造后布置方式的燃烧器，烟道内受热面壁温沿烟道宽度方向分布比较均匀，没有太高或太低的峰谷分布现象。因此，本次改造经过我公司多年来对锅炉实测情况的了解和分析，将原锅炉燃烧器设计旋向进行了调整，使改造后整个炉内空气动力场均匀，消除受热面壁温呈 M 形分布的现象。

7）燃烧器的冷却。当一台磨煤机和相关燃烧器都停运时，相关燃烧器二次风调风套筒置于冷却位置防止超温。为了对燃烧器壁温进行监控，B&W 公司选择一些位置的燃烧器，在这些燃烧器上，装设壁温热电偶，用于检验停运燃烧器是否有足够的冷却风。对于原设计和 1 号锅炉改造所用的浓缩型 EI-XCL 型燃烧器：燃烧器上装 2 只永久热电偶，位置在一次风喷口外壁及外套筒前端筒壁上。

浓缩型 EI-XCL 型燃烧器的壁温热电偶布置见图 8-47。对于中心风环浓缩旋流燃烧器：燃烧器上装 3 只永久热电偶，一只热电偶装在中心风管内壁的端部，一只装在煤粉喷口的外壁，另外一只装在燃烧器外套筒靠近燃烧器喉口的外壁上。

中心风环浓缩旋流燃烧器的壁温热电偶布置见图 8-48。热电偶通过盖板引到风箱外，热电偶的布置应能保护其在运行和维护中避免损坏。热电偶的温度应该传到集控室对燃烧器温度进行持续的显示，以便对燃烧器温度进行记录或者报警。热电偶的最大允许温度读数为 900℃。在调试过程中，热电偶用于确定停运燃烧器二次风调风套筒的开度防止超温。

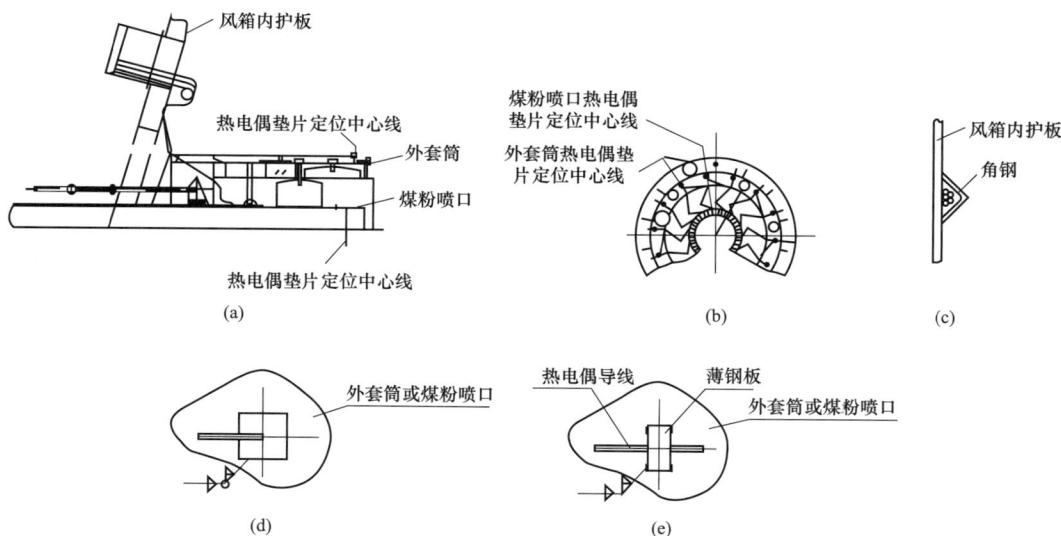

图 8-47　浓缩型 EI-XCL 型燃烧器热电偶安装布置图
(a) 安装位置图；(b) 燃烧器热电偶安装型式；(c) 风箱内热电偶的典型布置；
(d) 典型热电偶的安装；(e) 热电偶导线典型的固定方法

中心风环浓缩旋流燃烧器热电偶安装布置图见图 8-48。

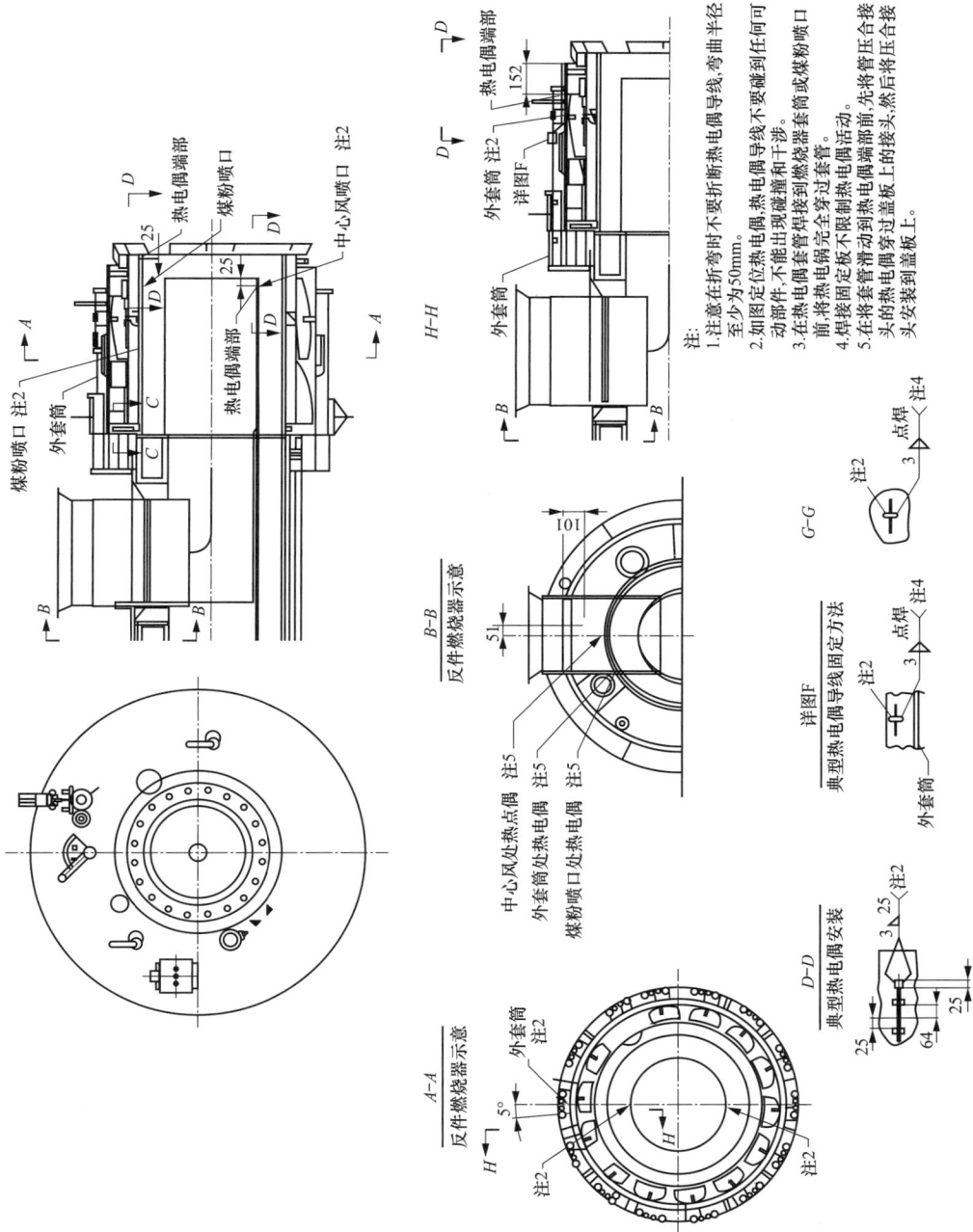

图8-48　中心风环浓缩旋流燃烧器热电偶安装布置图

注:
1. 注意在折弯时不要折断热电偶导线,弯曲半径至少为50mm。
2. 如需定位热电偶,热电偶套管不要碰到任何可动部件,不能出现碰撞和干涉。
3. 在热电偶套管焊接到燃烧器喷口前,将热电偶完全穿过套管。
4. 焊接固定过盖板不限制热电偶活动。
5. 在将套管滑动到热电偶端部前,先将管压合接头,然后将接头上的接头压合接头焊接到过盖板过盖板上。

外套筒 注2
152

热电偶端部

外套筒

详图F

D—D
典型热电偶安装
25
64
25
3 25 注2

典型热电偶导线固定方法
详图F
3 注2
点焊
G—G
3 注2
点焊
注4

H—H

B—B
反件燃烧器示意

中心风处热点偶　注5
外套筒处热电偶　注5
煤粉喷口处热电偶　注5

51
101

A—A
反件燃烧器示意

外套筒 注2
5°
注2
注2

煤粉喷口 注2
25
热电偶端部
煤粉喷口
25
中心风喷口 注2
热电偶端部

外套筒

383

（3）乏气风管偏置。

（4）更改分级风管为一分二形式。

（5）更改原有风箱结构，调整燃烧器与分级风的配风方式。

（6）增加NO_x风箱。由于拱上增加了NO_x喷口，需要在前后墙各增设一个NO_x风箱。

本次改造的燃尽风箱从燃烧器大风箱直接引出布置，位置如图8-60所示。由于本次NO_x风箱直接从锅炉大风箱引出，不需要设置额外的NO_x风道，这样既省去了结构布置的困难，也避免了由于NO_x风道走向和位置不同导致的流量分配不均匀问题，而且从锅炉拱上二次大风箱（相当于从一个大空间）引风，进风压力稳定。

（7）更换部分水冷壁。B&W公司提供如下水冷壁设备，满足改造要求：

1）提供NO_x喷口区域水冷壁弯管，以实现NO_x喷口与水冷壁开孔的配合。

2）提供乏气风喷口处水冷壁弯管，实现乏气风管的偏置方案。

3）提供新的分级风喷口处水冷壁弯管，实现分级风管道一分二后与水冷壁开孔的配合。燃烧器区域水冷壁弯管说明：B&W公司经过燃烧系统计算，改造后燃烧器尺寸虽然有所减小，但是可以通过结构上实现和水冷壁的连接和密封，因此不需要更换燃烧器区域水冷壁弯管，从而节省改造成本。

（8）卫燃带改造。改造后，为了在空气分级燃烧情况下达到较好的燃烧效果，保持燃烧稳定性，需要在现有基础上增加卫燃带面积约$150m^2$。卫燃带布置见图8-32和图8-33。

2号锅炉改造后燃烧系统布置见图8-49和图8-50。

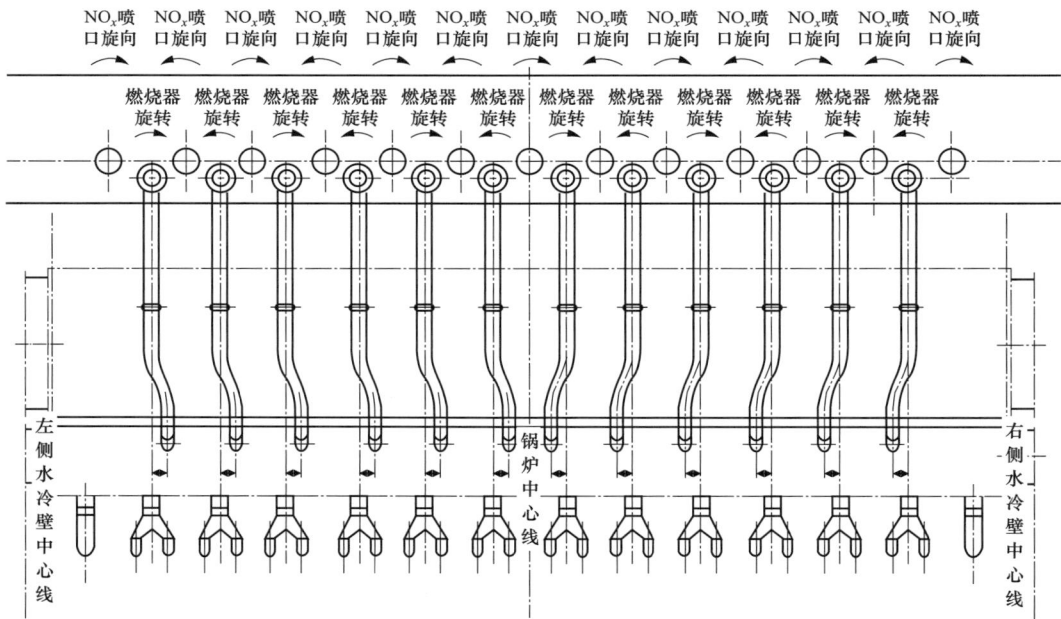

图8-49　2号锅炉改造燃烧系统布置示意图（1）

3. 改造后性能保证值

燃烧系统技术改造后，锅炉性能考核试验采用最新版本ASME PTC4.1标准。验收试验煤种与设计煤种偏差按国家相关标准执行。锅炉热效率按实际试验条件予以修正。根据上述原则，按照 B&W 公司改造方案对该工程进行燃烧系统优化和低氮燃烧改造后，B&W 公司的性能保证值如下：

（1）改造后在燃烧改造设计煤种时保证 NO_x 的排放浓度不大于 $700mg/m^3$，在燃烧挥发分较高的校核煤种 2 时保证 NO_x 的排放浓度不大于 $650mg/m^3$（NO_x 排放浓度均指修正到以 NO_2 计，标准状态、干燥基、$6\%O_2$ 时烟气中 NO_x 浓度）。

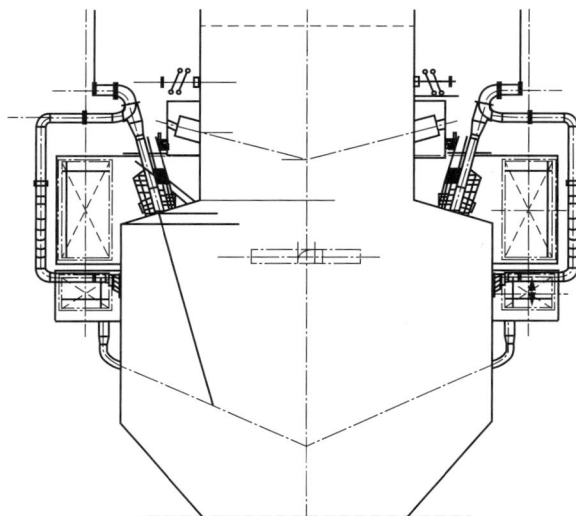

图 8-50　2号锅炉改造燃烧系统布置示意图（2）

（2）在下述工况条件下，改造后的锅炉保证效率不低于 91.84%：

1）燃用改造设计煤种。

2）环境温度 $20℃$。

3）负荷为额定蒸发量（BRL 工况）。

4）煤粉细度 R_{90} 小于 7%。

5）甲方在进行空气预热器改造后，BRL 工况排烟温度达到设计值（未计空气预热器漏风）。

6）锅炉热效率计算按 ASME PTC4.1 进行计算及有关项目的修正。

（3）改造后，在燃烧改造设计煤种和校核煤种时，省煤器出口 CO 含量低于 $200\mu L/L$（业主无要求）。

（4）改造后，在燃用改造设计煤种和校核煤种时，保证炉膛出口两侧烟温差不超过 $50℃$，不投油最低稳燃负荷不大于锅炉 BMCR 负荷时的 45%。

（5）改造后保证，能提高锅炉对煤种的适应性。以新设计煤种为设计基准，其干燥无灰基挥发分为 17.58%；同时保证锅炉能适应干燥无灰基挥发分从 8.0% 到 28.0% 范围内的煤种或混煤（煤质的灰变形温度 DT 不低于 $1270℃$），而且在此范围内锅炉均能够安全长期稳定的运行。对于干燥无灰基挥发分高于 28.0% 的烟煤，保证能适应短期（连续 8h）稳定运行。

（6）改造后，保证油燃烧器仍使用原有油燃烧器，我公司负责位置变更设计，并保证良好着火燃烧。

4. 改造结果

总体情况表现陈述如下：

（1）锅炉运行安全改造后，锅炉运行稳定，锅炉各受热面壁温可控，无超温现象。

（2）锅炉出力改造后，锅炉出力可以达到最大蒸发量，可以满足机组 630MW 发电量的需求。

（3）锅炉煤种适应性增强，能提高锅炉对煤种的适应性。以新设计煤种为设计基准，其干燥无灰基挥发分为 17.58%；同时保证锅炉能适应干燥无灰基挥发分从 8.0% 到 28.0% 范围内的煤种或混煤（煤质的灰变形温度 DT 不低于 1270℃），而且在此范围内锅炉均能够安全长期稳定的运行。对于干燥无灰基挥发分高于 28.0% 的烟煤，保证能适应短期（连续 8h）稳定运行。

（4）NO_x 排放浓度明显降低，燃烧改造设计煤种时，在 NO_x 分风道挡板开度仅为 30% 时，NO_x 排放浓度可以达到 $700mg/m^3$ 以下，达到了合同要求。

（5）CO 排放浓度低，改造后，锅炉 CO 浓度很低，基本在 $100\mu L/L$ 以内。

（6）锅炉结焦情况改造后，尽管增加了部分卫燃带，但是锅炉结渣情况可控，甚至比改造前减轻，锅炉运行安全。

（7）在燃用改造设计煤种时，最低不投油电负荷达到了 280MW。

上述情况说明，改造总的方向是正确、有效的。但是，改造后，锅炉二次风箱风压较低，脱硝入口氮氧化物排放量较高，飞灰指标高于改造前、脱硝系统喷氨量较大。

为充分发挥低氮燃烧器改造效果，兼顾锅炉运行稳定性、经济性以及 NO_x 排放达标的长周期运行，自机组大修投运后，电厂组织持续对两台锅炉进行燃烧调整工作。取得了一定的成果。

调整试验结果，见表 8-25，说明：

表 8-25　　　　　　　　　　改造后调整试验结果汇总表

工况	调试期间工况	空气预热器进口 NO_x 含量（mg/m^3）	飞灰可燃物（%）	锅炉热效率（%）	调试后推荐值
1	空气预热器进口氧量 2.28%	761.87	6.75	92.14	推荐空气预热器进口平均氧量 2.2%~3%
2	1 号锅炉燃尽风箱风门 20%	717.10	8.36	91.01	1 号锅炉燃尽风箱风门开度为 10%~30%
3	2 号锅炉燃尽风箱风门开度为 60%，关四角 8 个风门	920.83	6.96	92.72	2 号锅炉燃尽风箱风门开度为 60%，关四角 8 个风门
4	1 号锅炉二次风、分级风风门开度为 100%（OFA 开度 100%）	648.85	9.47	90.40	1 号锅炉分级风风门 100%

工况	调试期间工况	空气预热器进口NO$_x$含量（mg/m³）	飞灰可燃物（%）	锅炉热效率（%）	调试后推荐值
5	2号锅炉二次风风门开度为100%，分级风风门开度为60%（OFA开度100%）	563.34	10.89	90.88	2号锅炉分级风门60%
6	B磨煤机混煤；CDEF磨纯无烟煤；平均挥发分为9%	892.51	7.19	92.14	
7	C、E磨煤机纯烟煤；B、F磨煤机贫瘦煤；D磨煤机无烟煤；平均挥发分为21%	767.95	5.78	93.26	
8	B磨煤机混煤；C、F磨煤机贫瘦煤；D磨煤机无烟煤；E磨煤机烟煤；平均挥发分为18%	863.81	7.29	92.45	

（1）NO$_x$只有在OFA全开的条件下才能达到563.34～648.85 mg/m³，小于700mg/m³。但是在此工况下飞灰可燃物高达9.47%～10.89%，锅炉效率为90.40%～90.88%，低于保证效率91.84%（见工况4、5）。

（2）只有在预热器前的氧量满足2.28%以上的时候飞灰可燃物可以达到6.75%，但此工况下NO$_x$为761.87 mg/m³，高于合同保证值700mg/m³（见工况1）。

（3）在燃用干燥无灰基挥发分为9%煤种时NO$_x$为892.51mg/m³，飞灰可燃物为7.19%，锅炉效率92.14%（见工况6）。

（4）在燃用干燥无灰基挥发分为21%煤种时NO$_x$为767.95mg/m³，飞灰可燃物为5.78%，锅炉效率93.26%（见工况7）。

（5）在燃用干燥无灰基挥发分为18%煤种时NO$_x$为863.81mg/m³，飞灰可燃物为7.29%，锅炉效率92.45%（见工况8）。

8.2.3　XY电厂W火焰锅炉的改造

8.2.3.1　锅炉概况

锅炉为超临界参数、垂直炉膛、一次中间再热、平衡通风、固态排渣、全钢构架、露天布置的双拱燃烧Ⅱ形锅炉，锅炉配有带循环泵的内置式启动系统。锅炉燃煤为本地无烟煤（陈河一矿：郑庄矿＝1：2），校核煤种Ⅰ为当地无烟煤，校核煤种Ⅱ为新密超化矿贫煤。

锅炉系统图见图8-51，在前、后拱顶各布置12对浓缩型EI-XCL双调风旋流燃烧器，火焰在下炉膛形成W形，在下部炉膛还敷设了卫燃带，以提高燃烧区的温度。每只燃烧器均配有一支高能点火器和点火油枪，并配有各自的油火检和煤火检。尾部设置分烟道，采用烟气调节挡板调节再热器出口汽温。本工程同时设置烟气脱硫装置，并预留脱硝装置安装位置。尾部竖井下设置两台豪顿华公司配套提供的三分仓回转式空气预热器，空气预热

器考虑了 SCR 的影响，换热元件按高、低两段布置，低温段换热元件涂搪瓷。锅炉设计参
数见表 8-26，热力特性参数见表 8-27。

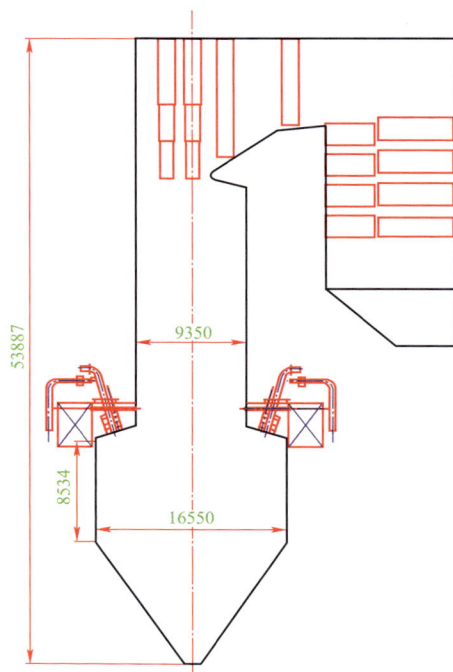

图 8-51 锅炉系统示意图

表 8-26   锅 炉 设 计 参 数 表

项目名称	单位	BMCR（VWO）	BRL
锅炉最大连续蒸发量（BMCR）	t/h	1950	1857
过热器出口蒸汽压力	MPa	25.4	25.29
过热器出口蒸汽温度	℃	571	571
再热蒸汽流量	t/h	1587	1507
再热器进口蒸汽压力	MPa	4.922	4.666
再热器出口蒸汽压力	MPa	4.725	4.104
再热器进口蒸汽温度	℃	325.7	320
再热器出口蒸汽温度	℃	569	569
省煤器进口给水温度	℃	291.3	287.7

表 8-27   锅炉热力特性参数（BMCR，BRL 工况）

项目名称	单位	BMCR	BRL
排烟损失	%	4.89	4.77
气体（化学）未完全燃烧损失	%	0	0
固体（机械）未完全燃烧损失	%	2.92	2.92

续表

项目名称	单位	BMCR	BRL
散热损失	％	0.17	0.17
灰渣物理热损失	％	0.3	0.3
计算热效率（按低位发热量）	％	91.72	91.84
飞灰含碳量	％	8.9	8.9
炉渣含碳量	％	9.1	9.1
制造厂效率裕量	％		0.3
保证热效率（按低位发热量）	％		91.54
燃料消耗量	kg/h	233.9	225.6
下炉膛尺寸（宽×深×高）	mm×mm×mm	31813×16550×20937	
上炉膛尺寸（宽×深×高）	mm×mm×mm	31813×9350×33063	
炉膛容积	m³	16684	
下炉膛容积	m³	7196	
上炉膛容积	m³	9488	
炉膛总受热面积	m²	4311	
炉膛辐射受热面积	m²	3923	
炉膛容积放热强度	kW/m³	89.7	
下炉膛容积放热强度	kW/m³	216.2	
炉膛断面放热强度	MW/m²	5.033	
下炉膛断面放热强度	MW/m²	2.843	
水冷壁壁面放热强度	MW/m²	270.3	
水冷壁高温区壁面放热强度	MW/m²	不适用	
炉膛出口过剩空气系数	—	1.24	1.24
空气预热器出口过量空气系数	—	1.33	1.33
空气预热器进口风温（一次/二次）	℃	28/23	28/23
空气预热器出口风温（一次/二次）	℃	358/375	256/372
空气预热器出口烟温（修正前/修正后）	℃	124/118	122/116

8.2.3.2　制粉系统

制粉系统为双进双出钢球磨煤机配冷一次风机正压直吹式系统。该系统具有结构简单、设备部件少、输粉管路阻力小、输粉电耗小、维护方便、运行灵活可靠、负荷响应快等特点。在额定负荷下，与中速磨相比能保持较低的风煤比，同时获得较高的煤粉浓度。每台锅炉配有六台上海重型机器厂制造的BBD4062型双进双出钢球磨煤机，每台磨煤机对应锅炉4只燃烧器，每台锅炉共24只燃烧器，对称布置在锅炉的前后拱上，前后拱各12只燃烧器。磨煤机特性参数见表8-28，结构示意图见图8-52，燃料特性见表8-29。

表 8-28 磨 煤 机 特 性 参 数

序号	项目名称	单位	磨煤机负荷								
			设计煤种			校核煤种Ⅰ			校核煤种Ⅱ		
			BMCR	BRL	THA	BMCR	BRL	THA	BMCR	BRL	THA
一	磨煤机基本参数										
1	磨煤机型号		BBD4062								
2	筒体有效内径	mm	3950								
3	筒体有效长度	mm	6340								
4	筒体有效容积	m³	77.69								
5	筒体转速	r/min	16.55								
6	装球量	t	装球量上限：86；　装球量下限：47								
二	每台磨煤机出力值	t/h	38.87	37.36	34.78	38.68	37.16	34.5	42.47	41.06	38.58
	磨煤机运行台数	台	6	6	6	6	6	6	6	6	6
三	煤粉细度	%	6	6	6	6	6	6	6	6	6
1	200目过筛率	%	≥90			≥90			≥88		
2	磨煤机出口煤粉均匀性系数	—	1.1								
四	推荐装球量	t	64.3	66.9	57.5	61.1	58.7	54.5	66.3	63.7	59.8
五	磨煤机轴功率	kW	1010	1045	917	966	933	876	1037	1001	949
六	磨煤机电动机功率		1500								
七	磨煤机干燥计算										
1	煤粉水分	%	2			2			1		
2	磨煤机出口风煤比	kg/kg	1.522	1.491	1.616	1.526	1.559	1.623	1.45	1.48	1.528
3	磨煤机出口一次风温度	℃	130			130			100		
4	磨煤机出口一次风总质量流量	kg/h	57175	60298	56202	59030	57928	55999	61973	60755	58957
5	磨煤机出口一次风总体积流量	m³/h	71110	72524	67371	70826	69444	67025	70584	69107	66926
6	入磨一次风质量流量	kg/h	55175	56298	52202	55030	53928	51999	57973	56755	54957
7	磨煤机密封风流量	kg/h									
8	磨煤机旁路风流量	kg/h	6686	5718	9249	6811	7761	9424	4274	5324	6874
9	燃煤的蒸发水量	kg/h	1648	1713	1474	1584	1521	1413	2699	2593	2437
10	干燥剂初温	℃	267.5	271.5	255.8	261.4	257.4	249.4	255	251	244
八	磨煤机干燥剂冷、热风计算										
1	磨煤机进口热风温度	℃	358	356	350	359	359	359	356	354	349
2	磨煤机进口冷风温度	℃	28	28	28	28	28	28	28	28	28
3	冷风份额	—	32.1	30.7	33.1	37.4	37.9	38.4	37.5	38.2	38.9
4	热风份额	—	67.9	69.3	66.9	62.6	62.1	61.6	62.5	61.8	61.1
5	磨煤机进口热风质量流量	kg/h	40409	41720	38511	37059	36463	35370	38337	37429	36290

序号	项目名称	单位	磨煤机负荷								
			设计煤种			校核煤种 I			校核煤种 II		
			BMCR	BRL	THA	BMCR	BRL	THA	BMCR	BRL	THA
6	磨煤机进口热风体积流量	m³/h	72797	74921	68499	66868	65481	63014	68846	67002	64444
7	磨煤机进口冷风质量流量	kg/h	19093	18507	19078	22351	22236	22088	22966	23091	23072
8	磨煤机进口冷风体积流量	m³/h	16408	15904	16395	19208	19109	18981	19736	19844	19828
九	磨煤机阻力	Pa	1505	1535	1426	1476	1448	1400	1434	1404	1359
十	磨煤电耗	kWh/t	26.0	25.8	26.4	25.0	25.1	25.4	24.3	24.4	24.6
十一	密封风的风压高于磨机入口一次风压力的差值	Pa	4000								

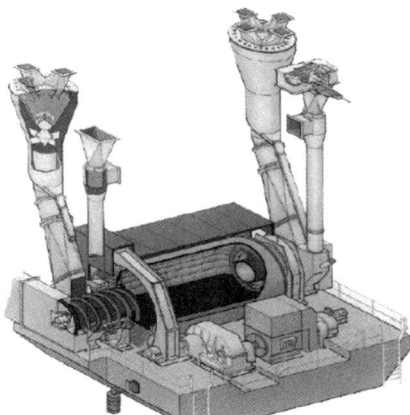

图 8-52 磨煤机结构示意图

表 8-29 燃 料 特 性

项目		符号	单位	设计煤种	校核煤种 I	校核煤种 II
元素分析	收到基碳	C_{ar}	%	66.33	65.42	55.78
	收到基氢	H_{ar}	%	2.56	2.11	2.94
	收到基氧	O_{ar}	%	2.98	3.86	4.28
	收到基氮	N_{ar}	%	0.75	0.78	1.03
	收到基全硫	$S_{t,ar}$	%	0.29	0.25	0.34
工业分析	收到基灰分	A_{ar}	%	21.09	22.68	28.93
	收到基水分	M_t	%	6.0	4.9	6.7
	空气干燥基水分	M_{ad}	%	3.68	1.67	0.81
	干燥无灰基挥发分	V_{daf}	%	9.20	7.65	17.80
收到基低位发热量		$Q_{net,ar}$	kJ/kg	23730	23820	21330
收到基高位发热量		$Q_{gr,ar}$	kJ/kg	24400	24370	22090

续表

	项目	符号	单位	设计煤种	校核煤种Ⅰ	校核煤种Ⅱ
灰熔点	变形温度	DT	℃	1350	1350	＞1500
	软化温度	ST	℃	1390	1390	＞1500
	半球温度	HT	℃	1410	1420	＞1500
	流动温度	FT	℃	1430	1430	＞1500

8.2.3.3 燃烧系统简介

锅炉采用 EI-XCL 浓淡分离型燃烧器和二次风分级配风燃烧方式，表 8-30 为锅炉燃烧系统设计参数，图 8-53 浓缩型为 EI-XCL 燃烧器原理与结构示意图，图 8-54 为燃烧器及磨煤机对应布置图，图 8-55 为乏气喷口布置。为提高燃烧器区域烟气温度，在前后墙拱下垂直壁面、倾斜壁面以及侧墙均布置了卫燃带。

表 8-30 锅炉燃烧系统设计参数

项目	单位	设计数据
炉膛宽	m	31.813
炉膛深	m	9.35/15.55
炉膛高度	m	54.126
最小燃尽区高度	m	21.263
最低喷燃器距灰斗距离	m	7.1
喷燃器之间水平距离	m	2.09
外排喷燃器距侧墙距离	m	4.412
炉膛容积	m³	16678
原始卫燃带面积	m²	912
锅炉输入热量（BMCR）	MW	1676.11
下炉膛断面放热强度	MW/m²	2.843
容积放热强度	MW/m³	0.1057
下炉膛容积放热强度	MW/m³	0.2162
最小燃尽区容积放热强度	MW/m³	0.2372
屏式过热器吸热面积	m²	1181
后屏过热器吸热面积	m²	1516
高温过热器吸热面积	m²	1685
低温过热器吸热面积	m²	16873
再热器吸热面积	m²	22928
省煤器吸热面积	m²	4833

8.2.3.4 1号锅炉存在的主要问题

（1）沿路膛高度方向分级配风措施不足，导致 NOₓ 排放量高。根据 XY 电厂 1 号锅炉的设计数据及运行现状（摸底试验数据表）分析表明：锅炉前后拱共布置有 24 只燃烧器，助燃热风分成二部分进入炉膛，拱上二次风率 53％～56％，拱下分级风率 24％～28％基本合理、可行，但从整个燃烧配风组织上还有一定的缺陷，原设计没有进行全炉膛分级燃烧，燃烧所需要的所有空气均从燃烧器区域加入，虽然能达到强化燃烧，满足煤粉燃尽的要求，但却使燃烧反应在强氧化性气氛下进行，给氮氧化物的产生创造了有利条件，XY 电厂 1

号锅炉摸底试验 NO_x 排放浓度在 $1300mg/m^3$ 左右。

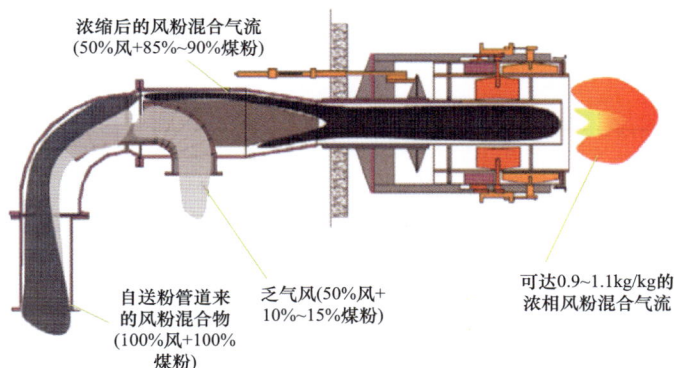

浓缩后的风粉混合气流
(50%风+85%~90%煤粉)

自送粉管道来
的风粉混合物
(100%风+100%
煤粉)

乏气风(50%风+
10%~15%煤粉)

可达0.9~1.1kg/kg的
浓相风粉混合气流

图 8-53　浓缩型 EI-XCL 燃烧器的原理和结构示意图

后拱											
逆时针	逆时针	逆时针	逆时针	逆时针	逆时针	顺时针	顺时针	顺时针	顺时针	顺时针	顺时针
↺	↺	↺	↺	↺	↺	↺	↺	↺	↺	↺	↺
D1	E1	F1	D2	E2	F2	A1	B1	C1	A2	B2	C2

C3	B3	A3	C4	B4	A4	F3	E3	D3	F4	E4	D4
↻	↻	↻	↻	↻	↻	↺	↺	↺	↺	↺	↺
顺时针	顺时针	顺时针	顺时针	顺时针	顺时针	逆时针	逆时针	逆时针	逆时针	逆时针	逆时针
前拱											

图 8-54　燃烧器与磨煤机对应布置图

根据投入运行的几台 600MW 等级的 W 火焰炉的运行情况来看，凡是采用了炉膛整体分级 OFA 技术的 GX 电厂和 NN 电厂 NO_x 的浓度都能控制在 $650\sim800mg/m^3$，而没有采用 OFA 分级燃烧技术的 XY 电厂和 TZ 电厂 600MW 等级 W 火焰炉 NO_x 排放都在 $1300mg/m^3$ 左右。

（2）下炉膛容积放热强度较高，卫燃带布置较多。W 火焰炉最主要的设计思想就是将燃烧区和燃尽区分开布置，为了使下炉膛更适合贫煤和无烟煤的着火和燃尽，XY 电厂 1 号锅炉下炉膛放热强度 $216.2kW/m^3$，从表 8-31 和对比图 8-56 和图 8-57 可知其下炉膛容积放热强度最高。而且下炉膛敷设大量卫燃带，占下炉膛包覆面积的 45%（按 $912m^2$ 计算）左右。这种布置方式有利于提高下炉膛温度，有利于燃尽，因此，XY 电厂的锅炉燃烧效率较高。根据考核试验，NN 电厂飞灰可燃物 7%～8%，XY 电厂飞灰可燃物仅为 1%～2%。但是炉膛容积放热强度较高，卫燃带敷设较多，导致下炉膛温度过高（由图 8-58 和图 8-59 可知，XY 电厂锅炉炉膛内温度比其他 W 火焰炉偏高 200℃ 左

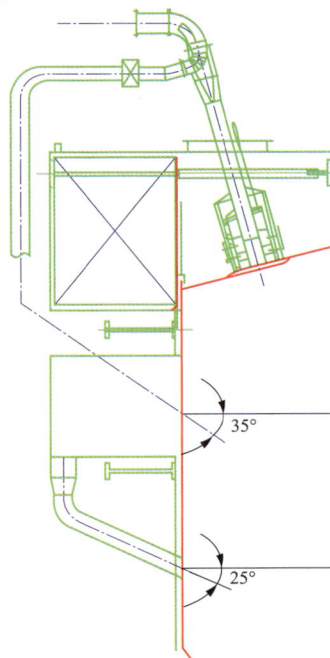

图 8-55　乏气喷口布置示意图

393

右）。尽管该炉燃煤灰熔点较高，在拱下三次风上部也容易结渣，同时也容易产生高温热力型 NO_x。这就是 XY 电厂 W 火焰炉 NO_x 高达 $1300mg/m^3$，远高于 GX 电厂和 NN 电厂 W 火焰炉的重要原因之一。

表 8-31   部分 W 火焰炉炉膛特征参数对比表

项目	单位	TAZ 电厂	GX 电厂 1、2 号锅炉（FW）	XY 电厂 1、2 号锅炉（B&W）	LYJ 电厂（B&W）
机组额定发电功率（TRL）	MW	600	600	660	600
炉膛容积放热强度 q_V（BMCR）	kW/m³	74.88	84.5	89.5	85.3
下炉膛断面放热强度 q_F（BMCR）	MW/m²	2.514	2.754	2.73	2.832
下炉膛容积放热强度 $q_{V.L}$（BMCR）	kW/m³	144.7	203.2	216.2	190.5
炉膛高度/全炉膛容积	m/m³	58.2/20324	54/17893	54.126/19659	54.65/—
炉膛深度上/下炉膛×宽度	m×m	12512/23666×26680	9.960/17.1×32.121	9.35/16.55×31.813	9.35/16.55×32.1
下炉膛折算高度 h_z	m		14.18	12.21	
D_U/D_L（上/下炉膛深度比）		0.529	0.582	0.601	
下炉膛宽深比		1.127	1.878	2.046	1.94
卫燃带面积	m²	375/487	900	912/857	779/1000

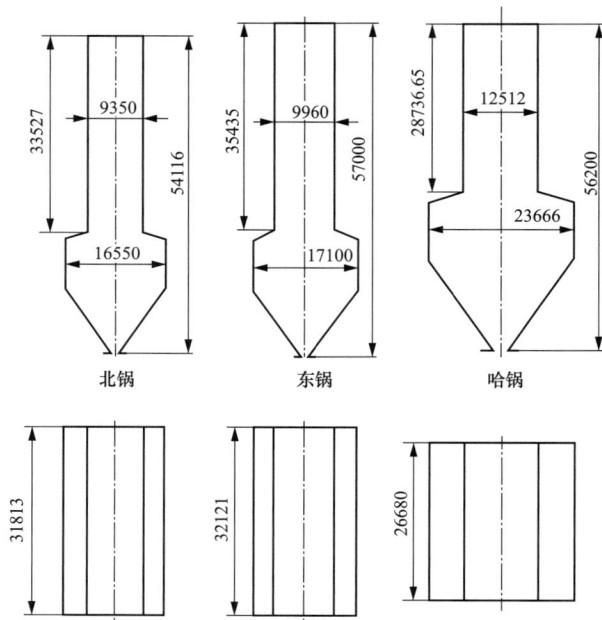

图 8-56   XY 电厂投标时三大锅炉厂炉膛特征参数的对比

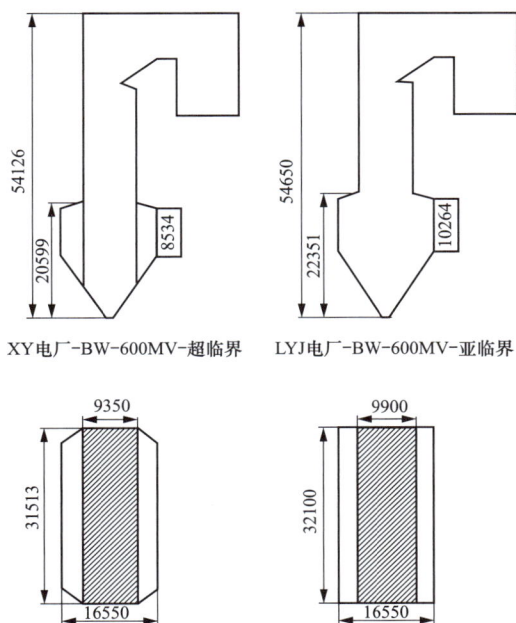

图 8-57　XY 电厂和 LYJ 电厂
锅炉炉膛特征参数的对比

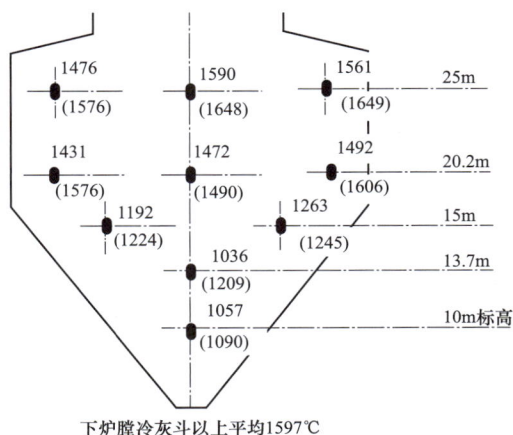

图 8-58　XY 电厂锅下炉膛温度分布图

（3）热负荷分布不均，导致水冷壁超温和 NO$_x$ 增加。受超临界 W 火焰炉的炉膛形状限制，无法布置常规超临界机组采用的螺旋管圈，被迫采用低质量流速垂直管圈水冷壁。垂直管圈低质量流速超临界机组是近年来刚发展起来的先进技术，具有循环阻力小、结构简单等特点。低质量流速垂直管圈的技术，是由西门子公司和美国 B&W 公司共同开发的技术。全世界第一台低质量流速垂直管圈的锅炉是由英国巴布科克公司为我国 YM 电厂 300MW 机组的改造工程制造的。根据当时相关计算表明，当热负荷偏差大于 30% 时，将无法保持水循环的安全性。因此热负荷分配不均是水冷壁超温的主要原因。

其他 W 火焰炉下炉膛温度分布图见图 8-59。

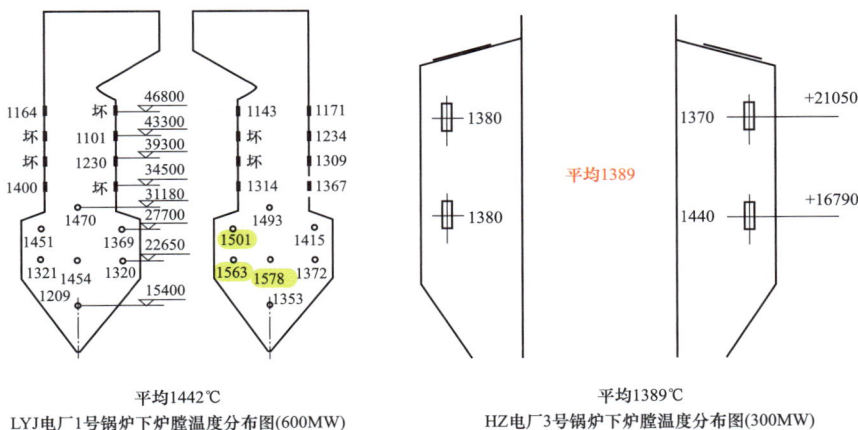

平均1442℃
LYJ电厂1号锅炉下炉膛温度分布图(600MW)

平均1389℃
HZ电厂3号锅炉下炉膛温度分布图(300MW)

图 8-59　其他 W 火焰炉下炉膛温度分布图（一）

395

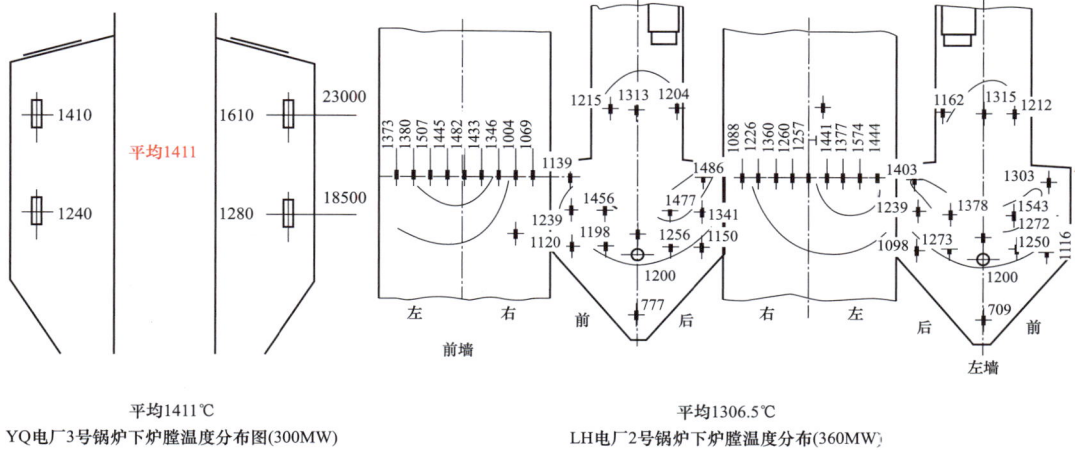

平均1411℃
YQ电厂3号锅炉下炉膛温度分布图(300MW)

平均1306.5℃
LH电厂2号锅炉下炉膛温度分布(360MW)

图8-59　其他W火焰炉下炉膛温度分布图（二）

1) 宽深比较大导致热负荷分配不匀。XY电厂1号锅炉由于炉膛宽深比较大，为2.046，带来沿宽度方向热负荷分布不均的问题。根据现场摸底试验测试结果，靠炉膛中间部位，氧量较低、温度较高。这就是导致中部水冷壁管圈易于超温的原因之一。采用英国巴布科克公司技术的W火焰炉，下炉膛宽深比都在0.9左右，中部水冷壁超温的问题则不太明显。

2) 燃烧器旋向不合理导致热负荷分配不匀。热力型NO_x由气体中的氮和氧在高温下（一般在1300℃以上）反应生成，其生成量与温度和在高温区停留的时间以及氧的分压有关。W火焰炉燃烧温度较高，热力型NO_x大量产生，这是一般未采取低NO_x燃烧技术的锅炉NO_x的排放浓度一般在$800mg/m^3$左右，而W火焰炉NO_x高达$1200\sim1800mg/m^3$的主要原因。因此，W火焰炉降低NO_x的首要方向是在燃烧效率尽可能不降低的前提下降低燃烧温度的峰值。

浓缩型EI-XCL燃烧器一次风喷口外侧设计有旋流内外二次风，其目的是通过控制其叶片角度来卷吸高温热烟气并适时补充燃烧所需的空气，即有利于煤粉的着火与燃尽。但此种设计也导致浓一次风煤粉（浓缩后）在出喷口后受内外二次风旋转动量矩的影响而改变其原运动方向产生强烈的旋转；XY电厂锅炉燃烧器旋向原设计为沿炉膛中心线对称布置，此种布置方式使旋转的一次风煤粉过多集中于炉膛中心，导致沿炉膛宽度方向热流密度输入不均，局部峰值温度升高，热力型NO_x升高。

热负荷分布不均匀，炉膛中部温度过高，还造成水冷壁吸热不均，也是中部水冷壁容易超温，约两月爆管一次（根据运行统计）的重要原因之一。

（4）制粉系统存在的问题。

1) 制粉系统无均粉装置带来的问题。根据磨煤机技术协议，分离器出口管道不含粉气流的偏差不大于5%，煤粉分配的不均匀性不大于10%。根据多台未设置均粉器的锅炉现场实测的结果，经过一次风管调平不含粉气流的偏差低于5%是可能做到的，但是含粉气流的浓度偏差一般都在30%以上，不少制粉系统含粉浓度的偏差高达50%～70%。对于四角切圆燃烧的锅炉，由于全炉膛组织燃烧，煤粉浓度分配不均带来的影响，相对较小。但是对于墙式燃烧，特别是W火焰燃烧的锅炉带来的影响则比较严重。尤其是对于XY电厂

W 火焰炉，由于其宽深比高达 2.046 是三种 W 火焰炉中较高的（见表 8-31 和图 8-56）。因此，煤粉分配不均带来的影响更为严重。

煤粉浓度分配不均，必然导致氧量分配不均，不仅直接影响燃烧效率，更重要的将导致 NO_x 上升。

煤粉浓度分配不均对水冷壁超温的影响更不能忽视。而 W 火焰炉宽深比一般都在 1 以上，XY 电厂 W 火焰炉的宽深比更高达 2.046，每台磨煤机对应的燃烧器又不可能像墙式燃烧的锅炉那样采用全对称的对冲布置，再加上上述风粉分配不均带来的影响，造成由热负荷分配不均导致水冷壁超温的可能性增加。这就是在运行中多次发生水冷壁管超温的重要原因之二。

2）少球运行技术和旁路风控制不灵带来的问题。磨煤机出力选择偏低，制粉细度选择偏高是早期 300MW 等级 W 火焰炉共同的问题。

根据当时执行的 DL/T 5145－2002《火力发电厂制粉系统设计计算技术规定》，对于贫煤、无烟煤制粉细度计算的要求，$R_{90}＝0.5 n V_{daf}$，按设计入炉煤挥发分 9%、7.02%、16%，不均匀系数 n 按 0.7 计算，R_{90} 分别应等于 3.15%、2.46%、5.6%，相应的 R_{75} 应在 5%～8%，设计值 11% 显然偏高。

XY 电厂 1 号锅炉双进双出磨煤机，也选用的上重生产的 BBD 双进双出磨煤机，设计制粉细度 6%。按此要求，在考核试验中取得了飞灰可燃物 1%～2%，大渣可燃物 1%～2%，锅炉效率 93.30% 的较好成绩。但是目前全国不少电厂都在推广磨煤机少球运行技术。XY 电厂磨煤机设计最大装球量 86t，推荐装球量 81t。采用少球技术运行后现装球量仅 37t 左右，虽降低了制粉电耗，但由于磨煤机碾磨出力下降，被迫加大一次风量，结果制粉细度由设计的 6% 上升到 20%，再加上旁路风调整不灵，一次风率上升到 24.8%。其结果大渣可燃物由考核试验的 1%～2% 上升到 7%～8%，一次风率上升，给分级配风组织燃烧带来不利影响，也是造成 NO_x 上升的重要原因之一。

（5）经常发生灭火。该炉在运行中经常发生灭火，据运行反映是由于配煤不匀所造成的，甚至在满负荷下也多次发生灭火，今年已经有所缓解。具体原因还有待进一步调查。

8.2.3.5 改造方案

1. 总体改造思路的确定

（1）改造煤质的确认。表 8-32 根据对 2011 年入厂煤的调查，采用 2011 年入厂煤的平均值作为设计煤种。

表 8-32 全 年 入 厂 煤 质

年份		M_t	M_{ad}	V_{ar}	V_{daf}	A_{ar}	R_{90}	$Q_{net,ar}$
		%	%	%	%	%	%	MJ/kg
2011	最大	12.7	4.61	37.21	53.40	51.28	25.81	23.17
	最小	0.8	0.15	3.71	5.66	5.08	0.01	11.81
	平均	7.8	1.14	9.19	14.73	37.75	3.18	17.45

（2）改造目标。该炉改造后的目标确定为：

1）锅炉 NO_x 的排放值（$O_2＝6\%$）不超过 $900mg/m^3$，力争 $800mg/m^3$。

2）锅炉效率基本不低于现有锅炉效率。

（3）改造的思路。

1）使用控制氧量的燃料/空气分段燃烧技术，即增设燃尽风，实现炉膛整体分级送风（乏气、分级风、OFA），降低 NO_x 浓度。

2）改造炉膛燃烧组织，燃烧器由两侧向中间旋转改造为成对旋转布置，减少炉膛的温度偏差。

3）适当减少下炉膛的卫燃带面积，以减少下炉膛的燃烧强度和炉膛温度，降低高温型 NO_x 的生成。

4）按系统工程的观点，恢复磨煤机设计装球量，提高制粉细度；再配合检修旁路风门，恢复原设计一次风率；增加煤粉分配器大力改进风粉分配；改造二次风的供风系统，对二次风进行精确控制。

5）同时进行等离子体加氧点火改造。在采取上述措施的基础上，使下炉膛温度场均匀，降低下炉膛火焰温度局部峰值，尽可能减少高温 NO_x 的生成；适当降低下炉膛的过剩空气量以便于实现分级燃烧，进一步降低 NO_x；减少炉膛热偏差，降低水冷壁超温的可能性；力争在降低 NO_x 浓度的同时，减少对燃烧效率的影响。

2. 燃烧系统的改造方案

（1）增加燃尽风方案。低 NO_x 煤粉燃烧系统设计的主要任务是减少挥发分氮转化成 NO_x，其主要方法是建立早期着火和使用控制氧量的燃料/空气分段燃烧技术，即采用两级燃烧方式，提供给燃烧器的风量略少于其正常燃烧所需要的风量，燃烧所需要的其余的风量通过燃烧器上方的燃尽风风口来提供。这种布置方式使燃尽风进入炉膛以前的区域都是燃料富集区，燃料在此区域的驻留时间较长，有助于燃料中的氮和已经存在的 NO_x 分解；同时增加燃尽风可有效减小上下炉膛温度峰值的差异即控制全炉膛峰值温度，确保合理有效地控制火焰中心高度，以达到控制 NO_x 排放浓度。1 号锅炉增加燃尽风方案中，乏气不宜作为燃尽风。

1）风量分配。采取必要措施改善下炉膛燃烧组织，在提高下炉膛的燃烧效率和燃尽程度的前提下，妥善分配燃烧过程各部分的风量，才能保证采用 OFA 的成功。为了保证在降低 NO_x 时，不致因下炉膛缺氧造成火焰中心上飘和飞灰可燃物上升，除了采取措施使下炉膛风粉分配均匀，火焰充满程度良好之外，其过量空气系数将高于一般燃用烟煤的分级燃烧的切圆燃烧和墙式燃烧锅炉，控制在 0.95～1.0，燃尽风 OFA 的风率控制在 0.15～0.20，上炉膛出口过量空气系数控制在 1.20～1.22。

2）燃尽风布置的位置。将燃尽风布置在下炉膛出口可能封锁下炉膛出口，而且将主火炬吹向后墙造成结渣，不宜采用，因此将燃尽风布置在分隔屏与下炉膛出口之间，并水平喷入炉膛，燃尽风喷口沿炉膛宽度方向呈均匀布置，占总风量 15%。燃尽风取自二次风风道，按此对现有二次风箱和风道进行改造，构造出新的 OFA 风箱和风道，见图 8-60。

燃尽风喷口和燃烧器的喷口上下一对一地布置，为了截断两侧墙由于翼墙形成的短路通道，在两侧墙分别布置各两只燃尽风喷口。燃尽风喷口总数为 28 只。

3）燃尽风燃烧器的结构。燃尽风燃烧器采用直流＋旋流风相结合的方式进行设计，示意图见图 8-61。中心直流风速度高，刚性大，能直接穿透上升烟气进入炉膛中心；外圈气流是旋转气流，离开调风器后向四周扩散，与靠近炉膛水冷壁附近的上升烟气混合。外圈气流的旋流强度和两股气流之间的流量分配均可以通过手动调节机构来调节。燃尽风总风量的调节通过燃尽风风箱入口风门执行器来实现调节。

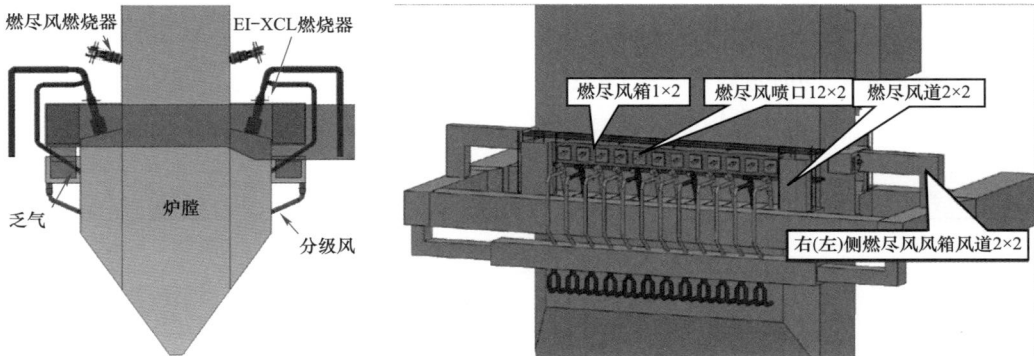

图 8-60　W火焰炉低 NO_x 燃烧技术改造方案图

（2）燃烧器旋向的改造方案。锅炉燃烧器旋转方向由炉膛中心对称布置改为顺时针和逆时针相间布置，见图 8-62 和图 8-63。

改造方案将燃烧器旋转方向改为顺时针和逆时针相间布置，此布置方式使相邻燃烧器一次风煤粉气流的旋转动量矩相互抵消，即沿炉膛宽

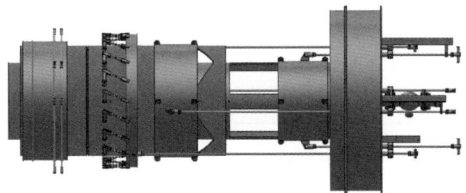

图 8-61　燃烧器结构示意图

方向煤粉浓度分布均匀，降低燃烧器局部区域的热流密度，使沿炉膛宽度方向的温度分布均匀，进而降低热力型 NO_x 的生成。考虑到燃烧器旋向改变工作量太大，最后确定只将等离子体点火的燃烧器的旋向改变。

后拱											
逆时针	逆时针	逆时针	逆时针	逆时针	逆时针	顺时针	顺时针	顺时针	顺时针	顺时针	顺时针
↺	↻	↻	↺	↻	↺	↻	↻	↻	↻	↻	↻
D1	E1	F1	D2	E2	F2	A1	B1	C1	A2	B2	C2
C3	B3	A3	C4	B4	A4	F3	E3	D3	F4	E4	D4
↻	↻	↻	↻	↻	↻	↺	↺	↺	↺	↺	↺
顺时针	顺时针	顺时针	顺时针	顺时针	顺时针	逆时针	逆时针	逆时针	逆时针	逆时针	逆时针
前拱											

图 8-62　原燃烧器旋向原设计布置示意图

（3）增设等离子体加氧燃烧器。将全炉两台磨煤机的燃烧器，在基本不影响原燃烧器运行特性的基础上，改为等离子体加氧点火燃烧器，另设加氧系统。

（4）减少卫燃带。XY电厂1号锅炉下炉膛热负荷 216.2kW/m^3（见表 8-30），三种型号 600MW 等级的 W 火焰炉中容积热强度最高（见表 8-31），而且下炉膛敷设大量卫燃带，

共912m²，占下炉膛包覆面积的49％左右。这种布置方式有利于提高下炉膛温度，有利于燃尽，因此XY电厂的锅炉燃烧效率较高。根据考核试验，NN电厂飞灰可燃物7％～8％，XY电厂飞灰可燃物仅为1％～2％。但是炉膛容积放热强度较高，卫燃带敷设较多，导致下炉膛温度过高（XY电厂锅炉炉膛内温度比其他W火焰炉偏高100℃以上），在拱下三次风上部也容易结渣，同时也容易产生高温热力型NO_x。这就是XY电厂W火焰炉NO_x高达1300mg/m³远高于GX电厂和NN电厂W火焰炉的重要原因。

后拱											
逆时针	顺时针	逆时针	顺时针	逆时针	顺时针	逆时针	顺时针	逆时针	顺时针	逆时针	顺时针
↻	↺	↻	↻	↻	↺	↻	↺	↻	↺	↻	↺
D1	E1	F1	D2	E2	F2	A1	B1	C1	A2	B2	C2
C3	B3	A3	C4	B4	A4	F3	E3	D3	F4	E4	D4
↺	↻	↺	↻	↺	↻	↺	↻	↺	↻	↺	↻
顺时针	逆时针	顺时针	逆时针	顺时针	逆时针	顺时针	逆时针	顺时针	逆时针	顺时针	逆时针
前拱											

图8-63　改造方案燃烧器旋向设计布置示意图

　　1号锅炉因结渣问题已将卫燃带减少了8％。此次改造将卫燃带适当减少55m²，使卫燃带保持下炉膛包覆面积的45％，下降到43％，见图8-64、图8-65。此次卫燃带改造可依次将图8-64中（5）和（4）去掉，其他部分视改造的设计煤质而定。

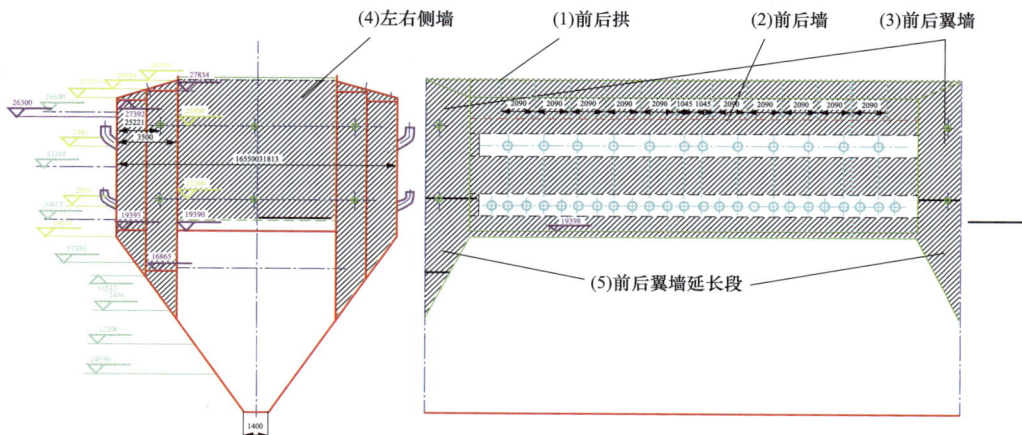

图8-64　原锅炉卫燃带布置图

　　（5）风粉系统的改造方案。

　　1）增加煤粉分配器。本次改造拟采用WF型微分式煤粉均分器。WF型煤粉均分器的主要技术指标：

a. 使每台磨煤机出口的各只引出管之间煤粉浓度偏差率小于 8%。

b. 使每台磨煤机出口的各只引出管之间煤粉粒度偏差率小于 8%。

c. 使每台磨煤机出口的各只引出管之间煤粉重量偏差率小于 10%。

d. 气固相流动阻力小于 300Pa。

e. 适用于磨煤机负荷变化范围 60%～110%。

f. 适用于 R_{90} 小于 55% 的煤粉。

g. 年磨损率达到国外同类产品水平，可换部件寿命大于 24000h。

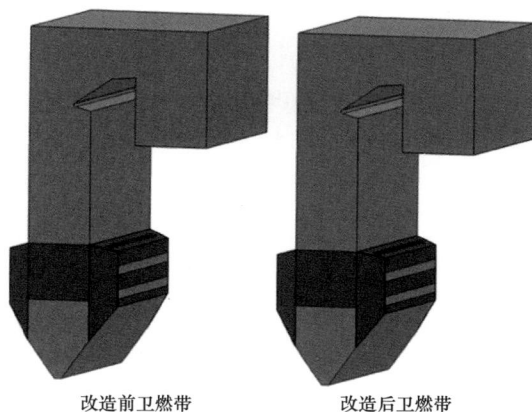

改造前卫燃带   改造后卫燃带

图 8-65 改造前后卫燃带的对比图

2）磨煤机运行方式改进。XY 电厂 1 号锅炉双进双出磨煤机采用少球技术运行（现装球量 37t 左右），虽降低了制粉电耗，但会引起磨煤机出力及煤粉细度裕量变小，制粉细度由设计的 6% 上升到 20%，一次风率上升到 24.8%，是造成锅炉燃烧组织不良，尤其是大渣的大幅度升高的重要原因，同时给低 NO_x 燃烧改造后的分级配风组织燃烧带来不利影响。

基于上述原因，拟将恢复 BBD4062 双进双出磨煤机原设计装球量（60～65t），钢球直径及其分布比例为：$\phi30:\phi40:\phi50=1:1:1$（重量比），其出力及煤粉细度可望有较大改善，并且应认真检修旁路风门，改变当前旁路风量过高的状况，从而解决采用双进双出磨煤机的 1 号锅炉煤粉偏粗，一次风率偏高的问题，以便为锅炉采用分级配风方式运行（低 NO_x 燃烧技术改造后）并降低 NO_x 排放量提供有利条件。

2012 年 11 月 23 日，经与 XY 电厂协商，电厂只同意将钢球量恢复到设计最低装球量 47t 进行试验。

（6）增加烟气再循环。

1）增加烟气再循环的必要性。

a. 保证燃烧组织的需要。实行炉膛整体分级送风增加 OFA 是降低 NO_x 所必需的措施。OFA 的风率为 16%，这一部分风量主要是由减少二次风来获得的。因此，燃烧器的风率将由原设计的 58%，下降到 42%～48%。燃烧器的二次风量减少 17%～27%，这必然对炉内燃烧组织带来极大的影响。采用 10%～15% 的烟气再循环，可以使二次风的总流量基本恢复到原有水平。

在改造的偏置燃烧器中，可以关闭内二次风运行，据现场反映效果较好。但是设计的燃烧器的性能，不能完全代表具有上百年设计经验的 B&W 燃烧器的设计经验。如果不整体改造燃烧器，在运行中采用关闭内二次风的方式运行，将违背锅炉原设计的意图，尤其是在增加 OFA 以后影响将会更大。

b. 降低 NO_x 的需要。XY 电厂 W 火焰炉，下炉膛容积放热强度较高，炉膛温度平均在 1547℃，比 LH 电厂 W 火焰炉高 182℃，比 YQ 电厂高 136℃。较高的炉温有利于提高燃烧效率（其飞灰、大渣可燃物为 1.5%～2%，远低于同容量的其他 W 火焰炉的 3%～7%）。据有关资料介绍在 1500℃ 以上，每增加 100℃，高温 NO_x 将增加数倍。因此，该炉 NO_x 的排放浓度也达到 1300mg/m³，远高于同容量的其他 W 火焰炉的 650～750mg/m³。

采用烟气再循环，有利于降低炉膛温度，可望显著地降低 NO_x。经检索 44 篇有关论文，烟气混入二次风中，能有效降低二次风含氧量，实现锅炉低氧燃烧，降低炉膛火焰温度，进而实现降低 NO_x 排放。尽管不少早期引入的以调整再热汽温为主要目的的带有烟气再循环系统的锅炉，因各方面原因，废弃不用。但实际考察 2009 年以来一直采用烟气再循环的 FUX 电厂 350MW 机组，降低 NO_x 的效果还是比较明显的。

c. 烟气再循环是有利的。为了进一步论证增加烟气再循环产生的影响，进行了十几种工况的数学模拟计算，主要结果见表 8-33。

表 8-33　　　　　　　　　　　　　增加烟气再循环数学模拟的结果

项目	无烟气 2070t，无 OFA	无烟气 2070t，16%的 OFA，有 2%侧 OFA	10%烟气，直加旋喷口，16%OFA，2%侧 OFA	10%烟气，直流方喷口，16%OFA，2%侧 OFA
尾部烟道出口 CO（μL/L）	2.5	776	162.6	39
尾部烟道出口 NO_x（mg/m³）	1555.3	984.4	902	626.8
尾部烟道出口温度（℃）	887.2	889.1	879.9	881.3
下炉膛出口温度（℃）	1427.6	1440.6	1397	1416.6
尾部烟道出口未燃尽碳（kg/s）	7.98×10^{-10}	3.39×10^{-7}	1.96×10^{-7}	2.9×10^{-7}
飞灰含碳量（%）	0.0078	0.546	0.107	0.128

由表 8-33 可知，OFA 风率 16%，不掺入烟气与掺入 10%的烟气相比较：

NO_x 由 984.4mg/m³ 下降到 626.8mg/m³；CO 由 776μL/L 下降到 39μL/L；飞灰含碳量由 0.546% 下降到 0.128%。

当然，数学模拟的计算结果不可能完全代表工程实践的最后结果，但是适当掺入烟气后各项指标较大幅度改善的趋势还是十分明显的。

2) 增加烟气再循环的风险分析。

a. 对燃烧效率的影响。因为增加烟气再循环以后，尽管和保持原有风量的条件相比对燃烧不利，但是和二次风量减少 17%～27% 相比，则有利于保持原设计的燃烧器的空气动力组织。因此，更有利于改善燃烧效率。

b. 对排烟热损失的影响。投入烟气再循环以后，由于烟气量增加 10%，而且排烟温度也可能上升，将造成排烟热损失增加。但是现有一次风率远超过设计值 15%。造成原因主要是旁路风门不严密和磨煤机钢球量只有 37t，远低于最佳值 60t。只要这次大修中将装球量恢复到最佳值，并尽可能减少旁路风的漏泄量，这一部分一次风不合理的增加量约 10%，就可以得到控制。该炉的运行实践证明，过量空气系数由设计的 1.25 降低到 1.18 是可行的。因此，排烟总量增加的问题可望得到一定的缓解。

此外这次改造包括增加省煤器受热面，可以使省煤器出口温度由 403℃ 下降到 380℃ 以下，因此不致造成排烟热损失增加过多。由于掺入烟气，空气预热器入口风温将升高 8℃ 左右，将影响空气预热器的换热量。但是尽管空气预热器温压会减少 8℃ 左右，但是由于冷烟引入送风机入口，空气预热器的冷却介质的通流量也增加10％，因此对排烟温度影响不大。

c. 燃用贫煤锅炉采用烟气再循环的风险。烟气再循环多在烟煤锅炉上使用，燃用贫煤锅炉燃烧组织比较脆弱，采用烟气再循环，可能会出现燃烧稳定性大幅度下降的问题。但是这台锅炉炉膛温度比其他W火焰燃烧炉的炉温高出136~182℃，根据热力计算的结果掺入烟气后下炉膛出口温度仅下降34~40℃，因此，不会对炉膛燃烧的稳定性带来较大的影响。

d. 烟气再循环系统如果带来一定的弊端，可关小或关闭该系统，即实现整个低氮改造工程的可逆性。

3）结论。仅仅增设OFA的改造方案无论从定性分析、数学模拟计算或者其他厂改造的教训都说明风险很大；增加烟气再循环的改造风险较小，而且该方案可进可退。

因此，建议应继续实行增加烟气再循环的方案，布置方案示意图见图8-66。但是增加烟气再循环这一改进，由于电厂和某公司对于烟气引入部位的意见不一致，该项工程并未实施。

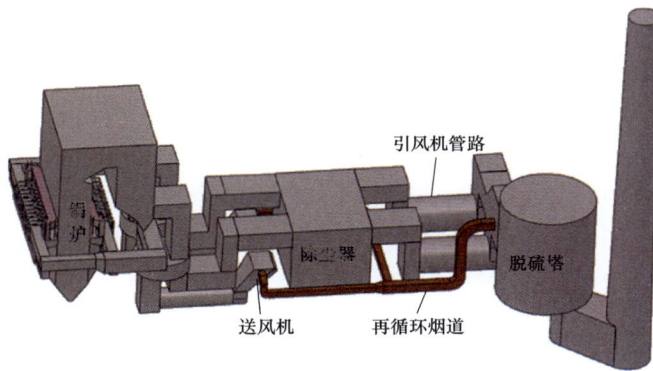

图8-66　烟气再循环布置方案示意图

8.2.3.6　改造的结果

1. 冷态动力场试验的结果

由于增加烟气再循环这一改进未能实施，根据多台B&W公司生产的W火焰炉据现场调试的经验，可以关闭内二次风运行。冷态试验即在这一工况下进行。炉膛整体配风时，分级风开度为50％、调风套筒开度为50％，前后墙燃尽风开度为100％，侧燃尽风开度为50％。实测数据表明，燃尽风取风能够达到设计的燃尽风风速及风率要求。炉膛整体配风试验结果见表8-34。

表8-34　　　　　　　　　　　　炉膛整体配风试验结果

项目	单位	改造后冷态模化	实测数据
一次风温度（磨煤机出口）	℃	15	15
粉管风速	m/s	18.40	约22
二次风温度	℃	15	15
一次风速（喷口）	m/s	16.44	
乏气风速	m/s	13.86	
二次风速（外环）	m/s	17.26	16.3
二次风速（内环）	m/s	2.72	4.03
分级风速	m/s	14.40	15.1

续表

项目		单位	改造后冷态模化	实测数据
燃尽风直流速度		m/s	15.04	16.13
燃尽风旋流速度		m/s	12.35	14.03
一次风	主气风率		10.75	11.31
	乏气风率		8.45	9.27
拱上二次风	外二次风率		36.58	35.62
	内二次风率		7.62	7.13
分级风率		%	20.35	19.7
燃尽风率		%	16.25	16.6

注：一次风实测21.2；外二次风32.0；内二次风10.5。

冷态动力场试验的结果说明：

（1）通过调整，各磨所对应的粉管风速之间的偏差均小于5%，并对表盘显示风速进行了标定。

（2）通过二次风总流量、分级风和拱上风流量的标定，对表盘系数重新修正。

（3）各煤粉燃烧器出口一次风主气流速度均匀性分布较好，沿炉膛宽度燃烧器外二次风风速分布相对均匀，内二次风速较小相对偏差较大（主要是内二叶片角度开的较大，使得阻力分配不均匀）。

（4）通过燃尽风喷口风速除靠近两侧墙4处外，其余风速分布相对均匀。调整后，将两侧墙4只OFA外旋叶片开度定为45°，前后墙最外侧4只OFA外旋叶片开度定为25°。燃尽风喷口调风套筒保持全开，热态调整时通过风箱入口风门挡板进行风量调节。

（5）炉膛整体配风表明，通过对分级风风箱入口风门和拱上燃烧器调风套筒开度的组合调整，在分级风风箱风门50%开度下和调风套筒50%开度下，燃尽风取风比较容易，风速和风率均能达到设计要求。

（6）炉内空气动力场的冷态烟花试验表明，燃尽风具有较好的对冲能力和覆盖能力，分布比较均匀；燃烧器下冲较好，在分级风喷口处出现转弯，前后墙气流对称呈W形分布，气流未刷墙。

2. 热态调整试验的结果

对一次风管内的风速进行了测量，并对个别均分器出口对应粉管的煤粉浓度进行等速取样测量，结果见表8-35。

表8-35　　调整前后A磨煤机对应粉管风速测量结果

磨煤机	内容	单位	粉管编号			
			A1	A2	A3	A4
A磨煤机	实测动压值	Pa	530	555	525	512
	测量风速	m/s	20.18	20.65	20.08	19.83
	调前表盘风速	m/s	30.5	24.9	26.4	25.2
	调后表盘风速	m/s	26.3	27.1	26.1	25.3
	偏差	%	0.38	3.4	−0.38	−3.4
	满负荷下表盘风速	m/s	31.3	33.1	31.3	29.8
	记录		A1风速偏差较大，将A1粉管可调缩孔关小18圈			

首先对 A 磨煤机对应的粉管风速进行标定，通过标定发现，实测值均低于表盘风速显示值，实测值和表盘值的变化趋势基本一致，故决定根据表盘值进行调平调整，再对调整后的粉管风速进行测量查看偏差。A1 风速偏差较大，将 A1 粉管可调缩孔关小 18 圈。

（1）燃尽风开度及炉膛整体配风试验结果。试验期间煤质热值 $Q_{net,ar}$ 维持在 16～20MJ/kg、空气干燥基灰分 A_{ad} 为 35%～42%、空气干燥基挥发分 V_{ad} 在 9.5%～13%。煤质波动较大，其中挥发分的波动对试验结果影响较为显著。

调整试验主要在 303、470MW 和 630MW 三个负荷下进行。主要调整工作包括锅炉整体配风、燃尽风风箱风门开度、侧墙燃尽风风门开关等。经过几天的调整跟踪，并进行 3 个负荷下重复试验。

1）630MW 高负荷下的结果。在燃尽风箱风门全关状态下，不对锅炉进行燃烧调整下，实测 NO_x 排放浓度为 950～1000mg/m³，低于改造前的 1100～1300mg/m³，说明尽管燃尽风没有打开，但是燃烧器的旋向改变、均粉措施、去除一部分卫燃带等措施是有效的。

在前后墙燃尽风箱风门开度 50%、侧墙燃尽风箱风门开度 30% 时，NO_x 排放表盘值为 650～670mg/m³。通过关小对应侧分级风量，下炉膛水冷壁温能够控制在正常值 430℃以下。逐渐开大前后墙燃尽风箱风门至 70% 开度，侧墙燃尽风箱风门不变，NO_x 排放值基本未变，说明燃尽风箱风门开度在 50% 时已达最大风量，与冷态试验确定的燃尽风门特性曲线相吻合。

在燃尽风箱风门开度保持不变的前提下，将炉膛出口氧量由 2.35%～2.45% 降至 2.08%～2.19% 后，省煤器出口 NO_x 值维持在 600～609mg/m³。主蒸汽温度约 571.1/570.8℃，再热汽温约 568.6/573.2℃，一级减温水（1.6+4.1）t/h，二级减温水约（7.7+6.8）t/h，排烟温度 154.5/155.5℃，与未开燃尽风时相比变化不大。

在燃尽风箱风门开度不变下，进行侧燃尽风开关试验，侧燃尽风全关时，省煤器出口 CO 排放约 500μL/L；燃尽风箱风门开度在 30% 时，CO 平均约 70μL/L。侧燃尽风对降低 CO 排放效果十分明显。

在脱硝入口测点进行实测，实测值氧量受尾部 SCR 喷氨的影响，氧量明显偏高，但 NO_x 排放趋势基本与表盘显示趋势一致，在 630MW 负荷下，开关燃尽风影响 NO_x 值 200～300mg/m³。

2）在 470MW 负荷下的结果。在燃尽风不开时，NO_x 基本维持在 810～845mg/m³。在前后墙燃尽风箱风门开度 40%、侧墙风门开度 15% 条件下，NO_x 排放表盘值可降至 607mg/m³。其他性能参数影响不大。

3）在 303MW 负荷下的结果。低负荷下，不开燃尽风时脱硝入口 NO_x 基本维持在 660～690mg/m³。在前后墙燃尽风箱风门开度分别为 50%、60%，侧墙风门开度 10% 条件下，NO_x 排放表盘值最低可降至 490～560mg/m³ 之间。其他性能参数变化不大。

（2）飞灰、大渣的影响。试验期间，对不同负荷及不同工况下的飞灰大渣取样，分成两份，一份交由电厂化验室化验，一份带回烟台公司化验。化验结果表明，高负荷下飞灰含碳量不超过 3%、大渣含碳量低于 5.8%；低负荷下飞灰含碳量低于 1.3%、大渣含碳量低于 5.3%，开关燃尽风并未造成未完全燃烧损失的大幅增加。炉膛温度测量结果见表 8-36。

表 8-36 下炉膛温度测量结果

470MW下	左前	左中	左后	右后	右中	右前
41.3m						
25.8m	1618	1568	结焦	1632	1644	1517
21.3m	1360	1534	1569	1572	1559	1619
17.1m	1020		1213	1177		1147
630MW下	左前	左中	左后	右后	右中	右前
41.3m	1134		1254	1286		1284
25.8m	1549	1502	1610	1589	1547	1605
21.3m	1473	1501	1618	1449	1486	1365
17.1m	1299	1290		979		980

注 470MW下OFA前后墙开度为40%、侧墙开15%；630MW下的OFA前后墙开度为50%、侧墙开30%。

630MW负荷下下炉膛平均温度为1390℃，说明下炉膛温度较改造前的1597℃下降较多。锅炉点火启动后，在下炉膛局部区域出现较为明显的结渣现象。试验期间，通过肉眼观察，在右侧墙及左后侧墙区域观火孔处均有焦渣堆积，个别观火孔甚至出现堵塞现象。可以看出，右侧墙炉膛温度明显较高，火焰下冲能力较弱，较多的分级风从下炉膛喷入抬高了火焰中心；在负荷630MW下，开启燃尽风后，下炉膛火焰温度均匀性有了较大改善，火焰下冲较强，但在冷灰斗处火焰对称性不好，此处火焰可能偏斜，故而分级风不宜减少太多。

（3）试验结论及改进建议。根据热态试验数据及结果分析，主要有以下结论：

1）通过调整，各磨煤机所对应的粉管风速之间的偏差均小于5%，热态试验粉管风速平均约28.87m/s。

2）各煤粉燃烧器出口一次风主气流速度均匀性分布较好，沿炉膛宽度燃烧器外二次风风速分布相对均匀，内二次风速较小，相对偏差较大（主要是内二叶片角度开的较大，使得阻力分配不均匀）。

3）通过燃尽风喷口风速除靠近两侧墙处外，其余风速分布相对均匀。调整后，将两侧墙4只OFA外旋叶片开度定为45°，前后墙最外侧4只OFA外旋叶片开度定为25°。燃尽风喷口调风套筒保持全开，热态调整时通过风箱入口风门挡板进行风量调节。

4）炉膛整体配风表明，通过对分级风风箱入口风门和拱上燃烧器调风套筒开度的组合调整，在分级风风箱风门50%开度下和调风套筒开度50%开度下，燃尽风取风比较容易，风速和风率均能达到设计要求。

5）炉内空气动力场的冷态烟花试验表明，燃尽风具有较好的对冲能力和覆盖能力，分布比较均匀；燃烧器下冲较好，在分级风喷口处出现转弯，前后墙气流对称呈W形分布，气流未刷墙。

6）通过燃烧调整，开启燃尽风后NO_x降幅明显，开启燃尽风后，高负荷下NO_x最低能降至650mg/m³；低负荷时，基本能控制在600mg/m³以下。

7）开启燃尽风并未造成飞灰大渣可燃物的明显上升。

8）630MW负荷下CO平均约70μL/L。

针对 XY 电厂低氮燃烧改造出现的问题，建议进行如下优化：

1）XY 电厂锅炉燃烧器未进行更换，仍采用原北巴生产的浓缩型 EI-XCL 双调风燃烧器，该燃烧器性能良好。基于改造调试经验和其他锅炉运行调整经验，实际运行内二次风量不宜过大，但内二次风可起到延迟主气和外二次风过早混合的作用，内二次风旋流强度的大小，对改善煤粉气流根部着火具有重要意义，设计的单调风燃烧器可考虑在主气和周界风之间设置一层夹层风，在夹层风内设置固定叶片，使其具有固定旋流强度。

2）乏气下引至下炉膛垂直墙处喷入炉膛，燃烧器虽然将主乏气进行了分离起到浓淡燃烧的作用，但易于引起前后墙结渣。

3）侧墙 OFA 作用明显，但此次改造侧墙安装的 2 只 OFA 距离较近，不能很好地覆盖近侧墙区域的上升烟气，其他同类型改造宜安装 3 只 OFA。

3. 考核试验的结果

试验煤质见表 8-37，锅炉效率见表 8-38，修正后的锅炉效率见表 8-39。

表 8-37　　　　　　　　　　试　验　煤　质

项目	符号	单位	600MW	480MW	320MW
收到基水分	M_{ar}	%	9.3	8.6	8.2
收到基灰分	A_{ar}	%	31.76	30.17	41.0
空干基水分	M_{ad}	%	1.66	1.90	1.54
干燥无灰基挥发分	V_{daf}	%	17.46	20.09	19.82
收到基固定碳	FC_{ar}	%	48.64	48.93	40.73
收到基低位发热量	$Q_{net,ar}$	kJ/kg	19210	19870	16400
收到基碳	C_{ar}	%	51.75	53.44	43.81
收到基氢	H_{ar}	%	2.10	2.22	2.00
收到基氧	O_{ar}	%	3.51	4.32	3.90
收到基氮	N_{ar}	%	0.77	0.73	0.73
收到基硫	S_{ar}	%	0.81	0.52	0.36

表 8-38　　　　　　　　　　锅　炉　效　率

项目	符号	单位	600MW	480MW	320MW
未燃碳热损失	L_{uc}	%	1.684	1.208	1.384
干烟气热损失	L_g	%	4.664	4.902	5.002
燃料水分热损失	L_{mf}	%	0.096	0.082	0.088
氢生成水的热损失	L_h	%	0.195	0.191	0.193
空气中水分热损失	L_{ma}	%	0.228	0.150	0.260
辐射和对流热损失	L_R	%	0.170	0.170	0.170
CO 热损失	L_{co}	%	0.009	0.010	0.008
不可测量热损失	L_{un}	%	0.300	0.300	0.300
热损失之和	L_a	%	7.345	7.012	7.405
锅炉效率	η	%	92.66	92.99	92.59

表 8-39　　　　　　　　　　修 正 后 的 锅 炉 效 率

项目	符号	单位	600MW	480MW	320MW
未燃碳热损失	L_{uc}	%	1.684	1.208	1.384
辐射和对流热损失	L_R	%	0.170	0.170	0.170
CO 热损失	L_{co}	%	0.009	0.010	0.008
不可测量热损失	L_{un}	%	0.300	0.300	0.300
修正后排烟温度	L'_g	℃	133.1	128.4	120.8
修正后干烟气损失	L'_g	%	4.835	5.073	5.159
修正后燃料水分热损失	L'_{mf}	%	0.099	0.085	0.091
修正后氢生成水的热损失	L'_H	%	0.201	0.197	0.199
修正后空气中水分热损失	L_{ma}	%	0.113	0.079	0.151
修正后热损失之和	$\sum L$	%	7.411	7.122	7.462
修正后锅炉效率	η'	%	92.59	92.88	92.54

在试验煤种下，600MW（BRL）工况锅炉效率为 92.66%，480MW 工况锅炉效率为 92.99%，320MW 工况锅炉效率为 92.59%。经送风温度修正后，600MW（BRL）工况修正后锅炉效率为 92.59%，480MW 工况修正后锅炉效率为 92.88%，320MW 工况锅炉效率为 92.54%。三个工况锅炉效率均高于性能保证值 91.54%。

NO_x 的测试结果见表 8-40。

表 8-40　　　　　　　　　　NO_x 的 测 试 结 果

项目	单位	600MW	480MW	320MW
省煤器出口氧量（A/B）	%	3.20/2.93	4.80/4.33	5.66/5.93
省煤器出口 NO_x（A/B）	μL/L	338.0/392.7	280.5/358.2	255.0/292.1
省煤器出口折算后 NO_x（$6\%O_2$）	mg/m³	583.9/668.4	532.4/660.7	511.2/596.0
平均值	mg/m³	626.1	596.6	553.6

CO 测定结果见表 8-41。

表 8-41　　　　　　　　　　CO 测 定 结 果

项目	单位	600MW	480MW	320MW
低温省煤器出口烟温（A/B）	℃	120.5/118.5	114.5/110.2	102.6/103.0
省煤器出口 CO 含量（A/B）	μL/L	28/33	29/26	21/24
空气预热器出口 O_2 含量（A/B）	%	4.31/4.40	6.15/5.66	7.33/7.38
空气预热器出口 CO 含量（A/B）	μL/L	21/25	22/21	16/18
空气预热器出口 CO_2 含量	%	15.4	14.0	12.5
空气预热器进口一次风温（A/B）	℃	44.3/44.9	43.1/44.0	39.7/40.8
空气预热器进口二次风温（A/B）	℃	33.7/35.1	32.3/34.2	30.5/32.7
空气预热器进口一次风量	t/h	373	357	275
空气预热器进口二次风量	t/h	1664	1472	1051
大气压力	Pa	99000	98900	99100

续表

项目	单位	600MW	480MW	320MW
相对湿度	%	69	46	85
环境温度	℃	31.7	32.8	28.6
飞灰含碳量（A/B）	%	2.86/2.81	1.82/1.90	1.65/1.51
炉渣含碳量	%	3.47	4.75	1.81

试验结论如下：

（1）使用试验煤种，在机组负荷 600、480MW 和 320MW 三个工况下，省煤器出口 $6\%O_2$ 折算后平均 NO_x 排放浓度分别为 626.1、596.6、553.6mg/m³。各工况下 NO_x 排放浓度均达到技术协议设计保证值中低于 700mg/m³、力争 650mg/m³ 的目标。

（2）三个试验工况下，修正后的锅炉热效率分别为 92.59%、92.88%、92.54%，均达到设计保证值 91.54%。

（3）三个试验工况下，省煤器出口 CO 排放浓度分别为 28/33、29/26、21/24μL/L；灰渣平均含碳量分别为 3.02%、2.36%、1.64%；经进风温度修正后排烟温度为 133.1、128.4、120.8℃。

4. XY 电厂锅炉改造的后评估

（1）在没有加入烟气再循环的情况下，燃烧情况总体良好。这说明采用基本关闭内二次风的方式运行是可行的。在适当控制下三次风的前提下，OFA 的风率 16%～18% 可以满足改造的要求，同时拱上风的风率也能满足改造的要求。这说明冷态数学模拟对于阻力匹配的计算是比较准确的，也说明燃尽风取风的布置设计是成功的。

这也说明旋流式燃烧器采用单调风是可行的。从降低氮氧化物的角度来看，因为拱上、拱下二次风已经实现了下炉膛的分级供风，燃烧器即使不采用双调风也可行。从拱上风的动量来看，在 17m 的标高处，炉膛温度可达 980～1280℃，充满程度是完全满足改造要求的。

如果再采用烟气再循环，将进一步降低燃烧区的温度，有利于降低高温 NO_x。也可以进一步加强炉膛的扰动，对燃烧带来有利的影响。

（2）侧燃尽风全关时，省煤器出口 CO 排放约 500μL/L；燃尽风箱风门开度在 30% 时，CO 平均约 70μL/L。侧燃尽风可以使 NO_x 下降，且对降低 CO 排放效果十分明显。

（3）630MW 高负荷下，在燃尽风箱风门全关状态下，不对锅炉进行燃烧调整下，实测 NO_x 排放值 950～1000mg/m³，低于改造前的 1100～1300mg/m³，说明尽管燃尽风没有打开，但是燃烧器的旋向改变、均粉措施、去除一部分卫燃带等措施是有效的。

（4）考核试验是在入炉煤干燥无灰基挥发分达到 18% 的条件下测定的，根据 JJ 电厂改变煤种的试验，用干燥无灰基挥发分为 14% 以下的贫煤时，NO_x 的排放值可能会上升到 750mg/m³ 左右。

8.2.4　LYJ 电厂锅炉和 XY 电厂锅炉改造有关问题的思考和建议

8.2.4.1　XY 电厂锅炉改造后燃烧效率比 LYJ 电厂锅炉改造后较高
改造后 XY 电厂 1、2 号锅炉和 LYJ 电厂 2 号锅炉灰、渣可燃物含量化验结果见表 8-42。

8.2.4.2　XY 电厂锅炉改造前比 LYJ 电厂锅炉的燃烧效率较高，NO_x 较高
2 号锅炉灰、渣可燃物含量化验结果见表 8-43。

表 8-42　改造后 XY 电厂 1、2 号锅炉和 LYJ 电厂 2 号锅炉灰、渣可燃物含量化验结果

锅炉	出力（MW）	锅炉效率（%）	NO_x（mg/m³）	CO（μL/L）	飞灰可燃物（%）	炉渣可燃物含量（%）	V_{daf}（%）	$Q_{ar,net}$（kJ/kg）	下炉膛平均温度（℃）
LYJ 电厂1 号锅炉	580	89.16	488	3262	11.49	19.33	17.29	22926	1416
LYJ 电厂2 号锅炉	600		741~849		7.19~9.13	3.25	17.58	19678	
XY 电厂1 号锅炉	600	92.59	626		2.83	3.47	17.46	19210	
XY 电厂2 号锅炉	584	93.49	620	9	1.3	0.44	23.37	20680	

注　1. XY 电厂 1 号锅炉数据摘自 2013 年 7 月 HNY 核试验报告。
　　2. XY 电厂 2 号锅炉数据摘自 2013 年 12 月 19 日 HEBGK 考核试验报告。
　　3. LYJ 电厂 1 号锅炉改后引自改造后 2014 年 3 月 31 日改造后摸底试验报告。
　　4. LYJ 电厂 2 号锅炉数据来改造后 2015 年 6 月"低氮燃烧运行调整经验总结"。

表 8-43　2 号锅炉灰、渣可燃物含量化验结果

锅炉	出力（MW）	锅炉效率（%）	空气预热器热前 O（%）	NO_x（mg/m³）	CO（μL/L）	飞灰可燃物（%）	炉渣可燃物含量（%）	R_{90}（%）	V_{daf}（%）	$Q_{ar,net}$（kJ/kg）	下炉膛冷灰斗以上平均温度（℃）
LYJ 电厂2 号锅炉	630	91.9	2.91	957	820	4.71	7.93	11.5	19.372	23177	1442
XY 电厂1 号锅炉	600	92.59		1200		1.91	0.15		21.95	18400	1549

注　1. XY 电厂 1 号锅炉数据摘自 HNY2012 年 12 月改造前试验结果。
　　2. LYJ 电厂数据摘自 2014 年 3 月 27 日摸底试验报告。

由表 8-43 2 号锅炉灰、渣可燃物含量化验结果可知，XY 电厂锅炉改造前比 LYJ 电厂锅炉的燃烧效率较高，NO_x 较高，究其原因：

（1）炉膛特征参数的差异造成的。XY 电厂锅炉容积放热强度较高，卫燃带占下炉膛辐射受热面的比例较高，因此下炉膛燃烧温度较高。

由表 8-44 中可见：改造前 XY 电厂锅炉下炉膛容积放热强度为 216.2kW/m³，LYJ 电厂锅炉为 190.5kW/m³。卫燃带占下炉膛辐射受热面的比例，XY 电厂锅炉为 44%，LYJ 电厂锅炉为为 33%。尽管 LYJ 电厂改造后卫燃带占下炉膛辐射受热面的比例已经上升到 47%，但是其卫燃带还有一部分布置在上炉膛，对着火和燃尽效果较差。以上两项原因导致下炉膛（冷灰斗以上）平均温度 XY 电厂为 1549℃，LYJ 电厂为 1442℃。

表 8-44　部分 XY 电厂和 LYJ 电厂炉膛特征参数对比表

项目	单位	XY 电厂 1、2 号锅炉（B&W）	LYJ 电厂（B&W）
机组额定发电功率（TRL）	MW	660	600
炉膛容积放热强度 q_V（BMCR）	kW/m³	89.5	85.3
下炉膛断面放热强度 q_F（BMCR）	MW/m²	2.843	2.832
下炉膛容积放热强度 $q_{V.L}$（BMCR）	kW/m³	216.2	190.5

续表

项目	单位	XY电厂1、2号锅炉（B&W）	LYJ电厂（B&W）
炉膛高度/全炉膛容积	m/m³	54.126/16678（说明书） ［54.126/17645（计算）］	54.65/19095（计算）
炉膛深度上/下炉膛×宽度	m×m	9.35/16.55×31.813	（9.9/17.1）×32.1
下炉膛折算高度 h_z	m	13.69（冷灰斗一半）	14.76（冷灰斗一半）
D_U/D_L（上/下炉膛深度比）		0.565	0.579
下炉膛宽深比		1.922	1.877
卫燃带面积（原设计/改动/改动/低氮改造）	m²	889/835/807	779/902/1000/1087
卫燃带占下炉膛面积比例（原设计/改动/改动/低氮改造）		44/41/40	33/39/43/47

XY电厂改造前/后卫燃带见图8-67。

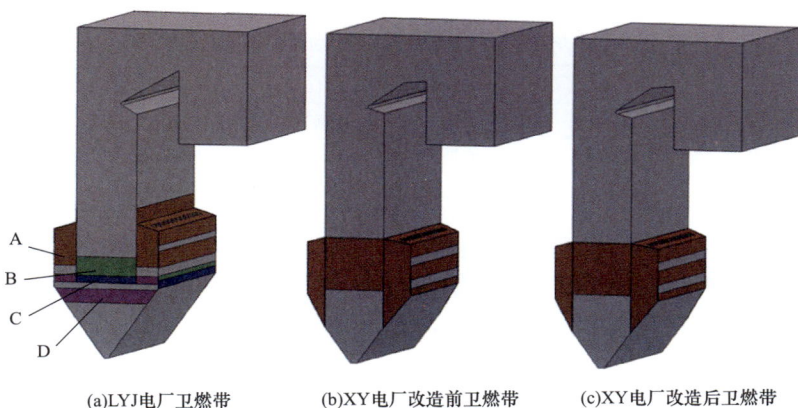

图8-67　XY电厂改造前/后卫燃带

图8-67左侧A部分为LYJ电厂原设计卫燃带，面积为779m²。

图8-67左侧B部分为LYJ电厂新炉投运后电厂增加的卫燃带，面积为123m²，总面积902m²。

图8-67左侧C部分为LYJ电厂煤种适应性改造时增加的卫燃带，面积为98m²，总面积1000m²。

图8-67左侧D部分为LYJ电厂（B&W优化整改）拟增加的卫燃带，面积为87m²，总面积1087m²。

（2）XY电厂磨煤机型号为BBD4062，燃煤量为233.7t/h，LYJ电厂为BBD4060，燃煤量为264.8t/h，这说明双进双出磨煤机出力选择偏低，必然导致煤粉变粗。XY电厂制粉细度 $R_{90}=6\%$，LYJ电厂制粉 $R_{90}=11.5\%$，远超过设计值6%。这就是XY电厂即使在改造以前，燃尽效果好于LYJ电厂的主要原因。

8.2.4.3　XY电厂锅炉改造后比LYJ电厂锅炉的燃烧效率较高，NO_x较低

LYJ电厂1号锅炉的改造方案基本参照了QX电厂和QB电厂300MW W火焰炉的改造方案，唯有OFA的风源直接取自二次风主风道。改造后的1号锅炉于2013年12月初重

411

新投运，改造后，锅炉运行稳定，各受热面壁温可控，无超温现象。锅炉出力可以达到最大蒸发量，可以满足机组 630MW 发电量的需求；锅炉煤种适应性增强，可以适应无烟煤、贫煤和中低挥发分烟煤的稳定燃烧。NO_x 排放浓度明显降低，燃烧改造设计煤种时，在 NO_x 分风道挡板开度仅为 30% 时，NO_x 排放浓度可以达到 $700mg/m^3$ 以下，达到了合同要求。CO 排放浓度低，改造后，锅炉 CO 浓度很低，基本在 $100\mu L/L$ 以内。改造后，尽管增加了部分卫燃带，但是锅炉结渣情况可控，甚至比改造前减轻，锅炉运行安全；在燃用改造设计煤种时，最低不投油电负荷达到了 280MW。

上述情况说明，改造总的方向是正确、有效的，但是，也存在一定的问题：

（1）改造后，锅炉在满负荷时，主蒸汽温度和再热蒸汽出口温度偏低，在 $520 \sim 540℃$。

（2）锅炉飞灰含碳量偏高，飞灰含碳量为 8%～10%。

2014 年 4 月，对 1、2 号锅炉摸底试验的结果说明，1 号锅炉改造后，飞灰可燃物、炉渣可燃物都大幅度升高。见表 8-45 和表 8-46。

表 8-45　　　　　　　　　　2 号锅炉改造前炉灰、渣可燃物含量化验结果

工况编号	飞灰可燃物含碳量（%）					炉渣可燃物含量（%）
	A 侧左	A 侧右	B 侧左	B 侧右	平均值	
630MW	3.65	5.71	5.89	3.59	4.71	7.93
350MW	2.74	2.27	2.37	2.61	2.50	9.04

630MW 和 350MW 两个负荷点下测得的锅炉实际热效率分别是 92.30% 和 93.25%，经空气预热器出口温度及煤质修正后的锅炉效率分别是 91.90% 和 92.91%。

表 8-46　　　　　　　　　　1 号锅炉飞灰可燃物含量化验结果

工况编号	飞灰可燃物含碳量（%）					炉渣可燃物含量（%）
	A 侧左	A 侧右	B 侧左	B 侧右	平均值	
580MW	10.69	11.10	14.98	9.17	11.49	19.33

1 号锅炉 580MW 负荷下测得的锅炉实际热效率 89.46%，经空气预热器出口温度及煤质修正后的锅炉效率为 89.16%，主要原因是飞灰可燃物和大渣可燃物大幅度升高所致。

LYJ 电厂 1 号锅炉改造后之所以出现这一问题，主要是燃用对于贫煤、无烟煤，燃尽风率不宜超过 20%。这次改造燃尽风率显然偏高。另外，在改造中只是考虑到增加了 OFA 以后，拱上、拱下的风率减小，为了保持拱上二次风、拱下二次风原有的穿透能力，从设计上缩小拱上二次风和拱下二次风的出口断面。认为断面积缩小就可以有效地提高拱上二次风、拱下二次风的流速，以达到保持适当的穿透能力的目的。但是并联系统中各次风率和风速的分配，绝不仅仅取决于流通断面，而是取决于并联系统中各通道的间的阻力匹配。流通断面减小，主观意图是希望提高流速，实际效果却增加了流通阻力。再加上 LYJ 电厂的燃尽风的风源直接取自二次风的主风道，阻力较小，因此燃尽风率更加偏高。

为了缓解这一问题，仿照 YG 电厂改造经验，在下炉膛拱上增加二次风喷嘴。这些措施对于缓解主再热汽温不足是有效的。而在降低飞灰可燃物方面，YG 电厂 4 号锅炉上实施的结果就不够理想，飞灰可燃物下降不多，还造成了高温腐蚀。后来这些新增的二次风喷嘴都被关闭。后续的另一措施是临时将前后墙水冷壁鳍片割开。这一措施尽管增加了下

炉膛的风量，但是这些风量都相当于无组织的漏风，对燃烧情况改善不大。这就是燃烧恶化，飞灰可燃物、大渣可燃物上升的主要原因。

LYJ电厂这些问题的出现，再次说明降低氮氧化物的改造是一项系统工程，如果燃烧组织不从系统上进行协调，是很难达到预期效果的。

1号锅炉燃尽风率过高，而且燃尽风由主风道上另设风道直接引到燃尽风道。不仅燃尽风的分配极不均匀，而且其设计目的是希望以挡板调节燃尽风量，但实际上，挡板线性调整不良无法达到调整的目的，大风量经燃尽风口送入炉膛，导致下炉膛严重缺风。尽管采取了拱上设专门的风口补风，前后墙打开鳍片补风等补救措施，仍难改变下炉膛严重缺风的现状，反而造成下炉膛燃烧组织混乱。

2号锅炉吸取1号锅炉的教训，由大风箱引出燃尽风，但是燃尽风率高达22%以上，对于W火焰炉是偏高的。这就是2号锅炉改造后燃尽率较低的主要原因。

XY电厂燃尽风率一般控制在16%。

（3）XY电厂根据煤粉分配不均的问题，采用了煤粉分配器，其均分效果较好，对于燃尽十分有利。

（4）XY电厂在两侧墙设置了燃尽风。现场调试说明两侧燃尽风开闭可以使CO由$500\mu L/L$下降到$70\mu L/L$，十分有利于燃烧。

第9章

W火焰炉改造有关问题的思考和建议

9.1 W火焰炉改造结果的汇总

9.1.1 BW类型W火焰炉低氮改造统计

BW类型W火焰炉低氮改造统计表见表9-1。

表 9-1 　　　　　　　　　　　BW类型W火焰炉低氮改造统计表

序号	电厂名称	锅炉容量(MW)	低氮改造厂家	改造前后	煤质		NO$_x$ (mg/m³)	飞灰可燃物(%)	大渣可燃物(%)	锅炉效率(%)	是否结渣	备注
					V_{daf}(%)	$Q_{net,ar}$(kJ/kg)						
1	YG电厂3号锅炉	300	BBC	前	9.85	23655	1444	7.29	1.04	87.62		烟台龙源2011年摸底试验
				后	12.69	20368	650~800	5.5~6.0				
2	YG电厂4号锅炉	300	BBC	前	9.85	23655						
				后	12	22403	800	10				
3	QX电厂3、4号锅炉	300	BBC	前			1100~1200			89.69		黔西电厂赵雄"低氮改造与调整"文章
				后			673~810	6.23~10.3	2.06~9.3	87.45~89.77	未发生大面积结渣	黔西电厂赵雄"低氮改造与调整"文章
4	QB电厂1号锅炉	300	BBC	前	10.89	18605	1100~1350	9.52~11.75	7.82~8.98	87.27		2013年8月改前性能试验报告;煤质为2号锅炉数据
				后	14.05	17190	685~800	8.0~10.0	8.0~9.0	87.48	未发生大面积结渣	2014年1月改后性能试验报告;煤质为2号锅炉数据
5	QB电厂2号锅炉	300	BBC	前	10.89	18605	1033	9.66	9.51	86.83		2014年5月改前性能试验报告
				后	14.05	17190	697	8.77	17.4	87.63	未发生大面积结渣	2014年12月改后性能试验报告;工况1、2平均值
6	YX电厂2号锅炉	300	BBC	前	13.08	19880		3.92	1.8	90.65		2014年修前报告平均值
				后	10.99	22931	822	6.91	1.41	91.42		改后报告平均值

序号	电厂名称	锅炉容量(MW)	低氮改造厂家	改造前后	煤质		NO_x (mg/m³)	飞灰可燃物(%)	大渣可燃物(%)	锅炉效率(%)	是否结渣	备注
					V_{daf}(%)	$Q_{net,ar}$(kJ/kg)						
7	SA电厂1号锅炉	350	BBC	前	17.3	24460	951~1078	10.9~13.5	9.02~11.74	89.83~90.21		
				后	17.3	24460	660~746					改后B&W热态调整试验
8	SA电厂2号锅炉	350	BBC	前	17.37	23040	846~936	12.1~14.7	22.7~28.4	87.53~88.63		摸底试验报告
				后	14.15	24300	619~676	11.34~19.43	14.9~22.65	87.11~89.98		改后考核试验报告
9	LYJ-B厂1号锅炉	600	BBC	前	7.18	21790	957	4.71	7.93	91.9		
				后	17.58	19678	喷氨量大	11.49		89.16	加重、可控	引自"改造技术协议""运行调整经验总结"(2012年)
10	LYJ-B厂2号锅炉	600	BBC	前	7.18	21790						
				后	17.58	19678	741~819	7.14~9.13	3.25			引自"改造技术协议""运行调整经验总结"(2014年)
11	LEY电厂4号锅炉	300	DTY	前	23.7	21990		5.22	3.7	89.77		
				后	7.72	21248	914~1150	5.83~6.17	4.17	91.43		
12	XY电厂1号锅炉	630	YTLY	前	21.95	18400	1200	1.91	0.15	92.05		2012年12月改前试验报告
				后	17.46	19210	626	2.83	3.47	92.59	否	2013年7月改后试验报告
13	XY电厂2号锅炉	630	YTLY	前								
				后	23.37	20680	620	1.3	0.44	93.29	否	2014年1月

BW类型W火焰炉改造共计14台（其中QX电厂3、4号锅炉计为2台锅炉）。其中YTLY改造2台。

9.1.2　FW类型W火焰炉低氮改造统计

FW类型W火焰炉低氮改造统计表见表9-2。

表9-2　　　　　　　　　　　FW类型W火焰炉低氮改造统计表

序号	电厂名称	锅炉容量(MW)	低氮改造厂家	改造前后	煤质		NO_x (mg/m³)	飞灰可燃物(%)	大渣可燃物(%)	锅炉效率(%)	是否结渣	备注
					V_{daf}(%)	$Q_{net,ar}$(kJ/kg)						
1	QB电厂3号锅炉	300	DGC	前	10.89	18605	1092~1095	6.0~6.02	7.33~10.4	86.34~86.37	侧墙结渣严重	改前性能试验报告2015年6月"煤质为2号锅炉数据"
				后	14.05	17190	747.8~790.6	4.1~4.5	2.5~2.8	89.88~89.97	轻微结渣	改后性能试验报告2015年12月"煤质为2号锅炉数据"

续表

序号	电厂名称	锅炉容量（MW）	低氮改造厂家	改造前后	煤质		NO_x（mg/m³）	飞灰可燃物（%）	大渣可燃物（%）	锅炉效率（%）	是否结渣	备注
					V_{daf}（%）	$Q_{net,ar}$（kJ/kg）						
2	QB电厂4号锅炉	300	DGC	前	10.89	18605	905.6~922.6	7.96~9.06	6.09~6.18	87.47~87.45	侧墙结渣严重	改前性能试验报告2015年6月
				后	14.05	17190	687.6~726.4	3.7~4.0	3.9~4.6	90.29~89.96	轻微结渣	改后性能试验报告2015年10月"煤质为2号锅炉数据"
3	YX电厂3号锅炉	300	DGC	前	7.99	22816	1230			89.69		"YX电厂改造前摸底试验报告"
				后	10.69	20220	892	3.19	8.31	89.02		"YX电厂3号锅炉大修后NO_x试验报告"
4	YX电厂4号锅炉	300	DGC	前	7.99	22816	1200	4		90.3		"YX4号锅炉低氮燃烧器标书"
				后	14.6	15740	845	8	10			YX电厂4号锅炉调研报告
5	SA电厂3号锅炉	300	DGC	前	10.8	23160	1480	9		91.24		引自"3号锅炉和4号锅炉低氮改造工程标书"
				后	11.69	24550	755	5.14	37.98	91.37	结渣严重	3号锅炉和4号锅炉改造后考核试验报告
6	SA电厂4号锅炉	300	DGC	前	10.8	23160	930~1050	8.88		90.02		3号锅炉和4号锅炉低氮改造工程标书
				后	11.94	24670	755	5.14	5.93	92.45	结渣严重	改造后考核试验报告
7	HAF电厂1、2号锅炉	660	XGY	前								
				后	16.56	19340	813	4.52	5.31	92.47		4号锅炉改造后性能试验报告
8	LH电厂5号锅炉	600	XGY	前	13.53	21.39	866	2.81	16.14	90.84	不结渣	2015年11月摸底试验
				后	28.68	18.37	531.8	1.72	0.16	91.91	不结渣	2018年改后考核试验报告
9	LH电厂6号锅炉	600		前	13.53	21.39	690.8	1.2~3.6	0.33~3.11	91.62~92.37	轻微结渣	2016年5月烟煤掺烧试验（3台磨烟煤）
				后	23.17	20.78	585.31	1.55	5.19	92.56	不结渣	2018年低氮考核试验
10	JZS一期	600	DTJN	前								
				后	14.21	17370	775	4.22		90.4	结渣加重但可控	
11	YG电厂1、2号锅炉	300	DGC	前	13.13	18780						
				后			783	8.14				1号锅炉改后燃烧调整总结

续表

序号	电厂名称	锅炉容量(MW)	低氮改造厂家	改造前后	煤质		NO_x (mg/m³)	飞灰可燃物(%)	大渣可燃物(%)	锅炉效率(%)	是否结渣	备注
					V_{daf} (%)	$Q_{net,ar}$ (kJ/kg)						
12	JJ电厂5号锅炉	350	YTLY	前	20.84	23210	1200	2.79	3.59	92.02		
				后	24.67	20780	750	2.65	2.17	93.34	否	改后考核报告 2014年3月
13	JJ电厂6号锅炉	350	YTLY	前	20.6	20260	1210	2.75	16.63	92.02		
				后	14.66	23490	797	7.87	5.12	91.97	否	改后考核报告 330MW 2013年8月
14	JJ电厂5号锅炉	350	YTLY	前								
				后	28.98	22320	496	3.64	1.2	93.14	否	改后考核报告 2018年9月
15	JJ电厂6号锅炉	350	YTLY	前								
				后	23.75	23520	424	3.61	1.58	92.95	否	改后考核报告 2018年12月
16	YF电厂4号锅炉	300	YTLY	前	8.05	23354	850~1400	5.7	1.98	91.6		改前试验报告
				后	19.66	21630	785	4.72	5.34	91.57	否	改后试验报告 2014年12月
17	AS电厂1号锅炉	300	YTLY	前			873				否	
				后	9.78	24220	667	9.88	9.00	90.22	否	改后试验报告 2016年2月
18	AS电厂2号锅炉	300	YTLY	前	13.63	21443	1000	11.54	19.49	85.63	否	改前摸底试验报告
				后	12.16	20200	837	4.74	1.69	90.96	否	改后试验报告 2014年11月

FW 类型 W 火焰炉共计改造 20 台次，其中 YTLY 改造 7 台次。

9.1.3 英巴类型 W 火焰炉低氮改造统计

英巴类型 W 火焰炉低氮改造统计表见表 9-3。

表 9-3　　　　　英巴类型 W 火焰炉低氮改造统计表

序号	电厂名称	锅炉容量(MW)	低氮改造厂家	改造前后	煤质		NO_x (mg/m³)	飞灰可燃物(%)	大渣可燃物(%)	锅炉效率(%)	是否结渣	备注
					V_{daf} (%)	$Q_{net,ar}$ (kJ/kg)						
1	NY电厂1号锅炉	300	KDRT	前	10.25	20600	1156	12.89	6.96	86.02	轻微	修前报告 2011年1月
				后	12.91	20190	866	8.84	3.96	88.85	轻微	修后报告 2011年1月
2	NY电厂2号锅炉	300	HGC	前	11.34	20130	1203	6.81	7.46	89.54	轻微	修前报告 2013年5月
				后	16.6	20525	872	11.1	6.01	87.49	轻微	修后报告 2013年11月

序号	电厂名称	锅炉容量（MW）	低氮改造厂家	改造前后	煤质 V_{daf}（%）	煤质 $Q_{net,ar}$（kJ/kg）	NO_x（mg/m³）	飞灰可燃物（%）	大渣可燃物（%）	锅炉效率（%）	是否结渣	备注
3	NY电厂3号锅炉	300	KDRT	前	12.47	21145	1200	11.91	10.73	86.95	轻微	修前报告 2011年1月
				后	12.61	20620	958	8.7	3.08	89.05	轻微	修后报告 2011年1月
4	NY电厂4号锅炉	300	KDRT	前	13.42	19280	1250	10.68	5.95	86.55	轻微	修后报告 2014年9月
				后	13.14	20210	850	5.82	6.11	88.79	轻微	修后报告 2014年9月
5	QX电厂1号锅炉	300	KDRT	前	11.55	20200		9.52	4.26	88.28		修前报告 2009年3月
				后	9.32	20930		11.32	7.46	89.18		修后报告 2011年1月
6	QX电厂2号锅炉	300	KDRT									
7	TAZ电厂2号锅炉	600	HGC	前			1000	2～3				
				后	11.25	19880	605～632	7.21～7.37	11.57	90.023		修后调试报告 测试工况4
8	LH电厂1号锅炉	360	YTLY	前	22.26	19130	1167	5.05	1.65	90.62	无结渣	招标书中摸底试验数据
				后	19.47	20510	520	5.38	0.67	91.75	无结渣	修后报告 2019年5月
9	LH电厂2号锅炉	360	YTLY	前	22.26	19130	1167	5.05	1.65	90.62	无结渣	招标书中摸底试验数据
				后	27.14	20680	580	3.52	1.4	91.88	无结渣	修后报告 2019年5月
10	LH电厂3号锅炉	360	DGC	前	22.26	19130	1167	5.05	1.65	90.62	无结渣	招标书中摸底试验数据
				后	19.08	21250	396/380	3.94/3.88	1.3/1.85	91.55/91.59	无结渣	修后报告2018年6月（煤质为改造设计煤种）
11	LH电厂4号锅炉	360	DGC	前	22.26	19130	1167	5.05	1.65	90.62	无结渣	招标书中摸底试验数据
				后	19.08	21250	507/438	3.63/3.54	1.86/2.20	92.14/92.29	轻微结渣	修后报告2017年9月（煤质为改造设计煤种）
12	LIC电厂1号锅炉	600	YTLY	前	12.66	23210	1474	3.25		92.01	无结渣	招标书中摸底试验数据
				后	21.74	17790	775.3	2.53	1.52	92.59	无结渣	修后报告 2017年7月
13	LIC电厂1号锅炉	600	YTLY	前	12.66	23210	1474	3.25		92.01	无结渣	招标书中摸底试验数据
				后	18.77	20830	680.3	3.19	0.49	92.79	无结渣	修后报告 2015年11月

续表

序号	电厂名称	锅炉容量（MW）	低氮改造厂家	改造前后	煤质		NO$_x$（mg/m³）	飞灰可燃物（%）	大渣可燃物（%）	锅炉效率（%）	是否结渣	备注
					V_{daf}（%）	$Q_{net,ar}$（kJ/kg）						
14	HZ电厂3号锅炉	300	YTLY	前	16.54	21900	1226	7.68		89.82	无结渣	招标书中摸底试验（工况一）
					18.33	22110	896	10.03		89.17	无结渣	招标书中摸底试验（工况二）
				后	18.17	22190	779	8.8	3.52	90.58	有结渣	修后报告2016年2月

英巴类型 W 火焰炉改造 14 台，其中 YTLY 改造 5 台。据笔者统计，截至收稿前国内 W 火焰炉低氮燃烧改造 50 余台次，其中 YTLY 改造共计 16 台炉次。

9.2　改造思路的比较

FW 亚临界 W 火焰炉早期改造，主要目标是解决稳定燃烧、提高燃烧效率的问题，比较典型的改造是 HAF 电厂早期 660MW 火焰炉的改造和 AS 电厂 300MW 机组 2 号 W 火焰炉的改造。这两台锅炉改造，尽管有些效果，但是存在的问题较多，这种改造方式在此后的改造中，也都没有继续采用，因此不做此次讨论的重点。后来以降低 NO$_x$ 的排放浓度为主要目的的改造比较典型的是 DGC 对 YQ 电厂 1、2 号锅炉，YX 电厂 3、4 号锅炉，SA 电厂 3、4 号锅炉的改造，QB 电厂 3、4 号锅炉的改造；XGY 对 HAF 电厂 660MW 机组锅炉的改造，对 LH 电厂三期 600MW W 火焰炉的改造；JZS 电厂 600MW W 火焰炉的改造和烟台龙源公司对 JJ 电厂 5、6 号锅炉，AS 电厂 1、2 号锅炉，YF 电厂 4 号锅炉的改造，JJ 电厂 5、6 号锅炉的深度降低 NO$_x$ 改造和 LIY 电厂两台 300MW 机组锅炉，LIY 电厂 1、2 号锅炉的改造；B&W 公司对 LZ 电厂 600MW W 火焰炉的改造。

对双调风燃烧器的 W 火焰炉主要是 B&W 等公司对 300MW W 火焰炉的共计 20 台次锅炉的改造。其中烟台龙源公司对 XY 电厂 600MW 的改造，DTY 对 LEY 电厂 300MW W 火焰炉的改造。

对于英巴狭缝型燃烧器，主要是 KDRT 对 6 台 300MW W 火焰炉的改造，DGC 对 LH 电厂 300MW 机组 3、4 号 W 火焰炉的改造，烟台龙源公司对 LIC 电厂 600MW W 火焰炉的改造，对 HZ 电厂 300MW W 火焰炉的改造、对 LH 电厂 1、2 号锅炉改造。

这些改造实际上分为敞开式燃烧器和风包火燃烧器两种类型。

9.2.1　W火焰炉采用烟台龙源公司单调风燃烧器的改造后评估

9.2.1.1　对炉膛选型的评价

AS 电厂、JJ 电厂下炉膛抬高 1.7m 是合理的，而且多年来的运行说明，锅炉加高后原来最为担心的水循环安全性、钢架的承重能力、对锅炉主参数的影响等问题均未出现，说明改造工程的方案论证是合理的，工程上也是可行的。对于 FW 型 300MW W 火焰炉，如果下炉膛偏低，只要全炉高度够高，采用类似的方案也是可行的。在"贫改烟"的项目中也可较大幅度地降低下炉膛容积放热强度，是十分有利的。

9.2.1.2　偏置浓淡缩孔均流单调风燃烧器改造方式的综合评价

如何解决下炉膛的充满程度和燃烧效率之间的矛盾，是 W 火焰炉燃烧方式必须正视的问题。FW 型着重考虑着火和燃尽，原来早期 FW 技术采用敞开式燃烧器，燃烧器只数较多，一次风速较低，拱上风率较低；在下炉膛的容积放热强度和下炉膛卫燃带比例的选取上，都采用了较高的数值。这些措施都十分有利于着火和燃尽。但是燃烧器只数多、一次风流速低、拱上二次风率过低又导致主火炬动量太低，火焰短路，火焰易于发散；加上下炉膛卫燃带偏多和容积放热强度偏高又会导致结渣严重；拱上风率过低、燃烧器喷口太多、交叉布置也会导致补风困难、一氧化碳升高。

采用偏置浓淡缩孔均流单调风燃烧器，将燃烧器的总只数减少一半，将一、二次风、乏气集中布置，提高二次风在拱上的比例，都有效增加了主气流的动量，大大改善了下炉膛充满程度过低的状况。在老式的 FW 双旋风筒燃烧方式下为了提高充满程度，将乏气控制得很小，导致一次风速过高，着火困难。为了提高燃烧效率，偏置浓淡缩孔均流燃烧器在一次风出口设置了稳燃齿，利用主乏气之间的速差出现的环形回流区来提前着火；由于主气流的动量得到解决以后，又可以不再依靠控制乏气来提高一次风速，因此，对于贫煤和无烟煤，一次风速可以恢复到原设计的 $8\sim10\mathrm{m/s}$，也可以提高一次风速到 $18\sim22\mathrm{m/s}$，以适应掺烧烟煤的要求，这些都有利于提高燃烧效率。

缩孔均流燃烧器由于是风包火的燃烧后组织，极其有利于防止结渣，对于已经改造的、曾出现严重结渣的 LIC 电厂 600MW W 火焰炉、JJ 电厂 350MW W 火焰炉结渣都得到极大地缓解，即使对于燃用灰熔点 t_2 低于 1100℃ 的 AS 电厂 2 号锅炉，在下炉膛平均温度高达 1500℃ 以上时，也没有严重的结渣。已经改造的十余台 W 火焰炉全部实现基本无结渣，总的来说，改造效果还是比较好的。当然仍不能满足大量掺烧神华煤、不结渣的要求。

偏置浓淡缩孔均流燃烧器由于一次风主气流和乏气在同一喷口分内外两层布置，在调整一次风速时不会影响整个气流的动量，因此一次风风速可调，较大地改善了煤种的适应范围。

偏置浓淡缩孔均流燃烧器的适应范围较广，不但适应于 FW 类型的 W 火焰炉的改造，在 JJ 电厂 350MW 机组锅炉和 LIC 电厂 600MW 机组的狭缝型燃烧方式的 W 火焰炉上采用后，彻底解决了原来严重的结渣问题，基本解决了原来严重的偏烧，甚至因切火导致停炉的问题，NO_x 排放浓度也达到改造的要求。在 YF 电厂的改造中，当锅炉燃用干燥无灰基低达 5% 的石油焦时，燃烧稳定，氮氧化物也不算太高，锅炉效率也比较高。

采用偏置浓淡缩孔均流燃烧器的改造方式的缺点：一是造价比较高；二是燃烧器只数较少，风包粉的燃烧方式不利于着火和燃尽，导致着火不良，这主要是风包火的燃烧结构造成的。在煤质较差、制粉细度偏粗的情况下，往往飞灰可燃物偏高，这是此改造方式的主要的缺点；三是单调风的燃烧器，由于火炬是上小下大，不利于下射，尤其是在掺烧烟煤的情况下，由于烟煤着火较早，着火后气流的黏性指数上升，下射较为困难。这一问题在 LIC 电厂和 JJ 电厂改烧烟煤的改造中反映得比较明显，LIC 电厂改造后一度造成火焰中心偏高。后来将二次风风旋流叶片角度由 20° 调整到 11° 得到解决。LIC 电厂 600MW 机组锅炉下炉膛高度 24.093m，LH 电厂 1、2 号锅炉下炉膛高度 23.47m，二者基本相近，LIC 电厂一次风速 18.18m/s，LH 电厂一次风速 16.1m/s。LIC 电厂已经反映出火焰中心偏高，因此 LH 电厂更容易出现火焰中心偏高。其结果造成飞灰可燃物上升，过热器减温水量偏高。对这一问题可以通过在设计中适当提高一次风速和周界风速，适当减小周界风的扩散角来解决。对于贫煤，一次风速一般宜采用 10～16m/s，二次风率建议采用 28%。对于 V_{daf} 达到 23% 以上的混煤，如果下炉膛垂直高度在 23m 以上的锅炉，一次风速宜采用 20～22m/s，周界风的风速应进一步提高到 35m/s，其扩散角宜采用 10° 左右。

采用减少周界二次风，在燃烧器的外围，例如在侧后布置二次风引射来达到提前着火和保证主气流的充满程度时，因为风包粉的燃烧器，主火炬的动量较大，LIY 电厂冷态动力厂试验也说明由动量较小的油风来引射动量较大的主火炬，效果不佳，二次风不足以达到引射主气流的目的。在 JJ 电厂、LIY 电厂的改造中在油风部位增设了拱上风，结果效果不显著，反而导致二次风箱风压偏低。因此，风包火的燃烧方式，采用减小旋转二次风，在燃烧器的后侧增设拱上二次风引射的方式，是不可取的。

9.2.2　敞开式燃烧方式燃烧器的回顾

9.2.2.1　FW 型 W 火焰炉的回顾

在 LH 电厂三期 600MW W 火焰炉的改造中采用敞开式燃烧方式，利用二次风的引射作用来保证主火炬的充满程度，可以不一定要减少主喷口的数量，一次风喷口较多也有利于燃尽，从而减少了改造的工作量，相反，主喷口动量越低，越容易受到二次风的引射，反而容易提高主火炬的充满程度。

在一次风喷口侧后布置二次风喷口有利于吸引炉膛中心的火焰深入到一次风喷口之间，着火条件较好，加上采用高低速燃烧器既满足了煤粉气流快速着火，又有足够下射刚性的需求。

利用二次风风速高、刚性好的特点，拱上大量布置下射二次风（与一次风分离布置），利用拱上高速二次风引射着火的煤粉气流下行，增大煤粉气流下射深度，扩大下炉膛的空间利用率，增加煤粉在炉膛内的有效停留时间，便于煤粉燃尽，并为上炉膛布置燃尽风创造空间条件。

利用 W 火焰炉上、下炉膛的特殊结构，在火焰行程的不同区域（炉膛拱部、下炉膛前后墙、上炉膛进口前后墙）布置助燃二次风喷口，逐渐补入助燃空气，形成多点的空气分级，在炉内实现强度可控燃烧，防止 W 火焰炉下炉膛喉口下方出现高温高氧的 NO_x 高发的问题，较好地贯彻"引射回流、多点分级"低氮燃烧技术理论，取得了较好的效果。

LH 电厂 6 号锅炉于 2016 年 4 月 18 日凌晨点火启动，开始试烧烟煤试验。进行了三台磨煤机烟煤和四台磨煤机烟煤在满负荷下的锅炉效率测量。效果十分显著。满负荷下 NO_x 低于 650mg/m³，排烟温度在 160℃ 左右，飞灰含碳量在 1%～4% 之间，掺烧烟煤前排烟温度在 150℃，飞灰含碳量在 1.7%，锅炉效率基本没变；各负荷下主、再热蒸汽参数可以到设计值，但过热器减温水量较大，在 100～200t/h 之间，有时达到 300t/h。

对于燃用贫煤以致无烟煤的锅炉，采用这种改造方式的效果，希望能看到更多的业绩。

9.2.2.2　MBEL 和 Stein 型 W 火焰炉的回顾

采用敞开式燃烧器首先需要解决的是主气流的动量是否满足下炉膛充满程度的问题。在 2011 年在 YY 电厂改造的方案评审中就提出过分级引射的概念（W 火焰炉多次引射分级燃烧示意图见图 9-1），并在 TAZ 电厂的 600MW 超临界机组上得以实施。水冷壁为外二次风，可有效防止结渣。

其技术特点：浓煤粉气流布置在靠近炉膛中心一侧，有利于及时着火；一次风速低，下射深度小，在高速的内、外二次风、下倾的三次风依次引射下，保证了浓煤粉气流的下射深度，同时又实现了随燃烧进行逐渐供风，保证了煤粉燃尽及稳然。将淡煤粉气流布置在浓煤粉气流与前后墙之间，实现了浓淡燃烧；二次风分为内、外二次风、三次风，实现了多次分级燃烧，可保证低氮氧化物排放。靠近前后墙水冷壁为外二次风，可有效防止结渣。在 TAZ 电厂实施的结果，由于主蒸汽流动量过大曾经导致过热器、再热气温严重偏低，但是也说明采用敞开式燃烧方式，利用二次风多级引射一次风下射以提高主气流的充满程度是可行的。这次改造由于采用百叶窗式分离器来对一次风进行浓缩分配效果较差，而且把乏气布置在内、外二次风之间，不利于接受火焰中心的辐射热，在相对较浓的乏气进入炉膛 10m 的位置，也取出未被点燃的煤粉，也是飞灰可燃物较高的原因之一。

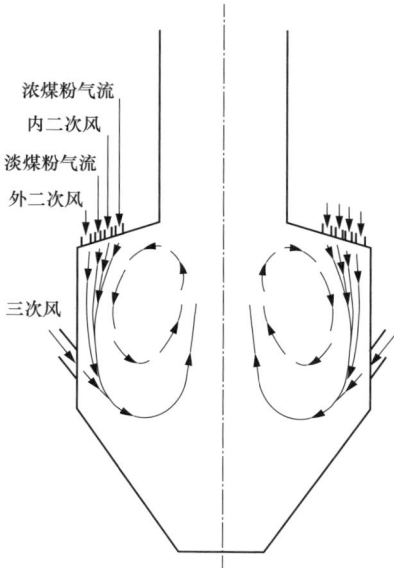

图 9-1 W 火焰炉多次引射
分级燃烧示意图

KDRT 仍然采用狭缝型燃烧器，但是把一、二次风之间的间隙增加了一倍，对一次风布置了浓缩结构。并适当增加了防渣风，得到了 NO_x 降低、着火改善、结渣减轻的效果。但是 V_{daf} 为 12％ 的贫煤锅炉效率基本在 90％ 以下，这说明还应当有改进的余地。例如，OFA 的风率采用 30％ 可能偏高。

该种方案在 LH 电厂 350MW W 火焰炉的改造上再次得到使用，但是进一步改善了浓煤粉的浓缩结构，同时增加了周界风；混烧了部分烟煤，NO_x 大幅度降低，飞灰可燃物不高，结渣可控。这说明这种方式是可行的。

采用敞开式燃烧器，最大的问题是防止结渣，在 SA 电厂、YQ 电厂、YX 电厂 300MW FW 型 W 火焰炉的改造上，由于这种炉型下炉膛容积放热强度过高，卫燃带面积太多，都造成了严重的结渣，甚至威胁到锅炉的安全运行。因此，采用敞开式燃烧方式，一般适用于下炉膛容积放热强度较低的锅炉，而且应当适当减少下炉膛卫燃带的面积。LH 电厂三期 600MW W 火焰炉，下炉膛容积放热强度从 HAF 电厂 660MW W 火焰炉的 265kW/m³ 下降到 217.4kW/m³，卫燃带从 1070m² 减少到 493m²，改造后锅炉效率基本未降低，结渣情况可控。

为了防止敞开式燃烧器的结渣，在一次风口设置周界风有利于减轻结渣。LH 电厂一期 350MW W 火焰炉的改造，采用敞开式燃烧器，但是设置了周界风。卫燃带原来单台炉 568m²，卫燃带面积占下炉膛面积 38％，2008 年由于煤质变化卫燃带面积增加 152m²，达 720m²，后来因结渣减少到 558m²，卫燃带面积占下炉膛面积 37.3％。本次又减少了 146m²，减少后剩余卫燃带面积 399.8m²，占下炉膛面积 35％。在下炉膛断面放热强度高达 2.9MW/m² 的条件下，尽管也发生结渣，但可以维持正常运行。

HAF 电厂 660MW 机组燃用贫煤锅炉，采用敞开式燃烧器改造，考核试验的效果不错，但是正式投入运行后效果差强人意。

考核试验 SCR 入口 NO$_x$ 浓度结果见表 9-4。

表 9-4　　　　　　　　　　　　　SCR 入口 NO$_x$ 浓度结果

项目	单位	工况一	工况二
机组负荷	MW	660	330
空气预热器前氧量	%	1.84	6.73
NO$_x$ 排放浓度	mg/m^3	813.6	882.3

考核试验锅炉效率见表 9-5。

表 9-5　　　　　　　　　　　　　锅炉效率（ASME PTC4-2008）

序号	项目	单位	工况一	工况二
1	机组负荷	MW	660	330
2	无烟煤比例	%	20.24	29.53
3	飞灰可燃物含量	%	4.52	1.84
4	炉渣可燃物含量	%	5.31	5.96
5	空气预热器后氧量	%	3.03	8.03
6	空气预热器前氧量	%	1.84	6.73
7	修正后效率	%	92.47	93.29

从表 9-5 可见，在 660MW 负荷下，空气预热器前氧量明显偏低，却没有 CO，在正常投入运行以后 2015 年 7 月的统计结果，NO$_x$ 为 1033～1098mg/m^3，飞灰可燃物 3.68%，大渣可燃物含量 3.33%。

对于宽深比较小的类似 LIC 电厂 600MW 机组锅炉，如果采用敞开式燃烧器，能否解决火焰旋转、偏烧结渣的问题，也希望能看到这方面的业绩。

9.2.3　仍然采用单、双调风燃烧器的燃烧方式进行改造的有关建议

总的来说，在三种不同类型的 W 火焰炉中，B&W 双调风型 W 火焰炉的炉膛轮廓选型，包括炉膛容积放热强度，特别是下炉膛容积放热强度、炉膛的宽深比、下炉膛的高度等方面都是比较合理的。双调风式燃烧器，采用风包火的燃烧组织，防结渣性能较好，着火稳定，对煤种适应性强。因此，该型锅炉在三种类型的 W 火焰炉中燃烧的稳定性较好，充满程度较好，防结渣性能较好，NO$_x$ 的排放浓度较低，未见有偏烧、结渣严重、气温偏差大等问题发生。

双调风型 W 火焰炉的不足之处是燃烧效率较低，这和该种燃烧方式燃烧器只数较少，不利于燃尽有关，而且对于这种风包火的燃烧方式，尽管采用了内外二次风的结构，但着火条件不如双旋风筒燃烧器等敞开式燃烧器，导致这种燃烧方式燃烧效率较低。在后期投入运行的超临界 W 火焰炉，例如 XY 电厂的 2 台 600MW 机组锅炉，对此已经做出了调整，适当提高了下炉膛容积放热强度（LYJ 电厂为 190kW/m^3，XY 电厂为 216.2kW/m^3），提高了卫燃带占下炉膛辐射受热面的比例（LYJ 电厂为 33%，XY 电厂为 44%）。制粉系统的选择上也留有较大裕量，因此 XY 电厂尽管在运行中出现了结渣，但是燃烧效率却高于 LYJ 电厂。

该型锅炉的改造除了 XY 电厂 600MW 机组的锅炉之外，全部是由 B&W 公司自行完成的。在改造中其基本思路是维持原有的燃烧组织，只是把原来由拱上主燃烧器供入的二次风，分了一部分作为 OFA 之用。在燃烧方式方面，尽管把乏气偏置，分级风一分为二，但是总的燃烧方式，尤其是在提高燃烧效率方面并未做更多考虑。在 300MW 等级锅炉的改造中，锅炉效率变化不大，NO_x 均有不同程度下降。但是在早期的 YG 电厂 4 号锅炉的改造中已经发现 OFA 的风率偏高。而在 LYJ 电厂 600MW 机组 1 号锅炉的改造中这一问题更为突出。在 2 号锅炉的改造中尽管采取了一些措施，例如更换为旋转中心风，改进 OFA 风箱布置方式等，但是在提高燃烧效率方面采取的措施不多，结果造成整个改造效果不佳。

因此，双调风系列燃烧器的改造，关键还在解决降低 NO_x 的同时，如何采取措施使燃烧效率受到的影响尽可能地减小。

对于贫煤和无烟煤，OFA 的风率不宜超过 20％。采用中心风环浓缩旋流燃烧器的效果尚待进一步实践检验。

9.2.4　其他应当注意的事项

9.2.4.1　关于乏气的布置

对于乏气布置的方法，英巴和 FW 布置在拱上方是欠妥的，布置在靠中心线一侧，乏气易于短路，布置在外侧不易着火；B&W 布置在前后墙下部靠近火焰中心的部位，因为乏气很难进入主气流，沿前后炉墙上升结果导致前后墙乏气上部结渣；KDRT 将乏气布置在下炉膛分级风之间，混于分级风之间，直接射入火焰中心，对防止结渣、降低飞灰可燃物是有利的。TAZ 电厂 600MW 超临界机组锅炉将乏气布置在前后两股二次风之间，结果乏气进入炉膛后，在下射 10m 的位置仍能采集到挥发分基本未析出的煤粉；后期东锅在改造中将乏气布置在原有 DE 风的位置，XGY 和 JZS 电厂 FW 型 600MW W 火焰炉的改造中，将乏气布置在拱顶靠前后墙一侧，偏置浓淡缩孔均流燃烧器将乏气布置在主气周围，其形成一定的速差，形成环形回流区，有利于着火，同时有利于乏气的燃尽，但是不利于主气和乏气中煤粉的浓淡分离，数值模拟指出将可能使 NO_x 上升 $20 \sim 30 \mathrm{mg/m^3}$。

9.2.4.2　关于 OFA 的风率

由于贫煤的燃烧特性，W 火焰炉 OFA 的份额一般不宜超过 20％，但是当掺烧烟煤以后，则可以适当提高 OFA 的比例，例如达到 23％～25％。但不宜将 OFA 的风率再度提高。LYJ 电厂改造中将 OFA 的风率取到 24％以上，结果造成燃烧效率大幅度降低的教训是值得汲取的。

9.2.4.3　必须以系统工程的观点来处理锅炉改造中出现的问题

从数学模拟开始就必按系统工程的观点来分析问题。建模之前应当进行认真的摸底试验，根据摸底试验的数据、原设计参数、结构参数等建模，只有当所建模型模拟的数据都符合摸底试验所得到的数据时，才说明所建的模型符合实际。数学模拟改造方案时，第一步是按设计要求模拟分配各次风率、风速的可能性，决不能按主观要求设定各次风率和风速，否则数学模拟预计的结果在实践中较难达到，将影响整个改造的结果。只有按阻力分配各次风率，而且适当匹配各次风的阻力使之达到设计要求，才能在此后的数学模拟中使模拟的结果符合实际情况，而且阻力模拟的结果不容许二次风箱的风压为零甚至出现负值。如果出现这种情况，实际中所有的设计风速和风率都不可能达到，整个燃烧组织也就全部失败。模拟中宜首先进行单只燃烧器的冷态数值模拟，然后将单只燃烧冷态模拟的出口数据作为全炉膛热态数值模拟入口边界条件，在此基础上进行全炉膛热态数值模拟。

数学模拟在提高火焰的充满程度时必须考虑火焰中心变化后对整个燃烧组织的影响，火焰中心位置对蒸汽温度的影响。

9.2.4.4　关于炉膛漏风的影响

炉底漏风直接影响锅炉火焰中心高度，这是造成 LH 电厂 2 号锅炉火焰中心调整困难的重要原因。锅炉炉底漏风越多，则从炉底进入下炉膛的无组织的冷风量越大，这将降低下炉膛的炉膛温度。同时减少了有组织的风量，影响锅炉的燃烧组织。

中间贮仓式制粉系统的漏风可以从乏气风机流量的大小加以计算后得出。制粉系统漏风越大，相当于炉膛的漏风越大。而且为了达到同样的干燥出力，从炉膛抽取的烟气量就越大，进入炉膛的乏气流量就越大，对拱上气流的拦截作用就越强。

是否采用干除渣，炉底的漏风影响也很大。采用干除渣，厂家保证炉膛的漏风率不大于 5%，实则炉底的漏风率大部分大于 12%，其结果导致火焰中心上升，NO_x 排放值增加 $200mg/m^3$ 左右，影响是十分巨大的。

9.2.4.5　关于制粉系统的影响

制粉系统对 W 火焰炉的燃烧效率影响非常大，AS 电厂 1 号锅炉制粉细度 6%～7%，飞灰可燃物为 7%～8%，2 号锅炉制粉细度为 3%～4%，飞灰可燃物仅为 4%。从运行中可见，在相同煤质、相同负荷下，1 号锅炉炉膛温度比 2 号锅炉偏低约 200℃。

采用小球技术以降低磨煤机的电耗必须以保证制粉细度和出力为前提，否则将会得不偿失。

中间仓储式制粉系统，采用炉烟干燥，不但系统复杂，而且制粉系统的漏风，对燃烧影响很大，而且制粉系统乏气排入炉膛，影响不良。LH 电厂的运行实践说明，当乏气停止时，排烟温度下降 12℃。因此不宜采用。

双进双出磨煤机制粉系统的出力是依靠过磨风的大小来调整的。因此，过磨风的测量准确性将直接影响磨煤机出力的调整。而磨煤机入口一次风测量部位的位置，一般很难满足正常测量的要求（一般要求测量原件入口前的直管段应大于进口管段直径的六倍）。因此其测量值很难准确反映实际的流量，其结果将直接影响给煤机的出力，从而影响锅炉运行的稳定。因此，对于磨煤机入口风量的标定，不能简单地认为标定系数为常数，即标定值与实测值之间并非线性关系，而是应当在不同的流量下多点进行标定，其修正系数并非定值而是一条曲线。否则，进入磨煤机的风量测定的准确性都可能直接影响给煤量的多少。进入磨煤机的调节风门的灵活性也直接影响对风量也就是对煤量的调节，当调节挡板卡涩或者其调节特性呈非线性时，都会导致煤量的大幅度波动，当这种调节同时对多台磨煤机发出时，将会导致锅炉的运行工况发生大幅度的波动。这样一来，料位测量的准确性、进入磨煤机的风量测定的准确性都可能直接影响给煤量的多少。

风粉分配的均匀性对燃烧的影响也非常严重，根据多台锅炉的测试，风粉均匀性相差 50% 左右是比较常见的。XY 电厂 600MW 超临界 W 火焰炉的改造中，仅增加了 OFA，增加了均粉装置并将燃烧器旋向两侧向中央改造为成对旋转，在投入 OFA 以后，NO_x 由改前的 $1200mg/m^3$ 下降到 $626mg/m^3$，飞灰可燃物上升很少。但是均粉装置在已经建成的制粉系统布置较为困难。因此在制粉系统的设计中，布置均粉系统是十分必要的。

9.2.5 关于轮廓特征参数的建议

21世纪初设计的W火焰炉，对于不同的燃烧器结构和配风方式，选取的炉膛特征参数也不同。由于运行经验的积累，虽然W火焰炉的燃烧器结构和配风方式不同，而近年来，各锅炉制造厂选取的炉膛特征参数和炉膛的轮廓尺寸趋于接近，投入运行机组运行稳定。以ZHX电厂（600MW机组）与AS电厂三期（600MW机组）W火焰炉炉膛设计为例，各参数的比较见表9-6，可见有关参数比较接近。

表9-6　ZHX电厂（600MW机组）与AS电厂（660MW机组）W火焰炉炉膛设计参数比较

项目	BBC 双调风旋流燃烧器	DGC 双旋风分离浓淡燃烧器	HGC 直流缝隙式燃烧器	SGC 双调风旋流燃烧器
炉膛容积 放热强度 （kW/m³）	88.2 （87.3）	80.4 （87.21）	75.1 （88.1）	（82.2）
炉膛断面 放热强度 （MW/m²）	（5.261）	（5.051）	（5.2）	（4.601）
下炉膛容积 放热强度 （kW/m³）	204.2	180.8	142.7	
下炉膛断面 放热强度 （MW/m²）	2.822 （2.838）	2.72 （2.94）	2.479 （2.80）	（2.994）
下炉膛尺寸 （宽×深×高， m×m×m）	30.9×16.8×21.176 （33.275×17.332×21.26）	32.121×17.1×23.0 （32.12×17.1×21.418）	26.68×23.66×27.633 （33.275×17.325×20.85）	（34.485×16.585× 20.34）
上炉膛尺寸 （宽×深×高， m×m×m）	30.9×9.6×32.423 （33.275×9.35×36.04）	32.121×9.96×23.0 （32.12×9.96×36.435）	26.68×12.512×28.537 （33.275×9.405×35.1）	（34.4×10.485× 35.311）

注　1. 表中括号内的数据为AS电厂（660MW机组W火焰炉）炉膛设计参数。
　　2. ZHX电厂660MW机组W火焰炉为2006年投标时的设计数据，AS电厂660MW机组W火焰炉为2012年投标时的设计数据。

根据国内的设计和运行实践经验的积累，如上所述，对于新建机组的W火焰炉，各锅炉制造厂选取的炉膛特征参数和炉膛的轮廓尺寸已趋于接近，新建机组运行稳定。而对于在役机组，由于炉膛选型已经确定，不能改变其轮廓尺寸。为了改善燃烧状况，或降低NOₓ排放，需要进行改造。在条件许可时，例如AS电厂300MW W火焰炉提高下炉膛的方案，是值得参考的。由于各种类型W火焰炉的技术特点不同，以及实施技术改造的思路和方案也不同，需根据实际情况，采取适宜的技术方案。

9.2.6 关于超临界W火焰炉锅炉水循环系统设计的建议

W火焰炉炉膛形状不同于四角切圆燃烧锅炉和墙式燃烧锅炉，很难采用一般螺旋管圈和垂直管圈，因此一律采用低质量流速垂直管圈的结构形式。鉴于W火焰炉的炉膛形状特殊，在下炉膛出口处必须增加汽水全混合系统，以减少水冷壁工质侧热偏差，改善上下水冷壁的工作条件，提高水冷壁运行的安全性。

参 考 文 献

[1] 袁颖，相大光. 我国 W 火焰双拱锅炉燃烧性能调查研究. 中国电力，1999（11）.

[2] 刘武成. 我国 "W" 火焰拱式燃烧炉的运行及改进方向的探讨. 锅炉专委会大型锅炉运行性能研讨会文集，2002（3）.

[3] 袁颖，相大光. 大容量煤粉燃烧锅炉炉膛特征参数探讨. 热力发电，2001.

[4] （德国）巴布科克公司. 顶棚式与对冲式燃烧系统的比较. 山东德州电厂 600MW 锅炉选型资料.

[5] 毕玉森. W 型火焰锅炉及其排放技术. 热力发电，1994（4）.

[6] 毕玉森，陈国辉. 低挥发分煤种与 W 型火焰锅炉. 热力发电，2005（7）.

[7] 许传凯，许云松. 我国低挥发分煤燃烧技术的发展. 热力发电，2001（5）.

[8] F. J. Ceely. 燃用低挥发分燃料的煤粉锅炉. 热力发电译丛，1991（4）.

[9] J. Kern，F. Gierrz，W. Heitmuller. 高灰分无烟煤可以用作大型固态排渣炉有价值的燃料. 锅炉技术，1991（8）.

[10] 许传凯. 低挥发分煤的燃烧与 W 火焰炉若干问题研究. 中国电力，2004（7）.

[11] 雷声辉，孙奉仲，史月涛，等. W 型火焰锅炉技术特点及其对煤种的适应. 江西电力，2004（3）.

[12] JI. JI. KecoB，B. H. KpHaHoBK. 提高低反应煤粉燃烧的有效性. HeprernKa，1989. 热力发电译丛，1990（6）.

[13] 何佩鋈，赵仲琥，秦裕琨. 煤粉燃烧器设计及运行. 北京：机械工业出版社，1987.

[14] K. StrauB，F. Thelen. 燃料制备对降低 NO_x 排放的作用. 热力发电译丛，1991（4）.

[15] 张韵杰，等. 贵州无烟煤燃烧技术简介. 贵州省电力科学研究院，2004.

[16] 单凤玲，王新华. W 型双拱燃烧锅炉燃用无烟煤燃尽率低的原因分析. 热力发电，2003（4）.

[17] 许传凯. 煤粉锅炉炉内结渣原因与对策的分析研究. 全国电站锅炉安全经济运行技术研讨会，2005.

[18] 岑可法，樊建人，池作和，等. 锅炉和热交换器的积灰、结渣、磨损和腐蚀的防止原理与计算. 北京：科学出版社，1994.

[19] 李卫东，周虹光，张经武，等. 结渣性煤种锅炉燃烧设备选型的研究. 中国电力，2011（3）.

[20] 陈春元，等. 大型煤粉锅炉燃烧设备性能计算方法. 哈尔滨：哈尔滨工业大学出版社，2002.

[21] 张汀. 我国 W 火焰锅炉的运行现状及问题分析. 应用能源技术，2013（8）.

[22] 贾鸿祥. 制粉系统设计及运行. 北京：水利电力出版社，1995.

[23] 张安国，梁辉. 电站锅炉煤粉制备与计算. 北京：中国电力出版社，2011.

[24] 张经武，林淑胜，邱继英. 锅炉燃用烟煤的双进双出钢球磨煤机直吹式制粉系统与运行调研报告. 中国电机工程学会，2005.

[25] 仲佳维. 国电聊城 SVEDALA 双进双出磨煤机动静态分离器改造设计和调试总结. 北方重工集团公司，2015.

[26] 佟成功. 双进双出钢球磨煤机双可调式动静态分离器研发与应用. 装备机械，2012（2）.

[27] 上海重型机器厂有限公司设计研究院. BBD 系列双进双出钢球磨煤机技术介绍. 2007.

[28] 马爱萍. W 火焰锅炉及制粉系统设计特点. 四川电力技术，2004（6）.

[29] 刘明. 双进双出磨煤机与直吹式系统料位差的研究. 南通市南方润滑液压设备公司，2010.

[30] 张志刚. 双进双出磨煤机的选型比较. 热机技术，2001（1）.

［31］ 广西永福电厂. MGS 双进双出磨煤机技术培训资料. 沈阳重型机械集团有限责任公司，2007.

［32］ 张志俊，肖彬. 双进双出正压直吹式制粉系统动静态分离器的选型分析. 电力建设，2009（1）.

［33］ 东方锅炉厂. 东方 600MW 超临界"W"型火焰锅炉燃烧设备介绍.

［34］ 东方锅炉厂. 东方 600MW 超临界"W"型火焰锅炉技术介绍.

［35］ 东方锅炉厂. 东方锅炉亚临界"W"火焰锅炉的优化历程.

［36］ 东方锅炉厂. DG1025/18.2-Ⅱ7 型 W 火焰锅炉鉴定资料汇编.

［37］ 刘鹏远，吴桂福，廖永浩. FW 型 W 火焰锅炉燃烧调整试验. 电站系统工程，2011.

［38］ 王军. 东方 W 型火焰锅炉燃烧调整方法. 热力发电，2004（12）.

［39］ Mitsui Babcock. 低挥发分无烟煤超临界直流锅炉技术. 2005.

［40］ 哈尔滨锅炉厂. 哈锅 600MW 亚临界 W 火焰锅炉方案介绍. 2010.

［41］ 马成军，王春溪. 600MW W 火焰锅炉协调控制系统简介. 全国火电大机组（600MW 级）竞赛第 9 届年会论文集，2005.

［42］ 苗长信，王建伟，等. 600MW 机组 W 火焰锅炉偏烧问题分析. 热力发电，2005（12）.

［43］ 张绍振，李道波，黄贵臣. 600MW 级"W"火焰锅炉配磨方式分析. 全国火电大机组（600MW 级）竞赛第 9 届年会论文集，2005.

［44］ 景昌华，李昌卫. 600MW 亚临界"W"火焰锅炉稳燃控制. 山东电力技术，2010（1）.

［45］ 秦占峰，黄贵臣，李道波. 2027t/h"W"火焰型锅炉结焦、积渣原因分析. 全国火电大机组（600MW 级）竞赛第 9 届年会论文集，2005.

［46］ 苗长信，王卫东，王建伟，等. MBEL"W"火焰锅炉燃烧特性试验研究. 山东电力技术，2004（1）.

［47］ 黄伟，李文军. W 型火焰锅炉燃用低挥发分无烟煤的试验研究. 动力工程，2005（6）.

［48］ 张海，吕俊复，徐秀清，等. W 型火焰锅炉燃烧问题的分析和解决方法. 动力工程，2005（5）.

［49］ 摩惜桂，秦建明. "W"火焰锅炉卫燃带改造. 华东电力，2000（1）.

［50］ 薛国琪. W 型火焰锅炉燃烧带与结渣的关系. 河北电力技术，2004.

［51］ 车刚. 聊城 2027t/h W 型火焰锅炉的技术特点. 电站系统工程，2007（5）.

［52］ 朱予东，秦占锋，张伟，等. 聊城电厂 600MW"W"火焰锅炉优化燃烧. 中国电力，2007（5）.

［53］ 赵宪忠. 山东聊城发电厂 600MW 机组"W"型火焰锅炉的燃烧调整. 全国火电大机组（600MW 级）竞赛第 8 届年会论文集，2004.

［54］ 邓盛奇，周刚. 华能珞璜电厂 1、2 号锅炉燃烧调整试验总结. 2019.

［55］ 杨秋梅，等. 国内外 W 型电站锅炉燃烧技术综述. 锅炉制造，1995（1）.

［56］ 郭晓宁. W 型火焰锅炉对低挥发分煤的适应性及其燃烧系统设计分析. 东方锅炉，1994（4）.

［57］ 李振宁. 为适应煤种变化的 W 火焰锅炉掺配煤燃烧试验. 广西电力，2006（01）.